普通高等教育"十一五"国家级规划教材

普通高等教育精品教材

电 路 基 础

(第四版)

原著　王松林　吴大正　李小平　王　辉

修订　王松林　王　辉　李小平

西安电子科技大学出版社

内 容 简 介

本书为普通高等教育"十一五"国家级规划教材，内容符合教育部高等学校电子信息科学与电气信息类基础课程教学指导委员会最新制定的《高等学校电路分析基础课程教学基本要求》。

全书包括电路的基本规律、电阻电路分析、动态电路、正弦稳态分析、电路的频率响应和谐振现象、二端口电路和非线性电路七章，以及复数及其运算、OrCAD/PSpice 工具使用简介、MATLAB 工具使用简介、运算放大器、正弦稳态电路最大功率的 MATLAB 分析和三相电路六个附录。各章配有大量例题、不同层次的习题、工程应用实例及仿真实例供选用。

本书可作为高等学校电子、通信、计算机、自控、微电子、测控与仪器类等各专业"电路"或"电路分析基础"课程教材，也可供有关科技人员参考。

图书在版编目(CIP)数据

电路基础/王松林等原著. —4 版. —西安：西安电子科技大学出版社，2021.12
(2024.8 重印)
ISBN 978 - 7 - 5606 - 6157 - 5

Ⅰ. ①电…　Ⅱ. ①王…　Ⅲ. ①电路理论—高等学校—教材　Ⅳ. ①TM13

中国版本图书馆 CIP 数据核字(2021)第 185204 号

责任编辑　陈　婷
出版发行　西安电子科技大学出版社(西安市太白南路 2 号)
电　　话　(029)88202421　88201467　　邮　编　710071
网　　址　www. xduph. com　　　　电子邮箱　xdupfxb001@163.com
经　　销　新华书店
印刷单位　陕西日报印务有限公司
版　　次　2021 年 12 月第 4 版　2024 年 8 月第 6 次印刷
开　　本　787 毫米×1092 毫米　1/16　印　张　27.5
字　　数　654 千字
定　　价　62.00 元
ISBN 978 - 7 - 5606 - 6157 - 5
XDUP　6459004 - 6

＊＊＊如有印装问题可调换＊＊＊

前　言

本书是西安电子科技大学国家电工电子教学基地和国家级电工电子教学团队对电路基础课程进行教学改革的成果之一。

以培养高素质的创新型和工程应用型人才为目标，以教育部新颁布的《高等学校电路分析基础课程教学基本要求》为指导，结合近几年建设电路课程的体会和读者的意见，及高等教育教学形式、教学手段、教学时数等新的要求，我们对本书的第三版进行了全面修订。本次修订的主要工作包括：

（1）保留了第三版的基本架构，保持各章节中心明确、层次清楚、概念准确、论述简明、便于教学的特点。

（2）结合人才培养目标，注重从理论分析向工程应用过渡，加强理论联系实际。书中结合有关章节内容，在原有基础上再增加部分应用实例分析，从不同学科方向及不同层面激发学生的学习兴趣和热情。

（3）增加了电路与后续课程关联部分内容，以便学习者对所涉及的电子信息类及相关专业知识体系有一个大致了解。

（4）为进一步适应计算机在工程技术领域的广泛应用，书中介绍了一种通用的辅助计算机软件 MATLAB 和一种专用的电路仿真软件 PSpice，结合正弦稳定电路最大功率传输内容，给出利用 MATLAB 进行分析计算的程序代码，并对其波形曲线进行分析，以培养学生使用计算机辅助分析电路的能力。

（5）为适应教育教学的发展需求，对部分内容进行调整、修改、补充及删减。如将第 1 章中的运算放大器及第 4 章的三相电路分别调整至附录四、附录六；对第 4 章中的互感耦合初次级功率、T 型去耦等效等内容进行了相应的修改和补充；同时适当删减了部分内容，如书中涉及的有关运算放大器及三相电路的习题内容。

（6）结合现代教育教学手段，为满足线上线下学习的需求，本书采用传统纸媒与在线资源结合的新型方式，紧密结合"电路分析基础"的慕课资源，增加应用实例、教学视频等，以扩展课程资源。

本书精选了大量例题，并配有不同层次的习题、工程应用实例及仿真实例，供读者酌情选用。有关工程应用、电路设计和故障诊断以及计算机电路仿真等内容，书中尽可能以实例的形式出现，以便授课教师根据学生的能力、培养计划和学时等因素，结合讲授内容，灵活选用或指导学生课后阅读。

本书由王松林负责策划，提出各章的修改计划。王松林修订和编写第 3、6 章和附录；王辉修订和编写第 1、2、4、5 章，调整、补充、替换了相关习题；李小平修订第 7 章。

本书的编写得到了学校有关部门和国家电工电子教学基地的指导和支持，借鉴了从事电路教学的各位老师多年教学实践的成果，并听取了同学们的意见，在此一并表示诚挚的感谢。

由于作者水平有限，一些内容是首次尝试引入，难免存在疏漏和差错，敬请读者对教材体系和内容提出宝贵的意见。

编著者

2021 年 11 月

第 一 版 前 言

多年来，在"电路分析基础"课程的教学中，先后使用过多种教材和讲义。为适应电子技术和电路理论的迅速发展，根据国家教委颁布的《电路分析基础课程教学基本要求》和我校的"教学大纲"，在教学实施中，对教材内容不断地进行了调整、提炼和更新，逐步形成了有一定特色的讲稿，经试用修改后，编写了这本教材。

编写中主要考虑了以下几个方面：

为适应微电子技术的进展，本书突出了端口特性、端口等效和端口线性的概念，用前后一致的观点和分析方法处理教学内容。强调了端口等效是指"端口伏安特性完全相同"的数学描述；将齐次定理、叠加定理并列，更完整地阐明了线性性质。这不仅使等效、线性等物理含义表述得更为准确，而且更为深刻、广泛。书中还从端口特性的角度介绍并分析了运算放大器、有源滤波器、回转器等，引出了分析非线性电路的分段线性化方法。

为了适应计算机辅助分析和设计的进展，本书有针对性地加强了有关基本概念和基本分析方法。强调了基本方程的列写和灵活运用，介绍了 2b 法、支路法、特勒根定理等内容，降低了用手工计算复杂电路数值解的要求，删去了与计算机辅助分析重复的内容。

考虑到目前学生的物理学知识水平，适当地提高了教材的起点，对在物理中已学过的内容只作必要的说明，并在此基础上加深和提高。

在编写中，充分考虑了本教材的教学适用性。在内容安排上，既遵循电路理论本身的系统和结构，也注意了适应学生的认识规律。并合理地、有序地组织教材内容，使各章、节的中心明确，层次清楚，概念准确，论述简明。对概念、定理、方法等不仅正确地表述其内容，更要阐明其具体应用条件、场合以及在不同情况如何变通处理等。书中配有较多的例题，用以加深对概念的理解和说明如何灵活运用基本概念和方法分析具体的电路问题，介绍了一些实用电路知识和实际知识。各章均有数量较多的习题，供选用。

本书包括电路的基本规律、电阻电路分析、动态电路、正弦稳态分析、频率响应、二端口电路、非线性电路等 7 章，法定单位，复数及其运算列为附录。书中标有 * 号的属加深加宽的内容，请酌情选用。本书教学时数约为 90～100 学时。

本书第一、二、五、七章由吴大正编写并负责全书统稿，第三、四、六章由王玉华编写。

本书的编写得到西安电子科技大学有关部门和十二系领导的指导和支持。本书从内容安排到具体的论述，也贯注了本校从事电路课教学的各位老师多年来教学实践的成果。张永瑞、杨林耀、燕庆明三位副教授对本书初稿提出了许多宝贵的意见，在此一并表示诚挚的感谢。

由于编者水平有限，书中定有不少错误和不妥之处，敬请使用本书的老师和同学赐教。

编 者
1990 年 10 月

目　　录

第 1 章　电路的基本规律

1.1　引　　言

1.1.1　电路模型

电路是由零、部件(如电阻器、电容器、线圈、开关、晶体管、电池、发电机等)按一定的方式相互连接组成的。它们可完成各种具体的任务,譬如,电力系统的发电机将热能(或水位能、原子能等)转换为电磁能,经输电线传送给各用电设备(如电灯、电动机等),这些设备将电磁能转换为光、热、机械能等。我们把供给电磁能的设备统称为电源,把用电设备统称为负载。又如,生产过程中的控制电路用传感器将所观测的物理量(如温度、流量、压力等)变换为电信号(电压或电流),经过适当的"加工"处理得出控制信号,用以控制生产操作(如断开电炉的电源停止加热或接通电源加热等);电视机将接收到的高频电信号经过变换、处理(如选频、放大、解调等),将分离出的图像信号送到显像管,在控制信号的作用下,将信号显示为画面,同时将伴音信号传送到扬声器转换为声音。实际电路的功能繁多,概括地说,电路的主要作用是能量的传输和信号的处理。在电源的作用下,电路中产生电压和电流,因此,电源又称激励源,由激励在电路中产生的电流和电压统称为响应。根据激励与响应之间的因果关系,有时又把激励称为输入,响应称为输出。

分析任何一个物理系统,都要用理想化的模型描述该系统。经典力学中的质点就是小物体的模型,质点的几何尺寸为零,但确有一定的质量,有确定的位置和速度等。

要分析实际电路的物理过程也需构造出能反映该实际电路物理性质的理想化模型,也就是用一些理想化的元件相互连接组成理想化电路(电路模型),用以描述该实际电路,进而对电路模型进行分析,其所得结果就反映了实际电路的物理过程。

电路理论研究的对象不是实际电路,而是理想化的电路模型。电路理论中所说的电路是指由一些理想化的电路元件按一定方式连接组成的总体。

1.1.2　集中参数电路

电路理论主要研究电路中发生的电磁现象,用电流、电压(有时还用电荷、磁通)来描述其中的过程。我们只关心各器件端的电流和端子间的电压,而不涉及器件内部的物理过程。这只有在满足集中化假设的条件下才是合理的。

实际的器件、连接导线以及由它们连接成的实际电路都有一定的尺寸,占有一定的空间,而电磁能量的传播速度($c=3\times10^8$ m/s)是有限的,如果电路尺寸 l 远小于电路最高工作频率 f 所对应的波长 $\lambda(\lambda=c/f)$,则可以认为传送到实际电路各处的电磁能量是同时到达的。这时,与电磁波的波长相比,电路尺寸可以忽略不计。从电磁场理论的观点来看,整个实际电路可看作是电磁空间的一个点,这与经典力学中把小物体看作质点相类似。

当实际电路的几何尺寸远小于工作波长时,我们用能足够精确反映其电磁性质的一些理想电路元件或它们的组合来模拟实际元件,这种理想化的电路元件称为集中(或集总)参数元件,它们有确定的电磁性质和确切的数学定义。可以认为,电磁能量的消耗都集中于电阻元件,电能只集中于电容元件,磁能只集中于电感元件。对于这些具有二端子的集中参数元件,可用其流经端子的电流和二端子间的电压来描述它们的电磁性能,而端电流和端子间的电压仅是时间的函数,与空间位置无关,在任一时刻,它们都是单值的量。

由集中参数元件连接组成的电路称为集中参数电路。通常所说的电路图是用"理想导线"将一些电路元件符号按一定规律连接组成的图形。电路图中,元件符号的大小、连线的长短和形状都是无关紧要的,只要能正确地表明各电路元件之间的连接关系即可。

实际电路的几何尺寸相差甚大。对于我国的电力输电线,其工作频率为 50 Hz,相应的波长为 6000 km,因而 30 km 长的输电线只是波长的 1/200,可以看作是集中参数电路。而远距离输电线可长达数百乃至数千千米,就不能看作是集中参数电路。对于电视天线及其传输线来说,其工作频率为 10^8 Hz 的数量级,譬如 10 频道,其工作频率约为 200 MHz,其相应的工作波长为 1.5 m,这时,0.2 m 长的传输线也不能看作是集中参数电路。对于不符合集中化假设的实际电路,需要用分布参数电路理论或电磁场理论来研究。本书只讨论集中参数电路,今后所说的"元件"、"电路"均指理想化的集中参数元件和电路。

需要注意的是,不应把实际器件(有的也称为元件)与电路元件(理想化的)混为一谈。各种电子设备使用的电阻器、电容器、线圈、晶体管等,在一定的条件下,可用某种电路元件或一些电路元件的组合来模拟。同一个器件,由于工作条件不同或精度要求不同,它的模型也不相同。譬如,一个线圈可用电感元件作它的模型;而在需要考虑其损耗时,可用电阻与电感相串联组成的模型来描述;在高频时,线圈绕线间的分布电容不能忽视,这时,描述该线圈的更精确的模型还应包含电容元件。

用理想化的模型模拟实际电路总有一定的近似性,也就是说,用电路元件互连来模拟实际电路,只是近似地反映实际电路中所发生的物理过程。不过,由于电路元件有确切的定义,分析运算是严谨的,这就能保证这种近似有一定的精度,而且还可根据实际情况改善电路模型,使电路模型所描述的物理过程更加逼近实际电路的物理过程。大量的实践经验表明,只要电路模型选取适当,按理想化电路分析计算的结果与相应实际电路的观测结果是一致的。当然,如果电路模型选取不当,则会造成较大的误差,有时甚至得出互相矛盾的结果。

1.1.3　电路理论与本书的任务

电路理论起源于物理学中电磁学的一个分支,若从欧姆定律(1827 年)和基尔霍夫定律(1845 年)的发现算起,至今至少已有 160 多年的历史。随着电力和通信工程技术的发展,电路理论逐渐形成为一门比较系统且应用广泛的工程学科。自 20 世纪 60 年代以来,新的电子器件不断涌现,集成电路、大规模集成电路、超大规模集成电路的飞跃进展,计算机技术的迅猛发展和广泛使用等,都给电路理论提出了新课题,促进了电路理论的发展。

电路理论是研究电路的基本规律及其计算方法的工程学科。它包括电路分析和网络①综合与设计两类问题。电路分析的任务是根据已知的电路结构和元件参数，求解电路的特性；电路综合与设计是根据所提出的对电路性能的要求，确定合适的电路结构和元件参数，实现所需的电路性能。近年来，有些学者提出电路的"故障诊断"应作为电路理论的第三类问题。电路的故障诊断是指预报故障的发生及确定故障的位置、识别故障元件的参数等技术。电路的综合与设计、电路的故障诊断都以电路分析为基础。

电路理论的内容十分广泛，它是电工、电子和信息科学技术的重要理论基础之一。在通信、控制、计算机、电力等众多科学技术领域，广泛使用各种类型的电路：线性的与非线性的、时变的与非时变的、模拟的与数字的，等等，它们种类繁多，功能各异。电路理论基础的任务是研讨各种电路所共有的基本规律和基本分析计算方法。

作为电路理论的基础和入门，本书主要讨论电路分析的基本规律（电路元件的伏安关系、基尔霍夫定律和电路定理）和电路的各种计算方法，为学习后续课程打下基础。

学习本课程，应深入地理解电路的基本规律及有关物理概念，学会分析、计算电路的方法，并充分了解相关规律、概念、方法的适用范围和使用条件，以便用所学的电路基础理论知识去解决今后学习和工作中遇到的电路问题。

1.1.4　电路基础与后续课程的关联

目前我国大学理工科的许多专业都将电路分析基础作为必修课，如工科电子信息科学与技术、电子信息工程、通信工程、生物医学工程、计算机科学与技术、电气工程、自动化及理科的电子信息科学以及微电子学、光信息科学与技术等。

在学习电路分析基础课程之前，一般来讲，学生只学过数学、物理等公共基础课程，缺乏对电子信息技术与信息科学的系统认知，因此这是一门进入本学科领域的入门课程，也是最重要的技术基础课之一。这里讲述的许多概念和方法在后续课程中都会得到广泛的应用，或者直接用来解决科研与生产中的实际问题。图 1.1-1 简要说明了电路分析基础与许多其他课程的联系。

很明显，摆在图中显要位置的第一号主角就是电路分析基础，接下来三门课程与电路分析基础有着共同的特点，都属于众多专业必修的专业基础课，其中信号与系统侧重理论分析，而模拟电子线路与数字电子线路属于实践性更为突出的课程。

学好以上四门专业基础课程，才有可能步入电子信息技术领域的科学殿堂之门，而电路分析基础又处于其中的首要位置，可称为"基础课程之基础"。

接下来是电力电子技术等三门有明显专业特征的课程，大多数学院将它们列为选修课程，如通信、电子信息类专业关注的是高频（射频）段工作的电路，因而要学习高频电子线路（或称通信电路）；电机、自动化专业关注大功率电路，可学习电力电子技术；微电子技术方面的课程具有更大的灵活性，虽然许多专业的后续课程并不需要此类课程为基础，但

---

① "电路"和"（电）网络"两个术语一般不加区分。以往，当涉及到综合理论时，常用"网络"一词，近来，鉴于"网络"一词应用甚广，如"计算机网络"、"通信网络"、"运输网络"、"信息网络"等，有人建议在电路领域内只用"电路"一词。这个意见目前尚未被普遍接受。

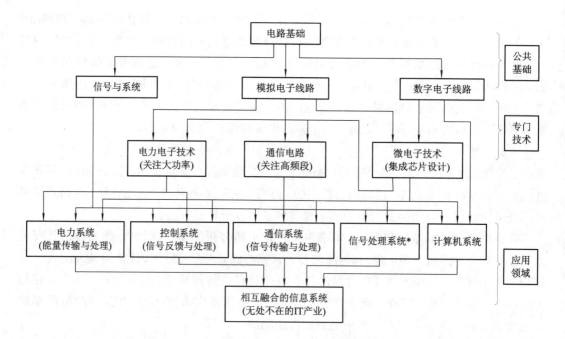

图 1.1-1　电流分析基础和其它电类主要课程的联系

是考虑到各种工程系统都离不开大规模集成电路的应用，因而也应了解这方面的简要知识，可选修微电子技术概论类型的课程。如果研究方向侧重微电子技术，当然要学习更多芯片设计等方面的课程。

　　学习电路分析基础，最终目的是要具有研究、设计、开发各类电子信息系统的能力，如图 1.1-1 中电力、控制、通信、信号处理、计算机等系统。当代科学技术发展的重要特征之一就是跨学科多领域的融合，图 1.1-1 中所列的各类系统的实现，也遵从这一原则。例如，一个雷达设备由通信系统、控制系统与计算机系统联合而成，也可称为 3C（取communication、control、computer 三个英文单词的首字母）系统。

　　每位读者都能在图 1.1-1 中看到了未来若干年将要学习或从事的研究领域，以及要学习的相应课程，显然，无论将来从事哪个方向的研究，都必须先学好电路分析基础课程。必须指出，由于各个院校情况不同，而且不少课程正在发生变革，因此图 1.1.1 中对于众多课程相互联系的描述，只是粗略地表示，还有相当多重要课程未能在图中展示，例如以电磁场理论为核心而形成的一批课程和计算机系列的课程都未能涉及，考虑到本课程的重点以及本书的篇幅，不再详细论述。

1.2　电流、电压、功率及能量

　　描述电路性能的物理量可分为基本变量和复合变量两类。电流、电压是电路分析中最常用的两个基本变量，有时也用电荷、磁通（或磁链）作为基本变量；复合变量包括功率和能量。它们一般都是时间的函数。

1.2.1　电流

单位时间内通过导体横截面的电荷量 q 定义为电流强度，简称电流，用符号 i 或 $i(t)$[①]表示，即

$$i(t) \xlongequal{\text{def}[②]} \frac{\mathrm{d}q(t)}{\mathrm{d}t} \tag{1.2-1}$$

式中，电荷量的单位是库(C)，时间的单位是秒(s)，电流的单位是安(A)。

习惯上把正电荷运动的方向规定为电流的实际方向，但在具体电路中，电流的实际方向常常随时间变化，即使不随时间变化，对较复杂电路中电流的实际方向有时也难以预先断定，因此，往往很难在电路中标明电流的实际方向。

通常在分析电路问题时，先指定某一方向为电流方向，称为电流的参考方向，用箭头表示，如图 1.2 – 1 中实线箭头所示。如果电流的参考方向与实际方向(虚线箭头)一致，则电流 i 为正值($i>0$)，如图 1.2 – 1(a)所示；如果电流的参考方向与实际方向相反，则电流取负值($i<0$)，如图 1.2 – 1(b)所示。这样，在指定的电流参考方向下，电流值的正或负就反映了电流的实际方向。显然，在未指定参考方向的情况下，讨论电流值的正或负是没有意义的。

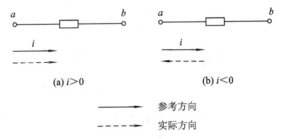

图 1.2 – 1　电流的参考方向

电流的参考方向是任意指定的，一般用箭头表示，有时也用双下标表示，如 i_{ab} 表示其参考方向为由 a 指向 b。今后在电路中若要谈论某支路的电流，一定要标明参考方向，否则是毫无意义的。

1.2.2　电压

电路中，电场力将单位正电荷从某点移到另一点所作的功定义为该两点之间的电压，也称电位差，用 u 或 $u(t)$ 表示，即

$$u(t) \xlongequal{\text{def}} \frac{\mathrm{d}w(t)}{\mathrm{d}q(t)} \tag{1.2-2}$$

式中，功 $w(t)$ 的单位是焦(J)，电压的单位是伏(V)。

通常，两点间电压的高电位端为"＋"极，低电位端为"－"极。

像需要为电流指定参考方向一样，也需要为电压指定参考极性(也称参考方向，"＋"

[①]　本书用小写字母表示随时间变化的量，如 $i(t)$、$q(t)$ 等，在不致引起误会的情况下，常省去(t)，用 i、q 表示。

[②]　符号 $\xlongequal{\text{def}}$ … 可读为"定义为 …"，或"按定义等于 …"。

极到"一"极的方向)。在分析电路问题时,先指定电压的参考极性,"十"号表示高电位端,"一"号表示低电位端,如图1.2-2(a)所示。如果电压的参考极性与实际极性一致,则电压$u>0$;如果参考极性与实际极性相反,则电压$u<0$。

电压的参考极性是任意指定的,一般用"十"、"一"极性表示;有时也用箭头表示参考极性(如图1.2-2(b)所示),箭头由"十"极指向"一"极;也可用双下标表示,如u_{ab}表示a点为"十"极,b点为"一"极。

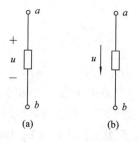

电流、电压的参考方向在电路分析中起着十分重要的作用。电流、电压是代数量,既有数值又有与之相应的参考方向才有明确的物理意义,只有数值而无参考方向的电流、电压是没有意义的。

图1.2-2 电压的参考极性

对一个元件或一段电路上的电压、电流的参考方向,可以分别独立地任意指定,但为了方便,常常采用关联参考方向,电流参考方向给定,若电流流入的方向是电压的高电位,电流流出的方向是电压的低电位,则称此时电流、电压是关联参考方向,反之,则是非关联参考方向。如图1.2-3(a)所示,即电流的参考方向和电压的参考方向一致。这时在电路图上只需标明电流参考方向或电压参考极性中的任何一种即可。电流、电压参考方向相反时称为非关联参考方向,如图1.2-3(b)所示。

(a) 关联参考方向　　　　　(b) 非关联参考方向

图1.2-3 参考方向

今后,在任意瞬间t的电流、电压分别用$i(t)$、$u(t)$表示,也常简写为i、u。如果它们的大小和方向都不随时间变化,则称为直流电流、直流电压,用大写字母I、U表示。

在实际应用中,上述电流、电压的单位有时过小或过大,这时可在各单位前加适当的词头,形成十进倍数单位和分数单位,例如$1~\mu A(微安)=10^{-6}~A$,$1~mV(毫伏)=10^{-3}~V$,$3~k\Omega(千欧)=3\times10^{3}~\Omega$,$2~GHz(吉赫)=2\times10^{9}~Hz$,等等。部分常用国际单位制词头见表1-1。

表1-1 部分国际单位制(SI)词头

因数	词头		符号	因数	词头		符号
	中文	英文			中文	英文	
10^{12}	太[拉]	tera	T	10^{-3}	毫	milli	m
10^{9}	吉[咖]	giga	G	10^{-6}	微	micro	μ
10^{6}	兆	mega	M	10^{-9}	纳[诺]	nano	n
10^{3}	千	kilo	k	10^{-12}	皮[可]	pico	p

1.2.3 功率和能量

功率与电压和电流密切相关。正电荷从电路元件上电压的"十"极经元件移到"一"极是电场力对电荷作功的结果，这时元件吸收能量；反之，正电荷从电路元件的"－"极移到"＋"极，则必须由外力(化学力、电磁力等)对电荷作功以克服电场力，这时电路元件发出能量。

若某元件两端的电压为 u，在 $\mathrm{d}t$ 时间内流过该元件的电荷量为 $\mathrm{d}q$，那么，根据电压的定义式(1.2－2)，电场力作的功 $\mathrm{d}w(t)=u(t)\mathrm{d}q(t)$。

在电流与电压为关联参考方向的情况下(这时，正电荷从电压"＋"极移到"－"极)，由式(1.2－1)和式(1.2－2)可得，在 $\mathrm{d}t$ 时间内电场力所作的功，即该元件吸收的能量为

$$\mathrm{d}w(t) = u(t)i(t)\mathrm{d}t \tag{1.2－3}$$

能量对时间的变化率称为电功率。于是，电路元件吸收的电功率 $p(t)$ 定义为

$$p(t) \xlongequal{\text{def}} \frac{\mathrm{d}w(t)}{\mathrm{d}t} = u(t)i(t) \tag{1.2－4a}$$

电功率简称功率，单位是瓦(W)。

需要注意的是，式(1.2－4a)是在电压、电流为关联参考方向下推得的(参看图1.2－4(a))，如果电压、电流为非关联参考方向，如图1.2－4(b)所示，则电路元件吸收的功率 $p(t)$ 为

$$p(t) = -u(t)i(t) \tag{1.2－4b}$$

利用式(1.2－4a)计算功率时，如果 $p>0$，表示元件吸收功率；如果 $p<0$，表示元件吸收的功率为负值，实际上它将发出功率。

$(a)\ p=ui$　　　　$(b)\ p=-ui$

图 1.2－4　吸收功率

设 $t=t_0$ 时元件的能量为 $w(t_0)$，t 时刻元件的能量为 $w(t)$，在 u 与 i 为关联参考方向的情况下，对式(1.2－3)从 t_0 到 t 积分，可求得从 t_0 到 t 时间内元件吸收的能量为

$$\int_{w(t_0)}^{w(t)} \mathrm{d}w(\xi) = \int_{t_0}^{t} p(\xi)\mathrm{d}\xi = \int_{t_0}^{t} u(\xi)i(\xi)\mathrm{d}\xi \tag{1.2－5}$$

上式中，为避免积分上限 t 与积分变量 t 相混淆，将积分变量换为 ξ。

若选 $t_0=-\infty$，且假设 $w(-\infty)=0$，则

$$w(t) = \int_{-\infty}^{t} p(\xi)\mathrm{d}\xi = \int_{-\infty}^{t} u(\xi)i(\xi)\mathrm{d}\xi \tag{1.2－6}$$

它是直到时刻 t 元件吸收的能量。在电路工程中，能量单位除用焦之外，还常用千瓦小时(kW·h)。吸收功率为 1000 W 的家用电器，加电使用 1 h，它吸收的电能(即消耗的电能)为 1 kW·h，俗称 1 度电。

以上关于功率、能量的论述适用于任何一段电路。

一个二端元件(或电路)，如果对于所有的时刻 t，元件吸收的能量满足

$$w(t) = \int_{-\infty}^{t} p(\xi)\mathrm{d}\xi \geqslant 0 \qquad \forall t^{①} \tag{1.2－7}$$

----

① 数学符号 $\forall$ 的意思是所有的，一切的。$\forall t$ 意思是对于所有的时间 $t(t>-\infty)$。

则称该元件(或电路)是无源的,否则就称其为有源的。在 1.4 和 1.5 节中我们将分别讨论无源元件和有源元件(电源)。

例 1.2 - 1 图 1.2 - 5 是由 A 和 B 两个元件构成的电路,已知 $u=3$ V,$i=-2$ A。求元件 A 和 B 分别吸收的功率。

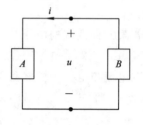

图 1.2 - 5 例 1.2 - 1 图

解 对元件 A 来说,u 与 i 为关联参考方向;对元件 B 来说,u 与 i 为非关联参考方向。因此

$$p_{A吸} = ui = 3 \times (-2) = -6 \text{ W}$$
$$p_{B吸} = -ui = -3 \times (-2) = 6 \text{ W}$$

例 1.2 - 2 某一段电路电流、电压为关联参考方向,其波形如图 1.2 - 6(a)所示。分别画出其功率和能量的波形,并判断该电路是无源电路还是有源电路。

解 由图 1.2 - 6(a)可写出

$$u = \begin{cases} 0 & t<0, t>3 \\ t \text{ V} & 0<t<2; \\ 2(3-t)\text{V} & 2<t<3 \end{cases}$$

$$i = \begin{cases} 0 & t<0, t>3 \\ 1 \text{ A} & 0<t<2 \\ -1 \text{ A} & 2<t<3 \end{cases}$$

因此

$$p = ui = \begin{cases} 0 & t<0, t>3 \\ t \text{ W} & 0<t<2 \\ 2(t-3) \text{ W} & 2<t<3 \end{cases}$$

$$w(t) = \int_{-\infty}^{t} p(\xi)\mathrm{d}\xi = \begin{cases} 0 & t<0 \\ 0.5t^2 \text{ J} & 0<t<2 \\ t^2 - 6t + 10 \text{ J} & 2<t<3 \\ 1 \text{ J} & t>3 \end{cases}$$

其功率和能量的波形分别如图 1.2 - 6(b)和(c)所示。由图 1.2 - 6(c)可见,$w(t)$ 满足式(1.2 - 7),因此,该段电路是无源电路。

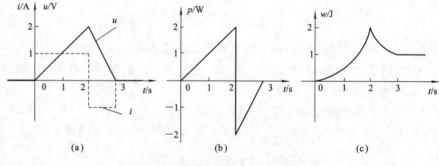

(a)　　　　　　　　(b)　　　　　　　　(c)

图 1.2 - 6 例 1.2 - 2 图

1.3　基尔霍夫定律

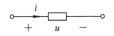

基尔霍夫电路定律

电路是由一些电路元件相互连接构成的总体。有两个引出端子的元件称为二端元件，它的特性可用其端电压 u 和电流 i 来描述，如图 1.3-1 所示。通常指定其电压、电流为关联参考方向。电路中各个元件的电流和元件的电压受到两类约束：一类是元件的相互连接给元件电流之间和元件电压之间带来的约束，称为拓扑约束，这类约束由基尔霍夫定律体现；另一类是元件的特性造成的约束，即每个元件上的电压与电流自身存在一定的关系，称为元件约束。这里先讨论前者，元件约束稍后再讨论。

图 1.3-1　二端元件

1.3.1　电路图

图 1.3-2(a)是由 6 个元件相互连接组成的电路图，各元件的端电压、电流均为关联参考方向。如前所述，在电流、电压取关联参考方向的前提下，其参考方向可只标示一种（这里只标示电流的参考方向）。如果仅研究各元件的连接关系，暂不关心元件本身的特性，则可用一条线段来代表元件，这样，图 1.3-2(a)所示的电路图就可简化表示为图 1.3-2(b)所示的拓扑图[①]，简称图。标明参考方向的图称为有向图。通常图中的参考方向与相应电路图中电流（或电压）的参考方向相同。

电路图中的每一个元件，即图中的每一条线段，称为支路（图论中常称为边），支路的连接点称为节点（或结点）。图 1.3-2(a)和(b)中有 1，2，…，6 等 6 条支路；有 a，b，c，d 等 4 个节点。在图中，从某一节点出发，连续地经过一些支路和节点（只能各经过一次），到达另一节点，就构成路径。如果路径的最后到达点就是出发点，则这样的闭合路径称为回路[②]。图 1.3-2 中，支路(1，5，2)、(4，5，6)及(2，5，6，3)等都是回路。

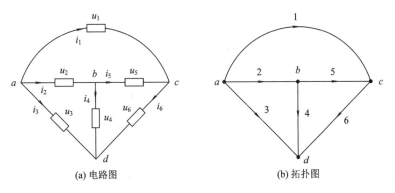

(a) 电路图　　　　　　　　(b) 拓扑图

图 1.3-2　电路图及其拓扑图

描述集中参数电路中支路电流之间的关系和支路电压之间的关系的基本定律是基尔霍

---

① 拓扑图，简单地说就是图形可以作弹性运动，其各线段可以随意伸长、缩短、弯曲、拉直等，但图形的连接关系不变。

② 关于支路、节点、回路等有关图的知识，将在 2.1 节中进一步说明。

夫电流定律(KCL)和基尔霍夫电压定律(KVL)[①]。

1.3.2 基尔霍夫电流定律

基尔霍夫电流定律(KCL)可表述为：对于集中参数电路中的任一节点，在任意时刻，流出该节点电流的和等于流入该节点电流的和，即对任一节点，有

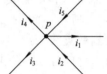

$$\sum_{\text{流出}} i(t) = \sum_{\text{流入}} i(t) \qquad \forall t \qquad (1.3-1)$$

例如，图 1.3-3 是某电路图中的一个节点 p，根据 KCL，在任意时刻有

图 1.3-3 KCL 用于节点

$$i_1(t) + i_3(t) + i_4(t) = i_2(t) + i_5(t)$$

如果流出节点的电流前面取"+"号，流入节点的电流前面取"−"号，则 KCL 可表述为：对于集中参数电路中的任一节点，在任意时刻，所有连接于该节点的支路电流的代数和恒等于零，即对任一节点有

$$\sum i(t) = 0 \qquad \forall t \qquad (1.3-2)$$

对于图 1.3-3 的节点 p，KCL 方程为 $i_1 - i_2 + i_3 + i_4 - i_5 = 0$。

KCL 通常用于节点，它也可推广用于包括数个节点的闭合曲面(可称为广义节点，即图论中的割集)。图 1.3-4 中，对于闭合曲面 S，有

$$-i_3 - i_4 - i_5 + i_8 + i_9 = 0$$

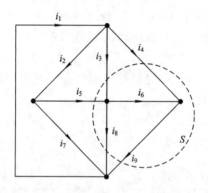

图 1.3-4 KCL 用于广义节点

例 1.3-1 如图 1.3-5 所示的电路，已知 $i_1 = -5$ A，$i_2 = 1$ A，$i_6 = 2$ A，求 i_4。

解 为求得 i_4，对于节点 b，根据 KCL 有 $-i_3 - i_4 + i_6 = 0$，即

$$i_4 = -i_3 + i_6$$

为求出 i_3，可利用节点 a，由 KCL 有 $i_1 + i_2 + i_3 = 0$，即

$$i_3 = -i_1 - i_2 = -(-5) - 1 = 4 \text{ A}$$

将 i_3 代入 i_4 的表达式，得

$$i_4 = -i_3 + i_6 = -4 + 2 = -2 \text{ A}$$

[①] KCL 是 Kirchhoff's Current Law 的缩写，KVL 是 Kirchhoff's Voltage Law 的缩写。1845 年，年仅 21 岁的德国人 G. R. Kirchhoff 提出了基尔霍夫电流定律和基尔霍夫电压定律。

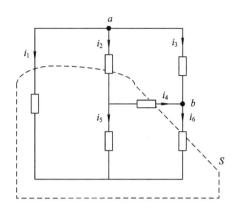

图 1.3 - 5 例 1.3 - 1 图

或者，取闭合曲面 S，如图 1.3 - 5 中虚线所示，根据 KCL，有

$$-i_1 - i_2 + i_4 - i_6 = 0$$

可得

$$i_4 = i_1 + i_2 + i_6 = -5 + 1 + 2 = -2 \text{ A}$$

1.3.3 基尔霍夫电压定律

基尔霍夫电压定律(KVL)可表述为：在集中参数电路中，任意时刻沿任一回路绕行，回路中所有支路电压的代数和恒为零，即对任一回路有

$$\sum u(t) = 0 \qquad \forall t \qquad (1.3 - 3)$$

注意：上式取和时，需要任意指定一个回路的绕行方向，凡支路电压的参考方向与回路的绕行方向一致者，该电压前面取"＋"号；支路电压的参考方向与回路绕行方向相反者，前面取"－"号。

对图 1.3 - 6 中的回路，KVL 方程为 $u_1 - u_2 + u_3 + u_4 - u_5 = 0$。

在电路分析时，常常需要求得某两节点之间的电压，譬如图 1.3 - 6 中节点 a、d 之间的电压 u_{ad}。为了叙述方便，这里各支路电压用双下标表示。如图 1.3 - 6 中，$u_{ab} = u_1$，$u_{bc} = -u_2$，$u_{cd} = u_3$，$u_{de} = u_4$，$u_{ea} = -u_5$。根据 KVL，沿 a、b、c、d、e、a 的绕行方向有

$$u_1 - u_2 + u_3 + u_4 - u_5 = 0$$

亦即

$$u_{ab} + u_{bc} + u_{cd} + u_{de} + u_{ea} = 0$$

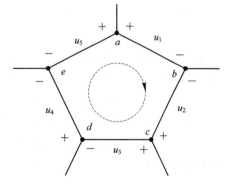

图 1.3 - 6 KVL 应用

将上式中的后两项移到等号右端，考虑到 $u_{de} = -u_{ed}$，$u_{ea} = -u_{ae}$，可得

$$u_{ab} + u_{bc} + u_{cd} = u_{ae} + u_{ed}$$

上式等号左端是沿路径 a、b、c、d 的电压 u_{ad}，即

$$u_{ad} = u_{ab} + u_{bc} + u_{cd} = u_1 - u_2 + u_3$$

而等号右端是沿路径 a、e、d 的电压 u_{ad}，即

$$u_{ad} = u_{ae} + u_{ed} = u_5 - u_4$$

二者相等。

以上结果表明，在集中参数电路中，任意两点（譬如 p 和 q）之间的电压 u_{pq} 等于沿从 p 到 q 的任一路径上所有支路电压的代数和，即

$$u_{pq} = \sum_{\substack{\text{沿由} p \text{到} q \text{的} \\ \text{任一路径}}} u(t) \qquad \forall t \tag{1.3-4}$$

例 1.3-2 如图 1.3-7 所示的电路，已知 $u_1 = 10$ V，$u_2 = -2$ V，$u_3 = 3$ V，$u_7 = 2$ V。求 u_5、u_6 和 u_{cd}。

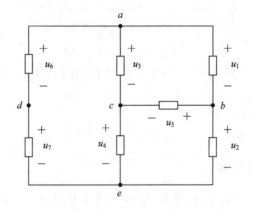

图 1.3-7　例 1.3-2 图

解　由图可见

$$u_5 = u_{bc} = u_{ba} + u_{ac} = -u_1 + u_3 = -7 \text{ V}$$

由于 $u_6 = u_{ad}$，沿 a、b、e、d 路径，得

$$u_6 = u_{ab} + u_{be} + u_{ed} = u_1 + u_2 - u_7 = 6 \text{ V}$$

$$u_{cd} = u_{ca} + u_{ad} = -u_3 + u_6 = 3 \text{ V}$$

或者沿路经 c、a、b、e、d，得

$$u_{cd} = u_{ca} + u_{ab} + u_{be} + u_{ed} = -u_3 + u_1 + u_2 - u_7 = 3 \text{ V}$$

基尔霍夫电流定律和基尔霍夫电压定律是集中参数电路的基本规律。KCL 描述了电路中任一节点处各支路电流的约束关系，实质上是电荷守恒原理的体现；KVL 描述了电路的任一回路中各支路电压的约束关系，实质上是能量守恒原理的体现。KCL 和 KVL 仅与电路中元件的相互连接形式有关，而与元件自身的特性无关，它是元件互连的拓扑约束关系。KCL 和 KVL 不仅适用于线性电路，也适用于非线性电路；不仅适用于非时变电路，也适用于时变电路。

1.4　电 阻 元 件

在集中参数电路中，电路元件是构成电路的基本单元。按引出端（称为端子）的数目，电路元件可分为二端元件、三端元件、多端元件等。在集中参数假设条件下，通常只关心元件端子上的特性（称为外部特性），而不注意其内部的情况。本节首先讨论电阻元件。

1.4.1　二端电阻

二端电阻是最常见的耗能型元件。电阻器、灯泡、电炉等在一定条件下可以用二端电阻作为其模型。

二端电阻元件可定义为：一个二端元件，如果在任意时刻 t，其两端电压 u 与流经它的电流 i 之间的关系（VCR[①]）能用 u-i 平面（或 i-u 平面）上通过原点的曲线所确定，就称其为二端电阻元件，简称电阻元件。

由于电压和电流的单位是 V 和 A，因而电阻元件的特性称为伏安特性或伏安关系（VAR[②]）。如果电阻元件的伏安特性不随时间变化（即它不是时间的函数），则称其为非时变（或时不变）的，否则称为时变的；如其伏安特性是通过原点的直线，则称为线性的，否则称为非线性的。本书涉及最多的是线性非时变电阻元件。

线性非时变电阻元件的伏安特性是 u-i 平面上一条通过原点的直线，如图 1.4 - 1(b) 所示。在电压、电流参考方向相关联（图 1.4 - 1(a)）的条件下，其电压与电流的关系就是熟知的欧姆定律，即

$$u(t) = Ri(t) \qquad \forall\, t \qquad\qquad (1.4 - 1)$$

或写为

$$i(t) = Gu(t) \qquad \forall\, t \qquad\qquad (1.4 - 2)$$

式(1.4 - 1)和(1.4 - 2)常称为电阻的伏安关系。式中，R 为元件的电阻，单位为欧（Ω）；G 是元件的电导，单位为西（S）。电阻 R 和电导 G 是联系电阻元件的电压与电流的电气参数。对于线性非时变电阻元件，R 和 G 都是实常数，它们的关系是

$$G = \frac{1}{R} \qquad\qquad (1.4 - 3)$$

线性非时变电阻元件也简称为电阻。这里，"电阻"一词及其符号 R 既表示电阻元件也表示该元件的参数。通常所说的电阻，其伏安特性如图 1.4 - 1(b) 所示，其电阻 R（或电导 G）为正值，可称为正电阻（或正电导），一般将"正"字略去。用电子器件也能实现图 1.4 - 1(c) 所示的伏安特性，其电阻（或电导）为负值，称为负电阻（或负电导）。

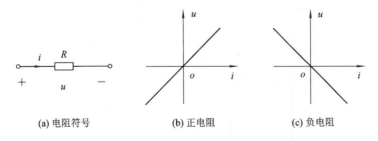

(a) 电阻符号　　　　(b) 正电阻　　　　(c) 负电阻

图 1.4 - 1　线性非时变电阻的伏安特性

需要特别注意的是，以上的论述是在元件端电压 u 与通过它的电流 i 为关联参考方向的前提下得出的。如果电阻元件的端电压 u 与电流 i 为非关联参考方向，如图 1.4 - 2 所

[①]　VCR 是 Voltage Current Relation 的缩写。

[②]　VAR 是 Volt Ampere Relation 的缩写。

示，则欧姆定律的表示式(1.4-1)和(1.4-2)应该为

$$u(t) = -Ri(t) \qquad\qquad (1.4-4\text{a})$$

$$i(t) = -Gu(t) \qquad\qquad (1.4-4\text{b})$$

上式中的"一"号切勿与负电阻混为一谈。

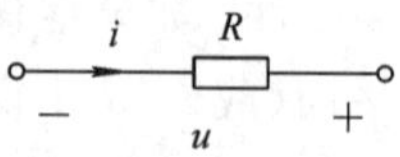

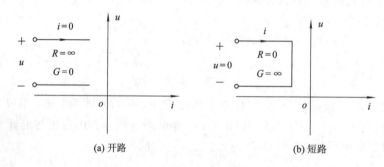

图 1.4-2 u、i 为非关联参考方向

有两个特殊情况值得留意：开路和短路。当一个二端元件(或电路)的端电压不论为何值时，流过它的电流恒为零值，就把它称为开路。开路的伏安特性在 u-i 平面上与电压轴重合，它相当于 $R=\infty$ 或 $G=0$，如图 1.4-3(a)所示。当流过一个二端元件(或电路)的电流不论为何值时，它的端电压恒为零值，就把它称为短路。短路的伏安特性在 u-i 平面上与电流轴重合，它相当于 $R=0$ 或 $G=\infty$，如图 1.4-3(b)所示。

(a) 开路   (b) 短路

图 1.4-3 开路和短路

由式(1.2-4a)、(1.4-1)和(1.4-2)可得，在电压、电流取关联参考方向时，在任一时刻 t，电阻吸收的功率

$$p(t) = u(t)i(t) = Ri^2(t) = Gu^2(t) \qquad\qquad (1.4-5)$$

由式(1.2-6)得，从 $-\infty$ 直到时刻 t，电阻吸收的能量

$$w(t) = R\int_{-\infty}^{t} i^2(\xi)\mathrm{d}\xi = G\int_{-\infty}^{t} u^2(\xi)\mathrm{d}\xi \qquad\qquad (1.4-6)$$

由以上二式可见，对于通常所说的电阻(即 $R\geqslant 0$，$G\geqslant 0$)恒有

$$p(t) \geqslant 0, w(t) \geqslant 0 \qquad \forall t \qquad\qquad (1.4-7)$$

这表明，在任何时刻，(正)电阻都不可能发出功率(或能量)，它吸收的电磁能量全部转换为其它形式的能量。因此，(正)电阻不仅是无源元件，而且是耗能元件。

对于负电阻元件，有 $R\leqslant 0$，$G\leqslant 0$，显然有 $p(t)\leqslant 0$，$w(t)\leqslant 0$。它可以向外部电路提供功率和能量，是供能元件。实际上，负电阻是某些对外提供电磁能量的电子装置的理想化模型。

任何一个二端电路，流入其中一个端子的电流恒等于流出另外一个端子的电流，则称此二端电路为一端口电路。

1.4.2 分立电阻与集成电阻

任何材料都有电阻。导体、半导体和绝缘体三者的区别是材料的电阻率 ρ。通常，

$\rho<10^{-4}$ Ω·m 的材料称为导体，$\rho>10^4$ Ω·m 的材料称为绝缘体，半导体的 ρ 介于导体和绝缘体之间。

一段长度为 L、截面积为 S、电阻率为 ρ 的材料，其电阻值为

$$R = \rho \frac{L}{S} \tag{1.4-8}$$

1. 分立电阻器的主要参数

电子电路中单个使用的具有电阻特性的元件，称为分立电阻器。前面讨论的电阻元件是由实际电阻器抽象出来的理想化模型。

电阻元件和电阻器这两个概念是有区别的。电阻元件的参数只有一个电阻值，而电阻器的元件参数包括标称值、容差、额定功率、温度系数等。

标称值(标准电阻值)是指标识在电阻器上的电阻值。标称阻值是有规定的，一般可以是 1.0 Ω、1.1 Ω、1.2 Ω、1.3 Ω、1.5 Ω、1.6 Ω、1.8 Ω、2.0 Ω、2.2 Ω、2.4 Ω、2.7 Ω、3.0 Ω、3.3 Ω、3.6 Ω、3.9 Ω、4.3 Ω、4.7 Ω、5.1 Ω、5.6 Ω、6.2 Ω、6.8 Ω、7.5 Ω、8.2 Ω、9.1 Ω 等以及其乘 10 次幂的阻值。不同系列的电阻器，其标称值会有所不同。如果从电路模型中算出的电阻值为 70 Ω，则工程上只能选 68 Ω 的电阻，因为实际中没有标称值为 70 Ω 的电阻。

批量生产的电阻器很难具有完全一样的阻值。电阻器的实际阻值与标称值之间的相对误差称为电阻的误差，即

$$误差 = \frac{实际阻值 - 标称值}{标称值} \times 100\%$$

阻值的误差容限称为电阻器的容差，记为 ε。容差大小一般分三级：$\varepsilon = \pm 5\%$ 为 Ⅰ 级，$\varepsilon = \pm 10\%$ 为 Ⅱ 级，$\varepsilon = \pm 20\%$ 为 Ⅲ 级。对于精密电阻，容差等级有 $\pm 0.05\%$、$\pm 0.2\%$、$\pm 0.5\%$、$\pm 1\%$ 等。

电阻器所允许消耗的最大功率称为电阻器的额定功率。当电阻器的额定功率是实际承受功率的 1.5～2 倍以上时，才能保证电阻器可靠工作。

此外，随着温度变化，材料的电阻率也发生变化，从而导致电阻器的阻值变化。某些材料构成的电阻器的温度降到一定值后，其阻值可能迅速减至零，此时称该电阻器进入了超导状态。

2. 常用电阻器的特点

(1) 碳膜电阻器的特点：稳定性好，噪声低，阻值范围宽(1 Ω～10 MΩ)，温度系数不大且价格便宜，额定功率可达 2 W。它是电子电路中使用最广泛的电阻。

(2) 绕线电阻器的特点：阻值精度高，噪声小，稳定性高，温度系数低，但阻值小(0.1 Ω～5 MΩ)，体积较大，固有电感及电容较大，因此，一般不能用于高频电路。

(3) 金属膜电阻器的特点：温度系数低，并且很牢固，使用寿命长，它广泛应用于稳定性和可靠性要求较高的电路中。

(4) 金属氧化膜电阻器的特点：性能可靠，额定功率大(最大可达 15 kW)，但其阻值范围较小(1 Ω～200 kΩ)。

3. 集成电阻

集成电阻又称扩散电阻、薄层电阻。

1960 年之前，组成电路的都是一些分立元件。1959 年，人们发现将固体工艺和制造印刷电路板中所用的光刻技术结合起来，可以在一块半导体硅片上同时制作很多元件，并且可以在硅片上淀积金属薄膜而将它们互连成电路。这样的电路称为集成电路。在集成电路中，除了以 PN 结作为电阻外，还有多种以与晶体管工艺兼容的方式制作的集成电阻，其中最常用的是扩散电阻。

通过复杂的扩散工艺在硅片上生成一定尺寸的薄层而制成的电阻，称为扩散电阻。

考虑最简单的情况，图 1.4 - 4 给出一块扩散有均匀材料的矩形扩散电阻，由式(1.4 - 8)，可得其电阻值为

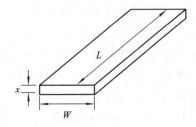

图 1.4 - 4 矩形扩散电阻

$$R = \rho \frac{L}{S} = \rho \frac{L}{x \cdot W} = \frac{\rho}{x} \frac{L}{W} \qquad (1.4 - 9)$$

式中，ρ 为材料的电阻率；L、W 分别为矩形扩散电阻的长度和宽度；x 为矩形扩散电阻的扩散厚度。材料的电阻率和扩散电阻的扩散厚度由集成电路生产线工艺所决定，因此，生产线工艺一旦确定，则式(1.4 - 9)中的 ρ/x 为固定值，设计人员所能改变的就只有扩散电阻的长度和宽度。为此，集成电路设计中将 ρ/x 定义为方块电阻(也称薄层电阻)，记为 $R_\square$，单位为 $\Omega/\square$(欧姆每方)，即

$$R_\square = \frac{\rho}{x} \qquad (1.4 - 10)$$

式(1.4 - 9)用方块电阻表示为

$$R = R_\square \frac{L}{W} \qquad (1.4 - 11)$$

利用方块电阻的概念可以把版图几何平面尺寸和工艺纵向参数分开，设计人员根据生产线工艺所提供的方块电阻值，通过改变扩散电阻的长和宽就可改变其阻值。可知，大阻值的电阻将会占用很多芯片面积。

一般来说，扩散电阻的容差为±20%，并且不可能修整得更精确。由于电路中所有电阻是同时扩散成的，因而阻值误差一般是同符号的。因此，在集成电路设计中的一个重要问题是：电压、电流响应的极限值尽可能依赖于电阻的比值(相对值)而不依赖于电阻的绝对值，因为在集成电路工艺中各电阻间的配比误差可以控制在±2%以内。当需要准确的电阻时，就必须采用厚膜或薄膜电阻，再通过修整(如用激光)以得到精确阻值，但这样做生产成本将增加许多。

无论是分立电阻器还是集成电阻，分析它们时都将其抽象为电阻元件。

1.5 电 源

电源是有源的电路元件，它是各种电能量(电功率)产生器的理想化模型。电源可分为独立电源和非独立电源(受控源)两类。独立的理想化电源有理想电压源和理想电流源，简称为电压源和电流源。

1.5.1　电压源

一个二端元件，如其端口电压总能保持为给定的电压 $u_s(t)$，而与通过它的电流无关，则称其为电压源。电压源的图形符号如图 1.5 - 1(a)所示。如 $u_s(t)$ 为恒定值，则称其为直流电压源或恒定电压源，有时用图 1.5 - 1(b)所示的图形符号表示，其中长的一端为"＋"极，短的一端为"－"极。干电池两端的电压基本不随负载的变化而变化，可看作电压源。话筒是一种声电传感器，它将声能转换为电能，话筒两端的电压随声音的强弱变化，但基本上与其电流无关，因此也可看作是电压源。

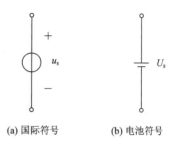

(a) 国际符号　　　(b) 电池符号

图 1.5 - 1　电压源符号

将理想电压源接上外部电路 N，可观测其端口的电压 u 和电流 i，如图 1.5 - 2(a)所示。电压源具有如下特点：

(1) 无论通过它的电流为何值，电压源的端口电压 u 总保持 $u(t) = u_s(t)$。如果 u_s 是直流电压源 U_s(U_s 为常数)，则电压源端口电压 u 与流过它的电流 i 的关系(即伏安特性)是一条位于 $u = U_s$ 且平行于电流轴的直线，如图 1.5 - 2(b)所示。如果 u_s 是随时间变化的，则平行于电流轴的直线也随之改变其位置，如图 1.5 - 2(c)所示。

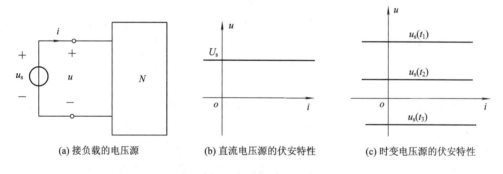

(a) 接负载的电压源　　　　(b) 直流电压源的伏安特性　　　　(c) 时变电压源的伏安特性

图 1.5 - 2　电压源的特性

(2) 电压源的电流由电压源和与它相连的外电路共同决定。电压源的端口电压 u 与电流 i 可表示为

$$\begin{cases} u(t) = u_s(t) \\ i(t) = \text{任意值} \end{cases} \quad \forall t \qquad (1.5 - 1)$$

顺便指出，电压源的端电压与电流常采用非关联参考方向，如图 1.5 - 2(a)所示。此时，电压源发出的功率为 $p = u_s i$，它也是外电路 N 吸收的功率。

如果电压源的端口电压 u_s 恒等于零，则其伏安特性与电流轴相重合，该电压源相当于短路。

1.5.2　电流源

一个二端元件，如其端口电流值总能保持为给定的电流 $i_s(t)$，而与其端口电压无关，则称其为电流源。电流源的图形符号如图 1.5 - 3 所示。如 $i_s(t)$ 为恒定值，则称其为直流

电流源或恒定电流源。太阳能电池是一种光电传感器，它将
光能转换为电能，太阳能电池上的电流随光的强弱而变化，
但基本上与其两端的电压无关，因此可看作是电流源。

将理想电流源接上外部电路 N，可观测其端口的电压 u
和电流 i，如图 1.5 - 4(a)所示。电流源具有如下特点：

(1) 无论其端口电压 u 为何值，电流源的电流 i 总保持
$i(t)=i_s(t)$。如果 i_s 是直流电流源 I_s(I_s 为常数)，则电流源的

图 1.5 - 3　电流源符号

伏安特性是一条位于 $i=I_s$ 且平行于电压轴的直线，如图 1.5 - 4(b)所示。如果 i_s 是随时
间变化的，则平行于电压轴的直线也随之改变其位置，如图 1.5 - 4(c)所示。

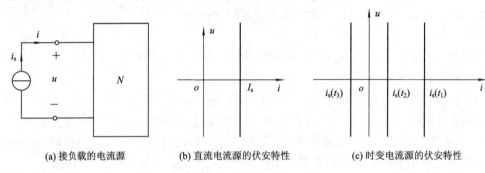

(a) 接负载的电流源　　　　(b) 直流电流源的伏安特性　　　　(c) 时变电流源的伏安特性

图 1.5 - 4　电流源的特性

(2) 电流源的端口电压由电流源和与它相连的外电路共同决定。电流源的端口电压 u
与电流 i 可表示为

$$\begin{cases} u(t) = \text{任意值} \\ i(t) = i_s(t) \end{cases} \forall t \qquad (1.5-2)$$

电流源的端口电压与电流也常采用非关联参考方向，如图 1.5 - 4(a)所示。此时，电流
源发出的功率为 $p=ui_s$，它也是外电路 N 吸收的功率。

如果电流源的电流 i_s 恒等于零，则其伏安特性与电压轴相重合，该电流源相当于开路。

独立电源的特点是：电压源的电压 u_s 和电流源的电流 i_s 都不受电路中其它因素的影
响，是独立的。它们作为电源或输入信号，在电路中起着"激励"作用，将在电路中产生电
压和电流，这些由激励引起的电压和电流就是"响应"。

例 1.5 - 1　如图 1.5 - 5 所示的电路，求电压源产生的功率和电流源产生的功率。

解　由图可见，根据电流源的定义，电流 $I=I_s=1$ A，它也是通过电压源的电流。由
于 U_s 与 I 为关联参考方向，故电压源吸收的功率

$$P_{U_s} = U_s I = 2 \text{ W}$$

电压源发出(或产生)的功率为 -2 W。

根据 KVL，电流源的端口电压

$$U = RI + U_s = RI_s + U_s = 5 \text{ V}$$

由于 I_s 与其端口电压 U 为非关联参考方向，故电流
源产生的功率

$$P_{I_s} = UI_s = 5 \text{ W}$$

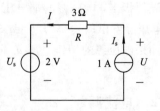

图 1.5 - 5　例 1.5 - 1 图

从该例可看出，独立源并不总是发出功率。充电中的可充电电池就是独立源吸收功率的一个实例。

例 1.5-2　如图 1.5-6 所示电路，已知 $i_2 = 1$ A，试求电流 i_1、电压 u、电阻 R 和两电源产生的功率。

解　在节点 a 处，由 KCL 得

$$i_1 = i_S - i_2 = 1 \text{ A}$$

在回路 1，由 KVL 得

$$u = 3i_1 + u_S = 3 + 5 = 8 \text{ V}$$

在回路 2，由 OL 得

$$R = \frac{u}{i_2} = \frac{8}{1} = 8 \ \Omega$$

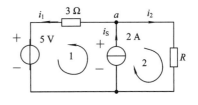

图 1.5-6　例 1.5-2 图

则电流源 i_S 产生的功率：$P_1 = ui_S = 8 \times 2 = 16$ W

电压源 u_S 产生的功率：$P_2 = -ui_1 = -5 \times 1 = -5$ W

结论　独立电源可能产生功率，也可能吸收功率。

1.5.3　电路中的参考点

在电路分析中，常常指定电路中的某节点为参考点，计算或测量其它各节点对参考点的电位差，称其为各节点的电位，或各节点的电压。

如图 1.5-7(a)所示的电路，若选节点 d 为参考点，节点 a、b、c 的节点电位或节点电压分别用 U_{na}、U_{nb}、U_{nc}[①]表示；在不致混淆的情况下，也常用 U_a、U_b、U_c 表示，则

$$U_{na} = U_{ad} = U_{s1}, \quad U_{nb} = U_{bd} = R_3 I_3$$
$$U_{nc} = U_{cd} = -U_{s2}, \quad U_{nd} = U_{dd} = 0$$

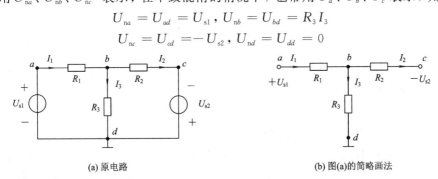

(a) 原电路　　　　　　　　　　　(b) 图(a)的简略画法

图 1.5-7　参考点

由此可见，参考点的电位为零。在电力工程中，常选大地为参考点，即认为大地的电位为零。在电子线路中，常规定一条公共导线作为参考点，这条公共导线常是众多元器件的汇集点，常称为地线。元件的一端若与地线相接，称为接地。接地的符号如图 1.5-7(a) 和(b)中的 d 所示。

需要强调指出，电路中某点的电位随参考点选取位置的不同而改变，不指明参考点而谈论某点的电位是没有意义的；而电压是两点之间的电位差，与参考点的选取无关。

在电子线路中，为了电路图的简练醒目，对于有一端接地(参考点)的电压源常不再画出电源符号，而只在电源的非接地的一端处标明电压的数值和极性。按这种简略画法，图

---

① 下标 n 表示节点"node"。有些书中也用 V 或 φ 表示节点电位。

1.5-7(a)的电路可简化为图1.5-7(b)。

例1.5-3 如图1.5-7(b)所示的电路，已知$U_{s1}=6$ V, $U_{s2}=3$ V, $R_1=2$ Ω, $R_2=6$ Ω, $R_3=6$ Ω，求节点b的节点电压U_b。

解 首先标明各支路电流(或电压)的参考方向。显然有

$$U_a=U_{s1}=6 \text{ V}, \quad U_c=-U_{s2}=-3 \text{ V}$$

由图可见，ab间的电压

$$U_{ab}=U_{ad}-U_{bd}=U_a-U_b=6-U_b$$

所以

$$I_1=\frac{U_{ab}}{R_1}=\frac{6-U_b}{2}$$

bc间的电压

$$U_{bc}=U_{bd}-U_{cd}=U_b-U_c=U_b-(-3)=U_b+3$$

所以

$$I_2=\frac{U_{bc}}{R_2}=\frac{U_b+3}{6}$$

$$I_3=\frac{U_{bd}}{R_3}=\frac{U_b}{6}$$

对于节点b，根据KCL有

$$I_1=I_2+I_3$$

将I_1、I_2、I_3代入上式，得

$$\frac{6-U_b}{2}=\frac{U_b+3}{6}+\frac{U_b}{6}$$

可解得$U_b=3$ V。

例1.5-4 如图1.5-8所示的电路，N为某用电设备，今测得$U_N=6$ V, $I_N=1$ A，其参考方向如图所示。

(1) 求未知电阻R；

(2) 求电压源和电流源产生的功率。

解 首先标明有关电流I_1、I_2、I_3的参考方向。

(1) 为求得电阻R，需要求得U_c和I_3。

若以d为参考点，则

$$U_a=U_s=12 \text{ V}, \quad U_b=U_N=6 \text{ V}$$

所以

$$U_{ab}=U_a-U_b=6 \text{ V}$$

$$I_1=\frac{U_{ab}}{4}=1.5 \text{ A}$$

根据KCL，对于节点b，有

$$I_2=I_1-I_N=0.5 \text{ A}$$

对于节点c，有

$$I_3=I_2+I_s=1.5 \text{ A}$$

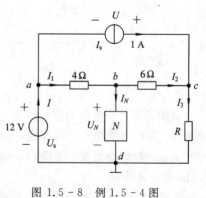

图1.5-8 例1.5-4图

cd 两点间的电压，即 c 点的电压(以 d 为参考点)

$$U_c = U_{cd} = U_{cb} + U_{bd} = -6I_2 + U_N = 3 \text{ V}$$

所以，电阻(U_{cd} 与 I_3 为关联参考方向)

$$R = \frac{U_c}{I_3} = 2 \text{ } \Omega$$

(2) 为求得电压源和电流源产生的功率，需求出电压源的电流 I 和电流源的端电压 U，其参考方向如图 1.5-8 所示，它们都是非关联参考方向。

根据 KCL，电压源的电流

$$I = I_1 + I_s = 1.5 + 1 = 2.5 \text{ A}$$

所以，电压源产生功率

$$P_{U_s} = U_s I = 12 \times 2.5 = 30 \text{ W}$$

根据 KVL，电流源的端电压

$$U = U_{cd} + U_{da} = U_c - U_a = 3 - 12 = -9 \text{ V}$$

所以，电流源产生的功率

$$P_{I_s} = U I_s = (-9) \times 1 = -9 \text{ W}$$

实际上，电流源吸收功率为 9 W。

1.5.4 受控源

非独立电源是指电压源的电压或电流源的电流不是给定的时间函数，而是受电路中某支路电压或电流控制的，因此常称为受控源。

受控源是有源的二端口元件。其两个端口：一个是电源端口，体现为源电压 u_s 或源电流 i_s，能提供电功率；另一个是控制端口，体现为控制电压 u_c 或控制电流 i_c，如图 1.5-9 所示。控制端口上的功率恒为零，即当电压 u_c 控制时，控制口电流 i_c 为零；当电流 i_c 控制时，控制口电压 u_c 为零。

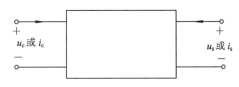

图 1.5-9 受控源

根据控制量是电压还是电流，受控的电源是电压源还是电流源，受控源有四种基本形式，它们是：压控电压源(VCVS)、流控电压源(CCVS)、压控电流源(VCCS)和流控电流源(CCCS)[①]。图 1.5-10 是它们的电路符号，受控源的电源符号用菱形表示。独立电源是一端口元件，只需一个方程就可以表征其特性。而受控源是二端口元件，其元件特性需用两个方程来描述。其端口电压、电流关系分别为

$$\text{压控电压源(VCVS)} \begin{cases} u_s(t) = \mu u_c(t) \\ i_c(t) = 0 \end{cases} \forall t \tag{1.5-3}$$

$$\text{流控电压源(CCVS)} \begin{cases} u_s(t) = r i_c(t) \\ u_c(t) = 0 \end{cases} \forall t \tag{1.5-4}$$

---

① VCVS—Voltage Controlled Voltage Source；CCVS—Current Controlled Voltage Source；VCCS—Voltage controlled Current Source；CCCS—Current Controlled Current Source。

$$\text{压控电流源(VCCS)} \begin{cases} i_{\mathrm{s}}(t) = gu_{\mathrm{c}}(t) \\ i_{\mathrm{c}}(t) = 0 \end{cases} \forall\, t \qquad (1.5-5)$$

$$\text{流控电流源(CCCS)} \begin{cases} i_{\mathrm{s}}(t) = \alpha i_{\mathrm{c}}(t) \\ u_{\mathrm{c}}(t) = 0 \end{cases} \forall\, t \qquad (1.5-6)$$

式中，μ、r、g、α 是控制系数，其中 μ 和 α 无量纲，r 和 g 分别具有电阻和电导的量纲。当这些系数为常数时，被控电源数值与控制量成正比，这种受控源称为线性非时变受控源。本书只涉及这类受控源。

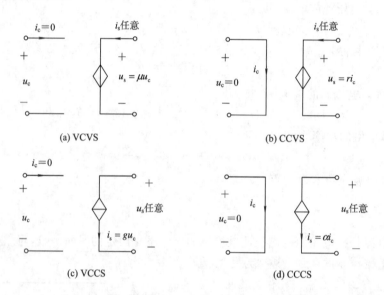

图 1.5 - 10 受控源的四种形式

作为一个二端口元件来说，受控源有两个端口。但由于控制口的功率为零，它不是开路就是短路，因而在电路图中不一定要专门画出控制口，只要在控制支路中标明该控制量即可。图 1.5 - 11(a)和(b)的本质是相同的，但图(a)简单明了。

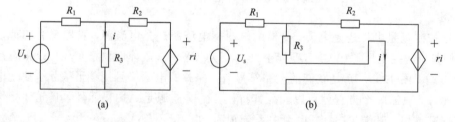

图 1.5 - 11 含受控源的电路

受控源是一种有源元件。下面以 VCVS 为例讨论受控源的有源性。将 VCVS 的控制关系代入式(1.2 - 7)，得

$$w(t) = \int_{-\infty}^{t} p(\xi)\,\mathrm{d}\xi = \int_{-\infty}^{t} u_{\mathrm{s}}(\xi) i_{\mathrm{s}}(\xi)\,\mathrm{d}\xi = \mu \int_{-\infty}^{t} u_{\mathrm{c}}(\xi) i_{\mathrm{s}}(\xi)\,\mathrm{d}\xi$$

由于 u_{c}、i_{s} 在电路中可能为正也可能为负，上式不能确保对任意 t 均不小于零，因而受控源是有源元件。

需要指出，独立源和受控源是两个不同的物理概念。独立源在电路中起着"激励"作用，它是实际电路中电能量或电信号"源泉"的理想化模型；而受控源是描述电子器件中某支路对另一支路控制作用的理想化模型，它本身不直接起"激励"作用。这一点从下一节对器件建立电路模型的过程中可以看到。

例 1.5 - 5 如图 1.5 - 12 所示的电路，求 i_x。

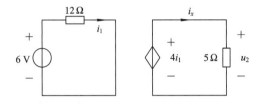

图 1.5 - 12　例 1.5 - 5 图

解 图 1.5 - 12 是含流控电压源的电路。可以求得控制电流

$$i_1 = \frac{6}{12} = 0.5 \text{ A}$$

从而受控源的端电压 $u_2 = 4i_1 = 2$ V。于是未知电流

$$i_x = \frac{u_2}{5} = 0.4 \text{ A}$$

例 1.5 - 6 如图 1.5 - 13 所示的电路，求 5 Ω 电阻两端的电压 u_x。

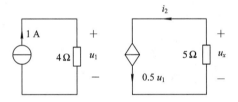

图 1.5 - 13　例 1.5 - 6 图

解 图 1.5 - 13 是含有压控电流源的电路。可以求得控制电压

$$u_1 = 4 \times 1 = 4 \text{ V}$$

从而受控源的电流 $i_2 = 0.5u_1 = 2$ A。

由于 u_x 与 i_2 为非关联参考方向，所以

$$u_x = -5i_2 = -10 \text{ V}$$

例 1.5 - 7 图 1.5 - 14 所示是放大器的简化模型。已知 $R_1 = 2$ Ω，$R_2 = 15$ Ω，$\alpha = 4$，输入电压 $u_i = 2 \cos t$ （V），求输出电压 u_o。

解 对于节点 a，根据 KCL，考虑到 $i_2 = \alpha i_1$，有

$$i_3 = i_1 + i_2 = (1 + \alpha)i_1$$

输入电压

$$u_i = R_1 i_3 = R_1(1 + \alpha)i_1$$

输出电压

$$u_o = -R_2 i_2 = -R_2 \alpha i_1$$

所以

$$\frac{u_o}{u_i} = -\frac{R_2 \alpha}{R_1(1 + \alpha)}$$

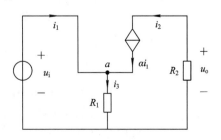

图 1.5 - 14　例 1.5 - 7 图

即

$$u_{\text{o}} = -\frac{R_2 \alpha}{R_1(1+\alpha)} u_i = -\frac{15 \times 4}{2(1+4)} \times 2\cos t = -12\cos t \text{ V}$$

可见，输入电压被放大到 6 倍，但极性相反。

1.6 电 路 等 效

由线性非时变电阻、线性受控源和独立源组成的电路可称为线性非时变电阻电路，简称为电阻电路。

在电路理论中，"等效"的概念是极其重要的，利用它可以简化电路的分析和计算。

本节首先阐述电路等效的一般概念，即等效定义、等效条件、等效对象以及等效的目的，然后讨论不含独立源电路的等效问题。含独立源电路的等效将在下一节中讨论。

1.6.1 电路等效的概念

对于结构、元件参数完全不同的两部分电路 B 和 C，如图 1.6 - 1 所示。若 B 和 C 具有完全相同的端口电压电流关系(VCR)，则称 B 与 C 是端口等效的，或称电路 B 和 C 互为等效电路。

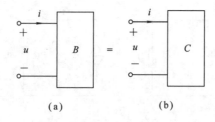

(a)   (b)

图 1.6 - 1 具有相同端口 VCR 的两部分电路

互为等效的两部分电路 B 与 C 在电路中可以相互替换，替换前的电路与替换后的电路对任意外部电路 A 中的电压、电流、功率是等效的，如图 1.6 - 2(a)、(b)所示。也就是说，用图 1.6 - 2(b)的电路求 A 中的电压、电流、功率与用图 1.6 - 2(a)的电路求 A 中的电压、电流、功率具有同等效果。习惯上将这种替换称为电路的等效变换。

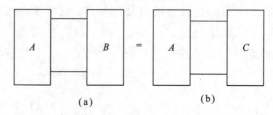

(a)   (b)

图 1.6 - 2 电路等效变换

关于电路等效的概念，可重点归纳为以下三点：

(1) 电路等效变换的条件是相互替换的两部分电路 B 与 C 具有完全相同的 VCR；

(2) 电路等效的对象是外部电路 A(即电路未变化的部分)中的电压、电流、功率；

(3) 电路等效的目的是简化电路的分析和计算。

1.6.2   电阻的串联和并联等效

为了便于理解上述等效的概念，下面通过推导大家熟知的串联电阻等效公式和并联电阻等效公式来加以说明。

图 1.6 - 3(a)是由 n 个电阻 R_1，R_2，$\cdots$，R_n 串联组成的一端口电路 B。电阻串联的基本特征是通过各电阻的电流是同一电流。图 1.6 - 3(b)是仅由一个电阻 R_{eq} 构成的一端口电路 C。对于 B，根据 KVL 可得到它的端口 VCR 为

$$u = u_1 + u_2 + \cdots + u_n = (R_1 + R_2 + \cdots + R_n)\,i \qquad (1.6 - 1a)$$

对于电路 C，其端口 VCR 为

$$u = R_{eq}\,i \qquad (1.6 - 1b)$$

如果

$$R_{eq} = R_1 + R_2 + \cdots + R_n \qquad (1.6 - 2a)$$

则 B 和 C 的端口 VCR 完全相同，从而二者等效。在电路中，若用 R_{eq} 代替 n 个串联电阻，则对其外部电路来说，它们起的作用是相同的。式(1.6 - 2a)就是大家熟知的串联电阻等效公式。电阻 R_{eq}[①] 称为 n 个电阻串联的等效电阻。

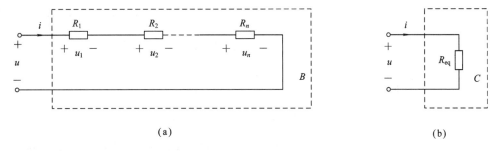

$$(a) \qquad\qquad\qquad (b)$$

图 1.6 - 3   电阻的串联

电阻串联时，各电阻的电压

$$u_k = R_k i = \frac{R_k}{R_{eq}} u \qquad k = 1,\, 2,\, \cdots,\, n \qquad (1.6 - 2b)$$

上式通常称为分压公式。

图 1.6 - 4(a)是 n 个电导(电阻)相并联组成的一端口电路。电导(电阻)并联的基本特征是各电导(电阻)的端电压是同一电压。图 1.6 - 4(b)中的一端口电路仅含一个电导(电阻)。它们的端口 VCR 分别为

$$i = i_1 + i_2 + \cdots + i_n = (G_1 + G_2 + \cdots + G_n)u \qquad (1.6 - 3a)$$

$$i = G_{eq} u \qquad (1.6 - 3b)$$

如果

$$G_{eq} = G_1 + G_2 + \cdots + G_n \quad 或 \quad \frac{1}{R_{eq}} = \frac{1}{R_1} + \frac{1}{R_2} + \cdots + \frac{1}{R_n} \qquad (1.6 - 4a)$$

则图 1.6 - 4(a)和(b)的电路有完全相同的端口 VCR，二者是等效的。G_{eq} 称为等效电导。

---

① 下标 eq 为等效(equivalent)的简写。

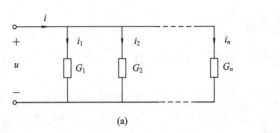
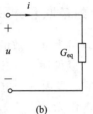

(a)　　　　　　　　　　(b)

图 1.6 - 4　电阻的并联

电导并联时，各电导上的电流

$$i_k = G_k u = \frac{G_k}{G_{eq}} i \qquad k = 1, 2, \cdots, n \qquad (1.6 - 4b)$$

上式常称为分流公式。

最常遇到的是两个电阻相并联的情形，如图 1.6 - 5 所示。其等效电阻

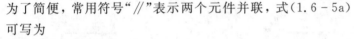

$$R_{eq} = \frac{R_1 R_2}{R_1 + R_2} \qquad (1.6 - 5a)$$

为了简便，常用符号"//"表示两个元件并联，式(1.6 - 5a)可写为

$$R_{eq} = R_1 \;//\; R_2 = \frac{R_1 R_2}{R_1 + R_2}$$

图 1.6 - 5　两个电阻并联

两支路电流分别为

$$i_1 = \frac{R_2}{R_1 + R_2} i, \quad i_2 = \frac{R_1}{R_1 + R_2} i \qquad (1.6 - 5b)$$

兼有电阻串联和并联的电路称为混联电路。在混联的情况下，应根据电阻串联、并联的基本特征，仔细判别电阻间的连接方式。然后利用前面的串、并联公式进行化简和计算。

例 1.6 - 1　如图 1.6 - 6 所示的电路。

(1) 求 ab 两点间的电压 u_{ab}；

(2) 若 ab 用理想导线短接，求流过该短路线上的电流 i_{ab}。

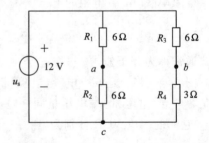

解　(1) 由图可见，R_1 与 R_2 为串联，R_3 与 R_4 也为串联。由分压公式可求得

$$u_{ac} = \frac{R_2}{R_1 + R_2} u_s = 6 \text{ V}$$

$$u_{bc} = \frac{R_4}{R_3 + R_4} u_s = 4 \text{ V}$$

图 1.6 - 6　例 1.6 - 1题图

所以，ab 间的电压

$$u_{ab} = u_{ac} + u_{cb} = u_{ac} - u_{bc} = 2 \text{ V}$$

(2) 若 ab 短接，如图 1.6 - 7(a)所示。这时，R_1 与 R_3 为并联，R_2 与 R_4 为并联，并联后的电路如图 1.6 - 7(b)所示。

要特别注意，电路变换后，节点 ab 合并为一点，这时图(b)中的电流 i 不是图(a)中的

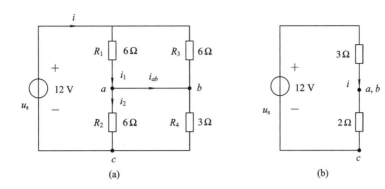

图 1.6 - 7　例 1.6 - 1 解图

i_{ab}，而是图(a)中的电流 i。

由图 1.6 - 7(b)可求得总电流

$$i = \frac{u_s}{3+2} = 2.4 \text{ A}$$

按图 1.6 - 7(a)，应用分流公式得

$$i_1 = \frac{R_3}{R_1 + R_3}i = 1.2 \text{ A}, \quad i_2 = \frac{R_4}{R_2 + R_4}i = 0.8 \text{ A}$$

根据 KCL，可求得 ab 间短路线上的电流

$$i_{ab} = i_1 - i_2 = 0.4 \text{ A}$$

1.6.3　电阻 Y 形电路与△形电路的等效变换

图 1.6 - 8(a)中，电阻 R_1、R_2、R_3 形成 Y 形(或称 T 形、星形)连接电路；图 1.6 - 8 (b)中，电阻 R_{12}、R_{23}、R_{31} 形成△形(或称 π 形、三角形)连接电路。

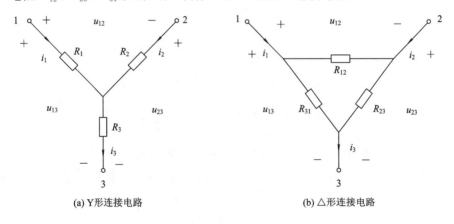

(a) Y 形连接电路　　　　　　　　　(b) △形连接电路

图 1.6 - 8　Y 形和△形电路

Y 形电路和△形电路都是通过三个端子与外部相连的，是两种典型的三端电阻电路，也可看成是两个具有公共端子的二端口电阻电路。为使两者等效，要求两者的端口 VCR 完全相同。由于这两个电路可用电阻参数矩阵 **R** 或电导参数矩阵 **G** 描述，因而，只要两者的 **R** 或 **G** 矩阵相同即可。

首先求 Y 形电路的 $\boldsymbol{R}_Y$。由图 1.6 - 8(a)，根据 KVL 有

$$\begin{cases} u_{13} = R_1 i_1 + R_3(i_1 + i_2) = (R_1 + R_3)i_1 + R_3 i_2 \\ u_{23} = R_2 i_2 + R_3(i_1 + i_2) = R_3 i_1 + (R_2 + R_3)i_2 \end{cases}$$

则

$$\boldsymbol{R}_Y = \begin{bmatrix} R_1 + R_3 & R_3 \\ R_3 & R_2 + R_3 \end{bmatrix}$$

对于△形电路，直接求 $\boldsymbol{G}_\triangle$ 方便。由图 1.6 - 8(b)，根据 KCL 有

$$i_1 = \frac{1}{R_{31}}u_{13} + \frac{1}{R_{12}}(u_{13} - u_{23}) = \left(\frac{1}{R_{31}} + \frac{1}{R_{12}}\right)u_{13} - \frac{1}{R_{12}}u_{23}$$

$$i_2 = \frac{1}{R_{23}}u_{23} - \frac{1}{R_{12}}(u_{13} - u_{23}) = -\frac{1}{R_{12}}u_{13} + \left(\frac{1}{R_{23}} + \frac{1}{R_{12}}\right)u_{23}$$

则

$$G_\triangle = \begin{bmatrix} \dfrac{1}{R_{31}} + \dfrac{1}{R_{12}} & -\dfrac{1}{R_{12}} \\ -\dfrac{1}{R_{12}} & \dfrac{1}{R_{23}} + \dfrac{1}{R_{12}} \end{bmatrix}$$

为使 Y 形电路与△形电路等效，必须有

$$\boldsymbol{G}_\triangle = \boldsymbol{G}_Y = \boldsymbol{R}_Y^{-1}$$

即

$$\begin{bmatrix} \dfrac{1}{R_{31}} + \dfrac{1}{R_{12}} & -\dfrac{1}{R_{12}} \\ -\dfrac{1}{R_{12}} & \dfrac{1}{R_{23}} + \dfrac{1}{R_{12}} \end{bmatrix} = \begin{bmatrix} R_1 + R_3 & R_3 \\ R_3 & R_2 + R_3 \end{bmatrix}^{-1}$$

$$= \frac{1}{R_1 R_2 + R_2 R_3 + R_3 R_1} \begin{bmatrix} R_2 + R_3 & -R_3 \\ -R_3 & R_1 + R_3 \end{bmatrix}$$

比较上式等号两边两个矩阵中的元素，可得

$$\begin{cases} R_{12} = \dfrac{R_1 R_2 + R_2 R_3 + R_3 R_1}{R_3} = R_1 + R_2 + \dfrac{R_1 R_2}{R_3} \\ R_{31} = \dfrac{R_1 R_2 + R_2 R_3 + R_3 R_1}{R_2} = R_1 + R_3 + \dfrac{R_1 R_3}{R_2} \\ R_{23} = \dfrac{R_1 R_2 + R_2 R_3 + R_3 R_1}{R_1} = R_2 + R_3 + \dfrac{R_2 R_3}{R_1} \end{cases} \qquad (1.6-6)$$

上式是已知 Y 形电路的电阻，计算其等效的△形电路中各电阻的公式。

同理，利用 $\boldsymbol{R}_Y = \boldsymbol{R}_\triangle = \boldsymbol{G}_\triangle^{-1}$，可得出已知△形电路的电阻，计算其相应等效的 Y 形电路中各电阻的公式为

$$\begin{cases} R_1 = \dfrac{R_{31} R_{12}}{R_{12} + R_{23} + R_{31}} \\ R_2 = \dfrac{R_{12} R_{23}}{R_{12} + R_{23} + R_{31}} \\ R_3 = \dfrac{R_{23} R_{31}}{R_{12} + R_{23} + R_{31}} \end{cases} \qquad (1.6-7)$$

为便于记忆，以上等效互换公式可归纳为

$$Y \text{形电阻} R_i = \frac{\triangle \text{形中与节点} i \text{连接的两电阻乘积}}{\triangle \text{形三电阻之和}}$$

$$\triangle \text{形电阻} R_{ij} = \frac{Y \text{形电阻两两乘积之和}}{Y \text{形中与节点} i \text{和} j \text{均不连接的电阻}}$$

若 Y 形电路的三个电阻相等，即 $R_1 = R_2 = R_3 = R_Y$，则其等效 $\triangle$ 形电路的电阻也相等，即 $R_{12} = R_{23} = R_{31} = R_\triangle$。其关系为

$$R_\triangle = 3R_Y \tag{1.6-8}$$

例 1.6 - 2　如图 1.6 - 9(a)所示的电路，求 ad 端的等效电阻 R_{eq}。

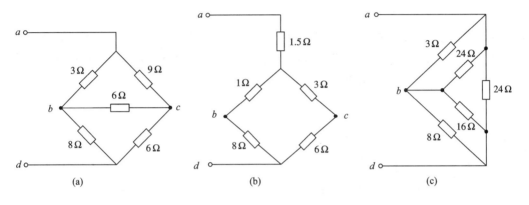

图 1.6 - 9　例 1.6 - 2 图

解　对图 1.6 - 9(a)所示的电路，不能直接用电阻串、并联的方法简化。若用 $\triangle$ - Y 变换将比较方便。

(1) 可以将图 1.6 - 9(a)电路中节点 a、b、c 间的 $\triangle$ 形电路等效变换为 Y 形电路，如图 1.6 - 9(b)所示。若令等效 Y 形电路中接于节点 a、b、c 的电阻分别为 R_a、R_b 和 R_c，则根据式(1.6 - 7)可得

$$R_a = \frac{3 \times 9}{3 + 6 + 9} = 1.5 \ \Omega$$

$$R_b = \frac{3 \times 6}{3 + 6 + 9} = 1 \ \Omega$$

$$R_c = \frac{6 \times 9}{3 + 6 + 9} = 3 \ \Omega$$

它们已分别标明在图 1.6 - 9(b)中。按图 1.6 - 9(b)，用电阻串、并联的方法，不难求得 ad 端的等效电阻

$$R_{eq} = 1.5 + \frac{(1 + 8)(3 + 6)}{(1 + 8) + (3 + 6)} = 6 \ \Omega$$

(2) 也可将图 1.6 - 9(a)电路中连接到节点 ac、bc、dc 的三个 Y 形连接的电阻等效变换为 $\triangle$ 形电路，如图 1.6 - 9(c)所示。按式(1.6 - 6)计算的各电阻值已标明在图 1.6 - 9(c)中。按图 1.6 - 9(c)不难求得 ad 端的等效电阻 $R_{eq} = 6 \ \Omega$。

1.6.4　等效电阻

前面已叙述了等效电阻的概念和一些计算方法，现在讨论一般电路。如有一个不含独

立源的一端口电阻电路 N，如图 1.6 - 10 所示。设其端
口电压 u 与电流 i 为关联参考方向，则其端口等效电阻
可定义为

$$R_{\text{eq}} \overset{\text{def}}{=\!=} \frac{u}{i} \qquad (1.6 - 9)$$

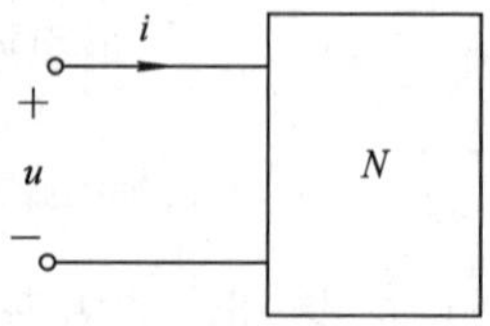

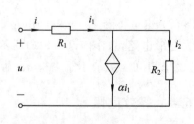

如果该端口是输入端口，也称其为输入电阻或入口电阻；
如果该端口是输出端口，也称其为输出电阻或出口电阻。

图 1.6 - 10　一端口电路

式(1.6 - 9)表明，一端口电路 N 的端口 VCR 是

$$u = R_{\text{eq}} i \qquad (1.6 - 10)$$

只要设法求出电路 N 的端口 VCR，或者测得端口电压 u 和电流 i，就可求得等效电阻 R_{eq}。

例 1.6 - 3　图 1.6 - 11(a)和(b)是只含受控源的一端口电路，若控制系数 $r>0$，且已知，分别求图(a)和(b)电路的等效电阻。

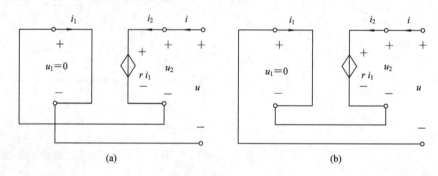

图 1.6 - 11　例 1.6 - 3 图

解　(1) 由图 1.6 - 11(a)可见，按设定的参考方向，一端口电路的端口电流 $i=i_2=i_1$，
端口电压(考虑到 $u_1=0$)

$$u = u_2 + u_1 = u_2 = r i_1$$

故其等效电阻

$$R_{\text{eq}} = \frac{u}{i} = r$$

可见，图 1.6 - 11(a)的一端口电路等效为电阻 r。

(2) 由图 1.6 - 11(b)可见，一端口电路的端口电流 $i=i_2=-i_1$，端口电压(考虑到 $u_1=0$)

$$u = u_2 - u_1 = u_2 = r i_1$$

故其等效电阻

$$R_{\text{eq}} = \frac{u}{i} = -r$$

可见，图 1.6 - 11(b)的一端口电路等效为负电阻。

例 1.6 - 4　如图 1.6 - 12 所示的一端口电路，求
其等效电阻。

解　按图 1.6 - 12，根据 KCL，有

$$i_2 = i - \alpha i_1$$

图 1.6 - 12　例 1.6 - 4 图

由于 $i = i_1$，故 $i_2 = (1-\alpha)i$。对于 u、R_1、R_2 的回路，由 KVL，有

$$u = R_1 i_1 + R_2 i_2$$
$$= R_1 i + R_2 (1-\alpha)i$$
$$= [R_1 + R_2(1-\alpha)]i$$

故得图 1.6 - 12 电路的等效电阻

$$R_{eq} = \frac{u}{i} = R_1 + (1-\alpha)R_2$$

由上式可见，若 $R_1 > 0$，$R_2 > 0$，则当 $\alpha < \dfrac{R_1 + R_2}{R_2}$ 时，R_{eq} 为正电阻，当 $\alpha > \dfrac{R_1 + R_2}{R_2}$ 时，R_{eq} 为负电阻。

1.6.5　器件电路模型的建立

上面讨论的都是理想化元件。实际元器件都可以利用这些理想化元件建立其电路模型。这里，将以在数字电路和存储器电路中广泛应用的金属氧化物半导体场效应晶体管（Metal Oxide Semiconductor Field Effect Transsistor，MOSFET）为例讨论器件的建模过程。

图 1.6 - 13(a) 是一个 N 沟道增强型 MOSFET 的电路符号，它有 3 个端子，分别称为栅极(G)端、源极(S)端和漏极(D)端。根据 MOSFET 的特点，栅极电流始终为零，因此可以将 D-S 之间看作一个二端元件，其伏安特性如图 1.6 - 13(b) 所示。从图中可看出，栅-源之间的电压 u_{GS} 控制了 D-S 之间的通、断。

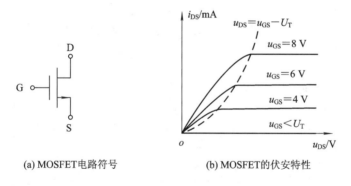

(a) MOSFET电路符号　　　　(b) MOSFET的伏安特性

图 1.6 - 13　MOSFET 器件及其特性

分析图 1.6 - 13(b) 可以得到 MOSFET 的直流电路模型。

(1) 当 $u_{GS} < U_T$（U_T 为 MOSFET 的导通阈值，典型值为 1 V）时，$i_{DS} \approx 0$，MOSFET 工作在截止区，D-S 间等效为开路，MOSFET 的电路模型如图 1.6 - 14(a) 所示。

(2) 当 $u_{GS} > U_T$ 时，D-S 间可近似地分为 2 个区域：斜线区（非饱和区）和水平区（饱和区）。

当 $u_{DS} < u_{GS} - U_T$ 时，MOSFET 工作在斜线区，D-S 间可等效为一个电阻 R_M（阻值约为几百欧），MOSFET 的电路模型如图 1.6 - 14(b) 所示。集成电路中 MOSFET 器件所需要的面积比一个电阻要小得多，因此，也常用 MOSFET 工作在斜线区来实现电阻。

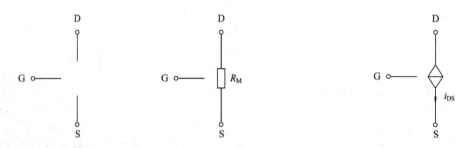

(a) $u_{GS}<U_T$时的电路模型　　(b) $u_{GS}>U_T$且$u_{DS}<u_{GS}-U_T$时的电路模型　　(c) $u_{GS}>U_T$且$u_{DS}>u_{GS}-U_T$时的电路模型

图 1.6 - 14　N 沟道增强型 MOSFET 器件的直流电路模型

当 $u_{DS}>u_{GS}-U_T$ 时，MOSFET 工作在水平区，D - S 间可等效为一个非线性的压控电流源，其值为

$$i_{DS} = K(u_{GS} - U_T)^2 \qquad (1.6 - 11)$$

式中，K 为常数，典型值为 0.5 mA/V^2。此时，MOSFET 的电路模型如图 1.6 - 14(c) 所示。

分析含 MOSFET 的电路时，首先判断 MOSFET 工作的区域，然后用相应的电路模型去等效，最后用电路的分析方法进行分析。

例 1.6 - 5　图 1.6 - 15(a)所示是逻辑反相器(非门)电路，其中 $R_L = 10$ kΩ，$R_M = 200$ Ω。验证：当输入 U_i 为 0 V(逻辑 0)时，输出 U_o 为 5 V(逻辑 1)；输入 U_i 为 5 V(逻辑 1)时，输出 U_o 接近 0 V(逻辑 0)。

解　(1) 当 $U_i = 0$ V 时，MOSFET 位于截止区，图 1.6 - 15(a)的等效电路如图 1.6 - 15(b)所示。显然，$U_o = 5$ V，因此实现了输入为逻辑 0 时输出为逻辑 1。

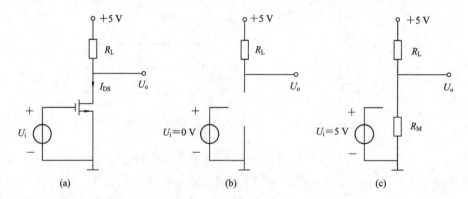

图 1.6 - 15　例 1.6 - 6 图

(2) 当 $U_i = 5$ V 时，$U_{GS} = U_i = 5$ V > 1 V $= U_T$，因此，MOSFET 非截止。

假设 MOSFET 工作于饱和区，则有

$$I_{DS} = K(U_{GS} - U_T)^2 = 0.5 \times 10^{-3} \times 4^2 = 8 \times 10^{-3} \text{ A}$$

所以

$$U_{DS} = 5 - R_L I_{DS} = 5 - 10 \times 10^3 \times 8 \times 10^{-3} = -75 \text{ V}$$

显然，不满足 $U_{DS}>U_{GS}-U_T$ 的条件，因此假设不成立。

综上可知，MOSFET 一定工作于非饱和区，图 1.6 - 15(a)的等效电路如图 1.6 - 15(c)所示。根据分压公式，得

$$U_。 = \frac{R_{\mathrm{M}}}{R_{\mathrm{L}} + R_{\mathrm{M}}} \times 5 = \frac{200 \times 5}{10 \times 10^3 + 200} = 0.098 \text{ V}$$

如果约定小于 2.5 V 均表示逻辑 0，则实现了输入为逻辑 1 时输出为逻辑 0。

1.7　含独立源电路的等效

1.7.1　独立源的串联和并联

电压源和电流源的串联和并联有几种不同的情况。为了简明，这里都以两个电源为例进行说明，根据以下论述，读者不难推广到多个电源的情形。

图 1.7 - 1 是电压源相串联的情况。根据电压源的定义和 KVL，两个电压源 $u_{\mathrm{s}1}$ 和 $u_{\mathrm{s}2}$ 相串联，可等效为一个电压源 u_{s}。若参考极性规定如图 1.7 - 1(a)所示，则等效电源的电压

$$u_{\mathrm{s}}(t) = u_{\mathrm{s}1}(t) + u_{\mathrm{s}2}(t) \qquad \forall t \qquad (1.7 - 1\mathrm{a})$$

若参考极性规定如图 1.7 - 1(b)所示，则等效电源的电压

$$u_{\mathrm{s}}(t) = u_{\mathrm{s}1}(t) - u_{\mathrm{s}2}(t) \qquad \forall t \qquad (1.7 - 1\mathrm{b})$$

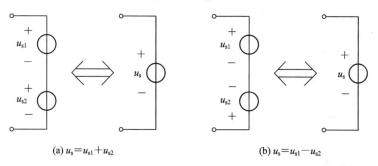

(a) $u_{\mathrm{s}} = u_{\mathrm{s}1} + u_{\mathrm{s}2}$ 　　　　　　　　　(b) $u_{\mathrm{s}} = u_{\mathrm{s}1} - u_{\mathrm{s}2}$

图 1.7 - 1　电压源的串联

按电压源的定义，电压源的电流可为任意值，而根据 KCL，两电源串联时，二者的电流应为同一电流，这个电流仍然可以是任意值。这样，等效电压源也符合电压源的定义。

图 1.7 - 2 是两个电流源相并联的情形。根据电流源的定义和 KCL，两个电流源 $i_{\mathrm{s}1}$ 和 $i_{\mathrm{s}2}$ 相并联可等效为一个电流源 i_{s}。按参考方向规定的不同，图 1.7 - 2(a)和(b)的等效电流源的电流分别为

$$i_{\mathrm{s}}(t) = i_{\mathrm{s}1}(t) + i_{\mathrm{s}2}(t) \qquad \forall t \qquad (1.7 - 2\mathrm{a})$$

$$i_{\mathrm{s}}(t) = i_{\mathrm{s}1}(t) - i_{\mathrm{s}2}(t) \qquad \forall t \qquad (1.7 - 2\mathrm{b})$$

按电流源的定义，电流源的端电压可为任意值，而根据 KVL，两电源并联时，二者的端电压应为同一电压，这个电压仍然可以是任意值。因此，等效电流源也符合电流源的定义。

图中双向箭头⇔表示二者互为等效，即两个(或多个)电源可等效为一个电源；反之，如果需要，一个电源也可分解为两个(或多个)电源。

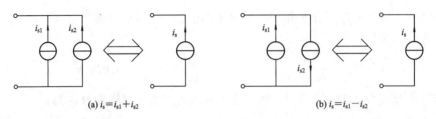

(a) $i_s = i_{s1} + i_{s2}$ (b) $i_s = i_{s1} - i_{s2}$

图 1.7 - 2　电流源的并联

　　只有电压值相等且极性一致的电压源才允许并联，否则违背 KVL。其等效电路为其中的任一个电压源，如图 1.7 - 3 所示。只有电流值相等且方向一致的电流源才允许串联，否则违背 KCL。其等效电路为其中的任一个电流源，如图 1.7 - 4 所示。

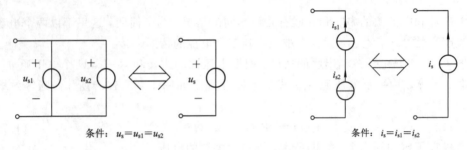

条件：$u_s = u_{s1} = u_{s2}$　　　　　　　　　　条件：$i_s = i_{s1} = i_{s2}$

图 1.7 - 3　电压源的并联　　　　　图 1.7 - 4　电流源的串联

　　另外，由于电流源所在支路的电流有确定的值，并等于 i_s，因而电流源 i_s 与其它元件（电压源或电阻等）相串联，总可等效为电流源，其电流为 i_s，如图 1.7 - 5 所示。原电路中电流源端电压 u_1 可为任意值，因而端口电压 u 也可为任意值，这符合电流源的定义。需特别注意，端口电压 u 不等于原电路中电流源的端电压 u_1。

　　根据电压源的定义，电压源两端的电压有确定的值，并等于 u_s。因此，电压源 u_s 与其它元件（电流源或电阻等）相并联，总可等效为电压源，其电压为 u_s，如图 1.7 - 6 所示。原电路中电压源电流 i_1 可为任意值，因而端口电流 i 也可为任意值，这符合电压源的定义。需特别注意，端口电流 i 不等于原电路中电压源的电流 i_1。

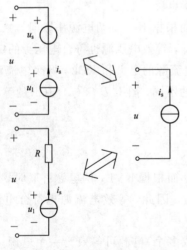

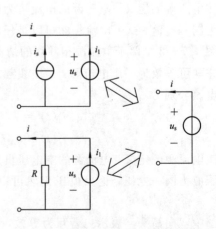

图 1.7 - 5　电流源与电压源或电阻串联　　　　图 1.7 - 6　电压源与电流源或电阻并联

1.7.2　实际电源的两种模型及其等效变换

图 1.7－7(a)所示是一个实际的直流电源(譬如电池)，外接一个可变电阻，测量出其端口的伏安特性如图 1.7－7(b)中的实线所示，可见其端电压随着输出电流的增大而略有降低。在正常的工作范围内(其端口电流不超过额定值，否则会损坏电池)，其端口伏安特性可近似为一条直线，如图 1.7－7(b)中虚线所示。

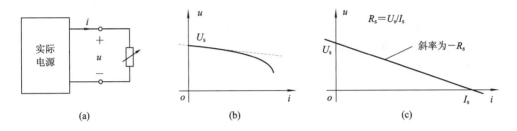

图 1.7－7　实际电源及其伏安特性曲线

如果将图 1.7－7(b)中的直线加以延长而作为实际电源的端口伏安特性，如图 1.7－7(c)所示，可以看出，其在电压轴的截距为 U_s($i=0$ 时的电压，即开路电压)，在电流轴的截距为 I_s($u=0$ 时的电流，即短路电流)，则该直线的斜率为 $-R_s$($R_s=U_s/I_s$)，于是可写出该直线方程为

$$u = U_s - R_s i \qquad (1.7-3)$$

根据 KVL，可画出上式的等效电路，如图 1.7－8(a)所示。式(1.7－3)表明，在一定条件下，一个实际电源可以用理想电压源 U_s 与线性电阻 R_s 相串联的组合作为它的模型。

式(1.7－3)可改写为

$$i = \frac{U_s}{R_s} - \frac{1}{R_s}u$$

由于 $R_s=U_s/I_s$，即 $U_s/R_s=I_s$，因而上式可改写为

$$i = I_s - \frac{1}{R_s}u \qquad (1.7-4)$$

根据 KCL，可画出上式的等效电路，如图 1.7－8(b)所示。式(1.7－4)表明，在一定条

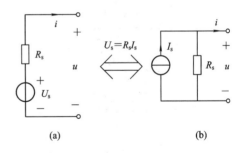

图 1.7－8　实际电源的等效电路模型及互换

件下，一个实际电源可以用理想电流源 I_s 与线性电阻 R_s 的并联组合作为它的模型。

可见，一个实际电源可以有两种不同结构的电路模型。

由以上讨论还可以看出，由于式(1.7－3)和(1.7－4)是同一伏安特性的不同表示，因此图 1.7－8(a)的电路与图(b)的电路的端口伏安特性完全相同，二者是互相等效的，其条件是 $R_s=U_s/I_s$。也就是说，一电压源 U_s 与电阻 R_s 串联的支路可以等效为一电流源 I_s 与 R_s 相并联的电路，反之亦然。它们之间的关系是

$$\begin{cases} I_s = \dfrac{U_s}{R_s} \\ U_s = R_s I_s \end{cases} \qquad (1.7-5)$$

受控电压源与电阻的串联组合和受控电流源与电阻的并联组合也可用上述方法进行等效变换。不过要特别注意,在变换过程中,控制量必须保留。

例 1.7 - 1 如图 1.7 - 9 所示的电路,求电流 I。

解 按电源模型互换的规则,将支路 ab'、bc、$b'c$ 的电压源与电阻串联的组合等效为电流源与电阻并联的组合,如图 1.7 - 10(a)所示。按电流源并联和电阻并联的规则,将图 1.7 - 10(a)变换为图(b)。将图 1.7 - 10(b)中电流源与电阻并联的组合等效变换为电压源与电阻的串联组合,如图 1.7 - 10(c)所示,这是一个单回路电路,不难求得电流

$$I = \frac{6-2}{2+2+4} = 0.5 \text{ A}$$

需要特别注意的是,在电路变换过程中,电路结构将发生变化,因此,应随时留意电路中哪些部分(支路、节点等)已经改变,哪些部分没有发生变化。

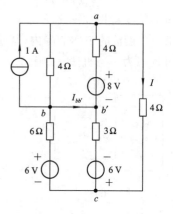

图 1.7 - 9 例 1.7 - 1 题图

譬如,若想求图 1.7 - 9 中的 $I_{bb'}$,显然,从变换后的电路图 1.7 - 10(b)或(c)中无法求得,不过,由图 1.7 - 10(c)可以求出电压 U_{ab} 和 U_{bc},再返回原电路图 1.7 - 9(或图 1.7 - 10(a)),可求出 $I_{bb'}$。

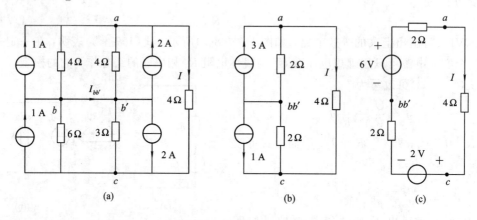

(a)　　　　　　　　　(b)　　　　　　　　　(c)

图 1.7 - 10 例 1.7 - 1 解图

由图 1.7 - 10(c)可求得

$$U_{ab} = -2I + 6 = 5 \text{ V}$$
$$U_{bc} = -2I - 2 = -3 \text{ V}$$

返回原电路图 1.7 - 9,其有关部分重画于图 1.7 - 11 中。

由图 1.7 - 11 可求得

$$I_1 = \frac{U_{ab}}{4} = 1.25 \text{ A}$$

$$I_2 = \frac{6 - U_{bc}}{6} = \frac{6 - (-3)}{6} = 1.5 \text{ A}$$

对于节点 b,根据 KCL 得

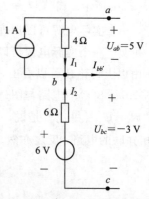

图 1.7 - 11 例 1.7 - 1 部分重画图

$$I_{bb'} = I_1 + I_2 - 1 = 1.75 \text{ A}$$

例 1.7 - 2　如图 1.7 - 12(a)所示的电路，求电流 i_1。

解　将受控电流源与 2 Ω 电阻的并联组合等效为受控电压源与电阻的串联组合，如图 1.7 - 12(b)所示。由图(b)，按 KVL 可得

$$(3+2)i_1 + i_1 = 12$$

由上式可解得 $i_1 = 2$ A。

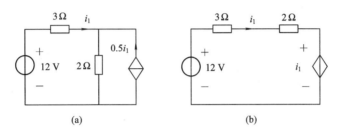

图 1.7 - 12　例 1.7 - 2 图

1.7.3　电源的等效转移

图 1.7 - 13(a)是电路的一个部分，在节点 e 与 d 之间有电压源 u_s，则在连接到节点 e 的各支路中，靠近 e 的端点(如图中 a、b、c)与 d 之间的电压均为 u_s(即 $u_{ad} = u_{bd} = u_{cd} = u_s$)，各支路电流也是确定的。

如果将图 1.7 - 13(a)电路中的 u_s 由 ed 支路转移到原来与 e 相连的所有支路，如图 1.7 - 13(b)所示。由图(b)可见，a、b、c 各点与 d 之间的电压仍保持为 u_s；而由于电压源的电流可为任意值，因而各支路电流也可保持原来的值。由此可见，对于端子 a、b、c、d 而言，图 1.7 - 13(a)可等效为图(b)。

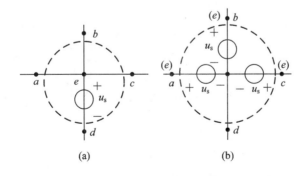

图 1.7 - 13　电压源转移

另一方面，图 1.7 - 13(b)中 a、b、c 三点的电位相等(即 $u_{ab} = u_{bc} = 0$)，因而可以短接，根据电压源并联的规则，它可等效为图 1.7 - 13(a)。

因此，图 1.7 - 13(a)和(b)是相互等效的，可以互相变换。

图 1.7 - 14(a)是电路的一个部分，在节点 ad 之间有电流源 i_s。在电路中，ad 路径上各支路(如 ab、bc、cd 支路)的端电压与电流有确定的关系。

我们将图 1.7 - 14(a)的电流源 i_s 看作是几个电流相同的电流源串联组成，并把它们分别连接到 ad 路径中的一些节点上。它们的参考方向可以这样确定，如果原来的电流源由 a 点流出，流入 d 点，那么用以替代的电流源由 a 点流出；如果它流入 b，则同时有第二个电流源由 b 流出；如果它流入 c，则同时有第三个电流源由 c 流出；如此继续，直到最后一个电流源流入 d，如图 1.7 - 14(b)所示。

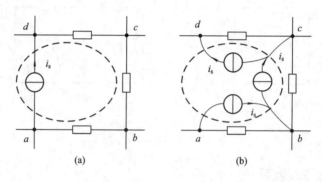

(a)   (b)

图 1.7 - 14　电流源转移

由图 1.7 - 14(b)可见，节点 b 和 c 新增加的电流为零，因而各支路电流仍然保持原来的值；而由于电流源的端电压可为任意值，因而各支路电压也保持原来的值。由此可见，对于图 1.7 - 14(a)和(b)虚线框内的部分，二者是互相等效的。

例 1.7 - 3　如图 1.7 - 15 所示的电路，求电流 I。

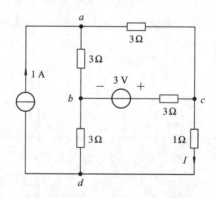

图 1.7 - 15　例 1.7 - 3题图

解　根据电流源转移的方法，将 ad 间的电流源转移为接于 db 和 ba 间的两个电流源，如图 1.7 - 16(a)所示。再将电流源(及与其相并联的电阻)变换为电压源，如图 1.7 - 16(b)所示。图 1.7 - 16(b)中点 f 和 f' 点的电位相等，即 $u_{ff'}=0$，故可将 f 和 f' 点短接(或逆用电压源转移)，得图 1.7 - 16(c)，进而变换为图 1.7 - 16(d)。

由图 1.7 - 16(d)，可求得电流 $I=1$ A。

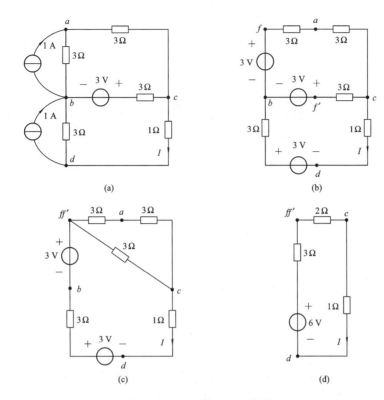

图 1.7 - 16 例 1.7 - 3 解图

例 1.7 - 4 如图 1.7 - 17 所示的电路,求电流 i。

解 根据电压源转移的方法,将节点 a 分裂为两个等电位节点,如图 1.7 - 18(a)所示,再将电压源(及与其相串联的电阻)变换为电流源,如图 1.7 - 18(b)所示。图 1.7 - 18(b)中,6 Ω // 3 Ω = 2欧姆,4 Ω // 4 Ω = 2 Ω,得图 1.7 - 18(c),进而变换为图 1.7 - 18(d)。

由图 1.7 - 18(d)可求得电流 i = 0.4 A。

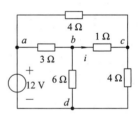

图 1.7 - 17 例 1.7 - 4 题图

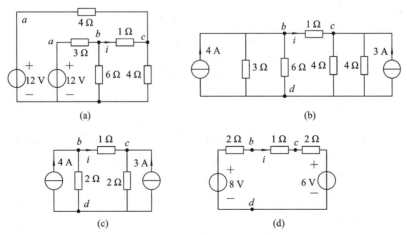

图 1.7 - 18 例 1.7 - 4 图解

　　由前述几例可以看到，一个较复杂的含源线性电路，经过变换，可简化为一个电压源与电阻的串联组合，或者电流源与电阻的并联组合。这正是戴维南定理和诺顿定理的内容，我们将在第 2 章中进一步讨论。

综合例题（1）　　综合例题（2）　　综合例题（3）　　综合例题（4）　　综合例题（5）

1.8　应 用 实 例

1.8.1　用电安全与人体电路模型

　　"危险高压"这种常见的警告容易被误解。在干燥的天气，当摸到一个门把手时就可能遭到静电电击火花，虽然令人不快，但却没有什么伤害，而产生这些火花的电压往往比能够引起伤害的电压大几百或几千倍。

　　电能能否造成实际伤害取决于电流以及电流如何通过人体，也就是说，通过人体的电流（而不是电压）是产生电击的原因。当然，电阻两边有电压才会产生电流。当人体的某部位接触到电压，而另一个部位接触到不同的电压或地面时，就有电流从身体的一个部位流到另一个部位。电流路径与人体加电压的部位有关，而电击的严重性与电压大小、电流流过人体的路径及时间有关。

　　人体电阻一般在 $10 \sim 50 \text{ k}\Omega$ 之间，并与测量部位、皮肤潮湿程度、体重等有关。人体简化电路模型如图 1.8-1 所示。其中 $R_1 \sim R_4$ 分别表示人体头颈、臂、胸腹和腿的电阻，它们各有其典型值。

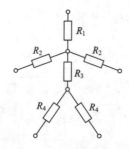

图 1.8-1　人体简化电路模型

　　电流的大小取决于电压和电阻。电流会对人体产生综合性影响。例如，电流通过人体后，会产生麻木或不自觉的肌肉收缩。电流产生的生物化学效应将引起一系列的病理反应和变化。尤其严重的是当电流流经心脏时，微小的电流即可引起心室颤动，甚至导致死亡。表 1-2 给出人体对不同电流的生理反应，其数据是科学家通过事故原因分析获得的近似结果。目前，大多数国家将交流有效值 50 V 作为安全电压值，10 mA 作为安全电流值。

表 1 - 2 人体对电流的生理反应

电流大小/mA	生 理 反 应
1～5	能感觉到，但无害
10	有害电击，但没有失去肌肉控制
23	严重有害电击，肌肉收缩，呼吸困难
35～50	极端痛苦
50～70	肌肉麻痹
235	心脏纤维性颤动，通常在几秒内死亡
500	心脏停止跳动

1.8.2 热电导率气体分析器电路——电桥平衡

图 1.8 - 2 给出热电导率气体分析器的基本电路。四个电阻构成一个电桥电路，该电路可用于测量空气污染或烟雾。图中电桥两臂有两个气敏电阻：一个气敏电阻 R_a 被所要分析的气体所包围，另一个气敏电阻 R_r 放在参考气体之中（如氧气或纯净大气等）。测量时两种气体维持相同的压强及容量等。开始测量时将两个气敏电阻都置于参考气体中，调节电阻 R_2 使电压 U_o 为零，R_2 称为调平衡（调零）电阻，然后将两个气敏电阻置于上述不同的气体中。

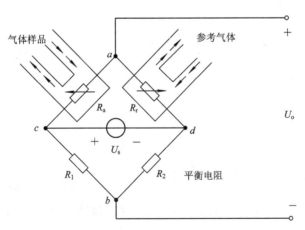

图 1.8 - 2 热电导率气体分析器基本电路

如果气体样品含有不同于参考气体的热电导率，则电桥失去平衡。输出电压 U_o 的值能反映出气体样品的热电导率。电路分析如下。

从图 1.8 - 2 中可以看出，U_o 为 a、b 两端的电压，即

$$U_o = U_{ab} = U_{ad} + U_{db}$$

根据串联电阻的分压关系，有

$$U_{ad} = \frac{R_r}{R_r + R_a} U_s$$

$$U_{db} = -\frac{R_2}{R_1 + R_2} U_s$$

所以

$$U_{o} = \left(\frac{R_r}{R_r + R_a} - \frac{R_2}{R_1 + R_2} \right) U_s = \frac{R_r R_1 - R_a R_2}{(R_r + R_a)(R_1 + R_2)} U_s$$

R_2 调零后，$R_r R_1 = R_a R_2$，此时 $U_o = 0$，电桥平衡。这时，由于 $R_r = R_a$，因此取 $R_1 = R_2 = R$。当将两个气敏电阻置于两种不同的气体中时，$R_a = R_r + \Delta R_r$，则

$$U_{o} = \frac{-\Delta R_r}{2(2R_r + \Delta R_r)} U_s \approx \frac{-\Delta R_r}{4R_r} U_s$$

U_o 的值能反映出气体样品的热电导率。通常 ΔR_r 比较小，实际中要测出输出电压 U_o，还要对该电压进行放大。

1.8.3　电压表电流表量程扩展

实际中用于测量电压、电流的多量程电压表、电流表是由称为微安计的基本电流表头与一些电阻串并联组成的。微安计所能测量的最大电流为该微安计的量程。例如，一个微安计测量的最大电流为 50 μA，就说该微安计的量程为 50 μA。在测量时通过该微安计的电流不能超过 50 μA，否则微安计将损坏。实际中测量更大的电流、电压时应扩展微安计的量程。下面先通过两个例子说明多量程电压表、电流表的组成原理。

例 1.8 - 1　图 1.8 - 3 所示电路为微安计与电阻串联组成的多量程电压表，已知微安计内阻 $R_1 = 1$ kΩ，各挡分压电阻分别为 $R_2 = 9$ kΩ，$R_3 = 90$ kΩ，$R_4 = 900$ kΩ；这个电压表的最大量程（用端钮"0"、"4"测量，端钮"1"、"2"、"3"均断开）为 500 V，试计算微安计的量程及其它量程的电压值。

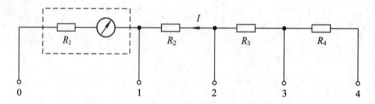

图 1.8 - 3　多量程电压表

解　当用"0"、"4"端测量时，电压表的总电阻

$$R = R_1 + R_2 + R_3 + R_4 = 1 + 9 + 90 + 900 = 1000 \text{ k}\Omega$$

若这时所测的电压恰为 500 V（这时微安计也达到满量程），则通过微安计的最大电流即微安计的量程

$$I = \frac{U_{40}}{1000 \times 10^3} = \frac{500}{1000 \times 10^3} = 0.5 \text{ mA}$$

当电压表量程开关置"1"挡时（"2"、"3"、"4"端钮断开），

$$U_{10} = R_1 I = 1 \times 10^3 \times 0.5 \times 10^{-3} = 0.5 \text{ V}$$

当开关置"2"挡时（"1"、"3"、"4"端钮断开），

$$U_{20} = (R_1 + R_2) I = (1 + 9) \times 10^3 \times 0.5 \times 10^{-3} = 5 \text{ V}$$

当开关置"3"挡时（"1"、"2"、"4"端钮断开），

$$U_{20} = (R_1 + R_2 + R_3) I = (1 + 9 + 90) \times 10^3 \times 0.5 \times 10^{-3} = 50 \text{ V}$$

由此例可见，直接利用该表头测量电压，它只能测量 0.5 V 以下的电压，而串联了分

压电阻 R_2、R_3、R_4 以后，作为电压表，它就有 0.5 V、5 V、50 V、500 V 四个量程，实现了电压表的量程扩展。

例 1.8 - 2 多量程电流表如图 1.8 - 4 所示，已知表头内阻 $R_A = 2.3$ kΩ，量程为 50 μA，各分流电阻分别为 $R_1 = 1$ Ω，$R_2 = 9$ Ω，$R_3 = 90$ Ω。求扩展后各量程。

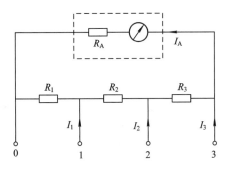

图 1.8 - 4 多量程电流表

解 基本表头偏转满刻度为 $I_A = 50$ μA。当用"0"、"1"端钮测量时，"2"、"3"端钮开路，这时 R_A、R_2、R_3 是串联的，而 R_1 与它们并联，根据分流公式，得

$$I_A = \frac{R_1}{R_1 + R_2 + R_3 + R_A} I_1$$

所以

$$I_1 = \frac{R_1 + R_2 + R_3 + R_A}{R_1} I_A = 120 \text{ mA}$$

同理，用"0"、"2"端测量时"1"、"3"端开路，这时流经表头的电流仍为 50 μA。此时 R_1 与 R_2 串联，R_3 与 R_A 串联，二者再相并联，根据分流公式，得

$$I_A = \frac{R_1 + R_2}{R_1 + R_2 + R_3 + R_A} I_2$$

所以

$$I_2 = \frac{R_1 + R_2 + R_3 + R_A}{R_1 + R_2} I_A = 12 \text{ mA}$$

当用"0"、"3"端测量时，"1"、"2"端开路，这时流经表头的满刻度电流还是 50 μA，此时 R_1、R_2、R_3 串联再与 R_A 并联，由分流公式，得

$$I_A = \frac{R_1 + R_2 + R_3}{R_1 + R_2 + R_3 + R_A} I_3$$

则有

$$I_3 = \frac{R_1 + R_2 + R_3 + R_A}{R_1 + R_2 + R_3} I_A = 1.2 \text{ mA}$$

由此例可以看出，直接利用该表头测量电流，它只能测量 0.05 mA 以下的电流且内阻大(本例表头内阻达 2.3 kΩ)，而并联电阻 R_1、R_2、R_3 以后，作为电流表，它就有 120 mA、12 mA、1.2 mA 三个量程，实现了电流表的量程扩展，且用扩展量程后的电流表测量电流，电流表的内阻比基本表头的内阻小得多。如用 120 mA 量程测量电流，电流表的内阻小于 1 Ω。

例 1.8 - 3 图 1.8 - 5 所示为常用的电阻分压器电路。电阻分压器的固定端 a、b 接到直流电压源上，固定端 b 与活动端 c 接到负载上。利用分压器上滑动触头 c 的滑动可以在负载电阻上输出 $0\sim U_1$ 的可变电压。已知理想电压源电压 $U_1 = 18$ V，滑动触头 c 的位置使 $R_1 = 600$ Ω，$R_2 = 400$ Ω（参见图 1.8－5（a））。

（1）未接电压表时，求输出电压 U_2。

（2）若用内阻为 1200 Ω 的实际电压表去测量此电压，求电压表的读数。

（3）若用内阻为 3600 Ω 的实际电压表再测量此电压，求这时电压表的读数。

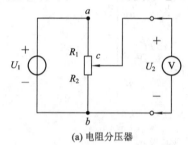 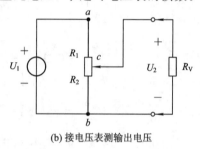

(a) 电阻分压器   (b) 接电压表测输出电压

图 1.8－5　电阻分压器电路

解　（1）未接电压表时，应用分压公式，得

$$U_2 = \frac{R_2}{R_1 + R_2} U_1 = \frac{400}{600 + 400} \times 18 = 7.2 \text{ V}$$

（2）接上电压表后，将图 1.8－5(a)改画成图 1.8－5(b)，图中 R_V 表示实际电压表的内阻。当用内阻为 1200 Ω 的电压表测量时，$R_V = R_{V1} = 1200$ Ω。参见图 1.8－5(b)，cb 端为 R_2 与 R_{V1} 相并联的两端，所以等效电阻

$$R_{eq1} = \frac{R_2 \times R_{V1}}{R_2 + R_{V1}} = \frac{400 \times 1200}{400 + 1200} \text{ Ω} = 300 \text{ Ω}$$

应用分压公式，得

$$U_{V1} = \frac{R_{eq1}}{R_1 + R_{eq1}} U_1 = \frac{300}{600 + 300} \times 18 = 6 \text{ V}$$

这时电压表的读数是 6 V。

（3）当用内阻为 3600 Ω 的电压表测量时，图 1.8－5(b)中 $R_V = R_{V2} = 3600$ Ω。这时，cb 端电压等效电阻

$$R_{eq2} = \frac{R_2 R_{V2}}{R_2 + R_{V2}} = \frac{400 \times 3600}{400 + 3600} \text{ Ω} = 360 \text{ Ω}$$

由分压公式，得

$$U_{V2} = \frac{R_{eq2}}{R_1 + R_{eq2}} U_1 = \frac{360}{600 + 360} \times 18 = 6.75 \text{ V}$$

实际电压表都有一定的内阻，将电压表并到电路上测量电压时，对测试电路都有一定的影响。由此例具体的计算可以看出：电压表内阻越大，对测试电路的影响越小。理论上讲，若用内阻为无穷大的理想电压表测量，则对测试电路无影响，其读数应是例 1.8－3（1）问中 U_2 的数值 7.2 V。由此例还可联想到，测量电流时将电流表串联接入电路，实际电流表的内阻越小，对测试电路的影响越小。若用内阻为零的理想电流表测量电流，则对测试电路无影响。

1.8.4　MOSFET 实现数字系统的门电路

数字系统的基本单元是各种门电路（非门、与非门、或非门等），常用 MOSFET 来实现。例 1.6 - 5 即用 MOSFET 器件实现了非门电路，下面举例说明与非门的实现。

例 1.8 - 4　图 1.8 - 6(a)是用 MOSFET 构成的与非门电路，已知 R_L = 20 kΩ，U_s = 5 V，MOSFET 的导通电阻 R_M = 200 Ω。试验证：当输入 U_A 和 U_B 均为 5 V（逻辑 1）时，其输出 U_o 为逻辑 0（假设小于 2.5 V 表示逻辑 0）。

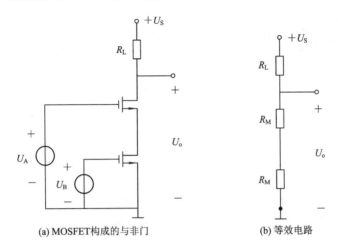

(a) MOSFET构成的与非门　　　(b) 等效电路

图 1.8 - 6　MOSFET 构成的与非门及其等效电路

解　参照例 1.6 - 5 的分析过程，当输入 U_A 和 U_B 均为 5 V（逻辑 1）时，图 1.8 - 6(a)所示与非门电路的等效电路如图 1.8 - 6(b)所示，利用分压公式，得

$$U_o = \frac{2R_M}{2R_M + R_L}U_s = \frac{2 \times 200}{2 \times 200 + 20 \times 10^3} \times 5 = 0.098 \text{ V} < 2.5 \text{ V}$$

可见当两个输入均为逻辑 1 时，输出为逻辑 0。

用 MOSFET 构成逻辑门电路时，MOSFET 不外乎工作在两个状态：一是工作在截止区，此时 MOSFET 的 D - S 开路；另一是工作在非饱和区，此时 MOSFET 导通，其 D - S 等效为一个电阻 R_M。

1.8.5　节日灯

最近几年，用 50～100 个小灯泡连成一串，做成闪烁的节日灯饰变得非常流行，参看图 1.8 - 7(a)。节日灯可以串联也可以并联，小的闪烁灯通常串联。判断灯泡是否为串联相对容易，如果一根线进入灯泡并且从灯泡出来，就是串联；如果两根线从灯泡进入并从灯泡出来，可能是并联。当灯泡串联时，如果一个灯泡不亮（灯丝断了或者开路），其他灯泡也亮不起来。但是，图 1.8 - 7(a)所示的灯饰采用了图 1.8 - 7(b)所示的特别设计的灯泡，当灯丝烧断后，也允许电流继续流过其他灯泡。这是因为，在每个灯泡底端有一个熔丝环缠绕着两个支撑灯丝的杆，软导体做成的熔丝连接环看起来与两个垂直的杆接触，但实际上，杆上有涂层，在正常工作情况下，熔丝环不允许在两个杆之间导电。如果灯丝坏了，导致两个导杆之间开路，如果没有熔丝连接环，电流不能从坏的灯泡流入其他灯泡。灯泡一坏，电流为零，从插座出来的 120 V 电压全部加在坏灯泡两端。这么高的电压加在灯泡两个杆之间，足以使电流穿透两个杆的绝缘外皮和焊点（焊接熔丝环和两个杆），电路再一次被接通，除了熔丝环被激活的灯外，其他所有灯都亮。但是记住，每坏一盏灯，其他灯上的电压就增大一些，变得更亮。如果坏灯太多，其他灯上的电压就会太大，导致这些灯快速连续地被毁掉。为了防止出现这种情况，必须尽快替换坏灯泡。

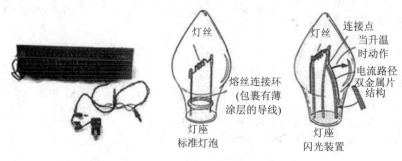

(a) 一套包含50盏灯的节日灯带　　　　(b) 灯泡结构

图 1.8-7　节日灯

图 1.8-7(b)所示灯泡的额定值为 2.5 V，0.2 A＝200 mA。因为 50 盏灯串联，所以灯泡上的总电压为 50×2.5 V＝125 V，与一般家庭插座输出电压相匹配。每个灯泡流过的电流都是 200 mA，因此每个灯泡的功率为 $P=UI$ ＝25 V×0.2 A＝0.5 W，则需要的总功率为 50×0.5 W＝ 25 W。

图 1.8-7(a)所示的实物可用图 1.8-8(a)来表示。注意，只需一套闪光器，因为灯泡为串联，当闪光器使电流中断时，所有灯泡都熄灭。闪光器如图 1.8-7(b)所示，含有双金属热控开关，当电流达到限值时，因金属发热而断开电路。一旦电路断开，温度便下降，热控开关又重新闭合，灯泡又得到了电流；然后再一次加热、断开，重复此过程。结果就看到了我们所熟悉的闪烁。自然地，在较冷环境里（例如在雪或冰里），开始时温度上升需要较长的时间，所以闪烁慢；一旦灯泡热起来，闪烁的频率就会提高。

制造商明确规定，连到一起的节日灯不能超过 6 组。那么，如何将各组首尾相连接起来，而且确保每个灯泡上的电压不会降低，亮度不会变暗？如果近距离观察线路，就会发现，因为灯泡串联连接，所以每个灯泡使用一根导线，但是还有另外的导线从一个插头连到另一个插头。如果灯泡是串联连接，为何需要两个额外的导线呢？这是因为将每组节日灯连在一起时，它们实际上是并联连接。这个特殊的接线方式如图 1.8-8(b)所示，并改画为图 1.8-8(c)，注意，顶部的线是连接所有灯组的相线，底部的线是所有灯组的返回线、中线或地线。在图 1.8-8(d)所示的插头内，相线和返回线连接到每组灯，并且连接到插头的金属插销上，如图 1.8-8(b)所示。如果负载是并联，从墙上插座出来的电流等于各支路电流之和。如果是 6 组节日灯并联，则从电源出来的电流为 6×200 mA＝1.2 A，如图 1.8-8(c)所示，并且 6 组灯的总功率是电源电压与电流的乘积，即 120 V×1.2 A＝144 W，每组灯的功率为 144 W/6＝24 W。

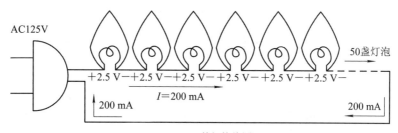

(a) 单组接线图

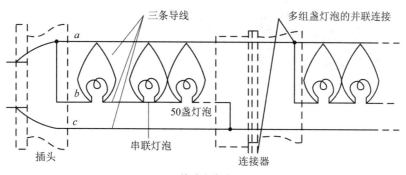

(b) 特殊布线

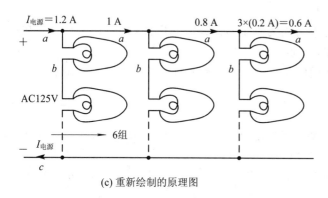

(c) 重新绘制的原理图

(d) 特殊插头和闪烁装置

图 1.8-8 闪光灯

1.8.6 微波炉

串联电路可以有效地应用在设备的安全设计中。日常使用的家用微波炉非常方便实用,但是如果使用中门没有关或者没有很好地密封,它也是非常有害的,可能产生微波泄漏。图 1.8-9 是一种常见的微波炉安全装置。注意,磁开关沿着门框安装,并连接到控制电路上,磁铁安装在门上。因为所有磁开关都是串联的,所以只有磁铁全部吸合开关使其导电,电路才能接通。图 1.8-9(b)利用一些符号对这种原理进行了说明。如果门发生了变形,即使有一块磁铁不能完全靠近磁开关,电路都不能接通。在电源控制装置中,串联电路只有形成通路,或者说产生了电流信号,监控装置才能使微波炉工作。

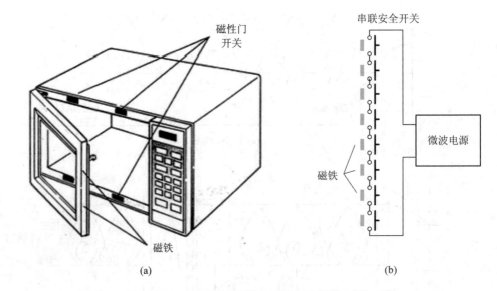

图 1.8 - 9　微波炉内串联安全开关

1.9　电路设计与故障诊断

　　电路设计和故障诊断都是以电路分析为基础的。本节并不系统地讲述电路设计和故障诊断问题，而是作为电路分析应用，举例讨论简单的电路设计和故障诊断问题，其目的是开拓学生的视野，培养学生综合运用电路知识的能力和逻辑思维能力以及创新意识。

1.9.1　电路设计

　　电路设计是指根据电路特性的要求来选定电路的结构并确定元件参数。通常来说，电路分析的答案往往是唯一的，而电路设计则可能有多个解答。因此，电路设计的最后一步总是对所设计的电路进行分析来确定其是否满足要求。电路设计有助于学生更好地掌握电路理论，提高学生解决电路问题的能力并可以培养其创新意识。

　　例 1.9 - 1　有一个 9 V 的精密电压源(内阻忽略不计)和一批电阻，其电阻值分别为 20 Ω、24 Ω、30 Ω、100 Ω、200 Ω、300 Ω、1 kΩ、1.5 kΩ、2 kΩ，额定功率为 0.5 W。从上述电阻中选取电阻(可以使用多次)，设计一个分压电路使得输出电压 $U_o = 5$ V，并用 PSpice 验证。

　　解　简单的分压电路如图 1.9 - 1(a)所示，由分压公式得

$$U_o = \frac{R_2}{R_1 + R_2} U_s = \frac{1}{\frac{R_1}{R_2} + 1} U_s \tag{1.9 - 1}$$

将 $U_o = 5$ V 和 $U_s = 9$ V 代入上式，可解得

$$\frac{R_1}{R_2} = 0.8 \tag{1.9 - 2}$$

显然，从给定电阻值中选 $R_1 = 24$ Ω、$R_2 = 30$ Ω 时，其比值满足上述关系。但此时 R_2 的功率为

$$P_{R_2} = \frac{U_o^2}{R_2} = \frac{5^2}{30} = 0.83 \text{ W}$$

可见，电阻 R_2 消耗的功率大于其额定功率。因此，这样选取的电阻不合适。除此之外，再没有两个电阻的比值为 0.8。因此，可以利用电阻的串并联组合寻找所需要的阻值。如选 $R_2 = 2$ kΩ，则由式(1.9 - 2)可计算得 $R_1 = 1.6$ kΩ，而给定的电阻中没有阻值为 1.6 kΩ 的电阻，但可以将 $R_{11} = 1.5$ kΩ 与 $R_{12} = 100$ Ω 两电阻相串联来得到，最后所得到的电路如图 1.9 - 1(b)所示。可以验证，图 1.9 - 1(b)中的三个电阻所消耗的功率均远小于电阻的额定功率，设计满足要求。需要指出的是，满足设计要求的电路并不唯一。

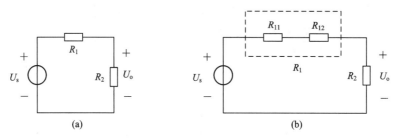

图 1.9 - 1　例 1.9 - 1 图

用 PSpice 进行验证的步骤如下：

(1) 首先利用附录二给出的方法绘出电路原理图，如图 1.9 - 2 所示(注意：软件中的元件符号与书中的符号有所不同)。具体过程：在 ANALOG 库中取出电阻分别放置在 R11、R12 和 R2 处；在 SOURCE 库中取出直流电压源 9Vdc 置于 V1 处；按图 1.9 - 2 连接各元件，并设置各元件参数；在绘图专用工具栏中点击 Place Ground 按钮设置参考点，设置其名称(Name)为"0"。

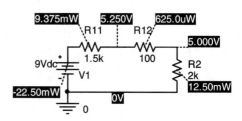

图 1.9 - 2　PSpice 验证用图

(2) 设置 Biao Point 分析类型；然后启动 PSpice 开始仿真。

(3) 按快捷按钮Ⓥ和Ⓦ，在电路图上显示节点电压和各元件消耗的功率，如图 1.9 - 2 中所标。

1.9.2　电路的故障诊断

电路的故障诊断是指识别或找出电路中的故障或问题的过程。通过进行电路故障诊断，可以培养学生综合运用电路知识的能力和逻辑思维能力。

开路和短路是电路中的典型故障。如电阻被烧坏，它通常会造成开路，虚焊、断线和接触不良也是造成开路的原因；焊锡珠等各种异物以及导线绝缘层老化脱落等往往会导致电路短路。开路会产生无穷大的电阻，而短路会产生零电阻。

除了完全开路或短路，电路中还可能出现部分开路或部分短路故障。部分开路时电路的电阻将比正常电阻高很多，但不是无穷大；而部分短路时电路的电阻将比正常电阻小很多，但不为零。

为了简单，这里仅举例说明开路和短路的单故障诊断问题。

例 1.9 - 2 图 1.9 - 3 所示电路，已知理想电压表的读数为 9.6 V，试判断该电路有没有故障。如果有故障，请确定是短路故障还是开路故障。

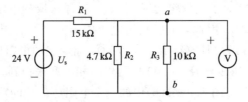

图 1.9 - 3 例 1.9 - 2 图

解 (1) 判断是否有故障。首先计算 a、b 两端电压的正常值。利用分压公式，有

$$U_{ab} = \frac{R_2 \text{ // } R_3}{R_1 + R_2 \text{ // } R_3} U_s = \frac{3200}{15\,000 + 3200} \times 24 = 4.22 \text{ V}$$

计算表明电压表的正常读数应为 4.22 V，而现在电压表的读数为 9.6 V，所以电路有故障。

(2) 原因分析。由于当前电压表的读数 9.6 V 比正常值大，因而 R_2 或 R_3 可能开路了。因为这两个电阻中的任一个开路，电压表两端所接的电阻 $R_2 // R_3$ 就会比正常值大，而电阻越大，电压也越大。

如果 R_2 开路，则 R_3 上的电压为

$$U_{R_3} = \frac{R_2}{R_1 + R_2} U_s = \frac{10\,000}{15\,000 + 10\,000} \times 24 = 9.6 \text{ V}$$

而电压表的读数恰好是 9.6 V，因此计算表明 R_2 开路。

例 1.9 - 3 图 1.9 - 4 所示电路，已知理想电压表 V_1 和 V_2 的读数分别为 3.67 V 和 6.65 V。请综合运用电路有关知识和逻辑思维，判断该电路有没有开路或短路故障。如果有，请找出具体故障处。

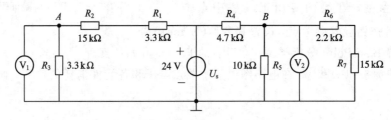

图 1.9 - 4 例 1.9 - 3 图

解 (1) 判断电路是否有故障。R_1、R_2 和 R_3 串联起到分压器的作用。A 点的电压为

$$U_A = \frac{R_3}{R_1 + R_2 + R_3} U_s = \frac{3.3 \times 10^3}{3.3 \times 10^3 + 15 \times 10^3 + 3.3 \times 10^3} \times 24 = 3.67 \text{ V}$$

因此，电压表 V_1 的读数是正确的。这表明 R_1、R_2 和 R_3 串联，并且都没有故障。

下面检查电压表 V_2 的读数是否正确。$R_6 + R_7$ 与 R_5 并联，其等效电阻为

$$R_{5 // (6+7)} = \frac{R_5(R_6 + R_7)}{R_5 + R_6 + R_7} = 6.32 \text{ k}\Omega$$

$R_{5 // (6+7)}$ 与 R_4 形成一个分压器，利用分压公式，B 点的电压为

$$U_B = \frac{R_{5 // (6+7)}}{R_4 + R_{5 // (6+7)}} U_s = \frac{6.32 \times 10^3}{4.7 \times 10^3 + 6.32 \times 10^3} \times 24 = 13.8 \text{ V}$$

因此，电压表 $\textcircled{\tiny V_2}$ 的读数不正确，表明电压源右边电路有故障。

（2）原因分析。进一步判断故障所在处。R_4 没有开路或短路，因为如果它开路或短路，则电压表 $\textcircled{\tiny V_2}$ 的读数将会为 0 或 24 V。

因为实际电压（13.8 V）小于正常值（6.65 V）不少，所以 $R_{5//(6+7)}$ 必定小于计算值 6.32 kΩ。由于 R_7 的值相对较大，因此，最有可能的问题是 R_7 短路。如果 R_7 短路，则 R_6 实际上与 R_5 并联，其并联等效电阻为

$$R_5 \ /\!/ \ R_6 = \frac{R_5 R_6}{R_5 + R_6} = 1.8 \ \text{k}\Omega$$

此时，B 点的电压为

$$U'_B = \frac{R_5 \ /\!/ \ R_6}{R_4 + R_5 \ /\!/ \ R_6} U_s = 6.65 \ \text{V}$$

U'_B 的这个值恰好是电压表 $\textcircled{\tiny V_2}$ 的读数。由此可知，R_7 确实短路了。

知识点归纳（1）

知识点归纳（2）

习　题　1

1-1　题 1-1 图是电路中的一条支路，其电流、电压参考方向如图所示。

（1）如 $i=2$ A，$u=4$ V，求元件吸收的功率；

（2）如 $i=2$ mA，$u=-5$ mV，求元件吸收的功率；

（3）如 $i=2.5$ mA，元件吸收的功率 $P=10$ mW，求电压 u；

（4）如 $u=-200$ V，元件吸收的功率 $P=12$ kW，求电流 i。

题 1-1 图　　　　　　　　　　　　　　题 1-2 图

1-2　题 1-2 图是电路中的一条支路，其电流、电压参考方向如图所示。

（1）如 $i=2$ A，$u=3$ V，求元件发出的功率；

（2）如 $i=2$ mA，$u=5$ V，求元件发出的功率；

（3）如 $i=-4$ A，元件发出的功率为 20 W，求电压 u；

（4）如 $u=400$ V，元件发出的功率为 -8 kW，求电流 i。

1-3　如某支路的电流、电压为关联参考方向，分别求下列情况的功率，并画出功率与时间关系的波形：

（1）如 $u=3\cos\pi t$ V，$i=2\cos\pi t$ A；

（2）如 $u=3\cos\pi t$ V，$i=2\sin\pi t$ A。

1-4 某支路电流、电压为关联参考方向，其波形如题1-4图(a)和(b)所示，分别画出其功率和能量的波形(设 $t=0$ 时，能量 $w(0)=0$)。

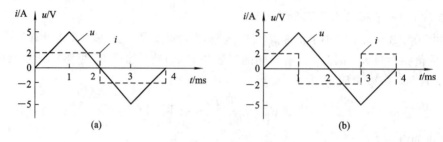

题1-4图

1-5 如题1-5图所示的电路，若已知元件 C 发出的功率为20 W，求元件 A 和 B 吸收的功率。

1-6 如题1-6图所示的电路，若已知元件 A 吸收的功率为20 W，求元件 B 和 C 吸收的功率。

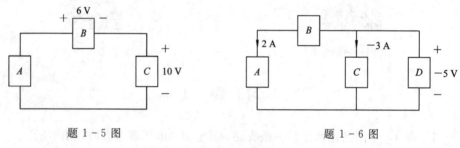

题1-5图   题1-6图

1-7 如题1-7图所示的电路，求电流 i_1 和 i_2。

1-8 如题1-8图所示的电路，求电压 u_1 和 u_{ab}。

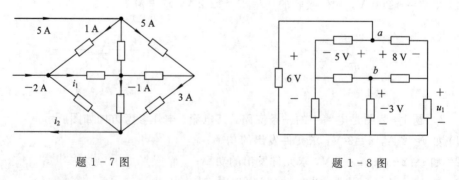

题1-7图   题1-8图

1-9 一电阻 $R=5$ kΩ，其电流 i 如题1-9图所示。

(1) 写出电阻端电压表达式；

(2) 求电阻吸收的功率，并画出波形；

(3) 求该电阻吸收的总能量。

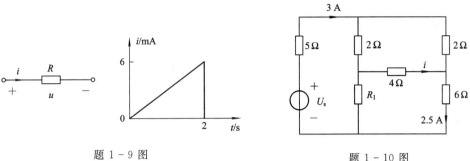

题 1 - 9 图　　　　　　　　　题 1 - 10 图

1 - 10　电路如题 1 - 10 图所示，求电流 i。

1 - 11　电路如题 1 - 11 图所示。

(1) 求图(a)中的电流 i；

(2) 求图(b)中电流源的端电压 u；

(3) 求图(c)中的电流 i。

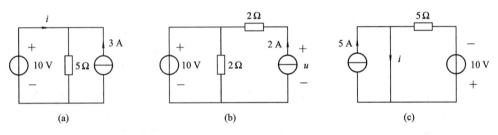

题 1 - 11 图

1 - 12　求题 1 - 12 图示各电路中电流源 I_{s1} 产生的功率。

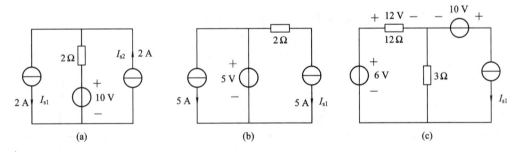

题 1 - 12 图

1 - 13　如题 1 - 13 图所示含受控源的电路。

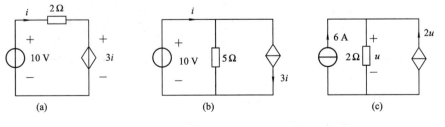

题 1 - 13 图

（1）求图(a)中的电流 i；

（2）求图(b)中的电流 i；

（3）求图(c)中的电压 u。

1-14　如题 1-14 图所示的电路，分别求图(a)和图(b)中的未知电阻 R。

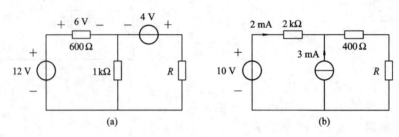

题 1-14 图

1-15　如题 1-15 图所示的电路。

（1）求图(a)中的电压 u_1 和 u_2；

（2）求图(b)中的电压 u_s 和电流 i。

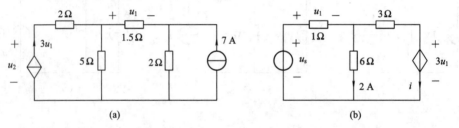

题 1-15 图

1-16　求题 1-16 图示电路中，各电路 ab 端的等效电阻。

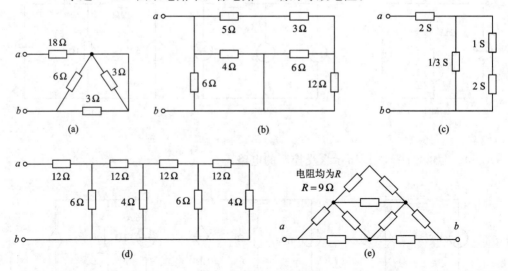

题 1-16 图

1-17　如题 1-17 图所示电路，求 ab 端的等效电阻。

1-18　如题 1-18 图所示的双 T 形电路，分别求当开关 S 闭合时及断开时 ab 端的等效电阻。

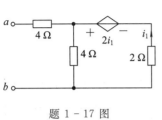

题 1-17 图

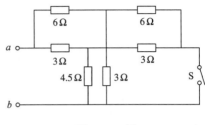

题 1-18 图

1-19　如题 1-19 图所示电路。

(1) 求图(a)中的电阻 R；

(2) 求图(b)中 A 点的电位 U_A。

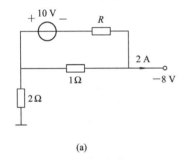

(a)

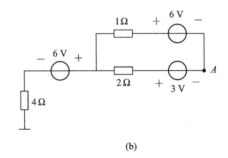

(b)

题 1-19 图

1-20　如题 1-20 图所示含受控源的电路，受控系数 β、γ、α 已知，求各图中 ab 端的等效电阻。

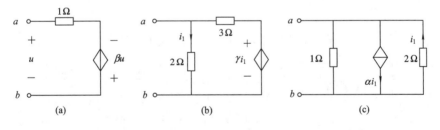

(a)　　　　　(b)　　　　　(c)

题 1-20 图

1-21　如测得题 1-21 图(a)电路 N 的伏安特性如题 1-21 图(b)所示，求出 N 的等

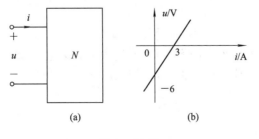

(a)　　　　　(b)

题 1-21 图

效电路。

1-22 写出题 1-22 图示电路的端口伏安关系。

1-23 如题 1-23 图所示的电路。

(1) 求 ab 端的电压 u_{ab}；

(2) 如 ab 间用理想导线短接，求短路电流 i_{ab}。

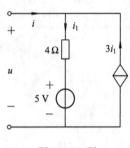

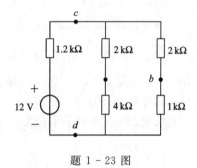

题 1-22 图   题 1-23 图

1-24 求题 1-24 图示电路中的电压 u。

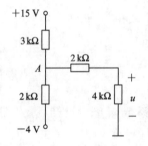

题 1-24 图   1-24 题解

1-25 如题 1-25 图所示的电路，求图(a)中的电压 u 和图(b)中的电流 i。

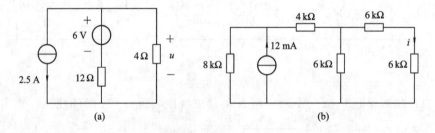

题 1-25 图

1-26 如题 1-26 图所示电路，求电流源产生的功率 P_s 和电流 i_2。

1-27 如题 1-27 图所示电路，求未知电阻 R。

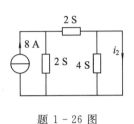

题 1 - 26 图

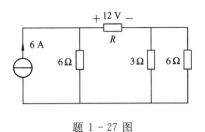

题 1 - 27 图

1 - 28　求题 1 - 28 图所示电路中的电流 i。

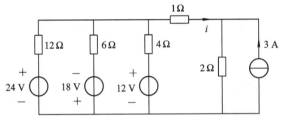

题 1 - 28 图

1 - 28 题解

1 - 29　求题 1 - 29 图所示电路中的电流 i_1 和电压 u。

1 - 30　如题 1 - 30 图所示的调压电路，端子 a 处为开路，若以地为参考点，当改变 $R_2(R_2 = 2R_1)$ 的活动点时，求 u_a 的变化范围。

1 - 30 题解

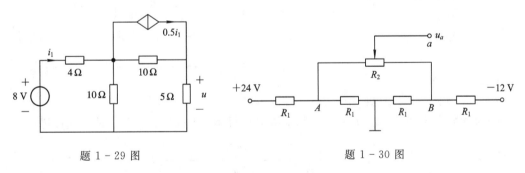

题 1 - 29 图　　　　　　　　题 1 - 30 图

1 - 31　某 MF - 30 型万用表测量直流电流的电路如题 1 - 31 图所示。已知表头内阻 $R_A = 2$ kΩ，量程为 37.5 μA，它用波段开关改变电流的量程，图中给出了各波段的量程。现发现绕线电阻 R_1 和 R_2 损坏，问换上多大阻值的 R_1 和 R_2 才能使该万用表恢复正常工作。

1 - 32　题 1 - 32 图所示电路是用 MOSFET 构成的逻辑电路，已知 $R_L = 20$ kΩ，$U_s = 5$ V，MOSFET 的导通电阻 $R_M = 200$ Ω，U_A 和 U_B 只取 5 V(逻辑 1)或 0 V(逻辑 0)，求出 U_A 和 U_B 所有组合状态下电路的输出电压 U_o，并判断该电路的逻辑功能。

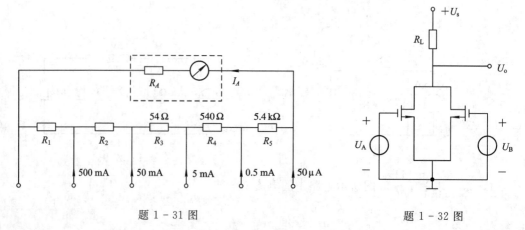

题 1 - 31 图   题 1 - 32 图

1 - 33 题 1 - 33 图所示电路，欲使 ab 端的等效电阻 $R_{ab}=R_L=50\ \Omega$，试确定电阻 R_1 和 R_2 的值。(从下列电阻值中选取电阻：10 Ω，20 Ω，30 Ω，100 Ω，110 Ω，120 Ω，130 Ω，150 Ω，160 Ω)。

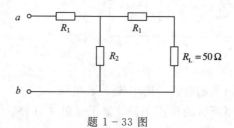

题 1 - 33 图

1 - 34 在题 1 - 34 图电路中，根据下列故障，计算 A 点测得的电压各为多少：

(1) R_1 开路；

(2) R_5 短路；

(3) R_3 和 R_4 开路；

(4) R_2 开路。

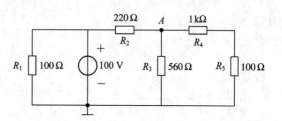

题 1 - 34 图

1 - 35 题 1 - 35 图电路中，如果理想电压表的读数为 5.24 V(近似小数点后两位)，判断哪个电阻发生了开路或短路故障？

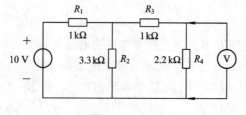

题 1 - 35 图

第 2 章　电阻电路分析

前一章介绍了电路的基本概念，讨论了用等效变换分析简单电路的方法。在此基础上，本章讨论求解电路的一般方法和常用的电路定理。

分析电路的一般方法是首先选择一组合适的电路基本变量（电流和/或电压），根据 KCL 和 KVL 及元件的伏安关系（VAR）建立该组变量的独立方程组，即电路方程；然后从方程中解出电路变量。除独立源外，仅含有线性电阻和线性受控源的线性电阻电路简称电阻电路，其电路方程是一组线性代数方程。本章以电阻电路为讨论对象。许多实际电路都可看作是线性电阻电路，电阻电路是研究动态电路、非线性电路以及电路的计算机辅助分析和设计的基础。

2.1　图与电路方程

2.1.1　图

当仅研究电路中各元件的相互连接关系时，一个二端元件可用一条线段来表示，称为支路；各支路的连接点画为黑点，称为节点（或结点）。这样，就能画出与原电路图相对应的线形图或拓扑图，简称为图。有时为了方便，也可把某些元件的串联组合（如数个电阻串联或电压源与电阻串联等）或并联组合（如数个电阻并联或电流源与电阻并联等）当作一条支路来看待。这里用图论[①]的一些知识来研究元件相互连接的规律性。

图 G 是节点和支路（图论中分别称为顶点和边）的集合。

每条支路的两端都必须连接到相应的节点上。移去一条支路并不把它相应的节点移去；而移去一个节点，则应当把与该节点相连的全部支路都同时移去。因此，图中不能有不与节点相连的支路，但可以有孤立的节点，如图 2.1-1(a)所示。全部节点都被支路所连通的图称为连通图，否则称为非连通图。图 2.1-1(a)是非连通图，它由相互分离的四个部分组成，称其分离度 $\rho=4$；图 2.1-1(b)是连通图，其分离度 $\rho=1$。我们主要关心的是连通图。

全部支路都标有方向[②]的图称为有向图（如图 2.1-1(b)），否则称为无向图。

如果有一个图 G，从图 G 中去掉某些支路和某些节点所形成的图 H 称为图 G 的子图。显然，子图 H 的所有支路和节点都包含在图 G 中。因此，子图可以这样定义：包含在图 G 内的图 H 称为图 G 的子图。例如，图 2.1-2(b)和(c)都是 2.1.2(a)中图 G 的子图。

---

① 图论是研究点和线连接关系的一门学问，是数学的一个分支。

② 对于不同的问题，支路方向的含义也不同。单向通行的道路、信号流图等，其中的方向表示只能按箭头方向运动，不能作反方向运动。我们这里的方向是支路电流的参考方向。

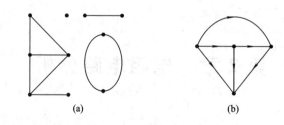

图 2.1-1　连通图与非连通图

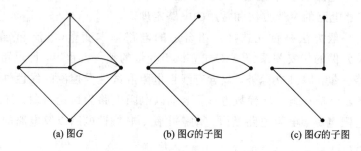

(a) 图G　　　(b) 图G的子图　　　(c) 图G的子图

图 2.1-2　图与子图

能够画在一个平面上，并且除端点外所有支路都没有交叉的图称为平面图，否则称为非平面图。对于图 2.1-3(a)，无论把支路伸缩或是把支路拉伸到外侧，要想把该图画在平面上，而各支路都不交叉是不可能的，因而它是非平面图。对于图 2.1-3(b)，只要将支路2 和 3 拉伸到图外侧，如图 2.1-3(c)所示，则各支路都不交叉，因而图(b)是平面图。

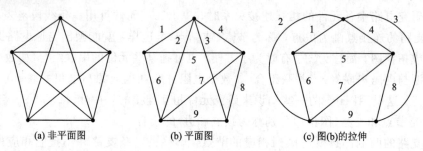

(a) 非平面图　　　(b) 平面图　　　(c) 图(b)的拉伸

图 2.1-3　平面图与非平面图

2.1.2　回路、割集、树

1. 回路

与某一节点相连的支路数称为该节点的次数或度数。例如图 2.1-4 中，节点 a 的次数为 3，节点 b 的次数为 4。

图中，从某一节点(可称为始点)出发，连续经过一些支路和节点，且各节点只经过一次(显然，其所经支路也只经过一次)，最后到达另一节点(终点)的支路序列称为路径。图 2.1-4 中，支路序列{1}、{2，3}、{4，8，7}、{4，5，6，7}等都是节点 a 至 c 的路径。显然，路径中始节点和终节点的次数为 1，其余节点的次数为 2。

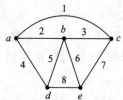

图 2.1-4　图 G

一个闭合路径，即始节点和终节点为同一节点的路径，称为回路。这样，始节点以及终节点的次数也为 2。因此，回路可以这样定义：全部节点的次数均为 2 的连通子图称为回路。图 2.1 - 4 中，支路集 {1, 3, 2}、{1, 3, 5, 4}、{2, 5, 4}、{2, 3, 7, 8, 4} 等都是图 G 的回路。

在平面图中，构成回路的各支路围成一个区域。区域内部不包含支路和节点的回路常称为网孔。图 2.1 - 4 中，{1, 3, 2}、{2, 5, 4}、{5, 6, 8}、{3, 7, 6} 都是网孔。支路集 {1, 7, 8, 4} 称为外网孔，因为如果将平面图 G 画在球面上，则从另一侧看去，支路集 {1, 7, 8, 4} 也将围成一个区域，且该区域中没有其它支路和节点。注意：本书涉及的网孔不包括外网孔。

2. 割集

在连通图 G 中，这样的支路集 S 称为割集：若从图 G 中移去（或割断）属于 S 的所有支路，则图 G 恰好被分成两个互相分离的部分，但只要少移去其中的一条支路，则图仍然是连通的。割集可以这样定义：把连通图分割为两个连通子图所需移去的最少支路集。图 2.1 - 5 中，支路集 {1, 2, 4}、{2, 3, 6, 5}、{4, 5, 6, 3, 1}、{4, 5, 6, 7} 等都是割集，如虚线所示。

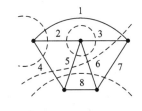

图 2.1 - 5　割集

3. 树

树是图论中一个非常重要的概念。

包含连通图 G 中的所有节点，但不包含回路的连通子图，称为图 G 的树。图 2.1 - 6 中画出了图 G（如图 2.1 - 6(a) 所示）的几种树（如图 2.1 - 6(b) 所示）。可见，同一个图有许多种树。

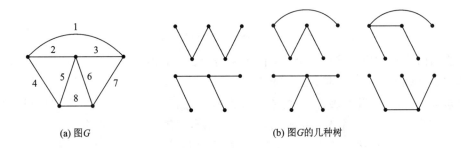

(a) 图 G　　　　　　　　(b) 图 G 的几种树

图 2.1 - 6　图 G 的树

图 G 中，组成树的支路称为树支，不属于树的支路称为连支。例如图 2.1 - 6 中，若选树支为 {4, 5, 6, 7}，则支路 {1, 2, 3, 8} 为连支。

一个有 n 个节点、b 条支路的连通图 G，其任何一个树的树支数

$$T = n - 1 \tag{2.1 - 1}$$

对应于任一棵树的连支数

$$L = b - T = b - n + 1 \tag{2.1 - 2}$$

这是因为，若把图 G 的 n 个节点连接成一棵树时，第一条支路连接 2 个节点，此后每增加

1 条新支路就连接上 1 个新节点，直到把 n 个节点连接成树，所以树支数比节点数少 1。

例如 2.1-6(a)所示的连通图 G，共有 5 个节点，8 条支路，其树支数 $T=4$，连支数 $L=4$。

由树以及回路、割集的定义可知，在连通图 G 中，由于树是连通的，因而任何割集至少包含 1 条树支；由于树不包含回路，因而任何回路至少包含 1 条连支。

4. 基本回路和基本割集

在连通图 G 中，任意选定一个树，由于树连接了图 G 的全部节点(但不包含回路)，因而在树上增加一条连支，此连支与其它树支就构成一个回路。

仅包含一条连支(其余为树支)的回路称为单连支回路或基本回路。全部单连支回路组成了基本回路组。对于有 n 个节点、b 条支路的连通图，一个基本回路组中有且仅有 $L=b-n+1$ 个基本回路。图 2.1-7(a)中，选支路{2，3，5，8}是树，则回路{1，3，2}、{2，5，4}、{5，6，8}和{3，7，8，5}都是基本回路。

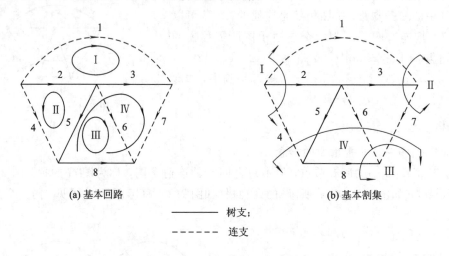

(a) 基本回路　　　　　　　　　　(b) 基本割集

──────　树支；

------　连支

图 2.1-7　基本回路和基本割集

在连通图 G 中，任意选定一个树，由于树是连通的，因而移去一条树支，此树支与移去的其它连支就形成一个割集。

仅包含一条树支(其余为连支)的割集称为单树支割集或基本割集。全部单树支割集组成基本割集组。对于有 n 个节点的连通图，一个基本割集组中有且仅有 $T=n-1$ 个基本割集。图 2.1-7(b)中，选支路集{2，3，5，8}是树，割集{1，2，4}、{1，3，7}、{4，5，6，7}和{8，6，7}都是基本割集。

在有向图中还应规定基本回路和基本割集方向。我们选定，基本回路的方向与该回路中连支的方向一致；基本割集的方向与该割集中树支的方向一致，如图 2.1-7(a)、(b)所示。

2.1.3　KCL 和 KVL 的独立方程

设某电路的拓扑图如图 2.1-8(a)所示，对其各节点和支路分别编号，支路的参考方向(即支路电流的方向，支路电压取关联参考方向)如图所示。

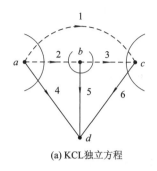
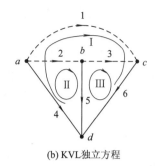

(a) KCL独立方程　　　　　　　　(b) KVL独立方程

图 2.1 - 8　KCL 与 KVL 的独立方程

对于节点 a、b、c、d 可列出 KCL 方程(电流流出节点取"＋"号,流入取"－"号):

$$\begin{cases} i_1 & +i_2 & & +i_4 & & & =0 \\ & -i_2 & +i_3 & & +i_5 & & =0 \\ -i_1 & & -i_3 & & & +i_6 & =0 \\ & & & -i_4 & -i_5 & -i_6 & =0 \end{cases} \qquad (2.1-3)$$

在以上方程组中,每一个支路电流都出现两次,其前面的符号一次为"＋",另一次为"－",这是因为每一个支路都连接 2 个节点,支路电流必从一个节点流出,而流入另一节点。因此,将式(2.1 - 3)中的任意 3 个方程相加,就得到另一个方程。也就是说,式(2.1 - 3)中的 4 个方程中,最多有 3 个是相互独立的。

如果选图 2.1 - 8(a)中的树为{4,5,6},如图中实线所示,容易看出,与节点 a、b、c 相连的支路集{1,2,4}、{2,3,5}、{1,3,6}都是基本割集。由于每个基本割集都包含一条其它基本割集所不包含的树支,因而由 KCL 所列的基本割集的电流方程是互相独立的。也就是说,图 2.1 - 8(a)的方程式(2.1 - 3)中有 3 个 KCL 方程是互相独立的。

对于有 n 个节点的连通图,有 $n-1$ 个基本割集,因而根据 KCL 可列出 $n - 1$ 个独立方程。

由于按 KCL 列写基本割集电流方程需要选树和确定基本割集,步骤较繁琐,因而在电路分析中,通常都列写节点电流方程。可以证明,对于有 n 个节点的连通图,任选 $n-1$ 个节点所列的 KCL 方程都是独立的。这些方程所对应的节点称为独立节点,另外一个节点通常选为参考节点。

对于图 2.1 - 8(b)所示的连通图,若选树支为{4,5,6},如图中实线所示,则支路{1,2,3}为连支(图中虚线所示)。于是有基本回路{1,6,4}、{2,5,4}、{3,6,5},将它们分别编号为Ⅰ、Ⅱ、Ⅲ,选基本回路方向与连支方向一致。由 KVL 可列出回路电压方程(支路电压与回路方向一致取"＋"号,支路电压与回路方向相反取"－"号):

$$\begin{cases} u_1 & & -u_4 & & +u_6 & =0 \\ u_2 & & -u_4 & +u_5 & & =0 \\ & u_3 & & -u_5 & +u_6 & =0 \end{cases} \qquad (2.1-4)$$

由于每个基本回路都包含一条其它基本回路所不包含的连支,因而式(2.1 - 4)中的基本回路方程是互相独立的,即图 2.1 - 8(b)的基本回路方程式(2.1 - 4)的 3 个 KVL 方程是互相独立的。

对于 n 个节点、b 条支路的连通图，有 $L=b-n+1$ 个基本回路，根据 KVL 可列出 $L=b-n+1$ 个相互独立的电压方程。

在电路分析中，对于平面图，也常根据 KVL 列写网孔方程。可以证明，平面电路中网孔数为 $b-n+1$ 个，按 KVL 所列写的网孔电压方程也是相互独立的。

通常，将能够列出独立的 KVL 方程的回路称为独立回路。显然，基本回路组是一组独立回路；平面图中的全部网孔也是一组独立回路。

综上所述，可总结出如下重要结论：

(1) 一个包含有 n 个节点、b 条支路的连通图，其任一个树有 $T=n-1$ 条树支和 $L=b-n+1$ 条连支。对应于任一个树，有一个基本割集组，它包含有互相独立的 $n-1$ 个基本割集；有一个基本回路组，它包含有互相独立的 $b-n+1$ 个基本回路。

(2) 对于包含有 n 个节点、b 条支路的连通电路，根据 KCL 可列出 $n-1$ 个独立的节点（或基本割集）电流方程；根据 KVL，可列出 $b-n+1$ 个独立的基本回路（或平面电路中的网孔）电压方程。

2.2 2b 法和支路法

2.2.1 2b 法

对一个具有 b 条支路和 n 个节点的电路，当以支路电压和支路电流为变量列写方程时，共有 $2b$ 个未知变量，根据 KCL 可列出 $n-1$ 个独立方程，根据 KVL 可列出 $b-n+1$ 个独立方程；根据元件的伏安关系，每条支路又可列出 b 个支路电压和电流关系方程。于是，共列出的 $2b$ 个方程，足以用来求解 b 个支路电压和 b 个支路电流。这种选取未知变量列方程求解电路的方法称为 $2b$ 法。下面通过一个示例来介绍它的具体步骤。

设有如图 2.2-1(a) 所示的电路，其各电源和电阻均已知。我们把 R_1 和受控源 ri_2 的串联组合、R_4 与电压源的串联组合以及 R_6 与电流源的并联组合各看作一条支路。这样，图 2.2-1(a) 便有 4 个节点，6 条支路，其拓扑图如图 2.2-1(b) 所示。各支路电流与电压均为关联参考方向，如图 2.2-1(a) 所标示。

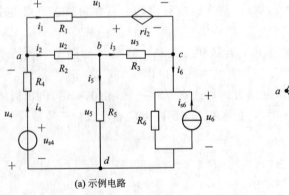
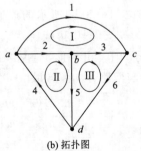

(a) 示例电路   (b) 拓扑图

图 2.2-1 2b 法示例

图 2.2-1(b) 的独立节点数为 $n-1=3$。选节点 a、b、c 为独立节点，根据 KCL 可列得电流方程为

$$\begin{cases} i_1 & + i_2 & - i_4 & = 0 \\ - i_2 & + i_3 & + i_5 & = 0 \\ - i_1 & - i_3 & + i_6 & = 0 \end{cases} \qquad (2.2-1)$$

图 2.2-1(b)的独立回路数为 $b-n+1=3$。现选网孔为独立回路，根据 KVL 可列得电压方程为

$$\begin{cases} u_1 & - u_3 & - u_2 & = 0 \\ u_2 & + u_5 & + u_4 & = 0 \\ u_3 & + u_6 & - u_5 & = 0 \end{cases} \qquad (2.2-2)$$

这样，共得到 6 个独立方程。

各支路电流和电压的伏安关系方程（简称为支路方程）为

$$\begin{cases} u_1 = R_1 i_1 + r i_2 \\ u_2 = R_2 i_2 \\ u_3 = R_3 i_3 \\ u_4 = R_4 i_4 - u_{s4} \\ u_5 = R_5 i_5 \\ u_6 = R_6 (i_6 + i_{s6}) = R_6 i_6 + R_6 i_{s6} \end{cases} \qquad (2.2-3)$$

对 6 条支路共列出 6 个方程，显然，它们是独立的。

这样，图 2.2-1(a)的电路共有 12 个未知量，恰有 12 个独立方程。求解方程式(2.2-1)、式(2.2-2)和式(2.2-3)，就可求得各支路电压和电流。

这种方法方程数目较多，它所能直接求出的未知量也较多，但使用起来比较灵活，能适应各种情况。若用手工计算，这种方法是不方便的，但 $2b$ 法是各种计算方法（包括用计算机分析计算）的基础。

2.2.2　支路法

如果以支路电流（或支路电压）为电路变量列出方程，求解支路电流（或支路电压），则称为支路电流（或支路电压）法。下面主要介绍支路电流法。

以图 2.2-1(a)为例。将式(2.2-3)的各支路电压代入式(2.2-2)，消去各电压变量得

$$\begin{cases} R_1 i_1 & + r i_2 & - R_3 i_3 & - R_2 i_2 & = 0 \\ R_2 i_2 & + R_5 i_5 & + R_4 i_4 & - u_{s4} & = 0 \\ R_3 i_3 & + R_6 i_6 & + R_6 i_{s6} & - R_5 i_5 & = 0 \end{cases}$$

整理后，可得

$$\begin{cases} R_1 i_1 + (r - R_2) i_2 - R_3 i_3 = 0 \\ R_2 i_2 + R_4 i_4 + R_5 i_5 = u_{s4} \\ R_3 i_3 - R_5 i_5 + R_6 i_6 = - R_6 i_{s6} \end{cases} \qquad (2.2-4)$$

式(2.2-4)是 KVL 的另一种表达式。如果将 R_6 与 i_{s6} 的并联组合等效变换为电阻 R_6 与电压源 $R_6 i_{s6}$ 的串联组合，就可以看出，式(2.2-4)所表明的是：任一回路内，电阻上电压的代数和等于电压源电压的代数和，其中支路电流参考方向与回路方向一致者，$R_k i_k$ 前取

"＋"号，否则取"－"号；而电压源 u_{sk} 的参考方向与回路方向相反者，取"＋"号，即回路由电压源的"－"极进入，由"＋"极走出者，u_{sk} 前取"＋"号，否则取"－"号，即

$$\sum R_k i_k = \sum u_{sk} \qquad (2.2-5)$$

联立求解式(2.2-1)和(2.2-4)就可求得各支路电流。将求得的各支路电流回代到式(2.2-3)中就可求出各支路电压。

综上所述，支路电流法列写电路方程的步骤如下：

(1) 选定各支路电流的参考方向；

(2) 对($n-1$)个独立节点，按 KCL 列出电流方程；

(3) 选定($b-n+1$)个独立回路，指定回路绕行方向，根据 KVL，按式(2.2-5)的形式列出电压方程。

支路电流法共有 b 个方程，能直接解得 b 个支路电流，这比 $2b$ 法方便了许多。不过支路电流法要求每一条支路的电压都能用支路电流来表示，否则就难以写成式(2.2-5)的形式。譬如，若某一支路仅有电流源（或受控电流源），我们把这种电流源称为无伴电流源，则该支路电压为未知量，而且不能用该支路电流表示。在这种情况下，就需要另行处理，而 $2b$ 法就不受这种限制。

支路电压法以支路电压为变量。以图 2.2-1(a)为例，将式(2.2-3)中各支路电流用支路电压表示，然后代入 KCL 方程式(2.2-1)，消去支路电流，将所得方程与式(2.2-2)联立求解，就可求得各支路电压。具体过程不再详述。

例 2.2-1 如图 2.2-2 所示的电路，求各支路电流。

解 图 2.2-2 的电路中，如将电压源（受控电压源）与电阻的串联组合看作是一条支路，则该电路共有 2 个节点，3 条支路。用支路电流法可列出 1 个 KCL 方程，2 个 KVL 方程。

选节点 a 为独立节点，可列出 KCL 方程为

$$-i_1 + i_2 + i_3 = 0 \qquad (2.2-6a)$$

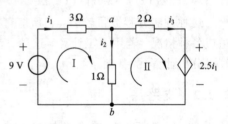

图 2.2-2 例 2.2-1 图

选网孔为独立回路，如图所示。可列出 KVL 方程为

$$3i_1 + i_2 = 9 \qquad (2.2-6b)$$
$$-i_2 + 2i_3 = -2.5i_1 \ (\text{或} \ 2.5i_1 - i_2 + 2i_3 = 0)$$

由式(2.2-6)的 3 个方程可解得 $i_1 = 2 \text{ A}$, $i_2 = 3 \text{ A}$, $i_3 = -1 \text{ A}$。

例 2.2-2 如图 2.2-3(a)所示的电路，求电流 i_1、i_5 和电压 u_2、u_4。

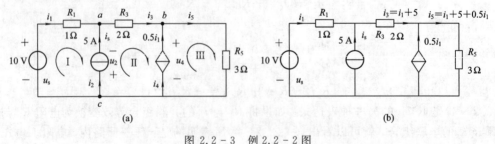

图 2.2-3 例 2.2-2 图

解　在图 2.2 - 3(a)所示的电路中，我们把 u_s 与 R_1 的串联组合看作是 1 条支路，把受控源和 R_5 分别看作是 2 条支路。这样，共有 5 条支路，3 个节点，因此可列出 2 个 KCL 方程和 3 个 KVL 方程。

选节点 a 和 b 为独立节点，可列出 KCL 方程为

$$-i_1 - i_2 + i_3 = 0$$
$$-i_3 - i_4 + i_5 = 0$$

考虑到 $i_2 = i_s$，$i_4 = 0.5i_1$，将它们代入上式得

$$\begin{cases} -i_1 + i_3 = i_s \\ -0.5i_1 - i_3 + i_5 = 0 \end{cases} \tag{2.2-7}$$

可见，由于电路中有无伴独立电流源和受控电流源存在，因而 5 个支路电流变量中，有的是已知量(i_s)，有的是非独立的量($i_4 = 0.5i_1$)，从而只剩下 3 个未知量 i_1、i_3 和 i_5。不过电流源和受控电流源的端电压 u_2 和 u_4 无法用支路电流表示，因此只能当作未知量对待。这样，仍是 5 个未知量。

选网孔为独立回路，并设电流源和受控源的端电压 u_2、u_4 为未知量，根据 KVL 可列出回路 Ⅰ、Ⅱ、Ⅲ 的电压方程为

$$\begin{cases} R_1 i_1 \quad -u_2 \qquad\qquad = u_s \\ u_2 \quad +R_3 i_3 \quad +u_4 \quad = 0 \\ -u_4 \quad +R_5 i_5 \qquad = 0 \end{cases} \tag{2.2-8}$$

将各已知量代入式(2.2 - 7)和(2.2 - 8)得

$$\begin{cases} -i_1 \qquad +i_3 \qquad\qquad\qquad = 5 \\ -0.5i_1 \quad -i_3 \qquad\qquad +i_5 \quad = 0 \\ i_1 \qquad -u_2 \qquad\qquad = 10 \\ u_2 \qquad +2i_3 \quad +u_4 \qquad = 0 \\ \qquad\qquad\qquad -u_4 \quad +3i_5 = 0 \end{cases} \tag{2.2-9}$$

解以上方程可求得 $i_1 = -2$ A，$i_3 = 3$ A，$i_5 = 2$ A，$u_2 = -12$ V，$u_4 = 6$ V。

实际上，对于不太复杂的含有无伴电流源(或受控电流源)支路的电路，如果读者熟悉 KCL 和 KVL(特别要注意参考方向)，用它直接求解是比较简便的。

根据 KCL，由图 2.2 - 3(a)可直接看出，$i_3 = i_1 + 5$，$i_5 = i_1 + 5 + 0.5i_1 = 1.5i_1 + 5$，即式(2.2 - 7)的关系，如图 2.2 - 3(b)所示。选 u_s、R_1、R_3、R_5 的回路，根据 KVL 可得

$$R_1 i_1 + R_3 i_3 + R_5 i_5 = u_s$$

即

$$i_1 + 2(i_1 + 5) + 3(1.5i_1 + 5) = 10$$

由上式可解得

$$i_1 = -2 \text{ A}$$
$$i_3 = i_1 + 5 = 3 \text{ A}$$
$$i_5 = 1.5i_1 + 5 = 2 \text{ A}$$

由图 2.2 - 3(a)，根据 KVL，可得

$$u_2 = -u_s + R_1 i_1 = -12 \text{ V}$$
$$u_4 = R_5 i_5 = 6 \text{ V}$$

2.3 回路法和网孔法

回路法是以平面电路或非平面电路的一组独立回路电流为电路变量，并对独立回路用 KVL 列出用回路电流表达有关支路电压的方程的求解方法。通常选择基本回路为独立回路，这时，回路电流就是相对应的连支电流。对于平面电路，常选网孔为独立回路。例如图 2.3 - 1(a)所示的电路，若选支路{4，5，6}为树，则分别由连支 1、2、3 与一些树支可构成 3 个基本回路，如图所示。这里，它们同时也是网孔。

我们选择回路电流 i_1、i_2、i_3 分别等于各相应的连支电流。回路电流是假想的电流，它们同时沿各自的回路流动，如 i_1 沿支路 1、4、5 流动；i_2 沿支路 2、6、4 流动；i_3 沿支路 3、6、5 流动。回路电流的方向也是回路绕行的方向。图 2.3 - 1(a)中支路 3 为电流源与电阻并联，可等效变换为电压源与电阻串联的组合，如图 2.3 - 1(b)所示。

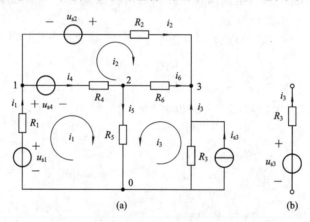

图 2.3 - 1 回路法示例

选定回路电流后，对于节点 1、0、3，根据 KCL 可得各树支电流分别为

$$\begin{cases} i_4 = i_1 - i_2 \\ i_5 = i_1 + i_3 \\ i_6 = -i_2 - i_3 \end{cases} \tag{2.3 - 1}$$

将上式与图 2.3 - 1(a)相对照可见，上式所表明的是，树支电流等于流经该支路的有关回路电流的代数和，即各树支电流可以用有关的回路电流(或相应的连支电流)来表示。式 (2.3 - 1)还表明，当选用独立回路电流作电路变量时，KCL 就自动满足，因而在求解电路问题时，可免去列写 KCL 方程，而只需列写 KVL 方程即可。

由图 2.3 - 1(a)所示的电路，对选定的各独立回路，根据 KVL，可列得方程为

$$-u_{s1} + R_1 i_1 + u_{s4} + R_4 (i_1 - i_2) + R_5 (i_1 + i_3) = 0$$
$$-u_{s2} + R_2 i_2 + R_6 (i_2 + i_3) + R_4 (i_2 - i_1) - u_{s4} = 0$$
$$-R_3 i_{s3} + R_3 i_3 + R_6 (i_2 + i_3) + R_5 (i_1 + i_3) = 0$$

将上式整理后，得

$$
\begin{cases}
(R_1 + R_4 + R_5)i_1 & - R_4 i_2 & + R_5 i_3 & = u_{s1} - u_{s4} \\
- R_4 i_1 & + (R_2 + R_4 + R_6)i_2 & + R_6 i_3 & = u_{s2} + u_{s4} \\
R_5 i_1 & + R_6 i_2 & + (R_3 + R_5 + R_6)i_3 & = R_3 i_{s3}
\end{cases}
$$

$$(2.3-2)$$

式(2.3-2)就是回路法的方程，常称为回路方程。实际上，上述方程组可以凭直观由电路图直接写出，而不必经过以上步骤。为此，将上式写成典型的形式

$$
\begin{cases}
R_{11} i_1 + R_{12} i_2 + R_{13} i_3 = u_{s11} \\
R_{21} i_1 + R_{22} i_2 + R_{23} i_3 = u_{s22} \\
R_{31} i_1 + R_{32} i_2 + R_{33} i_3 = u_{s33}
\end{cases}
\qquad (2.3-3)
$$

或写成矩阵形式为

$$
\begin{bmatrix}
R_{11} & R_{12} & R_{13} \\
R_{21} & R_{22} & R_{23} \\
R_{31} & R_{32} & R_{33}
\end{bmatrix}
\cdot
\begin{bmatrix}
i_1 \\
i_2 \\
i_3
\end{bmatrix}
=
\begin{bmatrix}
u_{s11} \\
u_{s22} \\
u_{s33}
\end{bmatrix}
\qquad (2.3-4)
$$

式中，R_{kk} 称为回路 k 的自电阻，它是回路 k 中所有电阻之和，恒取"+"号，例如 $R_{11} = R_1 + R_4 + R_5$，$R_{22} = R_2 + R_4 + R_6$ 等。

$R_{kj}(k \neq j)$ 称为回路 k 和回路 j 的互电阻，它是回路 k 与回路 j 共有支路上所有公共电阻的代数和。如果流过公共电阻上的两回路电流方向相同，其前取"+"号；方向相反，取"−"号，例如 $R_{12} = -R_4$，$R_{13} = R_5$ 等。显然，若两个回路间无共有电阻，则相应的互电阻为零。

u_{skk} 是回路 k 中所有电源电压的代数和。取和时，与回路电流方向相反的电压源(即回路电流从电压源的"−"极流入，"+"极流出)前面取"+"号，否则取"−"号，例如 $u_{s11} = u_{s1} - u_{s4}$ 等。如有电流源与电阻相并联的组合，可将其变换为电压源，例如 $u_{s33} = R_3 i_{s3}$。

对于有 n 个节点、b 条支路的电路，其回路方程组包括 $b-n+1$ 个方程。这可根据式(2.3-3)或式(2.3-4)推广，这里不多赘述。

需要指出，回路方程式(2.3-3)是各独立回路的 KVL 方程，其等号左端是各回路电流产生的电压(降)，而等号的右端是电压源的电压(升)。

回路法中，一般需要先选树，确定基本回路，以相应的连支电流为回路电流，按式(2.3-3)的形式列出回路方程。方程中自电阻恒取正号，互电阻的符号由流过它的两回路电流方向而定。对于平面电路，常选网孔电流作电路变量，这样得到的回路法又称为网孔法。由于网孔一定是一组独立回路，因而可免去选树、确定基本回路的步骤。如果所有网孔电流均为顺时针方向(或均为逆时针方向)，则互电阻均取"−"号。平面电路常用网孔法。对于仅含独立源和线性电阻的电路，恒有 $R_{kj} = R_{jk}$，即式(2.3-4)中的电阻矩阵为对称矩阵。

回路法的步骤归纳如下：

(1) 选定一组独立回路，并指定各回路电流的参考方向；

(2) 按式(2.3-3)或式(2.3-4)的形式列出回路方程(注意互电阻和电压源的符号)；

(3) 由回路方程解出各回路电流，根据需要，求出其它待求量。

例 2.3 - 1 如图 2.3 - 2 所示的电路，求各支路电流。

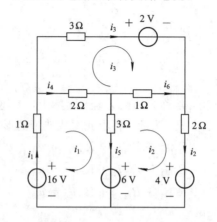

图 2.3 - 2 例 2.3 - 1 图

解 图 2.3 - 2 是平面电路，可用网孔法求解。选定三个网孔，其网孔电流分别为 i_1、i_2 和 i_3，如图所示。按图列出网孔方程为

$$
\begin{aligned}
(1+2+3)i_1 & & -3i_2 & & -2i_3 & = 16-6 \\
-3i_1 & & +(3+1+2)i_2 & & -i_3 & = 6-4 \\
-2i_1 & & -i_2 & & +(3+1+2)i_3 & = -2
\end{aligned}
$$

即

$$
\begin{aligned}
6i_1 - 3i_2 - 2i_3 &= 10 \\
-3i_1 + 6i_2 - i_3 &= 2 \\
-2i_1 - i_2 + 6i_3 &= -2
\end{aligned}
$$

由以上方程可解得

$$
i_1 = 3\,\text{A}, \; i_2 = 2\,\text{A}, \; i_3 = 1\,\text{A}
$$

由图 2.3 - 2 可求得其它各支路电流为

$$
i_4 = i_1 - i_3 = 2\,\text{A}
$$
$$
i_5 = i_1 - i_2 = 1\,\text{A}
$$
$$
i_6 = i_2 - i_3 = 1\text{A}
$$

例 2.3 - 2 图 2.3 - 3(a) 是测量电阻 R_x 的电桥。图中 R_m 是测量电表的内阻，当电桥平衡时，通过电表的电流 i_m 等于零。求电桥平衡的条件。

解 对于图 2.3 - 3(a) 所示的电路，若选网孔为独立回路，则 i_m 是两个网孔电流的代数和，因而需要解出两个网孔电流。如果像图 2.3 - 3(b) 那样选基本回路 (图中实线为树支，虚线为连支)，由图可见 $i_m = i_1$，因而只需解出 i_1 即可。

按图 2.3 - 3(b) 列出回路方程为

$$
\begin{cases}
(R_1 + R_3 + R_m)i_1 & +(R_1 + R_3)i_2 & -R_3 i_3 & = 0 \\
(R_1 + R_3)i_1 & +(R_1 + R_2 + R_3 + R_x)i_2 & -(R_3 + R_x)i_3 & = 0 \\
-R_3 i_1 & -(R_3 + R_x)i_2 & +(R_3 + R_x + R_s)i_3 & = u_s
\end{cases}
$$

$$(2.3 - 5)$$

由以上方程可解得

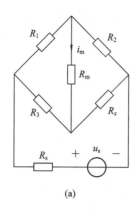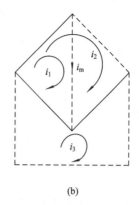

图 2.3 - 3　例 2.3 - 2 图

$$i_1 = \frac{1}{\Delta} \begin{vmatrix} 0 & R_1 + R_2 & -R_3 \\ 0 & R_1 + R_2 + R_3 + R_x & -(R_3 + R_x) \\ u_s & -(R_3 + R_x) & R_3 + R_x + R_s \end{vmatrix}$$

式中，Δ 是由方程组系数组成的行列式。通过计算可知 $\Delta \neq 0$。因此，电流 $i_m = i_1 = 0$ 的条件是

$$u_s \begin{vmatrix} R_1 + R_3 & -R_3 \\ R_1 + R_2 + R_3 + R_x & -(R_3 + R_x) \end{vmatrix} = 0$$

由于 $u_s \neq 0$，所以 $i_1 = 0$ 的条件是

$$\begin{vmatrix} R_1 + R_3 & -R_3 \\ R_1 + R_2 + R_3 + R_x & -(R_3 + R_x) \end{vmatrix} = R_2 R_3 - R_1 R_x = 0 \qquad (2.3 - 6)$$

式(2.3 - 6)就是电桥平衡，即 $i_m = i_1 = 0$ 的条件。电桥平衡时，被测电阻

$$R_x = \frac{R_2 R_3}{R_1} \qquad (2.3 - 7)$$

以上所讨论的电路中只含有独立源，如果电路中含有受控源，可暂时将受控源按独立源对待，列出回路方程，然后将受控源的控制变量用回路电流表示，并把它们代入所列方程，将含未知量的各项移到等号左端。

例 2.3 - 3　如图 2.3 - 4(a)所示的电路，求电流 i_a 和电压 u_b。

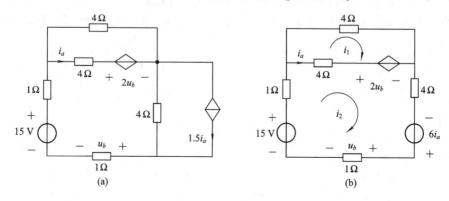

图 2.3 - 4　例 2.3 - 3 图

解　首先将图 2.3 - 4(a)中的受控电流源与电阻的并联组合变换为电压源与电阻的串联组合，如图 2.3 - 4(b)所示。

选定独立回路(本题选网孔)，标明回路电流参考方向，如图 2.3 - 4(b)所示。

按图 2.3 - 4(b)列出网孔方程为

$$\begin{cases} 8i_1 - 4i_2 = 2u_b \\ -4i_1 + 10i_2 = 15 - 2u_b + 6i_a \end{cases} \tag{2.3-8}$$

由图可见，控制量 i_a、u_b 与回路电流的关系是

$$\begin{cases} i_a = i_2 - i_1 \\ u_b = i_2 \end{cases} \tag{2.3-9}$$

将它们代入式(2.3 - 8)，并稍加整理，得

$$8i_1 - 6i_2 = 0$$
$$2i_1 + 6i_2 = 15$$

由上式解得 $i_1 = 1.5$ A，$i_2 = 2$ A。将它们代入式(2.3 - 9)，得

$$i_a = i_2 - i_1 = 0.5 \text{ A}$$
$$u_b = i_2 = 2 \text{ V}$$

当电路中含有电流源(或受控电流源)，且无电阻与其相并联时，可用以下方法。

例 2.3 - 4　如图 2.3 - 5(a)所示的电路，求 i_1 和 u_3。

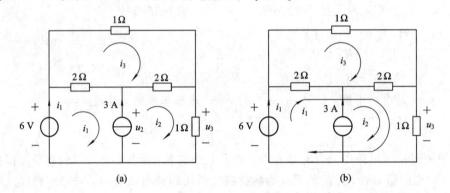

(a)　　　　　　　　　(b)

图 2.3 - 5　例 2.3 - 4 图

解法一　一般而言，可以选电流源的端电压为变量，如图 2.3 - 5(a)中的 u_2，并暂时把它当作未知电压源来处理。选定网孔电流 i_1、i_2、i_3 为未知量，按图 2.3 - 5(a)可列出网孔方程为

$$\begin{cases} 2i_1 & -2i_3 = 6 - u_2 \\ 3i_2 & -2i_3 = u_2 \\ -2i_1 & -2i_2 + 5i_3 = 0 \end{cases} \tag{2.3-10}$$

再补充一个电流源与有关回路电流的关系。由图 2.3 - 5(a)，有

$$-i_1 + i_2 = 3 \text{ A} \tag{2.3-11}$$

这样，增加了一个未知量 u_2，同时也增加了一个回路电流与电流源之间的约束关系式 (2.3 - 11)。由式(2.3 - 10)和(2.3 - 11)可解得 $i_1 = 1$ A，$i_2 = 4$ A，$i_3 = 2$ A，$u_2 = 8$ V，则

$$u_3 = 1 \times i_2 = 4 \text{ V}$$

解法二　对于图 2.3 - 5(a)所示的电路，若选择独立回路使电流源本身是回路电流之一，如图 2.3 - 5(b)所示，将更为简便。

按图 2.3 - 5(b)，这时回路电流 $i_2 = 3$ A 为已知，因而只需列出回路 1 和回路 3 的回路方程。按图 2.3 - 5(b)，可列出方程为

$$5i_1 + 3i_2 - 4i_3 = 6$$
$$-4i_1 - 2i_2 + 5i_3 = 0$$

将回路电流 $i_2 = 3$ A 代入上式，得

$$5i_1 - 4i_3 = -3$$
$$-4i_1 + 5i_3 = 6$$

由上式可解得 $i_1 = 1$ A，$i_3 = 2$ A。电压

$$u_3 = 1 \times (i_1 + i_2) = 4 \text{ V}$$

2.4　节　点　法

任意选定电路中某一节点为参考节点，其余节点与参考节点之间的电压称为节点电位或节点电压，各节点电压的参考极性均以参考节点为"－"极。例如，图 2.4 - 1(a)所示的电路中，若选节点 0 为参考节点，节点 1、2、3 的电压分别用 u_{n1}、u_{n2}、u_{n3} 表示。实际上，它们分别是节点 1、2、3 与参考节点 0 之间的电压，即 $u_{n1} = u_{10}$，$u_{n2} = u_{20}$，$u_{n3} = u_{30}$。节点法是以节点电压为电路变量，并对独立节点用 KCL 列出用节点电压表达有关支路电流的方程的求解方法。

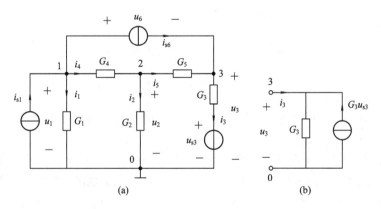

图 2.4 - 1　节点法示例

电路中任一支路都与两个节点相连接，任一支路电压等于有关两个节点的电位之差。例如图 2.4 - 1(a)中，$u_1 = u_{n1}$，$u_6 = u_{n1} - u_{n3}$，等等。这样，全部支路电压都可用有关节点电压来表示，于是 KVL 电路方程已自动满足，所以节点法中不需列出 KVL 方程，而只需列出 KCL 方程。

如电路有 n 个节点，对除参考节点以外的独立节点，列出 KCL 方程，并将式中的各支路电流用有关节点电压表示，就可得到与节点电压数目相等的 $(n-1)$ 个独立方程。由所列方程解得节点电压后，不难求出所需的各支路电压和电流。

在图 2.4 - 1(a)所示的电路中，对于节点 1、2、3，根据 KCL(流出节点的电流取"＋"

号，否则取"－"号)有

$$\begin{cases} -i_{s1} & +i_1 & +i_4 & +i_{s6} & =0 \\ & i_2 & -i_4 & +i_5 & =0 \\ & i_3 & -i_5 & -i_{s6} & =0 \end{cases} \qquad (2.4-1)$$

图 2.4-1(a)中支路 3 为电压源与电导的串联组合，将它等效变换为图 2.4-1(b)所示的电流源与电导的并联组合。将各支路电流用有关的节点电压表示，有各支路方程

$$\begin{cases} i_1 = G_1 u_{n1} \\ i_2 = G_2 u_{n2} \\ i_3 = G_3 u_{n3} - G_3 u_{s3} \\ i_4 = G_4(u_{n1} - u_{n2}) \\ i_5 = G_5(u_{n2} - u_{n3}) \end{cases} \qquad (2.4-2)$$

将它们代入式(2.4-1)，整理后，得

$$\begin{cases} (G_1+G_4)u_{n1} & -G_4 u_{n2} & -0u_{n3} & =i_{s1}-i_{s6} \\ -G_4 u_{n1} & +(G_2+G_4+G_5)u_{n2} & -G_5 u_{n3} & =0 \\ -0u_{n1} & -G_5 u_{n2} & +(G_3+G_5)u_{n3} & =G_3 u_{s3}+i_{s6} \end{cases} \qquad (2.4-3)$$

式(2.4-3)就是节点法的方程，通常称为节点方程。实际上，这个方程组可以凭直观由电路图直接写出，而不必经过以上步骤。为此，将上式写成典型的形式为

$$\begin{cases} G_{11}u_{n1}+G_{12}u_{n2}+G_{13}u_{n3}=i_{s11} \\ G_{21}u_{n1}+G_{22}u_{n2}+G_{23}u_{n3}=i_{s22} \\ G_{31}u_{n1}+G_{32}u_{n2}+G_{33}u_{n3}=i_{s33} \end{cases} \qquad (2.4-4)$$

或写成矩阵形式为

$$\begin{bmatrix} G_{11} & G_{12} & G_{13} \\ G_{21} & G_{22} & G_{23} \\ G_{31} & G_{32} & G_{33} \end{bmatrix} \cdot \begin{bmatrix} u_{n1} \\ u_{n2} \\ u_{n3} \end{bmatrix} = \begin{bmatrix} i_{s11} \\ i_{s22} \\ i_{s33} \end{bmatrix} \qquad (2.4-5)$$

式中，G_{kk} 称为节点 k 的自电导，它是连接到节点 k 的所有支路电导之和，恒取"＋"号，例如 $G_{11}=G_1+G_4$，$G_{22}=G_2+G_4+G_5$ 等。

$G_{kj}(k\neq j)$ 称为节点 k 与节点 j 的互电导，它是节点 k 与节点 j 之间共有支路电导之和，恒取"－"号，例如 $G_{12}=G_{21}=-G_4$，$G_{23}=G_{32}=-G_5$ 等。显然，当两节点无共有支路电导时，则相应的互电导为零。

i_{skk} 是注入到节点 k 的电流源之代数和，例如 $i_{s11}=i_{s1}-i_{s6}$，$i_{s33}=G_3 u_{s3}+i_{s6}$ 等。

对于有 n 个节点的电路，其节点方程组包括 $(n-1)$ 个方程，可依式(2.4-4)或式(2.4-5)推广，这里不多赘述。

节点法中，只要选定了参考节点，其余各独立节点也就确定了。以独立节点电压为变量，按式(2.4-4)的形式列出节点方程。方程中的自电导恒取正值，互电导恒取负值，这是由于任一支路电压都是其端节点电压之差的缘故。对于仅含独立源和线性电导的电路，恒有 $G_{kj}=G_{jk}$，即式(2.4-5)中的电导矩阵是对称矩阵。

需要指出，节点电压方程式(2.4-4)是各独立节点的 KCL 方程，其等号左端是各节点电压引起的流出该节点的电流，而等号右端是电流源注入到该节点的电流。

节点法的步骤可归纳如下：

(1) 指定参考节点，其余各节点与参考节点间的电压就是节点电压(或节点电位)，节点电压的极性均以参考节点为"－"极；

(2) 按式(2.4－4)或式(2.4－5)列出节点方程；

(3) 由节点方程解出各节点电压，根据需要，求出其它待求量。

例 2.4－1　如图 2.4－2(a)所示的电路，求各节点电压。

解　选节点 0 为参考节点，其余各节点电压分别设为 u_{n1}、u_{n2} 和 u_{n3}。

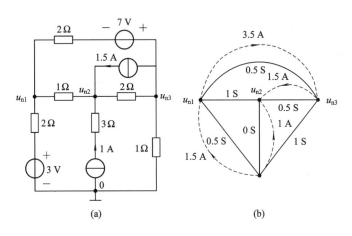

图 2.4－2　例 2.4－1图

图 2.4－2(a)电路中各支路给出的是电阻值，而在节点方程中采用电导，这应特别注意。图 2.4－2(b)简略地标出了各支路电导值及注入或流出各节点的电流源。图 2.4－2(a)中 3 Ω 和 1 A 电流源相串联的支路，按电流源与电阻相串联的规则仍等效为 1 A 的电流源，该支路电导为零。

根据图 2.4－2(a)或(b)列出节点电压方程为

$$\begin{cases}(0.5+1+0.5)u_{n1} & -u_{n2} & -0.5u_{n3} & =1.5-3.5 \\ -u_{n1} & +(1+0.5)u_{n2} & -0.5u_{n3} & =1+1.5 \\ -0.5u_{n1} & -0.5u_{n2} & +(1+0.5+0.5)u_{n3} & =-1.5+3.5\end{cases}$$

整理后，得

$$4u_{n1}-2u_{n2}-u_{n3}=-4$$
$$-2u_{n1}+3u_{n2}-u_{n3}=5$$
$$-u_{n1}-u_{n2}+4u_{n3}=4$$

由上式可解得 $u_{n1}=1$ V，$u_{n2}=3$ V，$u_{n3}=2$ V。

以上所讨论的电路中只含有独立源，如果电路中含有受控源，可暂时将受控源按独立源对待，列出节点方程。然后，将控制量用节点电压表示，并把它们代入所列方程，将含有未知量的各项移到等号左端。

例 2.4－2　如图 2.4－3所示的电路，求 i_1 和 i_2。

解　选定参考点，令独立节点电压为 u_{n1} 和 u_{n2}，如图所示。

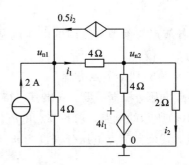

图 2.4 - 3　例 2.4 - 2 图

按图 2.4 - 3，列出节点方程为

$$\begin{cases} \left(\dfrac{1}{4}+\dfrac{1}{4}\right)u_{n1} \quad -\dfrac{1}{4}u_{n2} \qquad\qquad\qquad =2+0.5i_2 \\[2mm] -\dfrac{1}{4}u_{n1} \qquad\quad +\left(\dfrac{1}{4}+\dfrac{1}{4}+\dfrac{1}{2}\right)u_{n2} \;=-0.5i_2+\dfrac{4i_1}{4} \end{cases} \qquad (2.4-6)$$

由图可见，控制变量 i_1、i_2 与节点电压的关系为

$$\begin{cases} i_1 = \dfrac{u_{n1}-u_{n2}}{4} \\[3mm] i_2 = \dfrac{u_{n2}}{2} \end{cases} \qquad (2.4-7)$$

将它们代入式(2.4 - 6)，得

$$\frac{1}{2}u_{n1}-\frac{1}{4}u_{n2}=2+\frac{u_{n2}}{4}$$

$$-\frac{1}{4}u_{n1}+u_{n2}=-\frac{u_{n2}}{4}+\frac{u_{n1}-u_{n2}}{4}$$

整理后，可得

$$u_{n1} \quad -u_{n2} \;= 4$$
$$-u_{n1} \quad +3u_{n2} = 0$$

由上式可解出 $u_{n1}=6$ V，$u_{n2}=2$ V。将它们代入式(2.4 - 7)，得 $i_1=1$ A，$i_2=1$ A。

当电路中含有理想电压源支路时，可用以下方法。

例 2.4 - 3　如图 2.4 - 4(a)所示的电路，求电流源端电压 u 和电流 i 。

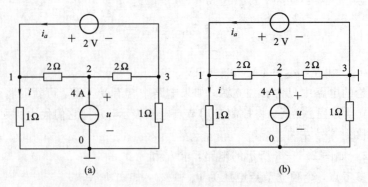

图 2.4 - 4　例 2.4 - 3 图

解法一　一般而言，可以选电压源的电流为变量，如图中的 i_a，并暂时把它当未知电流源来处理。

以 0 为参考点，设定独立节点电压为 u_{n1}、u_{n2} 和 u_{n3}，可列出节点电压方程为

$$\begin{cases} \left(1+\dfrac{1}{2}\right)u_{n1} & -\dfrac{1}{2}u_{n2} & & = i_a \\[2mm] -\dfrac{1}{2}u_{n1} & +\left(\dfrac{1}{2}+\dfrac{1}{2}\right)u_{n2} & -\dfrac{1}{2}u_{n3} & = 4 \\[2mm] & -\dfrac{1}{2}u_{n2} & +\left(1+\dfrac{1}{2}\right)u_{n3} & = -i_a \end{cases} \qquad (2.4-8)$$

再补充理想电压源与节点电压的关系，由图 2.4 - 4，有

$$u_{n1} - u_{n3} = 2\ \text{V} \qquad (2.4-9)$$

这样，增加了一个未知量 i_a，同时也增加了一个节点电压与电压源电压的约束关系式 (2.4 - 9)。

由式(2.4 - 8)和(2.4 - 9)可解得 $u_{n1}=3$ V，$u_{n2}=6$ V，$u_{n3}=1$ V。因此，电流源端电压

$$u = u_{n2} = 6\ \text{V}$$

电流

$$i = \frac{u_{n1}}{1} = 3\ \text{A}$$

解法二　对于图 2.4 - 4(a)这样的电路，若选电压源的"一"极为参考节点，如图 2.4 - 4(b)所示，将更为简便。

选节点 3 为参考节点，设节点 0、1、2 到参考点的电压为 u_{03}、u_{13} 和 u_{23}。这时 $u_{13}=2$ V 为已知。因而只需列出节点 0 和 2 的节点电压方程。按图 2.4 - 4(b)，可列得方程为

$$-u_{13} + (1+1)u_{03} = -4$$

$$-\frac{1}{2}u_{13} + \left(\frac{1}{2}+\frac{1}{2}\right)u_{23} = 4$$

将 $u_{13}=2$ V 代入上式，得

$$-2 + 2u_{03} = -4$$

$$-1 + u_{23} = 4$$

可解得 $u_{03}=-1$ V，$u_{23}=5$ V。于是可得电流源端电压

$$u = u_{20} = u_{23} - u_{03} = 6\ \text{V}$$

电流

$$i = \frac{u_{10}}{1} = \frac{u_{13} - u_{03}}{1} = 3\ \text{A}$$

前面讨论了电路分析的几种方法。对于有 n 个节点、b 条支路的电路而言，用回路法需要列出$(b-n+1)$个独立方程，节点法需要列出$(n-1)$个独立方程，而支路法需要 b 个方程 ($2b$ 法需要 $2b$ 个方程)。节点法的优点是，选取独立的节点电压比较容易，不像回路法那样，需要选定独立回路。虽然网孔法也容易选定网孔，但它只适用于平面电路。支路法和 $2b$ 法所需的方程数目较多，但应用比较灵活，对于含理想电源和受控源支路的电路等都适用，而节点法和回路法则需另作适当的处理。

在用手工计算时，由于求解多元联立方程组比较困难，人们倾向用方程数目较少的方法。随着计算机的不断普及和计算方法的不断完善，求解多元联立方程组已非难事，而且

计算速度并不单纯依赖于方程数目的多少，目前在分析大规模电路时所采用的一些通用软件(如 Spice)就是基于节点法编制的。

2.5　齐次定理和叠加定理

线性性质是线性电路的基本性质，它包括齐次性(或比例性)和可加性(或叠加性)。它的重要性在于，它是分析线性电路的重要依据和方法，许多其它定理和方法要依靠线性性质导出。

2.5.1　齐次定理

齐次定理描述了线性电路的齐次性或比例性。其内容如下：对于具有唯一解的线性电路，当只有一个激励源(独立电压源或独立电流源)作用时，其响应(电路任一处的电压或电流)与激励成正比。

譬如，若激励是电压源 u_s，响应是某支路电流 i，则

$$i = au_s \tag{2.5-1}$$

式中，a 为常数，它只与电路结构和元件参数有关，而与激励源无关。

例 2.5 - 1　如图 2.5 - 1 所示的电路，求 i_1、i_2 与激励源 u_s 的关系式。

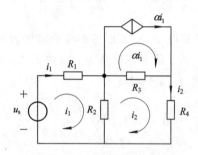

图 2.5 - 1　例 2.5 - 1 图

解　如图所示电路共有 3 个网孔，选受控源的电流为网孔电流之一，其余网孔电流为 i_1 和 i_2，如图 2.5 - 1 所示。由图可列出回路方程为

$$\begin{cases} (R_1 + R_2)i_1 - R_2 i_2 = u_s \\ -\alpha R_3 i_1 - R_2 i_1 + (R_2 + R_3 + R_4)i_2 = 0 \end{cases} \tag{2.5-2}$$

由上式可解得

$$\begin{cases} i_1 = \dfrac{R_2 + R_3 + R_4}{\Delta} u_s \\ i_2 = \dfrac{R_2 + \alpha R_3}{\Delta} u_s \end{cases} \tag{2.5-3}$$

式中

$$\Delta = \begin{vmatrix} R_1 + R_2 & -R_2 \\ -(R_2 + \alpha R_3) & R_2 + R_3 + R_4 \end{vmatrix} = R_1 R_2 + (R_1 + R_2)(R_3 + R_4) - \alpha R_2 R_3$$

根据线性代数理论，当 $\Delta \neq 0$ 时，式(2.5 - 2)有唯一解，即式(2.5 - 3)。这就是齐次定理表述中"具有唯一解的"线性电路的含义。

式(2.5-3)表明，对于线性电路，由于各电阻 R_k 的值和线性受控源的系数 α 等均为常数，因而 i_1、i_2 均与激励源 u_s 成正比。显然，非线性电路一般不具有齐次性。

梯形电路是应用比较广泛的电路之一，用齐次定理分析梯形电路是方便的。

例 2.5-2　如图 2.5-2 的电路，若 $u_s = 13$ V，求 i_5 和 u_{bd}。

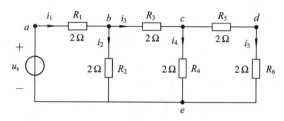

图 2.5-2　例 2.5-2 图

解　根据齐次定理，电流 i_5、电压 u_{bd} 均与 u_s 成正比。设 $i_5 = au_s$，$u_{bd} = bu_s$，只要设法求出比例系数 a 和 b，依给定的 u_s 就可求出所需各未知量。

设 $i_5' = 1$ A。根据图 2.5-2，得

$$u_{ce}' = (R_5 + R_6)i_5' = 4 \text{ V}$$

$$i_4' = \frac{u_{ce}'}{R_4} = 2 \text{ A}$$

$$i_3' = i_4' + i_5' = 3 \text{ A}$$

$$u_{be}' = R_3 i_3' + u_{ce}' = 10 \text{ V}$$

$$i_2' = \frac{u_{be}'}{R_2} = 5 \text{ A}$$

$$i_1' = i_2' + i_3' = 8 \text{ A}$$

$$u_s' = R_1 i_1' + u_{be}' = 26 \text{ V}$$

即如果 $i_5' = 1$ A，则 $u_s' = 26$ V，故得比例系数

$$a = \frac{i_5'}{u_s'} = \frac{1}{26}$$

又由 $u_{bd}' = R_3 i_3' + R_5 i_5' = 8$ V，故得系数

$$b = \frac{u_{bd}'}{u_s'} = \frac{8}{26} = \frac{4}{13}$$

于是，由齐次定理得，当 $u_s = 13$ V 时

$$i_5 = au_s = \frac{1}{26}u_s = 0.5 \text{ V}, \quad u_{bd} = bu_s = \frac{4}{13}u_s = 4 \text{ V}$$

2.5.2　叠加定理

叠加定理描述了线性电路的可加性或叠加性，其内容是：对于具有唯一解的线性电路，多个激励源共同作用时引起的响应(电路中各处的电流、电压)等于各个激励源单独作用(其它激励源置为零)时所引起的响应之和。

图 2.5-3(a)是含有两个独立电源的电路。用回路法分析，选网孔为独立回路，其回路方程为

$$\begin{cases} (R_1 + R_2)I_1 + R_2 I_2 = U_s \\ R_2 I_1 + (R_2 + R_3 + R_4)I_2 = U_s - R_4 I_s \end{cases} \quad (2.5-4)$$

图 2.5-3(b)是电压源 U_s 单独作用而电流源 I_s 置为零(即开路)时的电路,其回路方程为

$$\begin{cases} (R_1 + R_2)I_1^{(1)} + R_2 I_2^{(1)} = U_s \\ R_2 I_1^{(1)} + (R_2 + R_3 + R_4)I_2^{(1)} = U_s \end{cases} \quad (2.5-5)$$

同理可列出图 2.5-3(c)所示由电流源 I_s 单独作用而电压源 U_s 置为零(即短路)时电路的回路方程

$$\begin{cases} (R_1 + R_2)I_1^{(2)} + R_2 I_2^{(2)} = 0 \\ R_2 I_1^{(2)} + (R_2 + R_3 + R_4)I_2^{(2)} = -R_4 I_s \end{cases} \quad (2.5-6)$$

将(2.5-5)与(2.5-6)两式相加,得

$$\begin{cases} (R_1 + R_2)(I_1^{(1)} + I_1^{(2)}) + R_2(I_2^{(1)} + I_2^{(2)}) = U_s \\ R_2(I_1^{(1)} + I_1^{(2)}) + (R_2 + R_3 + R_4)(I_2^{(1)} + I_2^{(2)}) = U_s - R_4 I_s \end{cases} \quad (2.5-7)$$

比较(2.5-4)与(2.5-7)两式可知它们左边各项系数相同,右边也都相同。如果图 2.5-3 (a)、(b)、(c)三个电路都具有唯一解,即

$$\Delta = \begin{vmatrix} R_1 + R_2 & R_2 \\ R_2 & R_3 + R_4 + R_5 \end{vmatrix} \neq 0$$

则有

$$I_1 = I_1^{(1)} + I_1^{(2)}$$
$$I_2 = I_2^{(1)} + I_2^{(2)}$$

这就证实了 U_s、I_s 共同作用时产生的响应等于 U_s、I_s 分别单独作用时所产生的响应之和。上述验证过程可推广到包含多个激励源的一般电路。

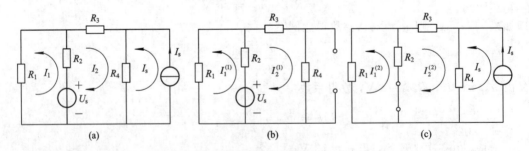

图 2.5-3 叠加定理的说明

叠加定理反映了线性电路的基本性质。应用叠加定理时,可以分别计算各个独立电压源和电流源单独作用时的电流或电压,然后把它们相叠加;也可以将电路中的所有独立源分为几组,按组计算所需的电流或电压,再相叠加。

使用叠加定理时应注意以下几点:

(1) 当一个或一组独立源作用时,其它独立源均置为零(即其它独立电压源短路,独立电流源开路),而电路的结构及所有电阻和受控源均不得更动。

(2) 叠加定理仅适用于线性电路(包括线性时变电路),而不适用于非线性电路。

(3) 叠加定理只适用于计算电流和电压,而不能直接用于计算功率,因为功率不是电

流或电压的一次函数。

例 2.5 - 3　如图 2.5 - 4(a)所示的电路，求 i_x 和 u_x。

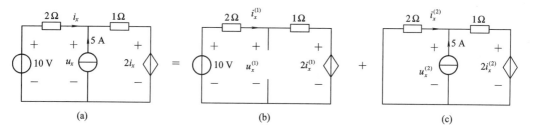

图 2.5 - 4　例 2.5 - 3图

解　我们用叠加定理求解。当独立电压源单独作用时，将独立电流源置为零，受控源保留，如图 2.5 - 4(b)所示。由于这时控制变量为 $i_x^{(1)}$，故受控电压源的端电压为 $2i_x^{(1)}$。由图 2.5 - 4(b)可得

$$i_x^{(1)} = \frac{10 - 2i_x^{(1)}}{2 + 1}$$

可解得

$$i_x^{(1)} = 2 \text{ A}, \qquad u_x^{(1)} = 10 - 2i_x^{(1)} = 6 \text{ V}$$

当独立电流源单独作用时，将独立电压源置为零，受控源保留，如图 2.5 - 4(c)所示。这时控制变量为 $i_x^{(2)}$，故受控电压源的端电压为 $2i_x^{(2)}$。由图 2.5 - 4(c)，根据 KVL 有

$$2 \times i_x^{(2)} + 1 \times (5 + i_x^{(2)}) + 2i_x^{(2)} = 0$$

可解得

$$i_x^{(2)} = -1 \text{ A}$$

$$u_x^{(2)} = -2 \times i_x^{(2)} = 2 \text{ V}$$

最后，根据叠加定理，可得图 2.5 - 4(a)电路中

$$i_x = i_x^{(1)} + i_x^{(2)} = 1 \text{ A}$$

$$u_x = u_x^{(1)} + u_x^{(2)} = 8 \text{ V}$$

例 2.5 - 4　如图 2.5 - 5 所示的电路 N 是含有独立源的线性电阻电路。已知：当 $u_s = 6$ V，$i_s = 0$ 时，开路端电压 $u_x = 4$ V；当 $u_s = 0$ V，$i_s = 4$ A 时，$u_x = 0$ V；当 $u_s = -3$ V，$i_s = -2$ A 时，$u_x = 2$ V。求当 $u_s = 3$ V，$i_s = 3$ A 时的 u_x。

解　按线性电路的性质，将激励源分为三组：电压源 u_s、电流源 i_s、N 内的全部独立源。

设当电路 N 中所有独立源均置为零时，仅由电压源 u_s 引起的响应(这时 $i_s = 0$)为 $u_x^{(1)}$，根据齐次性，令 $u_x^{(1)} = au_s$；仅由 i_s 引起的响应(这时 $u_s = 0$)为 $u_x^{(2)}$，令 $u_x^{(2)} = bi_s$。

设当 $u_s = 0$，$i_s = 0$ 时，仅由电路 N 内部所有独立源引起的响应为 $u_x^{(3)}$，由于 N 内独立源没有变化，令 $u_x^{(3)} = c$（a、b、c 均为常数）。于是，由叠加定理，图 2.5 - 5 电路中

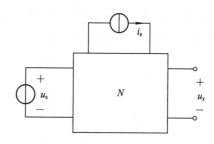

图 2.5 - 5　例 2.5 - 4图

$$u_x = au_s + bi_s + c \qquad\qquad (2.5 - 8)$$

将已知条件代入,得

$$6a \qquad + c = 4$$
$$4b + c = 0$$
$$-3a - 2b + c = 2$$

解上式得

$$a = \frac{1}{3}, \quad b = -\frac{1}{2}, \quad c = 2$$

将它们代入式(2.5-8),得

$$u_x = \frac{1}{3}u_s - \frac{1}{2}i_s + 2$$

因此,当 $u_s = 3$ V, $i_s = 3$ A 时

$$u_x = \frac{1}{3} \times 3 - \frac{1}{2} \times 3 + 2 = 1.5 \text{ V}$$

2.6 替 代 定 理

替代定理也叫置换定理,它可表述为:在具有唯一解的线性或非线性电路中,若某一支路的电压 u 或/和电流 i 已知(如图 2.6-1(a)所示),那么该支路可以用 $u_s = u$ 的电压源替代(如图 2.6-1(b)所示),或者用 $i_s = i$ 的电流源替代(如图 2.6-1(c)所示)。替代后电路其它各处的电压、电流均保持原来的值。

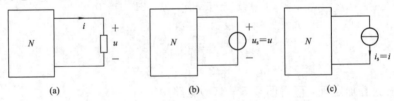

图 2.6-1　替代定理

定理中所说的某支路可以是无源的,也可以是含独立源的支路,甚至是一个二端电路,但是,被替代的支路与原电路的其它部分(图 2.6-1(a)中的电路 N)间不应有耦合。也就是说,在被替代部分的电路中不应有控制量在 N 中的受控源,而 N 中受控源的控制量也不应在被替代部分的电路中。

例如,图 2.6-2(a)所示的电路中已知 $i = 2$ A, $u = 6$ V。根据替代定理,图 2.6-2(a)虚线框的部分可用电压源 $u_s = 6$ V 来替代,如图 2.6-2(b)所示;也可用电流源 $i_s = 2$ A 来替代,如图 2.6-2(c)所示。替代前后,未被替代的部分(虚线框外的部分)中,各电流、电

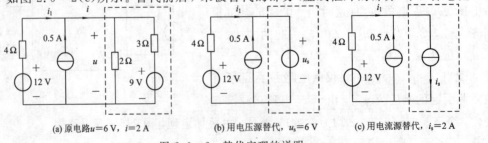

(a) 原电路 $u = 6$ V, $i = 2$ A　　　(b) 用电压源替代, $u_s = 6$ V　　　(c) 用电流源替代, $i_s = 2$ A

图 2.6-2　替代定理的说明

压保持原来的值。譬如图 2.6 - 2 中，无论用图(a)、(b)、(c)哪个电路均可求得 $i_1 = 1.5$ A。

替代定理可论证如下：设原电路各支路电流、电压有唯一的解，它们满足 KCL、KVL 和各支路的约束关系(伏安关系)。当某条支路用独立电压源 u_s 替代后，其电路拓扑结构与原电路完全相同，因而原电路与替代后的电路的 KCL 和 KVL 方程完全相同；除被替代支路外，两个电路支路约束也完全相同。替代后的电路中，电压源支路的电压 $u_s = u$ 没有变化，而它的电流是任意的(因电压源的电流可为任意值)。因此，上述原电路各支路的电流、电压满足替代后电路的所有约束关系，故它也是替代后电路的唯一的解。

至于用电流源来替代，也可作类似的论证。

应注意："替代"与"等效变换"是两个不同的概念。"替代"是用独立电压源或电流源替代已知电压或电流的支路，在替代前后，被替代支路以外电路的拓扑结构和元件参数不能改变，因为一旦改变，替代支路的电压和电流也将发生变化；而等效变换是两个具有相同端口伏安特性的电路之间的相互转换，与变换以外电路的拓扑结构和元件参数无关。

例 2.6 - 1 如图 2.6 - 3(a)所示的电路，当改变电阻 R 时，电路中各处电流都将改变。已知当 $i_3 = 4$ A 时，$i_1 = 5$ A；当 $i_3 = 2$ A 时，$i_1 = 3.5$ A。求当 $i_3 = 4/3$ A 时的 i_1。

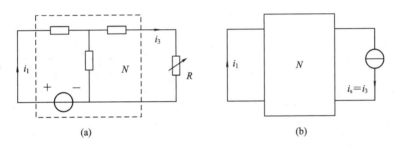

图 2.6 - 3 例 2.6 - 1 图

解 我们把除 i_1 和 R 支路外的部分看作是电路 N，如图 2.6 - 3(a)中虚线所示。根据替代定理，将支路 R 用电流源 i_s ($i_s = i_3$)来替代，如图 2.6 - 3(b)所示。

根据齐次性和叠加性，由电流源单独作用(电路 N 中的独立源置为零)产生的电流 $i_1^{(1)}$ 令为 ai_s ($i_s = i_3$)；当 $i_s = 0$ 时，由电路 N 中独立源产生的 $i_1^{(2)}$ 令为 b。于是电流

$$i_1 = ai_s + b = ai_3 + b$$

由已知条件可得

$$4a + b = 5$$
$$2a + b = 3.5$$

可解得 $a = 3/4$，$b = 2$。于是有

$$i_1 = \frac{3}{4}i_3 + 2$$

所以，当 $i_3 = 4/3$ A 时，$i_1 = 3$ A。

例 2.6 - 2 图 2.6 - 4 所示电路中，已知，电路 N_0 中不含独立源。当 $22'$ 端开路时，$11'$ 端的输入电阻为 5 Ω；当 $11'$ 端接 1 A 电流源时，如图 2.6 - 4(a)所示，测得 $22'$ 端的端口电压 $u_2 = 1$ V。求当 $11'$ 端接 10 V 电压源和 5 Ω 电阻串联支路时(如图 2.6 - 4(b)所示)，$22'$ 端的端口电压 u_2'。

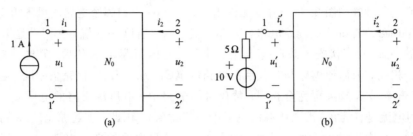

图 2.6 - 4 例 2.6 - 2 图

解 由题可知，当电路 N_0 的 $22'$ 端开路时，$11'$ 端的输入电阻为 $5\ \Omega$，因此图 2.6 - 4(b)中的电压源与电阻串联支路上的电流 i_1' 为

$$i_1' = \frac{10}{5+5} = 1\ \text{A}$$

根据替代定理，将图 2.6 - 4(b)中的串联支路用 1 A 的电流源替代，端口电压 u_2' 保持不变，而替代后的电路与图 2.6 - 4(a)相同，故由

$$u_2' = u_2 = 1\ \text{V}$$

例 2.6 - 3 如图 2.6 - 5(a)所示电路，求电流 i。

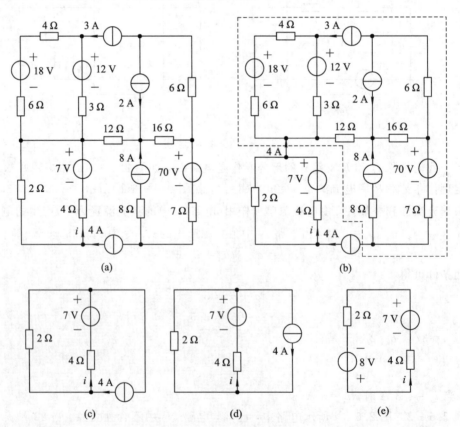

图 2.6 - 5 例 2.6 - 3 图

解 根据等电位节点可以分裂和合并的原则，将图 2.6 - 5(a)等效为图 2.6 - 5(b)，再利用替代定理，将图 2.6 - 5(b)等效为图 2.6 - 5(c)，将图 2.6 - 5(c)表示为大家熟悉的形

状，如图 2.6 - 5(d)所示，再利用等效变换将 4 A 电流源与 2 Ω 电阻并联等效为 2 Ω 电阻
与 8 V 电压源串联形式，如图 2.6 - 5(e)所示。由图 2.6 - 5(e)可得

$$i = \frac{7+8}{2+4} = 2.5\text{A}$$

2.7　等效电源定理

2.7.1　等效电源定理

等效电源定理是电路理论中非常重要的定理，它包括戴维南定理和诺顿定理。

戴维南定理可表述为：任意一个线性一端口电路 N（如图 2.7 - 1(a)所示），它对外电
路的作用可以用一个电压源和电阻的串联组合来等效，如图 2.7 - 1(b)所示。该电压源的
电压 U_{OC}[①]等于一端口电路在端口处的开路电压；电阻 R_0 等于一端口电路内所有独立源置
为零的条件下，从端口处看进去的等效电阻。

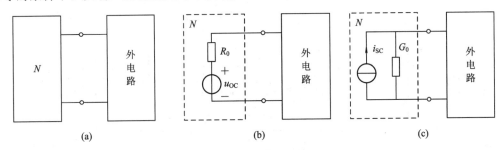

图 2.7 - 1　等效电源定理

上述电压源与电阻的串联组合常称为戴维南等效电路，R_0 称为戴维南等效电阻。

诺顿定理可表述为：任意一个线性一端口电路 N，它对外电路的作用可以用一个电流
源和电导的并联组合来等效，如图 2.7 - 1(c)所示。该电流源的电流 i_{SC}[②]等于一端口电路
在端口处的短路电流；电导 G_0 等于一端口电路内所有独立源置为零的条件下，从端口处
看进去的等效电导，$G_0 = 1/R_0$。

上述电流源与电导的并联组合常称为诺顿等效电路。

这里所说的线性一端口电路，其中可包含线性电阻、独立源和受控源。由图 2.7 - 1(b)和
图 2.7 - 1 (c)可见，线性一端口的戴维南等效电路与其诺顿等效电路也满足电源模型的等
效变换关系，即

$$u_{OC} = R_0 i_{SC} \tag{2.7 - 1}$$

或

$$R_0 = \frac{u_{OC}}{i_{SC}} \tag{2.7 - 2}$$

这启示我们，必要时，可用式(2.7 - 2)来求等效电阻 R_0。

需要指出，一般而言，一端口电路的两种等效电路都存在，但当一端口内含有受控源

---

① 下标 oc 是开路(open circuit)的缩写。

② 下标 sc 是短路(short circuit)的缩写。

时，其等效电阻有可能等于零，这时戴维南等效电路成为理想电压源，而由于 $G_0 = \infty$（$R_0 = 0$），因而其诺顿等效电路将不存在。如果等效电导 $G_0 = 0$，则其诺顿等效电路成为理想电流源，而由于 $R_0 = \infty$，因而其戴维南等效电路不存在。

戴维南定理可用替代定理和叠加定理来证明。如图 2.7 - 2(a)所示，N 为线性一端口电路，接外电路后，N 的端口电压为 u，电流为 i。根据替代定理，外电路可用电流源 $i_s = i$ 来替代，如图 2.7 - 2(b)所示。

现在推导一端口 N 的端口电压与电流的关系。根据线性性质，图 2.7 - 2(b)中的端口电压 u 等于 N 内所有独立源作用产生的电压 $u^{(1)}$（如图 2.7 - 2(c)所示）与 i_s 单独作用（N 内所有独立源置为零）产生的电压 $u^{(2)}$（如图 2.7 - 2(d)所示）之和，即

$$u = u^{(1)} + u^{(2)}$$

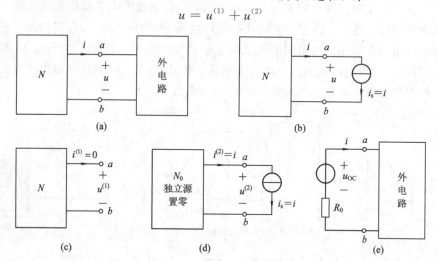

图 2.7 - 2 等效电源定理的证明

由图 2.7 - 2(c)可见，$u^{(1)}$ 等于端口 ab 开路时的电压，即开路电压 u_{OC}；由图 2.7 - 2(d)可见，如果 N 中独立源均置为零，则端口 ab 的等效电阻为 R_0，那么 $u^{(2)} = -R_0 i_s$。考虑到 $i_s = i$，故得

$$u = u_{OC} - R_0 i \tag{2.7 - 3}$$

式(2.7 - 3)的电路模型就是戴维南等效电路，如图 2.7 - 2(e)所示，因此，线性一端口电路 N 可用电压源 u_{OC} 与电阻 R_0 的串联组合来等效。用类似的方法也可证明诺顿定理，它的伏安方程为

$$i = i_{SC} - G_0 u \tag{2.7 - 4}$$

戴维南等效电阻求解(1)

戴维南等效电阻求解(2)

应用等效电源定理时应注意：

(1) 由于我们在证明戴维南定理时引用了线性性质，因而一端口电路必须是线性的，其内部可包含线性电阻、独立源和线性受控源。当一端口电路接外部电路时，电路必须有

唯一的解。至于外电路，没有限制，它甚至可以是非线性电路。

（2）一端口与外电路间只能通过连接端口处的电流、电压来相互联系，而不应有其它耦合（如一端口电路中的受控源受到外电路中电流或电压的控制，或者外电路中的受控源，其控制量在一端口电路中，等等）。

（3）应用等效电源定理的关键是求出一端口 N 的开路电压 u_{OC} 和等效电阻 R_0（戴维南定理），或求出 N 的短路电流 i_{SC} 和等效电导 G_0，$G_0 = 1/R_0$（诺顿定理）。应该特别注意各电源的参考方向（见图 2.7－3）。也可以设法写出一端口 N 的端口电压 u 和电流 i 的伏安方程，然后作出其等效电路。

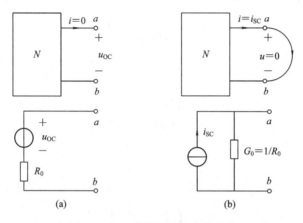

图 2.7－3　等效电源的参考方向

例 2.7－1　如图 2.7－4(a)所示的电路，求当 R_L 分别为 2 Ω、4 Ω 及 16 Ω 时，该电阻上的电流 i。

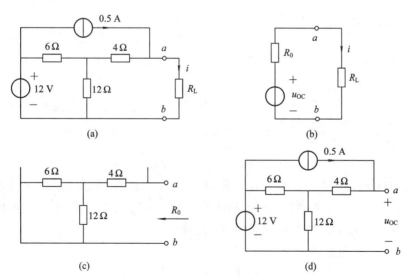

图 2.7－4　例 2.7－1图（用戴维南定理求解）

解法一　利用戴维南定理。如将 ab 端以左的电路看成是一端口电路，根据戴维南定理，它可等效为电压源与电阻相串联，如图 2.7－4(b)所示。

首先求等效电阻 R_0。将一端口电路内部独立源置为零，如图 2.7－4(c)所示，可求得

$$R_0 = 4 + \frac{6 \times 12}{6 + 12} = 8 \ \Omega$$

其次求端口 ab 的开路电压 u_{OC}，如图 2.7 - 4(d)所示。对图 2.7 - 4(d)列网孔方程，有

$$(6 + 12)i_2 - 6 \times 0.5 = 12$$

解得 $i_2 = \frac{5}{6}$ A。由 KVL，可得

$$u_{OC} = 4 \times 0.5 + 12 \times i_2 = 2 + 10 = 12 \ \text{V}$$

即戴维南等效电路中 $u_{OC} = 12$ V，$R_0 = 8 \ \Omega$。

由图 2.7 - 4(b)可求得电流

$$i = \frac{u_{OC}}{R_0 + R_L} = \frac{12}{8 + R_L}$$

所以，当电阻 R_L 分别等于 2 Ω、4 Ω、16 Ω 时，代入上式可得电流分别为 1.2 A、1 A、0.5 A。

解法二 利用诺顿定理。根据诺顿定理，ab 端以左的一端口电路可等效为电流源与电阻相并联，如图 2.7 - 5(d)所示。求等效电阻 R_0 的方法同上，不再重复。

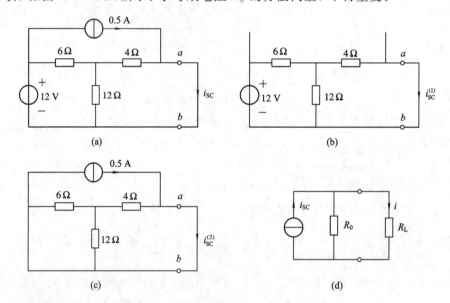

图 2.7 - 5 例 2.7 - 1 图(用诺顿定理求解)

现在求端口 ab 间短路时的电流 i_{SC}，如图 2.7 - 5(a)所示。这里用叠加定理求解。根据叠加定理，i_{SC} 等于电压源单独作用时的短路电流 $i_{SC}^{(1)}$(如图 2.7 - 5(b)所示)与电流源单独作用时的短路电流 $i_{SC}^{(2)}$(如图 2.7 - 5(c)所示)之和。

由图 2.7 - 5(b)可求得

$$i_{SC}^{(1)} = \frac{12}{6 + \frac{4 \times 12}{4 + 12}} \times \frac{12}{12 + 4} = 1 \ \text{A}$$

由图 2.7 - 5(c)可得

$$i_{SC}^{(2)} = 0.5 \ \text{A}$$

故

$$i_{OC} = i_{OC}^{(1)} + i_{OC}^{(2)} = 1.5 \text{ A}$$

于是得图 2.7-5(d)中 $i_{SC} = 1.5$ A，$R_0 = 8$ Ω。可求得电流

$$i = \frac{R_0}{R_0 + R_L} i_{SC} = \frac{8}{8 + R_L} \times 1.5$$

因此，当电阻 R_L 分别等于 2Ω、4 Ω、16 Ω 时，代入上式可得电流分别为 1.2 A、1 A、0.5 A。

例 2.7-2　如图 2.7-6(a)所示的电路，已知电阻 R 消耗的功率为 12 W，求电阻 R。

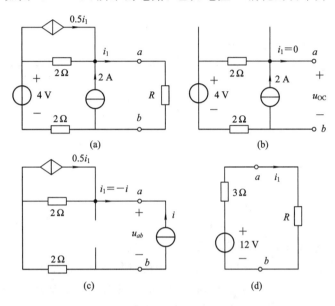

图 2.7-6　例 2.7-2 图(解法一)

解法一　利用戴维南定理。把除 R 以外的一端口电路化为戴维南等效电路。

首先求开路电压 u_{OC}。将端口 ab 开路，如图 2.7-6(b)所示。由于 $i_1 = 0$，因而受控电流源也等于零，由图 2.7-6(b)得开路电压

$$u_{OC} = 2 \times (2 + 2) + 4 = 12 \text{ V}$$

将一端口内独立源置为零，求端口等效电阻 R_0。由于有受控源，因而不能用串并联法求等效电阻，这时可用外施电源法。将一端口内的独立源置为零(受控源保留)，外接电流源 i，如图 2.7-6(c)所示。根据等效电阻的定义，$R_0 = u_{ab}/i$。由图 2.7-6(c)可得

$$u_{ab} = 2(\, i + 0.5 i_1) + 2i = 4i + i_1$$

而 $i_1 = -i$，故

$$R_0 = \frac{u_{ab}}{i} = 3 \text{ Ω}$$

于是可得图 2.7-6(d)所示等效电路。

由图 2.7-6(d)可得，电阻消耗的功率为

$$P = 12 = \left(\frac{u_{OC}}{R_0 + R} \right)^2 R = \left(\frac{12}{3 + R} \right)^2 R$$

可解得 $R = 3$ Ω。

解法二　一个线性一端口电路，如果我们能求得其端口电压与电流的关系，也就能得到它的等效电路。

将图 2.7-6(a) 中的一端口电路(ab端以左的电路)重画于图 2.7-7(a)。在端口 ab 接入一电流源 i，如图 2.7-7(a) 所示。

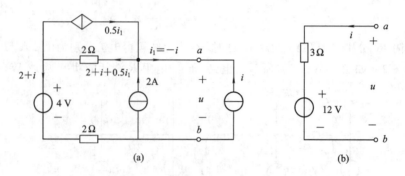

图 2.7-7   例 2.7-2 图(解法二)

现在求端口电压 u 与电流 i 的关系。根据 KCL，有关支路电流已标明在图 2.7-7(a) 中，根据 KVL 有

$$u = 2\times(2+i+0.5i_1)+2\times(2+i)+4$$

考虑到 $i_1 = -i$，得

$$u = 12+3i = u_{OC}+R_0 i \tag{2.7-5}$$

依上式可画出等效电路如图 2.7-7(b) 所示。其余同解法一。

注意式(2.7-5)与式(2.7-3)中，$R_0 i$ 项前的符号不同，这是由于在图 2.7-7(a) 中，端口电压 u 与电流 i 为关联参考方向，而推导式(2.7-3)的图 2.7-2(a) 中，u 与 i 为非关联参考方向。

例 2.7-3   用 PSpice 求上例图 2.7-7(a) 中 ab 端以左电路的戴维南等效电路。

戴维南 & 诺顿定理

解   (1) 首先利用附录二给出的方法绘出电路原理图，如图 2.7-8(a) 所示。具体过程如下：在 ANALOG 库中取出电阻分别放置在 R1、R2 处；在 ANALOG 库中取出F(CCCS)放置在 F1 处(旋转 3 次)；在 SOURCE 库中取出直流电压源 Vdc 置于 V1 处；在 SOURCE 库中取出直流电流源 Idc 置于 I1、I2 处；按图 2.7-8(a) 连接各元件，并设置除 I2 之外的各元件参数。注意：双击受控源，将受控源的属性参数 Gain 设置为 0.5；从绘图专用工具栏点击 Place Ground 按钮设置参考点，设置其名称(Name)为 "0"。按快捷按钮，将电压探头放到如图所示位置。

(2) 设置 DC Sweep 分析类型。在 Sweep Variable 下面，选中 Current Source，在其 Name 框中输入 I2，其起始值、终值和增量分别取 0 A、1 A 和 0.1 A，然后点击 OK 键(此时 I2 将从 0 A 到 1 A 按 0.1 A 的步长进行扫描)。

(3) 点击 Run 按钮，启动 PSpice 开始仿真。显示结果如图 2.7-8(b) 所示。由图 2.7-8(b) 得

$$R_0 = 曲线斜率 = \frac{15-12}{1} = 3\ \Omega$$

$$u_{OC} = 电压轴截距 = 12\ V$$

结果与例 2.7-2 一致。

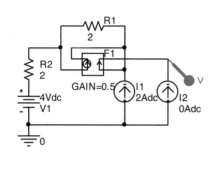

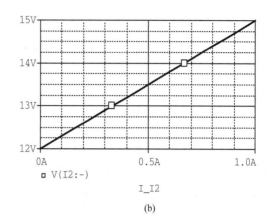

(a)　　　　　　　　　　　　　　　(b)

图 2.7 - 8　PSpice 仿真

例 2.7 - 4　如图 2.7 - 9(a)所示的电路中，N_R 是不含独立源的线性电阻电路，其中 R_1 可变。已知：当 $u_s=12$ V，$R_1=0$ 时，$i_1=5$ A，$i_R=4$ A；当 $u_s=18$ V，R_1 开路时，$u_1=15$ V，$i_R=1$ A。求当 $u_s=6$ V，$R_1=3$ Ω 时的 i_R。

解　由题意，当 R_1 改变时，u_1 也改变。根据替代定理，我们用电压源 u_1 替代 R_1 支路，如图 2.7 - 9(b)所示。这样，电路有两个独立源 u_s 和 u_1。根据线性性质，设

$$i_R = au_s + bu_1 \qquad (2.7 - 6)$$

将已知条件 $u_s=12$ V，$R_1=0$（即 $u_1=0$）时，$i_R=4$ A 和 $u_s=18$ V，$u_1=15$ V 时，$i_R=1$ A 代入上式，得

$$12a \qquad\quad = 4$$
$$18a + 15b = 1$$

可解得

$$a = \frac{1}{3} \qquad b = -\frac{1}{3}$$

将它们代入式(2.7 - 6)，得

$$i_R = \frac{1}{3}u_s - \frac{1}{3}u_1 \qquad (2.7 - 7)$$

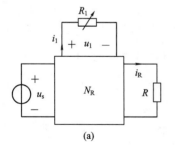
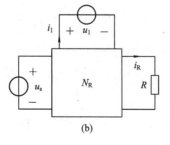
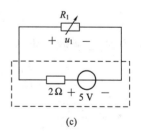

(a)　　　　　　　　　　(b)　　　　　　　　　(c)

图 2.7 - 9　例 2.7 - 3 图

现在设法求出 $u_s=6$ V，$R_1=3$ Ω 时的 u_1。对于电阻 R_1 而言，我们把电路 N_R 和 u_s、R 等全部看作是含独立源 u_s 的一端口电路，如图 2.7 - 9(c)所示。由已知条件 $u_s=12$ V，$R_1=0$，即端口短路时 $i_1=5$ A，即 $i'_{SC}=5$ A。根据齐次定理（因确知只有一个独立源 u_s），

可得当 $u_s = 6$ V 时

$$i_{SC} = 2.5 \text{ A}$$

又由 $u_s = 18$ V，R_1 开路时，$u_1 = 15$ V，即开路电压 $u'_{OC} = 15$ V。根据齐次定理，可得：当 $u_s = 6$ V 时

$$u_{OC} = 5 \text{ V}$$

于是可得，当 $u_s = 6$ V 时

$$R_0 = \frac{u_{OC}}{i_{SC}} = \frac{5}{2.5} = 2 \text{ } \Omega \tag{2.7-8}$$

这样，可作出戴维南等效电路如图 2.7 - 9(c)所示。

现在 $R_1 = 3$ Ω，所以

$$u_1 = \frac{3}{R_0 + 3} u_{OC} = 3 \text{ V}$$

将 $u_s = 6$ V，$u_1 = 3$ V 代入式(2.7 - 7)，得

$$i_R = \frac{1}{3} u_s - \frac{1}{3} u_1 = 1 \text{ A}$$

2.7.2 最大功率传输条件

在电子技术中，常常要求负载从给定电源(或信号源)获得最大功率，这就是最大功率传输问题。

许多电子设备所用的电源或信号源内部结构都比较复杂，我们可将其视为一个有源的一端口电路。用戴维南定理可将该一端口电路进行等效，如图 2.7 - 10 虚线框所示。由于电源或信号源给定，因而戴维南等效电路中的独立电压源 u_{OC} 和电阻 R_0 为定值。负载电阻 R_L 所吸收的功率 P_L 只随电阻 R_L 的变化而变化。

图 2.7 - 10 所示的电路中，流经负载 R_L 的电流

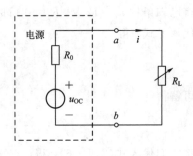

图 2.7 - 10 功率传输

$$i = \frac{u_{OC}}{R_0 + R_L}$$

负载 R_L 吸收的功率

$$P_L = R_L i^2 = \frac{R_L u_{OC}^2}{(R_0 + R_L)^2} \tag{2.7-9}$$

为求得 R_L 上吸收的功率 P_L 为最大的条件，对上式求导，并令其等于零，即

$$\frac{dP_L}{dR_L} = u_{OC}^2 \times \frac{(R_0 + R_L)^2 - R_L \times 2(R_0 + R_L)}{(R_0 + R_L)^2} = 0$$

得(不难求得 $\left.\dfrac{d^2 P_L}{dR_L}\right|_{R_L = R_0} < 0$)负载 R_L 获得最大功率时的条件为

$$R_L = R_0 \tag{2.7-10}$$

将以上条件代入式(2.7 - 9)，得负载 R_L 获得的最大功率

$$P_{Lmax} = \frac{u_{OC}^2}{4R_0} \tag{2.7-11}$$

由上可见，为能从给定的电源(u_{OC} 和 R_0 已知)获得最大功率，应使负载电阻 R_L 等于电源内阻 R_0(即负载与电源间匹配)，这常称为最大功率匹配条件，也称为最大功率传输定理。求解最大功率传输问题的关键是求一个一端口电路的戴维南等效电路。

最大功率传输

例 2.7 - 5　如图 2.7 - 11(a)所示的电路，如电阻 R_L 可变，求负载 R_L 获得功率最大时的 R_L 和功率。

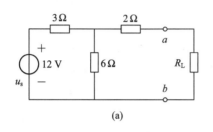 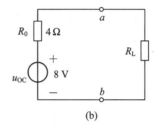

$$\text{(a)} \qquad\qquad\qquad \text{(b)}$$

图 2.7 - 11　例 2.7 - 4 图

解　将图 2.7 - 11(a)中 ab 端以左看作是一端口电路，可求得其戴维南等效电路如图 2.7 - 11(b)所示。根据匹配条件式(2.7 - 10)可知，当

$$R_L = R_0 = 4 \ \Omega$$

时，其吸收功率为最大。由式(2.7 - 11)得

$$P_{Lmax} = \frac{u_{OC}^2}{4R_0} = 4 \ \text{W}$$

2.8　特勒根定理和互易定理

2.8.1　特勒根定理

特勒根定理是电路理论中普遍适用的定理之一，它可以由 KCL 和 KVL 导出。

特勒根定理一　对于任意一个具有 b 条支路 n 个节点的集中参数电路，设各支路电压、支路电流分别为 u_k、$i_k(k=1, 2, \cdots, b)$，且各支路电压和电流取关联参考方向，则对任何时间 t，有

$$\sum_{k=1}^{b} u_k i_k = 0 \tag{2.8 - 1}$$

由于上式求和中的每一项是同一支路电压和电流的乘积，表示支路吸收的功率，因而，特勒根定理一是功率守恒的具体体现，故又称为功率定理。

特勒根定理二　对任意两个拓扑结构完全相同(即图完全相同，各支路组成元件性质任意)的集中参数电路 N 和 $\hat{N}$，设它们的图有 b 条支路、n 个节点，其相对应的各支路和各节点的编号相同。它们的支路电压分别为 u_k 和 $\hat{u}_k$，支路电流分别为 i_k 和 $\hat{i}_k(k=1, 2, \cdots, b)$，且各支路电压与电流取关联参考方向，则对任意时刻 t，有

$$\sum_{k=1}^{b} u_k \hat{i}_k = 0 \tag{2.8 - 2a}$$

$$\sum_{k=1}^{b} \hat{u}_k i_k = 0 \tag{2.8-2b}$$

以上两式求和中的每一项是一个电路的支路电压和另一电路相应支路的支路电流的乘积，它虽具有功率的量纲，但不表示任何支路的功率，称为拟功率，故有时特勒根定理二又称为拟功率定理。

显然，特勒根定理一是当特勒根定理二中电路 N 与 $\hat{N}$ 为同一电路时的特例。

图 2.8-1(a)和(b)是两个不同的电路 N 和 $\hat{N}$，它们有相同的拓扑结构，支路、节点编号以及电流的参考方向也相同(电压与电流取关联参考方向)。下面验证它们满足特勒根定理中的式(2.8-2a)。

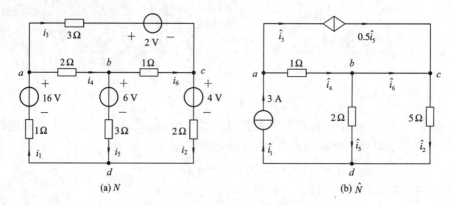

图 2.8-1 验证特勒根定理

选节点 d 为参考节点，对独立节点 a、b、c 列出电路 $\hat{N}$ 的 KCL 方程为

$$\begin{cases} -\hat{i}_1 + \hat{i}_3 + \hat{i}_4 = 0 \\ -\hat{i}_4 + \hat{i}_5 + \hat{i}_6 = 0 \\ +\hat{i}_2 - \hat{i}_3 - \hat{i}_6 = 0 \end{cases} \tag{2.8-3}$$

对电路 N，将其支路电压用其节点电压 u_a、u_b、u_c 表示为

$$\begin{cases} u_1 = -u_a \\ u_2 = u_c \\ u_3 = u_a - u_c \\ u_4 = u_a - u_b \\ u_5 = u_b \\ u_6 = u_b - u_c \end{cases} \tag{2.8-4}$$

将式(2.8-4)代入式(2.8-2a)，可得

$$\sum_{k=1}^{6} u_k \hat{i}_k = -u_a \hat{i}_1 + u_c \hat{i}_2 (u_a - u_c) \hat{i}_3 + (u_a - u_b) \hat{i}_4 + u_b \hat{i}_5 + (u_b - u_c) \hat{i}_6$$

$$= (-\hat{i}_1 + \hat{i}_3 + \hat{i}_4) u_a + (-\hat{i}_4 + \hat{i}_5 + \hat{i}_6) u_b + (\hat{i}_2 - \hat{i}_3 - \hat{i}_6) u_c$$

将式(2.8-3)代入上式，可得

$$\sum_{k=1}^{6} u_k i_k = 0$$

因此，这两个电路 N 和 $\hat{N}$ 满足式(2.8-2a)。同理可验证它们也满足式(2.8-2b)。

上述论证过程可推广到任意具有 b 条支路、n 个节点的电路。

我们注意到，在上述证明过程中只用到基尔霍夫定律，而未涉及组成各支路元件的情况。也就是说，特勒根定理表达的是电路的拓扑规律，而与各支路元件本身的性质无关。因此，它适用于各种集中参数电路。

2.8.2　互易定理

互易定理表明：对于一个仅含线性电阻的二端口电路 N_R，在只有一个激励源的情况下，当激励与响应互换位置时，同一激励所产生的响应相同。

互易定理有以下三种形式。

形式一：如图 2.8 - 2(a)所示的电路，N_R 中只有线性电阻。当端口 $11'$ 接入电压源 u_{s1} 时，在端口 $22'$ 的响应为短路电流 i_2；将激励源移到端口 $22'$，而端口 $11'$ 的响应为短路电流 $\hat{i}_1$，如图 2.8 - 2(b)所示，若 $u_{s1}=u_{s2}$，则 $i_2=\hat{i}_1$。

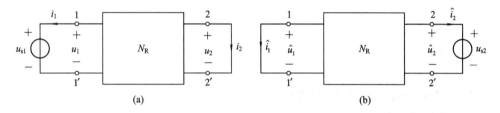

图 2.8 - 2　互易定理形式一

现用特勒根定理证明以上结论。

设图 2.8 - 2(a)和(b)分别有 b 条支路，端口 $11'$ 和端口 $22'$ 分别为支路 1 和 2，其余 $b-2$ 条支路在二端口电路 N_R 内部。我们将图 2.8 - 2(a)看作是电路 N，而把图 2.8 - 2(b)看作是 $\hat{N}$，其支路 1 和支路 2 的电流和电压分别为 i_1、u_1、i_2、u_2 和 $\hat{i}_1$、$\hat{u}_1$、$\hat{i}_2$、$\hat{u}_2$。显然 N 和 $\hat{N}$ 具有相同的拓扑结构。由特勒根定理二有

$$u_1\hat{i}_1 + u_2\hat{i}_2 + \sum_{k=3}^{b} u_k\hat{i}_k = 0$$

$$\hat{u}_1 i_1 + \hat{u}_2 i_2 + \sum_{k=3}^{b} \hat{u}_k i_k = 0$$

由于 N_R 内部的 $b-2$ 条支路均为线性电阻，故有 $u_k=R_k i_k$ 和 $\hat{u}_k=R_k\hat{i}_k(k=3,4,\cdots,b)$。将它们代入上式，有

$$u_1\hat{i}_1 + u_2\hat{i}_2 + \sum_{k=3}^{b} R_k i_k\hat{i}_k = 0$$

$$\hat{u}_1 i_1 + \hat{u}_2 i_2 + \sum_{k=3}^{b} R_k\hat{i}_k i_k = 0$$

以上两式中第三项相同，所以

$$u_1\hat{i}_1 + u_2\hat{i}_2 = \hat{u}_1 i_1 + \hat{u}_2 i_2 \tag{2.8-5}$$

对于图 2.8 - 2(a)，有 $u_1=u_{s1}$，$u_2=0$；对于图 2.8 - 2(b)，有 $\hat{u}_2=u_{s2}$，$\hat{u}_1=0$。代入上式，得

$$u_{s1}\hat{i}_1 = u_{s2}i_2 \quad \text{或} \quad \frac{i_2}{u_{s1}} = \frac{\hat{i}_1}{u_{s2}} \tag{2.8-6}$$

若 $u_{s1} = u_{s2}$，则

$$i_2 = \hat{i}_1$$

形式二：如图 2.8-3 所示的电路，其中图 2.8-3(a)中端口 11′接入电流源 i_{s1}，端口 22′开路；图 2.8-3(b)中端口 11′开路，端口 22′接入电流源 i_{s2}。

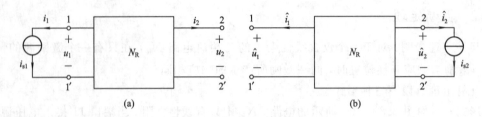

图 2.8-3　互易定理形式二

互易定理表明，在这种情况下，有

$$\frac{u_2}{i_{s1}} = \frac{\hat{u}_1}{i_{s2}} \tag{2.8-7}$$

若 $i_{s1} = i_{s2}$，则

$$u_2 = \hat{u}_1$$

用类似的方法可证明，在这种情况下，式(2.8-5)仍成立。考虑到这时 $i_1 = i_{s1}$，$i_2 = 0$；$\hat{i}_2 = i_{s2}$，$\hat{i}_1 = 0$，即可得到式(2.8-7)。

形式三：如图 2.8-4 所示的电路，其中图 2.8-4(a)中端口 11′接入电流源 i_{s1}（注意：电流源的电流 i_{s1} 与 11′端口的电压取非关联参考方向），端口 22′短路；图 2.8-4(b)中端口 11′开路，端口 22′接入电压源 u_{s2}。

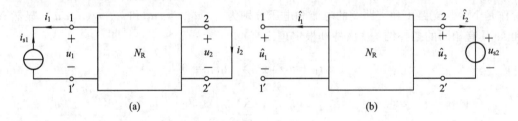

图 2.8-4　互易定理形式三

互易定理表明，在这种情况下，有

$$\frac{i_2}{i_{s1}} = \frac{\hat{u}_1}{u_{s2}} \tag{2.8-8}$$

若在数值上 $i_{s1} = u_{s2}$，则 $i_2 = \hat{u}_1$。

只要将 $i_1 = -i_{s1}$，$u_2 = 0$，$\hat{i}_1 = 0$，$\hat{u}_2 = u_{s2}$ 代入式(2.8-5)，即可得到式(2.8-8)。

在以上三种形式中，特别注意激励支路的参考方向。对于形式一和二，两个电路激励支路电压、电流的参考方向关系要一致，即要关联都关联，要非关联都非关联；对于形式三，两个电路激励支路电压、电流的参考方向要不一致，即一个电路的激励支路关联，则另一电路的激励支路一定要非关联。

综合例题

2.9　电路的对偶性

在以上的研究中，我们可以发现，电路中的许多变量、元件、结构及定律都是成对出现的，并且存在相类似的一一对应的特性，这种特性就称为电路的对偶性。譬如，对电阻元件，其元件约束关系是欧姆定律，即 $u=Ri$ 或 $i=Gu$。如果将一个表达式中的 u 与 i 对换，R 与 G 对换，就得到另一个表达式。电路中的结构约束是基尔霍夫定律，在平面电路中，对于每个节点可列一个 KCL 方程

$$\sum i_k = 0$$

而对每个网孔可列一个 KVL 方程

$$\sum u_k = 0$$

这里节点与网孔对应，KCL 与 KVL 对应，电压与电流对应。

具有这样一一对应性质的一对元素（电路变量、元件参数、结构、定律等），可称为对偶元素。电路中的一切公式和定理都是从电路的结构约束和元件约束推导出来的。既然这两种约束都具有对偶的特性，那么由它们推导出的关系显然也会有对偶特性。

从上述讨论中可知，如果电路中某一定理、公式或方程的表述是成立的，则将其中的元素用其相应对偶元素置换所得到的对偶表述也成立。

电路的对偶特性是电路的一个普遍性质。电路中存在大量对偶元素，表 2 - 1 中列出了一些常用的互为对偶的元素。

表 2 - 1　互为对偶的元素

变量	电压	电流	定律与定理	KVL	KCL
				戴维南定理	诺顿定理
	磁链	电荷		互易定理形式一	互易定理形式二
元件	电阻	电导	结构	串联	并联
	电感	电容		T 形	Y 形
	电压源	电流源		网孔	节点
	CCVS	VCCS		回路	割集
	VCVS	CCCS		树支	连支
				开路	短路
电路分析方法	回路法		节点法		

对于图 2.9 - 1 所示的电路，图 2.9 - 1(a) 的网孔方程（网孔电流均为顺时针方向），图 2.9 - 1(b) 的节点方程分别为

$$\begin{cases} (R_1 + R_2)i_1 & - R_2 i_2 & = u_{s1} \\ - R_2 i_1 & (R_2 + R_3)i_2 & = -u_{s2} \end{cases}$$

$$\begin{cases} (G_1 + G_2)u_{n1} & -G_2 u_{n2} & = i_{s1} \\ -G_2 u_{n1} & +(G_2 + G_3)u_{n2} & =-i_{s2} \end{cases}$$

比较这两组方程可看出，它们的形式相同，对应变量为对偶元素，所以通常把这两组方程称为对偶方程组。电路中把像这样一个电路的节点方程与另一个电路的网孔方程对偶的两电路称为对偶电路。显然，图 2.9 - 1(a)、(b)两电路是对偶电路。

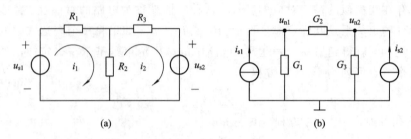

(a)　　　　　　　　　　　　　　(b)

图 2.9 - 1　对偶电路

2.10　应 用 实 例

2.10.1　D/A 转换电路

在现代测控系统中，通常需要将经计算机处理后的数字信号(二进制数码 0 和 1)转换为模拟信号(连续变化的电流或电压)，以便直接输出或控制执行机构(如电动机等)。将数字信号转换为模拟信号的电路称为数/模(D/A)转换电路。

设 4 位二进制数码为"$d_3 d_2 d_1 d_0$"，则对应的十进制模拟量

$$A = d_3 \times 2^3 + d_2 \times 2^2 + d_1 \times 2^1 + d_0 \times 2^0 \qquad (2.10-1)$$

如二进制数码 1101 代入上式得相应的模拟量为 13。

例 2.10 - 1　图 2.10 - 1(a)给出一简单的 D/A 转换电路，数码位 $d_i(i=0,1,2,3)$ 为逻辑 1 时，开关接于高电位 U_s；数码位 d_i 为逻辑 0 时，开关接于低电位"地"。求其输出 U_o。

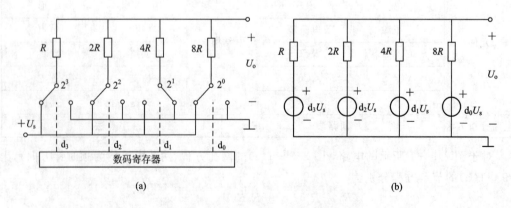

(a)　　　　　　　　　　　　　　(b)

图 2.10 - 1　简单 D/A 转换电路

解　为了分析方便，首先画出图 2.10 - 1(a)用数码 $d_i(i=0,1,2,3)$ 表示的等效电

路,如图 2.10 - 1(b)所示。

对图 2.10 - 1(b)电路,列出节点方程,得

$$\left(\frac{1}{R} + \frac{1}{2R} + \frac{1}{4R} + \frac{1}{8R}\right)U_o = \frac{d_3 U_s}{R} + \frac{d_2 U_s}{2R} + \frac{d_1 U_s}{4R} + \frac{d_0 U_s}{8R}$$

解得

$$U_o = \frac{U_s}{15}(d_3 \times 2^3 + d_2 \times 2^2 + d_1 \times 2^1 + d_0 \times 2^0)$$

取 $U_s = 15$ V,上式与式(2.10 - 1)比较可见,两者相同。该电路使用电阻少,但各电阻大小不一,且电阻之间差值较大,因此转换精度差。

例 2.10 - 2　图 2.10 - 2 给出一实用的 T 形权电阻网络 D/A 转换电路,求其输出 U_o。

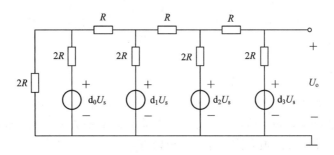

图 2.10 - 2　T 形权电阻网络 D/A 转换电路

解　利用叠加定理进行分析。

当电压源 $d_3 U_s$ 单独作用时,除电压源 $d_3 U_s$ 支路外,其它部分根据电阻串并联关系等效为一个电阻 $2R$,如图 2.10 - 3(a)所示。利用分压公式解得

$$U_{o3} = \frac{2R}{2R + 2R} d_3 U_s = \frac{1}{2} d_3 U_s \qquad (2.10 - 2)$$

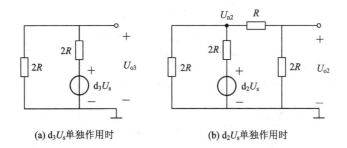

(a) $d_3 U_s$ 单独作用时　　　　　(b) $d_2 U_s$ 单独作用时

图 2.10 - 3　等效电路

当电压源 $d_2 U_s$ 单独作用时,将电阻进行串并联等效,得其等效电路,如图 2.10 - 3(b)所示。列节点方程,有

$$\left(\frac{1}{2R} + \frac{1}{2R} + \frac{1}{3R}\right)U_{n2} = \frac{d_2 U_s}{2R}$$

解得

$$U_{n2} = \frac{3}{8} d_2 U_s$$

再用分压公式，得

$$U_{o2} = \frac{2R}{R + 2R}U_{n2} = \frac{1}{4}d_2 U_s \qquad (2.10 - 3)$$

同样，可以求出电压源 $d_1 U_s$ 和 $d_0 U_s$ 分别单独作用时产生的输出电压

$$U_{o1} = \frac{1}{8}d_1 U_s \qquad (2.10 - 4)$$

$$U_{o0} = \frac{1}{16}d_0 U_s \qquad (2.10 - 5)$$

将式(2.10 - 2)~式(2.10 - 5)进行叠加，得输出

$$U_o = U_{o3} + U_{o2} + U_{o1} + U_{o0}$$
$$= \frac{U_s}{16}(d_3 \times 2^3 + d_2 \times 2^2 + d_1 \times 2^1 + d_0 \times 2^0)$$

取 $U_s = 16$ V，上式与式(2.10 - 1)比较，两者相同。

2.10.2　惠斯通电桥烟雾探测器

当需要探测一个小的变化量值时，惠斯通电桥是最常用的一种电路结构。在图 2.10 - 4 中有一个直流电桥结构，如果检测到一定量的烟雾，则电桥失去平衡，输出 $V_{平衡}$ 的值使得感应继电器工作，并且发出报警声。电路分析如下：

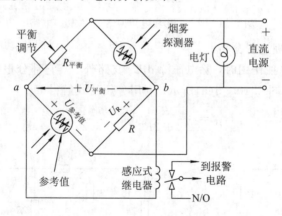

图 2.10 - 4　直流电桥结构

从图 2.10 - 4 中可以得出

$$U_{平衡} = U_R - U_{参考值} \qquad (2.10 - 6)$$

根据电阻串联的分压关系，有

$$U_{参考值} = \frac{R_{参考值}}{R_{平衡} + R_{参考值}}U_s, \quad U_R = \frac{R}{R + R_{烟雾探测器}}U_s \qquad (2.10 - 7)$$

所以

$$U_{平衡} = \left(\frac{R}{R + R_{烟雾探测器}} - \frac{R_{参考值}}{R_{参考值} + R_{平衡}}\right)U_s = \frac{RR_{平衡} - R_{参考值}R_{烟雾探测器}}{(R + R_{烟雾探测器})(R_{参考值} + R_{平衡})}U_s$$

$$(2.10 - 8)$$

图 2.10 - 5(a)给出了一个光电烟雾探测器的照片，内部结构如图 2.10 - 5(b)所示。注意，探测器中有一个通气孔使得烟雾可以进入透明塑料下面的腔体中。透明塑料可以防止

烟雾进入上部分腔体中，但允许上部分腔体中的电灯发出的灯光通过下面的反射器反射到腔体左部分半导体光线传感器(一个镉光电管)。透明塑料的分隔确保了照射到上部分腔体中光传感器上的光线可以不受进入的烟雾的影响，它建立了一个参考值，可以将其与有烟雾的腔体进行比较。如果没有烟雾，两个传感器单元之间响应的差别将会被视为正常情况。当然，如果两个单元是完全相同的，并且透明塑料没有削弱光线，两个传感器将会得到相同的参考值。然而，这种情况很少出现，因此要用参考值的差作为是否有烟雾的标志。一旦出现烟雾，各传感器的响应与正常情况相比将会有明显的差别，报警器立即发出声音。

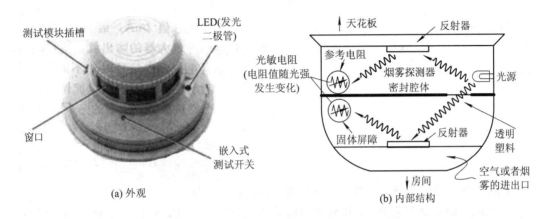

图 2.10 - 5 惠斯通电桥烟雾探测器

在图 2.10 - 4 中，我们发现两个传感器位于相对的电桥桥臂上。如果没有烟雾，使用可调电阻可以保证在 a 点和 b 点之间的电压 U 为零，并且使得流过感应式继电器线圈的电流为零。观察继电器，我们发现 a 和 b 之间没有电压，所以继电器线圈处于未通电状态，并且开关处于 N/O 位置(回顾一下，继电器开关的位置通常是处于未通电的状态)。一个不平衡的条件就会使得线圈上有电压，并且使继电器动作，开关移到 N/C 位置，从而接通报警电路并完成报警。含有两个触点和一个可移动臂的继电器被称为单极双掷继电器。需要直流电源在不平衡条件发生时，给 a 和 b 之间提供一个输出电压，并给并联的灯泡提供电能，灯亮时，说明系统正在工作。

试猜想一下，为什么仅仅使用一个传感器？答案是，如果电源电压或者灯泡的亮度有变化，烟雾探测器可能会产生一个错误的输出。刚刚介绍的这种类型的烟雾探测器一般会用于加油站、厨房和牙医诊所等场所，那里发生的烟气可能会引爆电离型烟雾探测器。

2.10.3 实际电压表的负载效应

在第 1 章例 1.8 - 3 中可以看出，由于实际电压表(伏特表)内阻(R_M)的负载效应，使得所测量的电压存在误差，测量误差率 ε 定义为

$$\varepsilon = \left| \frac{测量值-实际值}{实际值} \right| \times 100\%$$

例 2.10 - 3 如图 2.10 - 6(a)所示电路，用内阻 $R_M = 1\ M\Omega$ 的电压表测量 a、b 之间的电压 U_{ab}，求其测量误差率。

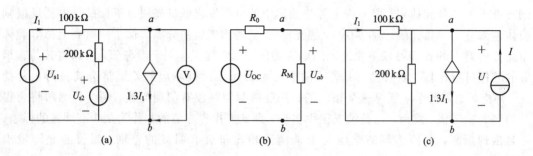

图 2.10 - 6 例 2.10 - 3 图

解 将图 2.10 - 6(a)电路以 ab 点为端口进行戴维南等效，电压表用电阻 R_M 等效，如图 2.10 - 6(b)所示。其中，开路电压 U_{OC} 就是原电路 ab 两点间电压的实际值，而由图 2.10 - 6(b)计算出的 U_{ab} 就是测量值。对图 2.10 - 6(b)电路，利用分压公式，有

$$U_{ab} = \frac{R_M}{R_0 + R_M} U_{OC}$$

测量误差率 ε 为

$$\varepsilon = \left| \frac{U_{ab} - U_{OC}}{U_{OC}} \right| \times 100\% = \frac{R_0}{R_0 + R_M} \times 100\% \qquad (2.10 - 9)$$

可见，电压的测量误差率仅与电路的戴维南等效电阻和电压表的内阻有关。

将原电路的独立源置为零，用外施电流源法求戴维南等效电阻 R_0，如图 2.10 - 6(c)所示。图 2.10 - 6(c)中，

$$U = -100 \times 10^3 I_1 \qquad (2.10 - 10)$$

对 a 点列 KCL，得

$$I = 1.3I_1 - I_1 + \frac{U}{200 \times 10^3} \qquad (2.10 - 11)$$

由式(2.10 - 10)和式(2.10 - 11)，消去变量 I_1 得

$$R_0 = \frac{U}{I} = 500 \times 10^3 \ \Omega$$

代入(2.10 - 9)，得 U_{ab} 的测量误差率 ε 为

$$\varepsilon = \frac{R_0}{R_0 + R_M} \times 100\% = \frac{500 \times 10^3}{500 \times 10^3 + 1000 \times 10^3} \times 100\% = 33.3\%$$

由式(2.10 - 9)可以看出，如果电压表内阻至少比被测电路端口的戴维南等效内阻大 10 倍，则负载效应可以忽略不计(测量误差率小于 10%)。

2.10.4 灵敏度电路与伴随电路

电路设计中，总要遇到一些与元件参数变化有关的问题。这里作为互易定理的应用，仅简单讨论一下电路中元件参数微小变化对电路响应的影响。

为了便于描述元件参数 x 的微小变化对电路响应 y 的影响，定义微分灵敏度 S_x^y 为

$$S_x^y \overset{\text{def}}{=\!=} \frac{\partial y}{\partial x} \qquad (2.10 - 12)$$

实际使用时，通常将限定词"微分"省略。

如果灵敏度已知，则元件参数 x 的微小变化 Δx 所引起的响应变化 Δy 可近似为（响应与元件参数之间的关系一般为非线性关系。）

$$\Delta y = \frac{\partial y}{\partial x} \Delta x$$

电路的灵敏度分析在电路的优化设计、噪声分析、容差分析与设计、模拟电路故障诊断等方面有着广泛的应用。

下面讨论如何计算电路的灵敏度。

1. 灵敏度电路

现在考虑图 2.10 - 7(a)所示的简单分压电路（以 u_2 为响应），列出其 KVL 和 KCL 方程为

$$-u_s + u_1 + u_2 = 0 \qquad (2.10-13)$$
$$-i_1 + i_2 = 0 \qquad (2.10-14)$$

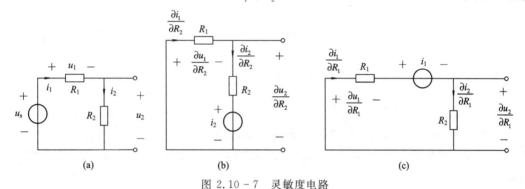

图 2.10 - 7 灵敏度电路

元件 VCR 为

$$u_1 = i_1 R_1 \qquad (2.10-15)$$
$$u_2 = i_2 R_2 \qquad (2.10-16)$$

为计算电压 u_2 随 R_2 变化的一阶偏导数，将式(2.10-13)～式(2.10-16)对 R_2 取偏导数，可得方程

$$-0 + \frac{\partial u_1}{\partial R_2} + \frac{\partial u_2}{\partial R_2} = 0 \qquad (2.10-17)$$

$$-\frac{\partial i_1}{\partial R_2} + \frac{\partial i_2}{\partial R_2} = 0 \qquad (2.10-18)$$

和

$$\frac{\partial u_1}{\partial R_2} = R_1 \frac{\partial i_1}{\partial R_2} \qquad (2.10-19)$$

$$\frac{\partial u_2}{\partial R_2} = i_2 + R_2 \frac{\partial i_2}{\partial R_2} \qquad (2.10-20)$$

由于独立源 u_s 与 R_2 无关，因此，式(2.10-17)中 $\frac{\partial u_s}{\partial R_2} = 0$。为了计算灵敏度，首先由式(2.10-13)～式(2.10-16)求出 i_2，并将其代入式(2.10-20)，然后由式(2.10-17)～式(2.10-20)解出 $\frac{\partial u_2}{\partial R_2}$。

也可由式(2.10-17)~式(2.10-20)画出等效电路,如图2.10-7(b)所示,将该电路称为灵敏度电路。观察图2.10-7(a)和(b),可见两者非常相似,所不同的只有两点,在灵敏度电路中,独立电压源短路,电阻 R_2 与一个电压为 i_2 的电压源相串联。这样,可由图2.10-7(a)电路先得到电流 i_2,然后再由图2.10-7(b)电路求得 $\dfrac{\partial u_2}{\partial R_2}$。

同样,如果求响应 u_2 对电阻 R_1 的灵敏度,可先由图2.10-7(a)电路求得电流 i_1,按上述规律同样可画出其灵敏度电路如图2.10-7(c)所示,求解该电路的输出就是 $\dfrac{\partial u_2}{\partial R_1}$。

由上述讨论可见,求输出对两个参数的灵敏度,需要计算一次原电路,计算两次灵敏度电路。如果电路的参数很多,则仍然只计算一次原电路,但需计算很多次灵敏度电路。

2. 伴随电路

观察图2.10-7(b)和(c)电路可以看到,将独立电压源短路后,电路是相同的。因此,可以利用互易定理形式三得到图2.10-8所示的一个电路。一旦图2.10-8所示电路中的两电阻上的电流 $\hat{i}_1$ 和 $\hat{i}_2$ 被求出,对图2.10-8与图2.10-7(b)及图2.10-8与图2.10-7(c)分别利用互易定理形式三,可得

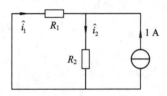

图 2.10-8 伴随电路

$$\frac{\partial u_2}{\partial R_1} = i_1 \hat{i}_1, \quad \frac{\partial u_2}{\partial R_2} = i_2 \hat{i}_2$$

这样,无论电路的参数有多少,求一个响应对参数的灵敏度时,只需要分析两次电路。图2.10-8所示的电路称为图2.10-7(a)所示电路的伴随电路。

一个响应为开路电压电路的伴随电路,就是将原电路中的独立电压源短路,电流源断开,输出开路端施加一个与原开路电压非关联的单位电流源,即可得到原电路的伴随电路。

如果原电路的响应为短路电流,其伴随电路是原电路中的独立电压源短路,电流源断开,输出短路端施加一个与原短路电流相关联的单位电压源,则可得到原电路的伴随电路。读者可仿照上面思路,利用互易定理形式一进行推导。

例 2.10-4 如图2.10-9(a)所示电路,$R_1=R_2=R_3=R_4=R=100\ \Omega$。

(1) 求 u 对各电阻参数的灵敏度,并由此判断哪个电阻的微小变化对 u 的影响最大?

(2) 哪个电阻的微小变化对电流 i_3 的影响最大?

解 对图2.10-9(a)所示电路,设 a 点的电压为 u_a,列电路的节点电位方程有

$$\frac{3}{R}u_a - \frac{1}{R}u = \frac{100}{R}$$

$$\frac{2}{R}u - \frac{1}{R}u_a = 2$$

将 $R=100\ \Omega$ 代入以上两式,解得 $u_a=80\ \text{V}$,$u=140\ \text{V}$。因此

$$i_1 = \frac{100-u_a}{R} = 0.2\ \text{A}, \quad i_2 = \frac{u_a-u}{R} = -0.6\ \text{A}$$

$$i_3 = \frac{u_a}{R} = 0.8\ \text{A}, \quad i_4 = \frac{u}{R} = 1.4\ \text{A}$$

(1) 画出以 u 为响应的伴随电路,如图2.10-9(b)所示。利用分流公式,容易解得

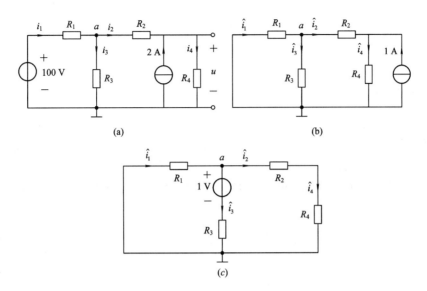

图 2.10 - 9　例 2.10 - 4 图

$$\hat{i}_1 = -0.2 \text{ A}, \quad \hat{i}_2 = -0.4 \text{ A}, \quad \hat{i}_3 = 0.2 \text{ A}, \quad \hat{i}_4 = 0.6 \text{ A}$$

因此

$$\frac{\partial u}{\partial R_1} = i_1 \hat{i}_1 = -0.04, \quad \frac{\partial u}{\partial R_2} = i_2 \hat{i}_2 = 0.24$$

$$\frac{\partial u}{\partial R_3} = i_3 \hat{i}_3 = 0.16, \quad \frac{\partial u}{\partial R_4} = i_4 \hat{i}_4 = 0.84$$

可见 R_4 对 u 的影响最大。

（2）画出以 i_3 为响应的伴随电路，如图 2.10 - 9(c)所示。列节点电位方程，有

$$\left(\frac{2}{R} + \frac{1}{2R} \right) \hat{u}_a = \frac{1}{R}$$

解得 $\hat{u}_a = 0.4$ V。因此

$$\hat{i}_1 = -\frac{\hat{u}_a}{R} = -0.004 \text{ A}$$

$$\hat{i}_2 = \hat{i}_4 = \frac{\hat{u}_a}{2R} = 0.002 \text{ A}$$

$$\hat{i}_3 = \frac{\hat{u}_a - 1}{R} = -0.006 \text{ A}$$

所以

$$\frac{\partial i_3}{\partial R_1} = i_1 \hat{i}_1 = -0.0008, \quad \frac{\partial i_3}{\partial R_2} = i_2 \hat{i}_2 = -0.0012$$

$$\frac{\partial i_3}{\partial R_3} = i_3 \hat{i}_3 = -0.0048, \quad \frac{\partial i_3}{\partial R_4} = i_4 \hat{i}_4 = 0.0028$$

可见 R_3 对 i_3 的影响最大。

如果电路包含受控源，也可以利用同样的思路求电路的灵敏度，但受控源的伴随电路有所改变，具体处理方法请参看书后参考文献[19]。

2.11　电路设计与故障诊断

2.11.1　电路设计实例

例 2.11 - 1　设计一个电路，该电路包含一个 5 V 电源与 10 Ω 电阻串联的支路，一个 2 A 的电流源，3 个不同的电阻以及一个受 10 Ω 电阻两端电压控制的压控电流源(控制系数 $g = 0.2$)。要求所设计电路中两个独立节点电压分别为 10 V 和 5 V。

解　满足要求的电路结构有很多。但要考虑是否合理。这里给出一种满足要求的电路结构，如图 2.11 - 1 所示。

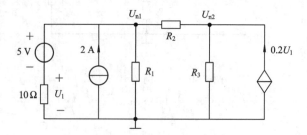

图 2.11 - 1　例 2.11 - 1 图

为了确定电路中的元件参数值，列节点电压方程，有

$$\left(\frac{1}{10} + \frac{1}{R_1} + \frac{1}{R_2}\right)U_{n1} - \frac{1}{R_2}U_{n2} = \frac{5}{10} + 2$$

$$-\frac{1}{R_2}U_{n1} + \left(\frac{1}{R_2} + \frac{1}{R_3}\right)U_{n2} = 0.2U_1$$

$$U_1 = U_{n1} - 5$$

将指标 $U_{n1} = 10$ V，$U_{n2} = 5$ V 代入，整理得

$$\left(\frac{1}{10} + \frac{1}{R_1} + \frac{1}{R_2}\right) \times 10 - \frac{1}{R_2} \times 5 = \frac{5}{10} + 2 \tag{2.11 - 1}$$

$$-\frac{1}{R_2} \times 10 + \left(\frac{1}{R_2} + \frac{1}{R_3}\right) \times 5 = 0.2 \times (10 - 5) \tag{2.11 - 2}$$

从上两式可见，先选定 R_2 的值，即可解出 R_1 和 R_3。

为了简便，选定 $R_2 = 5$ Ω，则由式(2.11 - 1)和式(2.11 - 2)可解得 $R_1 = 20$ Ω，$R_3 = 2.5$ Ω。

例 2.11 - 2　某发光元件的额定电流为 35 mA，如果超过该值，发光元件将因过热而导致严重损坏。发光元件的电阻是其电流的非线性函数，但是制造者可保证其最小电阻为 47 Ω，最大电阻为 117 Ω。可用的驱动电源只有 9 V 电池。设计一个合适的电路，在不损坏发光元件的条件下为它提供最大功率，并用 PSpice 进行验证，绘制出负载功率随负载电阻变化的曲线。所设计的电路只允许使用标准电阻值。

解　由于发光元件的额定电流为 35 mA，其最大电阻为 117 Ω，因而发光管的最大功率为 $(35 \times 10^{-3})^2 \times 117 = 0.143\ 325$ W。

设发光元件在不损坏条件下的电阻为 R_L。对除发光元件之外的电路进行戴维南等效，如图 2.11 - 2(a)所示。要使发光元件从电路中获得最大功率，则要求 $R_L = R_0$。此时，发光元件上的电流

$$I_L = \frac{U_{OC}}{2R_L}$$

将 $R_L = 117\ \Omega$，$I_L = 35\ mA$ 代入上式，有

$$U_{OC} = 2R_L I_L = 8.19\ V \qquad (2.11 - 3)$$

由于 $R_L = R_0$，因此

$$R_0 = 117\ \Omega \qquad (2.11 - 4)$$

这样，本题的设计转化为利用一个 9 V 的电压源设计一个二端电路，其开路电压 U_{OC} 和戴维南等效电阻 R_0 满足式(2.11 - 3)和式(2.11 - 4)。

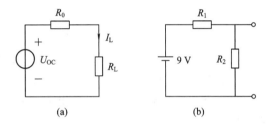

图 2.11 - 2　例 2.11 - 2 图

由式(2.11 - 3)可见，U_{OC} 小于 9 V，故要对 9 V 电压源进行分压处理，选取简单的电阻分压电路，如图 2.11 - 2(b)所示，其开路电压 U_{OC} 和戴维南等效电阻 R_0 分别为

$$U_{OC} = \frac{R_2}{R_1 + R_2} \times 9 = 8.19\ V$$

$$R_0 = \frac{R_1 R_2}{R_1 + R_2} = 117\ \Omega$$

由以上两式可解得 $R_1 = 128.57\ \Omega$，$R_2 = 1.3\ k\Omega$。$R_2 = 1.3\ k\Omega$ 为标准电阻值，而 $R_1 = 128.57\ \Omega$ 为非标准值，应选取大于其计算值的邻近标准值，则 $R_1 = 130\ \Omega$。

用 PSpice 进行验证的步骤如下：

(1) 利用附录二给出的方法绘出电路原理图，如图 2.11 - 3(a)所示。具体过程如下：在 ANALOG 库中取出电阻分别放置在 R1、R2 和 RL 处；在 SOURCE 库中取出直流电压源 Vdc 置于 V1 处；按图 2.11 - 3(a)连接各元件，并设置除 RL 之外的各元件参数；在绘图专用工具栏点击 Place Ground 按钮设置参考点，设置其名称(Name)为"0"。

(2) 设置可变电阻 RL。双击 RL 的数值，在该电阻的 Value 文本框内输入{Rx}；点击绘图专用工具中的 Place Part 按钮，选取 SPECIAL 库中 PARAM，将其放到 RL 附近；双击 PARAMETERS 进入属性编辑窗口(Property Editor)，点击 New Column 标签，出现一对话框，在 Name 文本框内输入 Rx，点击 OK 按钮；在 Rx 下面的框内输入 100 作为该电阻的缺省值；点击 Apply 标签确认，接着点击 Display 标签，并在弹出的对话框的 Display Format 下选 Name and Value，退出并关闭属性编辑窗口。

(3) 设置 DC Sweep 分析类型。在 Sweep Variable 下面，选中 Global Parameter，在其 Parameter 框中输入 Rx，其起始值、终值和增量分别取 47、150 和 1，然后点击 OK 按钮（此时电阻 Rx 将从 47 Ω 到 150 Ω 按 1 Ω 的步长进行扫描）。

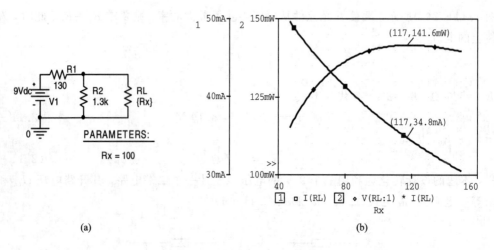

(a)　　　　　　　　　　　(b)

图 2.11-3　PSpice 验证用图

（4）点击 Run 按钮，启动 PSpice 开始仿真，屏幕将出现横坐标 Rx 从 47 至 150 的空白画面。为了显示流过 RL 上的电流，执行菜单命令 Trace/Add Trace 或快捷按钮 Add Trace，选取 I(RL)，点击 OK 按钮，即可显示出 RL 上的电流随 RL 变化的规律。为了进一步获得 RL 消耗的功率随 RL 变化的规律，首先要增加一个 Y 轴，执行菜单命令 Plot/Add Y，然后再执行 Trace/Add Trace，并在 Trace Expression 框内输入 I(RL) * V(RL：2)（注意：电阻旋转一次竖立时，上端为 2 号端子），点击 OK 按钮，即可显示出 RL 消耗的功率随 RL 变化的规律，如图 2.11-3(b) 所示。由图可见，当 RL 为 117 Ω 时，其上电流为 34.8 mA，功率为 141.6 mW，能较好地满足性能要求，其存在的误差是由电阻的计算值与电阻的标准值不一致所引起的。

例 2.11-3　已知某电路的节点电压方程为

$$3u_{n1} - 2u_{n2} - u_{n3} = 2$$
$$-2u_{n1} + 6u_{n2} - 4u_{n3} = 8$$
$$-u_{n1} - 3u_{n2} + 5u_{n3} = 0$$

请设计该电路的结构并确定其中各元件的参数值。

解　根据节点电压方程的特点，由于方程左边所形成的矩阵 $\begin{bmatrix} 3 & -2 & -1 \\ -2 & 6 & -4 \\ -1 & -3 & 5 \end{bmatrix}$ 为非对

称矩阵，因而可判断电路包含受控源。将题中第 3 个方程改写为

$$-u_{n1} - 4u_{n2} + 5u_{n3} = -u_{n2}$$

这样，左边所形成的矩阵变为对称矩阵，在节点 3 引入一个 VCCS。这样，就很容易由节点电压方程的特点设计出电路，如图 2.11-4 所示。

注意：如果题中第 3 个方程不变，仅改写第 2 个方程（$-2u_{n1} + 6u_{n2} - 3u_{n3} = 8 + u_{n3}$），则可得到不同的电路。

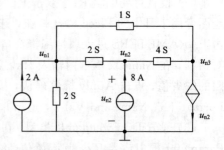

图 2.11-4　例 2.11-3 解图

2.11.2　复杂电路的故障诊断

对于较复杂的电路，利用电路知识和逻辑推理来判断电阻支路开路或短路就比较困难了。这里举例简单介绍一种在实际中比较常用的故障字典法。这种方法首先进行电路分析，求出电路故障特征，并建立故障字典，然后将被测电路的特征测量值与故障字典对照，进行故障识别，以判断电路所发生的故障。

例 2.11-4　如图 2.11-5 所示电路，需要检查电阻元件是否发生虚焊(开路)，设最多一个元件发生虚焊。现测得节点电压 $U_{n1}=5$ V，$U_{n2}=8$ V，试判断该电路是否有故障；如果有，查出故障元件。

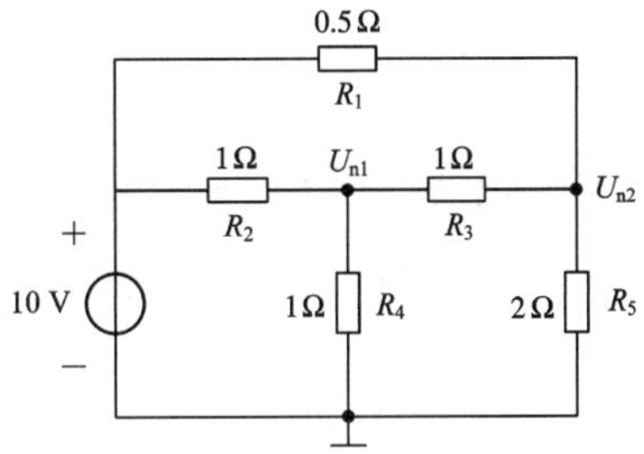

解　(1) 首先进行电路分析，建立电阻开路的故障字典。

对电路列出节点电压方程

图 2.11-5　例 2.11-4 图

$$-\frac{1}{R_2}\times 10+\left(\frac{1}{R_2}+\frac{1}{R_3}+\frac{1}{R_4}\right)U_{n1}-\frac{1}{R_3}U_{n2}=0 \qquad (2.11-5)$$

$$-\frac{1}{R_1}\times 10-\frac{1}{R_2}U_{n1}+\left(\frac{1}{R_1}+\frac{1}{R_3}+\frac{1}{R_5}\right)U_{n2}=0 \qquad (2.11-6)$$

将图中电阻值代入上述方程可解得，电路正常工作时的节点电压 $U_{n1}=5.79$ V，$U_{n2}=7.37$ V。

令电阻 R_1 为 ∞，其余值不变，代入式(2.11-5)和式(2.11-6)可解得 $U_{n1}=4.29$ V，$U_{n2}=2.88$ V。同样，依次令 $R_2 \sim R_5$ 分别为 ∞，也可计算出对应的节点电压，列于表 2-2 中。

表 2-2　电阻开路故障字典

序　　号	故障类别	故障特征(症状)	
		U_{n1}	U_{n2}
0	无故障	5.79 V	7.37 V
1	R_1 开路	4.29 V	2.88 V
2	R_2 开路	3.33 V	6.67 V
3	R_3 开路	5.00 V	8.00 V
4	R_4 开路	9.17 V	8.33 V
5	R_5 开路	6.25 V	8.75 V

(2) 故障识别。根据测量值，在故障字典中查找所属故障类别。如测得节点电压 $U_{n1}=5$ V，$U_{n2}=8$ V，很容易查得，R_3 发生开路故障。

对大规模电路，故障字典的建立和故障的识别一般借助计算机来完成。

知识点归纳(1)

知识点归纳(2)

习　题　2

2-1　如题2-1图所示的拓扑图，画出4种不同的树。其树支数是多少？连支数是多少？

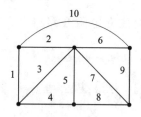

题2-1图

2-2　如题2-2图所示的拓扑图，图中粗线表示树，试列出其全部基本回路和基本割集。该图的独立节点数、独立回路数和网孔数各为多少？

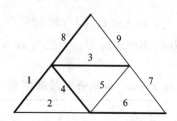

题2-2图

2-3　如题2-3图所示的电路，试用支路电流法求各支路电流。

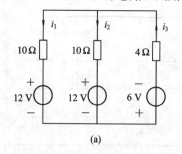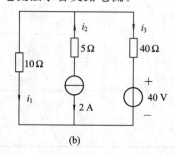

题2-3图

2-4　如题2-4图所示的电路，试分别列出网孔方程。

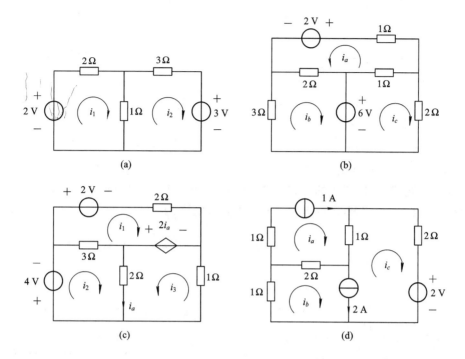

题 2 - 4 图

2 - 5　如题 2 - 5 图所示的电路，参考点如图所示，试分别列出节点方程。

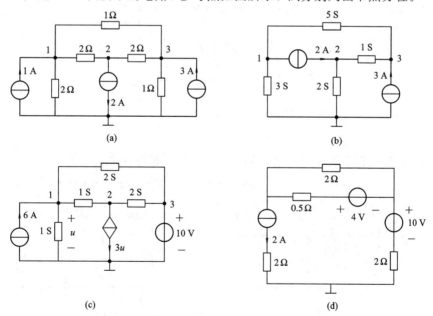

题 2 - 5 图

2 - 6　如题 2 - 6 图所示的电路，求电压 u、电流 i 和电压源产生的功率。

2 - 7　如题 2 - 7 图所示的电路，求电压 u、电流 i 和电流源产生的功率。

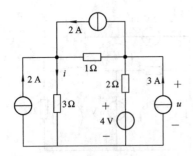

题 2 - 6 图

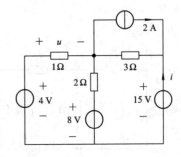

题 2 - 7 图

2 - 8　如题 2 - 8 图所示的电路，求电压 u、电流 i 和独立电压源产生的功率。

2 - 9　如题 2 - 9 图所示的电路，求电压 u 和电流 i。

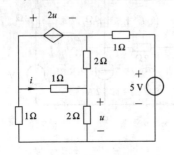

题 2 - 8 图

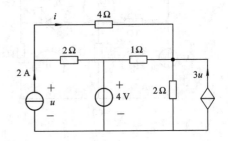

题 2 - 9 图

2 - 10　如题 2 - 10 图所示电路，求网络 N 吸收的功率 P_N。

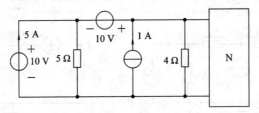

题 2 - 10 图

2 - 11　选择方程数较少的方法，求题 2 - 11 图示电路中的 u_{ab}。

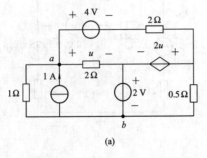

(a)

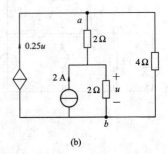

(b)

题 2 - 11 图

2 - 12　仅用一个方程，求题 2 - 12 图示电路中的电流 i。

2 - 13　仅用一个方程，求题 2 - 13 图示电路中的电压 u。

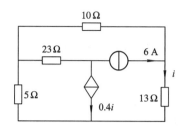

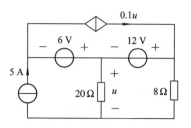

题 2 - 12 图　　　　　　　　　　　题 2 - 13 图

2 - 14　求题 2 - 14 图示电路中的 i_x。

2 - 15　求题 2 - 15 图示电路中的 i_x 和 u_x。

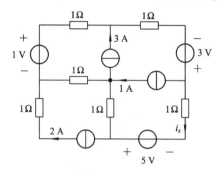

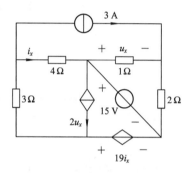

题 2 - 14 图　　　　　　　　　　　题 2 - 15 图

2 - 16　用最少的方程求解题 2 - 16 图示电路的 u_x。

（1）N 为 12 V 的独立电压源，正极在 a 端；

（2）N 为 0.5 A 的独立电流源，箭头指向 b；

（3）N 为 $6u_x$ 受控电压源，正极在 a 端。

2 - 17　如题 2 - 17 图所示的电路，求电流 i。

2 - 17 题解

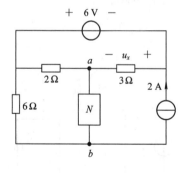

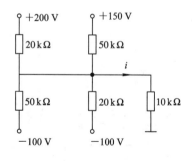

题 2 - 16 图　　　　　　　　　　　题 2 - 17 图

2 - 18　如题 2 - 18 图所示的电路，已知 $u_s = 9$ V，$i_s = 3$ A，用叠加定理求电流源端电压 u 和电压源的电流 i。

2 - 19　如题 2 - 19 图所示的电路，已知 $u_s(t) = 6e^{-t}$ V，$i_s(t) = 3 - 6\cos 2t$ A，求电流 $i_x(t)$。

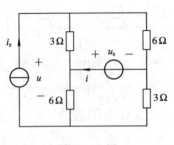

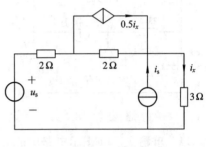

题 2 - 18 图   题 2 - 19 图

2 - 20   如题 2 - 20 图所示的梯形电路。

(1) 如 $u_2=4$ V，求 u_1、i 和 u_s；

(2) 如 $u_s=10$ V，求 u_1、u_2 和 i；

(3) 如 $i=1.5$ A，求 u_1 和 u_2。

2 - 21   如题 2 - 21 图所示电路，N 为含有独立源的线性电路。如已知：当 $u_s=0$ 时，电流 $i=4$ mA；当 $u_s=10$ V 时，电流 $i=-2$ mA。求当 $u_s=-15$ V 时的电流 i。

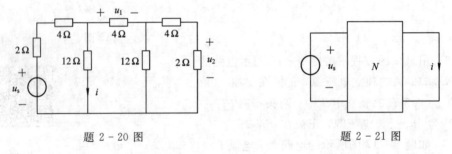

题 2 - 20 图   题 2 - 21 图

2 - 22   如题 2 - 22 图所示电路，N 为不含独立源的线性电路。已知：当 $u_s=12$ V，$i_s=4$ A 时，$u=0$；当 $u_s=-12$ V，$i_s=-2$ A 时，$u=-1$ V。求当 $u_s=9$ V，$i_s=-1$ A 时的电压 u。

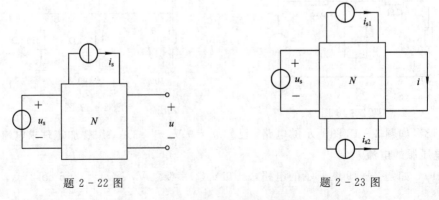

题 2 - 22 图   题 2 - 23 图

2 - 23   如题 2 - 23 图所示的电路，N 中不含独立源，独立源 u_s、i_{s1}、i_{s2} 的数值一定。当电压源 u_s 和电流源 i_{s1} 反向时（i_{s2} 不变），电流 i 是原来的 0.5 倍；当 u_s 和 i_{s2} 反向时（i_{s1} 不

变），电流 i 是原来的 0.3 倍；如果仅 u_s 反向而 i_{s1}、i_{s2} 均不变，电流 i 是原来的多少倍？

2-24　求题 2-24 图示各电路 ab 端的戴维南等效电路或诺顿等效电路。

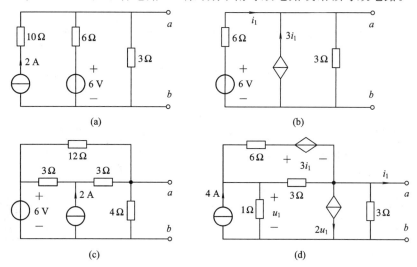

题 2-24 图

2-25　题 2-25 图示线性非时变电阻电路，已知当 $i_s=2\cos10t$ A、$R_L=2$ Ω 时，电流 $i_L=4\cos10t+2$ A；当 $i_s=4$ A、$R_L=4$ Ω 时，电流 $i_L=8$ A。问：当 $i_s=5$ A、$R_L=10$ Ω 时，电流 i_L 为多少？

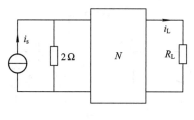

题 2-25 图

2-25 题解

2-26　题 2-26 图示电路，已知 $u=8$ V，求电阻 R。

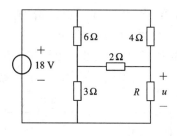

题 2-26 图

2-27　题 2-27 图示各电路，负载 R_L 为何值时能获得最大功率，此最大功率是多少？

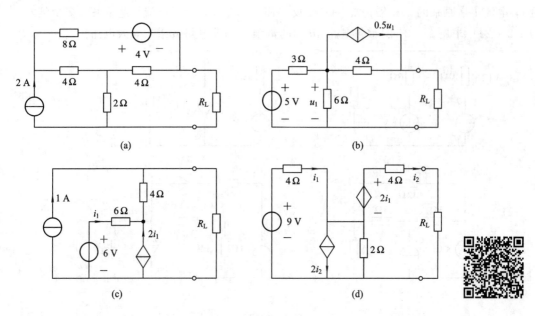

(a)   (b)

(c)   (d)

题 2 - 27 图   2 - 27 题解

2 - 28 题 2 - 28 图示电路中 N_R 仅由线性电阻组成。已知当 $R_2 = 2$ Ω、$u_{s1} = 6$ V 时，$i_1 = 2$ A，$u_2 = 2$ V；当 $R_2 = 4$ Ω、$u_{s1} = 10$ V 时，$i_1 = 3$ A，求这时的 u_2。

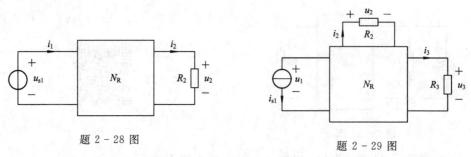

题 2 - 28 图   题 2 - 29 图

2 - 29 题 2 - 29 图示电路中 N_R 仅由线性电阻组成，当 i_{s1}、R_2、R_3 为不同数值时，分别测得的结果如下：当 $i_{s1} = 1.2$ A、$R_2 = 20$ Ω、$R_3 = 5$ Ω 时，$u_1 = 3$ V，$u_2 = 2$ V，$i_3 = 0.2$ A；当 $i_{s1} = 2$ A、$R_2 = 10$ Ω、$R_3 = 10$ Ω 时，$u_1 = 5$ V，$u_3 = 2$ V。求后一种条件下的 i_2。

2 - 30 题 2 - 30 图示电路中 N_R 仅由线性电阻组成，当 11′端接 10 Ω电阻与 $u_{s1} = 10$ V 电压源的串联组合时，测得 $u_2 = 2$ V（如图(a)所示）。求电路接成图(b)时的电压 u_1。

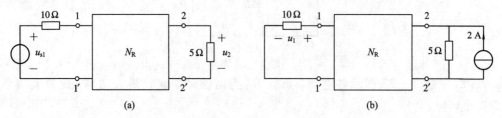

(a)   (b)

题 2 - 30 图

2-31　题 2-31 图示电路中 N_R 仅由线性电阻组成，当 11′端接 $u_{s1}=20$ V 时（如图 (a)所示），测得 $i_1=5$ A，$i_2=2$ A。若 11′端接 2 Ω 电阻，22′端接电压源 $u_{s2}=30$ V，如图 (b)所示，求电流 i_R。

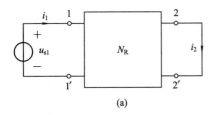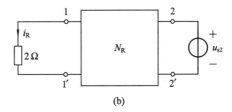

题 2-31 图

2-32　一些电子线路的等效电源参数（开路电压 u_{oc}，等效内阻 R_0）可用题 2-32 图示方法测量。设开关 S 置"1"时，电压表读数为 U_1；当开关置"2"时，电压表读数为 U_2（图中 R 的值为已知）。

（1）如电压表内阻为无限大，试证

$$u_{OC}=U_1$$

$$R_0=\left(\frac{U_1}{U_2}-1\right)R$$

（2）如电压表内阻为 r，试证

$$u_{OC}=\frac{U_1}{1-\left(\dfrac{U_1}{U_2}-1\right)\dfrac{R}{r}}$$

$$R_0=\frac{\left(\dfrac{U_1}{U_2}-1\right)R}{1-\left(\dfrac{U_1}{U_2}-1\right)\dfrac{R}{r}}$$

2-33　如题 2-33 图示某电路的支路 A 中接有电阻 R。当 $R=\infty$ 时，另一支路 B 的电流 $i=i_\infty$；当 $R=0$ 时，支路 B 中的电流为 i_0。设对支路 A 来说，其等效内阻为 R_{eq}。试证，当 R 为任一值时，支路 B 中的电流为

$$i=i_0+\frac{R}{R+R_{eq}}(i_\infty-i_0)$$

或

$$i=i_\infty+\frac{R_{eq}}{R+R_{eq}}(i_0-i_\infty)$$

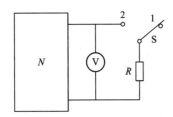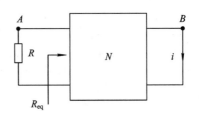

题 2-32 图　　　　　　　　　题 2-33 图

2-34　如题 2-34 图所示电桥电路，当电桥平衡时毫伏计 mV 指示为零。设 $u_s =$ 10 V，$R_1 = R_2 = R_3 = R_4 = 100\ \Omega$，求当 R_4 增加 1 Ω 时，毫伏计的指示(设毫伏计内阻为无限大)。

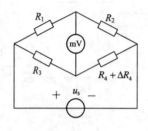
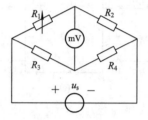

题 2-34 图　　　　　　　　　　　　　　　　题 2-35 图

2-35　题 2-35 图所示为电阻应变仪中的电桥电路。R_1 是电阻丝，粘附在被测零件上。当零件发生变形时，R_1 的阻值将发生变化，于是毫伏计给出指示。在测量前将各电阻值调节到 $R_1 = R_2 = 100\ \Omega$，$R_3 = R_4 = 200\ \Omega$，电源电压 $u_s = 2$ V，这时电桥平衡，毫伏计指示为零(设毫伏计内阻为无限大)。

在进行测量时，如毫伏计指示在 $-1 \sim 1$ mV 区间，求电阻 R_1 的变化量 ΔR_1(已知 $\Delta R_1 \ll R_1$)。

2-36　用电压表测量直流电路中某条支路的电压。当电压表的内电阻为 20 kΩ 时，电压表的读数为 5 V；当电压表的内电阻为 50 kΩ 时，电压表的读数为 10 V。问该支路的实际电压为多少？

2-37　设有一个代数方程组

$$\begin{cases} 5x_1 & -2x_2 & = 2 \\ -2x_1 & +4x_2 & = -1 \end{cases}$$

(1) 试设计一电阻电路，使其节点方程与给定的方程相同；若给定方程中第二式 x_1 的系数改为 $+2$，电路又是怎样的？

(2) 试设计一电阻电路，使其网孔方程与给定的方程相同；若给定方程中第一式 x_2 的系数改为 $+2$，电路又是怎样的？

2-38　用一个 3 A 的电流源和一个 2 A 的电流源(两个电流源不允许并联使用)以及若干个电阻构造一个电路，使得该电路的各独立节点电压分别为 4 V、3 V、2 V。

第 3 章 动 态 电 路

前两章讨论了电阻电路的分析和计算。在电阻电路中，由于线性电阻的伏安关系是线性代数关系，因此描述电阻电路的方程是一组线性代数方程。

实际上，许多实际电路的模型不仅包含电阻元件和电源元件，还包括电容元件和电感元件。这两种元件的电压与电流的约束关系是导数或积分关系，我们称其为动态元件。含有动态元件的电路称为动态电路，描述动态电路的方程是以电流或电压为变量的微分方程。

这里首先讨论电容元件、电感元件的伏安关系及特性，然后讨论一阶和二阶动态电路的分析和计算方法。

3.1 动 态 元 件

3.1.1 电容

电容是储存电能的元件，它是实际电容器的理想化模型。

电容元件可定义为：一个二端元件，如果在任意时刻，其端电压 u 与其储存的电荷 q 之间的关系能用 u-q 平面（或 q-u 平面）上通过原点的一条曲线所确定，就称其为电容元件，简称电容。

电容元件分为时变的和非时变的、线性的和非线性的，本书主要涉及线性非时变电容元件。

线性非时变电容元件的外特性（库伏特性）是 q-u 平面上一条通过原点的直线，如图 3.1-1(b)所示。在电容元件上电压与电荷的参考极性一致的条件下，在任一时刻，电荷量与其端电压的关系为

$$q(t) = Cu(t) \qquad \forall t \qquad (3.1-1)$$

式中 C 称为元件的电容，单位为法（F）。对于线性非时变电容元件，C 是正实常数。"电容"一词及其符号 C 既表示电容元件，也表示元件的参数。

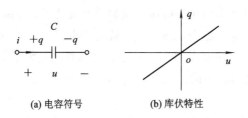

(a) 电容符号   (b) 库伏特性

图 3.1-1 线性非时变电容元件

电路理论关心的是元件端电压与电流的关系。如果电容端电压 u 与其引线上的电流 i

参考方向一致(见图 3.1 - 1(a)),则由 $i = \dfrac{\mathrm{d}q}{\mathrm{d}t}$,有

$$i(t) = \frac{\mathrm{d}q(t)}{\mathrm{d}t} = C\frac{\mathrm{d}u(t)}{\mathrm{d}t} \qquad \forall t \tag{3.1-2}$$

上式常称为电容元件伏安关系的微分形式。它表明,任何时刻,电容元件的电流与该时刻的电压变化率成正比。如果电压不随时间变化,则 $i = 0$,电容相当于开路,故电容有隔断直流的作用。

将式(3.1 - 2)写为

$$\mathrm{d}u(t) = \frac{1}{C}i(t)\mathrm{d}t$$

对上式从 $-\infty$ 到 t 进行积分(为避免积分上限 t 与积分变量 t 相混,将积分变量换为 ξ),得

$$\int_{u(-\infty)}^{u(t)} \mathrm{d}u(\xi) = \frac{1}{C}\int_{-\infty}^{t} i(\xi)\mathrm{d}\xi$$

即

$$u(t) - u(-\infty) = \frac{1}{C}\int_{-\infty}^{t} i(\xi)\mathrm{d}\xi$$

一般总可以认为 $u(-\infty) = 0$,亦即 $q(-\infty) = 0$,于是得

$$u(t) = \frac{1}{C}\int_{-\infty}^{t} i(\xi)\mathrm{d}\xi \tag{3.1-3}$$

式(3.1 - 3)也称为电容元件伏安关系的积分关系形式。它表明,在任一时刻 t,电容电压 u 是此时刻以前电流作用的结果,它"记载"了以往的全部历史,所以称电容为记忆元件。相应地,电阻为无记忆元件。

如果只讨论 $t \geqslant t_0$ 的情况,式(3.1 - 3)可进一步写为

$$u(t) = \frac{1}{C}\int_{-\infty}^{t_0} i(\xi)\mathrm{d}\xi + \frac{1}{C}\int_{t_0}^{t} i(\xi)\mathrm{d}\xi$$

$$= u_C(t_0) + \frac{1}{C}\int_{t_0}^{t} i(\xi)\mathrm{d}\xi \tag{3.1-4}$$

式中

$$u_C(t_0) = \frac{1}{C}\int_{-\infty}^{t_0} i(\xi)\mathrm{d}\xi \tag{3.1-5}$$

称为电容电压在 $t = t_0$ 时刻的初始值,或初始状态,为了简便,常取 $t_0 = 0$。

通常我们研究问题总有一个初始时刻 t_0,式(3.1 - 4)表明,如果研究 $t \geqslant t_0$ 时的电容电压 $u(t)$,那么不必去了解 $t < t_0$ 时电容电流的情况,而 t_0 以前全部的历史对于 $t > t_0$ 产生的效果可以由 $u_C(t_0)$,即电容的初始电压来反映。也就是说,如果已知由初始时刻 t_0 开始作用的电流 $i(t)$ 以及电容的初始电压 $u_C(t_0)$,就能完全确定 $t \geqslant t_0$ 时的电容电压 $u(t)$。

电容电压 $u(t)$ 除有上述的记忆性质外,还有连续性质。为了仔细地研究连续性质,对于任意给定的时刻 t_0,将其前一瞬间记为 t_{0-},而后一瞬间记为 t_{0+},更准确地说,令

$$\begin{cases} t_{0-} = \lim_{\varepsilon \to 0}(t_0 - \varepsilon) \\ t_{0+} = \lim_{\varepsilon \to 0}(t_0 + \varepsilon) \end{cases} \tag{3.1-6}$$

(式中 $\varepsilon > 0$)它们分别是 t_0 的左极限和右极限。

由式(3.1 - 4)可得在 $t = t_{0+}$ 时的电容电压

$$u_C(t_{0+}) = u_C(t_{0-}) + \frac{1}{C} \int_{t_{0-}}^{t_{0+}} i(\xi)\,\mathrm{d}\xi$$

如果电容电流 $i(t)$ 在无穷小区间 $[t_{0-}, t_{0+}]$ 为有限值，或者说在 $t=t_0$ 处为有限值，则上式等号右端第二项积分为零，从而有

$$u_C(t_{0+}) = u_C(t_{0-}) \tag{3.1-7}$$

这表明，若电容电流 $i(t)$ 在 $t=t_0$ 处为有限值，则电容电压 $u_C(t)$ 在该处是连续的，它不能跃变。

现在讨论电容的功率和能量。由式(1.2-4)，在电压电流参考方向一致的条件下，在任一时刻，电容元件吸收的功率

$$p(t) = u(t)i(t) = Cu(t)\frac{\mathrm{d}u(t)}{\mathrm{d}t} \tag{3.1-8}$$

由式(1.2-6)，从 $-\infty$ 到 t 时间内，电容元件吸收的能量

$$w(t) = \int_{-\infty}^{t} p(\xi)\,\mathrm{d}\xi = C\int_{-\infty}^{t} u(\xi)\frac{\mathrm{d}u(\xi)}{\mathrm{d}\xi}\,\mathrm{d}\xi = C\int_{u(-\infty)}^{u(t)} u\,\mathrm{d}u$$

$$= \frac{1}{2}Cu^2(t) - \frac{1}{2}Cu^2(-\infty)$$

若设 $u(-\infty)=0$，则电容吸收能量

$$w_C(t) = \frac{1}{2}Cu^2(t) \tag{3.1-9}$$

由式(3.1-8)和(3.1-9)可见，当 $|u|$ 增大时(即 $u>0$，且 $\frac{\mathrm{d}u}{\mathrm{d}t}>0$ 时；或 $u<0$，且 $\frac{\mathrm{d}u}{\mathrm{d}t}<0$ 时)，$p>0$，电容吸收功率为正值，电容元件充电，储能 w_C 增加，电容吸收的能量以电场能量的形式储存于元件的电场中。当 $|u|$ 减少时(即 $u>0$，且 $\frac{\mathrm{d}u}{\mathrm{d}t}<0$ 时；或者 $u<0$，且 $\frac{\mathrm{d}u}{\mathrm{d}t}>0$ 时)，$p<0$，电容吸收功率为负值，电容放电，储能 w_C 减少，电容将储存于电场中的能量释放。若到达某一时刻 t_1 时，有 $u(t_1)=0$，从而 $w_C(t_1)=0$，表明这时电容将其储存的能量全部释放。因此，电容是一种储能元件，它不消耗能量。

由式(3.1-9)还可看出，无论 u 为正值或负值，恒有 $w_C(t) \geqslant 0$(当然，$C>0$)。这表明，电容所释放的能量最多也不会超过其先前吸收(或储存)的能量，它不能提供额外的能量，因此电容是一种无源元件。

例 3.1-1　图 3.1-2(a)中的电容 $C=0.5$ F，其电流

$$i(t) = \begin{cases} 0 & -\infty < t < 0 \\ 2\ \text{A} & 0 \leqslant t < 1\ \text{s} \\ -2\ \text{A} & 1 \leqslant t < 2\ \text{s} \\ 0 & t \geqslant 2\ \text{s} \end{cases}$$

其波形如图 3.1-2(b)所示，求电容电压 u、功率 p 和储能 w_C。

解　由图 3.1-2(a)可见，电压 u 与电流 i 为关联参考方向，由式(3.1-3)可知，由于在 $t<0$ 时电流 i 恒为零，故在 $-\infty<t<0$ 区间 $u(t)=0$，显然 $u(0)=0$。

在 $0 \leqslant t < 1$ s 区间

$$u(t) = u(0) + \frac{1}{C}\int_0^t 2\,\mathrm{d}\xi = 4t$$

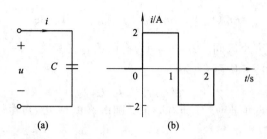

图 3.1 - 2 例 3.1 - 1 图

在 $1 \leqslant t < 2$ s 区间

$$u(t) = u(0) + \frac{1}{C} \int_0^1 2 \, d\xi + \frac{1}{C} \int_1^t (-2) d\xi = 4(2 - t)$$

在 $t \geqslant 2$ s 区间

$$u(t) = u(0) + \frac{1}{C} \int_0^1 2 \, d\xi + \frac{1}{C} \int_1^2 (-2) d\xi + \frac{1}{C} \int_2^t 0 \, d\xi = 0$$

即

$$u(t) = \begin{cases} 0 & -\infty < t < 0 \\ 4t \ \text{V} & 0 \leqslant t < 1 \ \text{s} \\ 4(2 - t) \ \text{V} & 1 \leqslant t < 2 \ \text{s} \\ 0 & t \geqslant 2 \ \text{s} \end{cases}$$

其波形如图 3.1 - 3(a)实线所示，图中也画出了电流 i 的波形(虚线所示)。可见电容电流 i 是不连续的，而电容电压是连续的。

根据式(3.1 - 8)，电容 C 吸收的功率 $p = ui$，可得

$$p(t) = \begin{cases} 8t \ \text{W} & 0 \leqslant t < 1 \ \text{s} \\ -8(2 - t) \ \text{W} & 1 \leqslant t < 2 \ \text{s} \\ 0 & \text{其余} \end{cases}$$

其波形如图 3.1 - 3(b)中虚线所示。

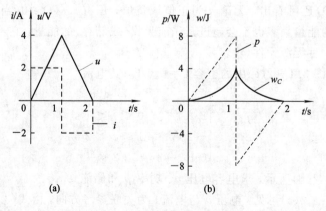

图 3.1 - 3 例 3.1 - 1 的解

根据式(3.1 - 9)，电容储能 $w_C = \dfrac{1}{2} C u^2$，可得

$$w_C(t) = \begin{cases} 4t^2 \text{ J} & 0 \leqslant t < 1 \text{ s} \\ 4(2-t)^2 \text{ J} & 1 \leqslant t < 2 \text{ s} \\ 0 & \text{其余} \end{cases}$$

其波形如图 3.1 - 3(b)中实线所示。

由图 3.1 - 3(a)和(b)可见，在 $0 < t < 1$ s 区间，$u > 0$，$i > 0$，因而 $p > 0$，电容吸收功率，其储能逐渐增高，这是电容元件充电的过程。在区间 $1 < t < 2$ s，$u > 0$，$i < 0$，因而 $p < 0$，电容发出功率，其储能 w_C 逐渐减小，这是电容放电的过程。直到 $t = 2$ s，这时 $u = 0$，电容将原先储存的能量全部释放，$w_C = 0$。

3.1.2　电感

电感是储存磁能的元件，它是(实际)电感器的理想化模型。

电感元件可定义为：一个二端元件，如果在任意时刻，通过它的电流 i 与其磁链 Ψ 之间的关系能用 Ψ-i 平面(或 i-Ψ 平面)上通过原点的曲线所确定，就称其为电感元件，简称电感。

电感元件也分为时变的和非时变的、线性和非线性的，本书只讨论线性非时变的电感元件。

线性非时变的电感元件的外特性(韦安特性)是 Ψ-i 平面上一条通过原点的直线，如图 3.1 - 4(b)所示。当规定磁通 Φ 和磁链 Ψ 的参考方向与电流 i 的参考方向之间符合右手螺旋关系时，在任一时刻，磁链与电流的关系为

$$\Psi(t) = Li(t) \qquad \forall t \tag{3.1-10}$$

式中 L 称为元件的电感。磁通和磁链(磁通链)的单位是韦伯(Wb)，电感的单位是亨(H)。对于线性非时变电感元件，L 是正实常数。电感及其符号 L 既表示电感元件，也表示元件参数。

在电感端电压 u 与通过它的电流 i 参考方向一致的条件下(见图 3.1 - 4(a))，由电磁感应定律[①]有

$$u(t) = \frac{\mathrm{d}\Psi(t)}{\mathrm{d}t} = L\frac{\mathrm{d}i(t)}{\mathrm{d}t} \qquad \forall t$$
$$\tag{3.1-11}$$

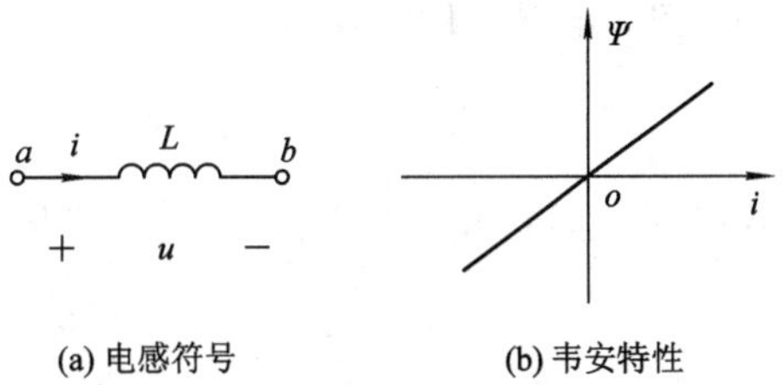

(a) 电感符号　　　　(b) 韦安特性

图 3.1 - 4　线性非时变电感元件

上式常称为电感元件的伏安关系。它表明，在任一时刻，电感元件上的电压与该时刻的电流变化率成正比。如果电流不随时间变化，则 $u = 0$，电感元件相当于短路。

---

① 在物理学中，感应电动势与磁链的关系与式(3.1 - 11)相差一个"—"号。这是因为，感应电动势的参考方向为由"—"极指向"＋"极；而端电压的参考方向为由"＋"极指向"—"极。具体来说，楞次定律指出，线圈中由磁通变化率引起的感应电动势，其方向是企图产生感应电流以反抗磁通的变化。设 $i > 0$，且 $\frac{\mathrm{d}i}{\mathrm{d}t} > 0$(参看图 3.1 - 4(a))，这时，为反抗磁通增加，电感内部感应电势的实际极性应该是 a 端为"＋"，b 端为"—"。而按式(3.1 - 11)可知，这时电感外部端子的电压 $u > 0$，即其实际方向也是 a 端为"＋"，b 端为"—"。可见二者是完全一致的。对于 $i > 0$，$\frac{\mathrm{d}i}{\mathrm{d}t} < 0$ 以及 $i < 0$ 的情况，也可作类似的说明。

在电压、电流为关联参考方向时,电感电流与其端电压的积分关系可写为

$$i(t) - i(-\infty) = \frac{1}{L} \int_{-\infty}^{t} u(\xi) \mathrm{d}\xi$$

一般认为 $i(-\infty) = 0$,即 $\Psi(-\infty) = 0$,于是得

$$i(t) = \frac{1}{L} \int_{-\infty}^{t} u(\xi) \mathrm{d}\xi \qquad (3.1-12)$$

上式也是电感元件的伏安关系。它表明,在任一时刻 t,电感电流 i 是此时刻以前的电压作用的结果,它"记载"了以往的历史。电感也属于记忆元件,有记忆性质。

如果只讨论 $t \geqslant t_0$ 的情况,式(3.1-12)可进一步写为

$$i(t) = i_L(t_0) + \frac{1}{L} \int_{t_0}^{t} u(\xi) \mathrm{d}\xi \qquad (3.1-13)$$

式中

$$i_L(t_0) = \frac{1}{L} \int_{-\infty}^{t_0} u(\xi) \mathrm{d}\xi$$

称为电感电流在 $t = t_0$ 时刻的初始值,或初始状态。

式(3.1-13)表明,如果研究 $t > t_0$ 时的电感电流 $i(t)$,利用 $i_L(t_0)$ 对 $t < t_0$ 时电压的记忆作用,可不必了解 $t < t_0$ 时电压的具体情况,也就是说,如果已知由初始时刻 t_0 开始作用的 $u(t)$ 以及电感初始电流 $i_L(t_0)$,就能完全确定 $t \geqslant t_0$ 时的电感电流 $i(t)$。

电感电流也有连续性质,即若电感电压 $u(t)$ 在 $t = t_0$ 处为有限值,则电感电流在该处是连续的,它不能跃变,即有

$$i_L(t_{0+}) = i_L(t_{0-}) \qquad (3.1-14)$$

现在讨论电感的功率与能量,由式(1.2-4),在电压电流参考方向一致的条件下,在任一时刻,电感元件吸收的功率

$$p(t) = u(t)i(t) = Li(t) \frac{\mathrm{d}i(t)}{\mathrm{d}t} \qquad (3.1-15)$$

由式(1.2-6),从 $-\infty$ 到 t 时间内,电感元件吸收的能量

$$\begin{aligned} w_L(t) &= \int_{-\infty}^{t} p(\xi) \mathrm{d}\xi = L \int_{-\infty}^{t} i(\xi) \frac{\mathrm{d}i(\xi)}{\mathrm{d}\xi} \mathrm{d}\xi \\ &= L \int_{i(-\infty)}^{i(t)} i \, \mathrm{d}i = \frac{1}{2} L i^2(t) - \frac{1}{2} L i^2(-\infty) \end{aligned}$$

若设 $i(-\infty) = 0$,则电感吸收的能量

$$w_L(t) = \frac{1}{2} L i^2(t) \qquad (3.1-16)$$

由式(3.1-15)和(3.1-16)可见,当 $|i|$ 增大时(即 $i > 0$,且 $\frac{\mathrm{d}i}{\mathrm{d}t} > 0$ 时,或者 $i < 0$,且 $\frac{\mathrm{d}i}{\mathrm{d}t} < 0$ 时),$p > 0$,电感吸收功率,储能 w_L 增加,电感吸收的能量以磁场能量的形式储存于元件的磁场中;当 $|i|$ 减小时(即 $i > 0$,且 $\frac{\mathrm{d}i}{\mathrm{d}t} < 0$ 时,或者 $i < 0$,且 $\frac{\mathrm{d}i}{\mathrm{d}t} > 0$ 时),$p < 0$,电感吸收功率为负值,储能 w_L 减小,电感将原先储存于磁场中的能量释放。若到达某时刻 t_1 时,有 $i(t_1) = 0$ 从而 $w_L(t_1) = 0$,表明这时电感将其储存的能量全部释放。因此,电感是一种储能元件,它不消耗能量。

由式(3.1-16)还可看出，无论 i 为正值或负值，恒有 $w_L(t) \geqslant 0$（当然 $L>0$）。这表明，电感所释放的能量最多也不会超过其先前吸收（或储存）的能量，它不能提供额外的能量，因而它是无源元件。

在动态电路的许多电压变量和电流变量中，电容电压和电感电流具有特别重要的地位，它们确定了电路储能的状况。常称变量电容电压 $u_C(t)$ 和电感电流 $i_L(t)$ 为状态变量，如选初始时刻为 t_0，则在该时刻的 $u_C(t_0)$ 和 $i_L(t_0)$ 称为电路在时刻 t_0 的初始状态（为简便常选 $t_0=0$）。

在电路和系统理论中，状态变量是一组能反映动态电路状态的最少数目的变量。已知 t_0 时刻的状态和 $t \geqslant t_0$ 时的激励（输入）后，就可以确定 $t \geqslant t_0$ 时电路的响应（电路中的任意电流、电压）。通常选择电容电压和电感电流作为状态变量，有时（如非线性动态电路）也选电容电荷和电感磁链为状态变量。关于状态变量更深入的讨论，读者可参看有关"信号与系统"的书籍。

3.1.3　电容、电感的串联和并联

图 3.1-5(a)是 n 个电容相串联的电路，各电容的端电流为同一电流 i。根据电容的伏安关系，有

$$u_1 = \frac{1}{C_1}\int_{-\infty}^{t} i\,\mathrm{d}\xi,\ u_2 = \frac{1}{C_2}\int_{-\infty}^{t} i\,\mathrm{d}\xi,\ \cdots,\ u_n = \frac{1}{C_n}\int_{-\infty}^{t} i\,\mathrm{d}\xi$$

由 KVL，端口电压

$$u = u_1 + u_2 + \cdots + u_n = \left(\frac{1}{C_1}+\frac{1}{C_2}+\cdots+\frac{1}{C_n}\right)\int_{-\infty}^{t} i\,\mathrm{d}\xi = \frac{1}{C_{eq}}\int_{-\infty}^{t} i\,\mathrm{d}\xi$$

式中

$$\frac{1}{C_{eq}} = \frac{1}{C_1}+\frac{1}{C_2}+\cdots+\frac{1}{C_n} = \sum_{k=1}^{n}\frac{1}{C_k} \tag{3.1-17}$$

C_{eq} 可称为 n 个电容串联的等效电容，如图 3.1-5(b)所示。

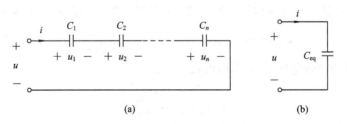

(a)　　　　　　(b)

图 3.1-5　电容串联

图 3.1-6(a)是 n 个电容相并联的电路，各电容的端电压是同一电压 u。根据电容的伏安关系，有

$$i_1 = C_1\frac{\mathrm{d}u}{\mathrm{d}t},\ i_2 = C_2\frac{\mathrm{d}u}{\mathrm{d}t},\ \cdots,\ i_n = C_n\frac{\mathrm{d}u}{\mathrm{d}t}$$

由 KVL，端口电流

$$i = i_1 + i_2 + \cdots + i_n = (C_1+C_2+\cdots+C_n)\frac{\mathrm{d}u}{\mathrm{d}t} = C_{eq}\frac{\mathrm{d}u}{\mathrm{d}t}$$

式中

$$C_{eq} = C_1 + C_2 + \cdots + C_n = \sum_{k=1}^{n} C_k \qquad (3.1-18)$$

是 n 个电容并联的等效电容，如图 3.1－6(b)所示。

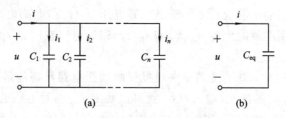

图 3.1－6　电容并联

图 3.1－7(a)是 n 个电感相串联的电路，流过各电感的电流为同一电流 i。根据电感的伏安关系，第 k 个 $(k=1, 2, 3, \cdots, n)$ 电感的端电压 $u_k = L_k \dfrac{\mathrm{d}i}{\mathrm{d}t}$，再根据 KVL，可求得 n 个电感相串联的等效电感

$$L_{eq} = \sum_{k=1}^{n} L_k \qquad (3.1-19)$$

如图 3.1－7(b)所示。

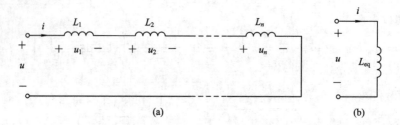

图 3.1－7　电容串联

图 3.1－8(a)是 n 个电感相并联的电路，各电感的端电压是同一电压 u。根据电感的伏安关系，第 k 个 $(k=1, 2, 3, \cdots, n)$ 电感的电流 $i_k = \dfrac{1}{L_k} \displaystyle\int_{-\infty}^{t} u \, \mathrm{d}\xi$，再根据 KCL，可求得 n 个电感相并联时的等效电感 L_{eq}，它的倒数表示式为

$$\frac{1}{L_{eq}} = \sum_{k=1}^{n} \frac{1}{L_k} \qquad (3.1-20)$$

如图 3.1－8(b)所示。

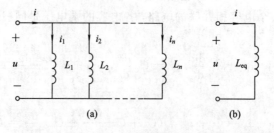

图 3.1－8　电感并联

3.1.4　分立电容器、集成 MOS 电容器与电感器

电路元件中的电阻和电容有分立的或集成的，但电感通常难以在集成基片上生成，因此，电感一般是分立的，体积较大且价高，故电感的使用不如电阻、电容广泛。但在某些应用场合，电感是必需的，如继电器、延迟线、拾音头、电动机、麦克风、扬声器等。

1. 分立电容器

电容器可分为固定的和可变的、有极性的和无极性的。

电容器的元件参数包括标称值、容差、额定电压、绝缘电阻、损耗率等。这些参数主要由电容器中的电介质决定。

（1）标称电容量和容差。标称电容量是标在电容器上的电容量。实际电容量与标称电容量的最大允许误差称为电容器的容差。

一个电容器的电容量主要由极板的面积、极板间的距离和电介质材料等三个因素来确定。平行板电容器的电容量为

$$C = \frac{\varepsilon A}{d} \tag{3.1-21}$$

式中，A 为极板面积，d 为极板间距，ε 为材料的介电常数。常用绝缘材料介电常数的范围是 $1 \sim 4000$，有些类型的陶瓷材料可以达 4000 以上。

（2）额定电压。电容器在规定的温度下，长期可靠工作时所能承受的最高直流电压称为电容器的额定电压，又称耐压值，一般直接标在电容器的外壳上。耐压值的大小与介质材料及厚度有关。另外，温度对电容器的耐压也有很大的影响。

（3）绝缘电阻（漏阻）。在理想电容元件上加直流电压时，其上是没有电流的，而实际电容器由于介质不可能是理想的，其中多少会存在一些漏电流。加到电容器上的直流电压与漏电流之比称为电容器的绝缘电阻，其典型值一般为 $10^6 \sim 10^{12}\ \Omega$。电容器的绝缘电阻通常随温度、湿度的变化而变化。电解电容器的绝缘电阻比较低，薄膜电容器的绝缘电阻比较高。绝缘电阻越大越好。

图 3.1 - 9 给出了电容器直流及低频时的电路模型。

图 3.1 - 9　电容的直流及低频电路模型

（4）损耗率。电容器的损耗率是电容器转化的热能量与其存储的总能量之比，常用百分数表示。电容器转化的热能量主要是介质损耗的能量和电容所有的电阻引起的能量损耗。在恒定电场的作用下，电容器的损耗以漏阻损耗的形式存在，一般比较小；在交流电场的作用下，电容器的损耗不仅与漏阻有关，而且与周期性的极化建立过程有关。因此，损耗率高的电容器不适用于高频电路中。

2. 常用电容器的特点

(1) 云母电容器的特点：容量比较准确，损耗率低，温度稳定性好，绝缘电阻高，频率特性好，可用于中频、高频及要求耐压高的电路，但其价格较高，容量范围小。

(2) 纸质电容器的特点：容量范围大，耐压一般可满足要求，价格便宜，但易损坏，适用于频率小于 0.5 MHz 的电路。

(3) 陶瓷电容器的特点：坚固可靠，适合于一般应用，被广泛地应用在小电容量的场合，容量范围一般是 1 pF～0.27 μF。

(4) 塑料介质电容器的特点：耐压高，介质损耗小，绝缘电阻高，电容量比较稳定，可用于高、中频电路，但怕高温。

(5) 电解电容器是一种有极性的电容器，常见的有铝电解电容器和钽电解电容器。

铝电解电容器的特点：容量大，都在几微法以上，但耐压不高，漏电流大，易损坏，适用于电源滤波及低频旁路，一般不适于在高频和低温条件下应用，不宜在 25 kHz 以上频率的电路中使用。

钽电解电容器的特点：容量大，体积小，损耗小，性能稳定，寿命长，各种性能优于铝电解电容器，但价格比铝电解电容器高很多。它常用于小型、高可靠性的电路中。

电解电容器在使用时要注意极性的正确连接。

3. 集成电容

集成电路中的电容主要有 PN 结电容和 MOS(Metal-Oxide-Silicon，金属 - 氧化物 - 硅)电容，使用较多的是 MOS 电容。典型的 MOS 电容是金属 - 绝缘体 - 半导体(MIS)电容，它的一个极板是金属膜，另一个极板是重掺杂的半导体扩散层，电介质是二氧化硅(SiO_2)。MOS 电容漏电流小，质量较高。由式(3.1 - 21)可知，在与集成电路工艺兼容的情况下，极板距离 d 不可能做得很薄，因此要提高电容量只能增加极板面积。

在集成电路设计中用常规工艺集成几十 pF 的 MOS 电容在技术上不存在问题，但它占用芯片面积相当大。例如，如果需要一个电容量为 18 pF 的 MOS 电容作为集成运放的补偿电容，设氧化层 SiO_2 的厚度为 $d=100$ nm，SiO_2 的介电常数 $\varepsilon=34.515$ pF/m，由式(3.1 - 21)可得电容的面积为

$$A = \frac{C \cdot d}{\varepsilon} = \frac{18 \times 10^{-12} \times 100 \times 10^{-9}}{34.515 \times 10^{-12}} = 52\ 151\ \mu m^2$$

而一个典型的小功率双极型晶体管所占用的面积大约为 $4 \times 10^3\ \mu m^2$，可见一个 18 pF 的电容所占面积相当于 13 个晶体管的面积。为此，在集成电路设计中应尽可能用小电容元件构成电路，或避免使用电容和电阻这些无源元件，而用晶体管代替。目前使用的 DRAM(动态存储器)中，为了减小电容占用面积，采用了三维结构和高介电常数的绝缘材料构成电容元件。

由于集成电路中的电阻和电容占据较大的表面积，因而对于大电容和电阻，常采用外接方式。究竟采用外接还是内部集成，要综合考虑实用性、经济性等多方面的因素。

随带提及，集成电路器件结构中，导电层以绝缘介质隔离就形成电容。因此，电路中存在大量的寄生电容。MOS 集成电路中的寄生电容主要包括 MOS 管的寄生电容以及由金属、多晶硅和扩散区连线形成的连线电容。寄生电容及其有关等效电阻的共同作用决定了

MOS 电路的动态响应（如逻辑门的速度）。因此，构造集成电路模型要注意考虑这些寄生电容的影响，特别是当电路的工作频率比较高时，决不能忽略这些电容的作用。

4. 电感器的额定值

电感量是电感器众多参数中最重要的一个，其他参数还有直流电阻、额定电流、额定电压、容差等。

直流电阻是由绕制线圈导线的电阻 r 产生的，可以用欧姆表测出来。图 3.1 - 10 给出电感器直流及低频时的电路模型。在额定值中，额定电流值是最重要的，因为它表明允许连续通过多大的电流而不过热。额定电压表明线圈保持绝缘性所能连续承受的电压，超过这个电压，也许不会立刻引起线圈的损坏，但它会缩短线圈的绝缘寿命。

图 3.1 - 10　电感的直流及低频电路模型

通常，一个实际的电感器除了要标明它的电感量外，还要标明它的额定工作电流和容差。一些特殊电感器还要标出额定电压。

集成电路中使用的无源元件只有 R 和 C，这是由于集成电路是在硅片上以平面工艺制作而成的缘故。与其它的可在硅表面制成的平面元件不同，电感制造困难，如确实需要，可作为外接元件处理。此外，若集成电路工作在较高频率情况下，电路模型中应考虑互连线的寄生电感影响。

3.2　动态电路方程及其解

3.2.1　动态电路方程

在动态电路中，除含有电阻、电源外，还有动态元件（电容或/和电感），而动态元件的电流与电压的约束关系是导数与积分关系，因此根据 KCL 、KVL 和元件的 VCR 所建立的电路方程是以电流、电压为变量的微分方程或微分 - 积分方程。如果电路中的无源元件都是线性非时变的，那么动态电路方程是线性常系数微分方程。

如果电路中只有一个动态元件，则所得的是一阶微分方程，相应的电路称为一阶电路。一般而言，如果电路中含有 n 个独立的动态元件，那么描述该电路的将是 n 阶微分方程，相应的电路称为 n 阶电路。

图 3.2 - 1(a)和(b)都是一阶电路。如果我们要研究图(a)中开关 S 闭合（在 $t=0$ 时）后的电容电压 u_C，或者研究图(b)中开关 S 断开（在 $t=0$ 时）后的电感电流 i_L，就要列写出 $t \geqslant 0$ 时，即开关闭合后或开关断开后的电路方程。

我们把电路中开关的闭合、断开或电路参数突然变化等统称为"换路"。在换路前后，电路工作状态发生改变。

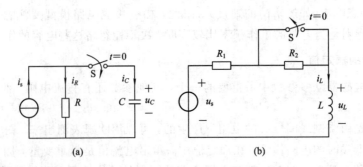

图 3.2 - 1　一阶电路

对于图 3.2 - 1(a)所示的电路,设 $t=0$ 时开关闭合,若选电容电压 u_C 为变量,在换路后(即 $t \geqslant 0$),由 KCL 有

$$i_C + i_R = i_s$$

由 $i_C = C \dfrac{\mathrm{d}u_C}{\mathrm{d}t}$ 和 $i_R = \dfrac{u_C}{R}$,得换路后电路方程为

$$C \frac{\mathrm{d}u_C}{\mathrm{d}t} + \frac{1}{R}u_C = i_s$$

或写为

$$\frac{\mathrm{d}u_C}{\mathrm{d}t} + \frac{1}{\tau}u_C = \frac{1}{C}i_s \qquad (3.2 - 1a)$$

式中,$\tau = RC$,它具有时间的量纲[①],称为时间常数,简称时常数。

对于图 3.2 - 1(b)所示的电路,设 $t=0$ 时开关断开,若选电感电流 i_L 为变量,根据 KVL,可写出换路后($t \geqslant 0$)的电路方程为

$$L \frac{\mathrm{d}i_L}{\mathrm{d}t} + (R_1 + R_2)i_L = u_s$$

或写为

$$\frac{\mathrm{d}i_L}{\mathrm{d}t} + \frac{1}{\tau}i_L = \frac{1}{L}u_s \qquad (3.2 - 1b)$$

式中,$\tau = \dfrac{L}{R}$[②]($R = R_1 + R_2$),也称为时间常数。

图 3.2 - 2 是二阶电路,若以电压 u 为变量,则由 KCL 得

$$i_C + i_G + i_L = i_s$$

由于

$$i_C = C \frac{\mathrm{d}u}{\mathrm{d}t}, \quad i_G = Gu, \quad i_L = \frac{1}{L} \int_{-\infty}^{t} u(\xi)\mathrm{d}\xi$$

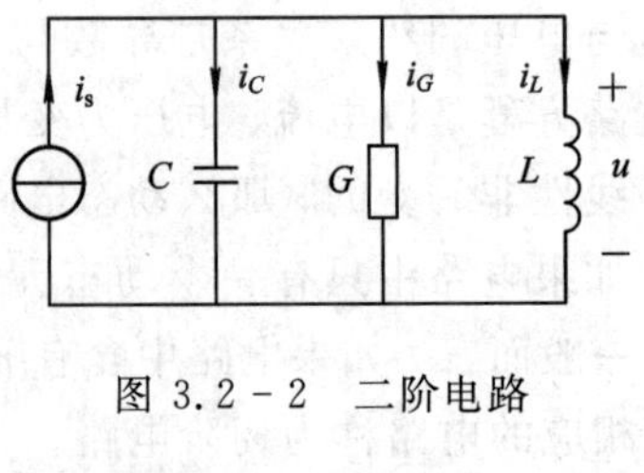

将它们代入 KCL 方程,得

图 3.2 - 2　二阶电路

---

① $[\tau] = [RC] = \left[\dfrac{uq}{iu}\right] = \left[\dfrac{q}{i}\right] = \left[\dfrac{库}{库/秒}\right] = [秒]$。

② $[\tau] = \left[\dfrac{L}{R}\right] = \left[\dfrac{\Psi/i}{u/i}\right] = \left[\dfrac{\Psi}{u}\right] = \left[\dfrac{韦伯}{韦伯/秒}\right] = [秒]$。

$$C \frac{\mathrm{d}u}{\mathrm{d}t} + Gu + \frac{1}{L} \int_{-\infty}^{t} u(\xi)\mathrm{d}\xi = i_s$$

对上式求导数，并同除以 C，得

$$\frac{\mathrm{d}^2 u}{\mathrm{d}t^2} + \frac{G}{C} \frac{\mathrm{d}u}{\mathrm{d}t} + \frac{1}{LC}u = \frac{1}{C} \frac{\mathrm{d}i_s}{\mathrm{d}t} \qquad (3.2-2)$$

由以上各例可知建立动态方程的一般步骤是：

(1) 根据电路建立 KCL 或/和 KVL 方程，写出各元件的伏安关系。

(2) 在以上方程中消去中间变量，得到所需变量的微分方程。

显然，对于较复杂的动态电路，建立动态方程的过程将比较繁复，因此常用拉普拉斯变换等方法进行动态电路分析，这将在"信号与系统"课程中学习。

3.2.2　固有响应和强迫响应、暂态响应和稳态响应

如果将独立源（u_s 和 i_s）作为激励，用 $f(t)$ 表示，把电路变量（u 或 i）作为响应，用 $y(t)$ 表示，则描述一阶和二阶动态电路的方程的一般形式可写为（有时等号右端还有 $f(t)$ 的导数）

$$\frac{\mathrm{d}y(t)}{\mathrm{d}t} + a_0 y(t) = b_0 f(t) \qquad (3.2-3)$$

和

$$\frac{\mathrm{d}^2 y(t)}{\mathrm{d}t^2} + a_1 \frac{\mathrm{d}y(t)}{\mathrm{d}t} + a_0 y(t) = b_0 f(t) \qquad (3.2-4)$$

对于线性非时变动态电路，上式中的系数 a_0、a_1、b_0 等都是常数。

大家知道，线性常系数微分方程的解由两部分组成：与该方程对应的齐次方程的通解（或齐次解）和满足非齐次方程的特解。若齐次解用 $y_h(t)$ 表示，特解用 $y_p(t)$ 表示，则微分方程的全解可写为

$$y(t) = y_h(t) + y_p(t) \qquad (3.2-5)$$

对于式(3.2-3)的一阶微分方程，其特征方程为 $s+a_0=0$，特征根 $s=-a_0$，故齐次解为

$$y_h(t) = Ke^{st} = Ke^{-a_0 t}$$

式中 K 为待定常数。式(3.2-3)的特解与激励有相似的形式（见表 3-2）。

对于式(3.2-4)的二阶微分方程，其齐次解 $y_h(t)$ 的函数形式由式(3.2-4)的特征方程

$$s^2 + a_1 s + a_0 = 0 \qquad (3.2-6)$$

的根（即特征根）s_1、s_2 确定。表 3-1 中列出了特征根 s_1、s_2 为不同取值时的相应齐次解，其中常数 K_1、K_2 将在式(3.2-4)的完全解中由初始条件确定。

表 3-1　不同特征根时二阶动态方程的齐次解

特征根 s_1、s_2		齐次解 $y_h(t)$
$s_1 \neq s_2$	不等实根	$K_1 e^{s_1 t} + K_2 e^{s_2 t}$
$s_1 = s_2 = s$	相等实根	$(K_1 + K_2 t)e^{st}$
$s_{1,2} = -\alpha \pm j\beta$	共轭复根	$e^{-\alpha t}(K_1 \cos\beta t + K_2 \sin\beta t)$

注：表中 K_1、K_2 为待定常数。

式(3.2-4)的特解与激励有相似的形式。表 3-2 列出了常用激励形式与其所对应的特解 $y_p(t)$。特解形式确定后，将其代入原微分方程，求出待定常数 A_i，则特解就确定了。

表 3-2　不同激励时一阶和二阶动态电路的特解

激励形式	特解 $y_p(t)$	
常数	A	
t^m	$A_m t^m + A_{m-1} t^{m-1} + \cdots + A_1 t + A_0$	
$e^{\alpha t}$	$A e^{\alpha t}$	当 α 不是特征根时
	$A_1 t e^{\alpha t} + A_0 e^{\alpha t}$	当 α 是特征单根时
	$A_2 t^2 e^{\alpha t} + A_1 t e^{\alpha t} + A_0$	当 α 是二阶特征根时（对于二阶电路）
$\cos\beta t$ 或 $\sin\beta t$	$A_1 \cos\beta t + A_2 \sin\beta t$	

注：表中 A_i 为待定常数。

例 3.2-1　如图 3.2-3 所示的 RC 电路，当 $t=0$ 时开关闭合，若电容的初始电压 $u_C(0)=U_0$，电压源 U_s 为常数，求 $t \geqslant 0$ 时的 $u_C(t)$。

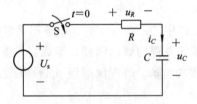

图 3.2-3　例 3.2-1 图

解　(1) 建立电路方程。当 $t>0$ 时，开关已闭合，由 KVL 有

$$u_R + u_C = U_s$$

由于 $i = i_C = C\dfrac{\mathrm{d}u_C}{\mathrm{d}t}$，故 $u_R = Ri = RC\dfrac{\mathrm{d}u_C}{\mathrm{d}t}$，将它代入上式，并除以 RC，得

$$\frac{\mathrm{d}u_C}{\mathrm{d}t} + \frac{1}{RC}u_C = \frac{1}{RC}U_s$$

令 $\tau = RC$ 为时间常数，上式可写为

$$\frac{\mathrm{d}u_C}{\mathrm{d}t} + \frac{1}{\tau}u_C = \frac{1}{\tau}U_s \tag{3.2-7}$$

(2) 求齐次解 u_{Ch}。式(3.2-7)的特征方程为

$$s + \frac{1}{\tau} = 0$$

其特征根 $s = -\dfrac{1}{\tau}$，故 u_C 的齐次解

$$u_{Ch} = K e^{st} = K e^{-\frac{t}{\tau}}$$

(3) 求特解 u_{Cp}。由于激励 U_s 为常数，故特解也是常数。令 $u_{Cp} = A$，将它代入式

(3.2 - 7)，得

$$\frac{1}{\tau}A = \frac{1}{\tau}U_s$$

故得 u_C 的特解

$$u_{Cp}(t) = A = U_s$$

（4）完全解。电容电压的完全解为

$$u_C(t) = u_{Ch}(t) + u_{Cp}(t) = Ke^{-\frac{t}{\tau}} + U_s \qquad t \geqslant 0$$

式中常数 K 由初始条件确定。当 $t=0$ 时，由上式和给定的初始电压，得

$$u_C(0) = K + U_s = U_0$$

可解得 $K = U_0 - U_s$，故得完全解

$$u_C(t) = \underbrace{(U_0 - U_s)e^{-\frac{t}{\tau}}}_{\substack{\text{固有响应}\\(\text{暂态响应})}} + \underbrace{U_s}_{\substack{\text{强迫响应}\\(\text{稳态响应})}} \qquad t \geqslant 0 \qquad (3.2 - 8)$$

在完全解式(3.2 - 8)中，其第一项（即齐次解）的函数形式仅由特征根确定，而与激励的函数形式无关（它的系数与激励有关），称为固有响应或自由响应；式中第二项（即特解）与激励具有相同的函数形式，称为强迫响应。图 3.2 - 4 中画出了 $U_0 < U_s$ 和 $U_0 > U_s$ 两种情况下 u_C 的波形。

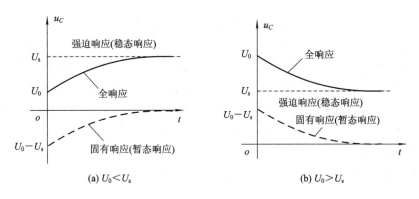

(a) $U_0 < U_s$ (b) $U_0 > U_s$

图 3.2 - 4 例 3.2 - 1 电路的响应

由以上讨论可见，固有响应的函数形式决定于特征根，它仅与电路的结构和元件的参数有关，与激励的函数形式无关。固有响应以及特征根 s 反映了电路的固有特征，而强迫响应是外部激励作用的结果，它与激励有相同的函数形式。

特征根 s 的倒数具有时间的量纲，常称其为电路的固有频率，它在电路理论中占有重要地位。

按电路的工作情况，也常将完全响应分为暂态响应和稳态响应。式(3.2 - 8)中的第一项按指数规律衰减，当 t 趋近于无限大时，该项衰减为零，称为暂态响应；式中第二项在任何时刻都保持稳定，它是 t 趋近于无限大，暂态响应衰减为零时的响应，称为稳态响应。

就图 3.2 - 3 的电路而言，在 $t < 0$ 时，开关尚未闭合，电容电压为 U_0，电路处于稳定状态（也称为平衡状态）；当 $t=0$ 时，开关闭合，假设 $U_0 < U_s$，这时电源对电容充电，电容电压 u_C 由 U_0 开始逐渐增高（见图 3.2 - 4(a)），经过较长时间后（严格地说为 t 趋近于无限

大），电容电压达到 U_s，充电电流 i 衰减为零，这时电路达到另一稳定状态。电容电压 u_C 由原来的稳定状态（$u_C = U_0$）逐渐增高到新的稳定状态（$u_C = U_s$）的过程称为过渡过程（或暂态过程）。

需要注意，与把完全响应分为固有响应和强迫响应不同，将完全响应区分为暂态响应和稳态响应是从电路响应的波形上来观察的。当换路时，如果接入的激励为直流或周期信号（如正弦信号、方波信号等），可将完全响应区分为暂态响应和稳态响应。暂态响应是指激励接入后，完全响应中短暂时间存在的分量，随着时间的增长，它将逐渐消失。完全响应中除暂态响应外的其余部分就是稳态响应，它可能是常数（当接入的激励为直流时）或周期函数（当接入周期信号时）。如果激励不是周期信号（例如 $e^{\alpha t}$，$\alpha > 0$）或者电路的固有频率 s 有实部为正的值，即 $\text{Re}[s] > 0$，则将完全响应区分为暂态响应和稳态响应将没有实际意义，或者说电路不存在稳态响应。譬如，若图 3.2-3 中的电阻 R 为负值（负电阻），则其完全响应为

$$u_C(t) = \underbrace{(U_0 - U_s)e^{\frac{t}{|R|C}}}_{\text{固有响应}} + \underbrace{U_s}_{\text{强迫响应}} \qquad t \geqslant 0$$

这时它可分为固有响应和强迫响应。显然，由于 u_C 随时间的增长而无限增大，因而不存在稳态响应。

3.3　电路的初始值

描述线性非时变动态电路的方程是线性常系数微分方程。在求解微分方程时，需要根据给定的初始条件确定解中的待定常数。如果描述电路动态过程的微分方程是 n 阶的，就需要 n 个初始条件，它们是所求变量（电压或电流）及其 $1, 2, \cdots, (n-1)$ 阶导数在 $t = 0_+$ 时的值（设换路时刻 $t = t_0 = 0$），也称为初始值。其中电容电压和电感电流的初始值 $u_C(0_+)$ 和 $i_L(0_+)$ 由初始储能决定，称为独立的初始值或初始状态，其余各变量（如 i_C、u_L、i_R、u_R 等）的初始值称为非独立的初始值，它们将由激励（电压源或电流源）以及独立初始值 $u_C(0_+)$ 和 $i_L(0_+)$ 来确定。

在数学中求解微分方程所需的初始条件通常是给定的，而在动态电路分析中，则常需根据电路的初始情况按电路基本规律求出待求变量的初始值。

3.3.1　独立初始值

如前所述，电容电压和电感电流反映了电路储能的状况，它们都具有连续的性质。

设换路时刻为 $t = 0$，那么由式（3.1-7）和（3.1-14）知，若电容电流 i_C 和电感电压 u_L 在 $t = 0$ 时为有限值，则换路前后瞬间电容电压 u_C 和电感电流 i_L 是连续的，即有

$$\begin{cases} u_C(0_+) = u_C(0_-) \\ i_L(0_+) = i_L(0_-) \end{cases} \tag{3.3-1}$$

因而可根据换路前电路的具体情况确定独立初始值 $u_C(0_+)$ 和 $i_L(0_+)$。式（3.3-1）常称为换路定律。

换路定律可以从能量的角度来理解。我们知道，电容和电感的储能分别为 $w_C(t) =$

$\frac{1}{2}Cu_C^2(t)$ 和 $w_L(t) = \frac{1}{2}Li_L^2(t)$，如果 u_C 或 i_L 发生跃变，那么 w_C 或 w_L 也发生跃变。由于功率 $p = \frac{\mathrm{d}w}{\mathrm{d}t}$，因而能量的跃变意味着瞬时功率为无限大，这在实际电路中通常是不可能的。不过在某些理想情况下，电容电流 i_C 和电感电压 u_L 在某瞬时可能趋于无限，在这种情况下，电容电压 u_C 和电感电流 i_L 可能跃变（请参看例 3.3 - 3）。

需要强调指出，在接入激励或换路的瞬间，除了电容电压 u_C 和电感电流 i_L 外，其余各变量（如 i_C、u_L、i_R、u_R 等）都不受换路定律的约束。

如果换路时刻为 $t = t_0$，则换路定律可写为

$$\begin{cases} u_C(t_{0+}) = u_C(t_{0-}) \\ i_L(t_{0+}) = i_L(t_{0-}) \end{cases} \tag{3.3 - 2}$$

顺便提及，对于非线性电路或时变电路，电容电荷和电感磁链分别是 $u_C(t)$ 和 $i_L(t)$ 的函数，即 $q(t) = f[u_C(t)]$，$\Psi(t) = f[i_L(t)]$，上述换路定律可表述为若 i_C 和 u_L 在 $t = t_0$ 处为有限值，则电容电荷和电感磁链在 $t = t_0$ 处是连续的，它们不能发生跃变，即

$$\begin{cases} q(t_{0+}) = q(t_{0-}) \\ \Psi(t_{0+}) = \Psi(t_{0-}) \end{cases} \tag{3.3 - 3}$$

3.3.2 非独立初始值

除 $u_C(t_{0+})$、$i_L(t_{0+})$ 以外的各电流、电压的初始值（即非独立初始值）可根据激励和已求得的独立初始值用下面介绍的方法求得。将给定的 $t \geqslant 0$ 的电路中除全部激励源和所有储能元件以外的部分电路称为 N_0，各激励源和储能元件都接于 N_0 的外部端口，如图 3.3 - 1(a)所示。显然，N_0 中通常只有线性电阻，有时还有受控源。

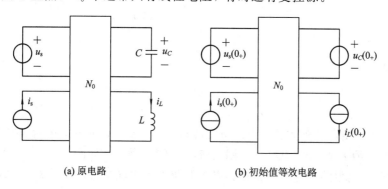

(a) 原电路   (b) 初始值等效电路

图 3.3 - 1 非独立初始值求解

由于欲求的各电流、电压的初始值是在 $t = 0_+$ 时刻的值，而在 $t = 0_+$ 时刻，各激励源均为常数，如 $u_s(0_+)$、$i_s(0_+)$ 等；在此时刻（$t = 0_+$）各电容电压和电感电流也是常数，它们就是上面求得的 $u_C(0_+)$、$i_L(0_+)$ 等。根据替代（置换）定理，电容支路可用电压源 $u_C(0_+)$ 替代，电感支路可用电流源 $i_L(0_+)$ 替代，于是得到如图 3.3 - 1(b)所示的初始值（$t = 0_+$ 时）等效电路。显然，初始值等效电路是线性电阻电路，并且各电源均为常数，因而可用求解电阻电路的各种方法求解。如果初始时刻为 $t = t_0$，求法类似。

例 3.3 - 1　如图 3.3 - 2(a)所示的电路，在 $t < 0$ 时开关闭合在"1"，电路已处于稳态。

当 $t=0$ 时开关闭合到"2"，求初始值 $i_C(0_+)$、$u_L(0_+)$、$i_1(0_+)$ 和 $u_2(0_+)$。

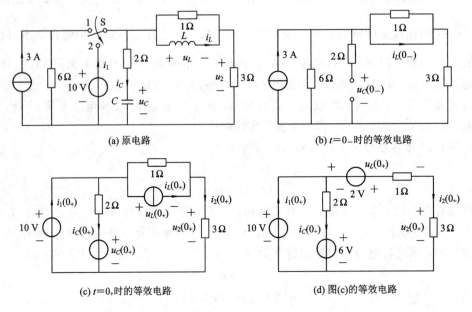

(a) 原电路　　　　　　　　　　　　　　(b) $t=0_-$ 时的等效电路

(c) $t=0_+$ 时的等效电路　　　　　　　　(d) 图(c)的等效电路

图 3.3 - 2　例 3.3 - 1 图

　　解　（1）首先应求得初始状态 $u_C(0_+)$ 和 $i_L(0_+)$。为此就需要求出 $u_C(0_-)$ 和 $i_L(0_-)$。在 $t=0_-$ 时开关闭合于"1"，由于电路已达到稳态，各电流、电压不再随时间变化，从而有 $\dfrac{\mathrm{d}u_C}{\mathrm{d}t}=0$ 和 $\dfrac{\mathrm{d}i_L}{\mathrm{d}t}=0$，也就是 $i_C=0$ 和 $u_L=0$。因而在 $t=0_-$ 时刻，电容可看作开路，电感可看作短路，于是得 $t=0_-$ 时的等效电路如图 3.3 - 2(b)所示。由图 3.3 - 2(b)不难求得

$$i_L(0_-) = \frac{6}{6+3} \times 3 = 2 \text{ A}$$

$$u_C(0_-) = 3i_L(0_-) = 6 \text{ V}$$

根据换路定律有

$$i_L(0_+) = i_L(0_-) = 2 \text{ A}$$

$$u_C(0_+) = u_C(0_-) = 6 \text{ V}$$

　　（2）求各电流电压的初始值。为此画出初始值（$t=0_+$，这时开关闭合于"2"）等效电路，其中电容用电压源 $u_C(0_+)$ 替代，电感用电流源 $i_L(0_+)$ 替代，如图 3.3 - 2(c)所示。将电流源 $i_L(0_+)$ 与 1 Ω 电阻的并联组合变换为电压源与电阻串联组合，如图 3.3 - 2(d)所示。根据图 3.3 - 2(d)不难求得

$$i_C(0_+) = \frac{10-6}{2} = 2 \text{ A}$$

$$i_2(0_+) = \frac{10+2}{3+1} = 3 \text{ A}$$

所以

$$u_2(0_+) = 3i_2(0_+) = 9 \text{ V}$$

$$u_L(0_+) = 10 - u_2(0_+) = 1 \text{ V}$$

$$i_1(0_+) = i_C(0_+) + i_2(0_+) = 5 \text{ A}$$

例 3.3 - 2　如图 3.3 - 3(a)所示的电路，已知 $u_C(t)=10(1-\mathrm{e}^{-t})\mathrm{V}$。当 $t=1$ s 时，开关 S 断开，求开关断开后的初始值 $i_1(1_+)$、$u_2(1_+)$、$i_3(1_+)$ 和 $i_C(1_+)$。

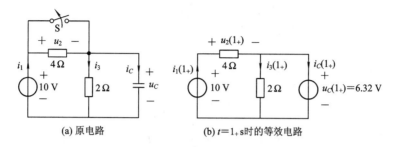

(a) 原电路　　　　　(b) $t=1_+$ s时的等效电路

图 3.3 - 3　例 3.3 - 2 图

解　本例中换路的瞬间为 $t=t_0=1$ s。首先求出初始状态 $u_C(t=1_-)$ 的值。根据已知条件，当 $t=1_-$ 时，电容电压

$$u_C(t=1_-) = 10(1-\mathrm{e}^{-1}) = 6.32 \text{ V}$$

根据换路定律有

$$u_C(1_+) = u_C(1_-) = 6.32 \text{ V}$$

画出 $t=1_+$ 时的初始值等效电路，其中电容用电压源 $u_C(1_+)$ 替代，如图 3.3 - 3(b)所示，不难求得

$$i_1(1_+) = \frac{10-u_C(1_+)}{4} = 0.92 \text{ A}$$

$$u_2(1_+) = 10-u_C(1_+) = 3.68 \text{ V}$$

$$i_3(1_+) = \frac{u_C(1_+)}{2} = 3.16 \text{ A}$$

$$i_C(1_+) = i_1(1_+) - i_3(1_+) = -2.24 \text{ A}$$

例 3.3 - 3　这是一个电容电压跃变的例子。如图 3.3 - 4 所示的电路，如已知在 $t<0$ 时，电容电压均为零，当 $t=0$ 时，开关 S 闭合，求电容电压的初始值 $u_{C1}(0_+)$ 和 $u_{C2}(0_+)$。

解　由于在 $t=0_-$ 时(显然，$t=0_- < 0$)，各电容电压均为零，因而在 $t=0_-$ 时各电容可看作短路。当开关在 $t=0$ 闭合时，充电电流将为无限大，这时电容电压将发生"强迫跃变"，换路定律不再适用。在这种情况下，可根据电荷守恒的原理来确定各电容的初始电压。

设电容 C_1 和 C_2 的电压分别为 $u_{C1}(t)$ 和 $u_{C2}(t)$，电荷分别为 $q_1(t)$ 和 $q_2(t)$，则根据电容的定义有

$$\begin{cases} q_1(t) = C_1 u_{C1}(t) \\ q_2(t) = C_2 u_{C2}(t) \end{cases} \quad (3.3-4)$$

由于在 $t=0_-$ 时各电容电压为零，因而电荷也为零，即有 $q_1(0_-)=q_2(0_-)=0$。由图 3.3 - 4 可见，C_1 的负极和 C_2 的正极接于节点 A。在 $t=0_-$ 时，节点 A 处的总电荷

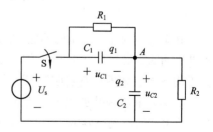

图 3.3 - 4　例 3.3 - 3 图

$$-q_1(0_-) + q_2(0_-) = 0$$

开关闭合后，在 $t=0_+$ 时，根据电荷守恒原理，对于节点 A 而言，也应有

$$-q_1(0_+) + q_2(0_+) = 0$$

考虑到式(3.3-4)，上式可以写为

$$-C_1 u_{C1}(0_+) + C_2 u_{C2}(0_+) = 0 \qquad (3.3-5)$$

另一方面，在 $t = 0_+$ 时，根据 KVL 有

$$u_{C1}(0_+) + u_{C2}(0_+) = U_s \qquad (3.3-6)$$

由式(3.3-5)和(3.3-6)可解得

$$u_{C1}(0_+) = \frac{C_2}{C_1 + C_2} U_s$$

$$u_{C2}(0_+) = \frac{C_1}{C_1 + C_2} U_s$$

一般而言，强迫跃变发生于两种情况：如果电路中存在有全部由电容组成的回路或由电容与理想电压源组成的回路，如图 3.3-5(a)所示，那么，当激励接入或发生换路时，电容电压可能发生跃变；如果电路中存在有全部由含电感支路组成的割集或由含电感支路与理想电流源组成的割集，如图 3.3-5(b)所示，那么，当激励接入或电路发生换路时，电感电流可能发生跃变。在发生强迫跃变的情况下，可根据电荷守恒和磁链守恒的原理确定有关初始值。

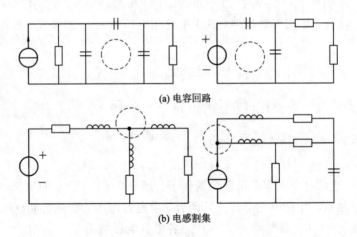

(a) 电容回路

(b) 电感割集

图 3.3-5 产生强迫跃变的电路

3.4 动态电路的响应

在动态电路中，电路的响应(电流、电压)不仅与激励源有关，而且与各动态元件的初始储能有关。如果从产生电路响应的原因着眼，电路的完全响应(即微分方程的全解)可分为零输入响应和零状态响应。

零输入响应是外加激励均为零(即所有独立源均为零)时，仅由初始状态所引起的响应，即由初始时刻电容或/和电感中储能所引起的响应。

零状态响应是初始状态均为零(即所有电容电感储能均为零)时，仅由施加于电路的激励所引起的响应。

如令零输入响应为 $y_{zi}(t)$，零状态响应为 $y_{zs}(t)$，那么线性动态电路的完全响应

$$y(t) = y_{zi}(t) + y_{zs}(t)^{①} \qquad\qquad (3.4-1)$$

上式体现了线性电路的线性性质。

　　下面以直流(激励源为常数)一阶电路为例研究动态电路的响应。

3.4.1　零输入响应

　　一阶电路仅有一个动态元件(电容或电感),如果在换路的瞬间动态元件已储存有能量(电能或磁能),那么即使电路中无外加激励电源,换路后,电路中的动态元件将通过电路放电,在电路中也会产生响应(电流或电压),即零输入响应。

　　图 3.4 - 1(a)所示的 RC 电路中,如在开关 S 闭合前已被充电,设 $t=0_-$ 时电容电压 $u_C(0_-)=U_0$。当 $t=0$ 时开关闭合,现在研究它的零输入响应。对于 $t \geqslant 0$,根据 KVL 可得

$$-u_R + u_C = 0$$

其中 $u_R = Ri$,$i = -C\dfrac{\mathrm{d}u_C}{\mathrm{d}t}$(式中负号是由于电流 i 与 u_C 是非关联参考方向),将它们代入上式,得描述图 3.4 - 1(a)电路的一阶微分方程为

$$RC\frac{\mathrm{d}u_C}{\mathrm{d}t} + u_C = 0 \qquad\qquad (3.4-2a)$$

或写为

$$\frac{\mathrm{d}u_C}{\mathrm{d}t} + \frac{1}{\tau}u_C = 0 \qquad\qquad (3.4-2b)$$

式中 $\tau = RC$ 为时间常数。根据换路定律,电容电压的初始值 $u_C(0_+) = u_C(0_-) = U_0$。

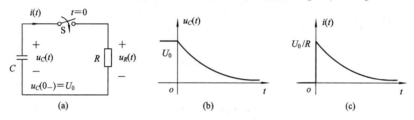

图 3.4 - 1　RC 电路的零输入响应

　　式(3.4 - 2b)的特征方程为 $s + \dfrac{1}{\tau} = 0$,特征根 $s = -\dfrac{1}{\tau}$,故得式(3.4 - 2b)的解为

$$u_C(t) = A\mathrm{e}^{-\frac{t}{\tau}}$$

初始值 $u_C(0_+) = U_0$,将它代入上式,可求得常数 $A = U_0$,最后得满足初始值的微分方程解为

$$u_C(t) = U_0\mathrm{e}^{-\frac{t}{\tau}} \qquad t \geqslant 0 \qquad\qquad (3.4-3)$$

式中 $\tau = RC$。电路中的电流

$$i(t) = -C\frac{\mathrm{d}u_C}{\mathrm{d}t} = \frac{U_0}{R}\mathrm{e}^{-\frac{t}{\tau}} \qquad t \geqslant 0 \qquad\qquad (3.4-4)$$

按式(3.4 - 3)和(3.4 - 4)画出 $u_C(u_R = u_C)$ 和 i 的波形如图 3.4 - 1(b)和(c)所示。

　　由图可见,在换路后,电容电压 $u_C(t)$ 和电流 $i(t)$ 分别由各自的初始值 $u_C(0_+) = U_0$ 和 $i(0_+) = U_0/R$ 随时间 t 的增大按指数衰减,当 $t \to \infty$ 时,它们衰减到零,达到稳定状态

---

① 下标 zi 是零输入"zero input"的缩写,下标 zs 是零状态"zero state"的缩写。

$(u_C(\infty)=0,\ i(\infty)=0)$。这一变化过程称为过渡过程或暂态过程。在换路瞬间电容电压是连续的，即 $u_C(0_-)=u_C(0_+)=U_0$，而电流 $i(0_-)=0,\ i(0_+)=U_0/R$，它在换路瞬间由零突跳为 U_0/R，发生了跃变。

图 3.4 - 2(a)是一阶 RL 电路，在 $t<0$ 时开关 S 是闭合的，电路已处于稳定状态。设 $t=0_-$ 时电感电流 $i_L(0_-)=I_0$，在 $t=0$ 时开关断开，现在研究它的零输入响应。对于 $t\geqslant0$，根据 KVL 有

$$u_L - u_R = 0$$

由于 $u_L=L\dfrac{di_L}{dt}$，$u_R=-Ri_L$（因 u_R 与 i_L 为非关联参考方向），将它们代入上式可得

$$L\frac{di_L}{dt}+Ri_L=0 \tag{3.4 - 5a}$$

或写为

$$\frac{di_L}{dt}+\frac{1}{\tau}i_L=0 \tag{3.4 - 5b}$$

式中 $\tau=\dfrac{L}{R}$ 为时间常数。

根据换路定律，电感电流的初始值为

$$i_L(0_+)=i_L(0_-)=I_0$$

不难解得电感电流

$$i_L(t)=I_0 e^{-\frac{t}{\tau}}\qquad t\geqslant0 \tag{3.4 - 6}$$

其中 $\tau=\dfrac{L}{R}$。电感电压

$$u_L(t)=L\frac{di_L}{dt}=-RI_0 e^{-\frac{t}{\tau}}\qquad t\geqslant0 \tag{3.4 - 7}$$

电阻电压

$$u_R(t)=u_L(t)$$

按式(3.4 - 6)和(3.4 - 7)画出 i_L、u_L 的波形如图 3.4 - 2(b)所示，它们都是随时间按指数衰减的曲线，当 $t\rightarrow\infty$ 时衰减到零。

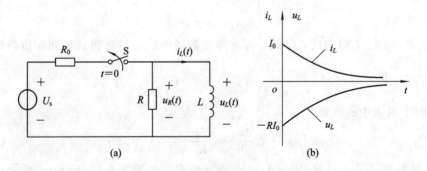

图 3.4 - 2　RL 电路的零输入响应

由于零输入响应是由动态元件的初始储能所产生的，随着时间的增长，动态元件放电，其初始储能逐渐被电阻($R>0$)所消耗转化为热能，因而对于具有正电阻的电路，其零输入响应总是按指数衰减的。

如零输入响应用 $y_{zi}(t)$ 表示，其初始值为 $y_{zi}(0_+)$，则由式(3.4-3)、(3.4-4)和(3.4-6)、(3.4-7)可见，一阶电路零输入响应的一般形式可表示为

$$y_{zi}(t) = y_{zi}(0_+)e^{-\frac{t}{\tau}} \qquad t \geqslant 0 \qquad (3.4-8)$$

它随着时间 t 的增大，由初始值 $y_{zi}(0_+)$ 逐渐衰减到零。时间常数 τ 反映了零输入响应衰减的速率。图 3.4-3(a)画出了 $\dfrac{y_{zi}(t)}{y_{zi}(0_+)} = e^{-\frac{t}{\tau}}$ 随时间变化的情况。由图可见，时间常数 τ 反映了一阶动态电路过渡过程的情况。换路并经过 $t=\tau$ 的时间后，零输入响应的值 $y_{zi}(\tau)$ 衰减到初始值 $y_{zi}(0_+)$ 的 36.8%。经过 3τ 的时间后，$y_{zi}(3\tau) = 0.05 y_{zi}(0_+)$；经过 5τ 的时间后，$y_{zi}(5\tau) = 0.007 y_{zi}(0_+)$，即经过 $3\tau \sim 5\tau$ 的时间，零输入响应已衰减到初始值的 5% ～ 0.7%，因此，工程上一般认为经过 $3\tau \sim 5\tau$ 的时间后，暂态响应已基本结束。图 3.4-3(b)画出了 τ 取不同值时，零输入响应衰减的情况，τ 值越小，响应衰减越快，暂态过程所经历的时间越短。

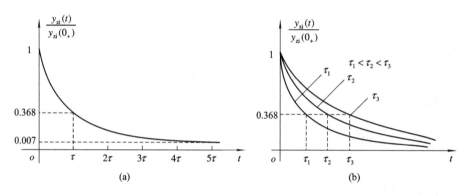

图 3.4-3　零输入响应与时常数

由式(3.4-3)、(3.4-4)和(3.4-6)、(3.4-7)还可看出，如果初始状态$[u_C(0_+) = U_0$ 或 $i_L(0_+) = I_0]$增大 a 倍，则零输入响应也增大 a 倍，这表明零输入响应与初始状态满足齐次性。实际上，对于二阶以上的电路，它有多个初始状态，零输入响应与各初始状态间也满足可加性。这种性质称为零输入响应的线性性质。

3.4.2　零状态响应

当动态电路的初始储能为零时(即初始状态为零)，仅由外加激励产生的响应是零状态响应。

图 3.4-4(a)所示的一阶 RC 电路，在开关 S 断开前($t<0$)，直流电流源 I_s 的电流全部流经短路线，电容的初始电压 $u_C(0_-) = 0$，即电容的初始储能为零。当 $t=0$ 时，开关断开，根据换路定律，电容电压的初始值 $u_C(0_+) = u_C(0_-) = 0$。故电路响应为零状态响应。

按 $t \geqslant 0$ 时的电路，根据 KCL 有

$$i_C + i_R = I_s$$

由于 $i_C = C\dfrac{du_C}{dt}$，$i_R = \dfrac{u_C}{R}$，将它们代入上式，得

$$C\frac{du_C}{dt} + \frac{1}{R}u_C = I_s$$

或写为

$$\frac{\mathrm{d}u_C}{\mathrm{d}t} + \frac{1}{\tau}u_C = \frac{1}{C}I_s \qquad (3.4-9)$$

式中 $\tau = RC$。电容电压的初始值 $u_C(0_+) = 0$。

式(3.4-9)为一阶非齐次方程，其解由方程的齐次解 u_{Ch} 和特解 u_{Cp} 组成，即

$$u_C(t) = u_{Ch}(t) + u_{Cp}(t) \qquad (3.4-10)$$

对应的齐次方程的通解为

$$u_{Ch}(t) = K\mathrm{e}^{-\frac{t}{\tau}}$$

式中 K 为待定常数。式(3.4-9)中的激励为常数，其特解也为常数，令 $u_{Cp} = A$，将它代入到式(3.4-9)得

$$\frac{1}{\tau}u_{Cp} = \frac{1}{RC}A = \frac{1}{C}I_s$$

故特解

$$u_{Cp} = RI_s$$

将齐次解和特解代入到式(3.4-10)，得

$$u_C(t) = K\mathrm{e}^{-\frac{t}{\tau}} + RI_s$$

令 $t = 0_+$，将初始值代入上式，得

$$u_C(0_+) = K + RI_s = 0$$

解得 $K = -RI_s$。于是得图 3.4-4(a)电路的零状态响应

$$u_C(t) = RI_s(1 - \mathrm{e}^{-\frac{t}{\tau}}) \qquad t \geqslant 0 \qquad (3.4-11)$$

式中 $\tau = RC$ 为时间常数。电容电流

$$i_C(t) = C\frac{\mathrm{d}u_C}{\mathrm{d}t} = I_s\mathrm{e}^{-\frac{t}{\tau}} \qquad t \geqslant 0 \qquad (3.4-12)$$

电阻电流

$$i_R(t) = \frac{u_C(t)}{R} = I_s(1 - \mathrm{e}^{-\frac{t}{\tau}}) \qquad t \geqslant 0 \qquad (3.4-13)$$

显然有 $i_C + i_R = I_s$。按式(3.4-11)、(3.4-12)和(3.4-13)可画出 u_C、i_C 和 i_R 的波形如图 3.4-4(b)、(c)所示。

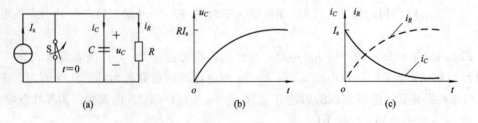

图 3.4-4 RC 电路的零状态响应

由图 3.4-4(b)可见，开关断开后，电容充电，u_C 按指数规律上升，当 $t \to \infty$ 时达到稳定状态，其稳态值 $u_C(\infty) = RI_s$。由图 3.4-4(c)可见，电容电流 i_C 按指数规律衰减，当达到稳态时，电容电压为常数，故 $i_C(\infty) = 0$。

图 3.4 - 5(a)所示为一阶 RL 电路，U_s 为直流电压源，在开关 S 闭合前($t<0$)，电感电流 $i_L(0_-)=0$。若 $t=0$ 时开关闭合，根据换路定律，电感电流初始值 $i_L(0_+)=i_L(0_-)=0$。这时电路的响应为零状态响应。

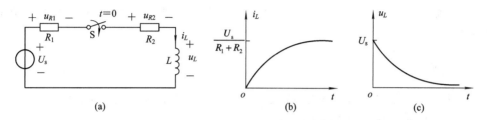

图 3.4 - 5　RL 电路的零状态响应

按 $t \geqslant 0$ 的电路，根据 KVL 有

$$u_{R1} + u_{R2} + u_L = U_s$$

由 $u_{R1}=R_1 i_L$，$u_{R2}=R_2 i_L$，$u_L=L\dfrac{\mathrm{d}i_L}{\mathrm{d}t}$，将它们代入上式并稍加整理得

$$\frac{\mathrm{d}i_L}{\mathrm{d}t} + \frac{1}{\tau}i_L = \frac{1}{L}U_s \qquad (3.4-14)$$

式中 $\tau=\dfrac{L}{R_1+R_2}$ 为时间常数。电感电流的初始值 $i_L(0_+)=0$。

式(3.4 - 14)是一阶非齐次方程，不难求得方程的齐次解

$$i_{Lh} = Ke^{-\frac{t}{\tau}}$$

式中 K 为待定常数。式(3.4 - 14)中的激励为常数，其特解也是常数，令 $i_{Lp}=A$，将它代入到式(3.4 - 14)，可解得

$$i_{Lp} = A = \frac{U_s}{R_1+R_2}$$

于是得

$$i(t) = i_{Lh} + i_{Lp} = Ke^{-\frac{t}{\tau}} + \frac{U_s}{R_1+R_2}$$

将初始值 $i_L(0_+)=0$ 代入上式，得

$$K = -\frac{U_s}{R_1+R_2}$$

于是得图 3.4 - 5(a)电路的零状态响应

$$i_L(t) = \frac{U_s}{R_1+R_2}(1-e^{-\frac{t}{\tau}}) \qquad t \geqslant 0 \qquad (3.4-15)$$

式中 $\tau=\dfrac{L}{R_1+R_2}$ 为时间常数。电感电压

$$u_L(t) = L\frac{\mathrm{d}i_L}{\mathrm{d}t} = U_s e^{-\frac{t}{\tau}} \qquad (3.4-16)$$

按式(3.4 - 15)和(3.4 - 16)可画出 i_L 和 u_L 的波形，如图 3.4 - 5(b)和(c)所示。由图 3.4 - 5(b)可见，开关闭合后，电感充磁，i_L 按指数规律上升，当 $t \to \infty$ 时达到稳定状态，其稳态值 $i_L(\infty)=\dfrac{U_s}{R_1+R_2}$。由图 3.4 - 5(c)可见，电感电压 u_L 按指数规律衰减，当达到稳

态时，$u_L(\infty)=0$。

由式(3.4-11)、(3.4-12)、(3.4-13)、(3.4-15)和(3.4-16)可见，若外加激励(I_s或U_s)增大a倍，则零状态响应也增大a倍，这表明零状态响应与激励满足齐次性。实际上，若有多个激励，零状态响应与各激励间也满足可加性。这种性质称为零状态响应的线性性质。

3.4.3 全响应

当一个非零初始状态的电路受到激励时，电路的响应为全响应。对于线性电路，全响应是零输入响应与零状态响应的和(见式3.4-1)。

图3.4-6所示为一个已充电的电容经过电阻接到直流电压源U_s。设电容的初始电压$u_C(0_+)=U_0$，当$t=0$时开关闭合，不难求得电路中电容电压的零输入响应u_{Czi}和零状态响应u_{Czs}分别为

$$u_{Czi}=U_0\mathrm{e}^{-\frac{t}{\tau}}$$

$$u_{Czs}=U_s(1-\mathrm{e}^{-\frac{t}{\tau}})$$

式中 $\tau=RC$。

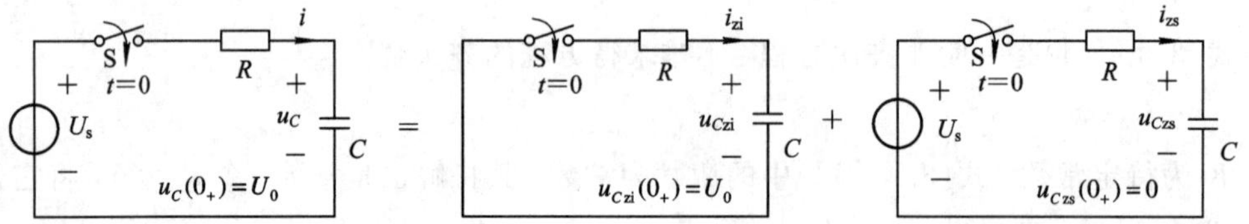

图 3.4-6 RC 电路的全响应

电路中电容电压的全响应

$$u_C(t)=u_{Czi}(t)+u_{Czs}(t)=U_0\mathrm{e}^{-\frac{t}{\tau}}+U_s(1-\mathrm{e}^{-\frac{t}{\tau}}) \qquad t\geqslant 0 \qquad (3.4-17)$$

电路中电流的零输入响应i_{zi}和零状态响应i_{zs}分别为

$$i_{zi}(t)=C\frac{\mathrm{d}u_{Czi}}{\mathrm{d}t}=-\frac{U_0}{R}\mathrm{e}^{-\frac{t}{\tau}}$$

$$i_{zs}(t)=C\frac{\mathrm{d}u_{Czs}}{\mathrm{d}t}=\frac{U_s}{R}\mathrm{e}^{-\frac{t}{\tau}}$$

电流的全响应

$$i(t)=i_{zi}(t)+i_{zs}(t)=-\frac{U_0}{R}\mathrm{e}^{-\frac{t}{\tau}}+\frac{U_s}{R}\mathrm{e}^{-\frac{t}{\tau}} \qquad t\geqslant 0 \qquad (3.4-18)$$

对于初始状态不为零且有外加激励的动态电路，在求零输入响应时，应将激励置零(即电压源短路，电流源开路)，在求零状态响应时，应将初始状态置零(即令$u_C(0_+)=0$或/和$i_L(0_+)=0$)。

还要注意的是，如前所述，零输入响应与初始状态(本例中为U_0)成正比，零状态响应与激励(本例为U_s)成正比，但全响应与初始状态或激励不存在正比关系。

3.5 一阶电路的三要素分析

3.5.1 三要素公式

一阶电路应用广泛，结构简单。这里主要讨论在直流电源作用下，一阶电路响应的简便计算方法——三要素法。

一阶电路只有一个动态元件（电容或电感），我们把除动态元件以外的部分电路看作是一端口电路 N，如图 3.5 - 1(a)和(d)所示。显然，电路 N 是线性电阻电路，其中含有线性电阻、独立电源，有时还有受控源。这样，我们总可以作出电路 N 的戴维南或诺顿等效电路，如图 3.5 - 1(b)、(c)或(e)、(f)所示。不难看出，图(b)和图(f)是对偶电路，图(c)和图(e)是对偶电路。

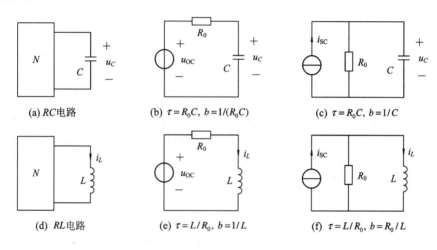

图 3.5 - 1 一阶电路

如果用 $y(t)$ 表示响应（u_C 或 i_L），用 $f(t)$ 表示激励（u_{OC} 或 i_{SC}），则一阶电路的微分方程可写为

$$\frac{\mathrm{d}y(t)}{\mathrm{d}t} + \frac{1}{\tau}y(t) = bf(t) \tag{3.5 - 1}$$

式中 τ 为时间常数；b 为常数。它们已注明在图 3.5 - 1 中。

式(3.5 - 1)为一阶非齐次方程，其全解 $y(t)$ 由齐次解 $y_h(t)$ 和特解 $y_p(t)$ 组成，即

$$y(t) = y_h(t) + y_p(t) \tag{3.5 - 2}$$

微分方程的特征根 $s = -\dfrac{1}{\tau}$，齐次解为 $K\mathrm{e}^{-\frac{t}{\tau}}$，故式(3.5 - 1)的全解

$$y(t) = K\mathrm{e}^{-\frac{t}{\tau}} + y_p(t) \tag{3.5 - 3}$$

若响应 $y(t)$ 的初始值为 $y(0_+)$，则由上式有

$$y(0_+) = K + y_p(0_+)$$

可解得 $K = y(0_+) - y_p(0_+)$，将它代入到式(3.5 - 3)，得一阶电路的微分方程式(3.5 - 1)的全解

$$y(t) = y_p(t) + [y(0_+) - y_p(0_+)]e^{-\frac{t}{\tau}} \qquad t \geqslant 0 \qquad\qquad (3.5-4)$$

由上式可见，对于一阶电路，只要设法求得初始值 $y(0_+)$、时间常数 τ 和微分方程的特解 $y_p(t)$，就可按式(3.5-4)写出电路的响应 $y(t)$。

当 $f(t)$ 为常数(即 u_{OC} 或 i_{SC} 为直流)时，微分方程的特解也是常数。令 $y_p(t) = A$，显然有 $y_p(0_+) = A$，将它们代入到式(3.5-4)，得

$$y(t) = A + [y(0_+) - A]e^{-\frac{t}{\tau}} \qquad\qquad (3.5-5)$$

上式中微分方程的解 $y(t)$ 仅由 A、$y(0_+)$ 和 τ 三个常数所决定。其中 A 称为平衡状态的值，因为它是式(3.5-1)在 $\frac{dy(t)}{dt} = 0$ 时的解(因激励为常数)，这时 $y(t) = A$ 保持不变(即 u_C 或 i_L 不随时间变化，电路处于直流稳态)。上式对于 $\tau > 0$、$\tau < 0$ 均成立。

(1) $\tau > 0$ 的情形。当时间常数 $\tau > 0$ 时，由式(3.5-5)有

$$A = \lim_{t \to \infty} y(t) = y(\infty)$$

其中 $y(\infty)$ 为稳态(直流稳态)值。于是由式(3.5-5)得激励为直流且 $\tau > 0$ 时一阶电路的响应

$$y(t) = \underbrace{y(\infty)}_{\substack{\text{强迫响应}\\\text{(稳态响应)}}} + \underbrace{[y(0_+) - y(\infty)]e^{-\frac{t}{\tau}}}_{\substack{\text{固有响应}\\\text{(暂态响应)}}} \qquad t \geqslant 0 \qquad (3.5-6a)$$

这时电路的强迫响应是常数，它就是稳态响应；固有响应就是暂态响应，它随着 t 的增大按指数衰减到零。图 3.5-2(a)画出了 $\tau > 0$ 时，$y(0_+) > y(\infty)$ 和 $y(0_+) < y(\infty)$ 两种情况的波形。

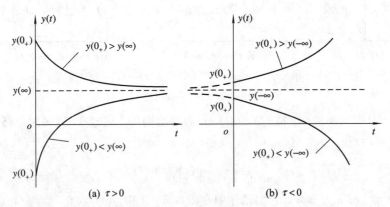

图 3.5-2　一阶电路的响应

(2) $\tau < 0$ 的情形。在分析含有受控源的动态电路时，有时会遇到 $\tau < 0$ 的情况，这时固有响应随时间 t 的增长而无限增大，电路不存在稳态响应，电路是不稳定的。这时 A 是方程式(3.5-1)的特解。由式(3.5-5)可见，当 $\tau < 0$ 时

$$A = \lim_{t \to -\infty} y(t) = y(-\infty)$$

它可称为虚平衡值。于是得激励为直流且 $\tau < 0$ 时一阶电路的响应

$$y(t) = y(-\infty) + [y(0_+) - y(-\infty)]e^{-\frac{t}{\tau}} \qquad t \geqslant 0 \qquad (3.5-6b)$$

由于我们研究的是 $t \geqslant 0$ 时电路的响应，这里 $y(-\infty)$ 只是个符号，它是方程式(3.5-1)在

$\frac{dy(t)}{dt}=0$ 时的特解。图 3.5 – 2(b)画出了 $\tau<0$ 时 $y(0_+)>y(-\infty)$ 和 $y(0_+)<y(-\infty)$ 两种情况的波形。

式(3.5 – 6a)和式(3.5 – 6b)中,只要求得初始值 $y(0_+)$、稳态值 $y(\infty)$(或虚平衡值 $y(-\infty)$)以及时间常数 τ 三个要素,就能按式(3.5 – 6a)或式(3.5 – 6b)写出一阶电路的响应,该式称为三要素公式。

需要说明,式(3.5 – 6)虽然是由 u_C 或 i_L 为变量的微分方程解得的,但它也同样适用于求解一阶动态电路(在直流电源作用下)其它各处的电流和电压。这可解释如下:一阶电路只包含一个动态元件(C 或 L),根据替代定理,若把电容元件用电压等于 $u_C(t)$ 的电压源替代(或者电感元件用电流等于 $i_L(t)$ 的电流源替代),那么,电路就等效为包含两种电源的线性电阻电路,其中原有激励源为常数,用以替代电容(或电感)的电源具有式(3.5 – 5)的形式。根据电路的线性性质,电路中任意支路电流或电压是两种电源单独作用的叠加,因而也具有式(3.5 – 6)的形式,当然,其初始值和稳态值将各不相同。

这样,对于在直流电源作用下的一阶电路,只需求得三要素,就可按式(3.5 – 6)直接写出电路的响应,从而避免了列写和求解微分方程的过程,给工程运算带来方便。

需要指出,式(3.5 – 6)是在假设初始时刻为 $t=0$ 的条件下得出的,如果初始时刻为 $t=t_0$,则三要素公式应改为

$$y(t) = y(\infty) + [y(t_{0+}) - y(\infty)]e^{-\frac{t-t_0}{\tau}} \qquad t \geqslant t_0 \qquad (3.5 – 7)$$

3.5.2　三要素的计算

关于三要素的求法,前面已作了讨论,这里作归纳性的简要说明。

1. 初始值 $y(t_{0+})$

设初始时刻为 $t=t_0$(常可令 $t_0=0$),设法求得 $u_C(t_{0-})$ 或 $i_L(t_{0-})$,根据换路定律得出独立初始值 $u_C(t_{0+})=u_C(t_{0-})$ 或者 $i_L(t_{0+})=i_L(t_{0-})$。将电容用电压源 $u_C(t_{0+})$ 替代,或者电感用电流源 $i_L(t_{0+})$ 替代,得出初始值等效电路(它是电阻电路),按电路可求得所需的非独立初始值。

2. 稳态值 $y(\infty)$(或虚平衡值 $y(-\infty)$)

由于电路达到稳态(或平衡)时有 $\frac{du_C}{dt}=0$,即 $i_C=0$,或 $\frac{di_L}{dt}=0$,即 $u_L=0$,所以在稳态(或平衡)时,电容可用开路替代,电感可用短路替代。这样可作出稳态值(平衡值)等效电路。显然它也是电阻电路,按电路可求得所需的各稳态值(或平衡值)。

3. 时间常数 τ

由图 3.5 – 1 可见,对于 RC 电路

$$\tau = R_0 C \qquad (3.5 – 8a)$$

对于 RL 电路

$$\tau = \frac{L}{R_0} = G_0 L \qquad (3.5 – 8b)$$

式中电阻 R_0 是一端口电路 N 的戴维南(或诺顿)等效电路中的等效电阻,也就是说,电阻

R_0 等于电路中独立源置零时，从动态元件两端向电路 N 看去的等效电阻。

下面举例说明一阶动态电路的一些问题。

例 3.5 - 1 如图 3.5 - 3(a)所示的电路，在 $t<0$ 时，开关 S 位于"1"，电路已达到稳定状态。在 $t=0$ 时开关由"1"闭合到"2"。求 $t \geqslant 0$ 时的电感电流 i_L、电感电压 u_L 以及 i_1 和 i_2。

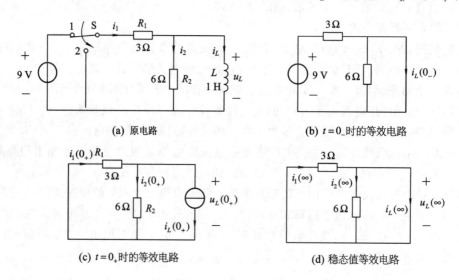

(a) 原电路   (b) $t=0_-$ 时的等效电路

(c) $t=0_+$ 时的等效电路   (d) 稳态值等效电路

图 3.5 - 3 例 3.5 - 1 图

解 由图 3.5 - 3(a)可见，开关 S 闭合到"2"后，即 $t \geqslant 0$ 时，电路没有激励源，电路中的响应由电感初始储能所产生，故为零输入响应。

下面用三要素公式求 $t \geqslant 0$ 时电路的响应。

首先求初始值。为此要先求得 $i_L(0_-)$。在 $t=0_-$ 的瞬间，开关 S 尚位于"1"；由于这时已处于稳态，故有 $\dfrac{\mathrm{d}i_L}{\mathrm{d}t}=0$，即 $u_L=0$，电感可用短路替代，于是得 $t=0_-$ 时的等效电路如图 3.5 - 3(b)所示。由图(b)不难得 $i_L(0_-)=9/3=3$ A。

根据换路定律可知 $i_L(0_+)=i_L(0_-)=3$ A。这样，在 $t \geqslant 0$ 的电路中，用电流源 $i_L(0_+)$ 替代电感元件，得 $t=0_+$ 时的初始值等效电路如图 3.5 - 3(c)所示。由图 3.5 - 3(c)可求得

$$u_L(0_+) = -\frac{R_1 R_2}{R_1 + R_2} i_L(0_+) = -6 \text{ V}$$

$$i_1(0_+) = \frac{R_2}{R_1 + R_2} i_L(0_+) = 2 \text{ A}$$

$$i_2(0_+) = -\frac{R_1}{R_1 + R_2} i_L(0_+) = -1 \text{ A}$$

现在求稳态值。当电路达到稳态值，$\mathrm{d}i_L/\mathrm{d}t=0$，即 $u_L=0$。在 $t \geqslant 0$ 时的电路中，电感用短路线替代，这样就得到稳态值等效电路，如图 3.5 - 3(d)所示。显然，各变量的稳态值均为零，即

$$i_L(\infty)=0, \ u_L(\infty)=0, \ i_1(\infty)=i_2(\infty)=0$$

在 $t \geqslant 0$ 时的电路中，可得时常数

$$\tau = \frac{L}{R_1 /\!/ R_2} = \frac{1}{2} \text{ s}$$

将初始值、稳态值和时常数分别代入式(3.5-6a)，可得电路的各响应为

$$i_L(t) = i_L(\infty) + [\, i_L(0_+) - i_L(\infty)\,]e^{-\frac{t}{\tau}} = i_L(0_+)e^{-\frac{t}{\tau}} = 3e^{-2t} \text{ A} \qquad t \geqslant 0$$

$$u_L(t) = u_L(\infty) + [\, u_L(0_+) - u_L(\infty)\,]e^{-\frac{t}{\tau}} = u_L(0_+)e^{-\frac{t}{\tau}} = -6e^{-2t} \text{ V} \qquad t \geqslant 0$$

$$i_1(t) = i_1(\infty) + [\, i_1(0_+) - i_1(\infty)\,]e^{-\frac{t}{\tau}} = i_1(0_+)e^{-\frac{t}{\tau}} = 2e^{-2t} \text{ A} \qquad t \geqslant 0$$

$$i_2(t) = i_2(\infty) + [\, i_2(0_+) - i_2(\infty)\,]e^{-\frac{t}{\tau}} = i_2(0_+)e^{-\frac{t}{\tau}} = -e^{-2t} \text{ A} \qquad t \geqslant 0$$

图 3.5-4 画出了 i_L 和 u_L 的波形，电阻电流 i_1 和 i_2 的波形也相类似，这里从略。

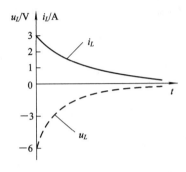

图 3.5-4 例 3.5-1 中解的波形

例 3.5-2 如图 3.5-5 所示的电路，当 $t<0$ 时，开关 S 位于"1"，已达到稳定状态。

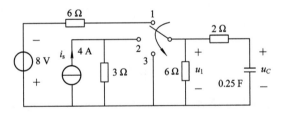

图 3.5-5 例 3.5-2 图

(1) 如在 $t=0$ 时，开关 S 由"1"闭合到"2"，求 $t \geqslant 0$ 时电压 u_C 和 u_1 的零输入响应、零状态响应以及全响应。

(2) 如在 $t=0$ 时，开关 S 由"1"闭合到"2"，经过 1.5 s 后，开关又由"2"闭合到"3"，求 $t \geqslant 0$ 时的电压 u_C 和 u_1。

解 (1) 由图 3.5-5 可见，开关 S 闭合到"2"后，即 $t \geqslant 0$ 的电路如图 3.5-6(a) 所示。

我们首先求 $u_C(0_-)$。在 $t=0_-$ 时，开关位于"1"，由于电路已达到稳态，电容可看作是开路，于是得到 $t=0_-$ 时的等效电路，如图 3.5-6(b)所示。不难求得，$u_C(0_-) = -4$ V。可见，这时既有外加激励，又有电容的初始电压，因而电路响应为完全响应。

现在求初始值。根据换路定律有 $u_C(0_+) = u_C(0_-) = -4$ V，用 $u_C(0_+)$ 替代图 3.5-6 (a)中的电容，得 $t=0_+$ 时的初始值等效电路如图 3.5-6(c)所示。图中既有外部激励 i_s，又有初始状态 $u_C(0_+)$。

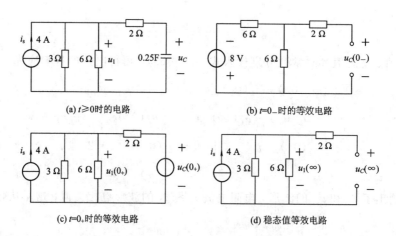

(a) $t \geqslant 0$时的电路　　　　　　　　(b) $t=0_-$时的等效电路

(c) $t=0_+$时的等效电路　　　　　　　(d) 稳态值等效电路

图 3.5 - 6　例 3.5 - 2 的 0_+ 等效电路

为了区分零输入响应与零状态响应,设 u_C 和 u_1 的零输入响应的初始值分别为 $u_{Czi}(0_+)$ 和 $u_{1zi}(0_+)$,其零状态响应的初始值分别为 $u_{Czs}(0_+)$ 和 $u_{1zs}(0_+)$。

零输入响应是输入为零时仅由初始状态引起的响应。将图 3.5 - 6(c) 中的 i_s 置零(i_s 开路),可求得

$$u_{Czi}(0_+) = u_C(0_+) = -4 \text{ V}$$

$$u_{1zi}(0_+) = \frac{2}{2+2}u_C(0_+) = -2 \text{ V}$$

零状态响应是初始状态为零时仅由输入引起的响应。将图 3.5 - 6(c) 中的 $u_C(0_+)$ 置零(电容短路),可求得

$$u_{Czs}(0_+) = 0$$

$$u_{1zs}(0_+) = \frac{i_s}{\frac{1}{3} + \frac{1}{6} + \frac{1}{2}} = 4 \text{ V}$$

当电路达到稳态时,电容可看作开路。将图 3.5 - 6(a) 中的电容开路,得稳态等效电路如图 3.5 - 6(d) 所示。设 u_C 和 u_1 的零输入响应和零状态响应的稳态值分别为 $u_{Czi}(\infty)$、$u_{Czs}(\infty)$ 和 $u_{1zi}(\infty)$、$u_{1zs}(\infty)$。

在图 3.5 - 6(d) 所示的电路中将输入 i_s 置零,显然有

$$u_{Czi}(\infty) = 0 \text{ 和 } u_{1zi}(\infty) = 0$$

在图 3.5 - 6(d) 中由输入产生的零状态响应的稳态值为

$$u_{1zs}(\infty) = u_{Czs}(\infty) = \frac{3 \times 6}{3+6}i_s = 8 \text{ V}$$

最后求时常数 τ。在图 3.5 - 6(a) 所示的电路中,将 i_s 置零,从电容两端向左看的等效电阻

$$R_0 = 2 + \frac{3 \times 6}{3+6} = 4 \text{ }\Omega$$

故时常数 $\tau = R_0 C = 1 \text{ s}$。

将以上所求的各值分别代入(3.5 - 6a),得 u_C 和 u_1 的零输入响应为($u_{Czi}(\infty) = u_{1zi}(\infty) = 0$)

$$u_{Czi}(t) = u_{Czi}(0_+)e^{-\frac{t}{\tau}} = -4e^{-t} \text{ V} \qquad t \geqslant 0$$

$$u_{1zi}(t) = u_{1zi}(0_+)e^{-\frac{t}{\tau}} = -2e^{-t} \text{ V} \qquad t \geqslant 0$$

u_C 和 u_1 的零状态响应为

$$u_{Czs}(t) = u_{Czs}(\infty) + \left[u_{Czs}(0_+) - u_{Czs}(\infty) \right]e^{-\frac{t}{\tau}} = 8(1-e^{-t}) \text{ V} \qquad t \geqslant 0$$

$$u_{1zs}(t) = u_{1zs}(\infty) + \left[u_{1zs}(0_+) - u_{1zs}(\infty) \right]e^{-\frac{t}{\tau}} = 8 - 4e^{-t} \text{ V} \qquad t \geqslant 0$$

u_C 和 u_1 的完全响应为

$$u_C(t) = u_{Czi}(t) + u_{Czs}(t) = 8 - 12e^{-t} \text{ V} \qquad t \geqslant 0$$

$$u_1(t) = u_{1zi}(t) + u_{1zs}(t) = 8 - 6e^{-t} \text{ V} \qquad t \geqslant 0 \qquad (3.5-9)$$

图 3.5 - 7 分别画出了 u_C 和 u_1 的波形。

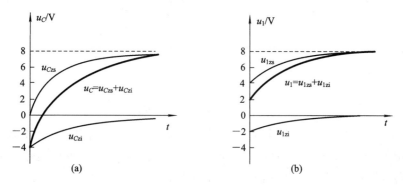

图 3.5 - 7　例 3.5 - 2(1)波形

(2) 在 $0 \leqslant t < 1.5$ s 区间，开关位于"2"，根据图 3.5 - 5 可得 $0 \leqslant t < 1.5$ s 的电路如图 3.5 - 8(a)所示。它与图 3.5 - 6(a)相同，只是这里仅适用于 $0 \leqslant t < 1.5$ s 的区间。在此区间，电路响应也相同。由式(3.5 - 9)得

$$u_C(t) = 8 - 12e^{-t} \text{ V} \qquad 0 \leqslant t < 1.5 \text{ s} \qquad (3.5-10)$$

$$u_1(t) = 8 - 6e^{-t} \text{ V} \qquad 0 \leqslant t < 1.5 \text{ s} \qquad (3.5-11)$$

当 $t \geqslant 1.5$ s 时，开关闭合于"3"，由图 3.5 - 5 可得 $t \geqslant 1.5$ s 时的电路如图 3.5 - 8(b)所示。现在求 $t \geqslant 1.5$ s 时的电路响应。

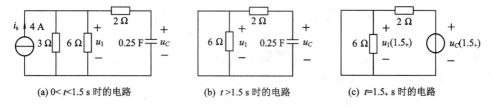

(a) 0 < t < 1.5 s 的电路　　　(b) t > 1.5 s 的电路　　　(c) t = 1.5₊ s 时的电路

图 3.5 - 8　例 3.5 - 2 的 1.5_+ 等效电路

首先应求得 $u_C(1.5_-)$。在 $t = 1.5_-$ 时，开关仍位于"2"，其电容电压 u_C 的表示式为式(3.5 - 10)。将 $t = 1.5$ s 代入式(3.5 - 10)，得

$$u_C(1.5_-) = 8 - 12e^{-1.5} = 5.32 \text{ V}$$

根据换路定律有 $u_C(1.5_+) = u_C(1.5_-) = 5.32$ V。于是将电容用 $u_C(1.5_+)$ 的电压源替代，得 $t = 1.5_+$ 的初始值等效电路如图 3.5 - 8(c)所示。由图可得

$$u_C(1.5_+) = 5.32 \text{ V}, \quad u_1(1.5_+) = 0$$

显然，各电压稳态值均为零。

由图 3.5 - 8(b)可见，从电容两端看去的等效电阻为 2 Ω，所以 $\tau = RC = 0.5$ s。于是按三要素公式(3.5 - 7)得 $t \geqslant 1.5$ s 时的电路响应为

$$u_C(t) = 5.32 e^{-2(t-1.5)} \text{ V} \qquad t \geqslant 1.5 \text{ s} \qquad (3.5 - 12)$$

$$u_1(t) = 0 \qquad t \geqslant 1.5 \text{ s} \qquad (3.5 - 13)$$

图 3.5 - 9 是分别按式(3.5 - 10)、(3.5 - 12)和式(3.5 - 11)、(3.5 - 13)画出的 u_C 和 u_1 的波形。

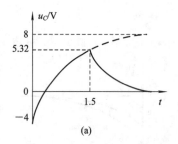 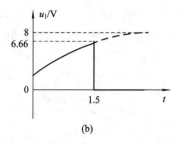

图 3.5 - 9 例 3.5 - 2(2)波形

需要注意，在求解过程中应适当化简电路。譬如，本例(1)问中将 3 Ω 电阻与 6 Ω 电阻并联，并不影响 u_1 的求解；本例只求 u_C 而不求 u_1，则可将电容以左的电路变换为戴维南（或诺顿）等效电路，这样可能更为简便。请看下例。

三要素典型例题(1)

三要素典型例题(2)

例 3.5 - 3 如图 3.5 - 10 所示的电路，$t = 0$ 时开关 S 闭合，已知 $u_C(0_+) = -2$ V，受控源的控制系数为 g。

(1) 若 $g = 0.5$ S，求电容电压 u_C。

(2) 若 $g = 2$ S，求 u_C。

解 这里只求电容电压 u_C，我们将除电容以外部分的电路看作是一端口电路，求出它的戴维南

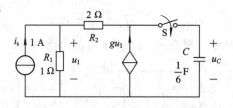

图 3.5 - 10 例 3.5 - 3图

等效电路。设在端口处有电流 i，如图3.5 - 11(a)所示，求出其伏安特性。由图 3.5 - 11(a)，根据 KVL 有

$$u = R_2(i + gu_1) + u_1 = 2i + (2g + 1)u_1$$

而

$$u_1 = R_1(i + gu_1 + i_s) = i + gu_1 + 1$$

即

$$u_1 = \frac{i + 1}{1 - g}$$

将 u_1 代入前式，并稍加整理，得伏安特性为

$$u = \frac{3}{1-g}i + \frac{2g+1}{1-g} \qquad (3.5-14)$$

根据式(3.5-14)可作戴维南等效电路如图3.5-11(b)所示。其中

$$\begin{cases} u_{OC} = \dfrac{2g+1}{1-g} \\[2mm] R_0 = \dfrac{3}{1-g} \end{cases} \qquad (3.5-15)$$

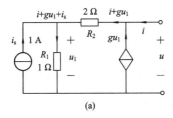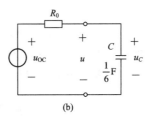

(a)　　　　　　　　　　　　(b)

图 3.5-11　图 3.5-10 的等效电路

(1) 当 $g=0.5$ s 时，由式(3.5-15)得 $u_{OC}=4$ V，$R_0=6$ Ω。于是图3.5-10的电路可等效为图3.5-12(a)所示的电路。不难求得稳态值

$$u_C(\infty) = u_{OC} = 4 \text{ V}$$

$$\tau = R_0 C = 1 \text{ s}$$

由已知 $u_C(0_+)=-2$ V，按式(3.5-6a)可写出电路的响应

$$u_C(t) = u_C(\infty) + [\,u_C(0_+) - u_C(\infty)\,]\mathrm{e}^{-\frac{t}{\tau}} = 4 - 6\mathrm{e}^{-t}(\text{V}), \qquad t \geqslant 0$$

其波形如图3.5-12(b)所示。

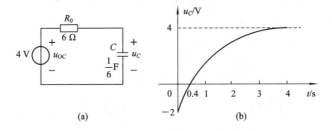

(a)　　　　　　　　　　　　(b)

图 3.5-12　例 3.5-3 的响应(1)

(2) 当 $g=2$ s 时，由式(3.5-15)得 $u_{OC}=-5$ V，$R_{eq}=-3$ Ω，于是图3.5-10所示的电路可等效为图3.5-13(a)所示的电路。

当 $\mathrm{d}u_C/\mathrm{d}t=0$，即 $i_C=0$ 时，将电容开路，可求得平衡值

$$u_C(-\infty) = u_{OC} = -5 \text{ V}$$

$$\tau = R_0 C = -0.5 \text{ s}$$

由已知 $u_C(0_+)=-2$ V，按式(3.5-6b)可写出电容电压

$$u_C(t) = u_C(-\infty) + [\,u_C(0_+) - u_C(-\infty)\,]\mathrm{e}^{-\frac{t}{\tau}} = -5 + 3\mathrm{e}^{2t}(\text{V}) \qquad t \geqslant 0$$

其波形如图3.5-13(b)所示。

由图3.5-13(b)可见，电压 u_C 随着 t 的增加而无限增高，这在实际电路中是不可能的，因为实际元件通常只在一定的工作电压(或电流)范围内才能看作是线性的，超出一定范围，将受到元件非线性特性的限制，甚至使元件损坏，电路不能正常工作。

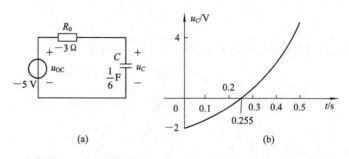

图 3.5 - 13　例 3.5 - 3 的响应(2)

　　例 3.5 - 4　如图 3.5 - 14 所示电路,设电感电流的初始值为 0 A,$t=0$ 时开关 S 闭合,在经历 300 ms 之后又打开,用 PSpice 仿真显示 $t>0$ 时的电感电压 u_L 和电感电流 i_L。

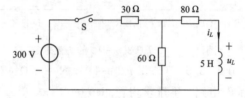

图 3.5 - 14　例 3.5 - 4 用图

　　解　PSpice 中没有即打开又闭合的开关,但可以用如图 3.5 - 15 所示的两个开关模拟这种开关。开关在 EVAL 库中,部件名分别为 Sw_tclose 和 Sw_topen。双击电感符号设置初始条件(IC)为 0 A。点击 New Simulation Profile 按钮,键入模拟类型组的名称 TR1,点击 Create 进入特性分析类型和参数设置对话框。点击 Analysis 标签,在 Analysis type 下拉列表中选 Time Domain(Transient);设置瞬态的运行持续时间为 0.5 s,点击“确定”按钮。将电压探头(Voltage Marker)放于如图 3.5 - 15 中 V 所示的位置。点击 Run 按钮,开始电路分析。分析结果如图 3.5 - 16 所示。

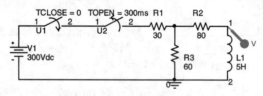

图 3.5 - 15　例 3.5 - 4 仿真电路

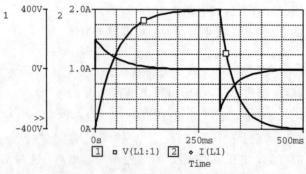

图 3.5 - 16　例 3.5 - 4 电路分析结果

特殊二阶电路例题(1)　　　　特殊二阶电路例题(2)　　　　　三要素综合运用

3.6 阶跃函数和阶跃响应

3.6.1 单位阶跃函数

单位阶跃函数用 $\varepsilon(t)$ 表示,其定义为

$$\varepsilon(t) \xlongequal{\text{def}} \begin{cases} 0 & t < 0 \\ 1 & t > 0 \end{cases} \tag{3.6-1}$$

其波形如图 3.6 - 1 所示。在不连续点 $t=0$ 处的函数值一般可不定义,或者定义为其左、右极限的平均值 $\frac{1}{2}$。这里我们采用式(3.6 - 1)的定义。

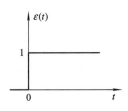

图 3.6 - 1 单位阶跃函数

单位阶跃函数可以用来描述 1 V 或 1 A 的直流电源在 $t=0$ 时接入电路的情况,如图 3.6 - 2 所示。对于图 3.6 - 2(a)所示的电路,若开关 S 在 $t=0$ 时闭合到"2",则一端口电路 N 的端口电压可写为

$$u(t) = \varepsilon(t)\text{V}$$

对于图 3.6 - 2(b)所示的电路,若 $t=0$ 时开关闭合到"2",则电路 N 的端口电流可写为

$$i(t) = \varepsilon(t)\text{A}$$

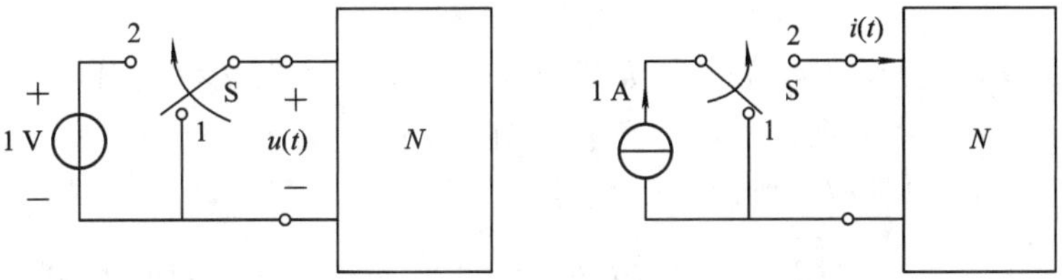

(a) $u(t)= \varepsilon(t)$(V)　　　　　　　　(b) $i(t)= \varepsilon(t)$(A)

图 3.6 - 2 单位阶跃电压和电流

如果在 $t=0$ 时接入电路的直流源(幅度为 A),则可表示为 $A\varepsilon(t)$,其波形如图 3.6 - 3 (a)所示,称为阶跃函数。如果单位直流源接入的瞬时为 t_0,则可写为

$$\varepsilon(t-t_0) = \begin{cases} 0 & t < t_0 \\ 1 & t > t_0 \end{cases} \tag{3.6-2}$$

称其为延时阶跃函数,其波形如图 3.6 - 3(b)所示。

利用阶跃函数和延时阶跃函数可以方便地表示某些信号。图 3.6 - 4(a)所示的矩形脉冲信号可以看作是图 3.6 - 4(b)和图 3.6 - 4(c)所示的两个阶跃信号之和,即

$$f(t) = \varepsilon(t) - \varepsilon(t-t_0) \tag{3.6-3}$$

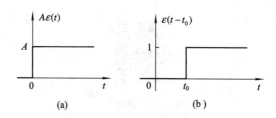

(a) (b)

图 3.6 - 3 阶跃函数和延时阶跃函数

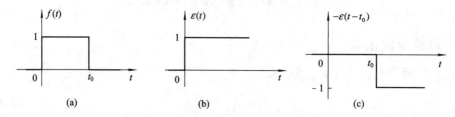

(a) (b) (c)

图 3.6 - 4 矩形脉冲信号

图 3.6 - 5(a)所示的信号可表示为

$$f(t) = \varepsilon(t) - 2\varepsilon(t-1) + \varepsilon(t-2) \tag{3.6-4}$$

而图 3.6 - 5(b)所示的信号可表示为

$$f(t) = \varepsilon(t) + \varepsilon(t-1) - \varepsilon(t-2) - \varepsilon(t-3) \tag{3.6-5}$$

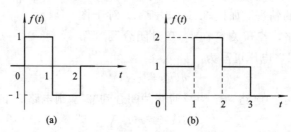

(a) (b)

图 3.6 - 5 用阶跃函数表示的信号

图 3.6 - 6(a)是任意信号 $f(t)$，如果想使其在 $t < 0$ 时为零，则可乘以 $\varepsilon(t)$，写作 $f(t)\varepsilon(t)$，如图 3.6 - 6(b)所示。如果要使其在 $t < t_0$ 时为零，则可乘以 $\varepsilon(t-t_0)$，写为 $f(t)\varepsilon(t-t_0)$，如图 3.6 - 6(c)所示。

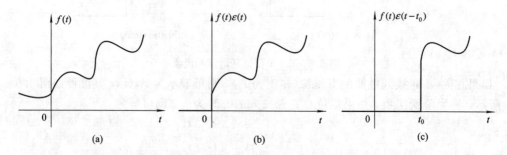

(a) (b) (c)

图 3.6 - 6 任意信号 $f(t)$ 的截取

3.6.2 阶跃响应

当激励为单位阶跃函数 $\varepsilon(t)$ 时，电路的零状态响应称为单位阶跃响应，简称阶跃响应，

用 $g(t)$ 表示。

由于单位阶跃函数作用于电路时，相当于单位直流源接入电路，所以求阶跃响应就是求单位直流源（1 V 或 1 A）接入电路时的零状态响应。对于一阶动态电路，可用三要素法。

利用阶跃函数和阶跃响应，根据线性电路的线性性质和非时变电路的时延不变性，可以分析在任意激励作用下电路的零状态响应。

大家知道，线性性质是指对于线性电路而言，如果激励 $f_1(t)$ 作用于电路产生的零状态响应为 $y_{zs1}(t)$，$f_2(t)$ 作用于电路产生的零状态响应为 $y_{zs2}(t)$，简记作

$$f_1(t) \rightarrow y_{zs1}(t)$$
$$f_2(t) \rightarrow y_{zs2}(t)$$

线性性质表明，如有常数 a_1、a_2，则

$$a_1 f_1(t) + a_2 f_2(t) \rightarrow a_1 y_{zs1}(t) + a_2 y_{zs2}(t) \tag{3.6-6}$$

即 $a_1 f_1(t) + a_2 f_2(t)$ 共同作用于电路产生的零状态响应应等于 a_1 倍的 $y_{zs1}(t)$ 与 a_2 倍的 $y_{zs2}(t)$ 之和。

对于非时变电路，其元件参数不随时间变化，因而电路的零状态响应与激励接入的时间无关，即若

$$f(t) \rightarrow y_{zs}(t)$$

则
$$f(t - t_0) \rightarrow y_{zs}(t - t_0) \tag{3.6-7}$$

也就是说，若激励 $f(t)$ 延迟了 t_0 时间接入，那么其零状态响应也延迟 t_0 时间，且波形保持不变，如图 3.6-7 所示。这可称为延时不变性。

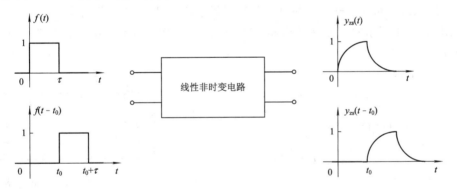

图 3.6-7　延时不变性

例 3.6-1　如图 3.6-8(a)所示的电路，其激励 i_s 的波形如图(b)所示，若以 i_L 为输出，求其零状态响应。

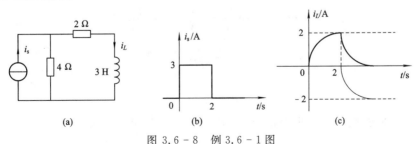

图 3.6-8　例 3.6-1图

解　激励 i_s 可表示为

$$i_s(t) = 3\varepsilon(t) - 3\varepsilon(t-2)\,\text{A}$$

现在用三要素公式求阶跃响应。由图 3.6-8(a)不难求得，当 $i_s(t)=\varepsilon(t)$ 时，有

$$i_L(\infty) = \frac{4}{4+2} \times 1 = \frac{2}{3}\,\text{A}$$

$$\tau = \frac{L}{R} = \frac{3}{2+4} = \frac{1}{2}\,\text{s}$$

初始值 $i_L(0_+)=0$，故以 i_L 为输出的阶跃响应

$$g(t) = \frac{2}{3}(1 - e^{-2t})\varepsilon(t)$$

根据电路的线性和延时不变性，在 i_s 的作用下，其零状态响应

$$i_L(t) = 3g(t) - 3g(t-2) = 2(1 - e^{-2t})\varepsilon(t) - 2(1 - e^{-2(t-2)})\varepsilon(t-2)$$

或写为

$$i_L(t) = \begin{cases} 0 & t < 0 \\ 2(1 - e^{-2t})\,\text{A} & 0 < t < 2\,\text{s} \\ 1.96 e^{-2(t-2)}\,\text{A} & t > 2\,\text{s} \end{cases}$$

3.7　二阶电路分析

当电路中包含有两个独立的动态元件时，描述电路的方程是二阶线性常系数微分方程。在二阶电路中，给定的初始条件有两个，它们由储能元件的初始值决定。我们将着重讨论典型的二阶电路——rLC 串联电路及其对偶电路 GCL 并联电路的响应。

如图 3.7-1 所示的 rLC 串联电路，当 $t=0$ 时，开关 S 闭合，我们来研究 $t \geqslant 0$ 时电路的响应 u_C。

根据 KVL 有

$$u_L + u_r + u_C = u_s$$

由于 $i_L = i_r = i_C = C\dfrac{du_C}{dt}$，故有

$$u_L = L\frac{di_L}{dt} = LC\frac{d^2 u_C}{dt^2}$$

$$u_r = ri_r = rC\frac{du_C}{dt}$$

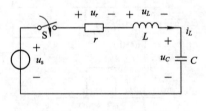

图 3.7-1　rLC 串联电路

将它们代入 KVL 方程，并稍加整理，得

$$\frac{d^2 u_C}{dt^2} + \frac{r}{L}\frac{du_C}{dt} + \frac{1}{LC}u_C = \frac{1}{LC}u_s \qquad (3.7-1)$$

令

$$\begin{cases} \alpha = \dfrac{r}{2L} \\ \omega_0^2 = \dfrac{1}{LC} \end{cases} \qquad (3.7-2)$$

式中，α 称为衰减常数，ω_0 为谐振角频率，则式(3.7-1)可以写为

$$\frac{d^2 u_C}{dt^2} + 2\alpha\frac{du_C}{dt} + \omega_0^2 u_C = \omega_0^2 u_s \qquad (3.7-3)$$

解以上方程需要两个初始值，即

$$\begin{cases} u_C(t)\mid_{t=0_+} = u_C(0) \\ \dfrac{\mathrm{d}u_C}{\mathrm{d}t}\Big|_{t=0_+} = \dfrac{i_C(0)}{C} = \dfrac{i_L(0)}{C} \end{cases} \tag{3.7-4}$$

上式中，在不致混淆的情况下，我们把 0_+ 就写为 0。

3.7.1　rLC 串联电路的零输入响应

按零输入响应的定义，令 $u_s=0$。由式(3.7-3)和(3.7-4)得，零输入响应的方程和初始值为

$$\begin{cases} \dfrac{\mathrm{d}^2 u_C}{\mathrm{d}t^2} + 2\alpha\dfrac{\mathrm{d}u_C}{\mathrm{d}t} + \omega_0^2 u_C = 0 \\ u_C\mid_{t=0_+} = u_C(0) \\ \dfrac{\mathrm{d}u_C}{\mathrm{d}t}\Big|_{t=0_+} = \dfrac{i_L(0)}{C} \end{cases} \tag{3.7-5}$$

其特征方程为

$$s^2 + 2\alpha s + \omega_0^2 = 0$$

特征根(固有频率)为

$$s_{1,2} = -\alpha \pm \sqrt{\alpha^2 - \omega_0^2} = -\frac{r}{2L} \pm \sqrt{\left(\frac{r}{2L}\right)^2 - \frac{1}{LC}} \tag{3.7-6}$$

当 r、L、C 取不同值(设 r、L、C 均非负)时，固有频率 s_1 和 s_2 有以下 4 种情况：

(1) 当 $\alpha>\omega_0$，即 $r>2\sqrt{\dfrac{L}{C}}$ 时，s_1、s_2 为不相等的负实数，令 $s_1=-\alpha_1$，$s_2=-\alpha_2$，由式(3.7-6)得

$$\alpha_{1,2} = \alpha \mp \sqrt{\alpha^2 - \omega_0^2} \tag{3.7-7a}$$

这时为过阻尼情况。

(2) 当 $\alpha=\omega_0$，即 $r=2\sqrt{\dfrac{L}{C}}$ 时，s_1、s_2 为相等的负实数，即

$$s_1 = s_2 = -\alpha = -\omega_0 \tag{3.7-7b}$$

此时称为临界阻尼。

(3) 当 $\alpha<\omega_0$，即 $r<2\sqrt{\dfrac{L}{C}}$ 时，s_1、s_2 为一对共轭复根，令其为

$$s_{1,2} = -\alpha \pm \mathrm{j}\beta \tag{3.7-7c}$$

式中 $\beta=\sqrt{\omega_0^2-\alpha^2}$，这时称为欠阻尼或衰减振荡。

(4) 当 $\alpha=0$，即 $r=0$ 时，s_1、s_2 为一对虚根，即

$$s_{1,2} = \pm\mathrm{j}\beta = \pm\mathrm{j}\omega_0 \tag{3.7-7d}$$

此时称为等幅振荡。

根据特征根的不同情况，按表 3-1 选取适当形式的解，将式(3.7-5)的初始值代入，就可求得 rLC 串联电路的零输入响应。表 3-3 列出了 4 种情况的 u_C 和 i_L 的零输入响应。下面用具体实例进一步说明。

表 3-3 rLC 串联电路的零输入响应

(表中电压、电流参考方向见图 3.7-2; $\alpha=\dfrac{r}{2L}$, $\omega_0^2=\dfrac{1}{LC}$)

特征根	零输入响应 $t\geq0$	
	u_C	i_L
过阻尼 $\alpha>\omega_0$ $s_1=-\alpha_1,\ s_2=-\alpha_2$ $\alpha_{1,2}=\alpha\mp\sqrt{\alpha^2-\omega_0^2}$	$\dfrac{u_C(0)}{\alpha_2-\alpha_1}(\alpha_2 e^{-\alpha_1 t}-\alpha_1 e^{-\alpha_2 t})+\dfrac{i_L(0)}{C(\alpha_2-\alpha_1)}(e^{-\alpha_1 t}-e^{-\alpha_2 t})$	$\dfrac{u_C(0)\alpha_1\alpha_2 C}{\alpha_2-\alpha_1}(e^{-\alpha_2 t}-e^{-\alpha_1 t})+\dfrac{i_L(0)}{\alpha_2-\alpha_1}(\alpha_2 e^{-\alpha_2 t}-\alpha_1 e^{-\alpha_1 t})$
临界阻尼 $\alpha=\omega_0$ $s_1=s_2=-\alpha$	$u_C(0)(1+\alpha t)e^{-\alpha t}+\dfrac{i_L(0)}{C}t e^{-\alpha t}$	$-u_C(0)\alpha^2 C t e^{-\alpha t}+i_L(0)(1-\alpha t)e^{-\alpha t}$
欠阻尼 (衰减振荡) $\alpha<\omega_0$ $s_{1,2}=-\alpha\pm j\beta$ $\beta=\sqrt{\omega_0^2-\alpha^2}$	$\dfrac{u_C(0)\omega_0}{\beta}e^{-\alpha t}\cos(\beta t-\varphi)+\dfrac{i_L(0)}{\beta C}e^{-\alpha t}\sin\beta t$ $\varphi=\arctan\dfrac{\alpha}{\beta}$	$-\dfrac{u_C(0)\omega_0^2 C}{\beta}e^{-\alpha t}\sin\beta t+\dfrac{i_L(0)\omega_0}{\beta}e^{-\alpha t}\cos(\beta t+\varphi)$ $\varphi=\arctan\dfrac{\alpha}{\beta}$
等幅振荡 $\alpha=0$ $s_{1,2}=\pm j\omega_0$	$u_C(0)\cos\omega_0 t+\dfrac{i_L(0)}{\omega_0 C}\sin\omega_0 t$	$-u_C(0)\omega_0 C\sin\omega_0 t+i_L(0)\cos\omega_0 t$

例 3.7 - 1 如图 3.7 - 2 所示的电路，已知 $r=1.5\ \Omega$，$L=0.5\ \mathrm{H}$，$C=1\ \mathrm{F}$。初始值 $u_C(0)=2\ \mathrm{V}$，$i_L(0)=1\ \mathrm{A}$，求 $t\geqslant 0$ 时 u_C、i_L 和 u_L 的零输入响应。

解 按图 3.7 - 2 列出 u_C 的微分方程为

$$\frac{\mathrm{d}^2 u_C}{\mathrm{d}t^2} + \frac{r}{L}\frac{\mathrm{d}u_C}{\mathrm{d}t} + \frac{1}{LC}u_C = 0$$

将元件参数值代入得

$$\frac{\mathrm{d}^2 u_C}{\mathrm{d}t^2} + 3\frac{\mathrm{d}u_C}{\mathrm{d}t} + 2u_C = 0$$

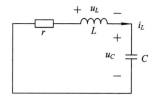

图 3.7 - 2 例 3.7 - 1 图

其特征方程为 $s^2+3s+2=0$，可解得特征根 $s_1=-1$，$s_2=-2$，因此 u_C 的零输入响应

$$u_C(t) = K_1 \mathrm{e}^{-t} + K_2 \mathrm{e}^{-2t}$$

$$\frac{\mathrm{d}u_C(t)}{\mathrm{d}t} = -K_1 \mathrm{e}^{-t} - 2K_2 \mathrm{e}^{-2t}$$

将初始值代入，得

$$u_C(0) = K_1 + K_2 = 2$$

$$u'_C(0) = \frac{i_L(0)}{C} = -K_1 - 2K_2 = 1$$

由以上两式可解得 $K_1=5$，$K_2=-3$。将 K_1、K_2 的值代入 $u_C(t)$ 表示式，得电容电压

$$u_C(t) = 5\mathrm{e}^{-t} - 3\mathrm{e}^{-2t}\ \mathrm{V} \qquad t \geqslant 0 \tag{3.7 - 8a}$$

电感电流$(i_L=i_C)$

$$i_L(t) = C\frac{\mathrm{d}u_C}{\mathrm{d}t} = -5\mathrm{e}^{-t} + 6\mathrm{e}^{-2t}\ \mathrm{A} \qquad t \geqslant 0 \tag{3.7 - 8b}$$

电感电压

$$u_L(t) = L\frac{\mathrm{d}i_L}{\mathrm{d}t} = 2.5\mathrm{e}^{-t} - 6\mathrm{e}^{-2t}\ \mathrm{V} \qquad t \geqslant 0 \tag{3.7 - 8c}$$

图 3.7 - 3 给出了 u_C、i_L、u_L 随时间变化的曲线。

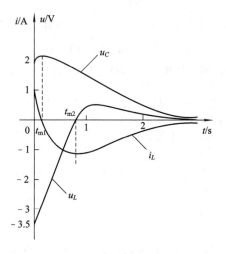

图 3.7 - 3 例 3.7 - 1 的响应

由图可见,在 $0<t<t_{m1}$ 区间,$i_L>0$,$u_L<0$,$u_C>0$。这时 $u_L i_L<0$,电感释放其初始储能;而 $u_C i_L>0$,电容充电,它吸收了电感的部分原始储能,电容电压稍有增加。当 $t=t_{m1}$ 时,$i_L=0$,电感原始储能全部释放,电容电压 u_C 达到极大值。由式(3.7 - 8b)可得在 $\dfrac{du_C}{dt}=0$ 时,有

$$t_{m1} = \ln \frac{6}{5} = 0.182 \text{ s}$$

这时

$$u_{Cm} = 2.08 \text{ V}$$

在 $t_{m1}<t<t_{m2}$ 区间,$u_C i_L<0$,电容放电,u_C 减小,而 $i_L u_L>0$,电感吸收了电容释放的部分储能。当 $t=t_{m2}$ 时,电流达极小值,$u_L=0$。由式(3.7 - 8c)可得,在 $\dfrac{di_L}{dt}=0$ 时,有

$$t_{m2} = \ln \frac{12}{5} = 0.875 \text{ s}$$

这时

$$i_{Lm} = -1.04 \text{ A}$$

在 $t>t_{m2}$ 以后,$u_C i_L<0$,$u_L i_L<0$,电容和电感都释放能量,直到其全部储能被电阻所消耗。最后 $u_C=0$,$i_L=0$,$u_L=0$。

例 3.7 - 2 一 rLC 串联电路如图 3.7 - 2 所示,已知 $r=1.6 \ \Omega$,$L=0.04 \text{ H}$,$C=0.0024 \text{ F}$,电容初始电压 $u_C(0)=2 \text{ V}$,电感初始电流 $i_L(0)=0$。求 $t \geqslant 0$ 时 u_C、i_L 和 u_L 的零输入响应。

解 电路方程同例 3.7 - 1,这里不再重述。

由给定的元件参数,按式(3.7 - 2),得

$$\alpha = \frac{r}{2L} = \frac{1.6}{2 \times 0.04} = 20 \text{ s}^{-1}$$

$$\omega_0 = \frac{1}{\sqrt{LC}} = \frac{1}{\sqrt{0.04 \times 0.0024}} = 102.06 \text{ rad/s}$$

可见 $\alpha<\omega_0$,故属于衰减振荡情形。由式(3.7 - 7c)可得振荡角频率

$$\beta = \sqrt{\omega_0^2 - \alpha^2} \approx 100 \text{ rad/s}$$

由表 3 - 3 可知电容电压 u_C 和电感电流 i_L 为($u_C(0)=2 \text{ V}$,$i_L(0)=0$)

$$u_C(t) = \frac{u_C(0)\omega_0}{\beta} e^{-\alpha t} \cos(\beta t - \varphi) = 2.04 e^{-20t} \cos(100t - \varphi) \text{ (V)} \quad t \geqslant 0 \quad (3.7 - 9a)$$

$$\varphi = \arctan \frac{\alpha}{\beta} = 11.3° = 0.197 \text{ rad}$$

$$i_L(t) = -\frac{u_C(0)\omega_0^2 C}{\beta} e^{-\alpha t} \sin \beta t = -0.5 e^{-20t} \sin 100t \text{ A} \quad t \geqslant 0 \quad (3.7 - 9b)$$

由 $u_L = L \dfrac{di_L}{dt}$,经过适当的运算可得

$$u_L(t) = -\frac{u_C(0)\omega_0}{\beta} e^{-\alpha t} \cos(\beta t + \varphi) = -2.04 e^{-20t} \cos(100t + \varphi) \text{ V} \quad t \geqslant 0 \quad (3.7 - 9c)$$

图 3.7 - 4 给出了 u_C、i_L、u_L 随时间变化的曲线。

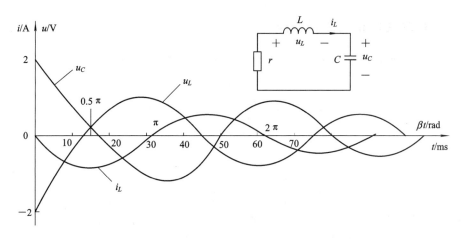

图 3.7 - 4　例 3.7 - 2 图

　　由图可见，电压、电流的实际方向作周期性的变化，它们的波形呈衰减振荡的形状，其衰减的程度取决于衰减常数 α（本例 $\alpha = 20 \text{ s}^{-1}$），其振荡角频率为 β（本例 $\beta = 100 \text{ rad/s}$）。在衰减振荡过程中，电感和电容也周期地交换部分能量，由于电阻将消耗能量，因而振荡呈衰减趋势。

　　根据 u_C、i_L 和 u_L 的表示式，可得出波形图中的零点和极值点的情况。

　　(1) $u_C = 0$ 的点，在

$$\beta t - \varphi = (2k + 1) \frac{\pi}{2} \qquad k = 0, 1, 2, \cdots$$

处，其第一个零点为 $\beta t = \dfrac{\pi}{2} + \varphi = 1.77 \text{ rad}$，$t = 17.7 \text{ ms}$。

　　(2) $i_L = 0$ 的点，$\dfrac{\mathrm{d}u_C}{\mathrm{d}t} = 0$，是 u_C 的极值点，它位于

$$\beta t = k\pi \qquad k = 0, 1, 2, \cdots$$

处。当 $k = 0$ 时，$\beta t = 0$，$u_{C\max} = 2 \text{ V}$；$k = 1$ 时，$\beta t = \pi$，$t = 31.4 \text{ ms}$，$u_{C\min} = -0.98 \text{ V}$。

　　(3) $u_L = 0$ 的点，$\dfrac{\mathrm{d}i_L}{\mathrm{d}t} = 0$，是 i_L 的极值点，它位于

$$\beta t + \varphi = (2k + 1) \frac{\pi}{2} \qquad k = 0, 1, 2, \cdots$$

处。当 $k = 0$ 时，$\beta t = \dfrac{\pi}{2} - \varphi = 1.37 \text{ rad}$，$t = 13.7 \text{ ms}$，$i_{L\min} = -0.373 \text{ A}$。

　　最后需要说明，如本例中 $r = 2\sqrt{\dfrac{L}{C}} = 8.165 \text{ }\Omega$，则 $\beta = 0$，$\alpha = 102.06 \text{ s}^{-1}$。这是临界阻尼的情况，它是衰减振荡与非振荡（过阻尼）情况的边界，其电压、电流波形与过阻尼情况类似。

　　如果 $r = 0$，则衰减常数 $\alpha = 0$，这时振荡频率 $\beta = \omega_0 = 102.06 \text{ rad/s}$，其电压、电流表示式可参见表 3 - 3。这时 u_C、i_L 以及 u_L 都是正弦（或余弦）函数，它们的振幅并不衰减，而是等幅振荡。

3.7.2 rLC 串联电路的阶跃响应

如前所述，阶跃响应是在单位阶跃信号 $\varepsilon(t)$ 的作用下电路的零状态响应。由式 (3.7 - 3) 和 (3.7 - 4) 可知，rLC 串联电路的阶跃响应所满足的方程为

$$\frac{\mathrm{d}^2 u_C}{\mathrm{d}t^2} + 2\alpha \frac{\mathrm{d}u_C}{\mathrm{d}t} + \omega_0^2 u_C = \omega_0^2 \varepsilon(t) \tag{3.7 - 10}$$

初始值为

$$\begin{cases} u_C(0) = 0 \\ \left.\dfrac{\mathrm{d}u_C}{\mathrm{d}t}\right|_{t=0} = \dfrac{i_L(0)}{C} = 0 \end{cases} \tag{3.7 - 11}$$

式 (3.7 - 10) 的解由齐次解 u_{Ch} 与特解 u_{Cp} 组成。式 (3.7 - 10) 的特征方程与零输入响应的情况相同。其特征根 s_1、s_2 也有 4 种情况。一般而言，式 (3.7 - 10) 的齐次解可写为

$$u_{Ch} = K_1 e^{s_1 t} + K_2 e^{s_2 t}$$

由于阶跃信号 $\varepsilon(t)$ 在 $t>0$ 时等于常数 1，故其特解也是常数，代入式 (3.7 - 10)，可求得特解

$$u_{Cp} = 1$$

所以阶跃响应

$$g(t) = u_C(t) = 1 + K_1 e^{s_1 t} + K_2 e^{s_2 t} \tag{3.7 - 12}$$

将初始值式 (3.7 - 11) 代入上式，就可求得各种情况下的阶跃响应。表 3 - 4 列出了 rLC 串联电路在各种情况下的阶跃响应。

表 3 - 4 rLC 串联电路的阶跃响应

（表中，$\alpha = \dfrac{r}{2L}$, $\omega_0^2 = \dfrac{1}{LC}$）

	特征根	零输入响应 $t \geqslant 0$	
		u_C	i_L
过阻尼 $\alpha > \omega_0$	$s_1 = -\alpha_1$, $s_2 = -\alpha_2$ $\alpha_{1,2} = \alpha \mp \sqrt{\alpha^2 - \omega_0^2}$	$1 - \dfrac{1}{\alpha_2 - \alpha_1}(\alpha_2 e^{-\alpha_1 t} - \alpha_1 e^{-\alpha_2 t})$	$\dfrac{1}{(\alpha_2 - \alpha_1)L}(e^{-\alpha_1 t} - e^{-\alpha_2 t})$
临界阻尼 $\alpha = \omega_0$	$s_1 = s_2 = -\alpha$	$1 - (1 + \alpha t)e^{-\alpha t}$	$\dfrac{1}{L} t e^{-\alpha t}$
欠阻尼 （衰减振荡） $\alpha < \omega_0$	$s_{1,2} = -\alpha \pm \mathrm{j}\beta$ $\beta = \sqrt{\omega_0^2 - \alpha^2}$	$1 - \dfrac{\omega_0}{\beta} e^{-\alpha t} \cos(\beta t - \varphi)$ $\varphi = \arctan \dfrac{\alpha}{\beta}$	$\dfrac{1}{\beta L} e^{-\alpha t} \sin\beta t$
等幅振荡 $\alpha = 0$	$s_{1,2} = \pm \mathrm{j}\omega_0$	$1 - \cos\omega_0 t$	$\dfrac{1}{\omega_0 L} \sin\omega_0 t$

3.7.3 GCL 并联电路分析

图 3.7 - 5 是 GCL 并联电路，与图 3.7 - 1 相比较可见，它是 rLC 串联电路的对偶电路。

由图 3.7 - 5，根据 KCL 有

$$i_C + i_G + i_L = i_s$$

由于

$$u_G = u_C = u_L = L \frac{\mathrm{d}i_L}{\mathrm{d}t}$$

所以

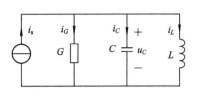

图 3.7 - 5 GCL 并联电路

$$i_C = C \frac{\mathrm{d}u_C}{\mathrm{d}t} = LC \frac{\mathrm{d}^2 i_L}{\mathrm{d}t^2}$$

$$i_G = Gu_G = GL \frac{\mathrm{d}i_L}{\mathrm{d}t}$$

将它们代入 KCL 方程，并同除以 LC，得

$$\frac{\mathrm{d}^2 i_L}{\mathrm{d}t^2} + \frac{G}{C} \frac{\mathrm{d}i_L}{\mathrm{d}t} + \frac{1}{LC} i_L = \frac{1}{LC} i_s \qquad (3.7-13)$$

与式(3.7 - 1)相比较，式(3.7 - 13)与(3.7 - 1)是互为对偶的方程。令衰减常数 α 与振荡角频率 ω_0 分别为

$$\begin{cases} \alpha = \dfrac{G}{2C} \\ \omega_0^2 = \dfrac{1}{LC} \end{cases} \qquad (3.7-14)$$

则式(3.7 - 13)可改写为

$$\frac{\mathrm{d}^2 i_L}{\mathrm{d}t^2} + 2\alpha \frac{\mathrm{d}i_L}{\mathrm{d}t} + \omega_0^2 i_L = \omega_0^2 i_s \qquad (3.7-15)$$

上式与式(3.7 - 3)也互为对偶。解上式所需的初始值为

$$\begin{cases} i_L(t)\,\big|_{t=0_+} = i_L(0) \\ \dfrac{\mathrm{d}i_L(t)}{\mathrm{d}t}\bigg|_{t=0_+} = \dfrac{u_L(0)}{L} = \dfrac{u_C(0)}{L} \end{cases} \qquad (3.7-16)$$

根据对偶原理，以上关于 rLC 串联电路零输入响应和阶跃响应的讨论也适用于 GCL 并联电路，只要注意在分析运算中将元件、变量等用与其相对偶的元件、变量替换，这里不再重述。

例 3.7 - 3 如图 3.7 - 6(a)所示的 GCL 并联电路，如 $G=2$ S, $L=0.5$ H, $C=0.5$ F，求以 u_C 和 i_L 为输出时的阶跃响应。

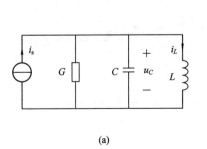

(a)

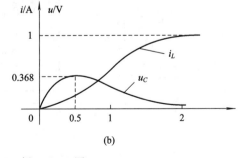

(b)

图 3.7 - 6 例 3.7 - 3 图

解 令 $i_s(t) = \varepsilon(t)$，由式(3.7 - 15)得图 3.7 - 6(a)的方程为

$$\frac{\mathrm{d}^2 i_L}{\mathrm{d}t^2} + 2\alpha \frac{\mathrm{d}i_L}{\mathrm{d}t} + \omega_0^2 i_L = \omega_0^2 \varepsilon(t)$$

其中

$$\alpha = \frac{G}{2C} = 2 \text{ s}^{-1}, \quad \omega_0 = \frac{1}{\sqrt{LC}} = 2 \text{ rad/s}$$

可见是临界阻尼情况，其齐次解为 $K_1 \mathrm{e}^{-\alpha t} + K_2 t \mathrm{e}^{-\alpha t}$；由于 $t > 0$ 时，$\varepsilon(t) = 1$，故其特解为常数 1，所以 i_L 的完全解，即阶跃响应为

$$g_{i_L}(t) = i_L(t) = 1 + K_1 \mathrm{e}^{-\alpha t} + K_2 t \mathrm{e}^{-\alpha t} \qquad (3.7 - 17)$$

电容电压 u_C 的阶跃响应

$$g_{u_C}(t) = u_C(t) = u_L(t) = L\frac{\mathrm{d}i_L}{\mathrm{d}t} = L(K_2 - \alpha K_1)\mathrm{e}^{-\alpha t} - L\alpha K_2 t \mathrm{e}^{-\alpha t} \quad (3.7 - 18)$$

将零初始状态代入，得

$$i_L(0) = 1 + K_1 = 0$$
$$u_C(0) = L(K_2 - \alpha K_1) = 0$$

由上式可解得

$$K_1 = -1, \qquad K_2 = -\alpha$$

将它们代入式(3.7 - 17)和式(3.7 - 18)，得以 i_L 和 u_C 为输出的阶跃响应为

$$g_{i_L}(t) = i_L(t) = 1 - (1 + \alpha t)\mathrm{e}^{-\alpha t} = 1 - (1 + 2t)\mathrm{e}^{-2t} \text{ A} \qquad t \geqslant 0$$

$$g_{u_C}(t) = u_C(t) = \alpha^2 Lt\mathrm{e}^{-\alpha t} = \frac{1}{C}t\mathrm{e}^{-2t} = 2t\mathrm{e}^{-2t} \text{ V} \qquad t \geqslant 0$$

上式推导中使用了 $\alpha^2 = \omega_0^2 = \frac{1}{LC}$ 的条件。实际上，以上结果可根据对偶原理，由 rLC 串联电路的结果得到。在表 3 - 4 的临界阻尼一栏中，将 u_C 换为 i_L，i_L 换为 u_C，L 换为 C 就得到以上结果。

图 3.7 - 6(b)中给出了 i_L 和 u_C 的阶跃响应的波形。

例 3.7 - 4 对例 3.7 - 1 中图 3.7 - 2 所示的 rLC 串联电路，设电容的初始电压为 50 V，电感的初始电流为 0 A，$L = 1$ mH，$C = 0.1$ μF，当电阻 r 分别为 50 Ω、200 Ω、300 Ω 时，用 PSpice 仿真出 $t > 0$ 时电容电压的波形。

解 (1) 用 Capture 绘制如图 3.7 - 7(a)所示的电路图。

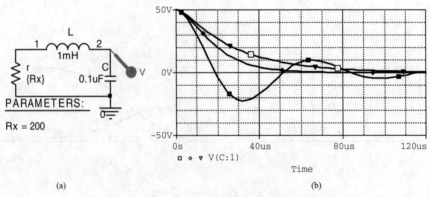

(a)   (b)

图 3.7 - 7 例 3.7 - 4 的电路原理图和仿真

（2）双击电容，在 Property Editor 对话窗的 IC 单元内输入 50 V，点击 Apply 按钮之后退出。双击电感，在其 IC 单元下键入 0，点击 Apply 按钮之后退出。双击电阻参数值，并键入{Rx}。在电阻附近放入 PARAM(SPECIAL 库中)部件。用 Property Editor 加新列给 Rx 赋 200 Ω 的缺省值，点击 Display 标签选中 Name and value，然后关闭 Property Editor 窗口。

（3）点击 New Simulation Profile 按钮，键入模拟类型组的名称 TR2，点击 Create 进入特性分析类型和参数设置对话框。点击 Analysis 标签，在 Analysis type 下拉列表中，选 Time Domain(Transient)；设置瞬态的持续时间(Run To)为 120 μs；接着在 Options 列表内选中 Parametric Sweep，在右侧的 Sweep Variable 内选中 Global parameter，并在 Parameter 框内键入 Rx，最后在 Sweep Type 内选中 Value list，并在其文本框内键入"50，200，300"，点击"确定"按钮结束设置。将电压探头(Voltage marker)放于图 3.7－7 所示位置。

（4）点击 Run 按钮，开始电路分析。仿真结果如图 3.7－7(b)所示，给出了二阶动态电路在欠阻尼、临界阻尼和过阻尼三种情况下电容电压的波形。

3.8　正弦激励下一阶电路的响应

在实际电路中，除直流电源外，另一类典型的激励是随时间按正弦(或余弦)规律变化的电源。下面举例说明正弦函数激励下一阶电路的响应。

例 3.8－1　如图 3.8－1(a)所示的一阶电路，已知 $R=1$ Ω，$L=2$ H，电感电流的初始值 $i_L(0_+)=3$ A，激励的正弦电压 $u_s(t)=U_m\cos\omega t$ V，其中 $U_m=10$ V，$\omega=2$ rad/s，求电感电流 i_L 的全响应。

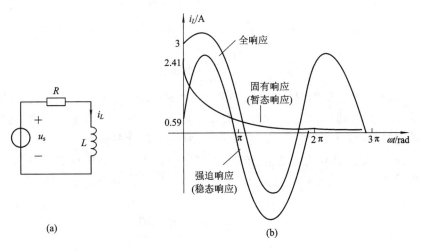

图 3.8－1　正弦激励下一阶电路的响应

解　图 3.8－1(a)所示的电路按 KVL 可列出其微分方程为

$$L\frac{\mathrm{d}i_L}{\mathrm{d}t}+Ri_L=u_s=U_m\cos\omega t \tag{3.8－1}$$

或写为

$$\frac{\mathrm{d}i_L}{\mathrm{d}t}+\frac{1}{\tau}i_L=\frac{1}{L}u_s \qquad (3.8-2)$$

上式与式(3.5-1)相同。由式(3.5-4)知，该电路的全响应

$$i_L(t)=i_{Lp}(t)+[i_L(0_+)-i_{Lp}(0_+)]\mathrm{e}^{-\frac{t}{\tau}} \qquad t\geqslant0 \qquad (3.8-3)$$

上式中，电感电流 $i_L(0_+)=3$ A，$\tau=\dfrac{L}{R}=2$ s，只有电感电流的特解 i_{Lp} 尚未求得。

设电感电流的特解

$$i_{Lp}(t)=I_m\cos(\omega t+\varphi) \qquad (3.8-4)$$

式中 I_m 和 φ 为待定常数，将 $i_{Lp}(t)$ 及其导数代入到(3.8-1)，得

$$-\omega LI_m\sin(\omega t+\varphi)+RI_m\cos(\omega t+\varphi)=U_m\cos\omega t$$

将上式展开并稍加整理，得

$$-(RI_m\sin\varphi+\omega LI_m\cos\varphi)sin\omega t+(RI_m\cos\varphi-\omega LI_m\sin\varphi)cos\omega t=U_m\cos\omega t$$

由于上式对任意时间 t 均成立，故有

$$RI_m\sin\varphi+\omega LI_m\cos\varphi=0$$
$$RI_m\cos\varphi-\omega LI_m\sin\varphi=U_m$$

由以上二式(将 R、L、ω 和 U_m 的值代入)可解得

$$\varphi=-\arctan\frac{\omega L}{R}=-76°$$

$$I_m=\frac{U_m}{\sqrt{R^2+(\omega L)^2}}=2.43\ \mathrm{A}$$

将它们代入到式(3.8-4)，得电感电流的特解

$$i_{Lp}=2.43\cos(2t-76°)\ \mathrm{A} \qquad (3.8-5)$$

令 $t=0_+$，得 $i_{Lp}(0_+)=2.43\cos(-76°)=0.588\approx0.59$，将 $i_L(0_+)=3$，$\tau=2$，$i_{Lp}(0_+)=0.59$ 和 $i_{Lp}(t)$ 代入到式(3.8-3)，得图 3.8-1(a)电路在正弦激励下的全响应

$$i_L(t)=\underbrace{2.4\mathrm{e}^{-0.5t}}_{\substack{\text{固有响应}\\(\text{暂态响应})}}+\underbrace{2.43\cos(2t-76°)}_{\substack{\text{强迫响应}\\(\text{稳态响应})}}\mathrm{A} \qquad t\geqslant0 \qquad (3.8-6)$$

按上式画出 i_L 的波形如图 3.8-1(b)所示。由式(3.8-6)可知，固有响应(这里 $\tau>0$)就是暂态响应，随着时间的增长，它按指数规律衰减，当 $t\to\infty$ 时，它趋于零；强迫响应是与外加激励同频率的正弦函数，它是稳态响应，称为正弦稳态响应。

由以上分析可见，当电路较为复杂时，求解电路的正弦稳态响应将十分繁复，因而需要一种分析和计算正弦稳态响应的简便方法，这就是第 4 章介绍的相量法。

3.9　应 用 实 例

3.9.1　电梯接近开关

日常生活中使用的电器包含许多开关。多数开关是机械的，还有一种触摸控制开关应用也很广，如用于电梯控制和台灯控制等。许多电梯使用的是电容式接近开关，当触摸这类接近开关时，电容量发生变化，从而引起电压的变化，形成开关。

电梯接近开关按钮如图 3.9 - 1(a)所示，它由一个金属环和一个圆形金属平板构成电容的两个电极。电极由绝缘膜覆盖，防止直接与金属接触。可将它等效为一个电容 C_1，如图 3.9 - 1(b)所示。当手指接触到按钮时，电路好像增加了一个连到地的电极，并与按钮的两极分别形成电容 C_2 和 C_3，其电路模型如图 3.9 - 1(c)所示。

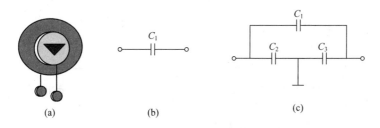

图 3.9 - 1　电梯接近开关按钮

图 3.9 - 2(a)所示为电梯接近开关电路，C 是一个固定电容。图 3.9 - 1 和图 3.9 - 2 中电容的实际值范围是 $10\sim50$ pF，它取决于手指如何接触，是否带手套，等等。为了分析方便，设 $C=C_1=C_2=C_3=25$ pF。当手指没有触摸时，其等效电路如图 3.9 - 2(b)所示，输出电压为

$$u = \frac{C_1}{C_1 + C}u_s = \frac{1}{2}u_s$$

当手指触摸开关按钮时，其等效电路如图 3.9 - 2(c)所示，输出电压为

$$u = \frac{C_1}{C_1 + (C_3 + C)}u_s = \frac{1}{3}u_s$$

可见，当触摸开关按钮时输出电压将降低，一旦电梯的控制计算机检测到输出电压下降，将会进行相应的动作。

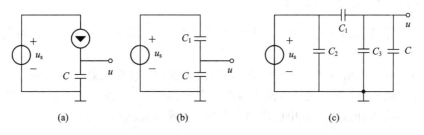

图 3.9 - 2

3.9.2　闪光灯电路

电子闪光灯电路是一阶 RC 电路应用的一个实例，它利用了电容阻止其电压突变的特性。图 3.9 - 3 给出了一个简化的闪光灯电路，它由一个直流电压源、一个限流的大电阻 R 和一个与闪光灯并联的电容 C 等组成，闪光灯可用一个小电阻 r 等效。开关 S 处于位置 1 时，电容已充满电。当开关 S 由位置 1 打向位置 2 时，闪光灯开始工作，但闪光灯的小电阻 r 使电容在很短的时间内放电完毕，放电时间近似为 $5\tau=5rC$，从而达到闪光的效果。电容放电时将会产生短时间的大电流脉冲。

例3.9-1　图3.9-3所示闪光灯电路，闪光灯的电阻$r=10\ \Omega$，$C=2\ \text{mF}$的电容充电到80 V时，开关S由位置1打向位置2，闪光灯的截止电压为20 V，求闪光灯的闪光时间和流经闪光灯的平均电流。

解　设开关转换时刻为0，则由题知，

$$u_C(0_+) = u_C(0_-) = 80\ \text{V}$$

$$i(0_+) = \frac{u_C(0_+)}{r} = 8\ \text{A}$$

$$\tau = rC = 10 \times 2 \times 10^{-3} = 0.02\ \text{s}$$

$$u_C(\infty) = 0,\ i(\infty) = 0$$

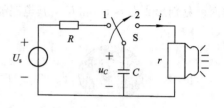

图3.9-3　简化的闪光灯电路

代入三要素公式，得

$$u_C(t) = 80\text{e}^{-50t}\ (\text{V})$$

$$i(t) = 8\text{e}^{-50t}\ (\text{A})$$

由于闪光灯的截止电压为20 V，因此电压$u_C(t)$降至20 V时所需的时间T_H就是闪光灯的闪光时间，有

$$u_C(T_\text{H}) = 20 = 80\text{e}^{-50T_\text{H}}$$

解得

$$T_\text{H} = 0.0277\ \text{s}$$

流经闪光灯的平均电流

$$I = \frac{1}{T_\text{H}} \int_0^{T_\text{H}} i(t)\,\text{d}t = \frac{1}{0.0277} \int_0^{0.0277} 8\text{e}^{-50t}\,\text{d}t = 6\ \text{A}$$

由于简单的RC电路能产生短时间的大电流脉冲，因而这一类电路还可用于电子点焊机、电火花加工机和雷达发射管等装置中。

3.9.3　汽车自动点火电路分析

电感阻止电流快速变化的特性可用于电弧或火花发生器中，汽车点火电路就利用了这一特性。

图3.9-4(a)所示为汽车点火电路，L是点火线圈，火花塞是一对间隔一定的空气隙电极。当开关动作时，瞬变电流在点火线圈上产生高压（一般为$20\sim40\ \text{kV}$），这一高压在火花塞处产生火花而点燃气缸中的汽油混合物，从而发动汽车。

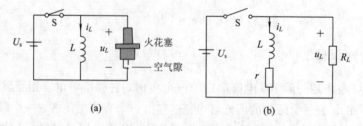

图3.9-4　汽车点火电路及模型

例3.9-2　图3.9-4(b)所示为汽车点火电路的模型，其中火花塞等效为一个电阻，$R_L=20\ \text{k}\Omega$。电感线圈电阻$r=6\ \Omega$，电感$L=4\ \text{mH}$。若供电电池电压$U_s=12\ \text{V}$，开关S在$t=0$时闭合，经$t_0=1\ \text{ms}$后又打开，求$t>t_0$时火花塞R_L上的电压$u_L(t)$。

解　当 $0 < t < t_0$ 时，电感两端看进去的等效电阻为

$$R_{01} = r = 6\ \Omega$$

时常数

$$\tau_{01} = \frac{L}{R_{01}} = \frac{L}{r} = \frac{2}{3} \times 10^{-3}\ \text{s}$$

由于 $t_0 = 1\ \text{ms} \gg 5\tau_{01}$，因此 $t = t_0$ 时电路已达稳态，故

$$i_L(t_{0+}) = i_L(t_{0-}) = \frac{U_s}{r} = 2\ \text{A}$$

当 $t > t_0$ 时，电感两端看进去的等效电阻为

$$R_{02} = R_L + r = 20\ \text{k}\Omega$$

时常数

$$\tau_{02} = \frac{L}{R_{02}} = \frac{4 \times 10^{-3}}{20 \times 10^3} = 2 \times 10^{-7}\ \text{s}$$

$$i_L(t_{0+}) = i_L(t_{0-}) = 2\ \text{A}$$

$$u_L(t_{0+}) = -R_L i_L(t_{0-}) = -20 \times 10^3 \times 2 = -40\ \text{kV}$$

$$u_L(\infty) = 0$$

由三要素法公式，得

$$u_L(t) = -40 e^{-5 \times 10^6 (t - t_0)}\ \text{kV},\ t > t_0$$

可见，火花塞上的瞬时电压最大可以达到 40 kV，该电压足使火花塞点火。开关的闭合和打开可采用脉冲宽度为 1 ms 的脉冲电子开关控制。

实际的汽车点火电路是一个比较复杂的系统，主要由电源(蓄电池和发电机)、点火开关、点火线圈、电容器、断电器、配电器、火花塞阻尼电阻和高压导线等组成。其主要的工作原理是利用点火线圈将电源供给的 12 V、24 V 或 6 V 的低压直流电转变为 15~20 kV 的高压直流电，并按发动机要求的点火时刻与点火顺序，将点火线圈产生的高压电分配到相应气缸的火花塞上，从而使汽车启动。

3.9.4　继电器电路

磁力控制的开关称为继电器。继电器通常用于实现用较小的电流去控制具有较大电流的设备，以保证用电安全。图 3.9-5(a)所示为一个典型的继电器电路，其中的线圈电路是一个 RL 电路，如图 3.9-5(a)所示，图中的 R 和 L 是线圈的内阻和电感。当图 3.9-5(a)中的开关 S_1 闭合时，线圈中就会流过一定的电流而使线圈内部产生磁场。当磁场增加到足够强时，就能拉动处于另一电路中的可动触片而将开关 S_2 闭合，此时，称为继电器吸合。从开关 S_1 闭合到开关 S_2 闭合的时间间隔 t_d 称为继电器的延迟时间。线圈中能够产生吸合动作所需的最小电流称为吸合电流。

图 3.9-5(c)是一个简单的报警电路。注意，在这个设计里，元件之间是串联的。电源是 5 V 直流电源，可以是类似的电源，也可以是电池。无论怎样，应确保这个电源始终满电。如果所有传感器都接通，因为电源两端的负载大约是 1 kΩ，故产生的电流是 5 mA。这个电流可以激活继电器，断开报警电路。如果任何一个传感器开路，电流被中断，继电器的动作使报警电路通电。对连接导线相对较短、传感器也不多的系统，它会很正常的工作，

因为电压损耗相对较小。然而，如果连接导线又细又长，就会产生一个不能忽略的电阻，并产生较大的导线电压，使继电器上的电压不足，不能正常报警。因此，使用串联报警时，必须考虑导线的长度。好的设计应该是不用关注导线的长度。随着内容的推进，这种电路还有更优的设计。

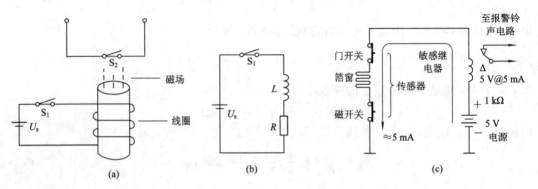

图 3.9 - 5 继电器电路

例 3.9 - 3 某继电器电路如图 3.9 - 5(a)所示，图 3.9 - 5(b)是其电路模型。$U_s = 12$ V，若线圈内阻 $R = 150$ Ω，其电感 $L = 30$ mH，吸合电流为 50 mA，计算继电器的延迟时间 t_d。

解 设开关 S_1 在 $t = 0$ 时闭合，则

$$i_L(0_+) = i_L(0_-) = 0$$

$$i_L(\infty) = \frac{U_s}{R} = \frac{12}{150} = 80 \text{ mA}$$

$$\tau = \frac{L}{R} = \frac{30 \times 10^{-3}}{150} = 0.2 \text{ ms}$$

由三要素公式，有

$$i_L(t) = 80(1 - e^{-t/\tau}) \text{ mA}$$

由于吸合电流为 50 mA，则

$$i_L(t_d) = 50 \text{ mA} = 80(1 - e^{-t_d/\tau}) \text{ mA}$$

解得继电器的延迟时间 t_d 为

$$t_d = \tau \ln\left(\frac{8}{3}\right) \text{ ms} = 0.1962 \text{ ms}$$

3.9.5 数字集成电路中的频率限制

现代数字集成电路(如可编程逻辑阵列(PLA)和微处理器)都是由称为门的晶体管电路连接而成的。

数字信号用数码 1 和 0 的组合来表示。从电气上看，高电压表示逻辑"1"，低电压表示逻辑"0"。实际上，它们都有对应的电压范围，如 7400 系列 TTL 集成电路中，2～5 V 之间的电压将被认为是逻辑"1"，0～0.8 V 之间的电压被认为是逻辑"0"，0.8～2 V 之间的电压不与任何逻辑状态对应。

数字集成电路中的一个关键参数是工作速度。这里的"速度"是指一个门电路从一个逻辑状态转换到另一个逻辑状态的速度，以及将一个门电路的输出传到另一个门电路的输入

所需的延时。目前限制数字集成电路速度的主要
因素是互连线。可以用一个简单的 RC 电路来等
效两个逻辑门之间的连接线。例如，考虑一条长
$2000~\mu m$、宽 $2~\mu m$ 的连接线，在典型的硅集成电
路中，这样的连线可用一个 $0.5~pF$ 的电容（寄生
电容）与一个 $100~\Omega$ 的电阻组成的电路来等效，
如图 3.9 - 6 所示。

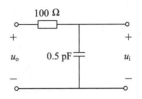

图 3.9 - 6　集成电路互连线等效电路

设电压 u_o 为一个门的输出电压，它从逻辑"0"变化到逻辑"1"。u_i 为另一个门的输入
电压。

设 u_o 发生变化的时刻为 0，$u_o(0)$ 为高电平的最小值，且电容的初始储能为 0，即
$u_i(0)=0$。电路时常数为 $\tau=RC=50~ps$，可以得到

$$u_i(t) = u_o(0)(1 - e^{-t/\tau})$$

一般认为，u_i 经过 5τ（即 250 ps），暂态过程结束，其值达到 $u_o(0)$。如果暂态过程结束
之前 u_o 再次发生状态改变，则电容没有足够的时间进行完全充电。在这种情况下，u_i 将小
于 $u_o(0)$，这表示 u_i 将不会随之变为逻辑"1"。如果这时 u_o 突然变为 0 V（逻辑 0），则电容
将开始放电，从而使 u_i 进一步减小。因此，如果逻辑状态转换得太快，将不能够使信息从
一个门传送到另一个门。

门逻辑状态能够变化的最快速度为 $\dfrac{1}{5\tau}$ Hz。这可以用最大工作频率来表示：

$$f_{max} = \frac{1}{2 \times 5\tau}$$

其中，常数因子 2 考虑了充电和放电周期。对图 3.9 - 6，其最大工作频率 $f_{max}=2~GHz$。如
果需要集成电路工作在更高的频率下来执行更快的计算，则需要减小互连电容和互连
电阻。

3.9.6　示波器探头 RC 补偿电路

示波器等仪器的测量输入端总有输入电阻和输入电容或寄生电容。当信号通过测量线
直接进入测量设备时，信号会受到这类电阻和电容的影响。为了减少影响，一般在测试探
头中增加一个 RC 并联补偿电路，如图 3.9 - 7 所示。

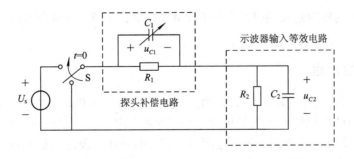

图 3.9 - 7　示波器探头 RC 补偿电路

从图 3.9 - 7 中可看出，此时被测信号并没有完全加到示波器的输入端，相当在电路

中引入一个分压器，所以加 RC 补偿电路的探头称为衰减式探头。

例 3.9 - 4　如图 3.9 - 7 所示电路，$t=0$ 时接入信号电源，求 $t>0$ 时电压 u_{C2}。

解　将电路中的电压源用短路代替后，电容 C_1 与 C_2 并联等效为一个电容 C，说明该电路是一个直流激励的一阶电路，可以利用三要素公式。其时常数为

$$\tau = RC = \frac{R_1 R_2}{R_1 + R_2}(C_1 + C_2)$$

由电路知，$u_{C1}(0_-) = u_{C2}(0_-) = 0$，当 $t=0$ 时开关转换，由 KVL，有

$$u_{C1}(0_+) + u_{C2}(0_+) = U_s \qquad (3.9 - 1)$$

此式说明电容电压在 $t=0_+$ 时刻的值不为 0，电容电压强迫发生跃变（例 3.3 - 3 已讨论过）。为计算 $u_{C2}(0_+)$，需利用电荷守恒定律，即有

$$-C_1 u_{C1}(0_+) + C_2 u_{C2}(0_+) = -C_1 u_{C1}(0_-) + C_2 u_{C2}(0_-) = 0 \qquad (3.9 - 2)$$

由式(3.9 - 1)和式(3.9 - 2)解得

$$u_{C2}(0_+) = \frac{C_1}{C_1 + C_2} U_s$$

$t \to \infty$ 电路达到直流稳态时，电容相当于开路，利用分压公式，得

$$u_{C2}(\infty) = \frac{R_2}{R_1 + R_2} U_s$$

代入三要素公式，得

$$
\begin{aligned}
u_{C2}(t) &= \left[\frac{R_2}{R_1 + R_2} + \left(\frac{C_1}{C_1 + C_2} - \frac{R_2}{R_1 + R_2} \right) e^{-\frac{t}{\tau}} \right] U_s \\
&= \left[\frac{R_2}{R_1 + R_2} + \frac{R_1 C_1 - R_2 C_2}{(C_1 + C_2)(R_1 + R_2)} e^{-\frac{t}{\tau}} \right] U_s \qquad t > 0
\end{aligned}
$$

改变 C_1 的值可以得到三种情况：

(1) 当 $R_1 C_1 < R_2 C_2$ 时，输出电压的初始值比稳态值小，暂态分量不为 0，称为欠补偿。

(2) 当 $R_1 C_1 > R_2 C_2$ 时，输出电压的初始值比稳态值大，暂态分量不为 0，称为过补偿。

(3) 当 $R_1 C_1 = R_2 C_2$ 时，输出电压的初始值与稳态值相等，暂态分量为 0，称为完全补偿或无失真补偿，此时输出波形与输入波形相同，测量结果无失真。这就是在示波器探头中设置一个可调电容的原因。

有时还在示波器的输入端引出多个不同衰减倍数的探头，以适应不同大小输入信号的测量要求。

3.9.7　电磁轨道炮

电磁轨道炮是一种新型武器，它以电磁力取代了传统火炮通过炸药燃烧产生推进力，因此可以用更小的体积使炮弹获得更大的出膛速度。图 3.9 - 8 是一个典型的电磁轨道炮的发射系统示意图。当发射弹丸时，电源向一根导轨供电，经过电枢流向另一根导轨。强大的电流流经两平行导轨，在两导轨间产生强大的、方向相同的线性磁场，并对电枢产生强大的电磁力。电磁力推动电枢和置于电枢前面的弹丸沿导轨加速运动，从而获得很高的初速度，弹丸沿导轨向外运动直到从炮口末端发射出去。

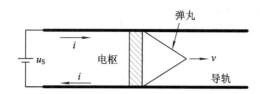

图 3.9 - 8　电磁轨道炮发射系统示意图

　　由上文分析可知,为了使弹丸获得尽可能大的出膛速度,提供一个能够产生强大电流的电源至关重要。图 3.9 - 9 所示的二阶电路就是一个产生脉冲电源的典型电路。其中 R 是电感线圈的绕线电阻,L 为其电感,C 是储能电容,D 是电力二极管,R_L 是需要脉冲电流的负载模型,S 是开关,可以由空气动力开关实现,也可以由晶闸管等电力电子开关实现。

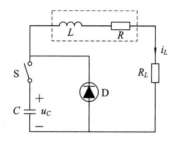

图 3.9 - 9　二阶脉冲电源电路示意图

　　开始时,先通过其他电路给电容充电至 $u_c = U > 0$,然后在某一时刻使开关 S 闭合,此时二极管 D 反向截止。$C - L - R - R_L$ 构成一个二阶电路。选择 C、L 和 R 的参数使电路处于欠阻尼状态,电流为衰减振荡波形,如图 3.9 - 10 所示。

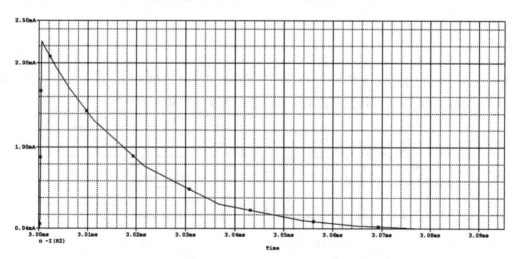

图 3.9 - 10　脉冲电源模块输出的电流波形示意图

　　一般来说,用于脉冲功率的储能电容不能承受很高的反向电压,因此必须对电容提供保护。与电容并联的电力二极管 D 就起到了这种作用,它确保电容不承受负电压。

　　图 3.9 - 9 所示的二阶脉冲电源发生电路称为脉冲形成单元(Pulse Forming Unit,

PFU)。如果将若干个 PFU 并联给负载 R_L 提供电流，同时调整不同 PFU 的参数和导通时间，就可以产生接近于方波的脉冲电流，便于实际应用。图 3.9 - 11 就是由 4 个 PFU 并联形成的脉冲电流。

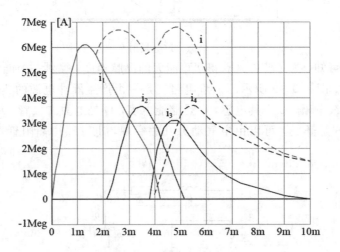

图 3.9 - 11   4 个 PFU 产生的脉冲电流

图 3.9 - 11 中 i_1、i_2、i_3、i_4 分别表示 4 个并联 PFU 电流，i 为流过负载 R_L 的电流，可近似看作方波脉冲电流。随着 PFU 级数的增多，i 可越来越接近方波，方波宽度和幅值都可以通过改变各个 PFU 中的元件参数来调整。

3.10   电路设计与故障诊断

3.10.1   延时电路设计

RC 电路常为报警器、电机控制等产生一个延时。图 3.10 - 1 给出一个报警延时应用。报警单元包含一个门限检测器，当报警单元的输入超过某门限值时，报警器被打开。图 3.10 - 1(b) 中的 u_i 是来自传感器的电压，u_C 是报警单元的输入。

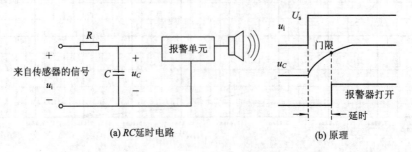

(a) RC 延时电路   (b) 原理

图 3.10 - 1 RC 电路产生延时

例 3.10 - 1   有一防盗保险柜，当保险柜门被打开时，防盗传感器会产生一个 20 V 的直流电压。当报警单元的输入电压超过门限电压 $U_T = 16$ V 时，报警器被激活。请设计一 RC 电路，当主人打开保险柜门时，要求至少有 25 秒的时间延时来关闭报警系统（现手头有一 40 μF 的电容器）。

解　选图 3.10 - 1 所示的 RC 延时电路结构。$C=40$ μF，现在的任务就是确定 R 的值。当保险柜门打开时，$u_i=U_s=20$ V，对于这样一个简单的 RC 电路，容易求得

$$u_C(t) = U_s(1 - e^{-\frac{t}{RC}})$$

整理，并取自然对数，有

$$-\frac{t}{RC} = \ln\left(\frac{U_s - u_C}{U_s}\right)$$

当 $u_C = U_T$ 时，得延时时间

$$t_d = -RC \ln\left(\frac{U_s - U_T}{U_s}\right) \tag{3.10 - 1}$$

令上式中，$t_d = 25$ s，$U_T = 16$ V，$U_s = 20$ V，$C = 40$ μF，可解得

$$R = 388 \text{ k}\Omega$$

选大于 388 kΩ 的邻近标准电阻值，即得 $R = 390$ kΩ。

3.10.2　一阶动态电路设计

例 3.10 - 2　图 3.10 - 2(a)所示电路中，N 为不含独立源的一阶线性电路。在 $t=0$ 时开关 S 闭合。已知 a、b 端电压的零状态响应 $u_{zs}(t) = 2e^{-\frac{1}{3}t}$ V，$t \geqslant 0$。试设计电路 N 的一种最简结构形式，并确定该结构中的各元件参数。

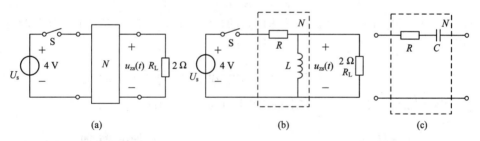

图 3.10 - 2　例 3.10 - 2 图

解　由零状态响应 $u_{zs}(t) = 2e^{-\frac{1}{3}t}$ V 可知，稳态值 $u_{zs}(\infty) = 0$，初始值 $u_{zs}(0_+) = 2$ V，时常数 $\tau = 3$ s。根据电感直流稳态短路的特点，给出 N 的一种最简单结构，如图 3.10 - 2(b)所示。由初始值 $u_{zs}(0_+) = 2$ V，可得

$$u_{zs}(0_+) = \frac{R_L}{R_L + R}U_s = \frac{2}{2+R} \times 4 = 2$$

解得 $R = 2$ Ω。

再由时常数 $\tau = 3$ s，有

$$\tau = \frac{L}{R /\!/ R_L} = \frac{L}{1} = 3$$

解得 $L = 3$ H。

电路 N 的结构并不唯一，也可以用如图 3.10 - 2(c)所示的 RC 电路，读者可自行计算。

3.10.3　电容器和电感器的主要故障现象

电容器最常见的一类故障是由于电容器的老化而引起泄露电流增大，表现为泄露电阻

与电容器的并联效应。电感器绝大部分的常见故障是由于电流过大或者机械接触故障而引起绕线开路导致故障。

例 3.10 - 3　某延时电路如图 3.10 - 3(a)所示，开关闭合后，电容器以时常数设定的速率开始充电。延时 25 s 后，电容器上的电压达到 $U_T = 16$ V 的门限电压，从而触发激活某个设备，如马达、继电器或报警器等。该电路使用较久后，最近发现只能延时 5 s 左右，经检查发现是电容器老化泄露电流增大所致。求此时电容器的漏电阻。

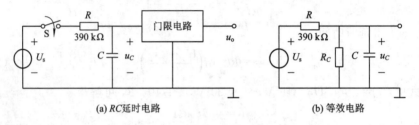

(a) RC延时电路　　　　　　　　　　　　　(b) 等效电路

图 3.10 - 3　电容器的漏电阻效应

解　由式(3.10 - 1)可知，延时时间为

$$t_d = -RC \ln\left(\frac{U_s - U_T}{U_s}\right)$$

它与时常数 $\tau = RC$ 成正比。设电容器老化后的漏电阻记为 R_C。图 3.10 - 3(a)延时电路的等效电路如图 3.10 - 3(b)所示，其时常数 τ_1 为

$$\tau_1 = (R /\!/ R_C)C$$

由于正常电路的延时时间 $t_d = 25$ s，故障电路的延时时间 $t_{d1} = 5$ s，且延时时间与时常数成正比，则

$$\frac{t_d}{t_{d1}} = \frac{\tau}{\tau_1} = \frac{RC}{(R /\!/ R_C)C} = \frac{25}{5}$$

将 $R = 390$ kΩ 代入上式可解得电容器的漏电阻 $R_C = 97.5$ kΩ。

知识点归纳(1)

知识点归纳(2)

习 题 3

3 - 1　一电容 $C = 0.5$ F，其电流电压为关联参考方向。如其端电压 $u = 4(1 - e^{-t})$ V，$t \geq 0$，求 $t \geq 0$ 时的电流 i，粗略画出其电压和电流的波形。电容的最大储能是多少？

3 - 2　一电容 $C = 0.5$ F，其电流电压为关联参考方向。如其端电压 $u = 4 \cos 2t$ V，$-\infty < t < \infty$，求其电流 i，粗略画出电压和电流的波形。电容的最大储能是多少？

3 - 3　一电容 $C = 0.2$ F，其电流如题 3 - 3 图所示，若已知在 $t = 0$ 时，电容电压 $u(0) = 0$，求其端电压，并画波形。

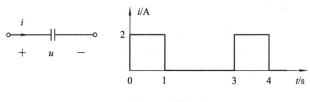

题 3-3 图

3-4　一电感 $L=0.2$ H，其电流电压为关联参考方向。如通过它的电流 $i=5(1-e^{-2t})$ A，$t \geqslant 0$，求 $t \geqslant 0$ 时的端电压，并粗略画出其波形。电感的最大储能是多少？

3-5　一电感 $L=0.5$ H，其电流电压为关联参考方向。如通过它的电流 $i=2\sin 5t$ A，$-\infty<t<\infty$，求端电压 u，并粗略画出其波形。

3-6　一电感 $L=4$ H，其端电压的波形如题 3-6 图所示，已知 $i(0)=0$，求其电流，并画出其波形。

3-7　如题 3-7 图所示电路，已知电阻端电压 $u_R=5(1-e^{-10t})$ V，$t \geqslant 0$，求 $t \geqslant 0$ 时的电压 u。

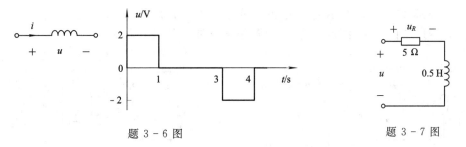

题 3-6 图　　　　　　　　题 3-7 图

3-8　如题 3-8 图所示电路，已知电阻中的电流 i_R 的波形如图所示，求总电流 i。

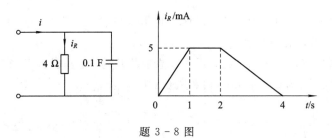

题 3-8 图

3-9　电路如题 3-9 图所示，已知电容电压 $u_C=10\sin 2t$ V，$-\infty<t<\infty$，求电路的端口电压 u。

3-10　电路如题 3-10 图所示，已知 $u=5+2e^{-2t}$ V，$t \geqslant 0$，$i=1+2e^{-2t}$ A，$t \geqslant 0$，求电阻 R 和电容 C。

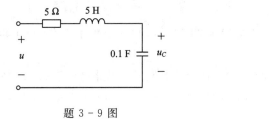
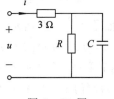

题 3-9 图　　　　　　　　题 3-10 图

3 - 11   如题 3 - 11 图所示的电路。

(1) 求图(a)中 ab 端的等效电感。

(2) 图(b)中各电容 $C=10$ μF，求 ab 端的等效电容。

(3) 图(c)中各电容 $C=200$ pF，求 ab 端的等效电容。

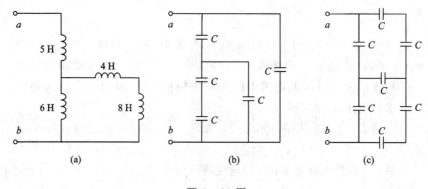

题 3 - 11 图

3 - 12   列写题 3 - 12 图示电路 u_C 的微分方程和 i_L 的微分方程。

3 - 13   列写题 3 - 13 图示电路 u_C 的微分方程和 i_L 的微分方程。

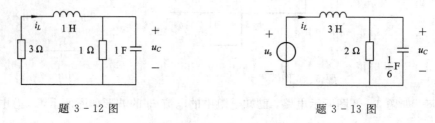

题 3 - 12 图   题 3 - 13 图

3 - 14   如题 3 - 14 图所示电路，在 $t<0$ 时开关 S 位于"1"，已处于稳态；当 $t=0$ 时开关 S 由"1"闭合到"2"，求初始值 $i_L(0_+)$ 和 $u_L(0_+)$。

3 - 15   如题 3 - 15 图所示电路，开关 S 原是断开的，电路已处于稳态，$t=0$ 时开关闭合，求初始值 $u_C(0_+)$、$i_L(0_+)$、$i_C(0_+)$ 和 $i_R(0_+)$。

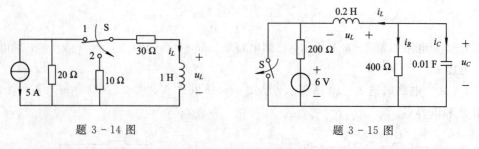

题 3 - 14 图   题 3 - 15 图

3 - 16   如题 3 - 16 图所示电路，开关 S 原是闭合的，电路已处于稳态，$t=0$ 时开关断开，求初始值 $u_L(0_+)$、$i(0_+)$ 和 $i_C(0_+)$。

3 - 17   如题 3 - 17 图所示电路，在 $t<0$ 时开关 S 断开，电路已处于稳态，当 $t=0$ 时开关闭合，求初始值 $u_R(0_+)$、$i_C(0_+)$ 和 $u_L(0_+)$。

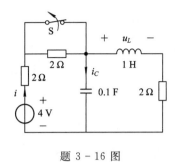

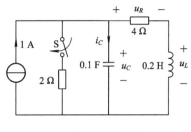

题 3-16 图　　　　　　　　　　　题 3-17 图

3-18　题 3-18 图示电路，$t=0$ 时开关闭合，闭合前电路处于稳态，求 $t \geqslant 0$ 时的 $u_C(t)$，并画出其波形。

3-19　电路如题 3-19 图所示，在 $t<0$ 时开关 S 是断开的，电路已处于稳态，$t=0$ 时开关闭合，求 $t \geqslant 0$ 时的电压 u_C、电流 i 的零输入响应和零状态响应，并画出其波形。

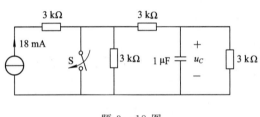

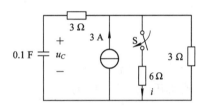

题 3-18 图　　　　　　　　　　　题 3-19 图

3-20　如题 3-20 图所示电路，在 $t<0$ 时开关 S 位于"1"，电路已处于稳态，$t=0$ 时开关闭合到"2"，求 u_C、i 的零输入响应和零状态响应，并画出其波形。

3-21　电路如题 3-21 图所示，在 $t=0$ 时开关 S 位于"1"，电路已处于稳态，$t=0$ 时开关闭合到"2"，求 i_L、u 的零输入响应和零状态响应，并画出其波形。

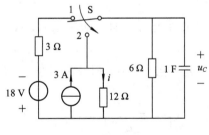

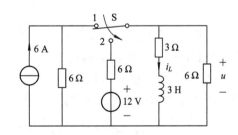

题 3-20 图　　　　　　　　　　　题 3-21 图

3-22　如题 3-22 图所示电路，电容初始储能为零，$t=0$ 时开关 S 闭合，求 $t \geqslant 0$ 时的 u_C。

3-23　电路如题 3-23 图所示，电感初始储能为零，$t=0$ 时开关 S 闭合，求 $t \geqslant 0$ 时的 i_L。

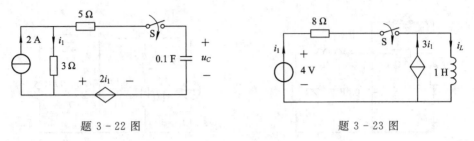

题 3 - 22 图   题 3 - 23 图

3 - 24　如题 3 - 24 图所示电路，电容初始储能为零，$t=0$ 时开关 S 闭合，求 $t \geqslant 0$ 时的 i_1。

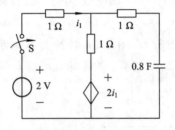

题 3 - 24 图

3 - 25　电路如题 3 - 25 图所示，在 $t<0$ 时开关是闭合的，电路已处于稳态，当 $t=0$ 时开关断开，求 $t \geqslant 0$ 时的 i_L、u_L。

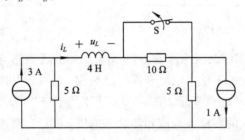

题 3 - 25 图

3 - 26　电路如题 3 - 26 图所示，$t<0$ 时开关 S 位于"1"，电路已处于稳态，$t=0$ 时开关由"1"闭合到"2"，求 $t \geqslant 0$ 时的 i_L 和 u。

3 - 27　电路如题 3 - 27 图所示，$t<0$ 时电路已处于稳态。$t=0$ 时开关闭合，闭合后经过 10 s 开关又断开，求 $t \geqslant 0$ 时的 u_C，并画出波形。

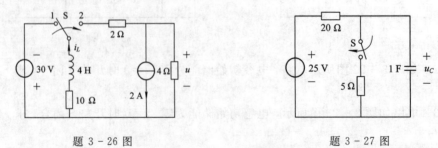

题 3 - 26 图   题 3 - 27 图

3 - 28　电路如题 3 - 28 图所示，$t<0$ 时开关 S 位于"1"，电路已处于稳态。$t=0$ 时开关由"1"闭合到"2"，经过 2 s 后，开关又由"2"闭合到"3"。

（1）求 $t \geqslant 0$ 时的电压 u_C，并画出波形。

（2）求电压 u_C 恰好等于 3 V 的时刻 t 的值。

3-29 电路如题 3-29 图所示，在 $t<0$ 时开关 S 是断开的，电路已处于稳态，$t=0$ 时开关闭合，求 $t \geqslant 0$ 时的电流 i。

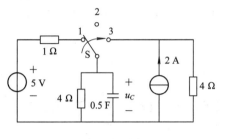

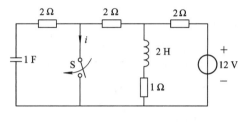

题 3-28 图　　　　　　　　　　题 3-29 图

3-30 电路如题 3-30 图所示，已知 $u_C(0_-)=0$，$i_L(0_-)=0$，当 $t=0$ 时开关闭合，求 $t \geqslant 0$ 时的电流 i 和电压 u。

3-31 电路如题 3-31 图所示，电容的初始电压 $u_C(0_+)$ 一定，激励源均在 $t=0$ 时接入。已知当 $u_s=2$ V、$i_s=0$ 时，全响应 $u_C=1+\mathrm{e}^{-2t}$(V)，$t \geqslant 0$；当 $u_s=0$、$i_s=2$ A 时，全响应 $u_C=4-2\mathrm{e}^{-2t}$(V)，$t \geqslant 0$。

（1）求 R_1、R_2 和 C 的值。

（2）求当 $u_s=2$ V、$i_s=2$ A 时，电路的全响应。

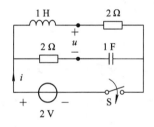

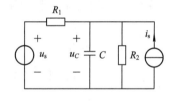

题 3-30 图　　　　　　　　　　题 3-31 图

3-32 如题 3-32 图所示电路，N 中不含储能元件，当 $t=0$ 时开关闭合，输出电压的零状态响应为 $u_0(t)=1+\mathrm{e}^{-t/4}$(V)，$t \geqslant 0$。如果将 2 F 的电容换为 2 H 的电感，求输出电压的零状态响应 $u_0(t)$。

3-33 如题 3-33 图所示电路，在 $t<0$ 时开关 S 是断开的，电路已处于稳态，$t=0$ 时开关闭合，求 $t \geqslant 0$ 时 $i(t)$ 和 $u(t)$。

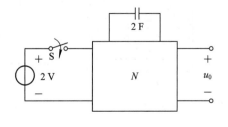

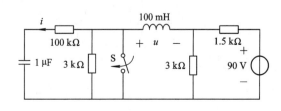

题 3-32 图　　　　　　　　　　题 3-33 图

3 – 34 如题 3 – 34 图所示电路，已知 $I_s = 100$ mA，$R = 1$ kΩ，$t = 0$ 时开关闭合。

（1）求使固有响应为零的电容电压初始值。

（2）若 $C = 1$ μF，$u_C(0_+) = 50$ V，求 $t = 10^{-4}$ s 时的 u_C 和 i_C 的值。

（3）若 $u_C(0_+) = -50$ V，为使 $t = 10^{-3}$ s 时的 u_C 等于零，求所需的电容 C 的值。

3 – 35 如题 3 – 35 图所示电路，在 $t < 0$ 时开关位于"1"，电路已处于稳态，$t = 0$ 时开关闭合到"2"。

（1）若 $C = 0.1$ F，求 $u_C = \pm 3$ V 时的时间 t。

（2）为使 $t = 1$ s 时的 u_C 为零，求所需的 C 值。

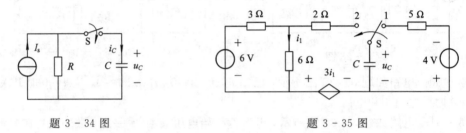

题 3 – 34 图   题 3 – 35 图

3 – 36 如题 3 – 36 图所示电路原处于稳态，在 $t = 0$ 时，受控源的控制系数 r 突然由 10 Ω 变为 5 Ω，求 $t > 0$ 时的电压 $u_C(t)$。

3 – 37 电路如题 3 – 37 图所示，在 $t = 0_-$ 时，$u_1(0_-) = 60$ V，$u_2(0_-) = 0$，$t = 0$ 时开关 S 闭合。

（1）求 $t \geq 0$ 的 u_1 和 u_2，画出其波形。

（2）计算在 $t > 0$ 时电阻吸收的能量。

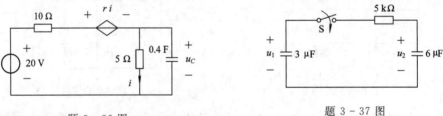

题 3 – 36 图   题 3 – 37 图

3 – 38 如题 3 – 38 图所示电路，以 i_L 为输出。

（1）求阶跃响应。

（2）如输入信号 i_s 的波形如题 3 – 38 图(b)所示，求 i_L 的零状态响应。

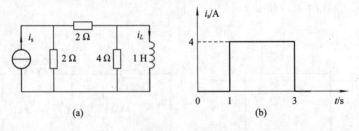

题 3 – 38 图

3 – 39 如题 3 – 39 图所示电路，若输入电压 u_s 如题 3 – 39 图(b)所示，求 u_C 的零状态响应。

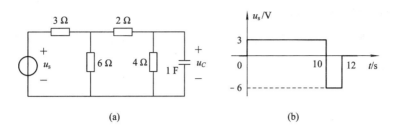

(a)　　　　　　　　　　　(b)

题 3 - 39 图

3 - 40 　如题 3 - 40 图所示电路，若以 u_C 为输出，求其阶跃响应。

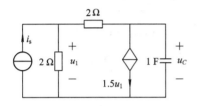 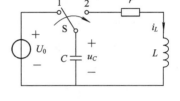

题 3 - 40 图　　　　　　　　　　　题 3 - 41 图

3 - 41 　在受控热核研究中，需要的强大脉冲磁场是靠强大的脉冲电流产生的。题 3 - 41 图示电路中 $C=2000\ \mu F$，$L=4\ nH$，$r=0.4\ m\Omega$，直流电压 $U_0=15\ kV$。如在 $t<0$ 时，开关位于"1"，电路已处于稳态；当 $t=0$ 时，开关由"1"闭合到"2"。

（1）求衰减常数 α，谐振角频率 ω_0 和 $t\geqslant0$ 时的 $i_L(t)$。

（2）求 i_L 达到极大值的时间，并求出 $i_{L\max}$。

3 - 42 　如题 3 - 42 图所示的 GCL 并联电路，若以 i_L 和 u_C 为输出，求它们的阶跃响应。

3 - 43 　如题 3 - 43 图所示电路，若以 u 为输出，求阶跃响应；若要使 $u(t)$ 也是阶跃函数，需要满足什么条件？

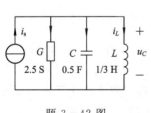 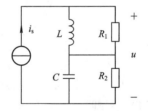

题 3 - 42 图　　　　　　　　　　　题 3 - 43 图

3 - 44 　如题 3 - 44 图所示电路，虚线框内是运放电路等效模型，列出输出电压 u_o 的微分方程；分析 A 取不同数值时，电压 u_o 的情况（过阻尼、衰减振荡、等幅振荡、增幅振

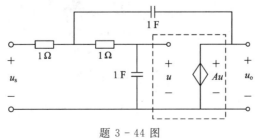

题 3 - 44 图

荡，其中增幅振荡是不稳定状态）。

3-45 电路如题 3-45 图所示，已知 $i_s = 2\sqrt{2}\cos 2t$ (A)，若以 u_C 为输出，求其零状态响应。

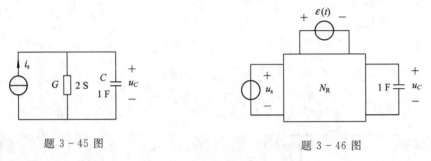

题 3-45 图　　　　　　　　　　　　　题 3-46 图

3-46 如题 3-46 图所示电路中，N_R 只含电阻，电容的初始状态不详，$\varepsilon(t)$ 为单位阶跃电压。已知当 $u_s(t) = 2\cos t\varepsilon(t)$ (V) 时，全响应为

$$u_C(t) = 1 - 3e^{-t} + \sqrt{2}\cos(t - 45°) \text{ V} \qquad t \geqslant 0$$

(1) 求在同样初始条件下，$u_s(t) = 0$ 时的 $u_C(t)$。

(2) 求在同样初始条件下，两个电源均为零时的 $u_C(t)$。

3-47 实验室中有大量 10 μF、额定电压为 300 V 的电容器，现欲使用 40 μF、额定电压为 600 V 的电容器，问要用多少个 10 μF 的电容器才能替代该 40 μF 的电容器？它们是怎样连接的？

3-48 题 3-48 图所示的 RC 电路是用于报警的，当流过报警器的电流超过 120 μA 时就报警。若 $0 \leqslant R \leqslant 6\ \text{k}\Omega$，求电路产生的报警时间延迟范围。

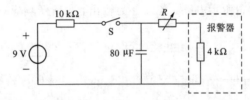

题 3-48 图

3-49 题 3-49 图所示的电路用于生物课中让学生观察"青蛙的跳动"。学生注意到，当开关闭合时，青蛙只动一动，而当开关断开时，青蛙很剧烈地跳动了 5 s，将青蛙的模型视为一电阻，计算该电阻值。（假设青蛙激烈跳动需要 10 mA 的电流。）

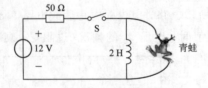

题 3-49 图

3-50 设计一个模拟计算机，求解下列微分方程

$$\frac{d^2 u_0}{dt^2} + 2\frac{du_0}{dt} + u_0 = 10\cos 2t$$

且 $u_0(0) = 2$ V，$u_0'(0) = 0$ V。

第 4 章　正弦稳态分析

　　本章将研究线性非时变电路在正弦激励下的稳态响应，即正弦稳态分析。在线性电路中，当激励是正弦电流(或电压)时，其稳态响应也是同频率的正弦电流(或电压)，因此这种电路也称为正弦电流电路。

　　目前电力系统中所用的电压、电流几乎都采用正弦函数形式，其中大多数问题可以按正弦电流电路来分析。此外，各种复杂波形的电流、电压都可分解为众多不同频率的正弦函数，因此正弦稳态分析是研究复杂波形激励的电路问题的基础。

4.1　正　弦　量

4.1.1　正弦量的三要素

　　按正弦或余弦规律随时间作周期变化的电压、电流称为正弦电压、电流，统称为正弦量(或正弦交流电)。正弦量可以用正弦函数表示，也可用余弦函数表示。本书用余弦函数表示正弦量。

　　正弦电压、电流的大小和方向是随时间变化的，其在任意时刻的值称为瞬时值，表示为

$$\begin{cases} u(t) = U_{\mathrm{m}} \cos(\omega t + \varphi_u) \\ i(t) = I_{\mathrm{m}} \cos(\omega t + \varphi_i) \end{cases} \tag{4.1-1}$$

式中 $U_{\mathrm{m}}(I_{\mathrm{m}})$、$\omega$、$\varphi_u(\varphi_i)$ 是正弦量的三要素。

　　(1) $U_{\mathrm{m}}(I_{\mathrm{m}})$ 称为正弦电压 u(电流 i)的振幅，它是正弦电压(电流)在整个变化过程中所能达到的最大值，如图 4.1-1 所示。

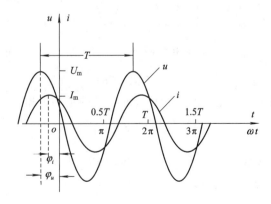

图 4.1-1　正弦电压与电流

$(\omega t + \varphi_u)$、$(\omega t + \varphi_i)$，反映了正弦量变化的进程，称为相位角或相位，单位为弧度（rad）或度（°）。

（2）ω 是相位角随时间变化的速率，即

$$\omega = \frac{\mathrm{d}}{\mathrm{d}t}(\omega t + \varphi_u) \tag{4.1-2}$$

称为角频率，单位是 rad/s，它反映了正弦量变化的速率。ω 与周期 T 的关系是

$$\omega = \frac{2\pi}{T} \quad \text{或} \quad T = \frac{2\pi}{\omega} \tag{4.1-3}$$

为了方便，在描绘正弦量的波形时，通常取 ωt 为横坐标，如图 4.1-1 所示。当 $t = T$ 时，$\omega t = 2\pi$。

由于频率 $f = \frac{1}{T}$，因此 ω 与 f 的关系是

$$\omega = \frac{2\pi}{T} = 2\pi f \tag{4.1-4}$$

频率的单位是赫兹（Hz）。我国电力系统的正弦交流电其频率是 50 Hz，周期为 0.02 s。频率较高时，其单位常用千赫兹（kHz）、兆赫兹（MHz）和吉赫兹（GHz）表示；相应的周期单位分别为毫秒（ms）、微秒（μs）和纳秒（ns）。

（3）φ_u（φ_i）称为正弦电压（电流）的初相角，简称初相，它是正弦量 $t=0$ 时刻的相角，即

$$(\omega t + \varphi_u)\,|_{t=0} = \varphi_u$$
$$(\omega t + \varphi_i)\,|_{t=0} = \varphi_i$$

初相角的单位为弧度（rad）或度（°），通常在 $-\pi \leqslant \varphi_u$（或 φ_i）$\leqslant \pi$ 的主值范围内取值。

初相角的大小与计时起点有关，如果正弦量正最大值发生在计时起点（$t=0$）之前[1]，则 φ_u（φ_i）> 0，如图 4.1-2(a) 所示；如发生在计时起点之后，则 φ_u（或 φ_i）< 0，如图 4.1-2(c) 所示；如果正最大值恰发生在 $t=0$ 处，则 φ_u（或 φ_i）$=0$，如图 4.1-2(b) 所示。

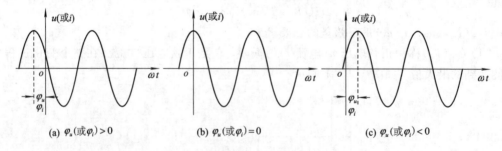

(a) φ_u（或φ_i）> 0 (b) φ_u（或φ_i）$=0$ (c) φ_u（或φ_i）< 0

图 4.1-2 初相角

正弦量的三个要素是正弦量之间进行比较和区分的主要依据。

4.1.2 相位差

任意两个同频率正弦量的相位角之差称为相位差，它是区别同频率正弦量的重要标志之一。例如，设相同频率的电压和电流

---

[1] 因本书用余弦函数表示正弦量，因而用最大值发生的时刻与 $t=0$ 时相比较。

$$\begin{cases} u(t) = U_{\mathrm{m}} \cos(\omega t + \varphi_1) \\ i(t) = I_{\mathrm{m}} \cos(\omega t + \varphi_2) \end{cases} \quad (4.1-5)$$

二者相角之差(用 θ 表示)为

$$\theta = (\omega t + \varphi_1) - (\omega t + \varphi_2) = \varphi_1 - \varphi_2 \quad (4.1-6)$$

可见，对于两个同频率的正弦量来说，其相位差在任何瞬时都是常数，并等于初相位之差，而与时间 t 无关。相位差 θ 的值也取主值范围，单位为弧度或度。

如果 $\theta = \varphi_1 - \varphi_2 > 0$，如图 4.1-3(a)所示，称电压 u 超前电流 $i\theta$ 度(或弧度)，其相位差为 θ；或者说，电流 i 落后于电压 u θ 度(或弧度)。

如果 $\theta = \varphi_1 - \varphi_2 < 0$，如图 4.1-3(b)所示，称电流 i 超前于电压 $u\theta$ 度(或弧度)，其相位差为 θ；或电压 u 落后于电流 i θ 度(或弧度)。

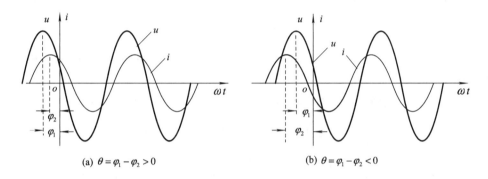

(a) $\theta = \varphi_1 - \varphi_2 > 0$　　　　　(b) $\theta = \varphi_1 - \varphi_2 < 0$

图 4.1-3　相位差

如果 $\theta = \varphi_1 - \varphi_2 = 0$，即相位差为零，称电压 u 与电流 i 同相，如图 4.1-4(a)所示；如果 $\theta = \varphi_1 - \varphi_2 = \pm\dfrac{\pi}{2}$，称电压 u 与电流 i 正交，如图 4.1-4(b)所示；如果 $\theta = \varphi_1 - \varphi_2 = \pm\pi$，称电压与电流反相，如图 4.1-4(c)所示。

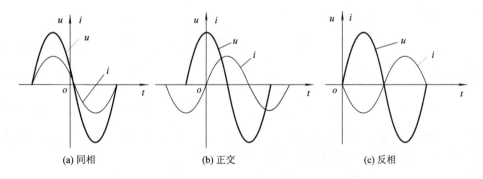

(a) 同相　　　　　(b) 正交　　　　　(c) 反相

图 4.1-4　同相、正交与反相

不同频率的两个正弦量之间的相位差是随时间变化的，而不再是常数。我们主要关心的是同频率正弦量之间的相位差。

4.1.3　正弦量的有效值

周期电压、电流的瞬时值是随时间变化的。为了简单地衡量其大小，常采用有效值。

我们知道,若直流电流 I 通过电阻 R,在一段时间(譬如由 t_1 到 t_2)电阻消耗的能量为

$$w_{\text{DC}} = I^2 R(t_2 - t_1) \qquad (4.1-7)$$

设有一周期为 T 的电流 i 通过上述电阻 R,在一个周期内消耗的能量为

$$w_{\text{AC}} = \int_0^T i^2 R \, \mathrm{d}t \qquad (4.1-8)$$

如果直流电流 I 和周期电流 i 通过相同的电阻 R,在相同的时间区间 T 内,电阻所消耗的能量相等,那么就平均效应(譬如热效应)而言,二者是相同的。我们称周期电流的有效值就等于该直流电流的值 I。于是在式(4.1-7)中,令 $T = t_2 - t_1$,并令 $w_{\text{DC}} = w_{\text{AC}}$,得

$$I^2 R T = \int_0^T i^2 R \, \mathrm{d}t$$

于是得周期电流 i 的有效值

$$I \overset{\text{def}}{=\!=} \sqrt{\frac{1}{T} \int_0^T i^2 \, \mathrm{d}t} \qquad (4.1-9a)$$

上式表示,周期量的有效值等于其瞬时值的平方在一个周期内的平均值的平方根,因此有效值又称均方根值(root-mean-square,简记为 r.m.s)。

如果周期电流为正弦量 $i = I_{\text{m}} \cos(\omega t + \varphi_i)$,将它代入式(4.1-9a)得

$$I = \sqrt{\frac{1}{T} \int_0^T I_{\text{m}}^2 \cos^2(\omega t + \varphi_i) \, \mathrm{d}t}$$

$$= \sqrt{\frac{1}{T} \int_0^T I_{\text{m}}^2 \frac{1}{2} \left[1 + \cos 2(\omega t + \varphi_i) \right] \mathrm{d}t}$$

上式积分中的第一项等于 $I_{\text{m}}^2 \dfrac{T}{2}$;因积分区间为一个周期,故第二项积分为零。于是得正弦电流 i 的有效值

$$I = \frac{1}{\sqrt{2}} I_{\text{m}} = 0.707 I_{\text{m}} \qquad (4.1-9b)$$

同样,周期电压 u 的有效值

$$U \overset{\text{def}}{=\!=} \sqrt{\frac{1}{T} \int_0^T u^2 \, \mathrm{d}t} \qquad (4.1-10a)$$

正弦电压 u 的有效值

$$U = \frac{1}{\sqrt{2}} U_{\text{m}} = 0.707 U_{\text{m}} \qquad (4.1-10b)$$

可见,对于正弦量,其最大值(U_{m} 或 I_{m})与有效值(U 或 I)之间有确定的关系。因此,有效值可以代替最大值作为正弦量的要素之一。

引入有效值后,正弦电压、电流可写为

$$\begin{cases} u(t) = \sqrt{2}\, U \cos(\omega t + \varphi_u) \\ i(t) = \sqrt{2}\, I \cos(\omega t + \varphi_i) \end{cases} \qquad (4.1-11)$$

通常所说的正弦交流电压、电流的大小都是指有效值。譬如民用交流电压 220 V、工业用电电压 380 V 等。交流测量仪表所指示的读数、电气设备的额定值等都是指有效值。但各种器件和电气设备的耐压值应按最大值考虑。

4.2　相量法的基本概念

4.2.1　正弦量与相量

根据欧拉公式，正弦电压可写为[①]

$$u(t) = U_\mathrm{m} \cos(\omega t + \varphi_u) = \mathrm{Re}[U_\mathrm{m} e^{j(\omega t + \varphi_u)}]$$
$$= \mathrm{Re}[U_\mathrm{m} e^{j\varphi_u} e^{j\omega t}] = \mathrm{Re}[\dot{U}_\mathrm{m} e^{j\omega t}] \qquad (4.2-1)$$

这样，一个余弦时间函数（它是实函数）可以用一个复指数函数来表示，式中复常数

$$\dot{U}_\mathrm{m} = |\dot{U}_\mathrm{m}| e^{j\varphi_u} = U_\mathrm{m} e^{j\varphi_u} = U_\mathrm{m} \angle \varphi_u \qquad (4.2-2)$$

$\dot{U}_\mathrm{m}$ 的模是正弦电压的振幅 U_m，辐角是正弦电压的初相角 φ_u，我们称其为电压 u 的振幅相量。为了将相量（它也是复数）与一般复数相区别[②]，符号 U_m 上加"·"。

相量和复数一样，它可以在复平面上用矢量表示，如图 4.2－1(a)所示。这种表示相量的图称为相量图。有时为了简练、醒目，常省去坐标轴，如图 4.2－1(b)所示。

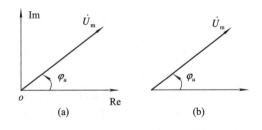

图 4.2－1　相量图

式(4.2－1)中的 $e^{j\omega t}$ 称为旋转因子，它是模等于 1，初相为零，并以角速度 ω 逆时针旋转的复值函数。式(4.2－1)中的复指数函数 $\dot{U}_\mathrm{m} e^{j\omega t}$ 等于相量 $\dot{U}_\mathrm{m}$ 乘以旋转因子 $e^{j\omega t}$，称为旋转相量，$\dot{U}_\mathrm{m}$ 称为旋转相量的复振幅。

引入旋转相量的概念后，可以说明式(4.2－1)对应关系的几何意义，即一个正弦量在任意时刻的瞬时值，等于对应的旋转相量同一时刻在实轴上的投影。图 4.2－2 画出了旋转相量 $\dot{U}_\mathrm{m} e^{j\omega t}$ 与正弦量 $U_\mathrm{m} \cos(\omega t + \varphi_u)$ 的对应关系。当 $t=0$ 时，旋转相量 $\dot{U}_\mathrm{m} = U_\mathrm{m} e^{j\varphi_u}$，它在实轴上的投影为 $U_\mathrm{m} \cos\varphi_u$，对应于正弦量 u 在 $t=0$ 时的值；在 $t=t_1$ 时，旋转相量 $\dot{U}_\mathrm{m} e^{j\omega t_1} = U_\mathrm{m} e^{j(\omega t_1 + \varphi_u)}$，它在实轴上的投影为 $U_\mathrm{m} \cos(\omega t_1 + \varphi_u)$，对应于正弦量 u 在 $t=t_1$ 时的值。依此类推，对任意时刻 t，旋转相量

$$\dot{U}_\mathrm{m} e^{j\omega t} = U_\mathrm{m} e^{j(\omega t + \varphi_u)}$$

它在实轴上的投影对应于正弦电压

$$u = U_\mathrm{m} \cos(\omega t + \varphi_u)$$

旋转相量的角速度 ω 就是正弦量的角频率。

---

① Re[·]是指取复数的实部。令 $u = U_\mathrm{m} \sin(\omega t + \varphi_u)$，则 $u = \mathrm{Im}[U_\mathrm{m} e^{j\varphi_u} e^{j\omega t}]$，其中"Im"表示取"复数的虚部"。

② 这种命名和记法是为了强调它与正弦量的联系，而在运算上与一般复数运算相同。

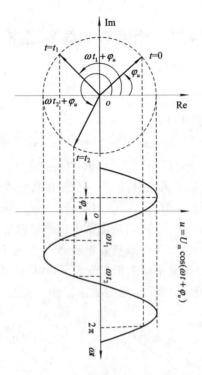

图 4.2 - 2　旋转相量与正弦量

式(4.2 - 1)实质上是一种线性变换,这种变换也有齐次性和可加性(请参看本书末附录一式(F1 - 17)和式(F1 - 21))。对于任何正弦时间函数都有唯一的旋转相量(复指数函数)与其相对应;反之,任意旋转相量也有唯一的正弦量与其相对应。因此,可以用相量来表示正弦量。这种对应关系简单,可以直接写出。

正弦电压也可用有效值表示

$$u(t) = \sqrt{2}U\cos(\omega t + \varphi_u) = \mathrm{Re}[\sqrt{2}\dot{U}\mathrm{e}^{\mathrm{j}\omega t}] \tag{4.2 - 3}$$

式中

$$\dot{U} = U\mathrm{e}^{\mathrm{j}\varphi_u} = U\angle\varphi_u \tag{4.2 - 4}$$

称为电压的有效值相量。它与振幅相量也有固定的关系

$$\dot{U} = \frac{1}{\sqrt{2}}\dot{U}_{\mathrm{m}}$$

同样地,正弦电流也可写为

$$i(t) = I_{\mathrm{m}}\cos(\omega t + \varphi_i) = \mathrm{Re}[\dot{I}_{\mathrm{m}}\mathrm{e}^{\mathrm{j}\omega t}]$$
$$= \sqrt{2}I\cos(\omega t + \varphi_i) = \mathrm{Re}[\sqrt{2}\dot{I}\mathrm{e}^{\mathrm{j}\omega t}] \tag{4.2 - 5}$$

式中

$$\begin{cases} \dot{I}_{\mathrm{m}} = I_{\mathrm{m}}\mathrm{e}^{\mathrm{j}\varphi_i} = I_{\mathrm{m}}\angle\varphi_i \\ \dot{I} = I\mathrm{e}^{\mathrm{j}\varphi_i} = I\angle\varphi_i \end{cases} \tag{4.2 - 6}$$

分别称为电流的振幅相量和有效值相量,它们的关系为

$$\dot{I} = \frac{1}{\sqrt{2}}\dot{I}_{\mathrm{m}}$$

4.2.2　正弦量的相量运算

在电路分析中，常常遇到正弦量的加、减运算和微分、积分运算，如果用与正弦量相对应的相量进行运算将比较简单。关于复指数函数实部的运算规则见附录一。

例 4.2 - 1　如有两个同频率的正弦电压分别为

$$u_1(t) = \sqrt{2}\,220\cos(\omega t)(\text{V}), \quad u_2(t) = \sqrt{2}\,220\cos(\omega t - 120°)\ \text{V}$$

求 $u_1 + u_2$ 和 $u_1 - u_2$。

解　若令

$$u_1(t) = \text{Re}\left[\sqrt{2}\dot{U}_1\,\text{e}^{\text{j}\omega t}\right], \quad u_2(t) = \text{Re}\left[\sqrt{2}\dot{U}_2\,\text{e}^{\text{j}\omega t}\right]$$

则其所对应的相量分别为

$$\dot{U}_1 = 220\angle 0°(\text{V}), \quad \dot{U}_2 = 220\angle -120°\ \text{V}$$

u_1、u_2 的和与差为

$$u_1 \pm u_2 = \text{Re}\left[\sqrt{2}\dot{U}_1\text{e}^{\text{j}\omega t}\right] \pm \text{Re}\left[\sqrt{2}\dot{U}_2\text{e}^{\text{j}\omega t}\right]$$

根据附录一的公式(F1 - 21)，上式可写为

$$u_1 \pm u_2 = \text{Re}\left[\sqrt{2}(\dot{U}_1 \pm \dot{U}_2)\text{e}^{\text{j}\omega t}\right]$$

相量 $\dot{U}_1$、$\dot{U}_2$ 的和与差是复数的加减运算。可以求得

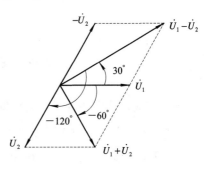

$$
\begin{aligned}
\dot{U}_1 + \dot{U}_2 &= 220\angle 0° + 220\angle -120° \\
&= 220 + \text{j}0 - 110 - \text{j}190.5 \\
&= 110 - \text{j}190.5 = 220\angle -60°\ \text{V} \\
\dot{U}_1 - \dot{U}_2 &= 220\angle 0° - 220\angle -120° \\
&= 220 + \text{j}0 + 110 + \text{j}190.5 \\
&= 330 + \text{j}190.5 = 381\angle 30°\ \text{V}
\end{aligned}
$$

其相量图如图 4.2 - 3 所示。

图 4.2 - 3　例 4.2 - 1 图

根据以上相量，可直接写出

$$u_1(t) + u_2(t) = \sqrt{2}\,220\cos(\omega t - 60°)\ \text{V}$$

$$u_1(t) - u_2(t) = \sqrt{2}\,381\cos(\omega t + 30°)\ \text{V}$$

例 4.2 - 2　如图 4.2 - 4 所示的电路，已知 $R = 2\ \Omega$，$L = 1\ \text{H}$，激励 $u_\text{s}(t) = 8\cos\omega t\ \text{V}$，$\omega = 2\ \text{rad/s}$，求电流 $i(t)$ 的稳态响应。

解　按图 4.2 - 4 所示的电路，列出其电路方程为

$$L\frac{\text{d}i}{\text{d}t} + Ri = u_\text{s}$$

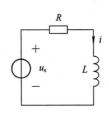

图 4.2 - 4　例 4.2 - 2 图

由第 3 章可知，电路 $i(t)$ 的稳态响应是该微分方程的特解。当激励 u_s 为正弦量时，方程的特解是与 u_s 同频率的正弦量。

设电流和激励电压分别为

$$i(t) = I_{\mathrm{m}} \cos(\omega t + \varphi_i) = \mathrm{Re}[\dot{I}_{\mathrm{m}} \mathrm{e}^{\mathrm{j}\omega t}]$$

$$u_{\mathrm{s}}(t) = U_{\mathrm{sm}} \cos\omega t = \mathrm{Re}[\dot{U}_{\mathrm{sm}} \mathrm{e}^{\mathrm{j}\omega t}]$$

式中 $\dot{U}_{\mathrm{sm}} = 8\angle 0°$ V。将它们代入微分方程，得

$$L \frac{\mathrm{d}}{\mathrm{d}t} \mathrm{Re}[\dot{I}_{\mathrm{m}} \mathrm{e}^{\mathrm{j}\omega t}] + R\, \mathrm{Re}[\dot{I}_{\mathrm{m}} \mathrm{e}^{\mathrm{j}\omega t}] = \mathrm{Re}[\dot{U}_{\mathrm{sm}} \mathrm{e}^{\mathrm{j}\omega t}]$$

根据 Re 的求导和数乘运算式(F1 - 22)、(F1 - 17)，上式可写为

$$\mathrm{Re}[\mathrm{j}\omega L \dot{I}_{\mathrm{m}} \mathrm{e}^{\mathrm{j}\omega t}] + \mathrm{Re}[R \dot{I}_{\mathrm{m}} \mathrm{e}^{\mathrm{j}\omega t}] = \mathrm{Re}[\dot{U}_{\mathrm{sm}} \mathrm{e}^{\mathrm{j}\omega t}]$$

根据实部运算式(F1 - 21)，上式可简化为

$$\mathrm{Re}[(R + \mathrm{j}\omega L) \dot{I}_{\mathrm{m}} \mathrm{e}^{\mathrm{j}\omega t}] = \mathrm{Re}[\dot{U}_{\mathrm{sm}} \mathrm{e}^{\mathrm{j}\omega t}]$$

由式(F1 - 19)，得

$$(R + \mathrm{j}\omega L) \dot{I}_{\mathrm{m}} = \dot{U}_{\mathrm{sm}}$$

可见，采用相量后，以 $i(t)$ 为未知量的微分方程变换为以相量 $\dot{I}_{\mathrm{m}}$ 为未知量的代数方程。由上式，得

$$\dot{I}_{\mathrm{m}} = \frac{\dot{U}_{\mathrm{sm}}}{R + \mathrm{j}\omega L} = \frac{8\angle 0°}{2 + \mathrm{j}2} = 2\sqrt{2}\,\mathrm{e}^{-\mathrm{j}45°}\ \mathrm{A}$$

根据相量 $\dot{I}_{\mathrm{m}}$ 可写出图 4.2 - 4 中电流的稳态响应

$$i(t) = 2\sqrt{2} \cos(\omega t - 45°)\ \mathrm{A}$$

4.3   电路定律的相量形式

基尔霍夫定律和各种元件的伏安关系是分析电路问题的基础，为了用相量法分析正弦稳态电路，这里研究基尔霍夫定律和元件伏安关系的相量形式。

4.3.1   KCL 和 KVL 的相量形式

KCL 的时域形式为

$$\sum i(t) = 0 \quad \forall t \tag{4.3 - 1}$$

如果各支路电流都是同频率的正弦量，将它们都用相对应的旋转相量表示，则上式可写为

$$\sum \mathrm{Re}[\sqrt{2} \dot{I} \mathrm{e}^{\mathrm{j}\omega t}] = 0 \quad \forall t$$

根据附录一式(F1 - 21)，上式可写为

$$\sum \mathrm{Re}[\sqrt{2} \dot{I} \mathrm{e}^{\mathrm{j}\omega t}] = \mathrm{Re}\left[\sum \sqrt{2} \dot{I} \mathrm{e}^{\mathrm{j}\omega t}\right] = \mathrm{Re}\left[\sqrt{2} \left(\sum \dot{I}\right) \mathrm{e}^{\mathrm{j}\omega t}\right] = 0 \quad \forall t$$

由附录一式(F1 - 19)，得

$$\sum \dot{I} = 0 \tag{4.3 - 2}$$

式(4.3 - 2)称为 KCL 的相量形式。它表明，在正弦稳态情况下，对任一节点(或割集)，各支路电流相量的代数和等于零。

同样地，KVL 的时域形式为

$$\sum u = 0 \tag{4.3 - 3}$$

如果各电压均为同频率的正弦量，则有

$$\sum \dot{U} = 0 \qquad\qquad (4.3-4)$$

式(4.3-4)称为 KVL 的相量形式。它表明，在正弦稳态情况下，对任一回路，各支路电压相量的代数和等于零。

由于振幅相量是有效值相量的 $\sqrt{2}$ 倍，故有

$$\begin{cases} \sum \dot{I}_{\mathrm{m}} = 0 \\ \sum \dot{U}_{\mathrm{m}} = 0 \end{cases} \qquad\qquad (4.3-5)$$

4.3.2　基本元件 VAR 的相量形式

一二端元件的端电压 u 和电流 i（u 和 i 取关联参考方向）分别为

$$\begin{cases} u(t) = \sqrt{2}U\cos(\omega t + \varphi_u) = \mathrm{Re}[\sqrt{2}\dot{U}e^{j\omega t}] \\ i(t) = \sqrt{2}I\cos(\omega t + \varphi_i) = \mathrm{Re}[\sqrt{2}\dot{I}e^{j\omega t}] \end{cases} \qquad (4.3-6)$$

式中 $\dot{U}(\dot{U}=Ue^{j\varphi_u})$、$\dot{I}(\dot{I}=Ie^{j\varphi_i})$ 分别是电压、电流的有效值相量。

1. 电阻元件

电阻元件 R（见图 4.3-1(a)）的伏安特性的时域形式，即欧姆定律为

$$u(t) = Ri(t) \qquad \forall t \qquad\qquad (4.3-7)$$

当正弦激励时，有

$$\sqrt{2}U\cos(\omega t + \varphi_u) = R\sqrt{2}I\cos(\omega t + \varphi_i)$$

其波形如图 4.3-1(b)所示。根据附录一式(F1-17)，上式可写为

$$\mathrm{Re}[\sqrt{2}\dot{U}e^{j\omega t}] = R\,\mathrm{Re}[\sqrt{2}\dot{I}e^{j\omega t}] = \mathrm{Re}[\sqrt{2}R\dot{I}e^{j\omega t}]$$

由附录一式(F1-18)，可得

$$\dot{U} = R\dot{I} \qquad\qquad (4.3-8)$$

式(4.3-8)是电阻元件伏安关系的相量形式，根据它可画出电阻元件的相量模型，如图 4.3-1(c)所示。

式(4.3-8)是复数方程，考虑到 $\dot{U}=Ue^{j\varphi_u}$，$\dot{I}=Ie^{j\varphi_i}$，上式可分解为

$$\begin{cases} U = RI \\ \varphi_u = \varphi_i \end{cases} \qquad\qquad (4.3-9)$$

这表明，电阻端电压有效值等于电阻 R 与电流有效值的乘积，而且电压与电流同相。电阻元件的相量图如图 4.3-1(d)所示。

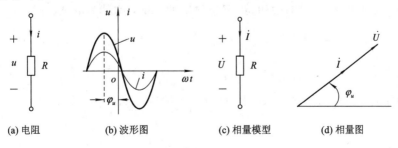

(a) 电阻　　　　(b) 波形图　　　　(c) 相量模型　　　　(d) 相量图

图 4.3-1　电阻元件

2. 电感元件

电感元件 L（见图 4.3 - 2(a)）的伏安特性的时域形式为

$$u(t) = L \frac{\mathrm{d}i(t)}{\mathrm{d}t} \qquad \forall\, t \qquad\qquad (4.3 - 10)$$

当正弦激励时，有

$$\sqrt{2}U \cos(\omega t + \varphi_u) = L \frac{\mathrm{d}}{\mathrm{d}t}[\sqrt{2}I \cos(\omega t + \varphi_i)] = \sqrt{2}\omega L I \cos\left(\omega t + \varphi_i + \frac{\pi}{2}\right)$$

其波形如图 4.3 - 2(b)所示。根据实部 Re 的运算规则附录一式(F1 - 22)，上式可写为

$$\mathrm{Re}[\sqrt{2}\dot{U}\mathrm{e}^{\mathrm{j}\omega t}] = L \frac{\mathrm{d}}{\mathrm{d}t} \mathrm{Re}[\sqrt{2}\dot{I}\mathrm{e}^{\mathrm{j}\omega t}] = \mathrm{Re}[\frac{\mathrm{d}}{\mathrm{d}t}(L\sqrt{2}\dot{I}\mathrm{e}^{\mathrm{j}\omega t})] = \mathrm{Re}[\sqrt{2}\mathrm{j}\omega L\dot{I}\mathrm{e}^{\mathrm{j}\omega t}]$$

由附录一式(F1 - 19)得

$$\dot{U} = \mathrm{j}\omega L \dot{I} \qquad\qquad (4.3 - 11)$$

式(4.3 - 11)是电感元件伏安关系的相量形式。据此可画出电感元件的相量模型，如图 4.3 - 2(c)所示。

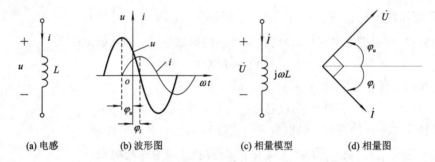

(a) 电感   (b) 波形图   (c) 相量模型   (d) 相量图

图 4.3 - 2   电感元件

考虑到 $\dot{U}=U\mathrm{e}^{\mathrm{j}\varphi_u}$，$\dot{I}=I\mathrm{e}^{\mathrm{j}\varphi_i}$，式(4.3 - 11)可写为

$$U\mathrm{e}^{\mathrm{j}\varphi_u} = \mathrm{j}\omega L I \mathrm{e}^{\mathrm{j}\varphi_i} = \omega L I \mathrm{e}^{\mathrm{j}\left(\varphi_i + \frac{\pi}{2}\right)}$$

即有

$$\begin{cases} U = \omega L I \\ \varphi_u = \varphi_i + \dfrac{\pi}{2} \end{cases} \qquad\qquad (4.3 - 12)$$

这表明，电感端电压的有效值等于 ωL 与电流有效值的乘积，而且电流落后于电压 $\pi/2$。电感元件相量图如图 4.3 - 2(d)所示。

式(4.3 - 11)和(4.3 - 12)中的 ωL 具有电阻的量纲，称其为电抗(感抗)，用 X_L 表示，即

$$X_L = \omega L \qquad\qquad (4.3 - 13a)$$

电抗的单位为 Ω。

与电导雷同，感抗的倒数 $1/X_L$ 称为电纳(感纳)，$1/X_L = \dfrac{1}{\omega L}$ 具有电导的量纳，用 B_L 表示，即

$$B_L = \frac{1}{\omega L} \qquad\qquad (4.3 - 13b)$$

电纳的单位为 S(西门子)。

3. 电容元件

电容元件 C(见图 4.3 - 3(a))的伏安关系的时域形式为

$$i(t) = C\frac{\mathrm{d}u(t)}{\mathrm{d}t} \qquad \forall t \qquad (4.3-14)$$

当正弦激励时,有

$$\sqrt{2}I\cos(\omega t + \varphi_i) = C\frac{\mathrm{d}}{\mathrm{d}t}\left[\sqrt{2}U\cos(\omega t + \varphi_u)\right] = \sqrt{2}\omega CU\cos\left(\omega t + \varphi_u + \frac{\pi}{2}\right)$$

其波形如图 4.3 - 3(b)所示。根据附录一式(F1 - 22),上式可写为

$$\mathrm{Re}\left[\sqrt{2}\dot{I}\mathrm{e}^{\mathrm{j}\omega t}\right] = C\frac{\mathrm{d}}{\mathrm{d}t}\mathrm{Re}\left[\sqrt{2}\dot{U}\mathrm{e}^{\mathrm{j}\omega t}\right] = \mathrm{Re}\left[\frac{\mathrm{d}}{\mathrm{d}t}\left(C\sqrt{2}\dot{U}\mathrm{e}^{\mathrm{j}\omega t}\right)\right]$$

$$= \mathrm{Re}\left[\sqrt{2}\mathrm{j}\omega C\dot{U}\mathrm{e}^{\mathrm{j}\omega t}\right]$$

由附录一式(F1 - 18),得

$$\dot{I} = \mathrm{j}\omega C\dot{U}$$

或

$$\dot{U} = \frac{1}{\mathrm{j}\omega C}\dot{I} \qquad (4.3-15)$$

式(4.3 - 15)是电容元件伏安关系的相量形式,其相量模型如图 4.3 - 3(c)所示。

将 $\dot{U}$ 和 $\dot{I}$ 代入式(4.3 - 15),得

$$U\mathrm{e}^{\mathrm{j}\varphi_u} = \frac{1}{\mathrm{j}\omega C}I\mathrm{e}^{\mathrm{j}\varphi_i} = \frac{1}{\omega C}I\mathrm{e}^{\mathrm{j}\left(\varphi_i - \frac{\pi}{2}\right)}$$

即有

$$\begin{cases} U = \dfrac{1}{\omega C}I \\ \varphi_u = \varphi_i - \dfrac{\pi}{2} \end{cases} \qquad (4.3-16)$$

这表明,电容端电压的有效值等于 $\dfrac{1}{\omega C}$ 与电流有效值的乘积,而且电流超前于电压 $\dfrac{\pi}{2}$。电容元件的相量图如图 4.3 - 3(d)所示。

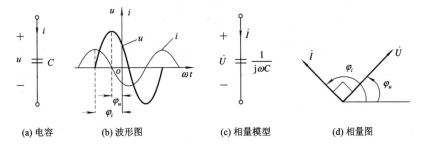

(a) 电容　　(b) 波形图　　(c) 相量模型　　(d) 相量图

图 4.3 - 3　电容元件

式(4.3 - 15)和(4.3 - 16)中,$\dfrac{1}{\omega C}$ 也具有电阻的量纲,定义其为电抗(容抗),用 X_C 表

示[1]，即

$$X_C = \frac{1}{\omega C} \tag{4.3-17a}$$

与电导雷同，容抗的倒数 $1/X_C$ 称为电纳（容纳），$1/X_C = \omega C$ 具有电导的量纲，用 B_C 表示，即

$$B_C = \omega C \tag{4.3-17b}$$

电纳的单位为 S（西门子）。

最后，将 R、L、C 伏安关系的相量形式归纳见表 4-1。

表 4-1 R、L、C 伏安关系的相量形式

相量模型	伏安关系		相量图
i R $+$ $\dot U$ $-$	$\dot U = R \dot I$	$\dot I = G \dot U$ $G = \dfrac{1}{R}$	
i $j\omega L$ $+$ $\dot U$ $-$	$\dot U = j\omega L \dot I$	$\dot I = \dfrac{1}{j\omega L} \dot U$	
i $\dfrac{1}{j\omega C}$ $+$ $\dot U$ $-$	$\dot U = \dfrac{1}{j\omega C} \dot I$	$\dot I = j\omega C \dot U$	

由上可见，KCL 和 KVL 方程的相量形式、电路元件伏安关系的相量形式都是代数方程。这样，在分析正弦稳态电路时，各元件用相量模型表示，各激励源用相量表示，就可得到原电路图的相量模型。根据 KCL、KVL 以及元件的 VAR 就可列出电路方程，并用代数方法求得所需的电流、电压。

例 4.3-1 如图 4.3-4(a) 所示的电路，已知 $i(t) = 2\sqrt{2}\cos 5t (\mathrm{A})$，求电压 u。

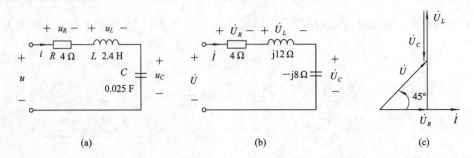

图 4.3-4 例 4.3-1 图

解 取电流 i 的相量（有效值相量）为

---

[1] X_C 在某些书中也有定义为 $X_C \overset{\text{def}}{=\!=\!=} -\dfrac{1}{\omega C}$ 的。

$$\dot{I} = 2\angle 0^\circ \text{ A}$$

令未知电压相量为 $\dot{U}$。由于 $\omega = 5$ rad/s，根据各元件值可得

$$j\omega L = j5 \times 2.4 = j12 \text{ } \Omega$$

$$\frac{1}{j\omega C} = \frac{1}{j5 \times 0.025} = -j8 \text{ } \Omega$$

$$R = 4 \text{ } \Omega$$

于是可画出图 4.3 - 4(a)电路的相量模型，如图 4.3 - 4(b)所示。由图 4.3 - 4(b)可得各元件电压分别为

$$\dot{U}_R = R\dot{I} = 4 \times 2\angle 0^\circ = 8\angle 0^\circ \text{ V}$$

$$\dot{U}_L = j\omega L\dot{I} = j12 \times 2\angle 0^\circ = 24\angle 90^\circ \text{ V}$$

$$\dot{U}_C = \frac{1}{j\omega C}\dot{I} = -j8 \times 2\angle 0^\circ = 16\angle -90^\circ \text{ V}$$

由 KVL，得

$$\dot{U} = \dot{U}_R + \dot{U}_L + \dot{U}_C = 8\angle 0^\circ + 24\angle 90^\circ + 16\angle -90^\circ$$

$$= 8 + j24 - j16 = 8 + j8 = 8\sqrt{2}\angle 45^\circ \text{ V}$$

其相量图如图 4.3 - 4(c)所示。

将电压相量变换为正弦函数形式，得

$$u(t) = \sqrt{2} \times 8\sqrt{2} \cos(5t + 45^\circ) = 16 \cos(5t + 45^\circ) \text{ V}$$

例 4.3 - 2　如图 4.3 - 5(a)所示的电路，已知 $I_1 = 4$ A，$I_2 = 3$ A，求总电流 I。

解　在分析计算正弦稳态电路的各种问题时，要特别注意，各电流、电压均为相量。本题已知 I_1、I_2 的有效值，而初相角未知。

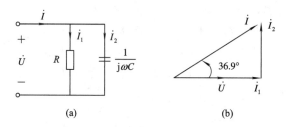

(a)　　　　　　(b)

图 4.3 - 5　例 4.3 - 2图

由于图 4.3 - 5(a)是并联电路，我们假设电压 $\dot{U}$ 的初相为零，即令 $\dot{U} = U\angle 0^\circ$ V。

根据电阻和电容的伏安特性可知

$$\dot{I}_1 = \frac{1}{R}\dot{U} = 4\angle 0^\circ \text{ A}$$

$$\dot{I}_2 = j\omega C\dot{U} = 3\angle 90^\circ \text{ A}$$

根据 KCL，得

$$\dot{I} = \dot{I}_1 + \dot{I}_2 = 4\angle 0^\circ + 3\angle 90^\circ = 4 + j3 = 5\angle 36.9^\circ \text{ A}$$

其相量图如图 4.3 - 5(b)所示。于是得总电流

$$I = 5 \text{ A}$$

4.4 阻 抗 与 导 纳

4.4.1 阻抗

有一不含独立源的一端口电路 N，如图 $4.4-1(a)$所示。在正弦稳态情况下，其端口电压、电流将是同频率的正弦量。设其端口电压、电流（按关联参考方向）分别为

$$u(t) = \sqrt{2}U \cos(\omega t + \varphi_u)$$
$$i(t) = \sqrt{2}I \cos(\omega t + \varphi_i)$$

其所对应的相量分别为

$$\begin{cases} \dot{U} = U\mathrm{e}^{\mathrm{j}\varphi_u} \\ \dot{I} = I\mathrm{e}^{\mathrm{j}\varphi_i} \end{cases} \qquad (4.4-1)$$

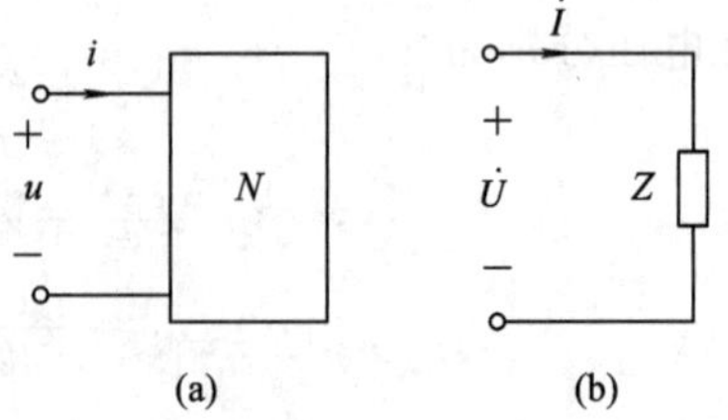

图 $4.4-1$ 阻抗

我们把有效值相量 $\dot{U}$ 与 $\dot{I}$ 之比定义为阻抗，用 Z 表示，即

$$Z \stackrel{\text{def}}{=\!=} \frac{\dot{U}}{\dot{I}} \qquad (4.4-2)$$

其模型如图 $4.4-1(b)$所示。显然，它也是电压与电流的振幅相量之比，即 $Z = \dfrac{\dot{U}_{\mathrm{m}}}{\dot{I}_{\mathrm{m}}}$。阻抗的单位为 Ω（欧姆）。阻抗 Z 是复数，但不是相量，因而不加"·"。

式$(4.4-2)$可改写为

$$\dot{U} = Z\dot{I} \qquad (4.4-3)$$

它与电阻元件的伏安关系（欧姆定律）有相似的形式。

阻抗是一个复数量，它可写成代数型或指数型，即

$$Z = R + \mathrm{j}X = |Z| \mathrm{e}^{\mathrm{j}\theta_z} = |Z| \angle \theta_z \qquad (4.4-4)$$

式中 R 是阻抗的实部，称为电阻；X 是阻抗的虚部，称为电抗；$|Z|$ 称为阻抗的模[①]；θ_z 称为阻抗角。它们之间的关系是

$$\begin{cases} R = |Z| \cos\theta_z \\ X = |Z| \sin\theta_z \end{cases} \qquad (4.4-5)$$

$$\begin{cases} |Z| = \sqrt{R^2 + X^2} \\ \theta_z = \arctan\dfrac{X}{R} \end{cases} \qquad (4.4-6)$$

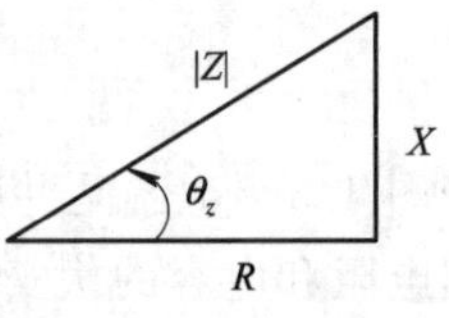

图 $4.4-2$ 阻抗三角形

以上关系可表示为阻抗三角形，如图 $4.4-2$ 所示。

考虑到式$(4.4-1)$，阻抗

$$Z = \frac{\dot{U}}{\dot{I}} = \frac{U\mathrm{e}^{\mathrm{j}\varphi_u}}{I\mathrm{e}^{\mathrm{j}\varphi_i}} = \frac{U}{I}\mathrm{e}^{\mathrm{j}(\varphi_u - \varphi_i)} = |Z| \mathrm{e}^{\mathrm{j}\theta_z} = |Z| \angle \theta_z$$

式中

---

① 习惯上有时称 Z 为复阻抗，而把 $|Z|$ 称为阻抗，并用小写字母表示，即 $z = |Z|$。

$$\begin{cases} |Z| = \dfrac{U}{I} \\[2mm] \theta_z = \varphi_u - \varphi_i \end{cases} \qquad (4.4-7)$$

即阻抗的模等于电压与电流的有效值(或振幅)之比，阻抗角等于电压超前于电流的相位差或电流落后于电压的相位差。

根据以上定义，单个元件 R、L 和 C 的阻抗 Z_R、Z_L、Z_C 分别为

$$\begin{cases} Z_R = R \\[2mm] Z_L = \mathrm{j}\omega L = \mathrm{j}X_L = X_L \angle \dfrac{\pi}{2} \\[2mm] Z_C = \dfrac{1}{\mathrm{j}\omega C} = -\mathrm{j}\dfrac{1}{\omega C} = -\mathrm{j}X_C = X_C \angle -\dfrac{\pi}{2} \end{cases} \qquad (4.4-8)$$

对于仅包含有 R、L、C 的电路，其阻抗角 $-\dfrac{\pi}{2} \leqslant \theta_z \leqslant \dfrac{\pi}{2}$。当 $-\dfrac{\pi}{2} \leqslant \theta_z < 0$ 时，$X < 0$，电流 $\dot{I}$ 超前于电压 $\dot{U}$，电路呈电容性；当 $\theta_z = 0$ 时，$X = 0$，电流、电压同相，电路呈电阻性；当 $0 < \theta_z \leqslant \dfrac{\pi}{2}$ 时，$X > 0$，电流落后于电压，电路呈电感性。

引入阻抗的概念后，多个阻抗相串联的计算与电阻串联的形式相同。图 4.4-3(a)所示为 n 个阻抗串联，其等效阻抗(见图(b))

$$Z_{\mathrm{eq}} = \sum_{k=1}^{n} Z_k \qquad (4.4-9)$$

各阻抗上的电压为

$$\dot{U}_k = \frac{Z_k}{Z_{\mathrm{eq}}} \dot{U} \qquad (4.4-10)$$

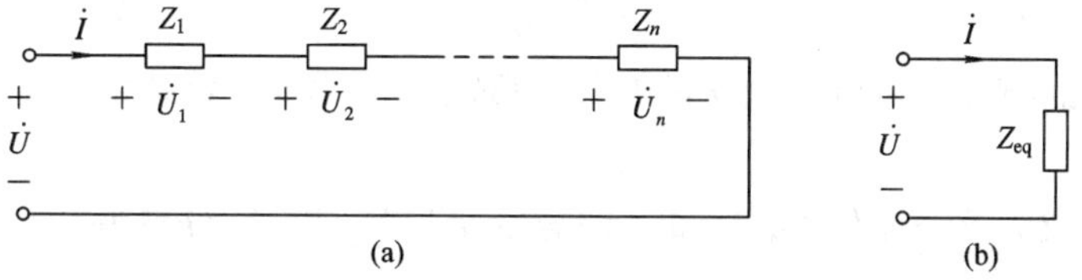

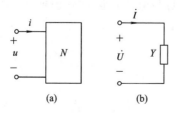

图 4.4-3　阻抗的串联

4.4.2　导纳

如一不含独立源的一端口电路 N，如图 4.4-4(a)所示。在正弦稳态情况下，其端口电压相量和电流相量如式(4.4-1)所示。

图 4.4-4　导纳

端口电流 $\dot{I}$ 与电压 $\dot{U}$ 之比定义为导纳，用 Y 表示，即

$$Y \overset{\text{def}}{=\!=} \frac{\dot{I}}{\dot{U}} \tag{4.4-11}$$

其模型如图 4.4-4(b) 所示。

导纳 Y 的单位是西门子(S)。式(4.4-11) 也可写为

$$\dot{I} = Y\dot{U} \tag{4.4-12}$$

这是导纳的伏安关系的另一种形式。

导纳是一个复数量，它可写成代数型或指数型，即

$$Y = G + jB = |Y|\,\mathrm{e}^{\mathrm{j}\theta_y} = |Y|\angle\theta_y \tag{4.4-13}$$

式中 G 是导纳的实部，称为电导；B 是导纳的虚部，称为电纳；$|Y|$ 称为导纳的模；θ_y 称为导纳角。它们之间的关系是

$$\begin{cases} G = |Y|\cos\theta_y \\ B = |Y|\sin\theta_y \end{cases} \tag{4.4-14}$$

$$\begin{cases} |Y| = \sqrt{G^2 + B^2} \\ \theta_y = \arctan\dfrac{B}{G} \end{cases} \tag{4.4-15}$$

考虑到式(4.4-1)，导纳

$$Y = \frac{\dot{I}}{\dot{U}} = \frac{I\mathrm{e}^{\mathrm{j}\varphi_i}}{U\mathrm{e}^{\mathrm{j}\varphi_u}} = \frac{I}{U}\mathrm{e}^{\mathrm{j}(\varphi_i - \varphi_u)} = |Y|\,\mathrm{e}^{\mathrm{j}\theta_y}$$

式中

$$\begin{cases} |Y| = \dfrac{I}{U} \\ \theta_y = \varphi_i - \varphi_u \end{cases} \tag{4.4-16}$$

上式表明，导纳的模等于电流与电压的有效值(或振幅)之比，导纳角等于电流超前于电压的相位差。

根据以上定义，单个元件 R、L 和 C 的导纳 Y_G、Y_L 和 Y_C 分别为

$$\begin{cases} Y_G = \dfrac{1}{R} = G \\ Y_L = \dfrac{1}{\mathrm{j}\omega L} = -\mathrm{j}\dfrac{1}{\omega L} = -\mathrm{j}B_L \\ Y_C = \mathrm{j}\omega C = \mathrm{j}B_C \end{cases} \tag{4.4-17}$$

式中，G 为电导，B_L 和 B_C 分别称为感纳和容纳。

对于由 n 个导纳并联的计算与电导并联形式相同。图 4.4-5(a) 所示为 n 个导纳相并联，其等效导纳(见图 4.4-5(b))

$$Y_{\text{eq}} = \sum_{k=1}^{n} Y_k \tag{4.4-18}$$

其各导纳的电流

$$\dot{I}_k = \frac{Y_k}{Y_{\text{eq}}}\dot{I} \tag{4.4-19}$$

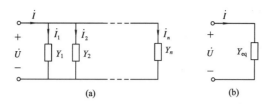

图 4.4 - 5　导纳的并联

例 4.4 - 1　如图 4.4 - 6(a)所示的电路，已知 $G = 0.4$ S，$L = 0.1$ mH，$C = 4$ μF，电流源 $i_s(t) = 5\sqrt{2}\,\cos 10^5 t$(A)，求电流 i_G、i_L、i_C 和端电压 u。

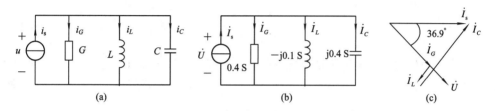

图 4.4 - 6　例 4.4 - 1 图

解　图 4.4 - 6(a)是并联电路，用导纳计算较为方便。取电流源的相量 $\dot{I}_s = 5\angle 0°$ A。令各电流的相量分别为 $\dot{I}_G$、$\dot{I}_L$ 和 $\dot{I}_C$，端电压相量为 $\dot{U}$。根据给定的电源角频率 $\omega = 10^5$ rad/s，计算出各元件的导纳分别为

$$Y_G = G = 0.4 \text{ S}$$

$$Y_L = \frac{1}{j\omega L} = -j0.1 \text{ S}$$

$$Y_C = j\omega C = j0.4 \text{ S}$$

于是画出图 4.4 - 6(a)的相量模型，如图 4.4 - 6(b)所示。总导纳

$$Y = Y_G + Y_L + Y_C = 0.4 + j0.3 = 0.5\angle 36.9° \text{ V}$$

根据式(4.4 - 12)，端电压

$$\dot{U} = \frac{\dot{I}_s}{Y} = \frac{5\angle 0°}{0.5\angle 36.9°} = 10\angle -36.9° \text{ V}$$

各电流分别为

$$\dot{I}_G = G\dot{U} = 0.4 \times 10\angle -36.9° = 4\angle -36.9° \text{ A}$$

$$\dot{I}_L = \frac{1}{j\omega L}\dot{U} = -j0.1 \times 10\angle -36.9° = 1\angle -126.9° \text{ A}$$

$$\dot{I}_C = j\omega C\dot{U} = j0.4 \times 10\angle -36.9° = 4\angle 53.1° \text{ A}$$

各电流的相量关系如图 4.4 - 6(c)所示。端电压和各电流的瞬时值表示式分别为

$$u(t) = 10\sqrt{2}\,\cos(10^5 t - 36.9°) \text{ V}$$

$$i_G(t) = 4\sqrt{2}\,\cos(10^5 t - 36.9°) \text{ A}$$

$$i_L(t) = \sqrt{2}\,\cos(10^5 t - 126.9°) \text{ A}$$

$$i_C(t) = 4\sqrt{2}\,\cos(10^5 t + 53.1°) \text{ A}$$

4.4.3　阻抗与导纳的关系

如前所述，一个无源一端口电路 N(见图 4.4 - 7(a))，在正弦稳态下，用相量分析计

算时，可等效为阻抗或导纳，即

$$\begin{cases} Z = \dfrac{\dot{U}}{\dot{I}} = |Z|\, \mathrm{e}^{\mathrm{j}\theta_z} = R + \mathrm{j}X \\[3mm] Y = \dfrac{\dot{I}}{\dot{U}} = |Y|\, \mathrm{e}^{\mathrm{j}\theta_y} = G + \mathrm{j}B \end{cases} \tag{4.4-20}$$

显然，对同一电路，阻抗或导纳互为倒数，即有

$$Z = \frac{1}{Y} \quad \text{或} \quad Y = \frac{1}{Z} \tag{4.4-21}$$

由式(4.4-20)可见，阻抗 Z 与导纳 Y 的模和相位角的关系是

$$\begin{cases} |Y| = \dfrac{1}{|Z|} \\[3mm] \theta_y = -\theta_z \end{cases} \tag{4.4-22}$$

即它们的模互为倒数，而导纳角是阻抗角的负值。若用代数型表示，阻抗 Z 可以由电阻和电抗串联组成，如图 4.4-7(b)所示，而导纳可由电导和电纳并联组成，如图 4.4-7(c)所示。

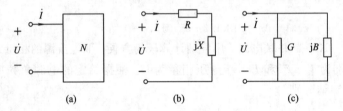

图 4.4-7　阻抗与导纳

阻抗和导纳可以等效互换，由式(4.4-20)可得

$$Y = \frac{1}{Z} = \frac{1}{R + \mathrm{j}X} = \frac{R}{R^2 + X^2} - \mathrm{j}\frac{X}{R^2 + X^2} = G + \mathrm{j}B \tag{4.4-23}$$

式中

$$G = \frac{R}{R^2 + X^2}, \quad B = -\frac{X}{R^2 + X^2}$$

同样地，

$$Z = \frac{1}{Y} = \frac{1}{G + \mathrm{j}B} = \frac{G}{G^2 + B^2} - \mathrm{j}\frac{B}{G^2 + B^2} = R + \mathrm{j}X \tag{4.4-24}$$

式中

$$R = \frac{G}{G^2 + B^2}, \quad X = -\frac{B}{G^2 + B^2}$$

例 4.4-2　RL 串联电路如图 4.4-8(a)所示。若电源角频率 $\omega = 10^6\ \mathrm{rad/s}$，把它等效成 $R'L'$ 并联电路，如图 4.4-8(b)所示。试求 R' 和 L' 的大小。

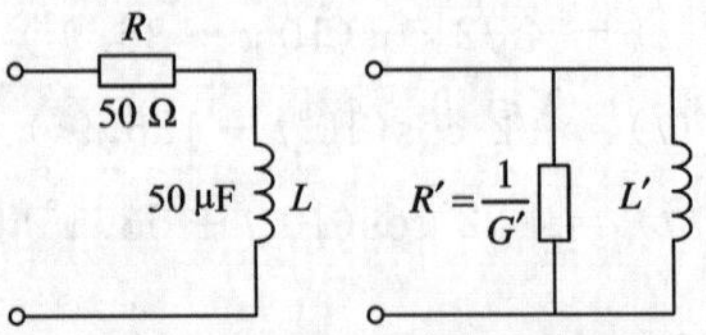

图 4.4-8　例 4.4-2图

解 首先计算图 4.4 - 8(a)的阻抗

$$X_L = \omega L = 10^6 \times 50 \times 10^{-6} = 50 \ \Omega$$

$$Z = R + jX_L = 50 + j50 = 70.7\angle 45° \ \Omega$$

图 4.4 - 8(a)电路的导纳

$$Y_a = \frac{1}{Z} = \frac{1}{70.7\angle 45°} = 0.014 \ 14\angle -45° = 0.01 - j0.01 \ S$$

图 4.4 - 8(b)电路的导纳

$$Y_b = G' + jB' = \frac{1}{R'} - j\frac{1}{\omega L'}$$

为使二者等效，令 $Y_a = Y_b$ 得

$$G' = \frac{1}{R'} = 0.01 \ S, \quad B' = -\frac{1}{\omega L'} = -0.01 \ S$$

于是得

$$R' = \frac{1}{G'} = 100 \ \Omega, \quad L' = -\frac{1}{\omega B'} = 100 \ \mu H$$

4.4.4 正弦稳态电路的计算

电路分析计算的基本依据是 KCL、KVL 和元件端口电压、电流的关系，即伏安关系 (VAR)。对于线性电阻电路，有

$$\begin{cases} \sum i = 0 \\ \sum u = 0 \\ u = Ri \end{cases} \tag{4.4 - 25}$$

对于正弦稳态电路，当用相量法时，其基本约束关系是 KCL、KVL 和元件端口 VAR 的相量形式，即

$$\begin{cases} \sum \dot{I} = 0 \\ \sum \dot{U} = 0 \\ \dot{U} = Z\dot{I} \end{cases} \tag{4.4 - 26}$$

它与电阻电路的相应关系在形式上是完全相同的。在分析正弦稳态电路时，若电流、电压用相量表示，R、L、C 元件用阻抗或导纳表示，即电路用相量模型表示，那么分析直流电路的网孔法、节点法、等效电源定理等都适用于分析电路的相量模型，差别仅在于所得电路方程为以相量形式表示的代数方程以及用相量形式描述的电路的电路定理，而计算则为复数运算。

例 4.4 - 3 如图 4.4 - 9(a)所示的电路，已知 $r = 10 \ \Omega$，$L = 20 \ mH$，$C = 10 \ \mu F$，$R = 50 \ \Omega$，电源电压 $U = 100 \ V$，其角频率 $\omega = 10^3 \ rad/s$。求电路的等效阻抗和各元件的电压、电流，并画出其相量图。

解 首先求电路的等效阻抗。电感和电容的电抗分别为

$$X_L = \omega L = 10^3 \times 20 \times 10^{-3} = 20 \ \Omega$$

$$X_C = \frac{1}{\omega C} = \frac{1}{10^3 \times 10 \times 10^{-6}} = 100 \ \Omega$$

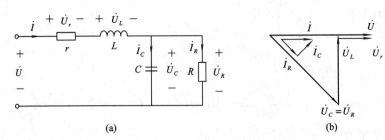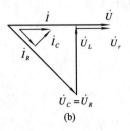

(a) (b)

图 4.4 - 9 例 4.4 - 3 图

由图 4.4 - 9(a)可见，R 和 C 是并联的，其等效阻抗

$$Z_{RC} = \frac{R(-jX_C)}{R - jX_C} = \frac{50(-j100)}{50 - j100} = 40 - j20 \ (\Omega)$$

r、L 与 Z_{RC} 是串联的，故总阻抗

$$Z = r + jX_L + Z_{RC} = 10 + j20 + 40 - j20 = 50 \ \Omega$$

设电源电压 $\dot{U} = 100 \angle 0° \ \text{V}$，则电路的总电流

$$\dot{I} = \frac{\dot{U}}{Z} = \frac{100\angle 0°}{50} = 2\angle 0° \ \text{A}$$

电阻 r 和电感 L 上的电压分别为

$$\dot{U}_r = r\dot{I} = 10 \times 2\angle 0° = 20\angle 0° \ \text{V}$$

$$\dot{U}_L = jX_L\dot{I} = j20 \times 2\angle 0° = 40\angle 90° \ \text{V}$$

由 KVL，电容 C 和电阻 R 上的电压

$$\dot{U}_C = \dot{U}_R = \dot{U} - \dot{U}_r - \dot{U}_L = 100\angle 0° - 20\angle 0° - 40\angle 90°$$

$$= 80 - j40 = 89.4\angle -26.6° \ \text{V}$$

电容和电阻的电流

$$\dot{I}_C = \frac{\dot{U}_C}{-jX_C} = \frac{89.4\angle -26.6°}{-j100} = 0.894\angle 63.4° \ \text{A}$$

$$\dot{I}_R = \frac{\dot{U}_R}{R} = \frac{89.4\angle -26.6°}{50} = 1.79\angle -26.6° \ \text{A}$$

各电流、电压的相量关系如图 4.4 - 9(b)所示。

电压 $\dot{U}_C$ 和 $\dot{U}_R$ 也可利用分压公式求得，即

$$\dot{U}_C = \dot{U}_R = \frac{Z_{RC}}{Z}\dot{U} = \frac{40 - j20}{50} \times 100\angle 0° = 89.4\angle -26.6° \ \text{V}$$

电流 $\dot{I}_C$ 和 $\dot{I}_R$ 也可由分流公式求得，即

$$\dot{I}_C = \frac{R}{R - jX_C}\dot{I} = \frac{50}{50 - j100} \times 2\angle 0° = 0.894\angle 63.4° \ \text{A}$$

$$\dot{I}_R = \frac{-jX_C}{R - jX_C}\dot{I} = \frac{-j100}{50 - j100} \times 2\angle 0° = 1.79\angle -26.6° \ \text{A}$$

例 4.4 - 4 求图示 4.4 - 10 电路的端口等效阻抗 Z_{ab}。

解 求端口等效阻抗，实际上就是求出其端口伏安关系。我们设想在端口处加一电流源 $\dot{I}$(或电压源 $\dot{U}$)，求出其端口电压 $\dot{U}$(或电流 $\dot{I}$)，则

$$Z_{ab} = \frac{\dot{U}}{\dot{I}}$$

在端口 ab 加电流源 $\dot{I}$，如图中所示，根据 KVL，有

$$\dot{U} = (10 + \text{j}10)\dot{I} + (-\text{j}2)(\dot{I} + 0.2\dot{U}_1)$$

而 $\dot{U}_1 = -\text{j}10\dot{I}$。将它代入上式，得

$$\dot{U} = (10 + \text{j}10)\dot{I} + (-\text{j}2)(\dot{I} - \text{j}2\dot{I}) = (6 + \text{j}8)\dot{I}$$

所以

$$Z_{ab} = \frac{\dot{U}}{\dot{I}} = 6 + \text{j}8 = 10\angle 53.1° \ \Omega$$

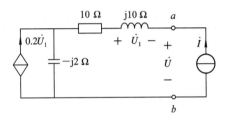

图 4.4 - 10　例 4.4 - 4 图

例 4.4 - 5　如图 4.4 - 11(a)所示的电路，已知 $\dot{U}_s = 1\angle 0°$ V，$\dot{I}_s = 1\angle 0°$ A，求 $\dot{I}_L$。

解法一　用等效电源定理。图 4.4 - 11(a)中把除电感支路以外的部分看作是一端口电路，如图 4.4 - 11(b)所示。求图 4.4 - 11(b)电路的戴维南电路或诺顿电路，实际上就是求出该一端口电路的端口伏安关系。

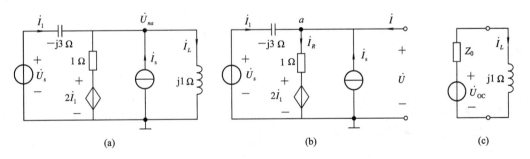

(a)　　　　　　　　(b)　　　　　　　　(c)

图 4.4 - 11　例 4.4 - 5 图

设图 4.4 - 11(b)的端口电压为 $\dot{U}$，端口电流为 $\dot{I}$。根据 KVL，有

$$\dot{U} = \dot{U}_s - (-\text{j}3)\dot{I}_1 = \dot{U}_s + \text{j}3\dot{I}_1 \qquad (4.4 - 27)$$

对于节点 a，根据 KVL，有

$$\dot{I}_1 + \dot{I} + \dot{I}_s = \dot{I}_R \qquad (4.4 - 28)$$

而 $\dot{I}_R = \dot{U} - 2\dot{I}_1$（因该电阻为 1 Ω），将它代入式(4.4 - 28)，得

$$\dot{I}_1 + \dot{I} + \dot{I}_s = \dot{U} - 2\dot{I}_1$$

于是得

$$3\dot{I}_1 = \dot{U} - \dot{I} - \dot{I}_s$$

将它代入式(4.4 - 27)，得

$$\dot{U} = \dot{U}_s + \text{j}\dot{U} - \text{j}\dot{I} - \text{j}\dot{I}_s$$

即

$$(1 - \text{j}1)\dot{U} = \dot{U}_s - \text{j}\dot{I}_s - \text{j}\dot{I}$$

将 $\dot{U}_s = 1\angle 0°(\text{V})$ 和 $\dot{I}_s = 1\angle 0°$ A 代入，可解得图 4.4-11(b) 电路的 VAR 为

$$\dot{U} = 1 + \frac{1-j1}{2}\dot{I}$$

由以上方程可知，开路电压 $\dot{U}_{\text{OC}} = 1\angle 0°$ V，等效内阻抗 $Z_0 = \dfrac{1-j1}{2}$ Ω。于是得等效电路，如图 4.4-11(c) 所示。根据图 4.4-11(c) 可得

$$\dot{I}_L = \frac{\dot{U}_{\text{OC}}}{Z_0 + j1} = \frac{1}{\frac{1}{2}(1-j1)+j1} = \frac{2}{1+j1} = 1.41\angle -45° \text{ A}$$

当然，开路电压 $\dot{U}_{\text{OC}}$ 和等效内阻抗 Z_0 也可分别求出。

解法二 用节点法。设独立节点 a 的电压为 $\dot{U}_{na}$（参看图 4.4-11(a)）。可列出节点方程为

$$\left(\frac{1}{-j3} + 1 + \frac{1}{j1}\right)\dot{U}_{na} = \frac{\dot{U}_s}{-j3} + \frac{2\dot{I}_1}{1} + \dot{I}_s$$

即

$$\left(1 - j\frac{2}{3}\right)\dot{U}_{na} = \dot{I}_s + j\frac{\dot{U}_s}{3} + 2\dot{I}_1$$

而

$$\dot{I}_1 = \frac{\dot{U}_s - \dot{U}_{na}}{-j3}$$

将它代入上式，得

$$\left(1 - j\frac{2}{3}\right)\dot{U}_{na} = \dot{I}_s + j\frac{\dot{U}_s}{3} + j\frac{2}{3}\dot{U}_s - j\frac{2}{3}\dot{U}_{na}$$

即

$$\dot{U}_{na} = \dot{I}_s + j\dot{U}_s = 1 + j1 \text{ V}$$

所以

$$\dot{I}_L = \frac{\dot{U}_{na}}{j1} = \frac{1+j1}{j1} = 1 - j1 = 1.41\angle -45° \text{ A}$$

例 4.4-6 如图 4.4-12 所示的电路，已测得 $I_R = 5$ A，$I_C = 5$ A，电压 $U = 70.7$ V，并且 $\dot{U}$ 与 $\dot{I}_L$ 同相，求 R、X_L 和 X_C。

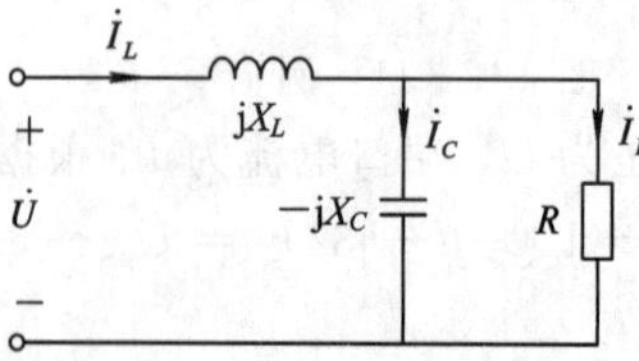

图 4.4-12 例 4.4-6 图

解 这里仅已知某些电流、电压的有效值，而其相位未知。我们可以假设某一电流（或电压）初相为零。

设电阻电流 $\dot{I}_R$ 的初相为零，则

$$\dot{I}_R = 5\angle 0° \text{ A}$$

由于电容与电阻相并联，二者端电压是同一电压，电阻端电压与其电流 $\dot{I}_R$ 同相，而电容电流 $\dot{I}_C$ 超前于其电压 $\dfrac{\pi}{2}$，所以

$$\dot{I}_C = 5\angle 90° = \text{j}5 \text{ A}$$

根据 KCL，有

$$\dot{I}_L = \dot{I}_R + \dot{I}_C = 5 + \text{j}5 = 7.07\angle 45° \text{ A}$$

由于电压 $\dot{U}$ 与 $\dot{I}_L$ 同相，因此

$$\dot{U} = 70.7\angle 45° = 50 + \text{j}50 \text{ V}$$

另一方面，由 KVL，有

$$\dot{U} = \text{j}X_L\dot{I}_L + R\dot{I}_R = \text{j}X_L(5 + \text{j}5) + 5R = 5(R - X_L) + \text{j}5X_L$$

故得

$$5(R - X_L) + \text{j}5X_L = 50 + \text{j}50$$

这是一个复数方程，按复数相等的定义可得

$$5(R - X_L) = 50$$
$$5X_L = 50$$

于是可得

$$X_L = 10 \ \Omega$$
$$R = 20 \ \Omega$$

由于 R 和 X_C 的端电压相同，且 $I_C = I_R$，故

$$X_C = 20 \ \Omega$$

例 4.4 - 7　为了降低小功率单相交流电动机(如风扇)的转速，可在电源和电动机之间串接一电感线圈 L(线圈内阻可忽略不计)，以降低电动机的端电压，其电路如图 4.4 - 13 所示。已知电动机内阻 $r = 190 \ \Omega$，$X_D = 260 \ \Omega$，电源电压 $U = 220 \text{ V}$，频率 $f = 50 \text{ Hz}$。为使电动机端电压 $U_D = 180 \text{ V}$，求其所需串联的电感 L。

解　电动机的端电压 $U_D = 180 \text{ V}$，故流经电动机的电流

$$I = \frac{U_D}{\sqrt{r^2 + X_D^2}} = \frac{180}{\sqrt{190^2 + 260^2}} = 0.559 \text{ A}$$

电路的总阻抗为

$$Z = \frac{\dot{U}}{\dot{I}} = r + \text{j}(X_L + X_D)$$

它的模

$$|Z| = \frac{U}{I} = \sqrt{r^2 + (X_L + X_D)^2} = \frac{220}{0.559} = 393.6 \ \Omega$$

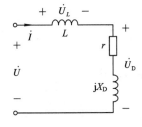

图 4.4 - 13　例 4.4 - 7 图

所以电感线圈 L 的感抗

$$X_L = \sqrt{|Z|^2 - r^2} - X_D = \sqrt{(393.6)^2 - (190)^2} - 260 = 84.7 \ \Omega$$

线圈的电感

$$L = \frac{X_L}{\omega} = \frac{84.7}{2\pi \times 50} = 0.27 \text{ H}$$

此题也可用相量图辅助计算。设电流 $\dot{I}$ 的初相为零，则 r 上的电压 $\dot{U}_r$ 与 $\dot{I}$ 同相，而 $\dot{U}_{XD}$、$\dot{U}_L$ 均超前于 $\dot{I} \frac{\pi}{2}$，并且 $\dot{U}_r + \dot{U}_{XD} = \dot{U}_D$，$\dot{U}_r + \dot{U}_{XD} + \dot{U}_L = \dot{U}$，如图 4.4 - 14(a)所示。同时，也可画出阻抗 Z_D 和总阻抗 Z 与其实部和虚部，其与 r 和 X_D、X_L 的三角形关系如图

4.4-14(b)所示。由于 r、X_D，X_L 是串联的，通过它们的电流是同一电流，因而各电压与有关阻抗成正比，所以图 4.4-14(a) 的相量图与图 4.4-14(b) 的阻抗三角形相似。于是有

$$\frac{|Z|}{|Z_D|} = \frac{U}{U_D}$$

即

$$|Z| = \frac{U}{U_D}|Z_D| = \frac{220}{180}\sqrt{(190)^2 + (260)^2} = 393.6 \ \Omega$$

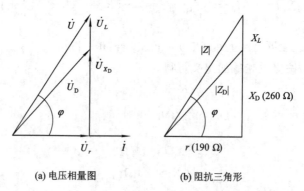

(a) 电压相量图　　(b) 阻抗三角形

图 4.4-14　相量图与阻抗三角形

由图 4.4-14(b) 可见

$$X_L + X_D = |Z|\sin\varphi$$

而

$$\varphi = \arccos\frac{r}{|Z|} = \arccos\frac{190}{393.6} = 61.14°$$

所以

$$X_L + X_D = |Z|\sin\varphi = 393.6 \sin 61.64° = 344.7 \ \Omega$$
$$X_L = 344.7 - 260 = 84.7 \ \Omega$$

所以电感

$$L = \frac{X_L}{\omega} = \frac{84.7}{2\pi \times 50} = 0.27 \ \text{H}$$

例 4.4-8　如图 4.4-15(a) 所示的电路，已知 $u_s(t) = 15 + 10\sqrt{2}\cos\omega t + 10\sqrt{2}\cos 2\omega t$ V，式中 $\omega = 10^3$ rad/s，求输出电压 $u(t)$。

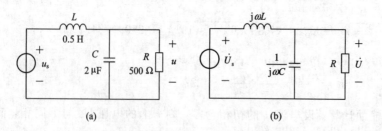

(a)　　　　　　　　(b)

图 4.4-15　例 4.4-8 图

正弦稳态综合例题

解　相量法是用以分析单一频率的正弦稳态电路的方法，这时电路中各处电流、电压

都是同一频率的正弦量。本例中电压源 u_s 由三项不同频率的信号所组成，根据叠加定理，我们把 u_s 看作是由三个不同频率的电压源相串联组成的，而 u_s 产生的响应是三个电源单独作用所产生的响应之和。

设
$$u_s(t) = u_{s1}(t) + u_{s2}(t) + u_{s3}(t)$$
式中
$$u_{s1}(t) = 15 \text{ V}$$
$$u_{s2}(t) = 10\sqrt{2}\cos\omega t \text{ V}$$
$$u_{s3}(t) = 10\sqrt{2}\cos2\omega t \text{ V}$$

下面分别求出 u_{s1}、u_{s2} 和 u_{s3} 产生的响应。图 4.4 - 15(b) 是对不同角频率的相量模型。

（1）u_{s1} 单独作用于电路。u_{s1} 是直流电压源，它相当于 $\omega = 0$。电感可看作短路，电容可看作开路，因而其响应
$$u_1(t) = u_{s1}(t) = 15 \text{ V}$$

（2）u_{s2} 单独作用于电路。令 u_{s2} 所对应的相量为 $\dot{U}_{s2} = 10\angle 0° \text{ V}$，电源角频率 $\omega = 10^3 \text{ rad/s}$。根据图 4.4 - 15(b) 的相量模型，有
$$X_{L2} = \omega L = 10^3 \times 0.5 = 500 \text{ }\Omega$$
$$X_{C2} = \frac{1}{\omega C} = \frac{1}{10^3 \times 2 \times 10^{-6}} = 500 \text{ }\Omega$$

R 与 C 并联的阻抗
$$Z_{RC2} = \frac{R(-jX_{C2})}{R - jX_{C2}} = \frac{500(-j500)}{500 - j500} = 250 - j250 \text{ }\Omega$$

总阻抗
$$Z_2 = jX_{L2} + Z_{RC2} = 250 + j250 \text{ }\Omega$$

输出电压相量
$$\dot{U}_2 = \frac{Z_{RC2}}{Z_2}\dot{U}_{s2} = \frac{250 - j250}{250 + j250}10 = 10\angle -90° \text{ V}$$

其瞬时值为
$$u_2(t) = 10\sqrt{2}\cos(\omega t - 90°) = 14.1\cos(\omega t - 90°) \text{ V}$$

（3）u_{s3} 单独作用于电路。令 u_{s3} 所对应的相量为 $\dot{U}_{s3} = 10\angle 0° \text{ V}$，电源角频率为 $2\omega = 2 \times 10^3 \text{ rad/s}$，由图 4.4 - 15(b) 的相量模型，有
$$X_{L3} = 2\omega L = 1000 \text{ }\Omega$$
$$X_{C3} = \frac{1}{2\omega C} = 250 \text{ }\Omega$$

R 与 C 并联的阻抗
$$Z_{RC3} = \frac{R(-jX_{C3})}{R - jX_{C3}} = \frac{500(-j250)}{500 - j250} = 100 - j200 \text{ }\Omega$$

总阻抗
$$Z_3 = jX_{L3} + Z_{RC3} = 100 + j800 \text{ }\Omega$$

输出电压相量

$$\dot{U}_3 = \frac{Z_{RC3}}{Z_3}\dot{U}_{s3} = \frac{100 - j200}{100 + j800} \times 10 = 2.27 \angle -146.3° \text{ V}$$

其瞬时值为

$$u_3(t) = 2.77\sqrt{2}\cos(2\omega t - 146.3°) = 3.92\cos(2\omega t - 146.3°) \text{ V}$$

多频信号作用
电路分析

根据叠加定理，输出电压

$$u(t) = u_1(t) + u_2(t) + u_3(t)$$
$$= 15 + 14.1\cos(\omega t - 90°) + 3.92\cos(2\omega t - 146.3°) \text{ V}$$

4.5 正弦稳态电路的功率

4.5.1 一端口电路的功率

如图 4.5 - 1(a)所示的一端口电路 N，设其端口电压

$$u(t) = \sqrt{2}U\cos(\omega t + \varphi_u) \tag{4.5-1}$$

其端口电流 i（u 与 i 为关联参考方向）是同频率的正弦量，设电流

$$i(t) = \sqrt{2}I\cos(\omega t + \varphi_i) = \sqrt{2}I\cos(\omega t + \varphi_u - \theta) \tag{4.5-2}$$

式中，$\theta = \varphi_u - \varphi_i$，是电压 u 超前于电流 i 的相位差。如果一端口电路 N 不含独立源，则 θ 就是阻抗角 θ_z。

在任一瞬间，一端口电路 N 吸收的功率

$$p(t) = u(t)i(t) = 2UI\cos(\omega t + \varphi_u)\cos(\omega t + \varphi_u - \theta)$$
$$= UI\cos\theta + UI\cos(2\omega t + 2\varphi_u - \theta) \tag{4.5-3}$$

由上式可见，瞬时功率有两个分量，第一个为恒定分量，第二个为正弦分量，其频率为电压或电流频率的两倍。图 4.5 - 1(b)画出了电压 u、电流 i 和瞬时功率 p 的波形。

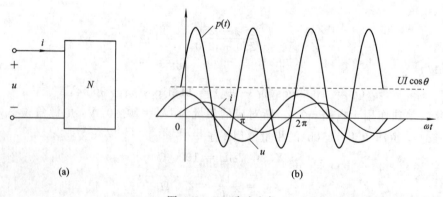

(a)   (b)

图 4.5 - 1 瞬时功率

瞬时功率也可以改写为

$$p(t) = UI\cos\theta[1 + \cos 2(\omega t + \varphi_u)] + UI\sin\theta\sin 2(\omega t + \varphi_u) \tag{4.5-4}$$

如果 $\theta \leqslant \pi/2$，式(4.5-4)中第一项大于或等于零，电路 N 吸收功率。式(4.5-4)中的第二项是角频率为 2ω 的正弦量，它在一周期内正负交替变化两次，这表明，电路 N 内部与外部之间周期性地交换能量。

4.5.2　平均功率、无功功率和视在功率

瞬时功率是时间的正弦函数，使用不便。为了简明地反映正弦稳态电路中能量消耗与交换的情况，常采用以下几种功率表现形式。

1. 平均功率(有功功率) P

平均功率又称有功功率，是瞬时功率在一周期内的平均值，即

$$P \xlongequal{\text{def}} \frac{1}{T} \int_0^T p(t)\, \mathrm{d}t \tag{4.5-5}$$

式中 T 为电压(或电流)的周期。对于正弦量而言，将式(4.5-3)代入上式，得

$$P = \frac{1}{T} \int_0^T UI \cos\theta\, \mathrm{d}t + \frac{1}{T} \int_0^T UI \cos(2\omega t + 2\varphi_u - \theta)\, \mathrm{d}t$$

由于是在一周期内积分，故上式第二项积分为零，于是得平均功率

$$P = UI \cos\theta = \frac{1}{2} U_m I_m \cos\theta \tag{4.5-6}$$

可见，在正弦稳态情况下，平均功率 P 不仅与电压、电流的有效值(或振幅)有关，而且与电压和电流的相位差 θ 的余弦 $\cos\theta$ 有关。平均功率或有功功率的单位是瓦(W)。$\cos\theta$ 称为功率因数，用 λ 表示，即 $\lambda = \cos\theta$。

2. 无功功率 Q

无功功率

$$Q \xlongequal{\text{def}} UI \sin\theta = \frac{1}{2} U_m I_m \sin\theta \tag{4.5-7}$$

它是式(4.5-4)中正弦量 $UI \sin\theta \sin2(\omega t + \varphi_u)$ 的最大值。无功功率反映了一端口电路 N 内部与外部交换能量的最大幅度。它只是一个计算量，并不表示作功的情况。无功功率的单位是乏(var)。

如果电路 N 中不含独立源，θ 就是阻抗角 θ_z，式(4.5-6)可写为

$$P = UI \cos\theta_z = \frac{1}{2} U_m I_m \cos\theta_z \tag{4.5-8}$$

式(4.5-7)可写为

$$Q = UI \sin\theta_z = \frac{1}{2} U_m I_m \sin\theta_z \tag{4.5-9}$$

如果一端口电路 N 是纯电阻电路，$\theta_z = 0$，则 $P = UI$，$Q = 0$，说明电阻吸收有功功率，电阻的无功功率为零。

如果一端口电路 N 是纯电感电路，$\theta_z = \frac{\pi}{2}$，则 $P = 0$，$Q_L = UI$；如果电路是纯电容电路，$\theta_z = -\frac{\pi}{2}$，$P = 0$，$Q_C = -UI$。这说明电感(电容)的平均功率为零，它们不消耗能量，但与外界有能量交换。如电路 N 是电感性的，则 $\theta_z > 0$，这时 $Q > 0$；如 N 是电容性的，则 $\theta_z < 0$，这时 $Q < 0$。

3. 视在功率 S

视在功率

$$S \xrightarrow{\text{def}} UI = \frac{1}{2}U_m I_m \qquad (4.5-10)$$

即 S 等于端口电压与电流有效值的乘积，其单位为伏安(V·A)。

由于发电机、变压器等电器设备，其功率因数 $\cos\theta$ 取决于负载情况，因而通常用视在功率 S 表示其容量。例如某变压器的容量为 $560~\text{kV}\cdot\text{A}$。如果负载是纯电阻，则 $\lambda=\cos\theta=1$，其传输功率为 $560~\text{kW}$；如果负载是感性的，譬如 $\lambda=\cos\theta=0.5$ 时，则它所传输的有功功率为 $280~\text{kW}$。因此，对于这类设备只能用视在功率 S 来衡量其容量。

4.5.3 复功率

为了分析计算的方便，将有功功率 P 与无功功率 Q 组成一复数量，称为复功率，它既不同于相量$(\dot{U},\dot{I})$，又不同于阻抗(导纳)类型的复数，故用 $\tilde{S}$ 表示，即

$$\tilde{S} \xrightarrow{\text{def}} P+jQ \qquad (4.5-11)$$

将式$(4.5-6)$和$(4.5-7)$代入上式，并考虑到 $\theta=\varphi_u-\varphi_i$，可得

$$\tilde{S} = P+jQ = UI\cos\theta + jUI\sin\theta$$
$$= UI~e^{j\theta} = UI~e^{j(\varphi_u-\varphi_i)} = Ue^{j\varphi_u}Ie^{-j\varphi_i}$$

在用相量法分析正弦稳态电路时，式$(4.5-1)$中的电压 u 和式$(4.5-2)$中的电流 i，其相量分别为 $\dot{U}=Ue^{j\varphi_u}$ 和 $\dot{I}=Ie^{j\varphi_i}$。因此电流相量 $\dot{I}$ 的共轭值为 $\dot{I}^*=Ie^{-j\varphi_i}$，于是，一端口电路 N 的复功率可写为

$$\tilde{S} = \dot{U}\dot{I}^* = Se^{j\theta} = P+jQ \qquad (4.5-12)$$

可见，视在功率 S 是复功率的模，其辐角为 θ(如电路 N 内不含独立源，则 $\theta=\theta_z$)；复功率的实部为有功功率 P，其虚部为无功功率 Q。

引入复功率的作用是能直接使用相量法计算所得的电压相量和电流相量，使平均功率、无功功率和视在功率的表达和计算更为简便。但需注意，复功率 $\tilde{S}$ 不代表正弦量，也不直接反映时域范围内的能量关系。

对于正弦稳态电路，利用特勒根定理可以证明电路中的复功率守恒，即有

$$\sum \tilde{S} = 0 \qquad (4.5-13a)$$

这包含有

$$\sum P = \sum UI\cos\theta = 0 \qquad (4.5-13b)$$

$$\sum Q = \sum UI\sin\theta = 0 \qquad (4.5-13c)$$

即对于正弦稳态电路，电路的总有功功率之代数和等于零，或者说，电路中发出的各有功功率之和等于吸收的各有功功率之和；电路的总无功功率之代数和恒等于零。

例 4.5-1 如图 $4.5-2$ 所示的电路，求：

(1) 各元件吸收的功率。

(2) 电源供给的功率。

解　(1) 支路 1 的阻抗为 $Z_1 = 2 + j1(\Omega)$，故电流

$$\dot{I}_1 = \frac{\dot{U}_s}{Z_1} = \frac{10\angle 0°}{2 + j1} = 4.47\angle -26.57° \text{ A}$$

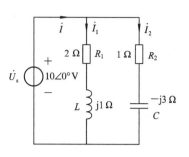

R_1 吸收的有功功率和 L 吸收的无功功率分别为

$$P_{R_1} = I_1^2 R_1 = 40 \text{ W}$$

$$Q_L = I_1^2 X_L = 20 \text{ var}$$

或者

$$\widetilde{S}_1 = \dot{U}_s \dot{I}_1^* = 10\angle 0° \times 4.47\angle 26.57°$$
$$= 40 + j20 \text{ V} \cdot \text{A}$$

图 4.5 - 2　例 4.5 - 1 图

支路 2 的阻抗 $Z_2 = 1 - j3(\Omega)$，故电流

$$\dot{I}_2 = \frac{\dot{U}_s}{Z_2} = \frac{10\angle 0°}{1 - j3} = 3.16\angle 71.57° \text{ A}$$

R_2 吸收的有功功率和 C 吸收的无功功率分别为

$$P_{R_2} = I_2^2 R_2 = 10 \text{ W}$$

$$Q_C = I_2^2(-X_C) = -30 \text{ var}$$

或者

$$\widetilde{S}_2 = \dot{U}_s \dot{I}_2^* = 10\angle 0° \times 3.16\angle -71.57° = 10 - j30 \text{ V} \cdot \text{A}$$

(2) 图 4.5 - 2 电路的总电流

$$\dot{I} = \dot{I}_1 + \dot{I}_2 = 4.47\angle -26.57° + 3.16\angle 71.57° = 5 + j1 \text{ A}$$

电源供给的复功率（因 $\dot{U}_s$ 与 $\dot{I}$ 为非关联参考方向）

$$\widetilde{S} = \dot{U}_s \dot{I}^* = (10 + j0)(5 - j1) = 50 - j10 \text{ V} \cdot \text{A}$$

容易验证

$$\widetilde{S} = \widetilde{S}_1 + \widetilde{S}_2$$

例 4.5 - 2　图 4.5 - 3 是某输电线路的电路图，其中 r_1 和 X_1 分别为输电线的损耗电阻和等效感抗，已知 $r_1 = X_1 = 6 \ \Omega$。Z_2 为感性负载，其消耗功率为 $P = 500 \text{ kW}$，Z_2 的端电压 $U_2 = 5.5 \text{ kV}$，功率因数 $\cos\theta_{z_2} = 0.91$。求输入端电压的有效值 U 和输电线损耗的功率（即 r_1 消耗的功率）。

解　设负载端电压 $\dot{U}_2$ 的初相为零，即

$$\dot{U}_2 = 5500\angle 0° \text{ V}$$

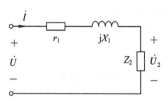

由于负载吸收功率 $P = U_2 I \cos\theta_{z_2}$，故线路电流

$$I = \frac{P}{U_2 \cos\theta_{z_2}} = \frac{500 \times 10^3}{5500 \times 0.91} = 100 \text{ A}$$

其初相角

$$\theta_{z_2} = \arccos 0.91 = \pm 24.5°$$

图 4.5 - 3　例 4.5 - 2 图

因为 Z_2 为感性负载，所以 θ_{z_2} 应取正值，即

$$\theta_{z_2} = \varphi_{u2} - \varphi_i = 24.5°$$

从而 $\varphi_i = -24.5°$（因已知 $\varphi_{u2} = 0$）。所以电流相量

$$\dot{I} = 100\angle -24.5° \text{ A}$$

输入电压

$$\dot{U} = (r_1 + jX_1)\dot{I} + \dot{U}_2 = (6 + j6)100\angle-24.5° + 5500$$
$$= 795 + j297 + 5500 = 6302\angle2.7° \text{ V}$$

即输入电压 $U = 6302$ V。

输电线损耗功率

$$P_{r_1} = I^2 r_1 = 60 \text{ kW}$$

可见,输电线损耗功率是很大的。为减少损耗,输电线应采用导电性能良好的金属制成,并减小输电线电流。由于负载功率 $P = U_2 I \cos\theta_{z_2}$,为保证负载功率而又减小线路电流 I,因而就必须提高电压 U_2 和功率因数 $\cos\theta_{z_2}$。在电力系统中,就是用高压输电和提高功率因数的措施来减小输电线的损耗,从而提高输电效率的。

4.5.4 最大功率传输条件

现在分析,在正弦稳态情况下,负载阻抗满足什么条件才能从给定电源获得最大功率。

图 4.5 - 4(a)所示电路为含源一端口电路 N 向负载 Z_L 传输功率。根据戴维南定理,图 4.5 - 4(a)电路可化简为图 4.5 - 4(b)电路。

设 $Z_0 = R_0 + jX_0$,$Z_L = R_L + jX_L$,电路中的电流

$$\dot{I} = \frac{\dot{U}_{OC}}{(R_0 + R_L) + j(X_0 + X_L)} \tag{4.5 - 14}$$

其模值

$$I = \frac{U_{OC}}{\sqrt{(R_0 + R_L)^2 + (X_0 + X_L)^2}} \tag{4.5 - 15}$$

负载吸收的功率

$$P_L = I^2 R_L = \frac{U_{OC}^2 R_L}{(R_0 + R_L)^2 + (X_0 + X_L)^2} \tag{4.5 - 16}$$

利用 MATLAB(其具体代码见附录五:共轭匹配下的 MATLAB 运行程序)绘制的这个关系对应的函数图像如图 4.5 - 4(c)所示,它存在极大值,并且是最大值。分析如下。

由于负载阻抗包括电阻和电抗(或模和相角)两部分,因而调节不同的参数其获得最大功率的条件也不相同。一般而言,电源电压及等效内阻抗 Z_0 是给定的,不能改变。

当 R_L 一定,仅调节 X_L 时,由式(4.5 - 16)可见,当 $X_0 + X_L = 0$ 时,即

$$X_L = -X_0 \tag{4.5 - 17}$$

时,负载获得功率为最大,这时

$$P_{Lm} = \frac{U_{OC}^2 R_L}{(R_0 + R_L)^2} \tag{4.5 - 18}$$

在 $X_L = -X_0$ 的条件下,如果再调节 R_L,将式(4.5 - 18)对 R_L 求导数,并令其等于零,可得,当

$$R_L = R_0 \tag{4.5 - 19}$$

时负载获得功率为最大,将式(4.5 - 19)代入式(4.5 - 18),得

$$P_{Lmm} = \frac{U_{OC}^2}{4R_0} \tag{4.5 - 20}$$

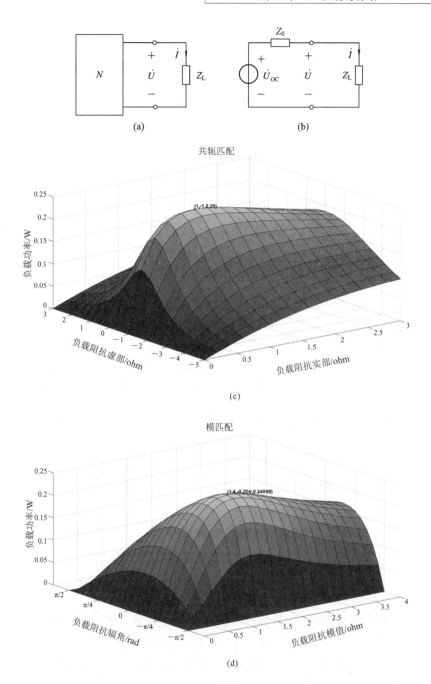

图 4.5 - 4　功率传输

如果 X_L 和 R_L 均可调节，则由(4.5 - 17)和式(4.5 - 19)得当 $X_L = -X_0$，$R_L = R_0$，即

$$Z_L = Z_0^* \tag{4.5 - 21}$$

时，负载能获得最大功率，这时功率可用式(4.5 - 20)表示，称为最大功率匹配或共轭匹配。

在有些情况下，负载阻抗的实部和虚部可以以相同的比例增大或减小，这实际上是在保持阻抗角不变的情况下调节阻抗的模。

设电源内阻抗

$$Z_0 = R_0 + jX_0 = |Z_0|\cos\theta_0 + j|Z_0|\sin\theta_0$$

式中，$|Z_0|$ 为电源内阻抗 Z_0 的模，θ_0 为其辐角。设负载阻抗为

$$Z_L = R_L + jX_L = |Z_L|\cos\theta_L + j|Z_L|\sin\theta_L$$

式中，$|Z_L|$ 为负载阻抗的模，θ_L 为其辐角。将 Z_0 和 Z_L 代入式(4.5-16)，得负载吸收的功率为

$$
\begin{aligned}
P_L &= \frac{U_{OC}^2 R_L}{(R_0 + R_L)^2 + (X_0 + X_L)^2} \\
&= \frac{U_{OC}^2 |Z_L|\cos\theta_L}{(|Z_0|\cos\theta_0 + |Z_L|\cos\theta_L)^2 + (|Z_0|\sin\theta_0 + |Z_L|\sin\theta_L)^2} \\
&= \frac{U_{OC}^2 |Z_L|\cos\theta_L}{|Z_0|^2 + |Z_L|^2 + 2|Z_0||Z_L|(\cos\theta_0\cos\theta_L + \sin\theta_0\sin\theta_L)} \\
&= \frac{U_{OC}^2 \cos\theta_L}{\dfrac{|Z_0|^2}{|Z_L|} + |Z_L| + 2|Z_0|\cos(\theta_0 - \theta_L)}
\end{aligned}
\tag{4.5-22}
$$

上式代表的三维函数，利用 MATLAB(其具体代码见附录五：模匹配下的 MATLAB 运行程序)绘制的这个关系对应的函数图像如图 4.5-4(d)所示，它存在极大值，并且是最大值。

如果 θ_L 保持不变，而调节 Z_L 的模 $|Z_L|$，由式(4.5-22)可见，由于分子和分母中的第三项都不是 $|Z_L|$ 的函数，因而当分母中前两项 $\left(\text{即}\dfrac{|Z_0|^2}{|Z_L|} + |Z_L|\right)$ 为最小时，P_L 为最大。于是，由

$$\frac{d}{d|Z_L|}\left(\frac{|Z_0|^2}{|Z_L|} + |Z_L|\right) = -\frac{|Z_0|^2}{|Z_L|^2} + 1 = 0$$

得 $|Z_L|^2 = |Z_0|^2$，即

$$|Z_L| = |Z_0| = \sqrt{R_0^2 + X_0^2} \tag{4.5-23}$$

时，负载 Z_L 获得功率为最大，将式(4.5-23)代入式(4.5-22)，得这时的功率为

$$P'_{Lm} = \frac{U_{OC}^2 \cos\theta_L}{2|Z_0|[1 + \cos(\theta_0 - \theta_L)]} \tag{4.5-24}$$

这种情况常称为模匹配。显然，如果负载为纯电阻 R_L，那么负载获得最大功率的条件为

$$|Z_L| = R_L = |Z_0| = \sqrt{R_0^2 + X_0^2}$$

在 $|Z_L| = |Z_0|$ 的条件下，若 θ_L 也能调节，那么，由 $dP'_{Lm}/d\theta_L = 0$ 可以求得当 $\theta_L = -\theta_0$ 时负载获得功率为最大。这时的功率可表示为

$$P'_{Lmax} = \frac{U_{OC}^2 \cos\theta_0}{2|Z_0|(1 + \cos2\theta_0)} = \frac{U_{OC}^2}{4|Z_0|\cos\theta_0} = \frac{U_{OC}^2}{4R_0} \tag{4.5-25}$$

与式(4.5-20)的结果相同。实际上当 $|Z_L| = |Z_0|$，并且 $\theta_L = -\theta_0$ 时，就是 $Z_L = Z_0^*$。

一般而言，$P_{Lmax共轭} \geqslant P_{Lmax模}$。

例 4.5-3 如图 4.5-5(a)所示的电路，在下列情况下，如何选择负载 Z_L 才能使负载吸收功率为最大? 并求此时的功率。

(1) 负载由 R_L 和 X_L 串联组成，即 $Z_L = R_L + jX_L$。

（2）负载为纯电阻 R_L。

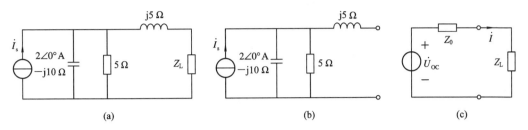

图 4.5 - 5　例 4.5 - 3 图

解　将图 4.5 - 5(a)中除 Z_L 以外的部分看作是一端口电路，如图 4.5 - 5(b)所示。

按图 4.5 - 5(b)，电阻与电容并联的阻抗

$$Z_{RC} = \frac{5(-j10)}{5 - j10} = 4 - j2 \ \Omega$$

可求得开路电压

$$\dot{U}_{OC} = Z_{RC}\dot{I}_s = (4 - j2) \times 2\angle 0° = 8.94\angle -26.6° \ V$$

等效内阻抗

$$Z_0 = Z_{RC} + j5 = 4 + j3 = 5\angle 36.9° \ \Omega$$

于是可画出其戴维南等效电路，如图 4.5 - 5(c)所示。

（1）如果 $Z_L = R_L + jX_L$，由式(4.5 - 21)和(4.5 - 20)得，当 $Z_L = Z_0^* = 4 - j3 = 5\angle -36.9° \ \Omega$ 时，负载吸收功率最大，此时

$$P_{Lmm} = \frac{U_{OC}^2}{4R_0} = \frac{(8.94)^2}{4 \times 4} = 5 \ W$$

（2）如果负载为纯电阻，即 $Z_L = R_L$。由式(4.5 - 23)可知，当 $|Z_L| = R_L = |Z_0| = 5 \ \Omega$ 时，负载吸收功率最大。

这时电流

$$\dot{I} = \frac{\dot{U}_{OC}}{Z_0 + Z_L}$$

它的模

$$I = \frac{U_{OC}}{\sqrt{(R_0 + R_L)^2 + X_s^2}} = \frac{8.94}{\sqrt{(4+5)^2 + 3^2}} = 0.924 \ A$$

负载吸收功率

$$P'_{Lm} = I^2 R_L = 4.44 \ W$$

或按式(4.5 - 24)，考虑到 $\theta_L = 0°$，得

$$P'_{Lm} = \frac{U_{OC}^2 \cos\theta_L}{2|Z_0|[1 + \cos(\theta_0 - \theta_L)]} = \frac{8.94^2}{2 \times 5[1 + \cos36.9°]} = 4.44 \ W$$

正弦稳态最大功率传输例题

三表法测器件参数

4.5.5 多频电路的平均功率和有效值

电路分析中，常会遇到几个不同频率的电源作用于电路的情形，这时电流、电压的分析计算可用叠加定理(参见例 4.4 - 8)。下面讨论平均功率的计算。

如图 4.5 - 6 所示的电路，由叠加定理知，通过电阻 R 的电流 i 是电源 u_{s1} 与 u_{s2} 单独作用产生的电流 i_1 与 i_2 的叠加，即

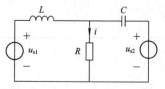

图 4.5 - 6　多电源功率的说明

$$i(t) = i_1(t) + i_2(t)$$

电阻吸收的瞬时功率

$$\begin{aligned}
p(t) &= R\left[i_1(t) + i_2(t)\right]^2 \\
&= Ri_1^2(t) + Ri_2^2(t) + 2Ri_1(t)i_2(t) \\
&= p_1(t) + p_2(t) + 2Ri_1(t)i_2(t)
\end{aligned} \tag{4.5 - 26}$$

式中 $p_1(t) = Ri_1^2(t)$，$p_2(t) = Ri_2^2(t)$ 分别为 u_{s1} 或 u_{s2} 单独作用时电阻吸收的瞬时功率。一般对所有的时间 t，$i_1(t)i_2(t) \neq 0$，故 $p(t) \neq p_1(t) + p_2(t)$，即叠加定理不适用于计算瞬时功率。

下面讨论平均功率，设

$$\begin{cases} i_1(t) = I_{m1}\cos(\omega_1 t + \varphi_1) \\ i_2(t) = I_{m2}\cos(\omega_2 t + \varphi_2) \end{cases} \tag{4.5 - 27}$$

其中 i_1 的周期为 $T_1\left(T_1 = \dfrac{2\pi}{\omega_1}\right)$，$i_2$ 的周期为 $T_2\left(T_2 = \dfrac{2\pi}{\omega_2}\right)$。如果 $\dfrac{\omega_1}{\omega_2} = \dfrac{T_2}{T_1} = \dfrac{m}{n}$ 为有理数，那么 $i_1 + i_2$ 仍然是周期函数，从而瞬时功率 p 也是周期函数[①]。这时就能求得 i_1 与 i_2 的公共周期 T，使 $T = mT_1 = nT_2$。如令 $\omega = \dfrac{2\pi}{T}$(称为基波角频率)，则有 $\omega_1 = m\omega$、$\omega_2 = n\omega$(分别称为 m 次谐波、n 次谐波的角频率)。在一个周期 T 内，电阻 R 上的平均功率

$$\begin{aligned}
P &= \frac{1}{T}\int_0^T p(t)\mathrm{d}t = \frac{1}{T}\int_0^T \left[p_1(t) + p_2(t) + 2Ri_1(t)i_2(t)\right]\mathrm{d}t \\
&= P_1 + P_2 + \frac{2R}{T}\int_0^T i_1(t)i_2(t)\mathrm{d}t
\end{aligned} \tag{4.5 - 28}$$

式中 P_1、P_2 分别为 u_{s1} 或 u_{s2} 单独作用时电阻吸收的平均功率。上式中第三项(将式(4.5 - 27)代入)

$$\begin{aligned}
\frac{2R}{T}\int_0^T i_1(t)i_2(t)\mathrm{d}t &= \frac{2R}{T}I_{m1}I_{m2}\int_0^T \cos(m\omega t + \varphi_1)\cos(n\omega t + \varphi_2)\mathrm{d}t \\
&= \begin{cases} RI_{m1}I_{m2}\cos(\varphi_1 - \varphi_2) & m = n \\ 0 & m \neq n \end{cases}
\end{aligned}$$

上式表明，若 $m = n$，即 $\omega_1 = \omega_2$，则式(4.5 - 28)的平均功率 $P = P_1 + P_2 + RI_{m1}I_{m2}\cos(\varphi_1 - \varphi_2) \neq P_1 + P_2$，就是说，对于同频率的正弦量，其平均功率不能叠加计算；若 $m \neq n$，则平均功率 $P = P_1 + P_2$，可以叠加计算。

推广以上结论可知，多个不同频率(各频率之比为有理数)的正弦电流(或电压)形成的

---

① 如果 $\dfrac{\omega_1}{\omega_2} = \dfrac{T_2}{T_1}$ 是无理数，那么 $i_1 + i_2$ 以及瞬时功率 p 将不是周期函数，这里不予讨论。

总平均功率等于每个正弦电流(或电压)单独作用时所形成的平均功率之和。

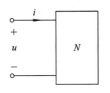

图 4.5 - 7　一端口电路

非正弦的周期电流(电压)用傅里叶级数可分解为直流分量与各次谐波之和,应用以上结论可方便地计算非正弦电路的平均功率。

如图 4.5 - 7 所示的一端口电路,设其端口电压、电流分别为

$$u(t) = U_0 + \sum_{k=1}^{N} \sqrt{2} U_k \cos(k\omega t + \varphi_{u_k}) \qquad (4.5-29a)$$

$$i(t) = I_0 + \sum_{k=1}^{N} \sqrt{2} I_k \cos(k\omega t + \varphi_{i_k}) \qquad (4.5-29b)$$

式中,U_0、I_0 为电压、电流的直流分量;角频率为 ω(即 $k=1$)的项称为基波,角频率为 $k\omega$ ($k=2, 3, \cdots, N$)的项称为 k 次谐波;$U_k(I_k)$ 为 k 次谐波电压(电流)的有效值。设对各频率的阻抗角为 $\theta_k = \varphi_{u_k} - \varphi_{i_k}$ ($k=1, 2, \cdots, N$),则该一端口电路吸收的平均功率为

$$P = U_0 I_0 + \sum_{k=1}^{N} U_k I_k \cos\theta_k = P_0 + \sum_{k=1}^{N} P_k \qquad (4.5-30)$$

式中,$P_k = U_k I_k \cos\theta_k$,为基波、各次谐波单独作用时电路吸收的平均功率。

如果将式(4.5 - 29)代入式(4.1 - 9),也可推导出多频周期电压和电流的有效值

$$U = \sqrt{\sum_{k=0}^{N} U_k^2} \qquad (4.5-31a)$$

$$I = \sqrt{\sum_{k=0}^{N} I_k^2} \qquad (4.5-31b)$$

例 4.5 - 4　电阻 $R = 10~\Omega$,若其端电压

(1) $u(t) = u_1(t) + u_2(t) = 10\cos 2t + 20\cos(2t + 30°)$ V。

(2) $u(t) = u_1(t) + u_2(t) + u_3(t) = 10 + 20\cos 2t + 30\cos 3t$ V。

分别求以上两种情况下电阻 R 吸收的平均功率和电压的有效值。

解　(1) 由于 $u(t)$ 中的两项频率相同,故可先将电压叠加求出总电压。用相量法有

$$\dot{U}_m = \dot{U}_{m1} + \dot{U}_{m2} = 10\angle 0° + 20\angle 30° = 29.1\angle 20.1° \text{ V}$$

即

$$u(t) = u_1(t) + u_2(t) = 29.1\cos(2t + 20.1°) \text{ V}$$

于是得电阻 R 吸收的平均功率

$$P = \frac{1}{2}\frac{U_m^2}{R} = \frac{1}{2}\frac{(29.1)^2}{10} = 42.3 \text{ W}$$

电压 $u(t)$ 的有效值为 $U = \dfrac{29.1}{\sqrt{2}} = 20.58$ V。

(2) 由于 $u(t)$ 中的各项频率不同,且各角频率的比为有理数(不难看出其基波角频率 $\omega = 1$),故可用叠加法计算平均功率。

在直流单独作用时,电阻 R 吸收的平均功率

$$P_0 = \frac{U_0^2}{R} = \frac{10^2}{10} = 10 \text{ W}$$

在二次谐波($\omega=2$)的正弦电压单独作用时,有

$$P_2 = \frac{1}{2}\frac{U_{m2}^2}{R} = \frac{1}{2}\frac{(20)^2}{10} = 20 \text{ W}$$

在三次谐波($\omega=3$)的正弦电压单独作用时,有

$$P_3 = \frac{1}{2}\frac{U_{m3}^2}{R} = \frac{1}{2}\frac{(30)^2}{10} = 45 \text{ W}$$

故电阻 R 吸收的平均功率

$$P = P_0 + P_2 + P_3 = 10 + 20 + 45 = 75 \text{ W}$$

电压 $u(t)$ 的有效值为

$$U = \sqrt{U_0^2 + \left(\frac{U_{m2}}{\sqrt{2}}\right)^2 + \left(\frac{U_{m3}}{\sqrt{2}}\right)^2} = \sqrt{10^2 + \left(\frac{20}{\sqrt{2}}\right)^2 + \left(\frac{30}{\sqrt{2}}\right)^2} = \sqrt{750} = 27.39 \text{ V}$$

也可以用有效值 U 计算电阻 R 吸收的平均功率

$$P = \frac{U^2}{R} = 75 \text{ W}$$

4.6　互感耦合电路

4.6.1　耦合电感

如有两个相互耦合的线圈,如图 4.6-1 所示,设线圈 1 有 N_1 匝,线圈 2 有 N_2 匝。当线圈 1 通以电流 i_1 时,在线圈 1 中产生自感磁通 Φ_{11},在线圈密绕的情况下,Φ_{11} 与线圈的各匝都相交链,这时有

$$\Psi_{11} = N_1\Phi_{11} = L_1 i_1 \qquad (4.6-1)$$

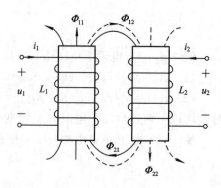

Ψ_{11} 称为自感磁通链(自感磁链),L_1 为线圈 1 的自感。线圈 1 产生的磁通 Φ_{11} 的一部分 Φ_{21}(显然,$\Phi_{21} \leqslant \Phi_{11}$)将与线圈 2 相交链,有

$$\Psi_{21} = N_2\Phi_{21} = M_{21} i_1 \qquad (4.6-2)$$

Ψ_{21} 称为互感磁链,M_{21} 是线圈 1 与线圈 2 的互感。

同样地,当线圈 2 通以电流 i_2 时,在线圈 2 中将产生自感磁通 Φ_{22},并有一部分磁通 Φ_{12}(显然,$\Phi_{12} \leqslant \Phi_{22}$)与线圈 1 相交链,于是线圈 2 的自感磁链 Ψ_{22} 和线圈 2 对线圈 1 的互感磁链 Ψ_{12} 分别为

图 4.6-1　互感

$$\Psi_{22} = N_2\Phi_{22} = L_2 i_2 \qquad (4.6-3)$$

$$\Psi_{12} = N_1\Phi_{12} = M_{12} i_2 \qquad (4.6-4)$$

式中,L_2 为线圈 2 的自感;M_{12} 为线圈 2 与线圈 1 的互感。可以证明[①],在线性条件下,有

$$M_{12} = M_{21} = M \qquad (4.6-5)$$

---

① 见 PEN-MIN LIN, Proof of $M_{12} = M_{21}$ Based on stored Energy is Incorrect, IEEE Tran. CAS Vol. 36, No. 9, sep. 1989.

因此，以后不再区分 M_{12} 和 M_{21}，互感 M 与自感 L 的单位相同，都是亨(H)。

为了定量描述两个线圈耦合的紧疏程度，把两个线圈的互感磁链与自感磁链比值的几何平均值定义为耦合系数，用 k 表示，即

$$k \overset{\text{def}}{=\!=\!=} \sqrt{\frac{\Psi_{21}\Psi_{12}}{\Psi_{11}\Psi_{22}}} \tag{4.6-6}$$

将式(4.6-1)～(4.6-4)代入上式，并考虑到 $M_{12}=M_{21}=M$，可得耦合系数

$$k = \sqrt{\frac{\Phi_{21}\Phi_{12}}{\Phi_{11}\Phi_{22}}} = \frac{M}{\sqrt{L_1 L_2}} \tag{4.6-7}$$

耦合系数 k 的大小与线圈的结构、相互位置以及周围的磁介质有关。由于 $\Phi_{21}\leqslant\Phi_{11}$，$\Phi_{12}\leqslant\Phi_{22}$，所以耦合系数 $0\leqslant k\leqslant 1$，$M^2\leqslant L_1 L_2$。当 $k=0$ 时，$M=0$，两线圈互不影响；当 $k=1$ 时，$M^2=L_1 L_2$，称为全耦合。

4.6.2　耦合电感的伏安关系

由以上分析可知，各线圈的总磁链包含自感磁链和互感磁链两部分。对于图 4.6-2 (a)所示的两个线圈，其自感磁通与互感磁通方向一致，我们称之为磁通相助。设线圈 1 和线圈 2 的总磁链分别为 Ψ_1 和 Ψ_2，则有

$$\begin{cases} \Psi_1 = \Psi_{11} + \Psi_{12} = L_1 i_1 + M i_2 \\ \Psi_2 = \Psi_{22} + \Psi_{21} = L_2 i_2 + M i_1 \end{cases} \tag{4.6-8}$$

如各线圈的端口电压与本线圈的电流方向相关联，电流与磁通符合右手螺旋关系，则两线圈的端口电压分别为

$$\begin{cases} u_1 = \dfrac{\mathrm{d}\Psi_1}{\mathrm{d}t} = L_1 \dfrac{\mathrm{d}i_1}{\mathrm{d}t} + M \dfrac{\mathrm{d}i_2}{\mathrm{d}t} \\[2mm] u_2 = \dfrac{\mathrm{d}\Psi_2}{\mathrm{d}t} = L_2 \dfrac{\mathrm{d}i_2}{\mathrm{d}t} + M \dfrac{\mathrm{d}i_1}{\mathrm{d}t} \end{cases} \tag{4.6-9}$$

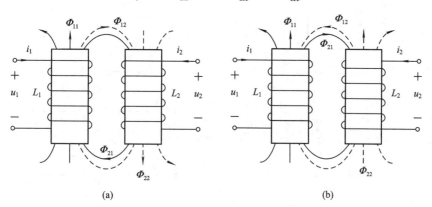

(a)　　　　　　　　　　(b)

图 4.6-2　耦合电感的磁通

对于图 4.6-2(b)所示的两个线圈，其自感磁通与互感磁通方向相反，称磁通相消。在这种情况下，线圈 1 和线圈 2 的总磁链

$$\begin{cases} \Psi_1 = \Psi_{11} - \Psi_{12} = L_1 i_1 - M i_2 \\ \Psi_2 = \Psi_{22} - \Psi_{21} = L_2 i_2 - M i_2 \end{cases} \tag{4.6-10}$$

两线圈的端口电压分别为

$$
\begin{cases}
u_1 = \dfrac{\mathrm{d}\Psi_1}{\mathrm{d}t} = L_1\dfrac{\mathrm{d}i_1}{\mathrm{d}t} - M\dfrac{\mathrm{d}i_2}{\mathrm{d}t} \\[2mm]
u_2 = \dfrac{\mathrm{d}\Psi_2}{\mathrm{d}t} = L_2\dfrac{\mathrm{d}i_2}{\mathrm{d}t} - M\dfrac{\mathrm{d}i_1}{\mathrm{d}t}
\end{cases}
\tag{4.6-11}
$$

由以上讨论可知，当两个耦合线圈通以电流时，各线圈的总磁链是自感磁链与互感磁链的代数和。其端口电压，在设其参考方向与线圈上电流参考方向关联的条件下，它等于自感电压与互感电压的代数和。当磁通相助时，互感电压取"＋"号；当磁通相消时，互感电压取"－"号。

如果像图 4.6－2(a)和(b)那样，各线圈的绕向为已知，那么按 i_1、i_2 的参考方向，根据右手螺旋关系，就可判断自感磁通与互感磁通是相助还是相消。不过，实际线圈的绕向通常不能从外部认出，也不便画在电路图上。为此，人们规定了一种标志，即同名端。根据同名端和电流参考方向，就可判定磁通是相助还是相消。

两线圈的同名端是这样规定的：当电流从两线圈各自的某端子同时流入(或流出)时，若两线圈产生的磁通相助，就称这两个端子为互感线圈的同名端，并标以记号"·"或"＊"。

如图 4.6－3(a)所示，若电流 i_1 从 a 端流入，i_2 从 c 端流入，这时它们产生的磁通是相助的，称端子 a、c 为同名端，并用黑点"·"标示。显然，端子 b、d 也是同名端。对于图 4.6－3(b)，若电流 i_1 从 a 端流入，i_2 从 c 端流入，这时产生的磁通是相消的，因而 a 与 c 是异名端，而端子 a 与 d 是同名端。显然，端子 b 与 c 也是同名端。

标定了同名端以后，图 4.6－3(a)和(b)的互感线圈可用图 4.6－3(c)和(d)的电路模型来表示。

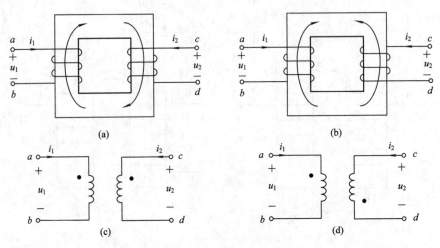

图 4.6－3 耦合电感的同名端

综上所述，可得如下结论：

在耦合电感的端口电压和电流均为关联参考方向的条件下，若电流均从同名端流入，如图 4.6－4(a)所示，则互感电压与自感电压极性相同，互感电压取"＋"号，即

$$\begin{cases} u_1 = L_1 \dfrac{\mathrm{d}i_1}{\mathrm{d}t} + M \dfrac{\mathrm{d}i_2}{\mathrm{d}t} \\[3mm] u_2 = L_2 \dfrac{\mathrm{d}i_2}{\mathrm{d}t} + M \dfrac{\mathrm{d}i_1}{\mathrm{d}t} \end{cases} \forall\, t \qquad (4.6-12)$$

若电流分别从异名端流入，如图 4.6 - 4(b)所示，则互感电压与自感电压极性相反，互感电压取"－"号，即

$$\begin{cases} u_1 = L_1 \dfrac{\mathrm{d}i_1}{\mathrm{d}t} - M \dfrac{\mathrm{d}i_2}{\mathrm{d}t} \\[3mm] u_2 = L_2 \dfrac{\mathrm{d}i_2}{\mathrm{d}t} - M \dfrac{\mathrm{d}i_1}{\mathrm{d}t} \end{cases} \forall\, t \qquad (4.6-13)$$

由式(4.6 - 12)和式(4.6 - 13)可以看出，当电流(譬如 i_1)从某端子流入时，在另一线圈同名端处，为该电流产生的互感电压的"＋"极，而异名端处为"－"极。

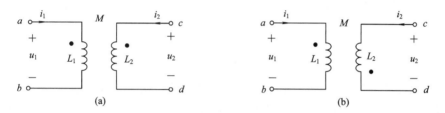

图 4.6 - 4　耦合电感的伏安关系

互感电压的作用也可用电流控制电压源来表示，对于图 4.6 - 4(a)和(b)所示的耦合电感可分别用图 4.6 - 5(a)和(b)的电路来等效。容易看出，其伏安方程也与式(4.6 - 12)和(4.6 - 13)相同。

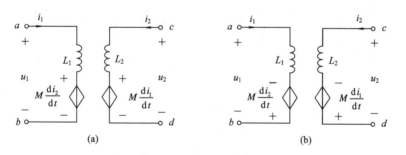

图 4.6 - 5　耦合电感的等效电路

例 4.6 - 1　图 4.6 - 6(a)和(b)是互相耦合的两电感串联的电路，其中图 4.6 - 6(a)电流 i 均从同名端流入，常称为顺接；图 4.6 - 6(b)电流 i 均从异名端流入，称为反接。求两电路的等效电感。

解　首先规定各线圈电流、电压的参考方向为关联参考方向，如图 4.6 - 6 所示。

在图 4.6 - 6(a)中，对于 L_1 和 L_2，电流均从同名端流入。根据 KVL，有

$$u = u_1 + u_2 = \left(L_1 \frac{\mathrm{d}i}{\mathrm{d}t} + M \frac{\mathrm{d}i}{\mathrm{d}t}\right) + \left(L_2 \frac{\mathrm{d}i}{\mathrm{d}t} + M \frac{\mathrm{d}i}{\mathrm{d}t}\right) = (L_1 + L_2 + 2M) \frac{\mathrm{d}i}{\mathrm{d}t}$$

因此，在顺接串联时(见图 4.6 - 6(a))，其等效电感(见图 4.6 - 6(c))为

$$L_{\mathrm{eq}} = L_1 + L_2 + 2M \qquad (4.6-14)$$

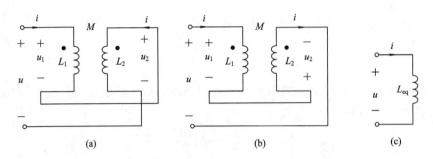

$$\text{图 } 4.6-6 \quad \text{例 } 4.6-1\text{图}$$

对于反接的图 $4.6-6$(b)所示的情况，电流从异名端流入 L_1 和 L_2，根据 KVL，有

$$u = u_1 + u_2 = \left(L_1 \frac{\mathrm{d}i}{\mathrm{d}t} - M \frac{\mathrm{d}i}{\mathrm{d}t} \right) + \left(L_2 \frac{\mathrm{d}i}{\mathrm{d}t} - M \frac{\mathrm{d}i}{\mathrm{d}t} \right) = (L_1 + L_2 - 2M) \frac{\mathrm{d}i}{\mathrm{d}t}$$

因此，在反接串联时(见图 $4.6-6$(b))，其等效电感

$$L_{\mathrm{eq}} = L_1 + L_2 - 2M \qquad\qquad (4.6-15)$$

例 4.6 - 2　如图 $4.6-7$(a)所示的电路，L_1、L_2、M 和 i_s 均为已知，确定线圈的同名端，并求电压 u。

解　根据图 $4.6-7$(a)中两个线圈的绕向可以判定，端子 a、c 为同名端，于是可画出电路模型如图 $4.6-7$(b)所示。在图 $4.6-7$(b)中，流过 L_1 的电流 $i_1=0$，流过 L_2 的电流为 i_s，按指定的参考方向，电压

$$u = u_1 + u_2 = -M \frac{\mathrm{d}i_s}{\mathrm{d}t} + L_2 \frac{\mathrm{d}i_s}{\mathrm{d}t} = (L_2 - M) \frac{\mathrm{d}i_s}{\mathrm{d}t}$$

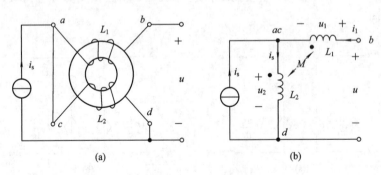

$$\text{图 } 4.6-7 \quad \text{例 } 4.6-2\text{图}$$

4.6.3　T 型去耦等效电路

当两个耦合电感有一端相连接时，如图 $4.6-8$(a)和(b)所示，可以用无耦合的电感电路来等效。

图 $4.6-8$(a)是同名端相连的情形，其电路方程为

$$\begin{cases} u_1 = L_1 \dfrac{\mathrm{d}i_1}{\mathrm{d}t} + M \dfrac{\mathrm{d}i_2}{\mathrm{d}t} = (L_1 - M) \dfrac{\mathrm{d}i_1}{\mathrm{d}t} + M\left(\dfrac{\mathrm{d}i_1}{\mathrm{d}t} + \dfrac{\mathrm{d}i_2}{\mathrm{d}t} \right) \\[2mm] u_2 = L_2 \dfrac{\mathrm{d}i_2}{\mathrm{d}t} + M \dfrac{\mathrm{d}i_1}{\mathrm{d}t} = (L_2 - M) \dfrac{\mathrm{d}i_2}{\mathrm{d}t} + M\left(\dfrac{\mathrm{d}i_1}{\mathrm{d}t} + \dfrac{\mathrm{d}i_2}{\mathrm{d}t} \right) \end{cases} \qquad (4.6-16)$$

式(4.6 - 16)也是图 $4.6-8$(c)的电路方程，因此图(c)是图(a)的等效电路。

图 4.6 - 8(b)是异名端相连接的情形,用同样的方法可推得其等效电路如图 4.6 - 8(d)所示。

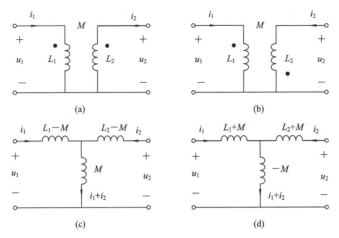

图 4.6 - 8　去耦等效电路

在等效电路中,消除了各电感间的耦合,因而在分析计算中不必专门考虑耦合作用,这给分析互感电路带来方便。

例 4.6 - 3　图 4.6 - 9(a)和(c)中两个耦合电感相并联,求其等效电感。

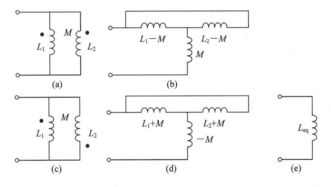

图 4.6 - 9　例 4.6 - 3 图

解　图 4.6 - 9(a)是同名端相连接的情形。按由图 4.6 - 8(a)到(c)的去耦等效方法,可画出其等效电路如图 4.6 - 9(b)所示。按电感串、并联的方法,可求得其等效电感

$$L_{eq} = \frac{(L_1 - M)(L_2 - M)}{(L_1 - M) + (L_2 - M)} + M = \frac{L_1 L_2 - M^2}{L_1 + L_2 - 2M} \tag{4.6 - 17}$$

图 4.6 - 9(c)是异名端相连接的情形。按图 4.6 - 8(b)等效为(d)的方法,可画出其等效电路如图 4.6 - 9(d)所示。按电感串、并联的方法,可求得其等效电感

$$L_{eq} = \frac{(L_1 + M)(L_2 + M)}{(L_1 + M) + (L_2 + M)} - M = \frac{L_1 L_2 - M^2}{L_1 + L_2 + 2M}$$

$$\tag{4.6 - 18}$$

T 型去耦等效例题

对耦合电路利用 T 型去耦等效时,与电路中电流、电压参考方向无关,仅与同名端相连还是异名端相连有关,具体关系如图 4.6 - 8 所示。

4.6.4 互感电路的正弦稳态计算

如果通过耦合线圈的电流 i_1 和 i_2 是同频率的正弦电流，其相量分别为 $\dot{I}_1$ 和 $\dot{I}_2$，端口电压相量分别为 $\dot{U}_1$ 和 $\dot{U}_2$（各端口电压、电流为关联参考方向），则耦合电感的相量模型如图 4.6 – 10(a) 和 (b) 所示，其端口伏安关系为

$$\begin{cases} \dot{U}_1 = j\omega L_1 \dot{I}_1 \pm j\omega M \dot{I}_2 \\ \dot{U}_2 = j\omega L_2 \dot{I}_2 \pm j\omega M \dot{I}_1 \end{cases} \qquad (4.6-19)$$

若 $\dot{I}_1$、$\dot{I}_2$ 均从同名端流入（见图 4.6 – 10(a)），则互感电压取"+"号；若 $\dot{I}_1$、$\dot{I}_2$ 从异名端流入（见图 4.6 – 10(b)），则互感电压取"—"号。式(4.6 – 19)中 ωM 称为互感抗。如果耦合电感各有一端相连接，也可采用 T 形去耦等效电路进行分析。

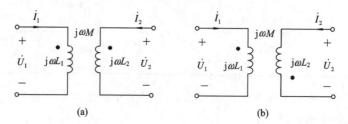

图 4.6 – 10 耦合电感的相量模型

例 4.6 – 4 如图 4.6 – 11(a)所示的电路，已知 $R_1 = R_2 = 10\ \Omega$，$L_1 = 50.5\ \mu\text{H}$，$L_2 = 50\ \mu\text{H}$，$M = 0.5\ \mu\text{H}$，$C_1 = C_2 = 50\ \text{pF}$，$U_s = 10\ \text{V}$，$\omega = 2 \times 10^7\ \text{rad/s}$，求 $\dot{I}_1$ 和 $\dot{I}_2$，并用 PSpice 进行验证。

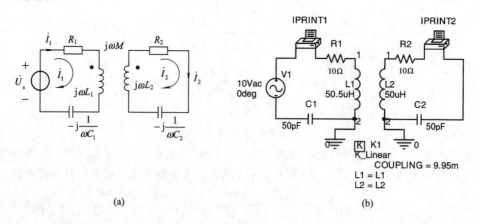

图 4.6 – 11 例 4.6 – 4 图

解 选网孔电流 $\dot{I}_1$ 和 $\dot{I}_2$ 如图所示。根据 KVL 列出回路方程。需要注意的是，对于含有互感的电路，在列写回路方程时应考虑到互感电压。

图 4.6 – 11(a)中，电流 $\dot{I}_1$ 和 $\dot{I}_2$ 分别从异名端流入，故互感电压取"—"号。按图可列出回路方程为

$$R_1 \dot{I}_1 + j\omega L_1 \dot{I}_1 - j\omega M \dot{I}_2 - j\frac{1}{\omega C_1} \dot{I}_1 = \dot{U}_s$$

$$R_2 \dot{I}_2 + j\omega L_2 \dot{I}_2 - j\omega M \dot{I}_1 - j\frac{1}{\omega C_2} \dot{I}_2 = 0$$

式中各电抗值为

$$\omega L_1 = 2 \times 10^7 \times 50.5 \times 10^{-6} = 1010\ \Omega$$

$$\omega L_2 = 2 \times 10^7 \times 50 \times 10^{-6} = 1000\ \Omega$$

$$\omega M = 2 \times 10^7 \times 0.5 \times 10^{-6} = 10\ \Omega$$

$$\frac{1}{\omega C_1} = \frac{1}{\omega C_2} = \frac{1}{2 \times 10^7 \times 50 \times 10^{-12}} = 1000\ \Omega$$

将以上各值及 R_1、R_2 代入方程，并设 $\dot{U}_s = 10\angle 0^\circ$ V，得

$$10\dot{I}_1 + j1010\dot{I}_1 - j10\dot{I}_2 - j1000\dot{I}_1 = 10$$
$$10\dot{I}_2 + j1000\dot{I}_2 - j10\dot{I}_1 - j1000\dot{I}_2 = 0$$

简化后，得

$$(1+j1)\dot{I}_1 - j\dot{I}_2 = 1$$
$$-j\dot{I}_1 + \dot{I}_2 = 0$$

由以上两式可解得

$$\dot{I}_1 = \frac{1}{2+j1} = 0.447\angle -26.57^\circ\ \text{A}$$

$$\dot{I}_2 = \frac{j}{2+j1} = 0.447\angle 63.43^\circ\ \text{A}$$

顺便指出，分析互感耦合电路不能用节点法，除非采用去耦等效电路。

用 PSpice 验证的步骤如下：

(1) 用 Capture 绘制出如图 4.6-11(b)所示的仿真电路图。耦合电感的绘制方法：先从 ANALOG 库中取出两个电感 L1 和 L2，放入指定位置，并设置其参数。然后从 ANALOG 库中取出线性互感 K_Linear 放到 L1 和 L2 附近；双击 $\boxed{\text{K}}$ 打开互感属性对话框，在 Coupling 栏内输入耦合系数

$$k = \frac{M}{\sqrt{L_1 L_2}} = \frac{0.5}{\sqrt{50.5 \times 50}} = 9.95 \times 10^{-3} = 9.95\ \text{m} \quad (\text{此处 m} = 10^{-3})$$

在 L1 和 L2 栏内分别输入 L1 和 L2，表示电感 L1 和 L2 之间存在耦合。电流数据打印机的绘制方法：先从 SPECIAL 库中取 IPRINT 放于待求电流支路，双击每个 IPRINT 打开其属性对话框，分别在 AC、MAG 和 PHASE 栏内输入 yes，表示将交流电流的幅值和相位数据输出至输出文件中。

(2) 设置分析类型和参数。选取 AC Sweep/Noise 作分析类型；在 AC Sweep Type 内选中 Linear；在 Start Frequency 和 End Frequency 框内都输入 3183101.5($f = \omega/(2\pi)$)，在 Total Points 框内输入 1，点击确定按钮结束设置。

(3) 点击 Run 按钮，启动 PSpice 仿真。仿真结束后，查看输出文件 Probe，执行 View/Output File，有下列结果：

FREQ	IM(V_PRINT1)	IP(V_PRINT1)
3.183E+06	4.472E-01	-2.657E+01
FREQ	IM(V_PRINT2)	IP(V_PRINT2)
3.183E+06	4.472E-01	6.342E+01

可见与前面计算的结果一致。

例 4.6 - 5 如图 4.6 - 12 所示的电路，已知 $\dot{U}_s = 10\angle 0° \text{V}$，$R_1 = R_2 = 3\ \Omega$，$\omega L_1 = \omega L_2 = 4\ \Omega$，$\omega M = 2\ \Omega$，求：

(1) ab 端开路时的电压 $\dot{U}_{ab}$。

(2) ab 端短路后的短路电流 $\dot{I}_{ab}$。

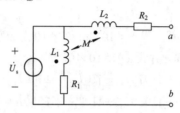

图 4.6 - 12 例 4.6 - 5 图

解 图 4.6 - 12 的耦合电感为异名端相连接，画出其 T 形去耦电路如图 4.6 - 13(a) 所示。

(1) 求开路电压 $\dot{U}_{ab}$。由于 ab 端开路(见图 4.6 - 13(a))，因而流过 R_2 及 $L_2 + M$ 的电流为零，其端电压也为零。利用分压公式，可得

$$\dot{U}_{ab} = \frac{R_1 + j\omega(L_1 + M)}{R_1 + j\omega(L_1 + M) - j\omega M}\dot{U}_s = \frac{R_1 + j\omega(L_1 + M)}{R + j\omega L_1}\dot{U}_s$$

代入各电抗和电阻值，得

$$\dot{U}_{ab} = \frac{3 + j6}{3 + j4}10\angle 0° = 13.4\angle 10.3°\ \text{V}$$

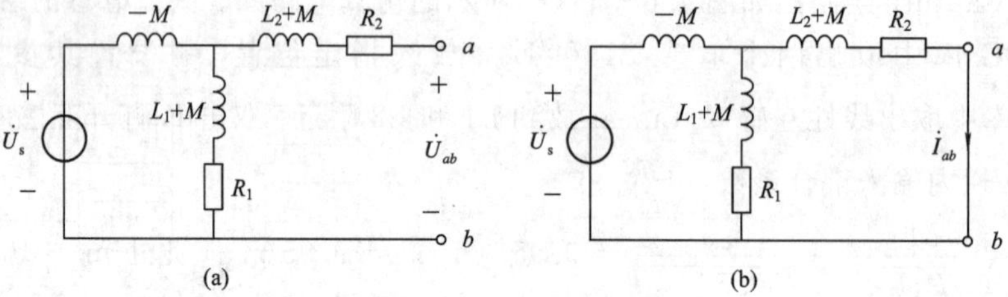

图 4.6 - 13 例 4.6 - 5 的求解

(2) 求短路电流 $\dot{I}_{ab}$。将 ab 端短路，如图 4.6 - 13(b)所示。这时，电源端的总阻抗为

$$Z = -j\omega M + \frac{[R_1 + j\omega(L_1 + M)][R_2 + j\omega(L_2 + M)]}{[R_1 + j\omega(L_1 + M)] + [R_2 + j\omega(L_2 + M)]}$$

$$= -j2 + \frac{(3 + j6)(3 + j6)}{(3 + j6) + (3 + j6)} = 1.5 + j1 = 1.8\angle 33.7°\ \Omega$$

总电流

$$\dot{I} = \frac{\dot{U}_s}{Z} = \frac{10\angle 0°}{1.8\angle 33.7°} = 5.56\angle -33.7°\ \text{A}$$

利用分流公式可得

$$\dot{I}_{ab} = \frac{R_1 + j\omega(L_1 + M)}{R_1 + R_2 + j\omega(L_1 + L_2 + 2M)}\dot{I} = 2.78\angle -33.7°\ \text{A}$$

如果相互耦合的两个线圈是绕在非铁磁性材料上的，则常称其为空芯变压器。图 4.6 - 14(a)是两个相互耦合的电感，与电源相连的一边称为初级(原边)，与负载相连的一

边称为次级（副边）。为了简便，如果初级线圈和电源有损耗电阻，我们把它统归于图 4.6 – 14(a)的 R_1 中，如有电抗元件也统归于图 4.6 – 14(a)的 L_1 或 C_1 中，如果次级线圈有损耗电阻也统归于 R_2 中。现在我们把 R_2 看作负载。

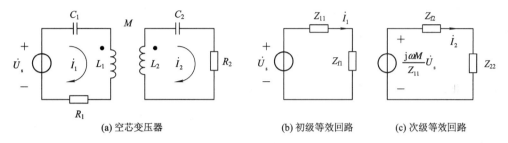

(a) 空芯变压器　　　　(b) 初级等效回路　　(c) 次级等效回路

图 4.6 – 14　空芯变压器及其等效电路

令初级回路电流为 $\dot{I}_1$，次级回路电流为 $\dot{I}_2$，如图 4.6 – 14(a)所示。根据 KVL 可列出如下方程

$$\begin{cases} Z_{11}\dot{I}_1 - j\omega M\dot{I}_2 = \dot{U}_s \\ -j\omega M\dot{I}_1 + Z_{22}\dot{I}_2 = 0 \end{cases} \tag{4.6 – 20}$$

式中，

$$Z_{11} = R_1 + jX_1 = R_1 + j\left(\omega L_1 - \frac{1}{\omega C_1}\right)$$

是回路 1 的自阻抗；

$$Z_{22} = R_2 + jX_2 = R_2 + j\left(\omega L_2 - \frac{1}{\omega C_2}\right)$$

是回路 2 的自阻抗；$j\omega M$ 是回路 1 与回路 2 的互阻抗。

由式(4.6 – 20)可解得

$$\dot{I}_1 = \frac{\dot{U}_s}{Z_{11} + \dfrac{(\omega M)^2}{Z_{22}}} = \frac{\dot{U}_s}{Z_{11} + Z_{f1}} \tag{4.6 – 21a}$$

$$\dot{I}_2 = \frac{j\omega M\dot{I}_1}{Z_{22}} \tag{4.6 – 21b}$$

式中

$$Z_{f1} = \frac{(\omega M)^2}{Z_{22}} = \frac{(\omega M)^2}{R_2^2 + X_2^2}R_2 + j\frac{-(\omega M)^2}{R_2^2 + X_2^2}X_2 = R_{f1} + jX_{f1} \tag{4.6 – 22}$$

$$\begin{cases} R_{f1} = \dfrac{(\omega M)^2}{R_2^2 + X_2^2}R_2 \\ X_{f1} = \dfrac{-(\omega M)^2}{R_2^2 + X_2^2}X_2 \end{cases} \tag{4.6 – 23}$$

Z_{f1} 称为反映阻抗，它是次级回路自阻抗 Z_{22} 通过互感反映到初级的等效阻抗，其实部 R_{f1} 称为反映电阻，它是次级耗能元件的反映；其虚部 X_{f1} 称为反映电抗，它是储能元件的反映。

按式(4.6 – 21a)，可画出其电路模型如图 4.6 – 14(b)所示，称为初级等效回路。用它分析初级回路的问题，常常比较方便。当已求得 $\dot{I}_1$ 后，可以方便地由式(4.6 – 21b)求得次级电流 $\dot{I}_2$。

由式(4.6-23)可知，一般而言 R_{fl} 恒为非负，这表示次级回路中的功率要依靠初级回路供给。由图 4.6-14(b)可得电源供给的功率为

$$P_1 = (R_1 + R_{fl})I_1^2 \tag{4.6-24}$$

它一部分消耗在初级电阻 $R_1(R_1 I_1^2)$ 上，其余部分 $(R_{fl} I_1^2)$ 通过磁耦合传输到初级回路，对式(4.6-21b)模值的平方可得

$$I_2^2 = \frac{(\omega M)^2}{R_2^2 + X_2^2} I_1^2$$

两端同乘以 R_2，得次级上消耗的功率 P_2 为

$$P_2 = R_2 I_2^2 = R_2 \frac{(\omega M)^2}{R_2^2 + X_2^2} I_1^2 = R_{fl} I_1^2 = P_1 \tag{4.6-25}$$

可见反映电阻 R_{fl} 上消耗的功率是次级回路中电阻所消耗的功率。

如果仅研究次级回路的问题，则将式(4.6-21a)代入式(4.6-21b)，消去 $\dot{I}_1$，得次级电流

$$\dot{I}_2 = \frac{\mathrm{j}\omega M \dot{U}_s}{Z_{22}\left[Z_{11} + \frac{(\omega M)^2}{Z_{22}}\right]} = \frac{\mathrm{j}\omega M \dot{U}_s}{Z_{11}Z_{22} + (\omega M)^2}$$

$$= \frac{\dfrac{\mathrm{j}\omega M}{Z_{11}}\dot{U}_s}{Z_{22} + \dfrac{(\omega M)^2}{Z_{11}}} = \frac{\dfrac{\mathrm{j}\omega M}{Z_{11}}\dot{U}_s}{Z_{22} + Z_{f2}} \tag{4.6-26}$$

按式(4.6-26)，可画出其电路模型如图 4.6-14(c)所示，称为次级等效回路。不难看出，该等效回路中的电压源 $\dfrac{\mathrm{j}\omega M \dot{U}_s}{Z_{11}}$ 就是戴维南等效电路的开路电压。式(4.6-26)中

$$Z_{f2} = \frac{(\omega M)^2}{Z_{11}} = \frac{(\omega M)^2}{R_1^2 + X_1^2}R_1 + \mathrm{j}\frac{-(\omega M)^2}{R_1^2 + X_1^2}X_1 = R_{f2} + \mathrm{j}X_{f2} \tag{4.6-27}$$

$$\begin{cases} R_{f2} = \dfrac{(\omega M)^2}{R_1^2 + X_1^2}R_1 \\[3mm] X_{f2} = \dfrac{-(\omega M)^2}{R_1^2 + X_1^2}X_1 \end{cases} \tag{4.6-28}$$

Z_{f2} 称为反映阻抗，它是初级回路的自阻抗 Z_{11} 通过互感反映到次级的等效阻抗，其实部 R_{f2} 称为反映电阻，其虚部 X_{f2} 称为反映电抗。

例 4.6-6　如图 4.6-15(a)所示的电路，已知 $U_s = 10$ V，$\omega = 10^6$ rad/s，$L_1 = L_2 = 1$ mH，$C_1 = C_2 = 1000$ pF，$R_1 = 10\ \Omega$，$R_2 = 40\ \Omega$，为使 R_2 上吸收的功率为最大，求所需互感 M，并计算此时 R_2 上的功率及 C_2 上的电压。

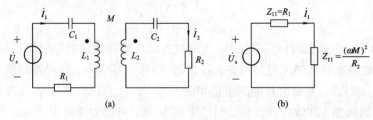

图 4.6-15　例 4.6-6 图

解　改变初级回路元件或互感 M 等这类问题，一般用初级等效回路计算可能是方便的。初级和次级回路的自阻抗分别为

$$Z_{11} = R_1 + \mathrm{j}\left(\omega L_1 - \frac{1}{\omega C_1}\right) = 10 + \mathrm{j}\left(10^6 \times 10^{-3} - \frac{1}{10^6 \times 1000 \times 10^{-12}}\right) = 10 \ \Omega$$

和

$$Z_{22} = R_2 + \mathrm{j}\left(\omega L_2 - \frac{1}{\omega C_2}\right) = R_2 = 40 \ \Omega$$

故得反映阻抗

$$Z_{\mathrm{f1}} = \frac{(\omega M)^2}{Z_{22}} = \frac{(\omega M)^2}{R_2} = R_{\mathrm{f1}}$$

因此可知，Z_{11} 和 Z_{f1} 均为纯电阻，可画出图 4.6 – 15(a) 电路的初级等效回路，如图 4.6 – 15(b) 所示。这时，初级等效回路为纯电阻电路。根据最大功率传输条件，得

$$R_{\mathrm{f1}} = \frac{(\omega M)^2}{R_2} = R_1$$

由上式可解得

$$M = \frac{1}{\omega} \sqrt{R_1 R_2} = \frac{1}{10^6} \sqrt{10 \times 40} = 20 \ \mu\mathrm{H}$$

这时，电流(设 $\dot{U}_\mathrm{s}$ 的初相为零)

$$\dot{I}_1 = \frac{\dot{U}_\mathrm{s}}{Z_{11} + Z_{\mathrm{f1}}} = \frac{\dot{U}_\mathrm{s}}{R_1 + R_{\mathrm{f1}}} = 0.5\angle 0° \ \mathrm{A}$$

由于除 R_2 外次级回路中各元件及互感均不消耗功率，因此 R_{f1} 上吸收的有功功率也就是 R_2 上吸收的有功功率[1]，故得 R_2 吸收的最大功率

$$P_2 = I_2^2 R_2 = I_1^2 R_{\mathrm{f1}} = (0.5)^2 \times 10 = 2.5 \ \mathrm{W}$$

为求得 C_2 上的电压 $\dot{U}_{C_2}$，由式(4.6 – 21b)可得

$$\dot{I}_2 = \frac{\mathrm{j}\omega M \dot{I}_1}{Z_{22}} = \frac{\mathrm{j}10^6 \times 20 \times 10^{-6}}{40} \times 0.5\angle 0° = 0.25\angle 90° \ \mathrm{A}$$

所以电压

$$\dot{U}_{C_2} = -\mathrm{j}\frac{1}{\omega C_2}\dot{I}_2 = 250 \ \mathrm{V}$$

例 4.6 – 7　如图 4.6 – 16(a) 所示的电路，已知 $\dot{U}_\mathrm{s} = 10\angle 0° \ \mathrm{V}$，$\omega = 10^4 \ \mathrm{rad/s}$；$R_1 = 5 \ \Omega$，$\omega L_1 = \omega L_2 = 10 \ \Omega$，$\omega M = 5 \ \Omega$。为使 R_2 上获得功率为最大，求所需的 C_2 和 R_2 的值，以及这时 R_2 上吸收的功率。

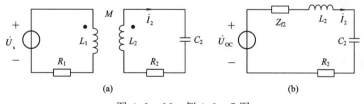

图 4.6 – 16　例 4.6 – 7 图

---

[1]　由式(4.6 – 21b)可得

$$I_2^2 R_2 = \left(\frac{\omega M I_1}{|Z_{22}|}\right)^2 R_2 = I_1^2 \frac{(\omega M)^2}{R_2^2 + X_2^2} R_2 = I_1^2 R_{\mathrm{f1}}$$

解　由于 R_2、C_2 均未知,因而用次级等效回路比较方便。由式(4.6-26)和(4.6-27)可知,次级等效回路的电压源,即开路电压

$$\dot{U}_{OC} = \frac{j\omega M \dot{U}_s}{Z_{11}} = \frac{j5}{5+j10}10\angle 0° = 4.47\angle 26.57° \text{ V}$$

反映阻抗

$$Z_{f2} = \frac{(\omega M)^2}{Z_{11}} = \frac{5^2}{5+j10} = 1-j2 \text{ Ω}$$

根据最大功率传输条件,R_2 获得最大功率时有

$$Z_{22} = R_2 + j\left(\omega L_2 - \frac{1}{\omega C_2}\right) = Z_{f2}^* = 1+j2 \text{ Ω}$$

故得

$$R_2 = 1 \text{ Ω}$$

$$\frac{1}{\omega C_2} = \omega L_2 - 2 = 8 \text{ Ω}$$

$$C_2 = \frac{1}{8\omega} = \frac{1}{8\times 10^4} = 12.5 \text{ μF}$$

互感耦合综合例题

这时 R_2 吸收的功率为

$$P_{2mm} = \frac{U_{OC}^2}{4R_{f2}} = \frac{(4.47)^2}{4} = 5 \text{ W}$$

4.7 变 压 器

4.7.1　全耦合变压器

把两个线圈绕在高导磁率铁磁材料的芯子上,使两线圈紧耦合,在理想情况下,初级线圈产生的磁通 Φ_{11} 将全部与次级线圈相交链,即有 $\Phi_{11}=\Phi_{21}$;次级线圈产生的磁通 Φ_{22} 也将全部与次级线圈相交链,即有 $\Phi_{22}=\Phi_{12}$,这时,由式(4.6-7)得

$$k = \sqrt{\frac{\Phi_{21}\Phi_{12}}{\Phi_{11}\Phi_{22}}} = 1 \qquad (4.7-1)$$

称为全耦合。在全耦合的条件下,考虑到 $M_{12}=M_{21}=M$,$N_1\Phi_{11}=L_1 i_1$,$N_1\Phi_{12}=Mi_2$,$N_2\Phi_{21}=Mi_1$,$N_2\Phi_{22}=L_2 i_2$,因此

$$\frac{N_1}{N_2} = \frac{L_1}{M} = \frac{M}{L_2} \qquad (4.7-2)$$

故在全耦合条件下有

$$M^2 = L_1 L_2 \qquad (4.7-3)$$

和

$$\frac{L_1}{L_2} = \left(\frac{N_1}{N_2}\right)^2 \qquad (4.7-4)$$

图 4.7-1(a)是 $k=1$ 时的互感耦合电路,即全耦合变压器。设其初级有 N_1 匝,次级有 N_2 匝,其伏安关系可写为

$$u_1 = L_1 \frac{\mathrm{d}i_1}{\mathrm{d}t} + M \frac{\mathrm{d}i_2}{\mathrm{d}t} = \sqrt{L_1}\left(\sqrt{L_1}\frac{\mathrm{d}i_1}{\mathrm{d}t} + \sqrt{L_2}\frac{\mathrm{d}i_2}{\mathrm{d}t} \right) \tag{4.7-5}$$

$$u_2 = M \frac{\mathrm{d}i_1}{\mathrm{d}t} + L_2 \frac{\mathrm{d}i_2}{\mathrm{d}t} = \sqrt{L_2}\left(\sqrt{L_1}\frac{\mathrm{d}i_1}{\mathrm{d}t} + \sqrt{L_2}\frac{\mathrm{d}i_2}{\mathrm{d}t} \right) \tag{4.7-6}$$

由以上两式之比并考虑到式(4.7-4)，可得

$$\frac{u_1}{u_2} = \frac{\sqrt{L_1}}{\sqrt{L_2}} = \frac{N_1}{N_2}$$

即

$$u_1(t) = \frac{N_1}{N_2} u_2(t) \qquad \forall t \tag{4.7-7}$$

式(4.7-5)可写为

$$L_1 \frac{\mathrm{d}i_1}{\mathrm{d}t} = u_1 - M \frac{\mathrm{d}i_2}{\mathrm{d}t}$$

等号两端同时除以 L_1，并考虑到式(4.7-2)中 $\dfrac{M}{L_1} = \dfrac{N_2}{N_1}$，上式可写为

$$\frac{\mathrm{d}i_1}{\mathrm{d}t} = \frac{1}{L_1}u_1 - \frac{M}{L_1}\frac{\mathrm{d}i_2}{\mathrm{d}t} = \frac{u_1}{L_1} - \frac{N_2}{N_1}\frac{\mathrm{d}i_2}{\mathrm{d}t}$$

即

$$\mathrm{d}i_1(t) = \frac{1}{L_1}u_1(t)\mathrm{d}t - \frac{N_2}{N_1}\mathrm{d}i_2(t)$$

将上式从 $t = -\infty$ 到 t 积分，并设 $i_1(-\infty)=0$，$i_2(-\infty)=0$，得

$$i_1(t) = \frac{1}{L_1}\int_{-\infty}^{t} u_1(\xi)\mathrm{d}\xi - \frac{N_2}{N_1}i_2(t) = i_\Phi(t) + i_1'(t) \qquad \forall t \tag{4.7-8}$$

式中

$$i_\Phi(t) = \frac{1}{L_1}\int_{-\infty}^{t} u_1(\xi)\mathrm{d}\xi \tag{4.7-9}$$

$$i_1'(t) = -\frac{N_2}{N_1}i_2(t) \tag{4.7-10}$$

式(4.7-8)表明，全耦合变压器的输入端电流 i_1 由两部分组成。其中，i_Φ 是由于存在初级自感 L_1 而出现的分量，称为励磁电流，它与次级的状况无关；另一分量 i_1' 是次级电流 i_2 在初级的反映，它表明了初级与次级的相互关系。

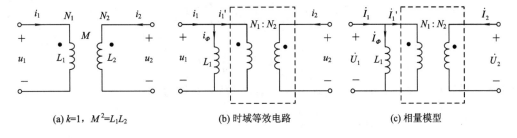

(a) $k=1$，$M^2=L_1L_2$　　　　(b) 时域等效电路　　　　(c) 相量模型

图 4.7-1　全耦合变压器

根据式(4.7-7)和式(4.7-8)可画出全耦合变压器的电路模型如图 4.7-1(b)所示。图中虚线框内的伏安关系可用式(4.7-7)和(4.7-10)表示，即

$$\begin{cases} u_1(t) = \dfrac{N_1}{N_2}u_2(t) \\[2mm] i_1'(t) = -\dfrac{N_2}{N_1}i_2(t) \end{cases} \qquad \forall\, t \qquad (4.7-11)$$

在正弦稳态情况下，其相应的相量模型如图 4.7－1(c)所示。图中虚线框内的伏安特性为

$$\begin{cases} \dot{U}_1 = \dfrac{N_1}{N_2}\dot{U}_2 \\[2mm] \dot{I}_1 = -\dfrac{N_2}{N_1}\dot{I}_2 \end{cases} \qquad (4.7-12)$$

而励磁电流

$$\dot{I}_\Phi = \dfrac{\dot{U}_1}{\mathrm{j}\omega L_1} \qquad (4.7-13)$$

4.7.2 理想变压器

前述的全耦合变压器的条件是：① 变压器本身无损耗；② 耦合系数 $k=1$。如果再有 ③ L_1、L_2、M 趋于无限大，但 $\sqrt{\dfrac{L_1}{L_2}}$ 保持为常数$\left(\sqrt{\dfrac{L_1}{L_2}}=\dfrac{N_1}{N_2}\right)$，就称其为理想变压器。由式 (4.7－9)可知，当 L_1 趋于无限大时，励磁电流 $i_\Phi=0$，因而理想变压器的电路模型如图 4.7－2(a)和(b)所示。

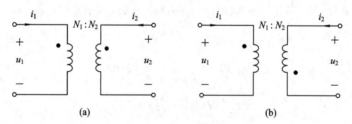

图 4.7－2 理想变压器

若端口电压、电流为关联参考方向，则同名端如图 4.7－2(a)所示的理想变压器，其伏安特性为

$$\begin{cases} u_1(t) = \dfrac{N_1}{N_2}u_2(t) = nu_2(t) \\[2mm] i_1(t) = -\dfrac{N_2}{N_1}i_2(t) = -\dfrac{1}{n}i_2(t) \end{cases} \qquad \forall\, t \qquad (4.7-14)$$

对于同名端如图 4.7－2(b)所示的理想变压器，其伏安特性为

$$\begin{cases} u_1(t) = -\dfrac{N_1}{N_2}u_2(t) = -nu_2(t) \\[2mm] i_1(t) = \dfrac{N_2}{N_1}i_2(t) = \dfrac{1}{n}i_2(t) \end{cases} \qquad \forall\, t \qquad (4.7-15)$$

式中 $n=N_1/N_2$，称为匝数比或变比。可见，理想变压器是电压、电流的线性变换器。它用受控源表示电路模型如图 4.7－3(a)和(b)所示，其中图 4.7－3(a)对应于图 4.7－2(a)，

图 4.7 - 3(b)对应于图 4.7 - 2(b)。

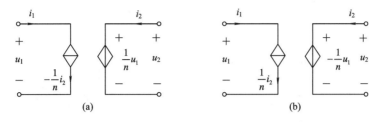

图 4.7 - 3 理想变压器的受控源表示

由式(4.7 - 14)和式(4.7 - 15)可得,理想变压器吸收的总功率

$$p(t) = u_1(t)i_1(t) + u_2(t)i_2(t)$$

$$= \left[\pm n u_2(t)\right]\left[\mp \frac{1}{n}i_2(t)\right] + u_2(t)i_2(t) = 0 \qquad \forall\, t \qquad (4.7 - 16)$$

亦即对任一时刻,初级和次级吸收的功率之和恒等于零,也就是说,在任一时刻,若某端口吸收功率,那么同时就从另一端口发出功率。理想变压器只是起传输功率(或能量)的作用,它既不消耗能量,也不储存能量。这与耦合电感有本质区别。

当理想变压器的电压、电流是同频率的正弦量时,其相量模型如图 4.7 - 4(a)和(b)所示。其伏安关系,对于图 4.7 - 4(a)为

$$\begin{cases} \dot{U}_1 = \dfrac{N_1}{N_2}\dot{U}_2 = n\dot{U}_2 \\[2mm] \dot{I}_1 = -\dfrac{N_2}{N_1}\dot{I}_2 = -\dfrac{1}{n}\dot{I}_2 \end{cases} \qquad (4.7 - 17)$$

对于图 4.7 - 4(b)为

$$\begin{cases} \dot{U}_1 = -\dfrac{N_1}{N_2}\dot{U}_2 = -n\dot{U}_2 \\[2mm] \dot{I}_1 = \dfrac{N_2}{N_1}\dot{I}_2 = \dfrac{1}{n}\dot{I}_2 \end{cases} \qquad (4.7 - 18)$$

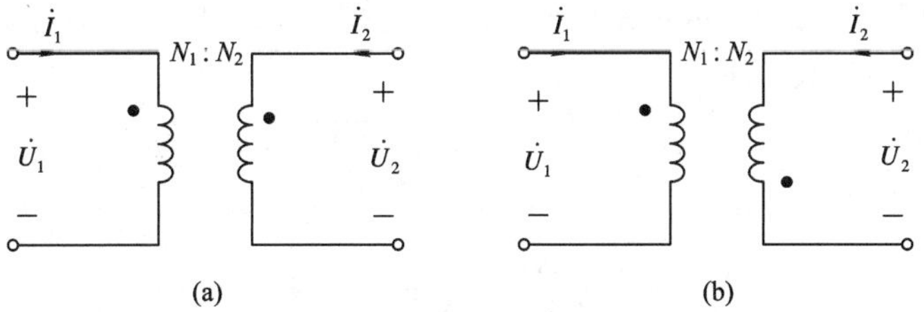

图 4.7 - 4 理想变压器的相量模型

如在理想变压器的次级接以负载阻抗 Z_L,如图 4.7 - 5(a)所示,图中同名端标以"·"或"＊"。初级的输入阻抗

$$Z_{in} = \frac{\dot{U}_1}{\dot{I}_1} = \frac{\pm \dfrac{N_1}{N_2}\dot{U}_2}{\mp \dfrac{N_2}{N_1}\dot{I}_2} = -\left(\frac{N_1}{N_2}\right)^2 \frac{\dot{U}_2}{\dot{I}_2}$$

根据次级电流、电压的参考方向,有 $\dot{U}_2 = -Z_L\dot{I}_2$,将它代入上式,得输入阻抗(见图

4.7-5(b))

$$Z_{\text{in}} = \left(\frac{N_1}{N_2}\right)^2 Z_{\text{L}} = n^2 Z_{\text{L}} \qquad (4.7-19)$$

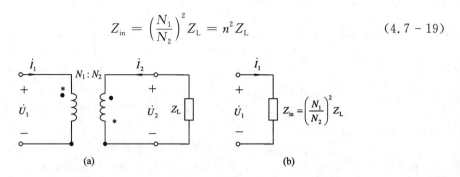

图 4.7-5 理想变压器的输入阻抗

可见,理想变压器除变换电压、电流作用外,还起着变换阻抗的作用。因此,可利用改变匝数比的办法来改变输入阻抗,使之与电源匹配,从而使负载获得最大功率。

例 4.7-1 某信号源内阻抗 $Z_s = 32 + \text{j}24 \ (\Omega)$,电压 $U_s = 10 \ \text{V}$,负载 $R_L = 2.5 \ \Omega$。为使负载获得最大功率,电源经理想变压器与负载相接,如图 4.7-6(a)所示。求理想变压器的匝数比及负载获得的功率。

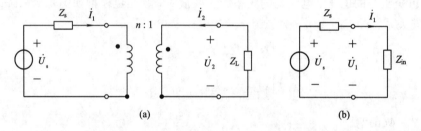

图 4.7-6 例 4.7-1 图

解 设理想变压器的匝数比为 n。根据式(4.7-19),其输入阻抗为

$$Z_{\text{in}} = n^2 R_{\text{L}} = 2.5 n^2$$

于是得初级等效电路如图 4.7-6(b)所示。由于负载为纯电阻,而调节匝数比 n 只能改变输入阻抗(输入电阻)的模值,故可采用模匹配的方式。由式(4.5-23)可知,当 $|Z_{\text{in}}| = |Z_s|$ 时,负载获得的功率最大,即

$$|Z_{\text{in}}| = 2.5 n^2 = \sqrt{32^2 + 24^2} = 40 \ \Omega$$

于是可得匝数比

$$n = \frac{N_1}{N_2} = \sqrt{\frac{40}{2.5}} = 4$$

时,负载获得的功率为最大。这时 $Z_{\text{in}} = 40 \ \Omega$,电流

$$\dot{I}_1 = \frac{\dot{U}_s}{Z_s + Z_{\text{in}}} = \frac{10\angle 0°}{32 + \text{j}24 + 40} = 0.1318\angle -18.44° \ \text{A}$$

负载吸收功率,即 Z_{in} 吸收功率(因 Z_{in} 为纯电阻)为

$$P_{\text{L}} = I_1^2 Z_{\text{in}} = (0.1318)^2 \times 40 = 0.695 \ \text{W}$$

或者由

$$I_2 = \frac{N_1}{N_2} I_1 = 4 \times 0.1318 = 0.527 \ \text{A}$$

得负载吸收功率

$$P_{\text{L}} = I_2^2 R_{\text{L}} = (0.527)^2 \times 2.5 = 0.695 \text{ W}$$

理想变压器综合例题(1)　　　　　　　　理想变压器综合例题(2)

例 4.7 - 2　图 4.7 - 7(a)为含理想变压器的电路,已知 $R_1 = R_2 = 10 \ \Omega$, $\dfrac{1}{\omega C} = 50 \ \Omega$, $\dot{U}_{\text{s}} = 50 \angle 0° \text{ V}$ 求流过 R_2 的电流 $\dot{I}$。

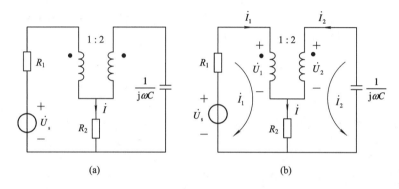

图 4.7 - 7　例 4.7 - 2 图

解　设理想变压器的端口电压、电流为 $\dot{U}_1$、$\dot{U}_2$ 和 $\dot{I}_1$、$\dot{I}_2$,选变压器初、次级电流 $\dot{I}_1$、$\dot{I}_2$ 为网孔电流,如图 4.7 - 7(b)所示。根据 KVL 列出回路方程为

$$(R_1 + R_2)\dot{I}_1 + R_2\dot{I}_2 + \dot{U}_1 = \dot{U}_{\text{s}}$$

$$R_2\dot{I}_1 + \left(R_2 - \text{j}\frac{1}{\omega C}\right)\dot{I}_2 + \dot{U}_2 = 0$$

考虑到理想变压器的伏安关系,根据图 4.7 - 7(b)所示的同名端,有

$$\dot{U}_1 = \frac{N_1}{N_2}\dot{U}_2 = \frac{1}{2}\dot{U}_2$$

$$\dot{I}_1 = -\frac{N_2}{N_1}\dot{I}_2 = -2\dot{I}_2$$

将以上伏安关系代入回路方程,并代入元件参数值,得

$$15\dot{I}_1 + \dot{U}_1 = 50\angle 0°$$

$$(5 + \text{j}25)\dot{I}_1 + 2\dot{U}_1 = 0$$

由以上两式可解得

$$\dot{I}_1 = 2 + \text{j}2 \text{ A}$$

$$\dot{I}_2 = -\frac{1}{2}\dot{I}_1 = -1 - \text{j}1 \text{ A}$$

所以通过 R_2 的电流

$$\dot{I} = \dot{I}_1 + \dot{I}_2 = 1 + \text{j}1 = 1.414\angle 45° \text{ A}$$

4.7.3 实际变压器的模型

对于实际变压器，尽管采用了导磁率较高的铁芯(或磁芯)，耦合得很紧，但耦合系数总小于1，初、次级线圈的电感量也不可能为无限大，而且不可避免地有损耗。

设电流 i_1 在初级线圈产生的磁通为 Φ_{11}，其中大部分与次级线圈相交链(参看图4.7-8)，令其磁通为 Φ_{21}，称为主磁通；而 Φ_{11} 中不与次级线圈相交链的部分称为漏磁通，用 Φ_{s1} 表示。因此，$\Phi_{11}=\Phi_{21}+\Phi_{s1}$。由式(4.6-1)，初级线圈的自感

$$L_1 = \frac{\Psi_{11}}{i_1} = \frac{N_1\Phi_{11}}{i_1} = \frac{N_1}{N_2}\frac{N_2\Phi_{21}}{i_1} + \frac{N_1\Phi_{s1}}{i_1}$$

由式(4.6-2)，$M_{21}=M=N_2\Phi_{21}/i_1$，故上式可写为

$$L_1 = \frac{N_1}{N_2}M + L_{s1} \qquad (4.7-20)$$

式中，$L_{s1}=\dfrac{N_1\Phi_{s1}}{i_1}$，是与漏磁通相应的自感，称为漏电感。

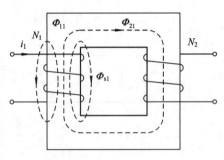

同样地，对次级线圈也有

$$L_2 = \frac{N_2}{N_1}M + L_{s2}$$

图4.7-8　实际变压器

式中，L_{s2} 是次级线圈的漏电感。

漏电感 L_{s1} 和 L_{s2} 各自反映了本线圈漏磁通的作用，而初、次级线圈的另一部分电感 N_1M/N_2 和 N_2M/N_1，则反映了主磁通的作用，它们是理想的全耦合变压器。因此，耦合系数 $k<1$ 的耦合电感(如图4.7-9(a)所示)可以等效为全耦合变压器($k=1$)与在初、次级回路中各串联以漏电感的电路，如图4.7-9(b)所示。

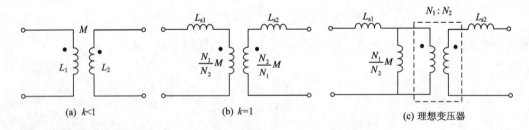

图4.7-9　耦合电感的等效

由于各电感量为有限值，依照全耦合变压器的电路模型(见图4.7-1(c))，图4.7-9(b)中的全耦合变压器将由励磁电感和匝比为 N_1/N_2 的理想变压器组成。于是，图4.7-9(a)中 $k<1$ 的耦合电感(实际变压器)可进一步画成图4.7-9(c)所示的等效电路。

如果再考虑变压器初、次级线圈的绕线电阻损耗(常称为铜耗)，还应在初级和次级分别串联以电阻 R_1 和 R_2。如果考虑变压器铁芯的涡流损耗和磁滞损耗，还应在励磁线圈上并联以铁芯损耗电导(电阻)G。最后得到比较完整的实际变压器的等效电路如图4.7-10所示。

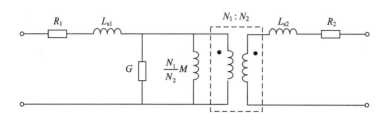

图 4.7 - 10　实际变压器的等效电路

4.8　应 用 实 例

4.8.1　移相器电路

移相器电路在测试、控制系统中应用广泛。

例 4.8 - 1　如图 4.8 - 1 所示为移相桥电路。当 R_1 由 $0 \to \infty$ 时，$\dot{U}_0$ 如何变化？

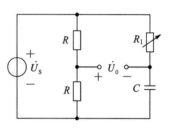

图 4.8 - 1　例 4.8 - 1 移相器电路

解　设 $\dot{U}_s = U_s \angle 0°$

$$\dot{U}_0 = \frac{R_1}{R_1 + \dfrac{1}{j\omega C}} \dot{U}_s - \frac{R}{R + R} \dot{U}_s = \frac{1}{2} \frac{j\omega R_1 C - 1}{j\omega R_1 C + 1} U_s$$

$$= \frac{1}{2} \frac{\sqrt{(\omega R_1 C)^2 + 1} \angle 180° - \arctan \omega R_1 C}{\sqrt{(\omega R_1 C)^2 + 1} \angle \arctan \omega R_1 C} U_s$$

$$= \frac{1}{2} U_s \angle 180° - 2\arctan \omega R_1 C = U_0 \angle \theta$$

$$\frac{\dot{U}_0}{\dot{U}_s} = \frac{1}{2} \frac{j\omega R_1 C - 1}{j\omega R_1 C + 1} = \frac{1}{2} \angle 180° - 2\arctan \omega R_1 C = U_0 \angle \theta \qquad (4.8 - 1)$$

$$U_0 = \frac{1}{2} U_s ; \quad \theta = 180° - 2\arctan \omega R_1 C \qquad (4.8 - 2)$$

由式(4.8 - 2)可得幅频特性为 1/2；相位随 R_1 的变化曲线如图 4.8 - 2 所示，由图可以看出，当 R_1 由 0 变化至 ∞ 时，相位随之从 180°变化至 0°。它是一个超前相移电路。

如果将图 4.8 - 1 中的电容用电感替换，得到如图 4.8 - 3 所示电路，其仍然是一个移相器电路，不过此时其幅频特性仍然是 1/2；而相位随 R_1 的变化与例 4.8 - 1 不同，当 R_1 由 0 变化至 ∞ 时，相位随之从 0°变化至 180°。它是一个同相相移电路。

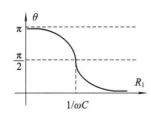

图 4.8 - 2　移相器电路相位特性

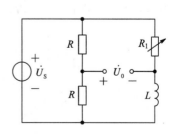

图 4.8 - 3　RL 移相器电路

4.8.2 功率因数(pf)校正及用电费用

大多数家用负载(如洗衣机、空调、电冰箱等)和工业负载(如感应电动机等)呈现电感性负载特性,且功率因数较低。

当电力公司向大型工业用户提供电能时,往往在其费率表中包含一个 pf(功率因数)条款。在此条款下,每当 pf 值低于规定值(一般是 0.85 滞后),用户需要支付额外的费用。这样就迫使用户设法提高负载的 pf 值。

不改变原负载的电压和电流而提高 pf 值的过程称为功率因数校正。

为了提高功率因数,一般采用在电感性负载端并联电容的方法,如图 4.8 - 4(a)所示。

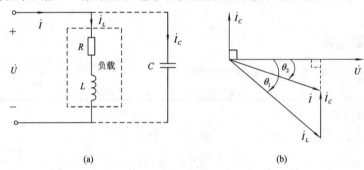

(a)   (b)

图 4.8 - 4 例 4.8 - 2 图

例 4.8 - 2 已知一功率为 $P = 2$ kW,$\mathrm{pf}_1 = \cos\theta_1 = 0.6$ 的感性负载接在电压为 $U = 220$ V、频率为 50 Hz 的电源上。现用并联电容的方法将功率因数提高到 $\mathrm{pf}_2 = \cos\theta_2 = 0.9$,试求并联电容的大小以及并联前后电源提供的电流。

下面分别用相量图法和解析法来求解。

解法一 借助相量图。

以电压 $\dot{U}$ 为参考相量,画出图 4.8 - 4(a)电路的相量图,如图 4.8 - 4(b)所示。

由图 4.8 - 4(a)可见,并联电容前后,感性负载上的电压和电流没发生任何变化,电源提供的平均功率也没有变化。因此

$$P = UI_L \cos\theta_1 = UI \cos\theta_2$$

$$I_L = \frac{P}{U \cos\theta_1} \tag{4.8 - 3}$$

$$I = \frac{P}{U \cos\theta_2} \tag{4.8 - 4}$$

由电容 C 的 VCR 之有效值关系,有

$$I_C = \omega CU \tag{4.8 - 5}$$

根据图 4.8 - 4(b)所示的相量图,可观察到

$$I_L \sin\theta_1 - I \sin\theta_2 = I_C$$

将式(4.8 - 3)~(4.8 - 5)代入上式,有

$$\frac{P \sin\theta_1}{U \cos\theta_1} - \frac{P \sin\theta_2}{U \cos\theta_2} = \omega CU$$

解得

$$C = \frac{P}{U^2 \omega}(\tan\theta_1 - \tan\theta_2) \qquad (4.8-6)$$

将题中已知数据代入到式(4.8-3)和(4.8-4)，得电容并联前后电源提供的电流分别为

$$I_L = \frac{2000}{220 \times 0.6} = 15.2 \text{ A}$$

$$I = \frac{2000}{220 \times 0.9} = 10.1 \text{ A}$$

将已知数据代入到式(4.8-6)，得

$$C = \frac{2000}{220^2 \times 2\pi \times 50}[\tan(\arccos0.6) - \tan(\arccos0.9)] = 112 \ \mu\text{F}$$

可见，在负载吸收功率保持不变的情况下，提高功率因数之后，电源提供的电流减小。由于电力传输线和配电系统存在损耗，因此电源电流的减小使得供电公司传输过程中的功率损耗也相应减小。这就是电力公司对 pf 值低于规定值的用户进行额外收费的原因。企业内部的电力传输也同样存在这样一个问题。因此，提高功率因数是对电力公司和企业双方都有利的事情。

需要注意，通常并不把 pf 值提高到 1，而是提高到 0.9 左右，以防在电路中产生并联谐振现象而损坏设备。

解法二　从无功功率的角度进行分析。

负载的无功功率只在电源与负载之间来回转换，并不做净功；但在转换过程中，将会在传输线上产生功率消耗。

感性负载的平均功率 $P = UI_L\cos\theta_1$，无功功率 $Q_L = UI_L\sin\theta_1$，因此

$$Q_L = \frac{P}{\cos\theta_1}\sin\theta_1 = P\tan\theta_1 \qquad (4.8-7)$$

接并联电容之后，电路的总平均功率仍然为 P，因此

$$P = UI\cos\theta_2$$

总无功功率为

$$Q = UI\sin\theta_2$$

因此

$$Q = \frac{P}{\cos\theta_2}\sin\theta_2 = P\tan\theta_2 \qquad (4.8-8)$$

电容的无功功率为

$$Q_C = -U^2\omega C$$

根据无功功率守恒原理，有

$$Q = Q_L + Q_C \qquad (4.8-9)$$

即

$$P\tan\theta_2 = P\tan\theta_1 - U^2\omega C$$

解得

$$C = \frac{P}{U^2\omega}(\tan\theta_1 - \tan\theta_2) \qquad (4.8-10)$$

式(4.8-10)与式(4.8-6)比较可见，两者是相同的。

将题中已知数据代入式(4.8 - 7)和(4.8 - 8)，可得电容并联接入前后，电路的无功功率分别为

$$Q_L = 2000 \times \tan(\arccos 0.6) = 2667 \text{ var}$$

$$Q = 2000 \times \tan(\arccos 0.9) = 871 \text{ var}$$

可见，电容并联接入后，无功功率减小了，从而导致传输线功耗降低。因此，并联电容提高功率因数也称为无功补偿。

例 4.8 - 3　一个 300 kW 的感性负载，其功率因数为 0.6，一个月工作 520 小时，计算按下列简单价格所决定的每个月的平均用电支出。

用电收费：0.4 元/(kW · h)(千瓦小时)。

功率因数奖罚：低于 0.85，每 0.01 要增收用电费用的 0.1%；高于 0.85，每 0.01 要少收用电费用的 0.1%。

(1) 如果负载并联电容整改后，将功率因数提高到 0.95，问每月可以减少多少开支。

(2) 设负载电压为 220 V，如果传输线的电阻为 0.4 Ω，求并联电容前后，传输线的功耗分别为多少？

解　(1) 所消耗的电量为

$$w = 300 \text{ kW} \times 520 \text{ h} = 156\ 000 \text{ kW} \cdot \text{h}$$

负载工作时的功率因数 pf=0.6，预定值为 0.85，0.85－0.6＝0.25，则需增收的用电量

$$\Delta w_1 = w \times 2.5\% = 3900 \text{ kW} \cdot \text{h}$$

每月应收电费为

$$\$_1 = 0.4 \times (156\ 000 + 3900) = 63\ 960 \text{ (元)}$$

整改后，功率因数 pf=0.95，高于预定值 0.85，0.95－0.85＝0.1，则需少收的用电量

$$\Delta w_2 = w \times 1\% = 1560 \text{ kW} \cdot \text{h}$$

每月应收电费为

$$\$_2 = 0.4 \times (156\ 000 - 1560) = 61\ 776 \text{ (元)}$$

所以每月可以减少开支

$$63\ 960 - 61\ 776 = 2184 \text{ (元)}$$

(2) 由式(4.8 - 3)和(4.8 - 4)可求得并联电容前后，传输线上的电流分别为

$$I_L = \frac{300 \times 10^3}{220 \times 0.6} = 2272.7 \text{ A}$$

$$I = \frac{300 \times 10^3}{220 \times 0.95} = 1435.4 \text{ A}$$

因此，传输线功耗分别为

$$P_{前} = I_L^2 \times 0.4 = 2066.066 \text{ kW}$$

$$P_{后} = I^2 \times 0.4 = 824.15 \text{ kW}$$

可见，提高功率因数也大大降低了电力公司的损失，对电力公司和企业双方都有利。

4.8.3　日光灯电路分析

日光灯一般由灯管、启辉器和镇流器组成，其电气连接图及电路模型如图 4.8 - 5 所示。

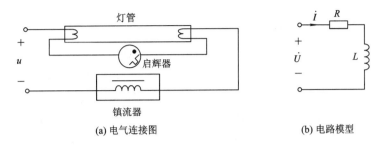

图 4.8-5　日光灯电气连接图及其电路模型

例 4.8-4　已知交流电压源的有效值 $U=220$ V，频率 $f=50$ Hz；日光灯的功率为 60 W，灯管的电阻 R 为 550 Ω。

（1）求镇流器的电感量 L 和日光灯电路的功率因数。

（2）现有 100 个这样的日光灯并联到交流电源上，若把并联电路的功率因数提高到 0.9，应在其上并联多大的电容？

解　（1）由于 $P=RI^2$，则

$$I=\sqrt{\frac{P}{R}}=\sqrt{\frac{60}{550}}=0.33 \text{ A}$$

根据 $P=UI\cos\theta$，得功率因数

$$\cos\theta=\frac{P}{UI}=\frac{60}{220\times0.33}=0.826$$

日光灯电路的阻抗 $Z=R+j\omega L$，由阻抗三角形有

$$\cos\theta=\frac{R}{|Z|}=\frac{R}{\sqrt{R^2+(\omega L)^2}}=0.826$$

将 $\omega=2\pi f=2\pi\times50$ rad/s，$R=550$ Ω 代入上式，可解得 $L=1.2$ H。

（2）每个日光灯电路的无功功率为

$$Q=UI\sin\theta=220\times0.33\times\sqrt{1-0.826^2}=40.92 \text{ var}$$

100 个日光灯并联电路的无功功率为

$$Q_0=100Q=4092 \text{ var}$$

并联电容后，功率因数提高到 $\cos\theta_1=0.9$，平均功率不变，为

$$P_0=100P=6000 \text{ W}$$

而无功功率将变为

$$Q_1=UI_1\sin\theta_1=\frac{P_0}{\cos\theta_1}\sin\theta_1=P_0\tan\theta_1$$

$$=6000\times\tan(\arccos0.9)=2906 \text{ var}$$

可见，并联电容 C 应补偿的无功功率为

$$\Delta Q=Q_1-Q_0=2906-4092=-1186 \text{ var}$$

而电容的无功功率为 $-U^2\omega C$，因此

$$C=-\frac{\Delta Q}{U^2\omega}=\frac{1189}{220^2\times2\pi\times50}=0.782\times10^{-6}=0.786 \text{ μF}$$

4.8.4 功率表和三表法测线圈参数

负载吸收的平均功率可以用称为功率表(或瓦特表)的仪器来测量。

图 4.8 - 6(a)是一个功率表的结构示意图,它由两个线圈组成:一个是电流线圈,其阻抗非常低(理想为 0),它与负载串联,如图 4.8 - 6(b)所示;另一个是电压线圈,其阻抗非常高(理想为∞),它与负载并联,如图 4.8 - 5(b)所示。电流线圈因低阻抗在电路中相当于短路,而电压线圈因高阻抗在电路中相当于开路。这样,功率表接入电路后,对电路无影响。

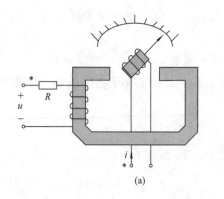
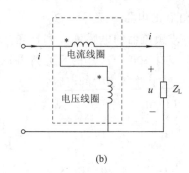

(a)   (b)

图 4.8 - 6 功率表

当两个线圈通以电流后,功率表运动系统的机械转动惯性产生一个偏转角,这个偏转角正比于负载上 u 与 i 乘积(ui)的平均值,即平均功率。

功率表的每一个线圈有两个端子,其中一个标有"＊"或"±"。要保证功率表的偏转按顺时针方向转动,电流线圈的"＊"端应与电压线圈的"＊"端相连,如图 4.8 - 6(b)所示。

例 4.8 - 5 如图 4.8 - 7 所示为三表法测线圈参数的电路,图中 Ⓦ 为功率表,读数为 30 W; Ⓐ 为电流表,读数为 1 A; Ⓥ 为电压表,读数为 50 V。三个电表均为理想的电表。电路频率 $f=50$ Hz,求 L。

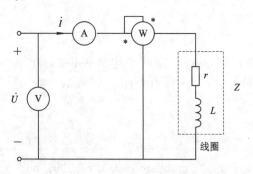

图 4.8 - 7 三表法测线圈参数

解 由电表读数知,线圈的功率 $P=30$ W,电压 $U=50$ V,电流为 $I=1$ A,则有

$$P = I^2 r$$

$$r = \frac{P}{I^2} = 30 \ \Omega$$

阻抗 Z 的模

$$|Z| = \frac{U}{I} = \frac{50}{1} = 50\ \Omega$$

而 $Z = r + j\omega L$，所以

$$|Z| = \sqrt{r^2 + (\omega L)^2}$$

可解得

$$L = \frac{1}{\omega}\sqrt{|Z|^2 - r^2} = \frac{1}{314}\sqrt{50^2 - 30^2} = \frac{40}{314} = 0.127\ \text{H}$$

4.8.5　电气设备开断产生的过压现象

随着电子技术的迅速发展，办公室或家中使用的电气设备越来越多。开微波炉或关灯对供电线路上的其他电气设备有没有影响呢？下面将举例说明开关某种电阻性设备时，可能对其他电气设备产生过压影响。

例 4.8 - 6　如图 4.8 - 8 所示电路是某单位当前用电示意图，电源 $u_s(t) = 220\sqrt{2}\cos(314t)$(V)是由发电站产生的电压，经变电站、电力传输线传送过来；$L_0 = 0.002$ H 是电源及线路的等效电感；用电设备 1 为电阻($R_1 = 12\ \Omega$)与纯电感($L_1 = 0.1$ H)并联的负载；用电设备 2 为 $R_2 = 6\ \Omega$ 的电阻性负载。设备 1 和设备 2 已运行多时，现在(设为 $t = 0$ 时刻)用电设备 2 突然断开，求设备 1 两端的电压 $u_0(t)$。

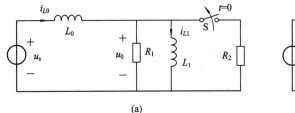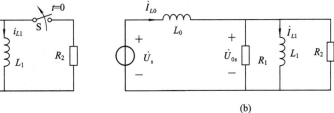

(a)　　　　　　　　　　(b)

图 4.8 - 8　例 4.8 - 6 图

解　由于电压源短路时，电感 L_0 和 L_1 并联为一个电感，$L = L_0 /\!/ L_1 = 1.96 \times 10^{-3}$ H，因此该电路为一阶电路，时常数

$$\tau = \frac{L}{R_1} = 0.634\ \text{ms}$$

$t < 0$ 时电路已达到正弦稳态，用相量法计算响应。

画出相量模型如图 4.8 - 8(b)所示。设

$$Z_1 = R_1 /\!/ R_2 /\!/ (j314L_1) = 3.94 + j0.5\ \Omega$$

由分压公式可求出输出

$$\dot{U}_{0s} = \frac{Z_1}{Z_1 + j314L_0}\dot{U}_s = 214.74\angle{-8.77°}\ \text{V}$$

因此

$$\dot{I}_{L1} = \frac{\dot{U}_0}{j314L_1} = 6.84\angle{-98.77°}\ \text{A}$$

$$\dot{I}_{L0} = \frac{\dot{U}_s - \dot{U}_0}{j314L_0} = 53.58\angle -13.35° \text{ A}$$

所以

$$u_{0s}(t) = 214.74\sqrt{2}\cos(314t - 8.77°) \text{ V}$$

$$i_{L1}(t) = 6.84\sqrt{2}\cos(314t - 98.77°) \text{ A}$$

$$i_{L0}(t) = 53.58\sqrt{2}\cos(314t - 13.35°) \text{ A}$$

因此

$$i_{L1}(0_+) = i_{L1}(0_-) = 6.84\sqrt{2}\cos(-98.77°) = -1.47 \text{ A}$$

$$i_{L0}(0_+) = i_{L0}(0_-) = 53.58\sqrt{2}\cos(-13.35°) = 73.7 \text{ A}$$

$$u_0(0_-) = 214.74\sqrt{2}\cos(-8.77°) = 300 \text{ V} \tag{4.8-11}$$

$$u_0(0_+) = R_1[i_{L0}(0_+) - i_{L1}(0_+)] = 12(73.7 + 1.47) = 902 \text{ V} \tag{4.8-12}$$

$t>0$ 达到稳态时，R_1 断开，同样可以计算出

$$\dot{U}_{0s} = \frac{R_1 \mathbin{/\mkern-5mu/} (j314L_1)}{R_1 \mathbin{/\mkern-5mu/} (j314L_1) + j314L_0}\dot{U}_s = 219.12\angle -3.41° \text{ V}$$

所以

$$u_{0s}(t) = 219.12\sqrt{2}\cos(314t - 3.41°)\text{V}$$

$$u_{0s}(0_+) = 219.12\sqrt{2}\cos(-3.41°) = 309.37 \text{ V}$$

代入广义三要素公式(3.5-4)，有

$$u_0(t) = u_{0s}(t) + [u_0(0_+) - u_{0s}(0_+)]e^{-t/\tau}$$

$$= 592.67e^{-6120t} + 219.12\sqrt{2}\cos(314t - 3.41°)\text{V}$$

由式(4.8-11)和(4.8-12)可见，在开关打开瞬间，设备 1 上的电压由 300 V 突然跃变为 $u_0(0_+)=902$ V，由于 τ 很小，因而过压时间非常短。这一现象称为瞬态过压(浪涌)现象，有时会对设备的安全运行产生不良影响。

4.8.6　对 120 V、60 Hz 与 220 V、50 Hz 的讨论

在北美洲和南美洲，大多数交流电源为 120 V、60 Hz。在西欧、中欧、非洲、亚洲以及澳大利亚，常使用 220 V、50 Hz 的电源。日本是唯一一个东部使用 100 V、50 Hz 而西部大部分使用 100 V、60 Hz 的国家。有效值和频率的选择显然很讲究，因为它们会对很多系统的设计及运行产生重要影响。

频率只相差 10 Hz 这一事实说明，进行发电和配电的一般频率范围已经达成了共识。历史表明，频率的选择问题最初是集中在旧时使用的白炽灯闪烁频次上，而这其实是不可能出现的。从技术上讲，每秒钟 50 周和 60 周之间的差别确实不明显。早期设计阶段考虑的另一重要因素是频率对于变压器尺寸的影响，它在电能生产与分配中起到了重要作用。通过研究变压器设计中应用的基本方程，会发现变压器的尺寸与频率成反比，也即工作在 50 Hz 下的变压器的尺寸必然大于工作在 60 Hz 下的变压器(根据理论计算约大 17%)。因此会发现，为国际市场设计的变压器若要求在 50 Hz 或 60 Hz 下都可以工作，那么都设计在 50 Hz 频率左右。但从另一方面来看，高频会增加由涡流和磁滞带来的变压器损耗。有

些时候我们可能会好奇一点，60 Hz 正好是 1 分钟内 60 秒及 1 小时内 60 分的整数倍。但从另一方面讲，一个 60 Hz 的信号周期为 16.67 ms，这是一个很别扭的数字；而 50 Hz 信号的周期正好为 20 ms。由于精确计时是技术设计中一个关键部分，这会不会就是频率最终选择 50 Hz 的一个重要动机呢？还有可能是因为 50 Hz 是与量测系统有关联的一个特殊值。要知道 10 的乘方在米制测量系统中是非常有用的，如 1 m 等于 100 cm，沸水温度为 100℃等。注意，50 正好是这些特殊值的一半。从所有这些原因来看，双方似乎都有值得一提的理由。最后我们甚至会怀疑，这种不同是否是由于政治上的原因。

美国与欧洲各国电压水平的不同是另一个截然不同的问题，这一不同几乎是 100% 的差别，但双方各执一词。毫无疑问，电压越大引起的安全问题越明显，如 220 V 产生的问题就明显高于 120 V 引起的问题。但应用电压越高，传输相同功率下的电流就越小，允许使用的导体就越少，这是真正的省钱途径。此外，电机和其他一些器件在尺寸上会更小。但电压升高会带来相关的电弧效应，对绝缘要求会更高，为确保安全会产生高额的安装费用。通常，国际旅客在大多数情况下会准备一个变压器，以便将旅游地的电压转换为可用的电压。

大多数设备能在 50 Hz 或 60 Hz 频率下良好运行。对任何不能工作在额定频率下的电气装置，在工作时只是会遇到一点儿困难，因此频率不需要转换。国际旅行者遇到的主要问题还不完全是变压器本身，还有国家之间使用的各式各样的插座与插头。每个国家都有其自行设计的墙体插座，如图 4.8-9 所示。对于 120 V、60 Hz 的供电电源，最标准的插头形式是双触点插头（可能有接地端）。

图 4.8-9　220 V、50 Hz 供电的各种插头

任何情况下，120 V、60 Hz 与 220 V、50 Hz 显然都能满足用户需求，讨论它们的是非将是一场持久且没有结论的较量。

4.8.7　关注用电安全

电力呈现各种形式并不可怕，但是要意识到其潜在的危险性。水与电不能混合（不要在浴室使用延长线，或给电视提供电源插座），这是一般常识，因为无论水位多高，在水面上 120 V 电压足以致命。通常，随着电压和电流的升高，安全问题将成倍增加。例如，在干燥环境下换灯泡或闭合开关时，受到 120 V 交流电击，大多数人能够存活下来。大多数电工在职业生涯中会经历多次这样的事情。但问一个电工关于被 220 V 电击后（如果他或她不幸有此遭遇的话），感受及反应会截然不同。如果发生的时间很短，且在良好的环境（穿胶底鞋等）下，电工能快速离开。大多数人也能在 220 V 电击下存活下来。对于电压超过

220 V 的情况，生存下去的机会将随电压的升高呈指数下降。因此，检修电气设备时通常需要确认电源已经断开。不要以为只是搬下墙上的开关就能断开电源，在操作前应切断主电路断路器，并用伏特计检测线路。因为电压是在两点之间产生的，所以要确保每次都在一根线上工作，否则还是有危险的！

发生直流电压与交流电压的触电情况截然不同。你可能在电影或喜剧片中看到过，人在触电时无法甩开相线。这证明了两种类型电压的触电区别：如果碰巧触碰的是一根 120 V 的交流相线，可能会被粘住，但能甩开它；如果触碰的是一根直流电线，就有可能因甩不开它而致死。这种情况下，时间是个关键因素，因为遭受直流电压电击的时间越长，人体电阻下降就越多，直至形成致命电流。我们能甩开一根交流线的原因，可以通过仔细研究图 4.8-10 中 120 V、60 Hz 的电压得到很好说明。既然电压是交变的，那就会有接近零或小于 20 V 的时候，然后电压改变方向。虽然这个时间间隔很短，但每隔 8.3 ms 会再次出现一次，为你重新提供摆脱它的机会。

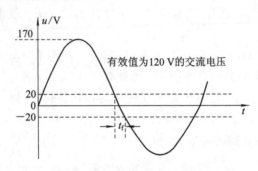

图 4.8-10   零伏附近正弦电压的时间间隔

既然我们意识到直流电压的危险性，使用直流电时应当格外当心。在不适宜的环境下，即便直流电压低于 12 V（譬如汽车蓄电池），也可能非常危险，这一点非常重要。如果你碰巧在潮湿环境下检修一部汽车，或因某种原因大量出汗，更糟的是，你带的婚戒潮湿且混有身体的盐分，这时身体电阻开始下降，触碰正极就可能造成严重的电伤。这也是专业电工很少佩戴首饰的原因之一。

在结束用电安全这一话题之前，你还应该意识到高频电源的危害。我们都知道，在微波炉中 2.45 GHz 的 120 V 电压可以烹制肉制品，因此严格地密封微波炉四周非常重要。永远不要指望任何事情都有绝对完美的设计，所以不要养成在微波炉门外连续查看烘焙过程的习惯，等烘焙结束的时候再去检查食物。也许你已经注意到，当地电台的信号传输塔附近写着"远离此处"的巨大标志。要是站到 540 kHz 的调幅发射机 10 ft 范围内，灾难会接踵而来。因为灯泡内分子被激发，只需拿着荧光灯泡靠近传输塔就能将其点亮，切勿尝试。

综上所述，对于交流高压或大电流、高能直流以及高频电磁场，在任何情况下都应加倍小心。

4.9   电路设计与故障诊断

4.9.1   电路设计

例 4.9-1   设计一个 RC 电路将正弦输入电压转换为余弦电压输出。

解　设输入 $u_s(t)=\sqrt{2}U_s\sin(\omega t)=\sqrt{2}U_s\cos(\omega t-90°)\mathrm{V}$，输出 $u_o(t)=\sqrt{2}U_o\cos(\omega t)\mathrm{V}$，则其对应的相量分别为 $\dot{U}_s=U_s\angle-90°\ \mathrm{V}$，$\dot{U}_o=U_o\angle 0°\ \mathrm{V}$。由此可见，只要设计一个能够提供超前 90°相移的 RC 电路即能满足题中要求。

对于如图 4.9-1(a)所示的简单 RC 电路，由于

$$\frac{\dot{U}_o}{\dot{U}_s}=\frac{R}{R-\mathrm{j}X_C}=\frac{R}{\sqrt{R^2+X_C^2}}\angle\arctan\frac{X_C}{R} \tag{4.9-1}$$

其相移量 $\theta=\arctan\dfrac{X_C}{R}$，因而，$0<\theta<90°$。

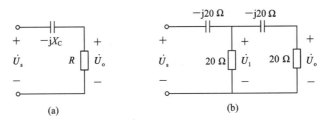

图 4.9-1　例 4.9-1 图

由式(4.9-1)可知，如果取 $R=X_C=20\ \Omega$，则相移量为 45°。如果将两个图 4.9-1(a)所示的电路级联起来，如图 4.9-1(b)所示，则该电路就能提供超前 90°的相移。图 4.9-1(b)电路中的阻抗 Z_1 为

$$Z_1=20\ /\!/\ (20-\mathrm{j}20)=\frac{20(20-\mathrm{j}20)}{40-\mathrm{j}20}=12-\mathrm{j}4\ \Omega$$

利用分压公式，得

$$\dot{U}_1=\frac{Z_1}{Z_1-\mathrm{j}20}\dot{U}_s=\frac{12-\mathrm{j}4}{12-\mathrm{j}24}\dot{U}_s=\frac{\sqrt{2}}{3}\angle 45°\dot{U}_s \tag{4.9-2}$$

和

$$\dot{U}_o=\frac{20}{20-\mathrm{j}20}\dot{U}_1=\frac{\sqrt{2}}{2}\angle 45°\dot{U}_1 \tag{4.9-3}$$

式(4.9-2)代入式(4.9-3)，得

$$\dot{U}_o=\left(\frac{\sqrt{2}}{2}\angle 45°\right)\left(\frac{\sqrt{2}}{3}\angle 45°\right)\dot{U}_s=\frac{1}{3}\angle 90°\dot{U}_s$$

可见，输出超前于输入 90°，但其幅值大小只是输入的 1/3。一般来说，多个电路级联起来，级联后提供的总相移量等于单个相移之和；但是，由于后级作为前级的负载，降低了相移量，因而常用运放将前后级隔离。

也可以采用图 4.8-1 所示电路结构，通过选取合适的元件参数实现输出超前于输入 90°的相移。利用有源积分器电路也可以实现上述功能。可见，电路设计问题一般具有多种解答。

例 4.9-2　图 4.9-2(a)所示电路中，$\dot{U}_s=100\angle 0°\ \mathrm{V}$，$Z_0=R_0=100\ \Omega$。为使 $R_L=1\ \mathrm{k}\Omega$ 负载电阻从电源获得最大功率，试设计一个匹配电路来满足共轭匹配条件。

解　所设计的匹配电路不能消耗能量。图 4.9-2(b)所示的 LC 电路是可以满足要求的一个电路结构，下面计算其元件参数值。

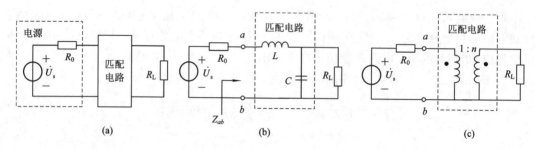

图 4.9 - 2 例 4.9 - 2 图

图 4.9 - 1(b)中 ab 端的等效阻抗为

$$Z_{ab} = j\omega L + \frac{R_{\mathrm{L}}\dfrac{1}{j\omega C}}{R_{\mathrm{L}} + \dfrac{1}{j\omega C}} = \frac{R_{\mathrm{L}}}{(\omega C R_{\mathrm{L}})^2 + 1} + j\left(\omega L - \frac{\omega C R_{\mathrm{L}}^2}{(\omega C R_{\mathrm{L}})^2 + 1}\right)$$

为使其共轭匹配,要求 $Z_{ab} = Z_0^* = R_0$,故有

$$\frac{R_{\mathrm{L}}}{(\omega C R_{\mathrm{L}})^2 + 1} = R_0$$

$$\omega L - \frac{\omega C R_{\mathrm{L}}^2}{(\omega C R_{\mathrm{L}})^2 + 1} = 0$$

将已知条件 $\omega = 10^3$ rad/s , $R_{\mathrm{L}} = 1$ kΩ , $R_0 = 100$ Ω 代入上面式子,可解得

$$C = 3\ \mu\mathrm{F},\ L = 0.3\ \mathrm{H}$$

读者也可以设计出其他结构的 LC 匹配电路。

此外,还可以利用理想变压器来作为匹配电路,如图 4.9 - 2(c)所示。理想变压器的匝比为

$$n = \sqrt{\frac{R_{\mathrm{L}}}{R_0}} = \sqrt{\frac{1000}{100}} = 3.16$$

可见用理想变压器作为匹配电路,其参数与频率无关。

由于 L、C 和理想变压器均不消耗功率,所以阻抗 Z_{ab} 消耗的功率就是负载电阻 R_{L} 消耗的功率。

当不用匹配电路时,负载电阻 R_{L} 获得的平均功率为

$$P_{\mathrm{L}} = \left(\frac{100}{100 + 1000}\right)^2 \times 1000 = 8.26\ \mathrm{W}$$

当利用匹配电路时,负载电阻 R_{L} 获得的平均功率为

$$P_{\mathrm{L}} = \left(\frac{100}{100 + 100}\right)^2 \times 100 = 25\ \mathrm{W}$$

可以看出,采用匹配电路后,负载电阻 R_{L} 获得的平均功率增加了很多。

4.9.2 变压器的常见故障现象

若在指定的范围内工作,变压器是非常简单和可靠的设备。变压器常见的故障是初级绕组或次级绕组开路,引起开路的一个原因是设备在超过额定值的条件下工作。通常,当变压器发生故障时,维修是相当困难的,因此最简单的方法是换掉坏了的变压器。

初、次级绕组开路故障通常用欧姆表测量电阻即可检测出。而对于绕组的短路或者部分短路故障，一般比较少发生，并且当发生短路时也很难发现这种故障。完全短路的初级绕组将使得电源提供过量的电流，并且除非电路中有保险丝，电源或变压器或两者同时都有可能被烧坏。部分短路的初级绕组可以引起比正常值高甚至非常高的初级电流。通常，这种过高的电流将会烧坏绕组，从而导致开路。

知识点归纳(1)

知识点归纳(2)

知识点归纳(3)

习　题　4

4-1　如电压或电流的瞬时值表示式为

(1) $u(t)=30\cos(314t+45°)$ V；

(2) $i(t)=8\cos(6280t-120°)$ mA；

(3) $u(t)=15\cos(10\,000t+90°)$ V。

分别画出其波形，指出其振幅、频率和初相角。

4-2　如正弦电流的振幅 $I_m=10$ mA，角频率 $\omega=10^3$ rad/s，初相角 $\varphi_i=30°$，写出其瞬时表达式，求电流的有效值 I。

4-3　画出下列各电流的相量图，写出它们的瞬时值表达式：

(1) $\dot I_{m1}=30+j40$ A；

(2) $\dot I_{m2}=50e^{-j60°}$ A；

(3) $\dot I_{m3}=-25+j60$ A。

4-4　如题 4-4 图所示的电路，已知 $R=200$ Ω，$L=0.1$ mH，电阻上电压 $u_R=\sqrt{2}\cos10^6 t$ V，求电源电压 $u_s(t)$，并画出其相量图。

4-5　RC 并联电路如题 4-5 图所示，已知 $i_C=\sqrt{2}\cos(10^3 t+60°)$ (mA)，$R=10$ kΩ，$C=0.2$ μF，试求电流 $i(t)$，并画出相量图。

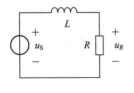
题 4-4 图

题 4-5 图

4-6　如题 4-6 图所示的电路，设伏特计内阻为无限大，已知伏特计 Ⓥ₁、Ⓥ₂ 和 Ⓥ₃ 读数依次为 15 V、80 V 和 100 V，求电源电压的有效值。

4-7　如题 4-7 图所示的电路，设毫安计内阻为零，已知各毫安计读数依次为 40 mA、80 mA，50 mA，求总电流 I。

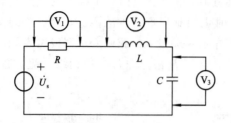

题 4 - 6 图

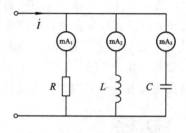

题 4 - 7 图

4 - 8　电路的相量模型如题 4 - 8 图所示，已知 $\dot{U}_s = 120\angle0°$ V，$\dot{I}_s = 10\angle60°$ A，$\dot{I}_L = 10\angle-70°$ A，$\dot{U}_C = 100\angle-35°$ V。试求电流 $\dot{I}_1$、$\dot{I}_2$ 和 $\dot{I}_3$。

4 - 9　电路如题 4 - 9 图所示，已知 $R = 50$ Ω，$L = 2.5$ mH，$C = 5$ μF，电源电压 $U = 10$ V，角频率 $\omega = 10^4$ rad/s，求电流 $\dot{I}_R$、$\dot{I}_L$、$\dot{I}_C$ 和 $\dot{I}$，并画出相量图。

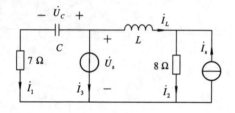

题 4 - 8 图

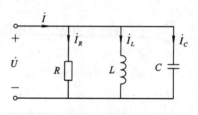

题 4 - 9 图

4 - 10　如题 4 - 10 图所示的一端口电路 N 中不含独立源，若其端口电压 u 和电流 i 分别有以下几种情况，求各种情况下的阻抗和导纳。

(1) $u = 200\cos\pi t$ V，$i = 10\cos\pi t$ A；

(2) $u = 10\cos(10t+45°)$V，$i = 2\cos(10t+35°)$A；

(3) $u = 200\cos(5t+60°)$V，$i = 10\cos(5t-30°)$A；

(4) $u = 40\cos(2t+17°)$V，$i = 8\cos2t$(A)。

题 4 - 10 图

题 4 - 11 图

4 - 11　如题 4 - 11 图所示的电路，其端电压 u 和电流 i 分别有以下三种情况，N 可能是何种元件? 并求其参数。

(1) $u = 10\cos(10t+50°)$V，$i = 2\sin(10t+140°)$A；

(2) $u = 10\sin100t$ V，$i = 2\cos100t$ A；

(3) $u = -10\cos10t$ V，$i = -2\sin10t$ A。

4 - 12　如题 4 - 12 图所示电路，已知电流相量 $\dot{I} = 4\angle0°$ A，电压相量 $\dot{U} = 80+$ j200 V，$\omega = 10^3$ rad/s，求电容 C。

4 - 13　如题 4 - 13 图所示电路，已知电流相量 $\dot{I}_1 = 20\angle-36.9°$ A，$\dot{I}_2 = 10\angle45°(a)$，

电压相量 $\dot{U}=100\angle 0°(\mathrm{V})$。求元件 R_1、X_L、R_2、X_C 和输入阻抗 Z。

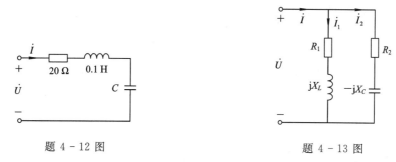

　　　　题 4 - 12 图　　　　　　　　　　　题 4 - 13 图

4 - 14　求题 4 - 14 图示各电路中 ab 端的阻抗和导纳($\omega=2\ \mathrm{rad/s}$)。

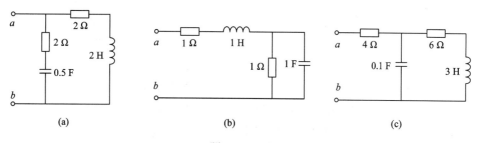

　　(a)　　　　　　　　　(b)　　　　　　　　　(c)

题 4 - 14 图

4 - 15　如题 4 - 15 图所示电路，已知 $X_L=100\ \Omega$，$X_C=200\ \Omega$，$R=150\ \Omega$，$U_C=100\ \mathrm{V}$。求电压 U 和电流 I，并画出相量图。

4 - 16　如题 4 - 16 图所示电路，已知 $X_L=100\ \Omega$，$X_C=50\ \Omega$，$R=100\ \Omega$，$I=2\ \mathrm{A}$。求 I_R 和 U，并画相量图。

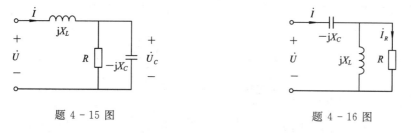

　　　题 4 - 15 图　　　　　　　　　　　题 4 - 16 图

4 - 17　如题 4 - 17 图所示电路，已知 $C_1=C_2=200\ \mathrm{pF}$，$R=1\ \mathrm{k\Omega}$，$L=6\ \mathrm{mH}$，$u_L=\sqrt{2}\,30\cos(10^6 t+45°)\ \mathrm{V}$，求 i_C。

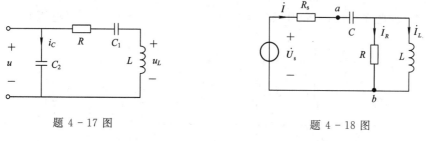

　　　题 4 - 17 图　　　　　　　　　　　题 4 - 18 图

4 - 18　如题 4 - 18 图所示电路，已知 $\dot{I}=10\angle 45°(\mathrm{mA})$，$\omega=10^7\ \mathrm{rad/s}$，$R_s=0.5\ \mathrm{k\Omega}$，$R=1\ \mathrm{k\Omega}$，$L=0.1\ \mathrm{mH}$。

(1) 电容 C 为何值时，电流 $\dot{I}$ 与 $\dot{U}_s$ 同相；

(2) 求上述情况时的 U_s、U_{ab}、I_R 和 I_L 的值。

4 - 19   如题 4 - 19 图所示电路，已知 $I_R = 10$ A，$X_C = 10$ Ω，并且 $U_1 = U_2 = 200$ V，求 X_L。

4 - 20   如题 4 - 20 图所示电路，已知 $U = 10$ V，$\omega = 10^4$ rad/s，$r = 3$ kΩ。调节电位器 R_P，使伏特计指示为最小值，这时 $r_1 = 900$ Ω，$r_2 = 1600$ Ω。求伏特计的读数和电容 C。

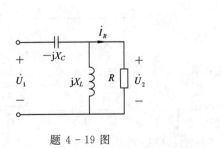

题 4 - 19 图

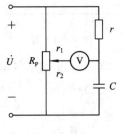

题 4 - 20 图

4 - 21   电路如题 4 - 21 图所示，当调节电容 C，使电流 $\dot{I}$ 与电压 $\dot{U}$ 同相时，测得电压有效值 $U = 50$ V，$U_C = 200$ V，电流有效值 $I = 1$ A。已知 $\omega = 10^3$ rad/s，求元件 R、L、C。

4 - 22   如题 4 - 22 图所示电路，已知 $I_1 = 10$ A，$I_2 = 20$ A，$R_2 = 5$ Ω，$U = 220$ V，并且总电流 $\dot{I}$ 与总电压 $\dot{U}$ 同相。求电流 I 和 R、X_2、X_C 的值。

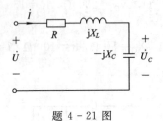

题 4 - 21 图

题 4 - 22 图

4 - 23   如题 4 - 23 图所示电路，$\dot{U}_s = 4\angle 90°$ V，$\dot{I}_s = 2\angle 0°$ A，求电流 $\dot{I}$。

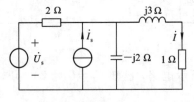

题 4 - 23 图

4 - 24   如题 4 - 24 图所示电路，$\dot{I}_s = 10\angle 0°$ A，$\dot{U}_s = 4\angle 0°$ V，求电压 $\dot{U}$。

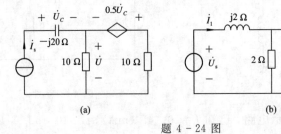

(a)   (b)

题 4 - 24 图

4 - 25　题 4 - 25 图所示电路，$\dot{U}_s = 6 \angle 0° $ V，求其一端口电路的戴维南等效电路。

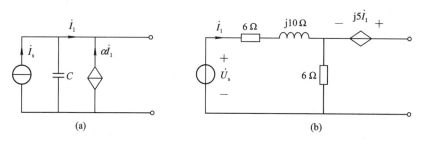

题 4 - 25 图

4 - 26　如题 4 - 26 图所示电路，已知 $u_s(t) = 10 + 10 \cos t$ V，$i_s(t) = 5 + 5 \cos 2t$ A，求 $u(t)$。

4 - 27　如题 4 - 27 图所示电路，已知 $i_s(t) = 3 \cos t$ A，$u_s(t) = 3 \cos 2t$ V，求 $u_C(t)$。

4 - 28　如题 4 - 28 图所示的电路 N，若其端口电压 $u(t)$ 和电流 $i(t)$ 为下列函数，分别求电路 N 的阻抗，电路 N 吸收的有功功率、无功功率和视在功率。

(1) $u(t) = 100 \cos(10^3 t + 20°)$ V，$i(t) = 0.1 \cos(10^3 t - 10°)$ A；

(2) $u(t) = 50 \cos(10^3 t - 80°)$ V，$i(t) = 0.2 \cos(10^3 t - 35°)$ A。

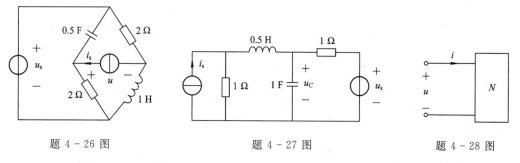

题 4 - 26 图　　　　　题 4 - 27 图　　　　　题 4 - 28 图

4 - 29　如题 4 - 29 图所示的电路，已知 $U = 20$ V，电容支路消耗功率 $P_1 = 24$ W，功率因数 $\cos\theta_{z1} = 0.6$；电感支路消耗功率 $P_2 = 16$ W，功率因数 $\cos\theta_{z2} = 0.8$。求电流 I、电压 U_{ab} 和电路的总复功率。

4 - 30　如题 4 - 30 图所示的电路，已知 $U = 100$ V，$I = 100$ mA，电路吸收功率 $P = 6$ W，$X_{L1} = 1.25$ kΩ，$X_C = 0.75$ kΩ，电路呈电感性。求 r 和 X_L。

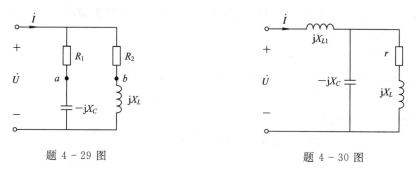

题 4 - 29 图　　　　　　　题 4 - 30 图

4 - 31　如题 4 - 31 图所示电路，已知 $\dot{U} = 20 \angle 0°$ V，电路消耗的总功率 $P = 34.6$ W，

功率因数 $\cos\theta_z=0.866(\theta_z<0)$，$X_C=10\ \Omega$，$R_1=25\ \Omega$。求 R_2 和 X_L。

4-32 电路如题 4-32 图所示，已知 $\dot I_s=2\angle0°$ A，$\dot U_s=$j6 V，求电流相量 $\dot I_1$ 和 $\dot I_2$。

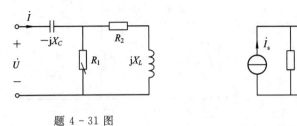

题 4-31 图   题 4-32 图

4-33 电路如题 4-33 图所示，已知 $\dot U_{s1}=\dot U_{s3}=10\angle0°$ V，$\dot U_{s2}=$j10 V，求节点电压 $\dot U_1$ 和 $\dot U_2$。

4-34 如题 4-34 图所示的电路，已知 $\dot I_s=2\angle0°$ A，求负载 Z_L 获得最大功率时的阻抗值及负载吸收的功率。

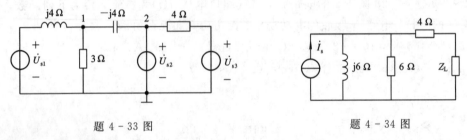

题 4-33 图   题 4-34 图

4-35 如题 4-35 图所示电路，已知 $u_s=3\cos t$ V，$i_s=3\cos t$ A，求负载 Z_L 获最大功率时的阻抗值及负载吸收的功率。

4-36 如题 4-36 图所示电路，已知 $\dot I_s=2\angle0°$ A，负载为何值时它能获得最大功率？最大功率 P_{Lmm} 是多少？

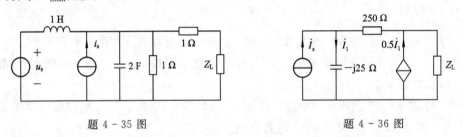

题 4-35 图   题 4-36 图

4-37 如题 4-37 图所示电路，已知 $\dot U_s=6\angle0°$ V，负载为何值时获最大功率？最大功率 P_{Lmm} 是多少？

4-38 如题 4-38 图所示电路，已知 $R=10\ \Omega$。

(1) $u_{s1}=10\cos100t$ V，$u_{s2}=20\cos(100t+30°)$V

(2) $u_{s1}=20\cos(t+25°)$V，$u_{s2}=30\sin(5t-50°)$V

求电阻 R 吸收的平均功率 P。

4-39 如题 4-39 图所示电路 N，其端口电压 $u=100+100\cos\omega t+30\cos3\omega t$ V，电流 $i=50\cos(\omega t-45°)+10\sin(3\omega t-60°)+20\cos5\omega t$ A。求电路吸收的平均功率 P 以及电压 u 和电流 i 的有效值。

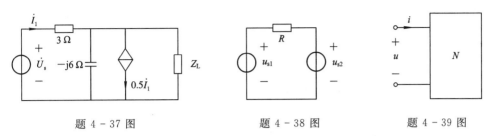

題 4 - 37 图　　　　　題 4 - 38 图　　　　　題 4 - 39 图

4 - 40　功率为 40 W，功率因数为 0.5 的日光灯（为感性负载）与功率为 60 W 的白炽灯（纯阻性负载）各 100 只，并联接于 220 V、50 Hz 的正弦交流电源上。

（1）求电路的功率因数；

（2）如要把电路的功率因数提高到 0.9，应并联多大的电容？

4 - 41　如題 4 - 41 图(a)所示电路，已知 $L_1=4$ H，$L_2=3$ H，$M=2$ H。

（1）如 i_s 的波形如題 4 - 41 图(b)所示，画出 u_{ab}、u_{cd} 和 u_{ac} 的波形。

（2）如 $i_s=1-e^{-2t}$ A，求 u_{ab}、u_{cd} 和 u_{ac}。

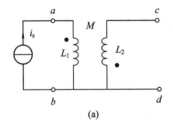
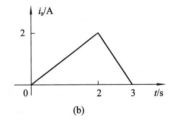

(a)　　　　　　　　　　　　(b)

題 4 - 41 图

4 - 42　如題 4 - 42 图所示电路，如 $\dot{U}_s=6\angle0°$ V，电源角频率 $\omega=2$ rad/s。

（1）如 ab 端开路，求 $\dot{I}_1$ 和 $\dot{U}_{ab}$；

（2）如将 ab 端短路，求 $\dot{I}_1$ 和 $\dot{I}_{ab}$。

4 - 43　求題 4 - 43 图示电路的等效电感。

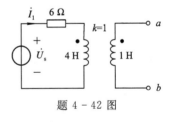

題 4 - 42 图

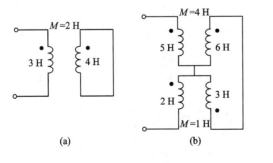
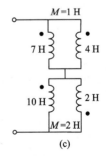

(a)　　　　　　　　　(b)　　　　　　　　(c)

題 4 - 43 图

4 - 44　如題 4 - 44 图所示电路，已知 $X_{L1}=10$ Ω，$X_{L2}=6$ Ω，$X_M=4$ Ω，$X_{L3}=4$ Ω，

$R_1 = 8 \ \Omega$，$R_3 = 5 \ \Omega$，端电压 $U = 100 \ \text{V}$。

(1) 求 $\dot{I}_1$ 和 $\dot{I}_3$；

(2) 求 $\dot{U}_{ab}$。

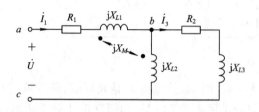

题 4 - 44 图

4 - 45 如题 4 - 45 图所示电路，已知 $R_1 = 10 \ \Omega$，$R_2 = 2 \ \Omega$，$X_{L1} = 30 \ \Omega$，$X_{L2} = 8 \ \Omega$，$X_M = 10 \ \Omega$，$U_s = 100 \ \text{V}$。

(1) 如果 $Z_L = 2 \ \Omega$，求 $\dot{I}_1$、$\dot{I}_2$ 和负载 Z_L 吸收的功率。

(2) 若 Z_L 为纯电阻 R_L，为使其获得最大功率，R_L 应取何值？求这时负载吸收的功率。

(3) 若负载 Z_L 由电阻和电抗组成，即 $Z_L = R_L + jX_L$，为使负载获得的功率为最大，Z_L 应取何值？求这时负载吸收的功率。

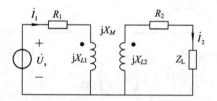

题 4 - 45 图

4 - 46 如题 4 - 46 图所示电路，已知 $X_{L1} = X_{L2} = 1 \ \Omega$，耦合系数 $k = 1$，$X_C = 1 \ \Omega$，$R_1 = R_2 = 1 \ \Omega$，$\dot{I}_s = 1 \angle 0° \ \text{A}$，求 $\dot{U}_2$。

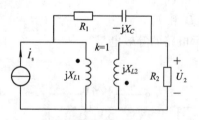

题 4 - 46 图

4 - 47 如题 4 - 47 图所示电路，已知 $\dot{U}_s = 16 \angle 0° \ \text{V}$，求 $\dot{I}_1$、$\dot{U}_2$ 和 R_L 吸收的功率。

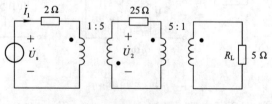

题 4 - 47 图

4 - 48　如题 4 - 48 图所示电路，$\dot{U}_s = 12\angle 0° \text{ V}$，$\dot{I}_s = 2\angle 0° \text{ A}$，求使 R_L 能获得最大功率时的匝数比 n 以及 R_L 吸收的功率。

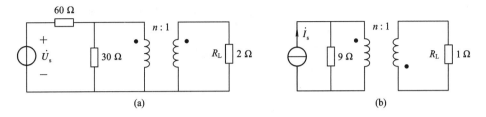

题 4 - 48 图

4 - 49　如题 4 - 49 图所示电路，$\dot{U}_s = 6\angle 0° \text{ V}$。

(1) 求电流 I_1、从电源端看去的输入阻抗 Z_{in} 和 R_L 吸收的功率；

(2) 如图中 ab 短路，再求 I_1、Z_{in} 和 R_1 吸收的功率。

4 - 50　如题 4 - 50 图所示的电路，$\dot{I}_s = 1\angle 0° \text{ A}$，求电源端电压 $\dot{U}$、输入阻抗 Z_{in} 和电压 $\dot{U}_2$。

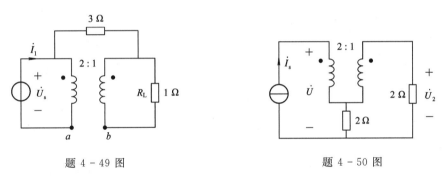

题 4 - 49 图　　　　　　　　　　题 4 - 50 图

4 - 51　如题 4 - 51 图所示，日光灯可等效为 RL 串联的感性负载，已知 $U = 220 \text{ V}$，$f = 50 \text{ Hz}$，R 消耗的功率为 40 W，$I_L = 0.4 \text{ A}$。为使功率因数为 0.8，应并联多大的电容 C? 并求 L 的值。

4 - 52　如题 4 - 52 图所示，将 3 个负载并联接到 220 V 的正弦电源上，各负载消耗的功率和电流分别为 $P_1 = 4.4 \text{ kW}$，$I_1 = 44.7 \text{ A}$(感性)；$P_2 = 8.8 \text{ kW}$，$I_1 = 50 \text{ A}$(感性)；$P_3 = 6.6 \text{ kW}$，$I_3 = 60 \text{ A}$(容性)。求图中电流表和功率表的读数以及电路的功率因数。

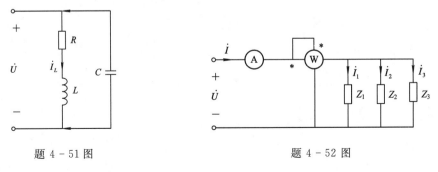

题 4 - 51 图　　　　　　　　　　题 4 - 52 图

4 - 53　某电路由 75 只功率为 40 W、功率因数为 0.5 的日光灯与 100 只功率为 50 W 的白炽灯相并联组成，它由 220 V 的正弦电源($f = 50 \text{ Hz}$)供电。若要将该电路的功率因数提高到 0.92(感性)，应并联多大的电容?

4-54 如题 4-54 图所示电路，已知 $u_s(t)=10\sqrt{2}\cos t+5\sqrt{2}\cos 2t$ V，为使负载电阻 R_L 从 N 中获得最大功率，在 N 和 R_L 之间插入一个纯电抗匹配电路，如图所示。求匹配电路中的元件参数值，并计算出最大功率。

4-55 设题 4-55 图中的电容存在泄漏，且泄漏电阻等于 5 kΩ，电源频率为 10 Hz，$U_s=10$ V，试说明此泄漏电阻对输出电压 $\dot{U}_C$ 的影响。

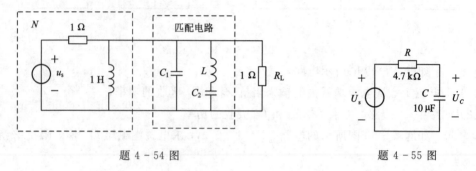

题 4-54 图   题 4-55 图

第 5 章　电路的频率响应和谐振现象

第 4 章主要讨论了单一频率作用下的正弦稳态电路分析。在实际通信与电子技术中，需要传输或处理的电信号通常都不是单一频率的正弦量，而是由许多不同频率的正弦信号所组成的，即实际的电信号都占有一定的频带宽度。譬如，在各种电子设备中传输的代表语言、音乐、图像等的低频信号都是多频率的电压或电流，无线电通信、广播、电视等把这些代表语言、图像的低频信号加载到频率很高的高频信号上（称为调制），以便利用天线辐射出无线电波；接收机收到从空间传来的无线电波后，从中"取出"（称为解调）低频信号，并恢复为声音、图像。

收音机或电视机周围有众多信号，各电台的载波频率各不相同。我们将收音机调谐到某一电台或将电视机调到某一频道时，是通过改变电路的某些参数使某一电台（或电视台）的信号顺利进入接收机的，同时抑制了其它电台的信号，这时，电路处于谐振状态。

本章讨论电路在不同频率激励作用下响应的变化规律和特点。

5.1　频率响应与网络函数

对于动态电路，由于容抗和感抗都是频率的函数，因而不同频率的正弦激励作用于电路时，即使其振幅和初相相同，响应的振幅和初相都将随之而变。这种电路响应随激励频率而变化的特性称为电路的频率特性或频率响应。

在电路分析中，电路的频率特性通常用正弦稳态电路的网络函数来描述。在具有单个正弦激励源（设其角频率为 ω）的电路中，如果将我们所关心的某一电压或电流作为响应，根据齐次定理，响应相量（振幅相量 $\dot{Y}_m$ 或有效值相量 $\dot{Y}$）与激励相量（振幅相量 $\dot{F}_m$ 或有效值相量 $\dot{F}$）成正比，即

$$\dot{Y}_m = H(j\omega) \times \dot{F}_m \quad \text{或} \quad \dot{Y} = H(j\omega) \times \dot{F} \tag{5.1-1}$$

式中的比例系数 $H(j\omega)$ 称为网络函数，即

$$H(j\omega) = \frac{\dot{Y}_m}{\dot{F}_m} = \frac{\dot{Y}}{\dot{F}} \tag{5.1-2}$$

根据响应和激励是否在电路同一个端口，网络函数可分为策动点函数和转移函数（或传输函数）。当响应与激励处于电路的同一端口时，称为策动点函数；否则称为转移函数。根据响应、激励是电压还是电流，策动点函数又分为策动点阻抗和策动点导纳；转移函数又分为转移电压比、转移电流比、转移阻抗和转移导纳。

譬如，在图 5.1 - 1(b) 所示的 RC 电路中，若以电容电压 $\dot{U}_C$ 为响应，以电压源 $\dot{U}_s$ 为激励，其网络函数（转移电压比）为

$$H(j\omega) = \frac{\dot{U}_C}{\dot{U}_s} = \frac{\frac{1}{j\omega C}}{R + \frac{1}{j\omega C}} = \frac{1}{1 + j\omega CR} \tag{5.1-3}$$

可见网络函数 $H(j\omega)$ 是由电路的结构和参数所决定的，并且一般是激励角频率（或频率）的复函数。它反映了电路自身的特性。显然，当激励的有效值和初相保持不变（即 $\dot{U}_s$ 不变），而频率改变时，响应 $\dot{U}_C = H(j\omega)\dot{U}_s$ 将随频率的改变而变化，其变化规律与 $H(j\omega)$ 的变化规律一致。也就是说，响应与激励频率的关系取决于网络函数与频率的关系，故网络函数又称为频率响应函数，简称频率响应。

将 $H(j\omega)$、$\dot{Y}$、$\dot{F}$ 都写成极坐标的形式，代入式 (5.1-2) 可得

$$H(j\omega) = |H(j\omega)| e^{j\theta(\omega)} = \frac{Ye^{j\varphi_y}}{Fe^{j\varphi_f}} = \frac{Y}{F} e^{j(\varphi_y - \varphi_f)} \tag{5.1-4}$$

由此可得

$$|H(j\omega)| = \frac{Y}{F} \tag{5.1-5}$$

$$\theta(\omega) = \varphi_y - \varphi_f \tag{5.1-6}$$

式中 $|H(j\omega)|$ 是 $H(j\omega)$ 的模，它是响应相量的模与激励相量的模之比，称为幅度 - 频率特性或幅频响应；$\theta(\omega)$ 是 $H(j\omega)$ 的辐角，它是响应相量与激励相量之间的相位差，称为相位 - 频率特性或相频响应。

由式 (5.1-1)、(5.1-5) 和 (5.1-6) 可得，若激励相量 $\dot{F}$ 所对应的正弦量为

$$f(t) = F_m \cos(\omega t + \varphi_f)$$

则响应相量 $\dot{Y}$ 所对应的正弦量为

$$y(t) = Y_m \cos(\omega t + \varphi_y) = |H(j\omega)| F_m \cos[\omega t + \varphi_f + \theta(\omega)] \tag{5.1-7}$$

例 5.1-1 如图 5.1-1(a) 所示的电路，若 $R = 1 \text{ k}\Omega$，$C = 1 \text{ }\mu\text{F}$，激励电压

$$u_s = 10 \cos\omega_0 t + 10 \cos2\omega_0 t + 10 \cos3\omega_0 t \text{ V}$$

其中角频率 $\omega_0 = 10^3 \text{ rad/s}$，求电路的响应 $u_C(t)$。

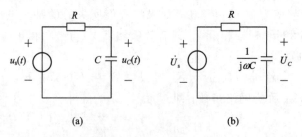

图 5.1-1 例 5.1-1 图

解 输入信号 $u_s(t)$ 含有三个不同频率的正弦量，分别为

$$u_{s1}(t) = 10 \cos\omega_0 t \text{ V}$$

$$u_{s2}(t) = 10 \cos 2\omega_0 t \text{ V}$$

$$u_{s3}(t) = 10 \cos 3\omega_0 t \text{ V}$$

将这三个分量等效为三个电压源串联，它们各自引起的响应分别用 $u_{C1}(t)$、$u_{C2}(t)$ 和 $u_{C3}(t)$ 表示，则根据叠加定理，电路在激励 $u_s(t)$ 作用下的稳态响应为

$$u_C(t) = u_{C1}(t) + u_{C2}(t) + u_{C3}(t)$$

对图 5.1 - 1 电路,将电路参数 $R = 1$ kΩ,$C = 1$ μF 代入式(5.1 - 3)得其网络函数为

$$H(j\omega) = \frac{1}{1 + j\omega \times 10^{-3}}$$

对于 $\omega = \omega_0 = 10^3$ rad/s,$\omega = 2\omega_0 = 2 \times 10^3$ rad/s,$\omega = 3\omega_0 = 3 \times 10^3$ rad/s,其值分别为

$$H(j\omega_0) = \frac{1}{1 + j1} = 0.707 \angle -45°$$

$$H(j2\omega_0) = \frac{1}{1 + j2} = 0.447 \angle -63.4°$$

$$H(j3\omega_0) = \frac{1}{1 + j3} = 0.316 \angle -71.6°$$

由于各不同频率的激励振幅相量分别为

$$\dot{U}_{1m} = 10 \angle 0° \text{ V}, \quad \dot{U}_{2m} = 10 \angle 0° \text{ V}, \quad \dot{U}_{3m} = 10 \angle 0° \text{ V}$$

故由式(5.1 - 1)得相应的响应相量为

$$\dot{U}_{C1m} = H(j\omega_0)\dot{U}_{s1m} = 7.07 \angle -45° \text{ V}$$

$$\dot{U}_{C2m} = H(j2\omega_0)\dot{U}_{s2m} = 4.47 \angle -63.4° \text{ V}$$

$$\dot{U}_{C3m} = H(j3\omega_0)\dot{U}_{s3m} = 3.16 \angle -71.6° \text{ V}$$

按式(5.1 - 7)可分别求得它们所对应的正弦量。最后可得图 5.1 - 1 电路的响应

$$u_C(t) = 7.07 \cos(\omega_0 t - 45°) + 4.47 \cos(2\omega_0 t - 63.4°) + 3.16 \cos(3\omega_0 t - 71.6°) \text{V}$$

由本例也可看出,激励作用于电路时,其不同频率分量的幅度和相位受到不同的影响,而正弦稳态网络函数恰反映了这一情况。

对于图 5.1 - 1(b)所示的电路,求式(5.1 - 3)的模和相位,可得其幅频响应和相频响应分别为

$$| H(j\omega) | = \frac{1}{\sqrt{1 + (\omega RC)^2}} \qquad (5.1 - 8a)$$

$$\theta(\omega) = -\arctan\omega RC \qquad (5.1 - 8b)$$

其幅频响应和相频响应曲线如图 5.1 - 2 所示。

由图 5.1 - 2 可见,当频率很低时,$| H(j\omega) | \approx 1$;当频率很高时,$| H(j\omega) | \ll 1$。这表明,图 5.1 - 1 的电路,当输出取自电容电压时,低频信号较容易通过,而高频信号将受到抑制,常称这类电路为低通滤波电路或低通滤波器。

通常将 $\dfrac{| H(j\omega) |}{H_{max}} > \dfrac{1}{\sqrt{2}}$ 的频率范围称为该电路的通带;而将 $\dfrac{| H(j\omega) |}{H_{max}} < \dfrac{1}{\sqrt{2}}$ 的频率范围称为止带或阻带;二者的边界称为截止频率,用 f_c

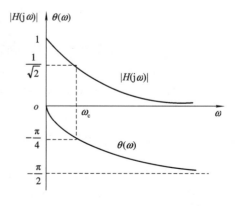

图 5.1 - 2　例 5.1 - 1 的频率响应

表示,截止角频率用 ω_c 表示。当 $\omega = \omega_c$ 时,电路的输出功率是最大输出功率的一半,因此,ω_c 又称为半功率点频率。

工程上，通常用分贝(decibel，简记为 dB)作为度量|$H(j\omega)$|的单位。|$H(j\omega)$|所具有的分贝数规定为 $20\lg|H(j\omega)|$。由于 $20\lg\dfrac{1}{\sqrt{2}}\approx-3$，即，当 $\omega=\omega_c$ 时，电路的输出幅度下降了其最大值的 3 分贝，因而 ω_c 也称为 3 分贝频率。

由式(5.1-8a)可知 $H_{max}=1$，故由

$$\frac{|H(j\omega)|}{H_{max}}=\frac{1}{\sqrt{1+(\omega_c RC)^2}}=\frac{1}{\sqrt{2}}$$

得 $\omega_c RC=1$，故该低通滤波器的截止角频率

$$\omega_c=\frac{1}{RC}\ (\text{rad/s}) \tag{5.1-9}$$

由图 5.1-2 可见，相频响应随 ω 的增高，由零单调地减小到 $-\pi/2$。在截止频率处 $\theta(\omega_c)=-\pi/4$。

按通、止带来分类，滤波器可分为低通、高通、带通和带阻等，如图 5.1-3 所示。幅频响应 |$H(j\omega)$| 为常数的电路称为全通电路。

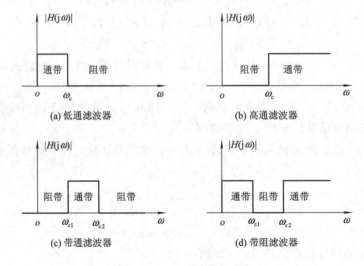

图 5.1-3 滤波器的分类

5.2 一阶电路和二阶电路的频率响应

一阶电路和二阶电路是常用的两类重要电路，它通常是构成高阶电路的基本单元模块。

5.2.1 一阶电路

一阶电路通常有 RC 电路和有源 RC 电路等，按其频率响应可分为低通、高通和全通三种类型。一阶电路网络函数的典型形式为

低通函数
$$H(j\omega)=H_0\frac{\omega_c}{j\omega+\omega_c} \tag{5.2-1}$$

高通函数 $\qquad\qquad\qquad H(j\omega) = H_\infty \dfrac{j\omega}{j\omega + \omega_c} \qquad\qquad\qquad$ (5.2－2)

全通函数 $\qquad\qquad\qquad H(j\omega) = H_0 \dfrac{j\omega - \omega_c}{j\omega + \omega_c} \qquad\qquad\qquad$ (5.2－3)

式中，ω_c 为截止角频率；H_0、H_∞ 为常数。

　　上节讨论的图 5.1－1 就是一 RC 低通电路(请参看例 5.1－1)，其网络函数

$$H(j\omega) = \dfrac{\omega_c}{j\omega + \omega_c} \qquad\qquad (5.2－4)$$

式中，$\omega_c = 1/(RC)$，与式(5.2－1)相比较知 $H_0 = 1$，其幅频特性和相频特性如图 5.1－2 所示。

　　RC 低通电路被广泛应用于电子设备的整流电路中，以滤除整流后电源电压中的交流分量；或用于检波电路中以滤除检波后的高频分量。因此，该电路又称为 RC 低通滤波电路。

　　若将图 5.1－1(b)RC 电路的电阻电压作为响应，如图 5.2－1(a)所示，它就变成了一个高通电路，不难求出其网络函数

$$H(j\omega) = \dfrac{j\omega}{j\omega + \omega_c} \qquad\qquad (5.2－5)$$

式中，$\omega_c = 1/(RC)$，与式(5.2－2)相比较知，$H_\infty = 1$。

　　上式可进一步写为

$$H(j\omega) = \dfrac{j\omega}{j\omega + \omega_c} = \dfrac{1}{1 - j\dfrac{\omega_c}{\omega}} \qquad\qquad (5.2－6)$$

该高通电路的幅频和相频特性分别为

$$\begin{cases} |H(j\omega)| = \dfrac{1}{\sqrt{1 + \left(\dfrac{\omega_c}{\omega}\right)^2}} \\[4mm] \theta(\omega) = \arctan \dfrac{\omega_c}{\omega} \end{cases} \qquad\qquad (5.2－7)$$

按上式画出的幅频和相频特性曲线如图 5.2－1(b)所示。在截止频率 ω_c 处，$|H(j\omega_c)| = 1/\sqrt{2}$，$\theta(\omega_c) = \pi/4$。$\omega > \omega_c$ 的频率范围为通频带；$0 \sim \omega_c$ 的频率范围为阻带。这一电路常用作电子电路放大器级间的 RC 耦合电路。

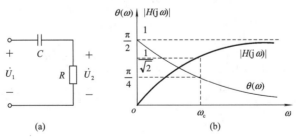

图 5.2－1　RC 高通电路

5.2.2　二阶电路

　　二阶电路有 RLC 电路、RC 电路和 RC 有源电路等，按频率响应可分为低通、高通、带

通、带阻和全通等五种类型。各种典型的二阶网络函数为

低通函数
$$H(\mathrm{j}\omega) = H_0 \frac{\omega_0^2}{(\mathrm{j}\omega)^2 + \frac{\omega_0}{Q}(\mathrm{j}\omega) + \omega_0^2} \qquad (5.2-8)$$

高通函数
$$H(\mathrm{j}\omega) = H_\infty \frac{(\mathrm{j}\omega)^2}{(\mathrm{j}\omega)^2 + \frac{\omega_0}{Q}(\mathrm{j}\omega) + \omega_0^2} \qquad (5.2-9)$$

带通函数
$$H(\mathrm{j}\omega) = H_0 \frac{\frac{\omega_0}{Q}(\mathrm{j}\omega)}{(\mathrm{j}\omega)^2 + \frac{\omega_0}{Q}(\mathrm{j}\omega) + \omega_0^2} \qquad (5.2-10)$$

带阻函数
$$H(\mathrm{j}\omega) = H_\infty \frac{(\mathrm{j}\omega)^2 + \omega_0^2}{(\mathrm{j}\omega)^2 + \frac{\omega_0}{Q}(\mathrm{j}\omega) + \omega_0^2} \qquad (5.2-11)$$

全通函数
$$H(\mathrm{j}\omega) = H_0 \frac{(\mathrm{j}\omega)^2 - \frac{\omega_0}{Q}(\mathrm{j}\omega) + \omega_0^2}{(\mathrm{j}\omega)^2 + \frac{\omega_0}{Q}(\mathrm{j}\omega) + \omega_0^2} \qquad (5.2-12)$$

式中，ω_0、Q 是与元件参数有关的常量，对于不同形式的电路，其表示式也不相同。

例 5.2-1 图 5.2-2(a)是双 RC 电路，如以 $\dot{U}_1$ 为激励，以 $\dot{U}_2$ 为响应，求电压比函数 $H(\mathrm{j}\omega)=\dot{U}_2/\dot{U}_1$，并分析其特性。

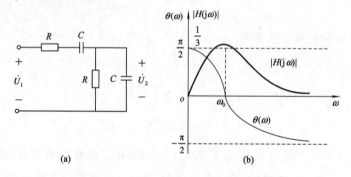

图 5.2-2　RC 带通电路

解 对图 5.2-2(a)所示的电路，根据分压公式

$$\dot{U}_2 = \frac{\dfrac{R\dfrac{1}{\mathrm{j}\omega C}}{R+\dfrac{1}{\mathrm{j}\omega C}}}{R+\dfrac{1}{\mathrm{j}\omega C}+\dfrac{R\dfrac{1}{\mathrm{j}\omega C}}{R+\dfrac{1}{\mathrm{j}\omega C}}}\dot{U}_1 = \frac{1}{3}\frac{\dfrac{3}{RC}(\mathrm{j}\omega)}{(\mathrm{j}\omega)^2+\dfrac{3}{RC}(\mathrm{j}\omega)+\left(\dfrac{1}{RC}\right)^2}\dot{U}_1$$

可得网络函数(转移电压比)

$$H(\mathrm{j}\omega) = \frac{\dot{U}_2}{\dot{U}_1} = \frac{1}{3}\frac{\dfrac{3}{RC}(\mathrm{j}\omega)}{(\mathrm{j}\omega)^2+\dfrac{3}{RC}(\mathrm{j}\omega)+\left(\dfrac{1}{RC}\right)^2}$$

令 $\omega_0 = 1/(RC)$，$Q = 1/3$，$H_0 = 1/3$，于是上式可写为

$$H(\mathrm{j}\omega) = \frac{\dot{U}_2}{\dot{U}_1} = H_0\, \frac{\dfrac{\omega_0}{Q}(\mathrm{j}\omega)}{(\mathrm{j}\omega)^2 + \dfrac{\omega_0}{Q}(\mathrm{j}\omega) + \omega_0^2} \qquad (5.2-13\mathrm{a})$$

与式(5.2-10)相比较可知，它是带通函数。

上式分子、分母同除以 $\mathrm{j}\omega\dfrac{\omega_0}{Q}$，并稍加整理，可得带通函数的另一种典型形式

$$H(\mathrm{j}\omega) = \frac{\dot{U}_2}{\dot{U}_1} = \frac{H_0}{1 + \mathrm{j}Q\left(\dfrac{\omega}{\omega_0} - \dfrac{\omega_0}{\omega}\right)} \qquad (5.2-13\mathrm{b})$$

其幅频和相频特性分别为

$$|H(\mathrm{j}\omega)| = \frac{H_0}{\sqrt{1 + Q^2\left(\dfrac{\omega}{\omega_0} - \dfrac{\omega_0}{\omega}\right)^2}} \qquad (5.2-14)$$

$$\theta(\omega) = -\arctan Q\left(\frac{\omega}{\omega_0} - \frac{\omega_0}{\omega}\right) \qquad (5.2-15)$$

由上式可见，当 $\omega = \omega_0$ 时，$|H(\mathrm{j}\omega_0)| = H_0$。其幅频、相频特性曲线如图 5.2-2(b)所示。由幅频特性曲线可知，幅频特性的极大值发生在 $\omega = \omega_0$ 处，ω_0 称为中心角频率。在 $\omega = \omega_0$ 处，$H_{\max} = |H(\mathrm{j}\omega_0)| = H_0$，$\theta(0) = 0°$；在 $\omega = \infty$ 和 $\omega = 0$ 处，$|H(0)| = |H(\mathrm{j}\infty)| = 0$，$\theta(0) = \theta(\infty) = \pm\pi/2$。

当 $|H(\mathrm{j}\omega)|$ 下降到其最大值的 $1/\sqrt{2}$ 倍时，其所对应的频率称为截止频率，用 $f_{\mathrm{c}1}$、$f_{\mathrm{c}2}$ 表示，其角频率用 $\omega_{\mathrm{c}1}$、$\omega_{\mathrm{c}2}$ 表示。根据式(5.2-14)有

$$\frac{|H(\mathrm{j}\omega)|}{H_{\max}} = \frac{1}{\sqrt{1 + Q^2\left(\dfrac{\omega_{\mathrm{c}}}{\omega_0} - \dfrac{\omega_0}{\omega_{\mathrm{c}}}\right)^2}} = \frac{1}{\sqrt{2}} \qquad (5.2-16)$$

可得

$$\begin{cases} Q\left(\dfrac{\omega_{\mathrm{c}1}}{\omega_0} - \dfrac{\omega_0}{\omega_{\mathrm{c}1}}\right) = -1 \\[2mm] Q\left(\dfrac{\omega_{\mathrm{c}2}}{\omega_0} - \dfrac{\omega_0}{\omega_{\mathrm{c}2}}\right) = 1 \end{cases} \qquad (5.2-17)$$

由上式可解得

$$\frac{\omega_{\mathrm{c}1}}{\omega_0} = \frac{f_{\mathrm{c}1}}{f_0} = -\frac{1}{2Q} + \sqrt{\left(\frac{1}{2Q}\right)^2 + 1} \qquad (5.2-18)$$

$$\frac{\omega_{\mathrm{c}2}}{\omega_0} = \frac{f_{\mathrm{c}2}}{f_0} = \frac{1}{2Q} + \sqrt{\left(\frac{1}{2Q}\right)^2 + 1} \qquad (5.2-19)$$

$\omega_{\mathrm{c}1} < \omega < \omega_{\mathrm{c}2}$ 的频率范围(相应地 $f_{\mathrm{c}1} < f < f_{\mathrm{c}2}$)为通带，$\omega < \omega_{\mathrm{c}1}$ 和 $\omega > \omega_{\mathrm{c}2}$(相应地 $f < f_{\mathrm{c}1}$ 和 $f > f_{\mathrm{c}2}$)为阻带。通带的宽度称为带通电路的带宽或通频带，它可用角频率表示，也可用频率表示(请注意，二者单位不同，且勿混淆)，都记为 B，即

$$B = \omega_{\mathrm{c}2} - \omega_{\mathrm{c}1} = \frac{\omega_0}{Q} \ \mathrm{rad/s} \qquad (5.2-20\mathrm{a})$$

或

$$B = f_{c2} - f_{c1} = \frac{f_0}{Q} \text{ Hz} \tag{5.2-20b}$$

对于本例，将 $Q = 1/3$，$\omega_0 = 1/(RC)$ 代入式 $(5.2-18) \sim (5.2-20a)$，得 $\omega_{c1} = 0.3/(RC)$，$\omega_{c2} = 3.3/(RC)$，$B = 3/(RC)$ rad/s 或 $B = 3f_0$ Hz(式中 $f_0 = 1/(2\pi RC)$)。

例 5.2-2 图 5.2-3(a)所示的双 T 电路是一个带阻电路。如以 $\dot{U}_1$ 为激励，以 $\dot{U}_2$ 为响应，求电压比函数 $H(j\omega) = \dot{U}_2/\dot{U}_1$，并分析其频率特性。

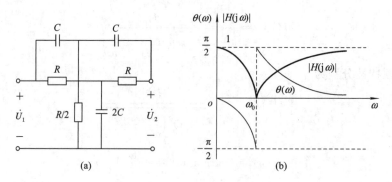

图 5.2-3　RC 带阻电路

解 经过运算可求得其网络函数

$$H(j\omega) = \frac{\dot{U}_2}{\dot{U}_1} = H_\infty \frac{(j\omega)^2 + \omega_0^2}{(j\omega)^2 + j\frac{\omega_0}{Q}\omega + \omega_0^2}$$

式中，$\omega_0 = 1/(RC)$，$H_\infty = 1$，$Q = 1/4$。上式分子、分母同除以 $(j\omega)^2 + \omega_0^2$，并稍加整理，得

$$H(j\omega) = \frac{H_\infty}{1 - j\dfrac{1}{Q\left(\dfrac{\omega}{\omega_0} - \dfrac{\omega_0}{\omega}\right)^2}} \tag{5.2-21}$$

其幅频和相频特性分别为

$$|H(j\omega)| = \frac{H_\infty}{\sqrt{1 + \dfrac{1}{Q^2\left(\dfrac{\omega}{\omega_0} - \dfrac{\omega_0}{\omega}\right)^2}}} \tag{5.2-22}$$

$$\theta(\omega) = \arctan \frac{1}{Q\left(\dfrac{\omega}{\omega_0} - \dfrac{\omega_0}{\omega}\right)} \tag{5.2-23}$$

由上式可知，H_∞ 是 $\omega = \infty$(或 $\omega = 0$)时 $|H(j\omega)|$ 的值。其幅频和相频特性曲线如图 5.2-3(b)所示。由图可见，在中心角频率 $\omega = \omega_0$ 处，$|H(j\omega_0)| = 0$，$\theta(\omega_0) = \pm\pi/2$。$\omega_0$ 常称为陷波角频率。在 $\omega = \infty$ 和 $\omega = 0$ 处，$|H(j0)| = |H(j\infty)| = H_\infty = 1$，$\theta(0) = \theta(\infty) = 0°$。该电路常用作高频陷波电路。

$\dfrac{|H(j\omega)|}{H_{\max}} = \dfrac{1}{\sqrt{2}}$ 处所对应的频率称为截止频率，由式(5.2-22)可求得截止角频率为

$$\frac{\omega_{c1}}{\omega_0} = \frac{f_{c1}}{f_0} = -\frac{1}{2Q} + \sqrt{\left(\frac{1}{2Q}\right)^2 + 1} \tag{5.2-24}$$

$$\frac{\omega_{c2}}{\omega_0} = \frac{f_{c2}}{f_0} = \frac{1}{2Q} + \sqrt{\left(\frac{1}{2Q}\right)^2 + 1} \tag{5.2-25}$$

$\omega_{c1} < \omega < \omega_{c2}$ 的频率范围（相应地 $f_{c1} < f < f_{c2}$）为阻带，$\omega < \omega_{c1}$ 和 $\omega > \omega_{c2}$（相应地 $f < f_{c1}$ 和 $f > f_{c2}$）为通带。阻带的宽度称为带阻电路的带宽或阻频带（用角频率或频率表示），记为 B，

$$B = \omega_{c2} - \omega_{c1} = \frac{\omega_0}{Q} \text{ rad/s} \quad \text{或} \quad B = f_{c2} - f_{c1} = \frac{f_0}{Q} \text{ Hz} \tag{5.2-26}$$

将式(5.2-18)、(5.2-19)、(5.2-20)与式(5.2-24)、(5.2-25)、(5.2-26)相比较，可见计算二阶带通电路和带阻电路的截止频率及带宽的公式是相同的。

从上述讨论可看出，尽管我们是以具体电路为例进行分析的，但所得结果对具有相同网络函数的电路也适用。

例 5.2-3　图 5.2-4 是一种有源 RC 电路，求网络函数 $H(\mathrm{j}\omega) = \dot{U}_2 / \dot{U}_1$。

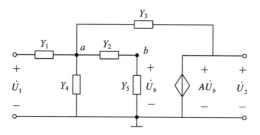

图 5.2-4　有源 RC 电路

解　由图可列出节点 a 的节点方程为

$$\left(Y_1 + Y_3 + Y_4 + \frac{Y_2 Y_5}{Y_2 + Y_5}\right)\dot{U}_a - Y_3 \dot{U}_2 = Y_1 \dot{U}_1 \tag{5.2-27}$$

根据分压公式，节点 b 的电压

$$\dot{U}_b = \frac{Z_5}{Z_2 + Z_5}\dot{U}_a = \frac{\frac{1}{Y_5}\dot{U}_a}{\frac{1}{Y_2} + \frac{1}{Y_5}} = \frac{Y_2}{Y_2 + Y_5}\dot{U}_a$$

输出电压

$$\dot{U}_2 = A\dot{U}_b = \frac{AY_2}{Y_2 + Y_5}\dot{U}_a$$

将以上式及式(5.2-27)代入式(5.2-28)并消去 $\dot{U}_a$，就可得到网络函数

$$H(\mathrm{j}\omega) = \frac{\dot{U}_2}{\dot{U}_1} = \frac{AY_1 Y_2}{(Y_1 + Y_3 + Y_4)(Y_2 + Y_5) + Y_2 Y_5 - AY_2 Y_3} \tag{5.2-28}$$

通过适当地搭配各导纳（选电阻或电容），就可得到不同类型的网络函数。也就是说，图 5.2-4 的电路可实现多种类型的滤波电路。譬如，当 $Y_1 = Y_2 = 1/R$，$Y_3 = Y_5 = \mathrm{j}\omega C$，$Y_4 = 0$ 时所构成的电路，其网络函数为式(5.2-8)，是低通滤波电路；当 $Y_1 = Y_2 = \mathrm{j}\omega C$，$Y_3 = Y_5 = 1/R$，$Y_4 = 0$ 时所构成的电路，其网络函数为式(5.2-9)，是高通滤波电路；当 $Y_1 = Y_3 = Y_5 = 1/R$，$Y_2 = Y_4 = \mathrm{j}\omega C$ 时所构成的电路，其网络函数为式(5.2-10)，是带通滤波电路。

5.3　串联谐振电路

谐振现象是正弦稳态电路的一种特定的工作状态。谐振电路由于其良好的选频特性，在通信与电子技术中得到广泛应用。通常的谐振电路由电感、电容和电阻组成，按照电路的组成形式可分为串联谐振电路、并联谐振电路和双调谐回路。本节和下节分别讨论串联和并联谐振电路发生谐振的条件、谐振时的特点以及谐振电路的频率响应。

5.3.1　RLC 串联谐振

图 5.3 - 1 是 r、L、C 组成的串联电路，其电源是角频率为 ω（频率为 f）的正弦电压源，设电源电压相量为 $\dot{U}_s$，其初相为零。

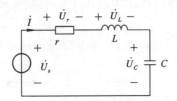

图 5.3 - 1　rLC 串联电路

图 5.3 - 1 串联回路的总阻抗

$$Z = r + \mathrm{j}X = \sqrt{r^2 + X^2}\,\mathrm{e}^{\mathrm{j}\arctan\frac{X}{r}} \qquad (5.3-1)$$

式中电抗

$$X = \omega L - \frac{1}{\omega C} \qquad (5.3-2)$$

串联电路中的电流相量

$$\dot{I} = \frac{\dot{U}_s}{Z} = \frac{U_s}{\sqrt{r^2 + X^2}}\,\mathrm{e}^{-\mathrm{j}\arctan\frac{X}{r}} \qquad (5.3-3)$$

其模和相角分别为

$$\begin{cases} I = \dfrac{U_s}{\sqrt{r^2 + X^2}} \\[4mm] \varphi = -\arctan\dfrac{X}{r} = -\arctan\dfrac{\omega L - \dfrac{1}{\omega C}}{r} \end{cases} \qquad (5.3-4)$$

由以上关系可以看出，在电路参数 r、L、C 一定的条件下，当激励信号的角频率 ω 变化时，感抗 ωL 随 ω 增高而增大，容抗 $1/(\omega C)$ 随 ω 增高而减小。因此，总电抗 $X = \omega L - 1/(\omega C)$ 也随频率而变化。图 5.3 - 2 画出了感抗、容抗、总电抗 X 和阻抗的模值 $|Z|$ 随角频率变化的情况。

由图可见，当频率较低时，$\omega L < 1/(\omega C)$，电抗 X 为负值，电路呈容性，因而电流 $\dot{I}$ 超前于电压 $\dot{U}_s$，如图 5.3 - 3(a) 所示。随着频率的逐渐升高，$|X|$ 减小，从而阻抗的模值也减小，电流的模值增大。当电源角频率改变到某一值 ω_0 时，使 $\omega_0 L = 1/(\omega_0 C)$，这时电抗 X 等于零，阻抗的模 $|Z|$ 达最小值。这时电流达最大值，且与电源电压同相，其相量关系如图

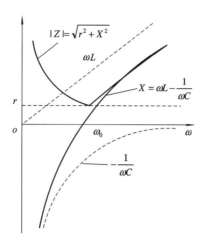

图 5.3 - 2　串联回路的阻抗

5.3 - 3(b)所示。如电源频率继续升高，则 $\omega L > 1/(\omega C)$，电抗为正值，电路呈感性，因而电流 $\dot{I}$ 落后于电压 $\dot{U}_s$，其相量关系如图 5.3 - 3(c)所示。

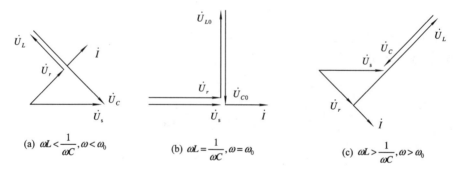

(a) $\omega L < \dfrac{1}{\omega C}, \omega < \omega_0$　　(b) $\omega L = \dfrac{1}{\omega C}, \omega = \omega_0$　　(c) $\omega L > \dfrac{1}{\omega C}, \omega > \omega_0$

图 5.3 - 3　rLC 串联电路的相量图

　　当回路电抗等于零，电流 $\dot{I}$ 与电源电压 $\dot{U}_s$ 同相时，称电路发生了串联谐振。这时的频率称为串联谐振频率，用 f_0 表示，相应的角频率用 ω_0 表示。由式(5.3 - 2)，电路发生串联谐振时，有

$$X = \omega_0 L - \frac{1}{\omega_0 C} = 0$$

故得谐振角频率 ω_0 及谐振频率 f_0 为

$$\begin{cases} \omega_0 = \dfrac{1}{\sqrt{LC}} \\ f_0 = \dfrac{1}{2\pi\sqrt{LC}} \end{cases} \qquad (5.3 - 5)$$

　　由上式可知，电路的谐振频率仅由回路元件参数 L 和 C 决定，而与激励无关，但仅当激励源的频率等于电路的谐振频率时，电路才发生谐振现象。谐振反映了电路的固有性质。

　　除改变激励频率使电路发生谐振外，实际中经常通过改变电容或电感参数使电路对某个所需频率发生谐振，这种操作称为调谐。譬如，收音机选择电台就是一种常见的调谐操作。

当 rLC 串联电路发生谐振时，电抗 $X=0$，故阻抗为纯阻性，且等于 r，阻抗模最小。若谐振时的阻抗用 Z_0 表示，则有

$$Z_0 = r \tag{5.3-6}$$

谐振时，$\omega_0 = 1/\sqrt{LC}$，此时的感抗与容抗数值相等，其值称为谐振电路的特性阻抗，用 ρ 表示，即

$$\rho = \omega_0 L = \frac{1}{\omega_0 C} = \sqrt{\frac{L}{C}} \tag{5.3-7}$$

可见特性阻抗是一个仅由电路参数决定的量。在工程中，通常用电路的特性阻抗 ρ 与回路电阻 r 的比值来表征谐振电路的性质，此比值称为串联谐振电路的品质因数，用 Q[①] 表示，即

$$Q = \frac{\rho}{r} = \frac{\omega_0 L}{r} = \frac{1}{\omega_0 Cr} = \frac{1}{r}\sqrt{\frac{L}{C}} \tag{5.3-8}$$

它是一个无量纲的量。其含义稍后说明。

由式(5.3-3)可得，谐振时 $X=0$，电流

$$\dot{I}_0 = \frac{\dot{U}_s}{Z_0} = \frac{\dot{U}_s}{r} \tag{5.3-9}$$

此时，电流 $\dot{I}_0$ 与 $\dot{U}_s$ 同相，并且 I_0 达到最大值。

谐振时，各元件电压分别为

$$\begin{cases} \dot{U}_{r0} = r\dot{I}_0 = r\dfrac{\dot{U}_s}{r} = \dot{U}_s \\[2mm] \dot{U}_{L0} = \mathrm{j}\omega_0 L\dot{I}_0 = \mathrm{j}\dfrac{\omega_0 L}{r}\dot{U}_s = \mathrm{j}Q\dot{U}_s \\[2mm] \dot{U}_{C0} = -\mathrm{j}\dfrac{1}{\omega_0 C}\dot{I}_0 = -\mathrm{j}\dfrac{1}{\omega_0 Cr}\dot{U}_s = -\mathrm{j}Q\dot{U}_s \end{cases} \tag{5.3-10}$$

可见，谐振时，电感电压和电容电压的模值相等，均为激励电压的 Q 倍，即 $U_{L0}=U_{C0}=QU_s$，但相位相反，故相互抵消(参看图 5.3-3(b))。这时，激励电压 U_s 全部加到电阻 r 上，电阻电压 U_r 达到最大值。实际中的串联谐振电路，通常 $r \ll \rho$，Q 值可达几十到几百，因此谐振时电感和电容上的电压值可达激励电压的几十到几百倍，所以串联谐振又称电压谐振。在通信和电子技术中，传输的电压信号很弱，利用电压谐振现象可获得较高的电压，但在电力工程中，这种高压有时会使电容器或电感线圈的绝缘被击穿而造成损坏，因此常常要避免谐振情况或接近谐振情况的发生。

5.3.2 品质因数

品质因数 Q 通常可定义为，在正弦稳态条件下，元件或谐振电路储能的最大值与其在一个周期内所消耗能量之比的 2π 倍，即

$$Q = 2\pi \frac{\text{储能的最大值}}{\text{一周期内消耗的能量}} \tag{5.3-11}$$

首先讨论电感线圈和电容器的品质因数。

[①] 品质因数和无功功率符号相同，注意不要混淆。

当考虑电感线圈的能量损耗时,其电路模型如图 5.3 - 4(a)所示。如果通过它的电流

$$i = \sqrt{2}I \cos\omega t$$

电感的储能为

$$w_L(t) = \frac{1}{2}Li^2(t) = LI^2 \cos^2 \omega t$$

其最大储能为 LI^2。一周期内线圈电阻 r 所消耗的能量为 $I^2 rT = I^2 r/f$(式中 T 为周期,f 为频率)。根据定义式(5.3 - 11),电感线圈的品质因数

$$Q = 2\pi \frac{LI^2}{I^2 rT} = \frac{2\pi fL}{r} = \frac{\omega L}{r} \qquad (5.3 - 12)$$

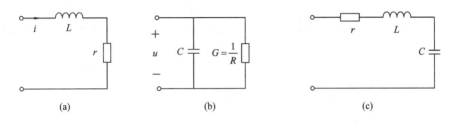

图 5.3 - 4　线圈、电容器及其串联电路模型

当考虑电容器的能量损耗时,其电路模型如图 5.3 - 4(b)所示。如果电容的端电压

$$u = \sqrt{2}U \cos\omega t$$

电容的储能为

$$w_C(t) = \frac{1}{2}Cu^2(t) = CU^2 \cos^2 \omega t$$

其储能的最大值为 CU^2,一周期内损耗电导 $G(G=1/R$,这里 G 或 R 与电容相并联用大写 R,以与串联电阻 r 相区别)所消耗的能量为 $U^2 GT = U^2 G/f$。根据式(5.3 - 11),电容器的品质因数

$$Q = 2\pi \frac{CU^2}{U^2 GT} = \frac{2\pi fC}{G} = \frac{\omega C}{G} = \omega CR \qquad (5.3 - 13)$$

顺便指出,电容器的性能也常用损耗角或损耗角的正切来衡量,它与品质因数的关系是

$$\tan\delta = \frac{1}{Q} \qquad (5.3 - 14)$$

当用电感线圈与电容器组成串联谐振电路时,通常,电容器的损耗较电感线圈的损耗小很多,可以忽略不计,这时的串联谐振电路如图 5.3 - 4(c)所示。下面讨论该谐振电路的能量关系。

设谐振时电路中的电流为

$$i_0 = \frac{u_s}{r} = \frac{\sqrt{2}U_s \cos\omega_0 t}{r} = \sqrt{2}I_0 \cos\omega_0 t$$

则电感的瞬时储能为

$$w_{L0} = \frac{1}{2}Li_0^2 = LI_0^2 \cos^2 \omega_0 t \qquad (5.3 - 15)$$

谐振时电容电压的振幅为 $\sqrt{2}\dfrac{I_0}{\omega_0 C}$，其相位落后于电流 $\dfrac{\pi}{2}$，于是电容电压为

$$u_{C0} = \frac{\sqrt{2}\,I_0}{\omega_0 C}\,\cos\left(\omega_0 t - \frac{\pi}{2}\right) = \frac{\sqrt{2}\,I_0}{\omega_0 C}\,\sin\omega_0 t = \sqrt{2}\,U_{C0}\,\sin\omega_0 t$$

电容瞬时储能为

$$w_{C0} = \frac{1}{2}Cu_{C0}^2 = CU_{C0}^2\,\sin^2\omega_0 t = C\left(\frac{I_0}{\omega_0 C}\right)^2\sin^2\omega_0 t \qquad (5.3-16)$$

式(5.3-15)、(5.3-16)表明，电感与电容元件储能的最大值相等。

串联谐振电路谐振时总的瞬时储能 w_0 等于两个储能元件的瞬时储能之和，即

$$w_0 = w_{L0} + w_{C0} = LI_0^2 = CU_{C0}^2 \qquad (5.3-17)$$

谐振电路中任意时刻 t 的电磁能量恒为常数说明电路谐振时与激励源之间确实无能量交换。只是电容与电感之间存在电磁能量的相互交换。

谐振时，电路中只有电阻 r 消耗能量，一周期内电阻 r 所消耗的能量为 $I_0^2 r T_0 = I_0^2 r/f_0$。根据定义式(5.3-11)，谐振电路谐振时的品质因数

$$Q = 2\pi\frac{LI_0^2}{I_0^2 r T_0} = \frac{2\pi f_0 L}{r} = \frac{\omega_0 L}{r} = \frac{1}{\omega_0 C r} \qquad (5.3-18)$$

比较式(5.3-18)和式(5.3-8)，可看出二者相同。由此可见，谐振电路的 Q 值实质上描述了谐振时电路的储能和耗能之比。必须指出，谐振电路的品质因数仅在谐振时才有意绣，在失谐情况下，式(5.3-18)不再适用。这就是说，计算电路 Q 值时应该用谐振角频率 ω_0。

5.3.3 频率响应

前面讨论了串联谐振电路谐振时的特点，这里进一步研究串联谐振电路电流的频率特性。

图 5.3-1 电路中的电流为

$$\dot{I} = \frac{\dot{U}_s}{r + \mathrm{j}\left(\omega L - \dfrac{1}{\omega C}\right)} = \frac{\dfrac{1}{r}\dot{U}_s}{1 + \mathrm{j}\dfrac{\omega_0 L}{r}\left(\dfrac{\omega}{\omega_0} - \dfrac{1}{\omega_0 \omega L C}\right)}$$

$$= \frac{H_0\dot{U}_s}{1 + \mathrm{j}Q\left(\dfrac{\omega}{\omega_0} - \dfrac{\omega_0}{\omega}\right)} = H_0\frac{\dfrac{\omega_0}{Q}(\mathrm{j}\omega)\dot{U}_s}{(\mathrm{j}\omega)^2 + \dfrac{\omega_0}{Q}(\mathrm{j}\omega) + \omega_0^2} \qquad (5.3-19)$$

式中 $H_0 = 1/r$。因此，电路电流的频率响应为

$$H(\mathrm{j}\omega) = \frac{\dot{I}}{\dot{U}_s} = H_0\frac{\dfrac{\omega_0}{Q}(\mathrm{j}\omega)}{(\mathrm{j}\omega)^2 + \dfrac{\omega_0}{Q}(\mathrm{j}\omega) + \omega_0^2} \qquad (5.3-20)$$

与式(5.2-10)或式(5.2-13)比较可见，它是一个带通函数。其幅频和相频特性分别为式(5.2-14)和式(5.2-15)，截止频率为式(5.2-18)和式(5.2-19)；通频带宽 B 为式(5.2-20)。把 $Q = \omega_0 L/r$ 代入式(5.2-20a)，可得串联谐振电路的带宽(用角频率表示)

$$B = \frac{\omega_0}{Q} = \frac{r}{L} \qquad \text{rad/s} \qquad\qquad (5.3-21)$$

为了讨论方便，不失一般性，我们以 ω 为横坐标，$|H(j\omega)|/H_0$ 和 $\theta(\omega)$ 为纵坐标画出 Q 取不同值时的幅频和相频特性曲线，常称为谐振电路的谐振曲线，如图 5.3 - 5(a)和(b) 所示。

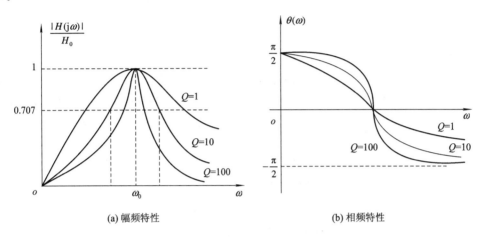

(a) 幅频特性　　　　　　　　　　　(b) 相频特性

图 5.3 - 5　rLC 串联谐振电路的频率响应

由图 5.3 - 5(a)可见，谐振电路对频率具有选择性，其 Q 值越高，幅频曲线越尖锐，电路对偏离谐振频率的信号的抑制能力越强，电路的选择性越好，因此在电子线路中常用谐振电路从许多不同频率的各种信号中选择所需要的信号。可是，实际信号都占有一定的频带宽度，由于通频带宽与 Q 成反比，因而 Q 过高，电路带宽则过窄，这样将会过多地削弱所需信号中的主要频率分量，从而引起严重失真。譬如广播电台的信号占有一定的频带宽度，收音机中为选择某个电台信号所用的谐振电路应同时具备两方面功能：一方面，从减小信号失真的角度出发，要求电路通频带范围内的特性曲线尽可能平坦些，以使信号通过回路后各频率分量的幅度相对值变化不大，为此希望电路的 Q 值低些较好；另一方面，从抑制临近电台信号的角度出发，要求电路对不需要的信号各频率成分能提供足够大的衰减，为此又希望电路的 Q 值越高越好。因此，实际设计中，必须根据需要来选择适当的 Q 值以兼顾这两方面的要求。

例 5.3 - 1　一串联谐振电路，$L=50$ μH，$C=200$ pF，回路品质因数 $Q=50$，电源电压 $U_s=1$ mV，求电路的谐振频率、谐振时回路中的电流 I_0 和电容上的电压 U_{C0} 以及带宽 B。

解　由式(5.3 - 5)可求得电路的谐振频率

$$f_0 = \frac{1}{2\pi\sqrt{LC}} = \frac{1}{2\pi\sqrt{50\times10^{-6}\times200\times10^{-12}}} = 1.59\times10^6 = 1.59 \text{ MHz}$$

为求出谐振时的电流，可先求出回路的损耗电阻 r。由式(5.3 - 8)可得

$$r = \frac{1}{Q}\sqrt{\frac{L}{C}} = \frac{1}{50}\sqrt{\frac{50\times10^{-6}}{200\times10^{-12}}} = 10 \text{ }\Omega$$

所以谐振时的电流

$$I_0 = \frac{U_s}{r} = \frac{10^{-3}}{10} = 0.1 \text{ mA}$$

谐振时电容电压

$$U_{C0} = QU_s = 50 \times 10^{-3} = 50 \text{ mV}$$

即为电源电压 U_s 的 50 倍。电路的带宽

$$B = \frac{f_0}{Q} = \frac{1.59 \times 10^6}{50} = 31.8 \times 10^3 = 31.8 \text{ kHz}$$

5.4　并联谐振电路

串联谐振电路仅适用于信号源内阻较小的情况，如果信号源内阻较大，将使电路 Q 值过低，以至电路的选择性变差。这时，为了获得较好的选频特性，常采用并联谐振电路。

5.4.1　GCL 并联谐振

图 5.4 - 1 是 GCL 并联谐振电路，它是图 5.3 - 1 rLC 串联谐振电路的对偶电路，因此它的一些结果都可由串联谐振电路对偶地得出。对此，下面将作简略的讨论。

图 5.4 - 1 并联谐振电路的总导纳为

$$Y = G + \text{j}B = G + \text{j}(\omega C - \frac{1}{\omega L}) \tag{5.4 - 1}$$

式中电导 $G = 1/R$。

当电纳 $B = 0$ 时，电路的端电压 $\dot{U}$ 与激励 $\dot{I}_s$ 同相，称为并联谐振。这时的频率称为并联谐振频率，用 f_0 表示，角频率用 ω_0 表示。于是在并联谐振时有

$$B = \omega_0 C - \frac{1}{\omega_0 L} = 0$$

可得谐振角频率 ω_0 和频率 f_0 为

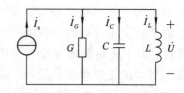

图 5.4 - 1　GLC 并联电路

$$\begin{cases} \omega_0 = \dfrac{1}{\sqrt{LC}} \\ f_0 = \dfrac{1}{2\pi \sqrt{LC}} \end{cases} \tag{5.4 - 2}$$

在并联谐振时，由于 $B = 0$，故谐振导纳

$$Y_0 = G = \frac{1}{R} \tag{5.4 - 3}$$

这时导纳为最小值，且为电阻性，而谐振阻抗

$$Z_0 = \frac{1}{Y_0} = \frac{1}{G} = R \tag{5.4 - 4}$$

为最大值，且为电阻性。

谐振时，感纳 $1/(\omega_0 L)$ 与容纳 $\omega_0 C$ 相等，因而感抗 $\omega_0 L$ 和 $1/(\omega_0 C)$ 也相等，称为谐振电路的特性阻抗，即

$$\rho = \omega_0 L = \frac{1}{\omega_0 C} = \sqrt{\frac{L}{C}} \tag{5.4 - 5}$$

并联谐振电路的品质因数（见式 5.3 - 13）为

$$Q = \frac{\omega_0 C}{G} = \omega_0 CR = \frac{R}{\omega_0 L} \qquad (5.4-6)$$

谐振时，回路的端电压

$$\dot{U} = \frac{\dot{I}_s}{Y_0} = \frac{1}{G}\dot{I}_s = R\dot{I}_s \qquad (5.4-7)$$

为最大值。这时各支路电流分别为

$$\begin{cases} \dot{I}_{G0} = G\dot{U} = G\frac{1}{G}\dot{I}_s = \dot{I}_s \\[2mm] \dot{I}_{C0} = j\omega_0 C\dot{U} = j\frac{\omega_0 C}{G}\dot{I}_s = jQ\dot{I}_s \\[2mm] \dot{I}_{L0} = -j\frac{1}{\omega_0 L}\dot{U} = -j\frac{R}{\omega_0 L}\dot{I}_s = -jQ\dot{I}_s \end{cases} \qquad (5.4-8)$$

可见，并联谐振时，电容电流 $\dot{I}_{C0}$ 和电感电流 $\dot{I}_{L0}$ 的模值都等于 $Q\dot{I}_s$，但相位相反，故相互抵消(参见图 5.4-2(b))。根据这一特点，并联谐振也称为电流谐振。这时电源电流 $\dot{I}_s$ 全部通过电导 G，电导电流 I_G 达最大值。

在不同频率时，各支路电流与电压的相量关系如图 5.4-2 所示。由图可见，当 $\omega < \omega_0$ 时，$\omega C < 1/(\omega L)$，电纳 B 为负值，电路呈电感性，电压 $\dot{U}$ 超前于电流 $\dot{I}_s$，如图 5.4-2(a) 所示。当谐振时 $\omega = \omega_0$，电纳 $B = 0$，电压 $\dot{U}$ 为最大值，且与电流 $\dot{I}_s$ 同相，如图 5.4-2(b) 所示。当 $\omega > \omega_0$ 时，$\omega C > 1/(\omega L)$，电纳 B 为正值，电路呈电容性，电压 $\dot{U}$ 落后于电流 $\dot{I}_s$，如图 5.4-2(c)所示。

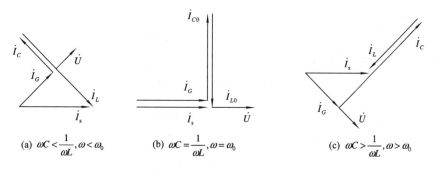

(a) $\omega C < \dfrac{1}{\omega L}, \omega < \omega_0$　　(b) $\omega C = \dfrac{1}{\omega L}, \omega = \omega_0$　　(c) $\omega C > \dfrac{1}{\omega L}, \omega > \omega_0$

图 5.4-2 GLC 并联电路的相量图

对并联谐振电路，我们常研究以端电压 $\dot{U}$ 为输出的频率响应。

对图 5.4-1 所示的谐振电路，其端电压为

$$\dot{U} = \frac{\dot{I}_s}{Y} = \frac{\dot{I}_s}{G + j\left(\omega C - \frac{1}{\omega L}\right)} = \frac{\frac{1}{G}\dot{I}_s}{1 + j\frac{\omega_0 C}{G}\left(\frac{\omega}{\omega_0} - \frac{1}{\omega_0 LC\omega}\right)} = \frac{R\dot{I}_s}{1 + jQ\left(\frac{\omega}{\omega_0} - \frac{\omega_0}{\omega}\right)}$$

$$= H_0 \frac{\frac{\omega_0}{Q}(j\omega)\dot{I}_s}{(j\omega)^2 + \frac{\omega_0}{Q}(j\omega) + \omega_0^2} \qquad (5.4-9)$$

式中 $H_0 = R = 1/G$。因此，并联谐振电路电压的频率响应为

$$H(\mathrm{j}\omega) = \frac{\dot{U}}{\dot{I}_s} = H_0 \frac{\dfrac{\omega_0}{Q}(\mathrm{j}\omega)}{(\mathrm{j}\omega)^2 + \dfrac{\omega_0}{Q}(\mathrm{j}\omega) + \omega_0^2} \qquad (5.4-10)$$

可见式(5.4 - 10)与式(5.3 - 20)形式相同，也是带通函数；其幅频和相频特性曲线与图 5.3 - 5(a)和(b)的曲线完全相同；截止频率仍为式(5.2 - 18)和(5.2 - 19)；通频带宽 B 为式(5.2 - 20)。把 $Q = \omega_0 C / G$ 代入式(5.2 - 20a)，可得并联谐振电路的带宽(用角频率表示)

$$B = \frac{\omega_0}{Q} = \frac{G}{C} = \frac{1}{RC} \ \mathrm{rad/s} \qquad (5.4-11)$$

5.4.2 实用的简单并联谐振电路

电子技术中实用的并联谐振电路常具有图 5.4 - 3 所示的形式，其中 r 是电感线圈的损耗电阻，一般电容的损耗很小，这里忽略不计。通常，谐振电路的 Q 值较高($Q \gg 1$)，并且工作于谐振频率附近，这时图 5.4 - 3 的电路可等效为图 5.4 - 1 的简单并联谐振电路。

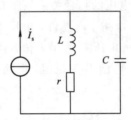

图 5.4 - 3 实际的并联谐振电路

图 5.4 - 3 电路的总导纳为

$$Y = \frac{1}{r + \mathrm{j}\omega L} + \mathrm{j}\omega C = \frac{r}{r^2 + (\omega L)^2} + \mathrm{j}\left[\omega C - \frac{\omega L}{r^2 + (\omega L)^2} \right]$$

当回路的品质因数 Q 较高，即 $r^2 \ll (\omega L)^2$ 时，上式的分母中 r^2 可以略去，于是得电路的导纳

$$Y \approx \frac{r}{(\omega L)^2} + \mathrm{j}\left(\omega C - \frac{1}{\omega L} \right) = G + \mathrm{j}\left(\omega C - \frac{1}{\omega L} \right) \qquad (5.4-12)$$

在谐振频率附近，即 $\omega \approx \omega_0$，上式中电导

$$G = \frac{1}{R} = \frac{r}{(\omega L)^2} \approx \frac{r}{(\omega_0 L)^2} = \frac{Cr}{L} \qquad (5.4-13)$$

式(5.4 - 12)正是图 5.4 - 1 电路的总导纳(见式 5.4 - 1)。这表明，图 5.4 - 1 的电路与图 5.4 - 3 的电路，在谐振频率附近且 Q 值较高时是相互等效的。在相互变换时，L 和 C 不变，串联于回路中的电阻 r(见图 5.4 - 4(a))可以变换为并联于回路两端的电阻 R(电导 G)，如图 5.4 - 4(b)所示；同样地，并联于回路两端的电阻 R，也可变换为串联于回路中的电阻 r。由式(5.4 - 13)，它们相互变换的关系为

$$\begin{cases} R = \dfrac{L}{Cr} \\ r = \dfrac{L}{CR} \end{cases} \qquad (5.4-14)$$

图 5.4 - 4(a)和(b)电路的品质因数的计算公式分别为

$$\begin{cases} Q = \dfrac{\rho}{r} = \dfrac{1}{r}\sqrt{\dfrac{L}{C}} = \dfrac{\omega_0 L}{r} = \dfrac{1}{\omega_0 Cr} \\ Q = \dfrac{R}{\rho} = R\sqrt{\dfrac{C}{L}} = \omega_0 CR = \dfrac{R}{\omega_0 L} \end{cases} \tag{5.4-15}$$

由式(5.4 - 14)和式(5.4 - 15)还可以看出，并联于回路两端的电阻 R 越大，相当于串联于回路中的电阻 r 越小，从而 Q 值越高；反之，R 越小，相当于 r 越大，从而 Q 值越低。

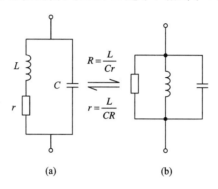

图 5.4 - 4　高 Q 等效电路

例 5.4 - 1　图 5.4 - 5 是某放大器的简化电路，其中电源电压 $U_s = 12$ V，内阻 $R_s = 60$ kΩ；并联谐振电路的 $L = 54\ \mu$H，$C = 90$ pF，$r = 9\ \Omega$；电路的负载是阻容并联电路，其中 $R_L = 60$ kΩ，$C_L = 10$ pF。如整个电路已对电源频率谐振，求谐振频率、R_L 两端的电压和整个电路的有载品质因数 Q_L。

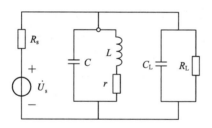

图 5.4 - 5　例 5.4 - 1 图

解　将电压源 $\dot{U}_s$ 与 R_s 相串联的支路变换为电流源与电阻并联，将谐振电路变换为 GCL 并联电路，于是得出图 5.4 - 5 电路的等效电路如图 5.4 - 6(a)所示，将有关元件并联，得图 5.4 - 6(b)所示的电路。图中 $G_s = 1/R_s$，$G_L = 1/R_L$。由于

$$C' = C + C_L = 90 + 10 = 100 \text{ pF}$$

故并联电路的谐振阻抗

$$R_0 = \dfrac{1}{G_0} = \dfrac{L}{Cr} = \dfrac{54 \times 10^{-6}}{100 \times 10^{-12} \times 9} = 6 \times 10^4 \ \Omega$$

$$\dot{I}_s = \dfrac{\dot{U}_s}{R_s} = \dfrac{12}{60 \times 10^3} = 0.2 \text{ mA}$$

图 5.4 - 6(b)中，总电导

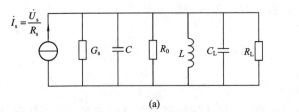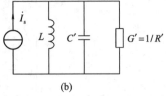

图 5.4-6　例 5.4-1 电路的等效

$$G' = G_s + G_0 + G_L = \frac{1}{R_s} + \frac{1}{R_0} + \frac{1}{R_L} = 5 \times 10^{-5} \text{ S}$$

电阻

$$R' = \frac{1}{G'} = 20 \text{ k}\Omega$$

根据图 5.4-6(b)可求得电路的谐振频率

$$f_0 = \frac{1}{2\pi \sqrt{LC'}} = \frac{1}{2\pi \sqrt{54 \times 10^{-6} \times 100 \times 10^{-12}}} = 2.17 \text{ MHz}$$

R' 的端电压也就是 R_L 两端的电压

$$U = I_s R' = 0.2 \times 10^{-3} \times 20 \times 10^3 = 4 \text{ V}$$

谐振综合例题

由式(5.4-15)，可得整个电路的有载品质因数

$$Q_L = R' \sqrt{\frac{C}{L}} = 20 \times 10^3 \sqrt{\frac{100 \times 10^{-12}}{54 \times 10^{-6}}} = 27.2$$

5.4.3　复杂并联谐振电路

在电子技术中，除使用简单的串联或并联谐振电路外，还常采用双电感或双电容的并联谐振电路，如图 5.4-7(a)和(b)所示(图中损耗电阻未画出)。考虑损耗电阻的双电感和双电容电路可归纳为图 5.4-7(c)所示的一般形式，统称为复杂并联谐振电路。

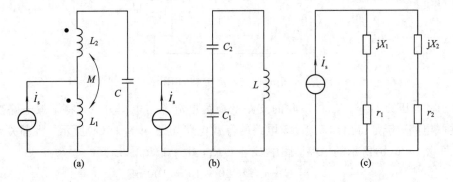

图 5.4-7　复杂并联谐振电路

图 5.4-7(c)电路的总导纳

$$Y = \frac{1}{r_1 + jX_1} + \frac{1}{r_2 + jX_2}$$

$$= \left[\frac{r_1}{r_1^2 + X_1^2} + \frac{r_2}{r_2^2 + X_2^2}\right] - j\left[\frac{X_1}{r_1^2 + X_1^2} + \frac{X_2}{r_2^2 + X_2^2}\right]$$

如果回路的 Q 值较高, 即有 $r_1^2 \ll X_1^2$, $r_2^2 \ll X_2^2$, 上式分母中的 r_1^2 和 r_2^2 均可以略去, 得总导纳为

$$Y \approx \left[\frac{r_1}{X_1^2} + \frac{r_2}{X_2^2} \right] - \mathrm{j} \left[\frac{1}{X_1} + \frac{1}{X_2} \right] = G + \mathrm{j}B \tag{5.4-16}$$

电路发生谐振时, 电纳等于零, 即

$$B = \frac{1}{X_{10}} + \frac{1}{X_{20}} = \frac{X_{10} + X_{20}}{X_{10} X_{20}} = 0$$

式中 X_{10}、X_{20} 分别为谐振时支路 1 和支路 2 的电抗, 由上式有

$$X_{10} + X_{20} = 0 \tag{5.4-17}$$

即电路发生并联谐振时, 总电抗近似等于零。

对于图 5.4-7(a) 所示的双电感电路, 如果 L_1 与 L_2 间的互感 $M=0$, 则 $X_{10} = \omega_0 L_1$, $X_{20} = \omega_0 L_2 - 1/(\omega_0 C)$, 将它们代入式 (5.4-17), 得

$$\omega_0 L_1 + \omega_0 L_2 - \frac{1}{\omega_0 C} = 0$$

可解得并联谐振频率 f_0 和角频率 ω_0 分别为

$$\begin{cases} \omega_0 = \dfrac{1}{\sqrt{LC}} \\[3mm] f_0 = \dfrac{1}{2\pi \sqrt{LC}} \end{cases} \tag{5.4-18}$$

式中, $L = L_1 + L_2$ 是回路的总电感。如果 L_1 与 L_2 之间的互感为 M, 则总电感 $L = L_1 + L_2 + 2M$。

对于图 5.4-8(b) 所示的双电容电路, 可求得其谐振频率的表达式与式 (5.4-18) 相同, 只是式中 $C(C = C_1 C_2/(C_1 + C_2))$ 是回路中 C_1 与 C_2 串联后的总电容。

顺便指出, 对于图 5.4-8(a) 所示的双电感电路, 支路 2 中 L_2 与 C 也能发生串联谐振。若 $M=0$, 其谐振角频率令为 ω_{03}, 则

$$\omega_{03} = \frac{1}{\sqrt{L_2 C}} \tag{5.4-19}$$

由于 $L_2 < L$, 所以 $\omega_{03} > \omega_0$ (ω_0 为并联谐振角频率); 对于图 5.4-8(b) 所示的双电容电路, 支路 2 中 C_2 和 L 也能发生串联谐振, 其谐振角频率

$$\omega_{01} = \frac{1}{\sqrt{L C_2}} \tag{5.4-20}$$

由于 $C_2 > C(C = C_1 C_2/(C_1 + C_2))$, 所以 $\omega_{01} < \omega_0$。

由式 (5.4-17) 可知, 当谐振时 $X_{10} = -X_{20}$, 即支路 1 的电抗与支路 2 的电抗大小相等, 符号相反。因此, 当回路 Q 值较高时, 支路 1 的谐振电流 $\dot{I}_{10}$ 与支路 2 的谐振电流 $\dot{I}_{20}$ 也几乎大小相等, 相位相反。故 $\dot{I}_{10}$ 与 $\dot{I}_{20}$ 在谐振回路中可看作是回路电流 $\dot{I}_0$ ($\dot{I}_0 \approx \dot{I}_{10} \approx -\dot{I}_{20}$), 如图 5.4-8(a) 和 (b) 所示。

双电感或双电容并联谐振电路, 实际是将电感或电容一分为二, 将信号源或/和负载接在一部分电感或电容上, 以便使电路匹配。当回路 Q 值较高, 计算谐振频率附近的各量值时, 在工程上常使用功率平衡的观点进行近似计算, 实践表明用这种方法在 Q 较高时是足够准确的。

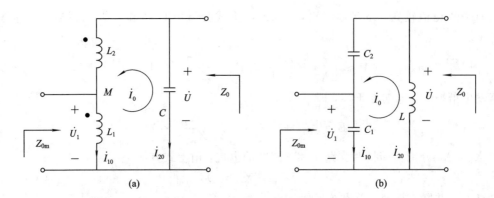

图 5.4 - 8 谐振时的电流与电压

设回路总电感或总电容的端电压为 $\dot{U}$，支路 1 的端电压为 $\dot{U}_1$，如图 5.4 - 8(a)和(b)所示。由于在 LC 回路中有回路电流 $\dot{I}_0 \approx \dot{I}_{10} \approx -\dot{I}_{20}$，因而可以近似地认为：对于图 5.4 - 8(a)，L_1 的端电压与 L_2 的端电压同相，从而 $\dot{U}_1$ 与 $\dot{U}$ 也同相；对于图 5.4 - 8(b)，C_1 的端电压与 C_2 的端电压同相，从而 $\dot{U}_1$ 与 $\dot{U}$ 也同相。我们将有效值 U_1 与 U 之比定义为变换系数或接入系数，用 m 表示，即

$$m \overset{\text{def}}{=\!=} \frac{U_1}{U} \qquad (5.4 - 21)$$

由于流过 L_1 和 L_2（或 C_1 和 C_2）的是同一电流 $\dot{I}_0$，因而上式也可写为

$$m = \frac{X_{10}}{\text{回路中与 } X_{10} \text{ 同性质的总电抗}} \qquad (5.4 - 22)$$

对于图 5.4 - 8(a)所示的双电感电路，如 L_1 与 L_2 之间的互感 $M=0$，则根据上式有

$$m = \frac{\omega L_1}{\omega(L_1 + L_2)} = \frac{L_1}{L} \qquad (5.4 - 23)$$

式中 $L = L_1 + L_2$。如果 L_1 与 L_2 间有互感 M，则

$$m = \frac{L_1 + M}{L} \qquad (5.4 - 24)$$

式中 $L = L_1 + L_2 + 2M$（一般 L_1 和 L_2 的绕向相同，其同名端如图 5.4 - 8(a)所示）。如 L_1 与 L_2 为全耦合，L_1 为 N_1 匝，L_2 为 N_2 匝，线圈总匝数 $N = N_1 + N_2$，则

$$m = \frac{N_1}{N} \qquad (5.4 - 25)$$

对于图 5.4 - 8(b)所示的双电容电路，其变换系数

$$m = \frac{U_1}{U} = \frac{\dfrac{1}{\omega C_1}}{\dfrac{1}{\omega C}} = \frac{C}{C_1} \qquad (5.4 - 26)$$

式中，$C = \dfrac{C_1 C_2}{C_1 + C_2}$。

若 LC 回路两端的谐振阻抗（见式 5.4 - 13）为

$$Z_0 = \frac{L}{Cr} \qquad (5.4 - 27)$$

式中 r 为 LC 回路的总电阻。如支路 1 的电阻为 r_1，支路 2 的电阻为 r_2，则 $r = r_1 + r_2$。设从

支路 1 的端口向内视入的谐振阻抗为 $Z_{0\text{m}}$，如图 5.4 - 8 所示，则二者吸收的功率应该相等，即

$$\frac{U_1^2}{Z_{0\text{m}}} = \frac{U^2}{Z_0}$$

于是得

$$Z_{0\text{m}} = \left(\frac{U_1}{U}\right)^2 Z_0 = m^2 \frac{L}{Cr} \tag{5.4 - 28}$$

实际上，将谐振条件 $B=0$，$X_{10} = -X_{20}$ 代入式 (5.4 - 16) 也可得到以上相同的结果。

式 (5.4 - 28) 给我们以启示，为了使回路谐振阻抗与信号源内阻 (或负载) 相匹配，我们可以不改变谐振回路的元件参数值，而通过变换系数 m 来实现。

如图 5.4 - 9(a) 和 (b) 所示的电路，电阻 r (它可能是电源内阻或负载电阻) 接在电感 L 的抽头或电容 C_1 上，设其接入系数 (变换系数) 为 m。我们试图将图 5.4 - 9(a) 或 (b) 的电阻 r 变换接到 LC 回路的两端，如图 5.4 - 9(c) 所示。

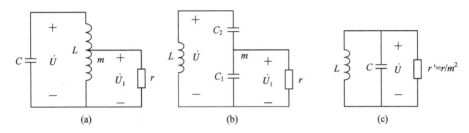

图 5.4 - 9 谐振时的电阻的等效

图 5.4 - 9(a) 或 (b) 中，在谐振时，电阻 r 吸收的功率为 U_1^2/r，图 5.4 - 9(c) 中电阻 r' 吸收的功率为 U^2/r'，二者应该相等，于是有

$$\frac{U_1^2}{r} = \frac{U^2}{r'}$$

由此可得

$$r' = \left(\frac{U}{U_1}\right)^2 r = \frac{1}{m^2} r \tag{5.4 - 29}$$

显然，如果想把接于 LC 回路两端的电阻 r' 变换到接入系数为 m 处的电阻 r，则有

$$r = m^2 r' \tag{5.4 - 30}$$

如果信号源 $\dot{I}_\text{s}$ 接在部分电抗处，如图 5.4 - 10(a) 和 (b) 所示。我们试图把它变换到 LC 回路的两端，如图 5.4 - 10(c) 所示。由于在谐振时，谐振电路的阻抗为纯电阻性，因此 $\dot{I}_\text{s}$ 与 $\dot{U}_1$ 同相，$\dot{I}_\text{s}'$ 也与 $\dot{U}$ 同相。根据谐振时功率相等的原理，可得电源发出的功率为

$$U_1 I_\text{s} = U I_\text{s}'$$

于是有

$$I_\text{s}' = \frac{U_1}{U} I_\text{s} = m I_\text{s} \tag{5.4 - 31}$$

如果想把接于 LC 回路两端的电流源 $\dot{I}_\text{s}'$ 变换到接入系数为 m 处的电流源 $\dot{I}_\text{s}$，则有

$$I_\text{s} = \frac{1}{m} \dot{I}_\text{s}' \tag{5.4 - 32}$$

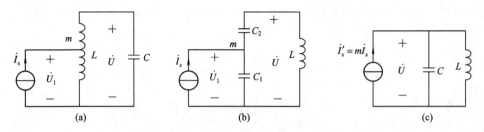

图 5.4 - 10 谐振时电流源的等效

需要强调指出，以上结论仅当电路的品质因数 Q 较高，并且电路对电源频率谐振时（这时谐振阻抗 Z_0 为纯电阻性，因而 $\dot{I}_s$、$\dot{I}_s'$、$\dot{U}$、$\dot{U}_1$、$\dot{U}_2$ 等均同相），才是正确有效的。

例 5.4 - 2 某中频放大器的简化电路如图 5.4 - 11(a)所示。已知 $I_s = 60\ \mu A$，$r_1 = 32\ k\Omega$；LC 谐振回路本身的品质因数 $Q = 117$，$L = 586\ \mu H$，$C = 200\ pF$，变换系数 $m_1 = 0.4$，$m_2 = 0.04$；负载电阻 $r_2 = 320\ \Omega$。若电路对电源频率($f = 465\ kHz$)谐振，求流过电阻 r_2 的电流 I_2。

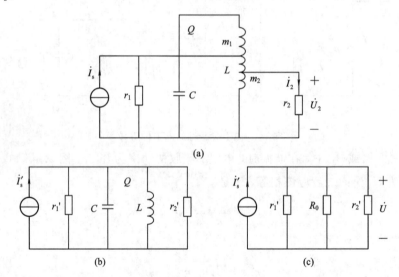

(a)

(b)   (c)

图 5.4 - 11 例 5.4 - 2 图

解 将图 5.4 - 11(a)所示的电路变换为图 5.4 - 11(b)所示的电路。由式(5.4 - 29)和(5.4 - 31)可得

$$r_1' = \frac{1}{m_1^2} r_1 = \frac{32 \times 10^3}{(0.4)^2} = 200\ k\Omega$$

$$r_2' = \frac{1}{m_2^2} r_2 = \frac{320}{(0.04)^2} = 200\ k\Omega$$

$$I_s' = m_1 I_s = 0.4 \times 60 \times 10^{-6} = 24\ \mu A$$

并联谐振电路本身的谐振阻抗

$$Z_0 = R_0 = \frac{L}{Cr} = Q\sqrt{\frac{L}{C}} = 117\sqrt{\frac{586 \times 10^{-6}}{200 \times 10^{-12}}} = 200\ k\Omega$$

所以图 5.4 - 11(b)所示的电路又可简化为图(c)所示的电路。电阻 r_1'、R_0 与 r_2' 相并联，得总电阻

$$R = \frac{1}{\dfrac{1}{r'_1} + \dfrac{1}{R_0} + \dfrac{1}{r'_2}} = 66.7 \text{ k}\Omega$$

回路端电压

$$U = RI'_s = 66.7 \times 10^3 \times 24 \times 10^{-6} = 1.6 \text{ V}$$

r_2 上的电压

$$U_2 = m_2 U = 0.04 \times 1.6 = 0.064 \text{ V}$$

故

$$I_2 = \frac{U_2}{r_2} = \frac{0.064}{320} = 2 \times 10^{-4} = 200 \text{ } \mu\text{A}$$

或者，由图 5.4 - 11(c)，考虑到 $r'_1 = R_0 = r'_2$，可得流过 r'_2 的电流

$$I'_2 = \frac{1}{3} I'_s = \frac{1}{3} \times 24 \times 10^{-6} = 8 \text{ } \mu\text{A}$$

按照功率平衡的原理，可求得与式(5.4 - 32)相似的关系，得

$$I_2 = \frac{1}{m'_2} I'_2 = \frac{1}{0.04} \times 8 \times 10^{-6} = 200 \text{ } \mu\text{A}$$

以上讨论了串联、并联谐振电路，作为推广，对于任意含有电抗元件的一端口电路，在一定的条件下，若其端口电压与电流同相(这时电路呈电阻性，阻抗的虚部为零或导纳的虚部为零)，则称此一端口电路发生谐振，此时相应的激励频率称为谐振频率。如果由电抗元件组成的某局部电路，其阻抗或导纳的虚部为零，则称该局部电路发生了谐振现象。

例 5.4 - 3　图 5.4 - 12 所示的滤波器能够阻止信号的基波通至负载 R_L，同时能够使十次谐波顺利地通至负载。设 $C = 0.01 \text{ } \mu\text{F}$，基波的角频率 $\omega = 10^5 \text{ rad/s}$，求电感 L_1 和 L_2。

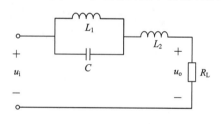

图 5.4 - 12　例 5.4 - 3 图

解　由于基波不能通过，表示电路中某一局部电路对基波产生谐振而导致断路。由图可见，当 L_1 和 C 并联电路对基波发生并联谐振时，其谐振阻抗为无穷大，从而导致断路。故有

$$\omega = \frac{1}{\sqrt{L_1 C}}$$

解得

$$L_1 = \frac{1}{\omega^2 C} = \frac{1}{(10^5)^2 \times 0.01 \times 10^{-6}} = 0.01 \text{ H}$$

又因为十次谐波能够顺利通过，相当于十次谐波信号直接加到负载 R_L 上，表示 L_1、C 并联再和 L_2 串联的组合对十次谐波发生了谐振，这时谐振阻抗为零，该组合相当于短路，故有

$$j10\omega L_2 + \frac{1}{j10\omega C - j\dfrac{1}{10\omega L_1}} = 0$$

将 $L_1 = 0.01 \text{ H}$，$\omega = 10^5 \text{ rad/s}$，$C = 0.01 \text{ } \mu\text{F}$ 代入上式，可得 $L_2 = 101 \text{ } \mu\text{H}$。

5.5 应 用 实 例

5.5.1 低音音量控制电路

在音响设备中一般都分别设有低音（bass）和高音（treble）等相互独立的调节旋钮，以便用户进行适当的音量控制。下面仅讨论低音音量控制电路。音频是指 20 Hz～20 kHz 频率范围内的信号，低音是指 20～300 Hz 范围内的信号。

图 5.5 - 1(a)为实用的低音控制电路，其中 R_1 为可调电位器，重点分析其频率响应。在 a、b、c 三个节点处，考虑运放的虚短（$\dot{U}_c = 0$）和虚断特性，列出节点电压方程为

$$\left(\frac{1}{R_2} + \frac{1}{(1-\alpha)R_1} + j\omega C_1\right)\dot{U}_a - j\omega C\dot{U}_b = \frac{\dot{U}_i}{R_2}$$

$$\left(\frac{1}{R_2} + \frac{1}{\alpha R_1} + j\omega C_1\right)\dot{U}_b - j\omega C\dot{U}_a - \frac{\dot{U}_o}{R_2} = 0$$

$$\frac{\dot{U}_a}{(1-\alpha)R_1} - \frac{\dot{U}_b}{\alpha R_1} = 0$$

联立求解以上三个方程，得

$$H(j\omega) = \frac{\dot{U}_o}{\dot{U}_i} = -\frac{R_2 + \alpha R_1 + j\omega R_1 R_2 C_1}{R_2 + (1-\alpha)R_1 + j\omega R_1 R_2 C_1}$$

当 $\alpha = 0.5$ 时，
$$H(j\omega) = -1 \qquad\qquad (5.5 - 1)$$

当 $\alpha = 1$ 时，
$$H(j\omega) = -\frac{R_2 + R_1 + j\omega R_1 R_2 C_1}{R_2 + j\omega R_1 R_2 C_1} \qquad (5.5 - 2)$$

当 $\alpha = 0$ 时，
$$H(j\omega) = \frac{\dot{U}_o}{\dot{U}_i} = -\frac{R_2 + j\omega R_1 R_2 C_1}{R_2 + R_1 + j\omega R_1 R_2 C_1} \qquad (5.5 - 3)$$

比较式(5.5 - 2)和(5.5 - 3)，可见两者是倒数的关系，即

$$H(j\omega)\big|_{\alpha=1} = \frac{1}{H(j\omega)\big|_{\alpha=0}}$$

这种倒数关系对 α 为其它值时也成立，如 $\alpha = 0.6$ 与 $\alpha = 0.4$ 时，也有

$$H(j\omega)\big|_{\alpha=0.6} = -\frac{R_2 + 0.6R_1 + j\omega R_1 R_2 C_1}{R_2 + 0.4R_1 + j\omega R_1 R_2 C_1} = \frac{1}{H(j\omega)\big|_{\alpha=0.4}}$$

图 5.5 - 1(a)所示电路的幅频特性（用分贝(dB)表示）如图 5.5 - 1 (b)所示。从图 5.5 - 1 (b)中可以看出：

(1) 当 $\alpha = 0.5$ 时，幅频特性的分贝值对所有频率都为 0，电路是一个增益为 1 的全通电路。

(2) 当频率比较高时，所有特性曲线都接近 0 dB，因此该电路对音频中的高音部分不产生任何影响。

(3) 对音频中的低音部分，随 α 的取值不同，幅频特性的分贝值可正可负。若为正，则表示低音信号被放大或增强；若为负，则低音信号被减弱。

因此，调节 α（即调节电位器 R_1）可实现对低音信号的控制。

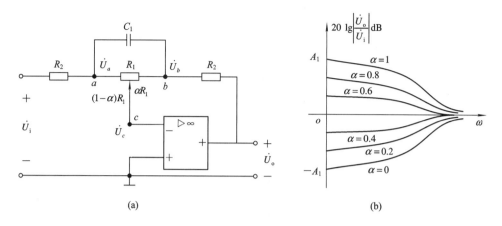

图 5.5 - 1　低音控制电路及其特性

观察图 5.5 - 1(b)，结合式(5.5 - 2)可以得到图 5.5 - 1(a)所示电路的最大增强倍数为

$$H_{\max} = \mid H(\mathrm{j}0) \mid_{\alpha=1} = \frac{R_2 + R_1}{R_2}$$

最小减弱倍数可由式(5.5 - 3)得到

$$H_{\min} = \mid H(\mathrm{j}0) \mid_{\alpha=0} = \frac{R_2}{R_2 + R_1}$$

如果 $(R_2 + R_1) \gg R_2$，则当 $\omega = \omega_\mathrm{c} = 1/(R_1 C_1)$ 时，放大(或减弱)的值与最大值相差 3 dB。这一点通过下列关系可以看到：

$$\mid H(\mathrm{j}\omega_\mathrm{c}) \mid_{\alpha=1} = \frac{\mid R_2 + R_1 + \mathrm{j}R_2 \mid}{\mid R_2 + \mathrm{j}R_2 \mid} = \frac{\left| \dfrac{R_2 + R_1}{R_2} + \mathrm{j}1 \right|}{\mid 1 + \mathrm{j}1 \mid} \approx \frac{1}{\sqrt{2}}\left(\frac{R_2 + R_1}{R_2} \right) = \frac{1}{\sqrt{2}} H_{\max}$$

$$\mid H(\mathrm{j}\omega_\mathrm{c}) \mid_{\alpha=0} = \frac{\mid R_2 + \mathrm{j}R_2 \mid}{\mid R_2 + R_1 + \mathrm{j}R_2 \mid} = \frac{\mid 1 + \mathrm{j}1 \mid}{\left| \dfrac{R_2 + R_1}{R_2} + \mathrm{j}1 \right|} \approx \sqrt{2}\left(\frac{R_2}{R_2 + R_1} \right) = \sqrt{2} H_{\min}$$

$\omega_\mathrm{c} = 1/(R_1 C_1)$ 就是图 5.5 - 1(a)所示电路的截止频率，该低音控制电路可以对 $\omega < \omega_\mathrm{c}$ 的低音信号进行强弱调节。适当选取 R_1 和 C_1，可以确定所控制低音信号的频率范围；选择合适的 R_2，可以确定调整低音信号强弱的幅度范围。

5.5.2　信号分离电路

滤波器的一种典型应用是信号分离。

1. 高低音分离电路

音频信号是指 20 Hz～20 kHz 频率范围的信号。一般将高于 2 kHz 的信号称为高音信号，低于 2 kHz 的信号称为中低音信号。

图 5.5 - 2(a)所示为一简单的高低音分离电路，它由一个 RC 高通滤波器和一个 RL 低通滤波器组成。它将从立体声放大器一个通道中出来的高于 2 kHz 频率的信号送到高音扬声器，而低于 2 kHz 频率的信号送到中低音扬声器。将放大器用一个电压源等效，扬声器用电阻作为电路模型，则图 5.5 - 2(a)所示的电路可等效为图 5.5 - 2(b)。其传输函数为

$$H_1(\mathrm{j}\omega) = \frac{\dot{U}_1}{\dot{U}_s} = \frac{R_1}{R_1 + \dfrac{1}{\mathrm{j}\omega C}} = \frac{\mathrm{j}\omega CR_1}{\mathrm{j}\omega CR_1 + 1}$$

$$H_2(\mathrm{j}\omega) = \frac{\dot{U}_2}{\dot{U}_s} = \frac{R_2}{R_2 + \mathrm{j}\omega L}$$

幅频特性为

$$|H_1(\mathrm{j}\omega)| = \frac{\omega CR_1}{\sqrt{(\omega CR_1)^2 + 1}}, \quad |H_2(\mathrm{j}\omega)| = \frac{R_2^2}{\sqrt{R_2^2 + (\omega L)^2}}$$

幅频特性曲线如图 5.5 - 2(c)所示。

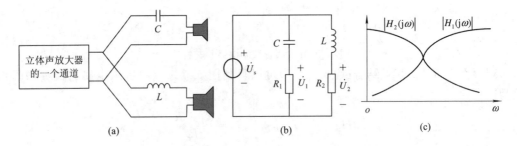

图 5.5 - 2 音频信号分离电路及其幅频特性

选择 R_1、R_2、L 和 C 的值，使两个滤波器具有相同的截止频率。

2. 声频视频信号分离电路

一个标准广播波段的电视接收机必须处理视频(图像)信号和声频(声音)信号。每个电视发射台分配 6 MHz 的带宽。可以通过使用调谐放大器调整电视接收机的前端，以选择众多频道中的一个。无论需要调谐的频道是哪一个，接收机前端信号输出的带宽均为 41~46 MHz，这个频带称为中频(IF)，包括声频和视频信号。图 5.5 - 3(a)所示为简单声频视频信号分离电路。中频混合信号送到显像管之前，声频信号被 4.5 MHz(声频载波频率)的带阻滤波器(称为陷波器)滤除，如图 5.5 - 3(a)所示。这种陷波器可以抑制声音信号。混合信号也输入到带通电路(如图 5.5 - 3(a)所示)，此带通电路调谐至声频载波频率 4.5 MHz，然后声音信号经过处理，并送往扬声器。

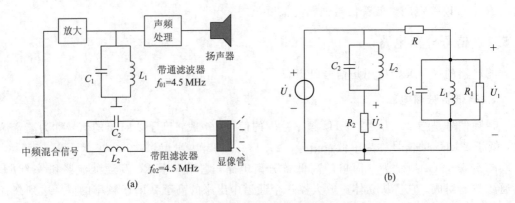

图 5.5 - 3 声频视频信号分离电路

图 5.5 - 3(b)给出了声频视频信号分离电路的等效电路,扬声器和显像管分别用电阻 R_1 和 R_2 等效。由图 5.5 - 3(b),有

$$\dot{U}_1 = \frac{1}{j\omega C_1 + \dfrac{1}{j\omega L_1} + \dfrac{1}{R_1} + \dfrac{1}{R}} \times \frac{\dot{U}_s}{R}$$

$$\dot{U}_2 = \frac{R_2}{R_2 + (j\omega L_2) \mathbin{/\!/} \left(\dfrac{1}{j\omega C_2}\right)} \dot{U}_s$$

求解,并整理,可得传输函数

$$H_1(j\omega) = \frac{\dot{U}_1}{\dot{U}_s} = \frac{\omega L_1 C_1 R_1 R}{\omega L_1 R(R_1 + R) + jR^2 R_1(1 - \omega^2 L_1 C_1)}$$

$$H_2(j\omega) = \frac{\dot{U}_2}{\dot{U}_s} = \frac{R_2(1 - \omega^2 L_2 C_2)}{R_2(1 - \omega^2 L_2 C_2) + j\omega L_2}$$

可见,带通滤波电路的中心频率为

$$f_{01} = \frac{1}{2\pi \sqrt{L_1 C_1}}$$

陷波器的中心频率为

$$f_{02} = \frac{1}{2\pi \sqrt{L_2 C_2}}$$

其幅频特性如图 5.5 - 4 所示。取 $L_1 = L_2 = L$,$C_1 = C_2 = C$,则 $f_{01} = f_{02}$。

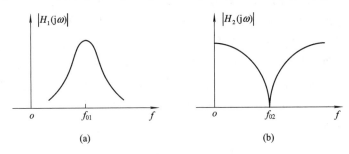

图 5.5 - 4　滤波电路的幅频特性

5.5.3　无线电接收机的调谐电路

串联和并联谐振电路都普遍应用于收音机和电视机的选台技术中。无线电信号由发射机通过电磁波发射出来,然后在大气中传播。当电磁波通过接收机天线时,将感应出极小的电压。接收机必须从接收的宽阔的电磁频率范围内,仅取出一个频率或一个频率带限。

例 5.5 - 1　图 5.5 - 5 给出某 AM(调幅)收音机的调谐电路示意图,已知其电感线圈的电感 $L = 1 \ \mu\text{F}$,要使谐振频率可由 AM 频段(AM 广播的频率范围是 $540 \sim 1600$ kHz)的一端调整到另一端,问可变电容 C 的取值范围应该是多少?

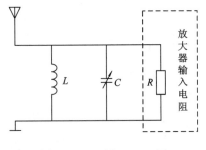

图 5.5 - 5　例 5.5 - 1 图

解　由公式 $\omega_0 = 2\pi f_0 = \dfrac{1}{\sqrt{LC}}$ 可得

$$C = \frac{1}{4\pi^2 f_0^2 L}$$

对于 AM 频段的高端，$f_0 = 1600\ \text{kHz}$，与其相应的 C 值为

$$C_1 = \frac{1}{4\pi^2 \times 1600^2 \times 10^6 \times 10^{-6}} = 9.9\ \text{nF}$$

对于 AM 频段的低端，$f_0 = 540\ \text{kHz}$，与其相应的 C 值为

$$C_2 = \frac{1}{4\pi^2 \times 540^2 \times 10^6 \times 10^{-6}} = 86.9\ \text{nF}$$

因此，C 值必须是由 9.9 nF 到 86.9 nF 的可调电容器。

5.5.4　扬声器系统

　　还原声音最好是采用低、中、高不同频率域的扬声器。一般来讲，人耳可听到的音频范围为 100 Hz~20 kHz，扬声器的频率范围可达到 200 Hz~40 kHz。低音扬声器的频率范围为 20~300 Hz，在三种扬声器中体积最大；中音扬声器体积一般要小些，对应频率范围为 100 Hz~5 kHz；高音扬声器的体积最小，覆盖频率为 2~25 kHz。三种扬声器的频率范围有交叠，是为了让交叠频带内的信号不会丢失，一个扬声器响应下降的同时，另一个扬声器的响应会提高。

　　驱动三种扬声器的流行方法是采用如图 5.5-6 所示的电路。这不过是每条扬声器支路的并联电路，每条支路获得同样的电压。电感和电容元件的参数要仔细选择，以保证每个扬声器的频率响应范围。每个扬声器都标记了阻抗大小和对应的频率。购买高质量扬声器时这些参数一般都有标注，从这些参数中可以立即判定扬声器的类型和获得最大响应的频率。现在求每条支路在特定频带内的总阻抗，确定一条支路的响应是否确实大于另外两条支路。因为功率放大器的输出阻抗是 8 Ω，所以当每条支路的阻抗等于或非常接近 8 Ω 时才能获得最大功率。

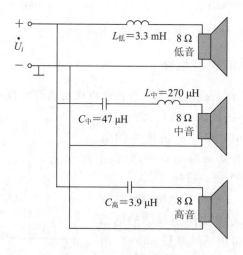

图 5.5-6　扬声器系统

先计算中音扬声器的响应，因为中频是人耳可听频率范围的最大部分。中音扬声器路在 1.4 kHz 时的标称阻抗是 8 Ω，让我们看看三条支路在 1.4 kHz 频率下各自的阻抗。

对中音扬声器支路，有

$$X_C = \frac{1}{2\pi f C} = \frac{1}{2\pi \times 1.4 \ \text{kHz} \times 47 \ \mu\text{F}} = 2.42 \ \Omega$$

$$X_L = 2\pi f L = 2\pi \times 1.4 \ \text{kHz} \times 270 \ \mu\text{H} = 2.78 \ \Omega$$

$$Z_{\text{中}} = R + \text{j}(X_L - X_C) = 8 \ \Omega + \text{j}(2.78 \ \Omega - 2.42 \ \Omega) = 8 \ \Omega + \text{j}0.36 \ \Omega$$
$$= 8.008 \ \Omega \angle -2.58° \approx 8 \ \Omega \angle 0° = R$$

在图 5.5-7(a) 中，输出阻抗为 8 Ω、频率为 1.4 kHz 的功率放大器跨接在中频支路两端。因为两个串联电抗元件的阻抗之和远远小于扬声器的 8 Ω 电阻，所以可以用 0 Ω 短路线代替串联电感和电容，这样负载阻抗与放大器的输出阻抗完全匹配，扬声器获得最大功率。因为两个相等的阻抗串联，每一个获得 12 V 电压的一半，即 6 V，那么扬声器获得的功率为

$$\frac{U^2}{R} = \frac{(6 \ \text{V})^2}{8 \ \Omega} = 4.5 \ \text{W}$$

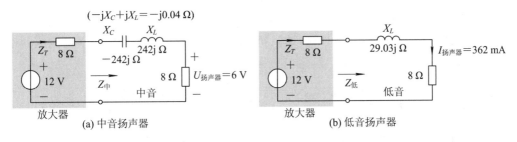

(a) 中音扬声器　　　　　(b) 低音扬声器

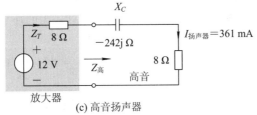

(c) 高音扬声器

图 5.5-7　4 kHz 时的电路

我们希望在 1.4 kHz 时低音扬声器和高音扬声器对发声影响最小，下面计算在 1.4 kHz 时这两个支路的阻抗是否符合。

对于低音扬声器，有

$$X_L = 2\pi f L = 2\pi \times 1.4 \ \text{kHz} \times 3.3 \ \text{mH} = 29.03 \ \Omega$$

所以

$$Z_{\text{低}} = R + \text{j}X_L = 8 \ \Omega + \text{j}29.03 \ \Omega = 30.11 \ \Omega \angle 74.59°$$

它与放大器的输出阻抗不匹配。若放大器单独与低音扬声器相接，所得低音电路如图 5.5-7(b) 所示。

对 12 V 电源，总阻

$$Z_T = 8 \ \Omega + 8 \ \Omega + \text{j}29.03 \ \Omega = 16 \ \Omega + \text{j}29.03 \ \Omega = 33.15 \ \Omega \angle 61.14°$$

流过低音扬声器的电流为

$$\dot{I} = \frac{\dot{E}}{Z_T} = \frac{12\ \text{V}\angle 0°}{33.15\ \Omega\angle 61.14°} = 362\ \text{mA}\angle -61.14°$$

低音扬声器获得的功率为

$$P_{低} = I^2 R = (362\ \text{mA})^2 \times 8\ \Omega = 1.05\ \text{W}$$

因此中音扬声器发出的声音远超过低音扬声器(设计原本就是这样的)。对于图 5.5-7 (c)中的高音扬声器,有

$$X_C = \frac{1}{2\pi f C} = \frac{1}{2\pi \times 1.4\ \text{kHz} \times 3.9\ \mu\text{F}} = 29.15\ \Omega$$

所以

$$Z_{高} = R - \text{j}X_C = 8\Omega - \text{j}29.15\ \Omega = 30.23\ \Omega\angle -74.65°$$

与低音扬声器一样,此值不能与放大器的输出阻抗匹配。扬声器电流为

$$\dot{I} = \frac{\dot{E}}{Z_T} = \frac{12\ \text{V}\angle 0°}{8\ \Omega + 30.23\ \Omega\angle -74.65°} = 361\ \text{mA}\angle 61.14°$$

高音扬声器获得的功率为

$$P_{高} = I^2 R = (361\ \text{mA})^2 \times 8\ \Omega = 1.04\ \text{W}$$

因此中音扬声器发出的声音也远超过高音扬声器。

下面计算高音扬声器在 20 kHz 时的阻抗,以及低音扬声器在此频率下的响应。对于高音扬声器,有

$$X_C = \frac{1}{2\pi f C} = \frac{1}{2\pi \times 20\ \text{kHz} \times 3.9\ \mu\text{F}} = 2.04\ \Omega$$

所以

$$Z_{高} = 8\ \Omega - \text{j}2.04\ \Omega = 8.26\ \Omega\angle -14.13°$$

尽管该条支路的阻抗不是正好 8 Ω,但是扬声器将吸收到较大的功率(实际是 4.43 W)。

对于低音扬声器,有

$$X_L = 2\pi f L = 2\pi \times 20\ \text{kHz} \times 3.3\ \text{mH} = 414.69\ \Omega$$

所以

$$Z_{低} = 8\ \Omega + \text{j}414.69\ \Omega = 414.77\ \Omega\angle 88.9°$$

它与放大器的输出阻抗极不匹配,因此扬声器只获得非常小的功率(约为 0.007 W)。

在上述所有计算中,注意容性元件在低频时占主导,感性原件在高频时占主导。低频时电感的电抗非常小,允许全部的功率传输到扬声器。对高音扬声器,电容的电抗非常小,是向高音扬声器提供功率的通畅路径。

5.5.5 杂散参数谐振

像杂散电容和电感以及意想不到的电阻一样,杂散参数谐振可以发生在完全意外的情况下,并会严重影响系统的运行。例如,两根导线之间,或印制电路板的铜线间,或者两个能够存有残留电荷的导体之间,这些地方存在着杂散电容;录音机磁头、变压器、导线和元件等,这些地方存在着杂散电感。这些杂散参数一旦满足谐振条件,就会发生杂散参数谐振。事实上,这种谐振在我们以往的盒式磁带录音机上是非常普遍的一种效应。播放或者录音磁头是一个起着电感和天线作用的线圈。将这一效应与杂散电容组合在一起,变成

一个调谐电路。具有半导体二极管的磁带录音机可以像调幅收音机那样产生响应。绘制变压器的频率响应，通常会发现存在一个区域，其响应具有峰值，而这个峰值仅仅是由于变压器线圈的电感以及线与线之间的杂散电容的作用而产生的。

总的来说，任何时候，当你发现一个元件或系统的频率响应出现未知的峰值时，通常这种现象都是由于谐振引起的。如果这种响应对系统整体运行有破坏性作用，就要重新设计系统，或增加滤波器来阻止产生谐振的频率。不过，如果加入的滤波器含有电感和（或）电容，必须仔细确认没有引入新的谐振。

5.6　电 路 设 计

例 5.6 - 1　用一个 $0.5~\mu\text{F}$ 的电容设计一个截止频率为 $50\times10^3~\text{rad/s}$ 的 RC 低通滤波器。若要求截止频率的误差不大于 5%，则与输出端相接的负载电阻至少为多少？

解　选图 5.6 - 1(a)所示简单一阶 RC 低通滤波器结构。

由式(5.1 - 9)可知，该滤波电路的截止频率

$$\omega_c = \frac{1}{RC} \quad (\text{rad/s}) \tag{5.6 - 1}$$

由于 $C = 0.5~\mu\text{F}$，$\omega_c = 50\times10^3~\text{rad/s}$，代入上式得

$$R = \frac{1}{\omega_c C} = \frac{1}{50\times10^3 \times 0.5\times10^{-6}} = 40~\Omega$$

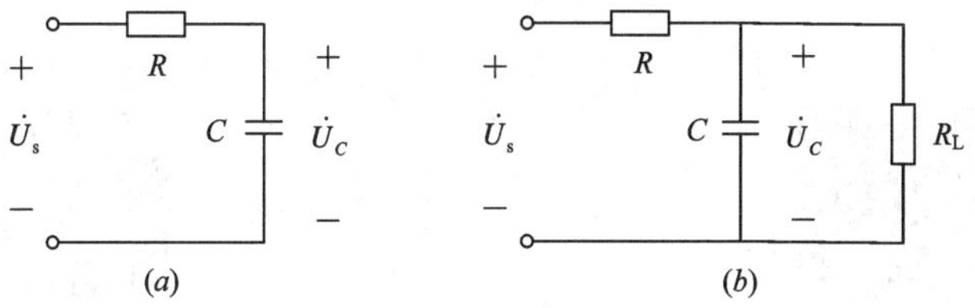

图 5.6 - 1　例 5.6 - 1图

如果输出端接一负载电阻 R_L，如图 5.6 - 1(b)所示。其网络函数为

$$H(\text{j}\omega) = \frac{\dot{U}_C}{\dot{U}_s} = \frac{R_L \mathbin{/\mkern-5mu/} \left(\dfrac{1}{\text{j}\omega C}\right)}{R + R_L \mathbin{/\mkern-5mu/} \left(\dfrac{1}{\text{j}\omega C}\right)} = \frac{\dfrac{1}{R}}{\text{j}\omega C + \dfrac{R + R_L}{R_L R}}$$

容易得图 5.6 - 1(b)电路的截止频率为

$$\omega_{c1} = \frac{1}{\dfrac{RR_L}{R_L + R}C} \tag{5.6 - 2}$$

由于要求截止频率的误差不大于 5%，即

$$\frac{\omega_{c1} - \omega_c}{\omega_c} \leqslant 0.05 \tag{5.6 - 3}$$

将式(5.6 - 1)和式(5.6 - 2)代入式(5.6 - 3)，并整理得

$$\frac{R}{R_L} \leqslant 0.05$$

因而要求截止频率的误差不大于 5% 时与输出端相接的负载电阻

$$R_L \geqslant \frac{R}{0.05} = \frac{40}{0.05} = 800 \ \Omega$$

例 5.6 - 2 设计一个用于接收调幅广播的并联谐振电路,采用可变电感器进行调谐,调谐范围覆盖调幅广播的频带,即从 540~1600 kHz。在频带的一端 Q 值为 45,在整个频带内 $Q \leqslant 45$。设 $R = 20$ kΩ,谐振电路的带宽固定,求 C、L_{min} 和 L_{max} 的值。

解 并联谐振电路如图 5.6 - 2 所示。

由于带宽 $B = f_0/Q$ 一定,因而当 $f_0 = 1600$ kHz 时,$Q = 45$,电感取最小值 L_{min}。

根据 $Q = \dfrac{R}{\sqrt{\dfrac{L_{min}}{C}}}$,$f_0 = \dfrac{1}{2\pi\sqrt{L_{min}C}}$,两边相乘可得

$$Qf_0 = \frac{R}{2\pi L_{min}}$$

图 5.6 - 2 例 5.6 - 2 图

将 $R = 20$ kΩ,$f_0 = 1600$ kHz,$Q = 45$ 代入上式可解得

$$L_{min} = \frac{R}{2\pi Q f_0} = \frac{20 \times 10^3}{2\pi \times 45 \times 1600 \times 10^3} = 44.2 \ \mu\text{H}$$

$$C = \frac{1}{(2\pi f_0)^2 L_{min}} = 0.22 \ \text{nF}$$

当 $f_0 = 540$ kHz 时,

$$L_{max} = \frac{1}{(2\pi f_0)^2 C} = 395.2 \ \mu\text{H}$$

知识点归纳(1)   知识点归纳(2)

习 题 5

5 - 1 求题 5 - 1 图示各电路的转移电压比 $H(j\omega) = \dfrac{\dot{U}_2}{\dot{U}_1}$,并定性画出幅频和相频特性曲线。

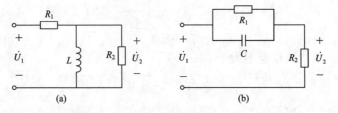

题 5 - 1 图

5 - 2 求题 5 - 2 图示各电路的转移电流比 $H(j\omega) = \dot{I}_2/\dot{I}_1$,以及截止频率和通频带。

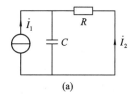 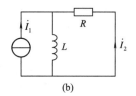

题 5 - 2 图

5 - 3　题 5 - 3 图示电路是 RC 二阶带通电路。

(1) 求电压比 $H(\mathrm{j}\omega)=\dfrac{\dot{U}_2}{\dot{U}_1}$;

(2) 若 $R_1=R_2=R$, $C_1=C_2=C$ 为已知，求中心角频率 ω_0、Q、幅频特性的最大值 $H_{\max}$ 以及下截止角频率和上截止角频率。

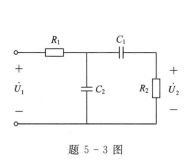

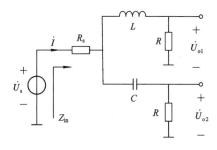

题 5 - 3 图　　　　　　　　　　题 5 - 4 图

5 - 4　如题 5 - 4 图所示电路，它有一个输入 $\dot{U}_\mathrm{s}$ 和两个输出 $\dot{U}_\mathrm{o1}$ 和 $\dot{U}_\mathrm{o2}$。

(1) 为使输入阻抗 $Z_\mathrm{in}(\mathrm{j}\omega)=\dot{U}_\mathrm{s}/\dot{I}$ 与 ω 无关，应满足什么条件？求这时的输入阻抗；

(2) 在满足(1)的条件下，求电压比 $\dot{U}_\mathrm{o1}/\dot{U}_\mathrm{s}$ 和 $\dot{U}_\mathrm{o2}/\dot{U}_\mathrm{s}$ 以及截止频率；

(3) 如 $R_\mathrm{s}=R=1\ \mathrm{k\Omega}$, $L=0.1\ \mathrm{H}$, $C=0.1\ \mu\mathrm{F}$, $u_\mathrm{s}(t)=10\cos 2\times10^3\,t+10\cos50\times10^3\,t$ (V)，求输出电压的瞬时值 $u_\mathrm{o1}(t)$ 和 $u_\mathrm{o2}(t)$。

5 - 5　如题 5 - 5 图(a)和(b)所示是两种二阶低通电路

(1) 分别求其电压比 $H(\mathrm{j}\omega)=\dot{U}_2/\dot{U}_1$;

(2) 如 $Q=1/\sqrt{2}$, ω_0 和 $R_\mathrm{s}=R_\mathrm{L}=R$ 为已知，分别求出其 L 和 C 的设计公式(用 ω_0 和 R 表示)。

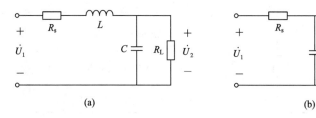

题 5 - 5 图

5 - 6　一 rLC 串联谐振电路，已知 $r=10\ \Omega$, $L=64\ \mu\mathrm{H}$, $C=100\ \mathrm{pF}$, 外加电源电压 $U_\mathrm{s}=1\ \mathrm{V}$。求电路的谐振频率 f_0、品质因数 Q、带宽 B、谐振时的回路电流 I_0 和电抗元件上的电压 U_L 和 U_C。

5-7　一 rLC 串联谐振电路,电源电压 $U_s=1$ V,且保持不变。当调节电源频率使电路达到谐振时,$f_0=100$ kHz,这时回路电流 $I_0=100$ mA;当电源频率改变为 $f_1=99$ kHz 时,回路电流 $I=70.7$ mA。求回路的品质因数 Q 和电路参数 r、L、C 的值。

5-8　题 5-8 图是应用串联谐振原理测量线圈电阻 r 和电感 L 的电路。已知 $R=10$ Ω,$C=0.1$ μF,保持外加电压有效值 $U=1$ V 不变,而改变频率 f,同时用电压表测量电阻 R 的电压 U_R。当 $f=800$ Hz 时,U_R 获得最大值为 0.8 V。试求电阻 r 和电感 L。

5-9　rLC 串联谐振电路的谐振频率为 1000 Hz,其通带为 950~1050 Hz。已知 $L=200$ mH,求 r、C 和 Q 的值。

5-10　如题 5-10 图所示的 RLC 并联电路。

(1) 已知 $L=10$ mH,$C=0.01$ μF,$R=10$ kΩ,求 ω_0、Q 和通带宽度 B;

(2) 如需设计一谐振频率 $f_0=1$ MHz,带宽 $B=20$ kHz 的谐振电路,已知 $R=10$ kΩ,求 L 和 C。

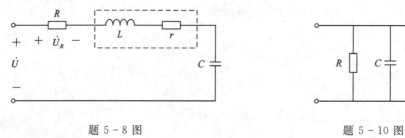

题 5-8 图　　　　　　题 5-10 图

5-11　如题 5-11 图所示的并联谐振电路。

(1) 已知 $L=200$ μH,$C=200$ pF,$r=10$ Ω,求谐振频率 f_0、谐振阻抗 Z_0、Q 和带宽 B;

(2) 若要求谐振频率 $f_0=1$ MHz,已知线圈的电感 $L=200$ μH,$Q=50$,求电容 C 和带宽 B;

(3) 为使(2)中的带宽扩展为 $B=50$ kHz,需要在回路两端并联一电阻 R,求此时的 R 值。

5-12　如题 5-12 图所示电路,已知 $L=100$ μH,$C=100$ pF,$r=25$ Ω,电流源 $I_s=1$ mA,其内阻 $R_s=40$ kΩ。

(1) 求电路的谐振频率,及电源未接入时回路的品质因数和谐振阻抗;

(2) 电源接入后,若电路已对电源频率谐振,求电路的品质因数(有载 Q 值)、流过各元件的电流和回路两端的电压。

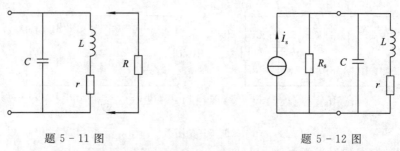

题 5-11 图　　　　　　题 5-12 图

5-13　如题 5-13 图所示的各电路,$L=125$ μH,$r=10$ Ω,且知图(a)中 $C=80$ pF;图(b)中 $C=80$ pF,总匝数 $N=50$,$N_1=10$;图(c)中 $C_1=100$ pF,$C_2=400$ pF。分别求各图电路的并联谐振频率、品质因数、带宽和谐振时的阻抗。

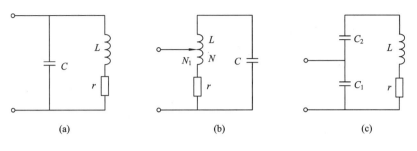

题 5 - 13 图

5 - 14　如题 5 - 14 图所示的电路，已知 $L = 400\ \mu H$，共有 100 匝，$C = 100\ pF$，谐振回路的 $Q = 100$（回路中电阻 r 未画出），电源内阻 $R_s = 8\ k\Omega$。为使并联谐振回路获得最大功率，求变换系数和电感抽头处的匝数 N_1。

5 - 15　某晶体管收音机的中频变压器线路如题 5 - 15 图所示，已知其谐振频率 $f_0 = 465\ kHz$，回路自身的品质因数 $Q = 100$，初级线圈共有 $N = 160$ 匝，$N_1 = 40$ 匝，$N_2 = 10$ 匝，$C = 200\ pF$，电源内阻 $R_s = 16\ k\Omega$，负载电阻 $R_L = 1\ k\Omega$，求电感 L 和回路有载品质因数 Q_L。

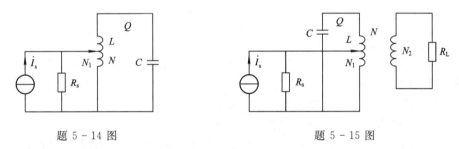

题 5 - 14 图　　　　　　　　　　　　题 5 - 15 图

5 - 16　设题 5 - 16 图示电路处于谐振状态，其中 $I_s = 1\ A$，$U_1 = 50\ V$，$R_1 = X_C = 100\ \Omega$。求电压 U_L 和电阻 R_2。

5 - 17　求题 5 - 17 图所示一端口电路的谐振角频率和谐振时的等效阻抗与 R、L、C 的关系。

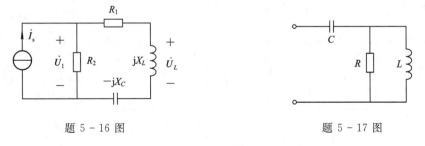

题 5 - 16 图　　　　　　　　　　　　题 5 - 17 图

5 - 18　如题 5 - 18 图是由一线圈和一电容器组成的串联谐振电路（图(a)）或并联谐振电路（图(b)）。若在谐振角频率 ω_0 处，线圈的品质因数为 $Q_L (Q_L = \omega_0 L / r)$；电容器的品质因数为 $Q_C (Q_C = \omega_0 C / G = \omega_0 CR)$；设电路的总品质因数为 Q，试证

$$\frac{1}{Q} = \frac{1}{Q_L} + \frac{1}{Q_C}$$

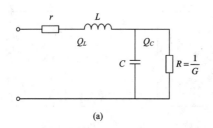 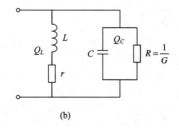

(a)　　　　　　　　　　　　　　(b)

题 5 - 18 图

5 - 19　题 5 - 19 图示电路发生并联谐振,已知电流计 A 和 A_1 的读数分别为 8 A 和 10 A,求电流计 A_2 的读数(设各电流计内阻为零)。

5 - 20　题 5 - 20 图示电路,已知 $u_s(t) = 10 \cos 100\pi t + 2 \cos 300\pi t$ (V),$u_o(t) = 2 \cos 300\pi t$ (V),$C = 9.4\ \mu$F,求 L_1 和 L_2 的值。

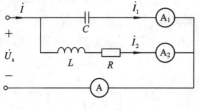

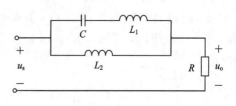

题 5 - 19 图　　　　　　　　　　　　　　题 5 - 20 图

5 - 21　一个串联调谐无线收音电路由一个可变电容(40～360 pF)和一个 240 μH 的天线线圈组成,线圈的电阻为 12 Ω。

(1) 求收音机可调谐的无线电信号的频率范围;

(2) 确定频率范围每一端的 Q 值。

5 - 22　题 5 - 22 图所示的电路是与低音扬声器相连的三阶低通滤波器,求网络函数 $H(\mathrm{j}\omega) = \dot{U}_o / \dot{U}_s$。

5 - 23　如题 5 - 23 图所示的电路是与高音扬声器相连的三阶高通滤波器,求网络函数 $H(\mathrm{j}\omega) = \dot{U}_o / \dot{U}_s$。

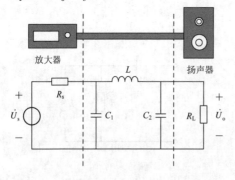 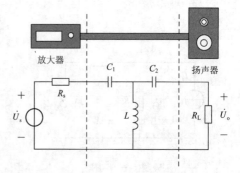

题 5 - 22 图　　　　　　　　　　　　　题 5 - 23 图

5.24　设计一个 RLC 串联电路,使其谐振频率 $\omega_0 = 1000$ rad/s,品质因数为 80,且谐振时的阻抗为 10 Ω,并求其带宽 B。

5.25　设计一个 RLC 并联电路,使其谐振频率 $\omega_0 = 1000$ rad/s,且谐振时的阻抗为 1000 Ω,带宽 $B = 100$ rad/s,并求其品质因数。

第 6 章　二 端 口 电 路

一个电路(或电子器件)常有数个(譬如 n 个)端子与外部电路相连,称其为 n 端(子)电路或多端电路,如图 6.0 - 1 所示。

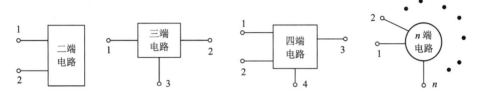

图 6.0 - 1　多端电路

对任一电路,如果某两个端子(譬如端子 k、k' 与外部电路相连,若在所有的时刻 t,流入端子 k 的电流 i_k 恒等于流出端子 k' 的电流 i'_k,则称这一对端子(k, k')为一个端口。图 6.0 - 2(a)是由二端(子)电路构成的一端口电路,显然有 $i = i'$;图 6.0 - 2(b)是由三端(子)电路构成的二端口电路,图(c)是由四端(子)电路构成的二端口电路,显然有 $i_1 = i'_1$,$i_2 = i'_2$。

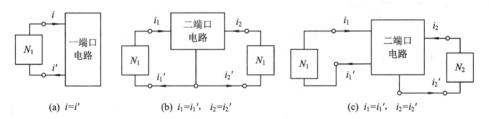

(a) $i = i'$　　　　(b) $i_1 = i'_1$, $i_2 = i'_2$　　　　(c) $i_1 = i'_1$, $i_2 = i'_2$

图 6.0 - 2　端口条件

端口电流的关系 $i_k = i'_k$,$\forall t$ 称为端口条件。对于正弦稳态电流,它可写为 $\dot{I}_k = \dot{I}'_k$。

图 6.0 - 3(a)是由四端子电路构成的三端口电路。端子 4 为公共端,称为有公共端的(或接地的)三端口电路。一般而言,有 n 个端子的多端电路,可选某端(子)为公共端(参考点),构成有公共端的$(n-1)$端口电路如图 6.0 - 3(b)所示。

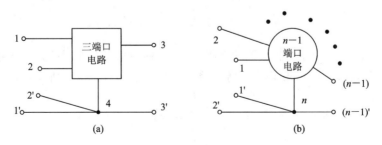

图 6.0 - 3　多端口电路

本章主要讨论二端口电路,我们约定,若无特殊说明,二端口电路是不含独立源的线性非时变电路。

6.1 二端口电路的方程和参数

二端口电路也称为二口电路或简称为二端口。为建立正弦稳态时二端口电路变量之间的关系,可以把端口变量用相量表示。图 6.1-1 是二端口电路的相量模型。通常,二端口电路左边的端口与激励源相接,称为输入端口(或入口);右边的端口与负载相接,称为输出端口(或出口)。入口的电压、电流用 $\dot{U}_1$、$\dot{I}_1$ 表示;出口电压、电流用 $\dot{U}_2$、$\dot{I}_2$ 表示,其参考方向规定如图 6.1-1 所示。

图 6.1-1 二端口电路

二端口电路的四个端口变量 $\dot{U}_1$、$\dot{I}_1$、$\dot{U}_2$、$\dot{I}_2$ 中,若任选两个作自变量,而另外两个作应变量,可列写出描述二端口电路端口伏安特性的六组不同的方程。下面分别讨论这六组方程和参数。

6.1.1 开路和短路参数

如果选端口电流 $\dot{I}_1$、$\dot{I}_2$ 为自变量,端口电压 $\dot{U}_1$、$\dot{U}_2$ 为应变量。根据替代定理,端口电流 $\dot{I}_1$、$\dot{I}_2$ 可用相应的电流源来替代,如图 6.1-2(a)所示。按规定的参考方向,根据叠加定理可得

$$\begin{cases} \dot{U}_1 = z_{11}\dot{I}_1 + z_{12}\dot{I}_2 \\ \dot{U}_2 = z_{21}\dot{I}_1 + z_{22}\dot{I}_2 \end{cases} \qquad (6.1-1)$$

式(6.1-1)称为二端口电路的 Z 方程,式中 z_{11}、z_{12}、z_{21} 和 z_{22} 称为 Z 参数。其物理含义可作如下解释:当 $\dot{I}_2 = 0$(即出口开路),仅由电流源 $\dot{I}_1$ 激励时,如图 6.1-2(b)所示,由式(6.1-1)有

$$z_{11} = \left. \frac{\dot{U}_1}{\dot{I}_1} \right|_{\dot{I}_2 = 0} \qquad (6.1-2a)$$

$$z_{21} = \left. \frac{\dot{U}_2}{\dot{I}_1} \right|_{\dot{I}_2 = 0} \qquad (6.1-2b)$$

z_{11} 称为出口开路时的输入阻抗(或策动点阻抗),z_{21} 称为出口开路时的正向转移阻抗。类似地,当 $\dot{I}_1 = 0$(即入口开路),仅由电流源 $\dot{I}_2$ 激励时,如图 6.1-2(c)所示,由式(6.1-1)有

$$z_{12} = \left. \frac{\dot{U}_1}{\dot{I}_2} \right|_{\dot{I}_1 = 0} \qquad (6.1-2c)$$

$$z_{22} = \left. \frac{\dot{U}_2}{\dot{I}_2} \right|_{\dot{I}_1 = 0} \qquad (6.1-2d)$$

z_{12} 和 z_{22} 分别称为入口开路时的反向转移阻抗和输出阻抗(也称为策动点阻抗)。不难看出，Z 参数具有阻抗的量纲，由于它们都是端口开路时的阻抗，故这组参数称为开路阻抗参数。它们可以通过计算或测量来确定。

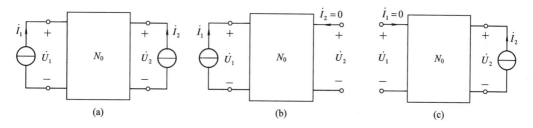

图 6.1 - 2　开路参数

如将式(6.1 - 1)写成矩阵形式：

$$\begin{bmatrix} \dot{U}_1 \\ \dot{U}_2 \end{bmatrix} = \begin{bmatrix} z_{11} & z_{12} \\ z_{21} & z_{22} \end{bmatrix} \begin{bmatrix} \dot{I}_1 \\ \dot{I}_2 \end{bmatrix} = \boldsymbol{Z} \begin{bmatrix} \dot{I}_1 \\ \dot{I}_2 \end{bmatrix} \qquad (6.1 - 3)$$

式中

$$\boldsymbol{Z} \xlongequal{\text{def}} \begin{bmatrix} z_{11} & z_{12} \\ z_{21} & z_{22} \end{bmatrix} \qquad (6.1 - 4)$$

称为开路阻抗矩阵或 $\boldsymbol{Z}$ 矩阵。

如果二端口电路满足互易定理，则有

$$\left. \frac{\dot{U}_1}{\dot{I}_2} \right|_{\dot{I}_1 = 0} = \left. \frac{\dot{U}_2}{\dot{I}_1} \right|_{\dot{I}_2 = 0}$$

即有

$$z_{12} = z_{21} \qquad (6.1 - 5)$$

满足式(6.1 - 5)的二端口电路称为互易电路或可逆电路，否则称为非互易的或不可逆的。对于互易电路，Z 参数中只有三个是独立参数。由线性非时变的 R、$L(M)$、C 和理想变压器构成的无源二端口电路，都满足互易定理，因而是互易电路。

如果一个二端口电路的 Z 参数中，除 $z_{12} = z_{21}$ 外，还有 $z_{11} = z_{22}$，那么，将其输入口与输出口互换位置后，其端口特性将保持不变，在与外电路连接后，外电路也保持不变。这样的二端口电路称为电气上对称的，简称为对称的二端口电路，即如果二端口电路是对称的，则有

$$\begin{cases} z_{11} = z_{22} \\ z_{12} = z_{21} \end{cases} \qquad (6.1 - 6)$$

因而，对于对称的二端口电路，其 Z 参数中只有两个是独立参数。

Y 参数的描述和分析与 Z 参数类似，如当以端口电压 $\dot{U}_1$、$\dot{U}_2$ 为自变量，端口电流 $\dot{I}_1$、$\dot{I}_2$ 为应变量时，可得到方程

$$\begin{aligned} \dot{I}_1 &= y_{11} \dot{U}_1 + y_{12} \dot{U}_2 \\ \dot{I}_2 &= y_{21} \dot{U}_1 + y_{22} \dot{U}_2 \end{aligned} \qquad (6.1 - 7)$$

式(6.1 - 7)称为 Y 方程，其相应的参数称为 Y 参数。分别令端口电压 $\dot{U}_1$ 或 $\dot{U}_2$ 等于零，如图 6.1 - 3 所示，则由式(6.1 - 7)得

$$\begin{cases} y_{11} = \left.\dfrac{\dot{I}_1}{\dot{U}_1}\right|_{\dot{U}_2=0} & \text{出口短路时的输入导纳} \\[3mm] y_{21} = \left.\dfrac{\dot{I}_2}{\dot{U}_1}\right|_{\dot{U}_2=0} & \text{出口短路时的转移导纳} \\[3mm] y_{12} = \left.\dfrac{\dot{I}_1}{\dot{U}_2}\right|_{\dot{U}_1=0} & \text{入口短路时的反向转移导纳} \\[3mm] y_{22} = \left.\dfrac{\dot{I}_2}{\dot{U}_2}\right|_{\dot{U}_1=0} & \text{入口短路时的输出导纳} \end{cases} \qquad (6.1-8)$$

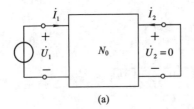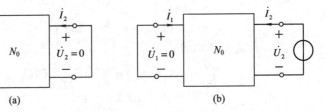

图 6.1－3　短路参数

由式(6.1－8)可知，Y 参数具有导纳的量纲，而且是在端口短路的情况下通过计算或测量得到的，因此称为短路导纳参数。

将式(6.1－7)写成矩阵形式：

$$\begin{bmatrix} \dot{I}_1 \\ \dot{I}_2 \end{bmatrix} = \begin{bmatrix} y_{11} & y_{12} \\ y_{21} & y_{22} \end{bmatrix} \begin{bmatrix} \dot{U}_1 \\ \dot{U}_2 \end{bmatrix} = \boldsymbol{Y} \begin{bmatrix} \dot{U}_1 \\ \dot{U}_2 \end{bmatrix} \qquad (6.1-9)$$

式中

$$\boldsymbol{Y} \overset{\text{def}}{=\!=\!=} \begin{bmatrix} y_{11} & y_{12} \\ y_{21} & y_{22} \end{bmatrix} \qquad (6.1-10)$$

称为短路导纳矩阵或 $\boldsymbol{Y}$ 矩阵。

如果 Z 方程式(6.1－3)中的矩阵 $\boldsymbol{Z}$ 非奇异，其逆矩阵存在，用 $\boldsymbol{Z}^{-1}$ 左乘式(6.1－3)，得

$$\begin{bmatrix} \dot{I}_1 \\ \dot{I}_2 \end{bmatrix} = \boldsymbol{Z}^{-1} \begin{bmatrix} \dot{U}_1 \\ \dot{U}_2 \end{bmatrix}$$

将上式与式(6.1－9)相比较可得

$$\boldsymbol{Y} = \boldsymbol{Z}^{-1} \qquad (6.1-11)$$

(因而也有 $\boldsymbol{Z} = \boldsymbol{Y}^{-1}$)，亦即

$$\boldsymbol{Y} = \begin{bmatrix} y_{11} & y_{12} \\ y_{21} & y_{22} \end{bmatrix} = \begin{bmatrix} z_{11} & z_{12} \\ z_{21} & z_{22} \end{bmatrix}^{-1} = \begin{bmatrix} \dfrac{z_{22}}{\Delta_z} & \dfrac{-z_{12}}{\Delta_z} \\[3mm] \dfrac{-z_{21}}{\Delta_z} & \dfrac{z_{11}}{\Delta_z} \end{bmatrix} \qquad (6.1-12)$$

式中 $\Delta_z = z_{11}z_{22} - z_{12}z_{21}$。对于互易电路，因 $z_{12} = z_{21}$，所以有

$$y_{12} = y_{21} \qquad (6.1-13)$$

若电路又是对称的，则有

$$\begin{cases} y_{12} = y_{21} \\ y_{11} = y_{22} \end{cases} \tag{6.1-14}$$

例 6.1 - 1 求图 6.1 - 4(a)所示 T 形电路的 Z 参数和 Y 参数。

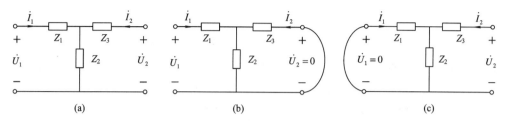

图 6.1 - 4 例 6.1 - 1 图

解 本例叙述求二端口电路参数的各种方法。

(1) 求 Z 参数。

方法一 列电路方程。

对图 6.1 - 4(a)所示的电路，以 $\dot{I}_1$、$\dot{I}_2$ 为网孔电流，可列得方程

$$\dot{U}_1 = (Z_1 + Z_2)\dot{I}_1 + Z_2\dot{I}_2$$

$$\dot{U}_2 = Z_2\dot{I}_1 + (Z_2 + Z_3)\dot{I}_2$$

这正是 Z 方程，故得 T 形电路的开路阻抗矩阵

$$\mathbf{Z} = \begin{bmatrix} Z_1 + Z_2 & Z_2 \\ Z_2 & Z_2 + Z_3 \end{bmatrix} \tag{6.1-15a}$$

方法二 按式(6.1 - 2)各式求 Z 参数。

图 6.1 - 4(a)中，令 $\dot{I}_2 = 0$，即输出口开路，这时输入阻抗

$$z_{11} = \left.\frac{\dot{U}_1}{\dot{I}_1}\right|_{\dot{I}_2=0} = Z_1 + Z_2$$

当 $\dot{I}_2 = 0$ 时，$\dot{U}_2$ 等于 Z_2 的端电压，由分压公式得

$$z_{21} = \left.\frac{\dot{U}_2}{\dot{I}_1}\right|_{\dot{I}_2=0} = Z_2$$

图 6.1 - 4(a)中，令 $\dot{I}_1 = 0$，即输入口开路，这时 $\dot{U}_1$ 等于 Z_2 的端电压，故得

$$z_{12} = \left.\frac{\dot{U}_1}{\dot{I}_2}\right|_{\dot{I}_1=0} = Z_2$$

输出阻抗

$$z_{22} = \left.\frac{\dot{U}_2}{\dot{I}_2}\right|_{\dot{I}_1=0} = Z_2 + Z_3$$

与前述结果相同。

(2) 求 Y 参数。

方法一 按式(6.1 - 8)求 Y 参数。

对图 6.1 - 4(a)所示的电路，令 $\dot{U}_2 = 0$，即出口短路，如图 6.1 - 4(b)所示，其输入导纳

$$y_{11} = \left.\frac{\dot{I}_1}{\dot{U}_1}\right|_{\dot{U}_2=0} = \frac{1}{Z_1 + \dfrac{Z_2 Z_3}{Z_2 + Z_3}} = \frac{Z_2 + Z_3}{Z_1 Z_2 + Z_2 Z_3 + Z_1 Z_3}$$

这时，据分流公式(并将 $\dot{I}_1 = y_{11}\dot{U}_1$ 代入)得

$$\dot{I}_2 = -\frac{Z_2}{Z_2 + Z_3}\dot{I}_1 = -\frac{Z_2}{Z_2 + Z_3}\cdot\frac{Z_2 + Z_3}{Z_1 Z_2 + Z_2 Z_3 + Z_1 Z_3}\dot{U}_1 = \frac{-Z_2}{Z_1 Z_2 + Z_2 Z_3 + Z_1 Z_3}\dot{U}_1$$

于是得

$$y_{21} = \frac{\dot{I}_2}{\dot{U}_1}\bigg|_{\dot{U}_2 = 0} = \frac{-Z_2}{Z_1 Z_2 + Z_2 Z_3 + Z_1 Z_3}$$

对图 6.1 - 4(a)所示的电路，令 $\dot{U}_1 = 0$，即入口短路，如图 6.1 - 4(c)所示。可以求得

$$y_{22} = \frac{\dot{I}_2}{\dot{U}_2}\bigg|_{\dot{U}_1 = 0} = \frac{1}{Z_3 + \dfrac{Z_1 Z_2}{Z_1 + Z_2}} = \frac{Z_1 + Z_2}{Z_1 Z_2 + Z_2 Z_3 + Z_1 Z_3}$$

$$y_{12} = \frac{\dot{I}_1}{\dot{U}_2}\bigg|_{\dot{U}_1 = 0} = -\frac{Z_2}{Z_1 + Z_2}\cdot\frac{Z_1 + Z_2}{Z_1 Z_2 + Z_2 Z_3 + Z_1 Z_3} = \frac{-Z_2}{Z_1 Z_2 + Z_2 Z_3 + Z_1 Z_3}$$

故得 T 形电路的短路导纳矩阵

$$\boldsymbol{Y} = \begin{bmatrix} \dfrac{Z_2 + Z_3}{Z_1 Z_2 + Z_2 Z_3 + Z_1 Z_3} & \dfrac{-Z_2}{Z_1 Z_2 + Z_2 Z_3 + Z_1 Z_3} \\ \dfrac{-Z_2}{Z_1 Z_2 + Z_2 Z_3 + Z_1 Z_3} & \dfrac{Z_1 + Z_2}{Z_1 Z_2 + Z_2 Z_3 + Z_1 Z_3} \end{bmatrix} \qquad (6.1 - 15b)$$

方法二 由 $\boldsymbol{Y} = \boldsymbol{Z}^{-1}$ 求 Y 参数。

将(1)中求得的 $\boldsymbol{Z}$ 矩阵求逆，按式(6.1 - 12)得

$$\boldsymbol{Y} = \boldsymbol{Z}^{-1} = \begin{bmatrix} Z_1 + Z_2 & Z_2 \\ Z_2 & Z_2 + Z_3 \end{bmatrix}^{-1} = \begin{bmatrix} \dfrac{Z_2 + Z_3}{\Delta_z} & \dfrac{-Z_2}{\Delta_z} \\ \dfrac{-Z_2}{\Delta_z} & \dfrac{Z_1 + Z_2}{\Delta_z} \end{bmatrix}$$

式中 $\Delta_z = z_{11} z_{22} - z_{12} z_{21} = Z_1 Z_2 + Z_2 Z_3 + Z_1 Z_3$，所得结果与式(6.1 - 15b)相同。

由以上可见，图 6.1 - 4(a)T 形电路的 Z 参数中 $z_{12} = z_{21}$(Y 参数中 $y_{12} = y_{21}$)，它是互易电路。如果电路中 $Z_1 = Z_3$，则由式(6.1 - 15a)和(6.1 - 15b)可见，还有 $z_{11} = z_{22}$(或 $y_{11} = y_{22}$)，这时 T 形电路成为对称电路。

例 6.1 - 2 图 6.1 - 5 是晶体三极管的 T 形等效电路，求其 Z 参数。

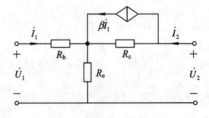

图 6.1 - 5 例 6.1 - 2图

解 按图 6.1 - 5 的电路，可列得方程

$$\dot{U}_1 = R_b\dot{I}_1 + R_e(\dot{I}_1 + \dot{I}_2) = (R_b + R_e)\dot{I}_1 + R_e\dot{I}_2$$

$$\dot{U}_2 = R_c(\dot{I}_2 - \beta\dot{I}_1) + R_e(\dot{I}_1 + \dot{I}_2)$$
$$= (R_e - \beta R_c)\dot{I}_1 + (R_c + R_e)\dot{I}_2$$

于是得图 6.1 - 5 电路的开路阻抗矩阵

$$\mathbf{Z} = \begin{bmatrix} R_b + R_e & R_e \\ R_e - \beta R_c & R_c + R_e \end{bmatrix} \qquad (6.1-16)$$

由上式可见，由于电路中含有受控源，$z_{12} \neq z_{21}$，因而该电路是非互易电路。

例 6.1 - 3　求图 6.1 - 6(a)所示的 Π 形电路的 Y 参数和 Z 参数。

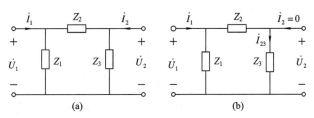

图 6.1 - 6　例 6.1 - 3 图

解　(1) 求 Y 参数。

由图 6.1 - 6(a)所示的电路，可列得节点方程

$$\dot{I}_1 = \frac{1}{Z_1}\dot{U}_1 + \frac{1}{Z_2}(\dot{U}_1 - \dot{U}_2) = \left(\frac{1}{Z_1} + \frac{1}{Z_2}\right)\dot{U}_1 - \frac{1}{Z_2}\dot{U}_2$$

$$\dot{I}_2 = \frac{1}{Z_2}(\dot{U}_2 - \dot{U}_1) + \frac{1}{Z_3}\dot{U}_2 = -\frac{1}{Z_2}\dot{U}_1 + \left(\frac{1}{Z_2} + \frac{1}{Z_3}\right)\dot{U}_2$$

故得 Π 形电路的短路导纳矩阵

$$\mathbf{Y} = \begin{bmatrix} \dfrac{1}{Z_1} + \dfrac{1}{Z_2} & \dfrac{-1}{Z_2} \\[2ex] \dfrac{-1}{Z_2} & \dfrac{1}{Z_2} + \dfrac{1}{Z_3} \end{bmatrix} \qquad (6.1-17a)$$

由于 $y_{12} = y_{21}$，因而该电路是互易电路。

(2) 求 Z 参数。对图 6.1 - 6(a)所示的电路，令 $\dot{I}_2 = 0$，即输出口开路，其输入阻抗

$$z_{11} = \frac{\dot{U}_1}{\dot{I}_1}\bigg|_{\dot{I}_2=0} = \frac{Z_1(Z_2 + Z_3)}{Z_1 + Z_2 + Z_3}$$

当 $\dot{I}_2 = 0$ 时，流过 Z_2、Z_3 的是同一电流 $\dot{I}_{23}$，如图 6.1 - 6(b)所示。应用分流公式有

$$\dot{I}_{23} = \frac{Z_1}{Z_1 + Z_2 + Z_3}\dot{I}_1$$

电压

$$\dot{U}_2 = Z_3\dot{I}_{23} = \frac{Z_1 Z_3}{Z_1 + Z_2 + Z_3}\dot{I}_1$$

于是得

$$z_{21} = \frac{\dot{U}_2}{\dot{I}_1}\bigg|_{\dot{I}_2=0} = \frac{Z_1 Z_3}{Z_1 + Z_2 + Z_3}$$

由于图 6.1 - 6(a)的电路是互易的，故 $z_{12} = z_{21}$。

令 $\dot{I}_1 = 0$，不难求得

$$z_{22} = \frac{\dot{U}_2}{\dot{I}_2}\bigg|_{\dot{I}_1=0} = \frac{Z_3(Z_1 + Z_2)}{Z_1 + Z_2 + Z_3}$$

即 Π 形电路的开路阻抗矩阵

$$\boldsymbol{Z} = \begin{bmatrix} \dfrac{Z_1(Z_2+Z_3)}{Z_1+Z_2+Z_3} & \dfrac{Z_1 Z_3}{Z_1+Z_2+Z_3} \\[3mm] \dfrac{Z_1 Z_3}{Z_1+Z_2+Z_3} & \dfrac{Z_3(Z_1+Z_2)}{Z_1+Z_2+Z_3} \end{bmatrix} \qquad (6.1-17b)$$

例 6.1 - 4 用 PSpice 求图 6.1 - 7 所示电路的 Z 参数中的 z_{11} 和 z_{21}，$\omega = 10^6$ rad/s。

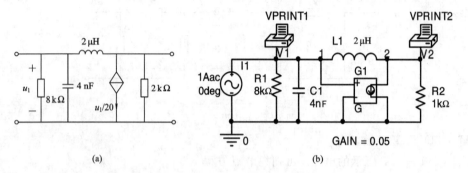

(a)   (b)

图 6.1 - 7 例 6.1 - 4 图

解 电路工作频率 $f = \dfrac{\omega}{2\pi} = 0.159\,15$ MHz。

根据 Z 参数的物理意义，由式(6.1 - 2)有

$$z_{11} = \left.\frac{\dot U_1}{\dot I_1}\right|_{\dot I_2=0}, \qquad z_{21} = \left.\frac{\dot U_2}{\dot I_1}\right|_{\dot I_2=0}$$

若令 $\dot I_1 = 1$ A 且使输出端口开路，即 $\dot I_2 = 0$，则 $z_{11} = \dfrac{\dot U_1}{1}$，$z_{21} = \dfrac{\dot U_2}{1}$。

用 Capture 绘出图 6.1 - 7(b)所示的电路图。在输入端和输出端分别放置电压数据打印机 VPRINT1 和 VPRINT1，其属性 AC、MAG 和 PHASE 均设置为 yes 以便打印电压的振幅和相位数据。用绘图工具栏中的 Place neet alias 对输入端和输出端分别起别名 V1 和 V2。选 AC Sweep/Noise 作为分析类型，参数值 Start Freq、End Freq 框内均输入 0.1591MEG，Total points 框内输入 1。保存电路后，点击 Run 按钮，启动 PSpice 仿真。由输出文件中的如下信息：

FREQ	VM(V1)	VP(V1)
1.591E+05	1.950E+01	1.756E+02

FREQ	VM(V2)	VP(V2)
1.591E+05	1.960E+01	1.698E+02

可得

$$z_{11} = \frac{\dot U_1}{1} = 19.5\angle 175.6°\ \Omega, \qquad z_{21} = \frac{\dot U_2}{1} = 19.6\angle 169.8°\ \Omega$$

6.1.2 传输参数

当研究信号传输的各种问题时，以 $\dot U_2$、$\dot I_2$ 为自变量，$\dot U_1$、$\dot I_1$ 为应变量较为方便。其方程为

$$\begin{bmatrix} \dot{U}_1 \\ \dot{I}_1 \end{bmatrix} = \begin{bmatrix} a_{11} & a_{12} \\ a_{21} & a_{22} \end{bmatrix} \begin{bmatrix} \dot{U}_2 \\ -\dot{I}_2 \end{bmatrix} = \boldsymbol{A} \begin{bmatrix} \dot{U}_2 \\ -\dot{I}_2 \end{bmatrix} \tag{6.1-18}$$

式中

$$\boldsymbol{A} \stackrel{\text{def}}{=\!=} \begin{bmatrix} a_{11} & a_{12} \\ a_{21} & a_{22} \end{bmatrix} \tag{6.1-19}$$

称为传输矩阵或 $\boldsymbol{A}$ 矩阵，其元素称为传输参数[1]或简称为 A 参数。式(6.1-18)称为传输方程或 A 方程。$\dot{I}_2$ 前面的负号是由于我们规定了 $\dot{I}_2$ 的参考方向为流入电路(见图 6.1-1)，而在用 A 方程分析信号传输问题时，$\dot{I}_2$ 的参考方向常规定为流出。这样，当 $\dot{I}_2$ 的参考方向为流出电路时，只需将式(6.1-18)中 $\dot{I}_2$ 前面的负号改为正号即可，而各参数不必改动。

在式(6.1-18)中，依次令 $\dot{I}_2 = 0$ 或 $\dot{U}_2 = 0$，可得

$$a_{11} = \frac{\dot{U}_1}{\dot{U}_2}\bigg|_{\dot{I}_2=0} \qquad \text{出口开路时的电压比} \tag{6.1-20a}$$

$$a_{21} = \frac{\dot{I}_1}{\dot{U}_2}\bigg|_{\dot{I}_2=0} \qquad \text{出口开路时的转移导纳} \tag{6.1-20b}$$

$$a_{12} = \frac{\dot{U}_1}{-\dot{I}_2}\bigg|_{\dot{U}_2=0} \qquad \text{出口短路时的转移阻抗} \tag{6.1-20c}$$

$$a_{22} = \frac{\dot{I}_1}{-\dot{I}_2}\bigg|_{\dot{U}_2=0} \qquad \text{出口短路时的电流比} \tag{6.1-20d}$$

这里的 4 个参数都具有转移参数的性质。

对于互易电路，A 参数满足

$$\Delta_a = a_{11}a_{22} - a_{12}a_{21} = 1 \tag{6.1-21}$$

式中 Δ_a 是矩阵 $\boldsymbol{A}$ 的行列式值。这就是说，对于互易电路，A 参数中有 3 个是独立参数。如果电路是互易的，并且是对称的，则还有

$$a_{11} = a_{22} \tag{6.1-22}$$

若选择 $\dot{U}_1$、$\dot{I}_1$ 为自变量，而 $\dot{U}_2$、$\dot{I}_2$ 为应变量，则有方程

$$\begin{bmatrix} \dot{U}_2 \\ \dot{I}_2 \end{bmatrix} = \begin{bmatrix} b_{11} & b_{12} \\ b_{21} & b_{22} \end{bmatrix} \begin{bmatrix} \dot{U}_1 \\ -\dot{I}_1 \end{bmatrix} = \boldsymbol{B} \begin{bmatrix} \dot{U}_1 \\ -\dot{I}_1 \end{bmatrix} \tag{6.1-23}$$

式中

$$\boldsymbol{B} \stackrel{\text{def}}{=\!=} \begin{bmatrix} b_{11} & b_{12} \\ b_{21} & b_{22} \end{bmatrix} \tag{6.1-24}$$

称为反向传输矩阵，式(6.1-23)称为反向传输方程或 B 方程。B 参数与 A 参数的关系已列入表 6-1 中。需要注意的是，根据 A 方程式(6.1-18)与 B 方程式(6.1-23)可知，$\boldsymbol{B} \neq \boldsymbol{A}^{-1}$。

6.1.3　混合参数

在分析晶体管低频电路时，常以 $\dot{I}_1$、$\dot{U}_2$ 为自变量，而以 $\dot{U}_1$、$\dot{I}_2$ 为应变量，其方程称为混合参数方程或 H 方程，即

---

[1]　有的书中用 A、B、C、D 表示传输参数 a_{11}、a_{12}、a_{21}、a_{22}，用 $\boldsymbol{T}$ 表示传输矩阵 $\boldsymbol{A}$。

$$\begin{bmatrix} \dot{U}_1 \\ \dot{I}_2 \end{bmatrix} = \begin{bmatrix} h_{11} & h_{12} \\ h_{21} & h_{22} \end{bmatrix} \begin{bmatrix} \dot{I}_1 \\ \dot{U}_2 \end{bmatrix} = \boldsymbol{H} \begin{bmatrix} \dot{I}_1 \\ \dot{U}_2 \end{bmatrix} \qquad (6.1-25)$$

式中

$$\boldsymbol{H} \xlongequal{\text{def}} \begin{bmatrix} h_{11} & h_{12} \\ h_{21} & h_{22} \end{bmatrix} \qquad (6.1-26)$$

称为混合参数矩阵。由式(6.1-25)可得各参数含义为

$$h_{11} = \frac{\dot{U}_1}{\dot{I}_1}\Bigg|_{\dot{U}_2=0} \qquad \text{出口短路时的输入阻抗} \qquad (6.1-27a)$$

$$h_{21} = \frac{\dot{I}_2}{\dot{I}_1}\Bigg|_{\dot{U}_2=0} \qquad \text{出口短路时的电流增益} \qquad (6.1-27b)$$

$$h_{12} = \frac{\dot{U}_1}{\dot{U}_2}\Bigg|_{\dot{I}_1=0} \qquad \text{入口开路时的反向电压增益} \qquad (6.1-27c)$$

$$h_{22} = \frac{\dot{I}_2}{\dot{U}_2}\Bigg|_{\dot{I}_1=0} \qquad \text{入口开路时的输出导纳} \qquad (6.1-27d)$$

其中，h_{11}、h_{22}分别具有阻抗、导纳的量纲，而h_{12}、h_{21}为无量纲的量。因此，H参数又称为混合参数。

对于互易电路，有

$$h_{12} = - h_{21}$$

若电路又是对称的，则还有

$$\Delta_h = h_{11}h_{22} - h_{12}h_{21} = 1$$

若以$\dot{U}_1$、$\dot{I}_2$为自变量，以$\dot{I}_1$、$\dot{U}_2$为应变量可以得到另一组混合参数方程或Q方程，即

$$\begin{bmatrix} \dot{I}_1 \\ \dot{U}_2 \end{bmatrix} = \begin{bmatrix} q_{11} & q_{12} \\ q_{21} & q_{22} \end{bmatrix} \begin{bmatrix} \dot{U}_1 \\ \dot{I}_2 \end{bmatrix} = \boldsymbol{Q} \begin{bmatrix} \dot{U}_1 \\ \dot{I}_2 \end{bmatrix} \qquad (6.1-28)$$

式中

$$\boldsymbol{Q} \xlongequal{\text{def}} \begin{bmatrix} q_{11} & q_{12} \\ q_{21} & q_{22} \end{bmatrix}^{①} \qquad (6.1-29)$$

也称为混合参数矩阵。

由式(6.1-25)和(6.1-28)可知

$$\begin{cases} \boldsymbol{Q} = \boldsymbol{H}^{-1} \\ \boldsymbol{H} = \boldsymbol{Q}^{-1} \end{cases} \qquad (6.1-30)$$

由于实际中很少应用Q方程，这里不再多说。

上面介绍了描述二端电路的 6 种类型的方程和参数，就是说，同一个二端口电路可以用 6 种不同的方程和参数来描述。因此，这 6 种方程和参数之间存在着确定的关系。表 6-1 列出它们之间的相互关系。当知道了二端口电路的某种参数后，利用表 6-1，就可求得该电路的其它参数。

---

① Q矩阵有些书上也称为G矩阵，本书中第 1 章已将G矩阵表示电导矩阵，故这里用Q表示。

表 6-1　6 种方程和参数之间的相互关系

矩阵名称	方程	互易电路参数间关系	对称电路参数间关系	用 Z 参数表示	用 Y 参数表示	用 A 参数表示	用 B 参数表示	用 H 参数表示	用 Q 参数表示
开路阻抗矩阵	$\begin{bmatrix}\dot U_1\\\dot U_2\end{bmatrix}=\mathbf{Z}\begin{bmatrix}\dot I_1\\\dot I_2\end{bmatrix}$	$z_{12}=z_{21}$	$z_{12}=z_{21}$ $z_{11}=z_{22}$	$\begin{bmatrix}z_{11}&z_{12}\\z_{21}&z_{22}\end{bmatrix}$	$\begin{bmatrix}\dfrac{y_{22}}{\Delta_y}&\dfrac{-y_{12}}{\Delta_y}\\\dfrac{-y_{21}}{\Delta_y}&\dfrac{y_{11}}{\Delta_y}\end{bmatrix}$	$\begin{bmatrix}\dfrac{a_{11}}{a_{21}}&\dfrac{\Delta_a}{a_{21}}\\\dfrac{1}{a_{21}}&\dfrac{a_{22}}{a_{21}}\end{bmatrix}$	$\begin{bmatrix}\dfrac{b_{22}}{b_{21}}&\dfrac{1}{b_{21}}\\\dfrac{\Delta_b}{b_{21}}&\dfrac{b_{11}}{b_{21}}\end{bmatrix}$	$\begin{bmatrix}\dfrac{\Delta_h}{h_{22}}&\dfrac{h_{12}}{h_{22}}\\-\dfrac{h_{21}}{h_{22}}&\dfrac{1}{h_{22}}\end{bmatrix}$	$\begin{bmatrix}\dfrac{1}{q_{11}}&\dfrac{-q_{12}}{q_{11}}\\\dfrac{q_{21}}{q_{11}}&\dfrac{\Delta_q}{q_{11}}\end{bmatrix}$
短路导纳矩阵	$\begin{bmatrix}\dot I_1\\\dot I_2\end{bmatrix}=\mathbf{Y}\begin{bmatrix}\dot U_1\\\dot U_2\end{bmatrix}$	$y_{12}=y_{21}$	$y_{12}=y_{21}$ $y_{11}=y_{22}$	$\begin{bmatrix}\dfrac{z_{22}}{\Delta_z}&\dfrac{-z_{12}}{\Delta_z}\\\dfrac{-z_{21}}{\Delta_z}&\dfrac{z_{11}}{\Delta_z}\end{bmatrix}$	$\begin{bmatrix}y_{11}&y_{12}\\y_{21}&y_{22}\end{bmatrix}$	$\begin{bmatrix}\dfrac{a_{22}}{a_{12}}&\dfrac{-\Delta_a}{a_{12}}\\\dfrac{-1}{a_{12}}&\dfrac{a_{11}}{a_{12}}\end{bmatrix}$	$\begin{bmatrix}\dfrac{b_{11}}{b_{12}}&\dfrac{-1}{b_{12}}\\-\dfrac{\Delta_b}{b_{12}}&\dfrac{b_{22}}{b_{12}}\end{bmatrix}$	$\begin{bmatrix}\dfrac{1}{h_{11}}&-\dfrac{h_{12}}{h_{11}}\\\dfrac{h_{21}}{h_{11}}&\dfrac{\Delta_h}{h_{11}}\end{bmatrix}$	$\begin{bmatrix}\dfrac{\Delta_q}{q_{22}}&\dfrac{q_{12}}{q_{22}}\\-\dfrac{q_{21}}{q_{22}}&\dfrac{1}{q_{22}}\end{bmatrix}$
传输参数矩阵	$\begin{bmatrix}\dot U_1\\\dot I_1\end{bmatrix}=\mathbf{A}\begin{bmatrix}\dot U_2\\-\dot I_2\end{bmatrix}$	$\Delta_a=1$	$\Delta_a=1$ $a_{11}=a_{22}$	$\begin{bmatrix}\dfrac{z_{11}}{z_{21}}&\dfrac{\Delta_z}{z_{21}}\\\dfrac{1}{z_{21}}&\dfrac{z_{22}}{z_{21}}\end{bmatrix}$	$\begin{bmatrix}\dfrac{-y_{22}}{y_{21}}&\dfrac{-1}{y_{21}}\\-\dfrac{\Delta_y}{y_{21}}&\dfrac{-y_{11}}{y_{21}}\end{bmatrix}$	$\begin{bmatrix}a_{11}&a_{12}\\a_{21}&a_{22}\end{bmatrix}$	$\begin{bmatrix}\dfrac{b_{22}}{\Delta_b}&\dfrac{b_{12}}{\Delta_b}\\\dfrac{b_{21}}{\Delta_b}&\dfrac{b_{11}}{\Delta_b}\end{bmatrix}$	$\begin{bmatrix}\dfrac{-\Delta_h}{h_{21}}&\dfrac{-h_{11}}{h_{21}}\\\dfrac{-h_{22}}{h_{21}}&\dfrac{-1}{h_{21}}\end{bmatrix}$	$\begin{bmatrix}\dfrac{1}{q_{21}}&\dfrac{q_{22}}{q_{21}}\\\dfrac{q_{11}}{q_{21}}&\dfrac{\Delta_q}{q_{21}}\end{bmatrix}$
传输参数矩阵	$\begin{bmatrix}\dot U_2\\\dot I_2\end{bmatrix}=\mathbf{B}\begin{bmatrix}\dot U_1\\-\dot I_1\end{bmatrix}$	$\Delta_b=1$	$\Delta_b=1$ $b_{11}=b_{22}$	$\begin{bmatrix}\dfrac{z_{22}}{z_{12}}&\dfrac{\Delta_z}{z_{12}}\\\dfrac{1}{z_{12}}&\dfrac{z_{11}}{z_{12}}\end{bmatrix}$	$\begin{bmatrix}\dfrac{-y_{11}}{y_{12}}&\dfrac{-1}{y_{12}}\\-\dfrac{\Delta_y}{y_{12}}&\dfrac{-y_{22}}{y_{12}}\end{bmatrix}$	$\begin{bmatrix}\dfrac{a_{22}}{\Delta_a}&\dfrac{a_{12}}{\Delta_a}\\\dfrac{a_{21}}{\Delta_a}&\dfrac{a_{11}}{\Delta_a}\end{bmatrix}$	$\begin{bmatrix}b_{11}&b_{12}\\b_{21}&b_{22}\end{bmatrix}$	$\begin{bmatrix}\dfrac{1}{h_{12}}&\dfrac{h_{11}}{h_{12}}\\\dfrac{h_{22}}{h_{12}}&\dfrac{\Delta_h}{h_{12}}\end{bmatrix}$	$\begin{bmatrix}\dfrac{-\Delta_q}{q_{12}}&\dfrac{-q_{11}}{q_{12}}\\\dfrac{-q_{22}}{q_{12}}&\dfrac{-1}{q_{12}}\end{bmatrix}$
混合参数矩阵	$\begin{bmatrix}\dot U_1\\\dot I_2\end{bmatrix}=\mathbf{H}\begin{bmatrix}\dot I_1\\\dot U_2\end{bmatrix}$	$h_{12}=-h_{21}$	$h_{12}=-h_{21}$ $\Delta_h=1$	$\begin{bmatrix}\dfrac{\Delta_z}{z_{22}}&\dfrac{z_{12}}{z_{22}}\\-\dfrac{z_{21}}{z_{22}}&\dfrac{1}{z_{22}}\end{bmatrix}$	$\begin{bmatrix}\dfrac{1}{y_{11}}&-\dfrac{y_{12}}{y_{11}}\\\dfrac{y_{21}}{y_{11}}&\dfrac{\Delta_y}{y_{11}}\end{bmatrix}$	$\begin{bmatrix}\dfrac{a_{12}}{a_{22}}&\dfrac{\Delta_a}{a_{22}}\\-\dfrac{1}{a_{22}}&\dfrac{a_{21}}{a_{22}}\end{bmatrix}$	$\begin{bmatrix}\dfrac{b_{12}}{b_{11}}&\dfrac{1}{b_{11}}\\-\dfrac{\Delta_b}{b_{11}}&\dfrac{b_{21}}{b_{11}}\end{bmatrix}$	$\begin{bmatrix}h_{11}&h_{12}\\h_{21}&h_{22}\end{bmatrix}$	$\begin{bmatrix}\dfrac{q_{22}}{\Delta_q}&\dfrac{-q_{12}}{\Delta_q}\\\dfrac{-q_{21}}{\Delta_q}&\dfrac{q_{11}}{\Delta_q}\end{bmatrix}$
混合参数矩阵	$\begin{bmatrix}\dot I_1\\\dot U_2\end{bmatrix}=\mathbf{Q}\begin{bmatrix}\dot U_1\\\dot I_2\end{bmatrix}$	$q_{12}=-q_{21}$	$q_{12}=-q_{21}$ $\Delta_q=1$	$\begin{bmatrix}\dfrac{1}{z_{11}}&-\dfrac{z_{12}}{z_{11}}\\\dfrac{z_{21}}{z_{11}}&\dfrac{\Delta_z}{z_{11}}\end{bmatrix}$	$\begin{bmatrix}\dfrac{\Delta_y}{y_{22}}&\dfrac{y_{12}}{y_{22}}\\-\dfrac{y_{21}}{y_{22}}&\dfrac{1}{y_{22}}\end{bmatrix}$	$\begin{bmatrix}\dfrac{a_{21}}{a_{11}}&-\dfrac{\Delta_a}{a_{11}}\\\dfrac{1}{a_{11}}&\dfrac{a_{12}}{a_{11}}\end{bmatrix}$	$\begin{bmatrix}\dfrac{b_{21}}{b_{22}}&\dfrac{\Delta_b}{b_{22}}\\-\dfrac{1}{b_{22}}&\dfrac{b_{12}}{b_{22}}\end{bmatrix}$	$\begin{bmatrix}\dfrac{h_{22}}{\Delta_h}&-\dfrac{h_{12}}{\Delta_h}\\\dfrac{-h_{21}}{\Delta_h}&\dfrac{h_{11}}{\Delta_h}\end{bmatrix}$	$\begin{bmatrix}q_{11}&q_{12}\\q_{21}&q_{22}\end{bmatrix}$
矩阵行列式 Δ				$\Delta_z=z_{11}z_{22}-z_{12}z_{21}$	$\Delta_y=y_{11}y_{22}-y_{12}y_{21}$	$\Delta_a=a_{11}a_{22}-a_{12}a_{21}$	$\Delta_b=b_{11}b_{22}-b_{12}b_{21}$	$\Delta_h=h_{11}h_{22}-h_{12}h_{21}$	$\Delta_q=q_{11}q_{22}-q_{12}q_{21}$

需要指出，并非每个二端口电路都存在 6 种参数，有些电路只存在某几种参数，而另几种参数不存在。

例 6.1 - 5 图 6.1 - 8 是场效应管低频等效电路，求其传输矩阵 $\boldsymbol{A}$ 和混合参数矩阵 $\boldsymbol{H}$。

解 图 6.1 - 8 所示的电路，当 $\dot{I}_2 = 0$ 时，$\dot{U}_2 = -g_m R_d \dot{U}_1$，按式(6.1 - 20)得

$$a_{11} = \frac{\dot{U}_1}{\dot{U}_2}\bigg|_{\dot{I}_2 = 0} = \frac{\dot{U}_1}{-g_m R_d \dot{U}_1} = -\frac{1}{g_m R_d}$$

$$a_{21} = \frac{\dot{I}_1}{\dot{U}_2}\bigg|_{\dot{I}_2 = 0} = \frac{\dfrac{\dot{U}_1}{R_g}}{-g_m R_d \dot{U}_1} = -\frac{1}{g_m R_g R_d}$$

当 $\dot{U}_2 = 0$ 时，$\dot{I}_2 = g_m \dot{U}_1$，故得

$$a_{12} = \frac{\dot{U}_1}{-\dot{I}_2}\bigg|_{\dot{U}_2 = 0} = \frac{\dot{U}_1}{-g_m \dot{U}_1} = -\frac{1}{g_m}$$

$$a_{22} = \frac{\dot{I}_1}{-\dot{I}_2}\bigg|_{\dot{U}_2 = 0} = \frac{\dfrac{\dot{U}_1}{R_g}}{-g_m \dot{U}_1} = -\frac{1}{g_m R_g}$$

于是得图 6.1 - 8 电路的传输矩阵

$$\boldsymbol{A} = \begin{bmatrix} -\dfrac{1}{g_m R_d} & -\dfrac{1}{g_m} \\ -\dfrac{1}{g_m R_g R_d} & -\dfrac{1}{g_m R_g} \end{bmatrix} \tag{6.1 - 31}$$

按图 6.1 - 8 可列得方程

$$\dot{U}_1 = R_g \dot{I}_1 \tag{6.1 - 32a}$$

$$\dot{I}_2 = g_m \dot{U}_1 + \frac{1}{R_d} \dot{U}_2 \tag{6.1 - 32b}$$

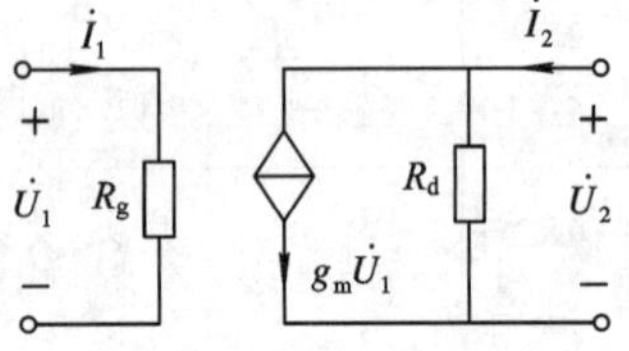

将式(6.1 - 32a)代入(6.1 - 32b)消去 $\dot{U}_1$，得

$$\dot{I}_2 = g_m R_d \dot{I}_1 + \frac{1}{R_d} \dot{U}_2 \tag{6.1 - 32c}$$

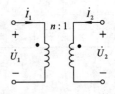

图 6.1 - 8 例 6.1 - 5 图

式(6.1 - 32a)和(6.1 - 32c)正是 H 方程，故得图 6.1 - 8 电路的混合参数矩阵

$$\boldsymbol{H} = \begin{bmatrix} R_g & 0 \\ g_m R_g & \dfrac{1}{R_d} \end{bmatrix} \tag{6.1 - 33}$$

例 6.1 - 6 求图 6.1 - 9 所示理想变压器的传输矩阵 $\boldsymbol{A}$，并求其 $\boldsymbol{H}$ 矩阵和 $\boldsymbol{Z}$ 矩阵。

解 图 6.1 - 9 理想变压器的伏安关系为

$$\dot{U}_1 = n \dot{U}_2$$

$$\dot{I}_1 = -\frac{1}{n} \dot{I}_2$$

这正是 A 方程，故得理想变压器的传输矩阵

$$\boldsymbol{A} = \begin{bmatrix} n & 0 \\ 0 & \dfrac{1}{n} \end{bmatrix} \tag{6.1 - 34}$$

图 6.1 - 9 例 6.1 - 6 图

由上式可见，$\Delta_a = 1$，它是互易电路。

由表 6-1 可查得用 A 参数表示的 H 参数，将式(6.1-34)各参数代入，得理想变压器的 H 矩阵

$$H = \begin{bmatrix} \dfrac{a_{12}}{a_{22}} & \dfrac{\Delta_a}{a_{22}} \\[3mm] -\dfrac{1}{a_{22}} & \dfrac{a_{21}}{a_{22}} \end{bmatrix} = \begin{bmatrix} 0 & n \\ -n & 0 \end{bmatrix}$$

表 6-1 中，用 A 参数表示的 Z 参数为

$$Z = \begin{bmatrix} \dfrac{a_{11}}{a_{21}} & \dfrac{\Delta_a}{a_{21}} \\[3mm] \dfrac{1}{a_{21}} & \dfrac{a_{22}}{a_{21}} \end{bmatrix}$$

因 $a_{21}=0$，故理想变压器的 Z 参数不存在。类似地，其 Y 参数也不存在。

6.1.4 实际应用——晶体管特性

晶体管是一种非线性的三端无缘半导体器件，它是由贝尔实验室的研究人员于 20 世纪 40 年代后期发明的，如图 6.1-10 所示。可以说晶体管几乎是所有放大器和数字逻辑电路的基础。我们通常用 H 参数来描述双极型晶体管的参数。

晶体管的 3 个端子分别是基极(b)、集电极(c)和发射极(e)，如图 6.1-11 所示，这些名称是根据端子对器件中载流子传输所起的作用来命名的。通常采用发射极接地(也叫做共发射极接法)来测量双极型晶体管的 H 参数，此时将基极作为输入，集电极作为输出。正如前面所说，由于晶体管是非线性器件，因此不可能定义满足所有电压和电流的 H 参数。通常 H 参数是在特定集电极电流 I_C 和集电极-发射极电压 U_{CE} 的条件下给出的。器件的非线性导致的另一个结果是其交流 H 参数和直流 H 参数通常在数值上相差甚远。

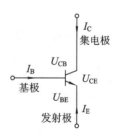

图 6.1-10　第一次被演示的双极型晶体管(BJT)　图 6.1-11　双极型晶体管的电流和电压示意图

有许多可以用来测量晶体管的参数的仪表，其中的一个例子就是半导体参数分析仪，如图 6.1-12 所示。这种仪器可以画出特定电压(用横坐标表示)下的电流值(用纵坐标表示)，通过步进地改变基极电流(第 3 个参数)可以画出一簇曲线。

下面来看一个例子，硅晶体管 2N3904NPN 的制造商给出了表 6-2 所示的 H 参数，

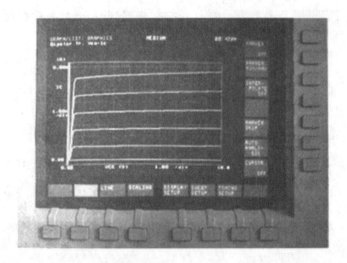

图 6.1-12 用半导体分析仪绘制的 2N3904 双极型晶体管的特性曲线

可以注意到，工程师们在表中使用了下标（h_{ie}, h_{rs}等等）。表中所示 H 参数的测量条件为 $I_C=0.1$ mA, $V_C=10$ V（直流）和 $f=1.0$ kHz。

表 6-2 晶体管 2N3904 交流参数的总结

参数	名称	数值范围	单位
$h_{\mathrm{ie}}(h_{11})$	输入阻抗	$1.0\sim10$	kΩ
$h_{\mathrm{re}}(h_{12})$	电压反馈系数	$0.5\times10^{-4}\sim8.0\times10^{-4}$	—
$h_{\mathrm{fe}}(h_{21})$	小信号电流增益	$100\sim400$	—
$h_{\mathrm{oe}}(h_{22})$	输出导纳	$1.0\sim40$	μs

出于可靠性的考虑，工程师们使用了图 6.1-12 所示的并不十分昂贵的仪器对这种器件进行测量，测量的结果为

$$h_{\mathrm{oe}}=3.3\ \mu\Omega,\quad h_{\mathrm{fe}}=109,\quad h_{\mathrm{ie}}=3.022\ \mathrm{k}\Omega,\quad h_{\mathrm{re}}=4\times10^{-3}$$

前 3 个参数的测量值均在制造商给的范围之内，虽然它们与给出的最小值很接近，然而与最大值相差较远，h_{re}的测量值比制造商手册中给出的最大值要大一个数量级，这很令人惊讶，因为工程师们在测量的时候已经做得非常好了。

经过仔细考虑，工程师们意识到在实验过程中为了得到实验轨迹，在 $I_C=1$ mA 上下扫描多次，导致器件的温度被升高了，遗憾的是，晶体管的特性随着温度的变化非常显著，而制造商给出的温度为室温 25℃时的值。通过改变扫描方式可使器件的发热量减到最小，从而测得 h_{re}的值为 2.0×10^{-4}。所以，在实际电路中，线性电路比较容易对付，但是非线性电路却要有趣得多。

6.2 二端口电路的等效

在第 1 章中我们讨论了一端口电路的等效，这里研究二端口电路的等效问题。为了具有一般性，我们首先讨论含独立源的二端口电路的等效。

6.2.1 二端口电路(含独立源)表示定理

设有一含独立源的线性、非时变二端口电路 N,如图 $6.2-1$(a)所示。如果选 $\dot{I}_1$、$\dot{I}_2$ 为自变量,$\dot{U}_1$、$\dot{U}_2$ 为应变量,根据替代定理,可以把 $\dot{I}_1$、$\dot{I}_2$ 看作是激励源,如图 $6.2-1$(b)所示。这样,作用于电路 N 的激励源有 $\dot{I}_1$、$\dot{I}_2$ 和电路 N 内部的独立源。根据电路的线性性质,端口电压 $\dot{U}_1$ 和 $\dot{I}_2$ 可看作是激励 $\dot{I}_1$、$\dot{I}_2$ 和内部独立源分别作用的叠加。

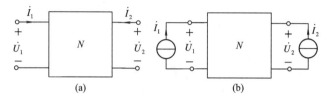

图 $6.2-1$ 含独立源二端口电路

当仅由 $\dot{I}_1$ 作用时($\dot{I}_2=0$,电路 N 内部所有独立源均置零),根据式($6.1-2$a)和($6.1-2$b)有

$$\begin{cases} \dot{U}_1^{(1)} = z_{11}\dot{I}_1 \\ \dot{U}_2^{(1)} = z_{21}\dot{I}_1 \end{cases} \tag{6.2-1}$$

当仅由 $\dot{I}_2$ 作用时($\dot{I}_1=0$,内部独立源均置零),由式($6.1-2$c)和($6.1-2$d),有

$$\begin{cases} \dot{U}_1^{(2)} = z_{12}\dot{I}_2 \\ \dot{U}_2^{(2)} = z_{22}\dot{I}_2 \end{cases} \tag{6.2-2}$$

当仅由电路 N 内部的独立源作用,而 $\dot{I}_1=\dot{I}_2=0$(即入口、出口均为开路)时,入口、出口电压分别为

$$\begin{cases} \dot{U}_1^{(3)} = \dot{U}_{OC1} \\ \dot{U}_2^{(3)} = \dot{U}_{OC2} \end{cases} \tag{6.2-3}$$

式中 $\dot{U}_{OC1}$ 和 $\dot{U}_{OC2}$ 是入口和出口均开路时的入口开路电压和出口开路电压。

根据线性性质,入口电压和出口电压可分别写为

$$\begin{cases} \dot{U}_1 = z_{11}\dot{I}_1 + z_{12}\dot{I}_2 + \dot{U}_{OC1} \\ \dot{U}_2 = z_{21}\dot{I}_1 + z_{22}\dot{I}_2 + \dot{U}_{OC2} \end{cases} \tag{6.2-4}$$

或写成矩阵形式为

$$\begin{bmatrix} \dot{U}_1 \\ \dot{U}_2 \end{bmatrix} = \mathbf{Z} \begin{bmatrix} \dot{I}_1 \\ \dot{I}_2 \end{bmatrix} + \begin{bmatrix} \dot{U}_{OC1} \\ \dot{U}_{OC2} \end{bmatrix} \tag{6.2-5}$$

式($6.2-4$)、($6.2-5$)是含独立源二端口电路的 Z 方程。根据式($6.2-4$)可画出含独立源的二端口电路的 Z 参数等效电路,如图 $6.2-2$ 所示。

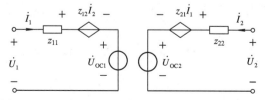

图 $6.2-2$ 含独立源二端口电路的 Z 参数等效电路

由图 6.2-2 可见，对于含有独立源的二端口电路的入口和出口而言，相当于独立源、受控源和阻抗相串联的电路，其中受控源 $z_{12}\dot{I}_2$ 和 $z_{21}\dot{I}_1$ 表征了入口与出口之间的相互影响；电压源 $\dot{U}_{OC1}$ 和 $\dot{U}_{OC2}$ 表征了电路 N 内部独立源的作用。当电路 N 内不含独立源时，$\dot{U}_{OC1}=\dot{U}_{OC2}=0$，式(6.2-4)、(6.2-5)就是前面讨论的 Z 方程。

以上结论可称为二端口表示定理[①]，它可看作是戴维南定理在二端口电路中的推广。

类似地，如果含有独立源的二端口电路 N 用 Y 方程表示，则有

$$\begin{cases} \dot{I}_1 = y_{11}\dot{U}_1 + y_{12}\dot{U}_2 + \dot{I}_{SC1} \\ \dot{I}_2 = y_{21}\dot{U}_1 + y_{22}\dot{U}_2 + \dot{I}_{SC2} \end{cases} \tag{6.2-6}$$

或表示为

$$\begin{bmatrix} \dot{I}_1 \\ \dot{I}_2 \end{bmatrix} = \boldsymbol{Y} \begin{bmatrix} \dot{U}_1 \\ \dot{U}_2 \end{bmatrix} + \begin{bmatrix} \dot{I}_{SC1} \\ \dot{I}_{SC2} \end{bmatrix} \tag{6.2-7}$$

式中 $\dot{I}_{SC1}$ 和 $\dot{I}_{SC2}$ 是当入口和出口均短路(即 $\dot{U}_1=\dot{U}_2=0$)时，入口和出口的短路电流。按式(6.2-6)可画出其 Y 参数等效电路如图 6.2-3 所示。

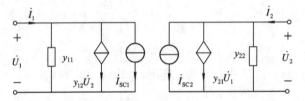

图 6.2-3 含独立源二端口电路的 Y 参数等效电路

以上结论也称为二端口表示定理，它可看作是诺顿定理在二端口电路中的推广。

实际上，利用其它方程也可作出相应的等效电路，这里不多赘述。

例 6.2-1 求图 6.2-4(a)所示二端口电路的 Z 参数等效电路。

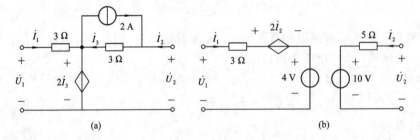

(a)   (b)

图 6.2-4 例 6.2-1图

解 根据 KVL，可列出图 6.2-4(a)的电路方程为

$$\dot{U}_1 = 3\dot{I}_1 + 2\dot{I}_3$$

$$\dot{U}_2 = 3\dot{I}_3 + 2\dot{I}_3 = 5\dot{I}_3$$

由于 $\dot{I}_3=\dot{I}_2+2$，将它代入上式，得

$$\begin{cases} \dot{U}_1 = 3\dot{I}_1 + 2\dot{I}_2 + 4 \\ \dot{U}_2 = \qquad\quad 5\dot{I}_2 + 10 \end{cases} \tag{6.2-8}$$

---

① 二端口表示定理的英文名称为 Two-Port Representation Theorem。

根据式(6.2 - 8)可画出其 Z 参数等效电路,如图 6.2 - 4(b)所示。由式(6.2 - 8)和图 6.2 - 4(b)可见,当入口和出口均开路(即 $\dot{I}_1 = \dot{I}_2 = 0$)时,$\dot{U}_{OC1} = 4$ V,$\dot{U}_{OC2} = 10$ V。此外,由于 $Z_{21} = 0$,故出口电压 $\dot{U}_2$ 不受入口电流 $\dot{I}_1$ 的控制。

6.2.2 二端口电路(不含独立源)的等效

当二端口电路内部不含独立源时,其 Z 方程和等效电路可以由含独立源的二端口电路推得。在式(6.2 - 4)中,令 $\dot{U}_{OC1} = \dot{U}_{OC2} = 0$,得

$$\begin{cases} \dot{U}_1 = z_{11}\dot{I}_1 + z_{12}\dot{I}_2 \\ \dot{U}_2 = z_{21}\dot{I}_1 + z_{22}\dot{I}_2 \end{cases} \quad (6.2 - 9)$$

上式就是我们熟知的不含独立源二端口电路的 Z 方程。由式(6.2 - 9)可画出其 Z 参数等效电路,如图 6.2 - 5(a)所示。

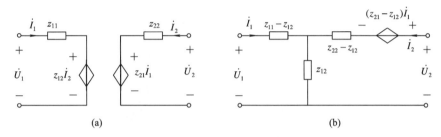

图 6.2 - 5 Z 参数等效电路

如将式(6.2 - 9)改写为

$$\begin{cases} \dot{U}_1 = (z_{11} - z_{12})\dot{I}_1 + z_{12}(\dot{I}_1 + \dot{I}_2) \\ \dot{U}_2 = (z_{22} - z_{12})\dot{I}_2 + z_{12}(\dot{I}_1 + \dot{I}_2) + (z_{21} - z_{12})\dot{I}_1 \end{cases} \quad (6.2 - 10)$$

如果二端口电路有公共接地点,则由式(6.2 - 10)可画出其 Z 参数 T 形等效电路,如图 6.2 - 5(b)所示。如果二端口没有公共接地点,则可在图 6.2 - 5(b)中级联一只 1:1 的理想变压器。

如果二端口电路满足互易条件($z_{12} = z_{21}$),则图 6.2 - 5(b)的电路就成为含有三个阻抗元件的 T 形等效电路。

不含独立源的二端口电路的 Y 方程为

$$\begin{cases} \dot{I}_1 = y_{11}\dot{U}_1 + y_{12}\dot{U}_2 \\ \dot{I}_2 = y_{21}\dot{U}_1 + y_{22}\dot{U}_2 \end{cases} \quad (6.2 - 11)$$

按上式可画出二端口电路的 Y 参数等效电路,如图 6.2 - 6(a)所示。

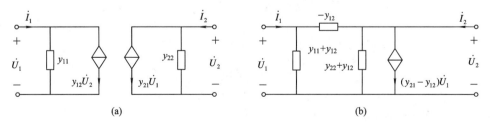

图 6.2 - 6 Y 参数等效电路

将式(6.5 - 11)改写为

$$\begin{cases} \dot{I}_1 = (y_{11} + y_{12})\dot{U}_1 + (-y_{12})(\dot{U}_1 - \dot{U}_2) \\ \dot{I}_2 = (y_{22} + y_{12})\dot{U}_2 + (-y_{12})(\dot{U}_2 - \dot{U}_1) + (y_{21} - y_{12})\dot{U}_1 \end{cases} \qquad (6.2-12)$$

按上式可画出二端口电路的 Y 参数 Ⅱ 形等效电路，如图 6.2 - 6(b)所示。

如果二端口电路满足互易条件 $y_{12} = y_{21}$，则图 6.2 - 6(b)的电路就成为只含三个阻抗元件的 Ⅱ 形等效电路。

用不同的参数方程可以得到各种等效电路，而且它们之间可以互相转换(利用表 6 - 1)。各种等效电路均可用于分析电路问题，具体如何选用应根据实际情况确定。譬如，对晶体管常选用 H 参数等效电路，而对场效应管常选用 Y 参数等效电路。

例 6.2 - 2　图 6.2 - 7(a)是晶体管小信号等效电路，已知 $r_b = 970\ \Omega$，$r_e = 30\ \Omega$，$r_c = 20\ \text{k}\Omega$，$\beta = 50$。求其 H 参数等效电路及参数。

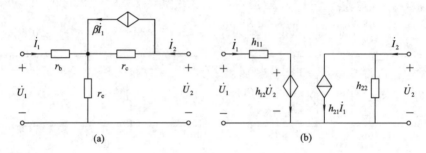

图 6.2 - 7　例 6.2 - 2 图

解　对于图 6.2 - 7(a)所示的 T 形电路，列写 Z 方程比较方便。由图可列出 Z 方程为

$$\dot{U}_1 = (r_b + r_e)\dot{I}_1 + r_e\dot{I}_2$$
$$\dot{U}_2 = (\dot{I}_2 - \beta\dot{I}_1)r_c + r_e(\dot{I}_1 + \dot{I}_2) = (r_e - \beta r_c)\dot{I}_1 + (r_c + r_e)\dot{I}_2$$

其 Z 参数矩阵为

$$\boldsymbol{Z} = \begin{bmatrix} z_{11} & z_{12} \\ z_{21} & z_{22} \end{bmatrix} = \begin{bmatrix} r_b + r_e & r_e \\ r_e - \beta r_c & r_c + r_e \end{bmatrix}$$

将各元件参数代入上式(由于 $r_e \ll r_c$，因而在 z_{21} 和 z_{22} 中将 r_e 忽略)，得

$$\boldsymbol{Z} = \begin{bmatrix} z_{11} & z_{12} \\ z_{21} & z_{22} \end{bmatrix} = \begin{bmatrix} 1000 & 30 \\ -10^6 & 20 \times 10^3 \end{bmatrix}$$

由表 6 - 1 可查得用 Z 参数表示的 H 参数为

$$\boldsymbol{H} = \begin{bmatrix} h_{11} & h_{12} \\ h_{21} & h_{22} \end{bmatrix} = \begin{bmatrix} \dfrac{\Delta_z}{z_{22}} & \dfrac{z_{12}}{z_{22}} \\[2mm] -\dfrac{z_{21}}{z_{22}} & \dfrac{1}{z_{22}} \end{bmatrix}$$

将各 Z 参数代入上式($\Delta_z = z_{11}z_{22} - z_{12}z_{21} = 50 \times 10^6$)，得

$$\boldsymbol{H} = \begin{bmatrix} h_{11} & h_{12} \\ h_{21} & h_{22} \end{bmatrix} = \begin{bmatrix} 2500 & 1.5 \times 10^{-3} \\ 50 & 0.5 \times 10^{-4} \end{bmatrix}$$

其 H 参数等效电路如图 6.2 - 7(b)所示。

6.3 二端口电路的连接

二端口电路综合例题

一个复杂的二端口电路常常可以看作是由若干简单的二端口电路按一定方式连接组成的，这样常可使分析计算得到简化，而且在实现和设计复杂二端口电路时，也可用一些简单的二端口电路按某种方式连接组成满足所需特性的复杂二端口电路。我们将组成复杂电路的那些简单二端口电路称为子电路，而由子电路连接组成的二端口电路称为复合电路。下面以两个子电路连接构成复合电路为例进行讨论，其方法和结论不难推广到多个子电路的情形。

二端口电路的连接方式有：级联(也称链联)、串联、并联、串并联、并串联等。将复合电路看作是由子电路连接组成时，各个子电路必须同时满足端口条件，否则该子电路不能看作是二端口电路。

6.3.1 级联

级联是信号传输系统中最常用的连接方式，如图 6.3-1 所示。由图可见，级联时，子电路 N_a 的出口直接与子电路 N_b 的入口相连。因此，若复合电路的入口和出口都满足端口条件，则子电路也一定满足端口条件。

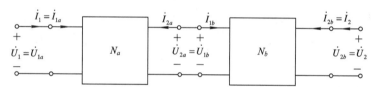

图 6.3-1 二端口电路级联

设子电路 N_a 和 N_b 的传输矩阵分别为 $\boldsymbol{A}_a$ 和 $\boldsymbol{A}_b$，则其 A 方程分别为

$$\begin{bmatrix} \dot{U}_{1a} \\ \dot{I}_{1a} \end{bmatrix} = \boldsymbol{A}_a \begin{bmatrix} \dot{U}_{2a} \\ -\dot{I}_{2a} \end{bmatrix} \tag{6.3-1}$$

$$\begin{bmatrix} \dot{U}_{1b} \\ \dot{I}_{1b} \end{bmatrix} = \boldsymbol{A}_b \begin{bmatrix} \dot{U}_{2b} \\ -\dot{I}_{2b} \end{bmatrix} \tag{6.3-2}$$

由图 6.3-1，按图示的参考方向，可得

$$\begin{bmatrix} \dot{U}_1 \\ \dot{I}_1 \end{bmatrix} = \begin{bmatrix} \dot{U}_{1a} \\ \dot{I}_{1a} \end{bmatrix}, \quad \begin{bmatrix} \dot{U}_{2a} \\ -\dot{I}_{2a} \end{bmatrix} = \begin{bmatrix} \dot{U}_{1b} \\ \dot{I}_{1b} \end{bmatrix}, \quad \begin{bmatrix} \dot{U}_{2b} \\ -\dot{I}_{2b} \end{bmatrix} = \begin{bmatrix} \dot{U}_2 \\ -\dot{I}_2 \end{bmatrix}$$

将式(6.3-1)和(6.3-2)代入上式，得

$$\begin{bmatrix} \dot{U}_1 \\ \dot{I}_1 \end{bmatrix} = \begin{bmatrix} \dot{U}_{1a} \\ \dot{I}_{1a} \end{bmatrix} = \boldsymbol{A}_a \begin{bmatrix} \dot{U}_{2a} \\ -\dot{I}_{2a} \end{bmatrix} = \boldsymbol{A}_a \begin{bmatrix} \dot{U}_{1b} \\ \dot{I}_{1b} \end{bmatrix} = \boldsymbol{A}_a \boldsymbol{A}_b \begin{bmatrix} \dot{U}_{2b} \\ -\dot{I}_{2b} \end{bmatrix}$$

$$= \boldsymbol{A}_a \boldsymbol{A}_b \begin{bmatrix} \dot{U}_2 \\ -\dot{I}_2 \end{bmatrix} = \boldsymbol{A} \begin{bmatrix} \dot{U}_2 \\ -\dot{I}_2 \end{bmatrix} \tag{6.3-3}$$

式(6.3-3)是复合电路的传输参数方程，$\boldsymbol{A}$ 为其传输矩阵。由式(6.3-3)可得

$$\boldsymbol{A} = \boldsymbol{A}_a \boldsymbol{A}_b \tag{6.3-4(a)}$$

即二端口电路级联时,复合电路的传输矩阵 A 等于子电路传输矩阵 A_a 与 A_b 的乘积。

该关系可推广至多个二端口电路级联情况,即多个二端口电路级联后,总的二端口电路的传输矩阵等于各个子二端口电路传输矩阵按同一顺序乘积,即

$$A_{总} = \prod_{i=1}^{n} A_i \qquad (6.3-4b)$$

6.3.2 串联和并联

如果子电路 N_a 与 N_b 的入口相串联,出口也相串联,则称为二端口电路串联,如图 6.3 – 2(a)所示。当两个子电路相串联时,若子电路 N_a 和 N_b 都满足端口条件,则有

$$\begin{bmatrix} \dot{I}_1 \\ \dot{I}_2 \end{bmatrix} = \begin{bmatrix} \dot{I}_{1a} \\ \dot{I}_{2a} \end{bmatrix} = \begin{bmatrix} \dot{I}_{1b} \\ \dot{I}_{2b} \end{bmatrix} \qquad (6.3-5)$$

由图 6.3 – 2(a)可见,这时端口电压间的关系为

$$\begin{bmatrix} \dot{U}_1 \\ \dot{U}_2 \end{bmatrix} = \begin{bmatrix} \dot{U}_{1a} + \dot{U}_{1b} \\ \dot{U}_{2a} + \dot{U}_{2b} \end{bmatrix} = \begin{bmatrix} \dot{U}_{1a} \\ \dot{U}_{2a} \end{bmatrix} + \begin{bmatrix} \dot{U}_{1b} \\ \dot{U}_{2b} \end{bmatrix} \qquad (6.3-6)$$

设子电路 N_a、N_b 的开路阻抗矩阵分别为 Z_a、Z_b,其 Z 方程为

$$\begin{bmatrix} \dot{U}_{1a} \\ \dot{U}_{2a} \end{bmatrix} = Z_a \begin{bmatrix} \dot{I}_{1a} \\ \dot{I}_{2a} \end{bmatrix}, \quad \begin{bmatrix} \dot{U}_{1b} \\ \dot{U}_{2b} \end{bmatrix} = Z_b \begin{bmatrix} \dot{I}_{1b} \\ \dot{I}_{2b} \end{bmatrix}$$

将它们代入式(6.3 – 6),并考虑到式(6.3 – 5)的关系,得

$$\begin{bmatrix} \dot{U}_1 \\ \dot{U}_2 \end{bmatrix} = Z_a \begin{bmatrix} \dot{I}_{1a} \\ \dot{I}_{2a} \end{bmatrix} + Z_b \begin{bmatrix} \dot{I}_{1b} \\ \dot{I}_{2b} \end{bmatrix} = Z_a \begin{bmatrix} \dot{I}_1 \\ \dot{I}_2 \end{bmatrix} + Z_b \begin{bmatrix} \dot{I}_1 \\ \dot{I}_2 \end{bmatrix}$$

$$= [Z_a + Z_b] \begin{bmatrix} \dot{I}_1 \\ \dot{I}_2 \end{bmatrix} = Z \begin{bmatrix} \dot{I}_1 \\ \dot{I}_2 \end{bmatrix} \qquad (6.3-7)$$

式(6.3 – 7)是复合电路的 Z 方程,Z 为其开路阻抗矩阵。由上式,有

$$Z = Z_a + Z_b \qquad (6.3-8a)$$

即二端口电路串联时,复合电路开路阻抗矩阵 Z 等于子电路开路阻抗矩阵 Z_a 与 Z_b 之和。

该关联可推广至多个二端口电路串联(连接前后不能破坏各子二端口特性)情况,即多个二端口电路串联后,总的二端口电路 $Z_{总}$ 参数矩阵等于各子二端口电路 Z_i 参数矩阵之和,即

$$Z_{总} = \sum_{i=1}^{n} Z_i \qquad (6.3-8b)$$

如果子电路 N_a 与 N_b 的入口相并联,出口也相并联,则称为二端口电路并联,如图 6.3 – 2(b)所示。当两个子电路相并联时,子电路与复合电路各对应端口的电压是同一电压,即有

$$\begin{bmatrix} \dot{U}_1 \\ \dot{U}_2 \end{bmatrix} = \begin{bmatrix} \dot{U}_{1a} \\ \dot{U}_{2a} \end{bmatrix} = \begin{bmatrix} \dot{U}_{1b} \\ \dot{U}_{2b} \end{bmatrix} \qquad (6.3-9)$$

如果子电路 N_a、N_b 都满足端口条件,则端口电流可写为

$$\begin{bmatrix} \dot{I}_1 \\ \dot{I}_2 \end{bmatrix} = \begin{bmatrix} \dot{I}_{1a} + \dot{I}_{1b} \\ \dot{I}_{2a} + \dot{I}_{2b} \end{bmatrix} = \begin{bmatrix} \dot{I}_{1a} \\ \dot{I}_{2a} \end{bmatrix} + \begin{bmatrix} \dot{I}_{1b} \\ \dot{I}_{2b} \end{bmatrix} \qquad (6.3-10)$$

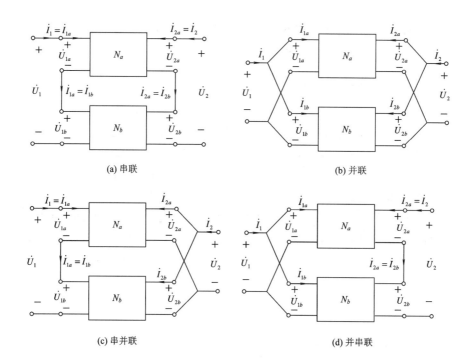

图 6.3 - 2 二端口电路的串并联

设子电路 N_a、N_b 的短路导纳矩阵分别为 $\boldsymbol{Y}_a$、$\boldsymbol{Y}_b$，其 Y 方程为

$$\begin{bmatrix} \dot{I}_{1a} \\ \dot{I}_{2a} \end{bmatrix} = \boldsymbol{Y}_a \begin{bmatrix} \dot{U}_{1a} \\ \dot{U}_{2a} \end{bmatrix}, \quad \begin{bmatrix} \dot{I}_{1b} \\ \dot{I}_{2b} \end{bmatrix} = \boldsymbol{Y}_b \begin{bmatrix} \dot{U}_{1b} \\ \dot{U}_{2b} \end{bmatrix}$$

将它们代入式(6.3 - 10)，并考虑到式(6.3 - 9)的关系，得

$$\begin{bmatrix} \dot{I}_1 \\ \dot{I}_2 \end{bmatrix} = \boldsymbol{Y}_a \begin{bmatrix} \dot{U}_{1a} \\ \dot{U}_{2a} \end{bmatrix} + \boldsymbol{Y}_b \begin{bmatrix} \dot{U}_{1b} \\ \dot{U}_{2b} \end{bmatrix} = \boldsymbol{Y}_a \begin{bmatrix} \dot{U}_1 \\ \dot{U}_2 \end{bmatrix} + \boldsymbol{Y}_b \begin{bmatrix} \dot{U}_1 \\ \dot{U}_2 \end{bmatrix}$$

$$= [\boldsymbol{Y}_a + \boldsymbol{Y}_b] \begin{bmatrix} \dot{U}_1 \\ \dot{U}_2 \end{bmatrix} = \boldsymbol{Y} \begin{bmatrix} \dot{U}_1 \\ \dot{U}_2 \end{bmatrix} \qquad (6.3 - 11)$$

式(6.3 - 11)是复合电路的 Y 方程，Y 为其短路导纳矩阵。由式(6.3 - 11)有

$$\boldsymbol{Y} = \boldsymbol{Y}_a + \boldsymbol{Y}_b \qquad (6.3 - 12a)$$

即二端口电路并联时，复合电路的短路导纳矩阵 $\boldsymbol{Y}$ 等于子电路短路导纳矩阵 $\boldsymbol{Y}_a$ 与 $\boldsymbol{Y}_b$ 之和。

该关系可推广至多个二端口电路关联(连接前后不能破坏各二端口特性)的情况，即多个二端口电路关联，其总的二端口电路 $Y_{总}$ 参数矩阵等于各子二端口电路 Y_i 参数矩阵之和，即

$$Y_{总} = \sum_{i=1}^{n} Y_i \qquad (6.3 - 12b)$$

如两个子电路入口串联，而出口并联，则称为二端口电路串并联，如图 6.3 - 2(c)所示。用类似方法不难得到，当两个子电路串并联时，复合电路的混合参数矩阵 $\boldsymbol{H}$ 等于子电路混合参数矩阵 $\boldsymbol{H}_a$ 与 $\boldsymbol{H}_b$ 之和，即

$$\boldsymbol{H} = \boldsymbol{H}_a + \boldsymbol{H}_b \qquad (6.3 - 13)$$

如两个子电路入口并联，而出口串联，则称为二端口电路并串联，如图 6.3 - 2(d)所

示。当两个子电路并串联时，复合电路的混合参数矩阵 Q 等于子电路 Q_a 与 Q_b 之和，即

$$Q = Q_a + Q_b \tag{6.3-14}$$

6.3.3　二端口电路连接的相容性[①]

为了保证连接后满足端口条件，应该进行相容性（或有效性）检验。

图 6.3-3 是二端口电路串联时相容性检验的原理图，图中 $\dot{I}_s$ 激励源。对图 6.3-3(a)，子电路 N_a 和 N_b 的出口开路（这是因为串联时复合电路和子电路都用开路阻抗参数），由图 6.3-3(a)可见，这时有 $\dot{I}_{1a} = \dot{I}_{1a}'$，$\dot{I}_{1b} = \dot{I}_{1b}'$。如果计算或者测量 cd 两点间的电压 $\dot{U} = 0$，那么将 c 与 d 短接后，电路各处电压、电流也不会改变，即仍然保持 $\dot{I}_{1a} = \dot{I}_{1a}'$，$\dot{I}_{1b} = \dot{I}_{1b}'$，因而保证了端口条件。对于图 6.3-3(b)，显然有 $\dot{I}_{2a} = \dot{I}_{2a}'$，$\dot{I}_{2b} = \dot{I}_{2b}'$，若 ab 两点间的电压 $\dot{U} = 0$，则将 a 与 b 短接后仍能保持以上端口条件。如果经图 6.3-3(a)和(b)的检验后，入口、出口均满足端口条件，那么两个子电路串联是相容的，用式(6.3-8)计算复合电路的 Z 矩阵有效。

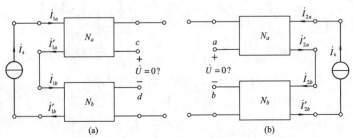

图 6.3-3　二端口电路串联的相容性检验

图 6.3-4 是二端口电路并联时相容性检验的原理图，图中 $\dot{U}_s$ 为激励源。对于图 6.3-4(a)，子电路 N_a、N_b 的出口短路（这是因为并联时所用的参数为短路导纳参数），由图6.3-4(a)可见，这时有 $\dot{I}_{1a} = \dot{I}_{1a}'$，$\dot{I}_{1b} = \dot{I}_{1b}'$。若测量或计算得 $\dot{U} = 0$，那么出口并联后各处电流、电压将保持不变，因而仍保持 $\dot{I}_{1a} = \dot{I}_{1a}'$，$\dot{I}_{1b} = \dot{I}_{1b}'$。同样地，对于图 6.3-4(b)，若 $\dot{U} = 0$，则入口并联后仍保持 $\dot{I}_{2a} = \dot{I}_{2a}'$，$\dot{I}_{2b} = \dot{I}_{2b}'$。经过图 6.3-4(a)和(b)的检验，若入口、出口均满足端口条件，则两个子电路是并联相容的，应用式(6.3-12)计算复合电路的 Y 矩阵有效。

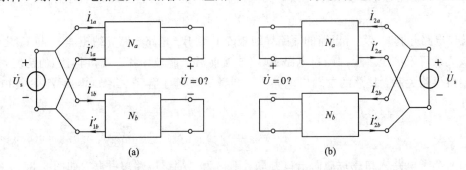

图 6.3-4　二端口电路并联的相容性检验

当二端口电路串并联或并串联时，其相容性检验方法类同，例如串并联的相容性检验

---

① 相容性即 Permissibility。

原理如图 6.3 - 5 所示。

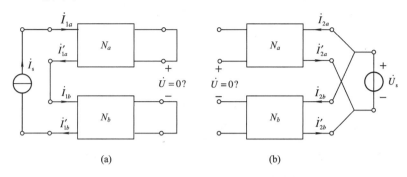

图 6.3 - 5 二端口电路串并联的相容性检验

6.4 二端口电路的网络函数

二端口电路的各种参数表征了二端口电路本身的性质。实际应用中，当入口接有信号源，出口接有负载时，可利用网络函数的概念分析二端口电路响应(输出)与激励(输入)之间的关系。

若二端口电路的激励相量为 $\dot{F}$，响应相量为 $\dot{Y}$，则网络函数定义为(参看式 5.1 - 2)

$$H(j\omega) = \frac{\dot{Y}}{\dot{F}} \tag{6.4 - 1}$$

如果激励和响应在电路的同一端口，那么称网络函数为策动点函数；若激励和响应在不同的端口，则称为转移函数。二端口电路的各种网络函数可用任何一组参数表示。一般而言，各参数是 $j\omega$ 的函数，因而各种网络函数也是 $j\omega$ 的函数。为了简明，在以下的讨论中省去 $j\omega$。

6.4.1 策动点函数

策动点(或驱动点)函数有输入阻抗(导纳)和输出阻抗(导纳)两类。

当二端口电路的出口接以负载阻抗 Z_L 时，如图 6.4 - 1(a)所示，其入口电压 $\dot{U}_1$ 与入口电流 $\dot{I}_1$ 之比称为输入阻抗函数(简称输入阻抗)，用 Z_{in} 表示，其倒数称为输入导纳函数(简称输入导纳)，用 Y_{in} 表示，即

$$Z_{in} \stackrel{\text{def}}{=\!=} \frac{\dot{U}_1}{\dot{I}_1} \tag{6.4 - 2}$$

$$Y_{in} \stackrel{\text{def}}{=\!=} \frac{\dot{I}_1}{\dot{U}_1} \tag{6.4 - 3}$$

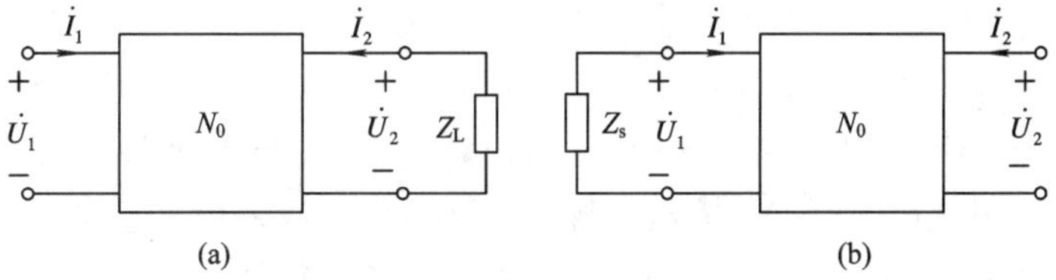

图 6.4 - 1 策动点函数

当二端口电路的入口接以阻抗 Z_s（它常是电源的内阻抗）时，如图 6.4 - 1(b)所示，其出口电压 $\dot{U}_2$ 与出口电流 $\dot{I}_2$ 之比称为输出阻抗（函数），用 Z_{out} 表示，其倒数称为输出导纳（函数），用 Y_{out} 表示，即

$$Z_{out} \stackrel{\text{def}}{=\!=} \frac{\dot{U}_2}{\dot{I}_2} \tag{6.4-4}$$

$$Y_{out} \stackrel{\text{def}}{=\!=} \frac{\dot{I}_2}{\dot{U}_2} \tag{6.4-5}$$

下面以 A 参数为例，讨论输入阻抗和输出阻抗。

二端口电路的 A 方程为

$$\dot{U}_1 = a_{11}\dot{U}_2 + a_{12}(-\dot{I}_2)$$
$$\dot{I}_1 = a_{21}\dot{U}_2 + a_{22}(-\dot{I}_2)$$

由图 6.4 - 1(a)可见，当出口接以阻抗 Z_L 时，有 $\dot{U}_2 = -Z_L\dot{I}_2$，将它代入 A 方程可得输入阻抗

$$
\begin{aligned}
Z_{in} = \frac{\dot{U}_1}{\dot{I}_1} &= \frac{a_{11}\dot{U}_2 + a_{12}(-\dot{I}_2)}{a_{21}\dot{U}_2 + a_{22}(-\dot{I}_2)} \\
&= \frac{a_{11}(-Z_L\dot{I}_2) + a_{12}(-\dot{I}_2)}{a_{21}(-Z_L\dot{I}_2) + a_{22}(-\dot{I}_2)} \\
&= \frac{a_{11}Z_L + a_{12}}{a_{21}Z_L + a_{22}}
\end{aligned}
\tag{6.4-6}
$$

由图 6.4 - 1(b)可见，当入口接以阻抗 Z_s 时，有

$$\dot{U}_1 = -Z_s\dot{I}_1$$

将它代入 A 方程，消去 $\dot{U}_1$ 和 $\dot{I}_1$ 后，可得输出阻抗

$$Z_{out} = \frac{a_{22}Z_s + a_{12}}{a_{21}Z_s + a_{11}} \tag{6.4-7}$$

当负载开路（$Z_L = \infty$）时，其输入阻抗称为开路输入阻抗，用 $Z_{in\infty}$ 表示；当负载短路（$Z_L = 0$）时，其输入阻抗称为短路输入阻抗，用 Z_{in0} 表示。由式(6.4 - 6)可得

$$
\begin{cases}
Z_{in\infty} = \dfrac{a_{11}}{a_{21}} \\[3mm]
Z_{in0} = \dfrac{a_{12}}{a_{22}}
\end{cases}
\tag{6.4-8}
$$

当 $Z_s = \infty$ 和 $Z_s = 0$ 时，其输出阻抗分别称为开路输出阻抗 $Z_{out\infty}$ 和短路输出阻抗 Z_{out0}。由式(6.4 - 7)可得

$$
\begin{cases}
Z_{out\infty} = \dfrac{a_{22}}{a_{21}} \\[3mm]
Z_{out0} = \dfrac{a_{12}}{a_{11}}
\end{cases}
\tag{6.4-9}
$$

输入阻抗 Z_{in} 的倒数就是输入导纳 Y_{in}，输出阻抗 Z_{out} 的倒数就是输出导纳 Y_{out}。

类似地，输入阻抗（或导纳）、输出阻抗（或导纳）也可以采用其它参数，这里不再赘述。用各种参数表示的输入阻抗、输出阻抗公式都列在表 6 - 3 中。

表 6 - 3 网络函数的表示式

网络函数 $H(j\omega)$		用 Z 参数表示	用 Y 参数表示	用 A 参数表示	用 H 参数表示	用 Q 参数表示
输入阻抗	$Z_{in}=\dfrac{\dot{U}_1}{\dot{I}_1}$	$\dfrac{\Delta_z+z_{11}Z_L}{z_{22}+Z_L}$	$\dfrac{y_{22}+Y_L}{\Delta_y+y_{11}Y_L}$	$\dfrac{a_{11}Z_L+a_{12}}{a_{21}Z_L+a_{22}}$	$\dfrac{\Delta_h+h_{11}Y_L}{h_{22}+Y_L}$	$\dfrac{q_{22}+Z_L}{\Delta_q+q_{11}Z_L}$
输出阻抗	$Z_{out}=\dfrac{\dot{U}_2}{\dot{I}_2}$	$\dfrac{\Delta_z+z_{22}Z_s}{z_{11}+Z_s}$	$\dfrac{y_{11}+Y_s}{\Delta_y+y_{22}Y_s}$	$\dfrac{a_{22}Z_s+a_{12}}{a_{21}Z_s+a_{11}}$	$\dfrac{h_{11}+Z_s}{\Delta_h+h_{22}Z_s}$	$\dfrac{\Delta_q+q_{22}Y_s}{q_{11}+Y_s}$
电压比	$A_u=\dfrac{\dot{U}_2}{\dot{U}_1}$	$\dfrac{z_{21}Z_L}{\Delta_z+z_{11}Z_L}$	$\dfrac{-y_{21}}{y_{22}+Y_L}$	$\dfrac{Z_L}{a_{11}Z_L+a_{12}}$	$\dfrac{-h_{21}}{\Delta_h+h_{11}Y_L}$	$\dfrac{q_{21}Z_L}{q_{22}+Z_L}$
电流比	$A_i=\dfrac{\dot{I}_2}{\dot{I}_1}$	$\dfrac{-z_{21}}{z_{22}+Z_L}$	$\dfrac{y_{21}Y_L}{\Delta_y+y_{11}Y_L}$	$\dfrac{-1}{a_{21}Z_L+a_{22}}$	$\dfrac{h_{21}Y_L}{h_{22}+Y_L}$	$\dfrac{-q_{21}}{\Delta_q+q_{11}Z_L}$
转移阻抗	$Z_T=\dfrac{\dot{U}_2}{\dot{I}_1}$	$\dfrac{z_{21}Z_L}{z_{22}+Z_L}$	$\dfrac{-y_{21}}{\Delta_y+y_{11}Y_L}$	$\dfrac{Z_L}{a_{21}Z_L+a_{22}}$	$\dfrac{-h_{21}}{h_{22}+Y_L}$	$\dfrac{q_{21}Z_L}{\Delta_q+q_{11}Z_L}$
转移导纳	$Y_T=\dfrac{\dot{I}_2}{\dot{U}_1}$	$\dfrac{-z_{21}}{\Delta_z+z_{11}Z_L}$	$\dfrac{y_{21}Y_L}{y_{22}+Y_L}$	$\dfrac{-1}{a_{11}Z_L+a_{12}}$	$\dfrac{h_{21}Y_L}{\Delta_h+h_{11}Y_L}$	$\dfrac{-q_{21}}{q_{22}+Z_L}$

注：表中 $Z_L=1/Y_L$ 为负载阻抗，$Z_s=1/Y_s$ 为入口端接阻抗。

6.4.2 转移函数

转移函数也称为传输函数或传递函数，它们表征了出口电压 $\dot{U}_2$（或电流 $\dot{I}_2$）与入口电压 $\dot{U}_1$（或电流 $\dot{I}_1$）的关系。选择不同的输出量和输入量（其参考方向如图 6.4 - 2 所示），可定义四种转移函数：

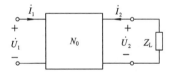

图 6.4 - 2 转移函数

电压比（或电压增益） $A_u\overset{def}{=\!=}\dfrac{\dot{U}_2}{\dot{U}_1}$ (6.4 - 10)

电流比（或电流增益） $A_i\overset{def}{=\!=}\dfrac{\dot{I}_2}{\dot{I}_1}$ (6.4 - 11)

转移阻抗 $Z_T\overset{def}{=\!=}\dfrac{\dot{U}_2}{\dot{I}_1}$ (6.4 - 12)

转移导纳 $Y_T\overset{def}{=\!=}\dfrac{\dot{I}_2}{\dot{U}_1}$ (6.4 - 13)

各转移函数能用任一种参数表示。譬如，二端口电路的 A 方程为

$$\dot{U}_1=a_{11}\dot{U}_2+a_{12}(-\dot{I}_2)$$
$$\dot{I}_1=a_{21}\dot{U}_2+a_{22}(-\dot{I}_2)$$

当出口接以阻抗 Z_L 时，有 $\dot{U}_2 = -Z_L\dot{I}_2$，将它代入上式，得

$$\dot{U}_1 = a_{11}\dot{U}_2 + \frac{a_{12}}{Z_L}\dot{U}_2$$

$$\dot{I}_1 = a_{21}(-Z_L\dot{I}_2) + a_{22}(-\dot{I}_2)$$

由上式可得电压比和电流比分别为

$$A_u = \frac{\dot{U}_2}{\dot{U}_1} = \frac{Z_L}{a_{11}Z_L + a_{12}} \tag{6.4-14}$$

$$A_i = \frac{\dot{I}_2}{\dot{I}_1} = \frac{-1}{a_{21}Z_L + a_{22}} \tag{6.4-15}$$

转移阻抗和转移导纳分别为

$$Z_T = \frac{\dot{U}_2}{\dot{I}_1} = \frac{-Z_L\dot{I}_2}{\dot{I}_1} = \frac{Z_L}{a_{21}Z_L + a_{22}} \tag{6.4-16}$$

$$Y_T = \frac{\dot{I}_2}{\dot{U}_1} = \frac{\dot{U}_2/(-Z_L)}{\dot{U}_1} = \frac{-1}{a_{11}Z_L + a_{12}} \tag{6.4-17}$$

表 6-2 中列出了各种参数表示的网络函数。请注意，电流的参考方向如图 6.4-2 所示；此外，按定义，转移导纳不等于转移阻抗的倒数，即 $Y_T \neq 1/Z_T$。

如果入口接有内阻抗为 Z_s 的激励源 $\dot{U}_s$ 或 $\dot{I}_s$，如图 6.4-3 所示，则称其为双端接载的二端口电路。

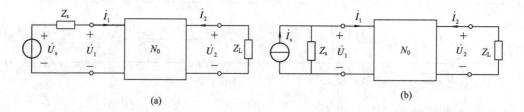

图 6.4-3 双端接载的二端口电路

这时，在电源端有以下关系：

对于图 6.4-3(a)有

$$\dot{U}_1 = \dot{U}_s - Z_s\dot{I}_1 \tag{6.4-18a}$$

对于图 6.4-3(b)有

$$\dot{I}_1 = \dot{I}_s - \frac{\dot{U}_1}{Z_s} \tag{6.4-18b}$$

在负载端有

$$\dot{U}_2 = -Z_L\dot{I}_2 \tag{6.4-19}$$

将式(6.4-18a)或(6.4-18b)、(6.4-19)与二端口电路的任一组方程联立，就可解得所需的各变量。

在双端接载的情况下，也常用出口电压 $\dot{U}_2$（或电流 $\dot{I}_2$）与激励源 $\dot{U}_s$（或 $\dot{I}_s$）之比来定义转移函数，其电压比、电流比、转移阻抗和转移导纳分别用 A_{us}、A_{is}、Z_{Ts} 和 Y_{Ts} 表示。例如对于图 6.4-3(a)，电压比和转移导纳为

$$A_{us} = \frac{\dot{U}_2}{\dot{U}_s} \quad 和 \quad Y_{Ts} = \frac{\dot{I}_2}{\dot{U}_s}$$

对于图 6.4 - 3(a)所示的电路，其入口阻抗为 Z_{in}，故有

$$\dot{U}_1 = \frac{Z_{in}}{Z_s + Z_{in}}\dot{U}_s$$

于是得电压比

$$A_{us} = \frac{\dot{U}_2}{\dot{U}_s} = \frac{\dot{U}_1}{\dot{U}_s} \cdot \frac{\dot{U}_2}{\dot{U}_1} = \frac{Z_{in}}{Z_s + Z_{in}}A_u$$

将用某种参数(例如 Z 参数)表示的 Z_{in} 和 A_u(见表 6 - 2)代入上式，可得电压比

$$A_{us} = \frac{\dot{U}_2}{\dot{U}_s} = \frac{\dfrac{\Delta_z + z_{11}Z_L}{z_{22} + Z_L}}{Z_s + \dfrac{\Delta_z + z_{11}Z_L}{z_{22} + Z_L}} \cdot \frac{z_{21}Z_L}{\Delta_z + z_{11}Z_L} = \frac{z_{21}Z_L}{\Delta_z + z_{11}Z_L + z_{22}Z_s + Z_sZ_L}$$

$$(6.4 - 20)$$

由于 $\dot{U}_2 = -Z_L\dot{I}_2$，故得转移导纳

$$Y_{Ts} = \frac{\dot{I}_2}{\dot{U}_s} = \frac{\dot{U}_2/(-Z_L)}{\dot{U}_s} = \frac{-z_{21}}{\Delta_z + z_{11}Z_L + z_{22}Z_s + Z_sZ_L} \qquad (6.4 - 21)$$

其他网络函数求法类似，不再赘述。

利用网络函数分析二端口电路，概念清晰，便于应用，它也是电路综合设计的基础。在电路的综合设计中，常根据需要的频率响应等技术要求，求得合适的转移函数，再根据转移函数确定能够实现给定技术要求的二端口电路及其内部结构和元件参数。

例 6.4 - 1 图 6.4 - 4 中二端口电路 N 由 3 个子电路级联组成，各子电路 $\boldsymbol{A}$ 矩阵分别为

$$\boldsymbol{A}_a = \boldsymbol{A}_c = \begin{bmatrix} 1 & 2 \ \Omega \\ 0 & 1 \end{bmatrix}; \quad \boldsymbol{A}_b = \begin{bmatrix} 1 & 0 \ \Omega \\ \dfrac{1}{3} \ \mathrm{S} & 1 \end{bmatrix}$$

信号源 $U_s = 15$ V，内阻 $R_s = 6 \ \Omega$，负载 $R_L = 4 \ \Omega$，求二端口电路 N 的端口电压 U_1 和 U_2。

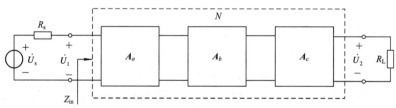

图 6.4 - 4 例 6.4 - 1 图

解 由于二端口电路 N 由子电路级联组成，故复合电路的 $\boldsymbol{A}$ 矩阵

$$\boldsymbol{A} = \boldsymbol{A}_a\boldsymbol{A}_b\boldsymbol{A}_c = \begin{bmatrix} 1 & 2 \\ 0 & 1 \end{bmatrix}\begin{bmatrix} 1 & 0 \\ \dfrac{1}{3} & 1 \end{bmatrix}\begin{bmatrix} 1 & 2 \\ 0 & 1 \end{bmatrix} = \begin{bmatrix} \dfrac{5}{3} & \dfrac{16}{3} \\ \dfrac{1}{3} \ \mathrm{S} & \dfrac{5}{3} \end{bmatrix}$$

二端口电路 N 的负载阻抗 $Z_L = R_L = 4 \ \Omega$，N 的输入阻抗(由表 6 - 2 可查得用 A 参数的输入阻抗表示式)

$$Z_{in} = \frac{a_{11}Z_L + a_{12}}{a_{21}Z_L + a_{22}} = \frac{\dfrac{5}{3} \times 4 + \dfrac{16}{3}}{\dfrac{1}{3} \times 4 + \dfrac{5}{3}} = 4 \ \Omega$$

所以电路 N 的入口电压(设 $\dot{U}_\text{s}$ 初相为零)

$$\dot{U}_1 = \frac{Z_\text{in}}{R_\text{s} + Z_\text{in}}\dot{U}_\text{s} = \frac{4}{6+4}\times 15 = 6 \text{ V}$$

电压比(见表 6 - 2)

$$A_u = \frac{\dot{U}_2}{\dot{U}_1} = \frac{Z_\text{L}}{a_{11}Z_\text{L} + a_{12}} = \frac{4}{\frac{5}{3}\times 4 + \frac{16}{3}} = \frac{1}{3}$$

故电路 N 的出口电压

$$\dot{U}_2 = A_u\dot{U}_1 = \frac{1}{3}\times 6 = 2 \text{ V}$$

例 6.4 - 2　信号源经二端口电路 N 向负载 Z_L 传输功率，如图 6.4 - 5(a)所示。已知 $U_\text{s}=24$ V，内阻 $R_\text{s}=12$ Ω，二端口电路的 $\boldsymbol{Z}$ 矩阵

$$\boldsymbol{Z} = \begin{bmatrix} \text{j}16 & \text{j}10 \\ \text{j}10 & \text{j}4 \end{bmatrix}\Omega$$

为使负载获得最大功率，求所需的 Z_L 及其获得的功率。

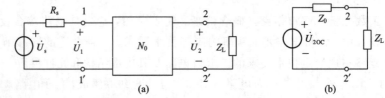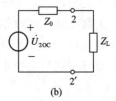

图 6.4 - 5　例 6.4 - 2 图

解　为研究负载 Z_L 的功率，可作出输出端口的戴维南等效电路，如图 6.4 - 5(b)所示，其等效内阻抗 Z_0 就是输出阻抗 Z_out。由表 6 - 2 可知(这里 $Z_\text{s}=R_\text{s}=12$ Ω，$\Delta_z = z_{11}z_{22} - z_{12}z_{21}=36$)

$$Z_0 = Z_\text{out} = \frac{\Delta_z + z_{22}R_\text{s}}{z_{11} + R_\text{s}} = \frac{36 + \text{j}4\times 12}{\text{j}16 + 12} = 3 \text{ Ω}$$

所以当 $Z_\text{L}=Z_0=3$ Ω 时，负载获得功率为最大。

现在求出口开路电压 $\dot{U}_\text{2OC}$。由电压比 A_{us} 的定义可知 $\dot{U}_2 = A_{us}\dot{U}_\text{s}$。当出口开路时，即 $Z_\text{L}\to\infty$，故出口开路电压

$$\dot{U}_\text{2OC} = \lim_{Z_\text{L}\to\infty} A_{us}\cdot\dot{U}_\text{s} \qquad (6.4 - 22)$$

由式(6.4 - 20)可得

$$\lim_{Z_\text{L}\to\infty} = \lim_{Z_\text{L}\to\infty}\frac{z_{21}Z_\text{L}}{\Delta_z + z_{11}Z_\text{L} + z_{22}Z_\text{s} + Z_\text{s}Z_\text{L}} = \frac{z_{21}}{z_{11} + z_\text{s}}$$

将上式代入式(6.4 - 22)，设 $\dot{U}_\text{s}$ 初相为零，得出口开路电压(式中 $Z_\text{s}=R_\text{s}=12$ Ω)

$$\dot{U}_\text{2OC} = \frac{z_{21}}{z_{11} + z_\text{s}}\dot{U}_\text{s} = \frac{\text{j}10}{\text{j}16 + 12}\times 12 = 12\angle 36.9° \text{ V}$$

最后得负载 Z_L 获得的功率

$$P_\text{Lm} = \frac{U_\text{2OC}^2}{4Z_0} = \frac{12^2}{4\times 3} = 12 \text{ W}$$

6.4.3　特性阻抗

在研究二端口电路的传输匹配问题时，常借用特性阻抗(或称影像阻抗)的概念。

二端口电路的特性阻抗有入口特性阻抗 Z_{c1} 和出口特性阻抗 Z_{c2}。它们是这样定义的：当出口接负载 $Z_L = Z_{c2}$ 时，二端口的输入阻抗 $Z_{in} = Z_{c1}$；而当入口接阻抗(通常它是电源内阻抗) $Z_s = Z_{c1}$ 时，其输出阻抗 $Z_{out} = Z_{c2}$，如图 6.4 - 6 所示。

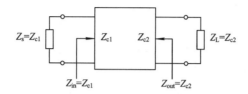

图 6.4 - 6　二端口电路的特性阻抗

根据以上定义，由式(6.4 - 6)和式(6.4 - 7)可得

$$Z_{in} = \frac{a_{11}Z_L + a_{12}}{a_{21}Z_L + a_{22}} = \frac{a_{11}Z_{c2} + a_{12}}{a_{21}Z_{c2} + a_{22}} = Z_{c1}$$

$$Z_{out} = \frac{a_{22}Z_s + a_{12}}{a_{21}Z_s + a_{11}} = \frac{a_{22}Z_{c1} + a_{12}}{a_{21}Z_{c1} + a_{11}} = Z_{c2}$$

由以上两式可解得

$$Z_{c1} = \sqrt{\frac{a_{11}a_{12}}{a_{21}a_{22}}} \qquad (6.4 - 23)$$

$$Z_{c2} = \sqrt{\frac{a_{22}a_{12}}{a_{21}a_{11}}} \qquad (6.4 - 24)$$

由式(6.4 - 8)和式(6.4 - 9)，特性阻抗也可表示为

$$\begin{cases} Z_{c1} = \sqrt{Z_{in\infty} Z_{in0}} \\ Z_{c2} = \sqrt{Z_{out\infty} Z_{out0}} \end{cases} \qquad (6.4 - 25)$$

可见，Z_{c1}、Z_{c2} 只与二端口自身的参数有关，与负载阻抗、电源内阻抗无关。由于 Z_{c1}、Z_{c2} 能体现二端口电路本身的特性，故称之为二端口电路的特性阻抗。

若 $Z_L = Z_{c2}$，称为出口匹配；若 $Z_s = Z_{c1}$，则称为入口匹配。当入口和出口均匹配时，称为完全匹配(或无反射匹配)。

需要指出，这里的匹配概念不同于前面讲过的共轭匹配。共轭匹配时，负载能从给定的电源获得最大功率。这里由于插入了二端口电路，因而希望传输损耗最小(当然也希望获得尽可能大的功率)。

传输损失最小的匹配称为无反射匹配。这一概念是从传输线理论引入的。传输线传输信号时，信号以波的形式沿线传播，当负载不符合无反射匹配条件时，信号到达负载后，将产生反射波，使部分电磁能量沿传输线返回电源端。如果电源端也不符合无反射匹配条件，则该反射波也将有部分能量再次返回，传向负载，如此反复进行。二端口电路作为信号传输系统，借用了这一概念。当二端口电路的端口不符合无反射匹配的条件时，不仅使传输过程中的损耗增大，而且影响信号的正常传输，使信号发生失真。

6.5　应用实例和电路设计

6.5.1　阻抗匹配电路设计

在设计无线电传输系统时，常会遇到负载阻抗与信号源电路所需的负载阻抗不相等的情形，如果将它们直接连在一起，则由于在连接端口间不匹配，使整个系统得不到最大功率输出，而且会引起其它各种问题。为此就需要设计一个二端口电路，接在负载与信号源电路之间，把实际负载阻抗转换成信号源电路所需要的负载阻抗，从而获得阻抗匹配。这种阻抗变换电路常称为阻抗匹配电路。

为了不消耗信号的功率，阻抗匹配电路通常由电抗元件构成。

例 6.5 - 1　如有一角频率为 $\omega = 5 \times 10^7$ rad/s，等效内阻为 60 Ω 的信号源，供给一电阻为 600 Ω 的负载，为使信号源与负载完全匹配，并使负载获得最大功率，需要一电抗电路(选图 6.5 - 1 所示的 LC 结构)接于信号源与负载之间，试设计这个阻抗匹配电路。

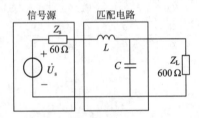

图 6.5 - 1　例 6.5 - 1 图

解　为使 LC 电路两个端口完全匹配，必须

$$Z_s = Z_{c1} = \sqrt{Z_{in\infty} Z_{in0}} = \sqrt{\left(j\omega L + \frac{1}{j\omega C} \right) j\omega L} = 60$$

$$Z_L = Z_{c2} = \sqrt{Z_{out\infty} Z_{out0}} = \sqrt{\frac{1}{j\omega C} \cdot \frac{j\omega L \frac{1}{j\omega C}}{j\omega C + \frac{1}{j\omega C}}} = 600$$

解得

$$L = 3.6 \ \mu H, \quad C = 100 \ pF$$

由于阻抗匹配电路由纯电抗元件构成，本身不消耗功率，因而这个电路不仅使得电路处于完全匹配状态，而且也使得负载电阻从信号源获得最大功率。

6.5.2　衰减器电路设计

在电子设备或仪器中，为了调节信号的电平(如音量调节等)，常用电阻组成衰减器。由于没有电抗元件，电路能在很宽的频率范围内实现阻抗匹配。在设计衰减器时，常用的参数为功率比

$$k_P = \frac{电路输入功率 \ P_1}{电路输出功率 \ P_2} \tag{6.5 - 1}$$

由于衰减器是纯电阻电路，其特性阻抗均为纯电阻，所以电路的输入功率 $P_1 = U_1 I_1$，

输出功率 $P_2 = U_2 I_2$。

为了保证信号无反射衰减，要求电路必须完全匹配。常用的衰减器有 T 形、Π 形和桥 T 形等。为简便，下面以对称 T 形衰减器为例进行讨论，如图 6.5-2 所示，其特性阻抗为

$$Z_{c1} = Z_{c2} = Z_c = \sqrt{Z_{in\infty} Z_{in0}} = \sqrt{(R_1 + R_2)(R_1 + R_1 /\!/ R_2)} = \sqrt{R_1^2 + 2R_1 R_2}$$

$$(6.5 - 2)$$

并且 $U_1 = Z_c I_1$，$U_2 = Z_L I_2 = Z_c I_2$，所以

$$\sqrt{k_P} = \sqrt{\frac{U_1 I_1}{U_2 I_2}} = \frac{U_1}{U_2} = \frac{I_1}{I_2}$$

令电压比(或电流比)为 k(也称为电压衰减倍数)。

由图 6.5-2，利用分流公式，有

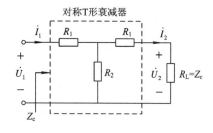

$$I_2 = \frac{R_2}{R_1 + R_2 + Z_c} I_1$$

即

$$k = \frac{I_1}{I_2} = \frac{R_1 + R_2 + Z_c}{R_2} \quad (6.5 - 3)$$

由式(6.5-2)和式(6.5-3)联立可解得

图 6.5-2 对称 T 形衰减器电路

$$R_1 = Z_c \frac{k-1}{k+1} \qquad (6.5 - 4a)$$

$$R_2 = Z_c \frac{2k}{k^2 - 1} \qquad (6.5 - 4b)$$

例 6.5-2 某信号源的等效内阻为 600 Ω，负载电阻为 600 Ω。今欲设计一组衰减器，使能分别得到 10，20，30，…，100 dB 的电压衰减，试设计其二端口电路。

解 由于电源内阻和负载电阻均为 600 Ω，故可设计成对称的 T 形电路。

根据要求，如分别设计 10 dB、20 dB 等衰减器，则需要 10 个 T 形电路。仔细研究一下可以发现，只要设计 10 dB、20 dB、30 dB、40 dB 四个衰减器就可以了。由于各衰减器的特性阻抗均相同，所以它们级联起来都是匹配的，而级联后的总衰减等于各衰减器之和。这样在需要其他衰减值时，可以用这四个衰减器的各种组合来实现，例如 80 dB＝40 dB＋30 dB＋10 dB。因此，衰减器电路如图 6.5-3 所示，图中 S_1、S_2、S_3、S_4 为双刀双掷开关，图中电阻的单位均为 Ω。

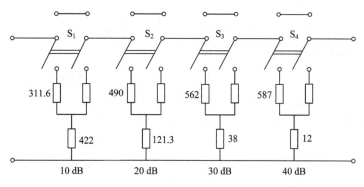

图 6.5-3 例 6.5-2 图

将 dB 数（$20\lg k$）转换为电压比 k，然后利用式（6.5-4a）和式（6.5-4b）（$Z_c = 600\ \Omega$）求得 R_1 和 R_2 的值，如表 6-4 所示。

表 6-4　例 6.5-2 电阻参数值

衰　减		R_1/Ω	R_2/Ω
dB	k		
10	3.16	311.6	422
20	10	490	121.3
30	31.6	562	38
40	100	587	12

6.5.3　回转器及其应用

回转器（gyrator）是现代电路理论中使用的一种二端口元件，其元件符号如图 6.5-4 所示。回转器的端口方程为

$$\begin{cases} u_1(t) = -\dfrac{1}{g}i_2(t) \\[2mm] i_1(t) = gu_2(t) \end{cases} \tag{6.5-5}$$

式中，g 称为回转常数，具有电导的量纲。回转器的相量关系为

$$\begin{cases} \dot{U}_1 = -\dfrac{1}{g}\dot{I}_2 \\[2mm] \dot{I}_1 = g\dot{U}_2 \end{cases}$$

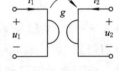

图 6.5-4　回转器元件符号

容易写出回转器的 $\boldsymbol{A}$ 矩阵，为

$$\boldsymbol{A} = \begin{bmatrix} 0 & \dfrac{1}{g} \\[2mm] g & 0 \end{bmatrix} \tag{6.5-6}$$

回转器吸收的功率为

$$p(t) = u_1(t)i_1(t) + u_2(t)i_2(t) = -\frac{1}{g}i_2(t)gu_2(t) + u_2(t)i_2(t) = 0$$

可见，回转器是一个无源元件，既不消耗能量也不储存能量。

1. 回转器的实现电路

回转器是 B. D. Tellegen 于 1948 年首先定义的，后来人们用运放给出了其工程实现。

　　例 6.5-3　试证明图 6.5-5 所示电路可以实现一个回转器，其回转常数为 $-1/R$。

　　解　在电路的两个端口分别外加电流源 i_1 和 i_2，分析端口电压电流的关系。下面利用节点电压法求解。

必须指出：对含理想运放的电路列节点电压方程时，只能在运放的输入端进行列写，而不能在运放的输出端列写，因为运放的输出端电流存在，但未知。

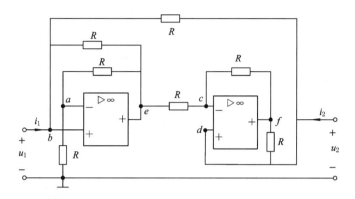

图 6.5 − 5 回转器的实现电路

设 a、b、c、d、e、f 各节点的电压分别为 u_a、u_b、u_c、u_d、u_e、u_f。先在左边运放的两个输入端 a 和 b 列节点电压方程(考虑虚断):

$$\begin{cases} \dfrac{2}{R}u_a - \dfrac{1}{R}u_e = 0 \\[2mm] \dfrac{2}{R}u_b - \dfrac{1}{R}u_e - \dfrac{1}{R}u_2 = i_1 \end{cases}$$

观察电路,并考虑到运放输入端的虚短特性,有 $u_a = u_b = u_1$,代入上一组方程,有

$$u_e = 2u_1 \tag{6.5 − 7}$$

$$i_1 = -\frac{1}{R}u_2 \tag{6.5 − 8}$$

再列出右边运放两个输入端 c 和 d 的节点电压方程(考虑虚断)

$$\begin{cases} \dfrac{2}{R}u_c - \dfrac{1}{R}u_e - \dfrac{1}{R}u_f = 0 \\[2mm] \dfrac{2}{R}u_d - \dfrac{1}{R}u_1 - \dfrac{1}{R}u_f = i_2 \end{cases}$$

观察电路,并考虑到运放输入端的虚短特性,有 $u_c = u_d = u_2$,代入上一组方程并利用式 (6.5 − 7) 可解得

$$u_1 = Ri_2 \tag{6.5 − 9}$$

式(6.5 − 9)和式(6.5 − 8)恰好构成了回转常数为 $-1/R$ 回转器的端口方程。

2. 实现电容变换为电感

实现电容元件与电感元件的互换是回转器的一种重要而且有趣的应用。因为在集成电路中电感制造比较困难,而电容相对容易些,所以采用回转器可以解决集成电路中的一个难题。

例 6.5 − 4 证明图 6.5 − 6 所示的二端电路等效为一个电感。

解 由图 6.5 − 6,并考虑 $-\dfrac{\dot{U}_2}{\dot{I}_2} = \dfrac{1}{\mathrm{j}\omega C}$,输入阻抗

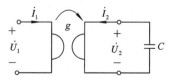

图 6.5 − 6 电容转换为电感

$$Z_{\text{in}} = \frac{\dot{U}_1}{\dot{I}_1} = \frac{-\frac{1}{g}\dot{I}_2}{g\dot{U}_2} = \frac{1}{g^2\left(-\frac{\dot{U}_2}{\dot{I}_2}\right)} = \frac{1}{g^2\left(\frac{1}{j\omega C}\right)} = j\omega\left(\frac{C}{g^2}\right)$$

可见，输入电阻相当于电感 $L = \dfrac{C}{g^2}$ 的阻抗。

由于构成回转器的运放有接地端，因而用图 6.5 - 7 实现的等效电感也有一端接地。为了获得不接地的所谓浮地电感，可采用图 6.5 - 7(a)所示的电路。

例 6.5 - 5 证明图 6.5 - 7(a)所示的二端口电路与图 6.5 - 7(b)所示的电路等效。

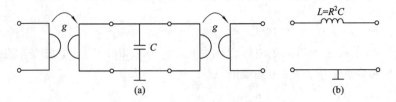

图 6.5 - 7 浮地电感的实现

解 图 6.5 - 7(a)用两个回转器和一个电容级联实现了浮地电感。根据级联关系，图 6.5 - 7(a)的 **A** 矩阵为

$$A = \begin{bmatrix} 0 & \dfrac{1}{g} \\ g & 0 \end{bmatrix} \begin{bmatrix} 1 & 0 \\ j\omega C & 1 \end{bmatrix} \begin{bmatrix} 0 & \dfrac{1}{g} \\ g & 0 \end{bmatrix} = \begin{bmatrix} 1 & j\omega\dfrac{C}{g^2} \\ 0 & 1 \end{bmatrix}$$

而图 6.5 - 7(b)浮地电感的 **A** 矩阵与上式相同，所以满足等效关系。

习 题 6

知识点归纳

6 - 1 求题 6 - 1 图示二端口电路的 Z 参数。

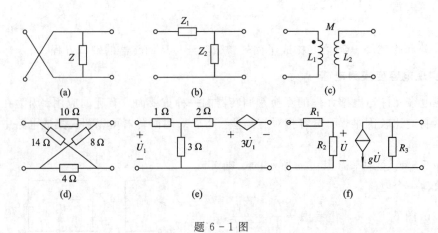

题 6 - 1 图

6-2　求题 6-2 图示二端口电路的 Y 参数。

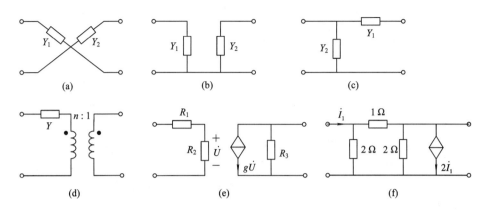

题 6-2 图

6-3　求题 6-3 图示二端口电路的 A 参数。

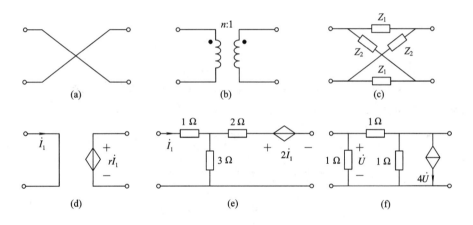

题 6-3 图

6-4　求题 6-4 图示二端口电路的 H 参数。

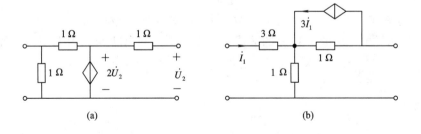

题 6-4 图

6-5　求题 6-5 图示电路的 A 参数。

6-6　求题 6-6 图示电路的 H 参数。

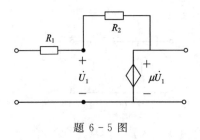

题 6 - 5 图

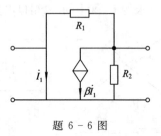

题 6 - 6 图

6 - 7 已知题 6 - 7 图示电路的 Z 矩阵为

$$Z = \begin{bmatrix} 10 & 8 \\ 5 & 10 \end{bmatrix} (\Omega)$$

求 R_1、R_2、R_3 和 r。

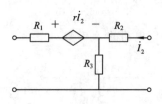

题 6 - 7 图

6 - 8 含独立源的二端口电路如题 6 - 8 图所示,求其 Z 参数和开路电压 $\dot{U}_{OC1}$、$\dot{U}_{OC2}$,并画出其 Z 参数等效电路。

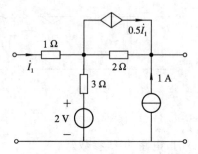

题 6 - 8 图

6 - 9 求题 6 - 9 图示电路的 Z 参数,并画出其 T 形等效电路。

6 - 10 求题 6 - 10 图示电路的 Z 参数和 Y 参数,画出 T 形或 Ⅱ 形等效电路。

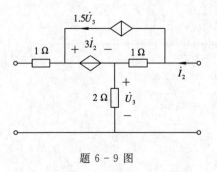

题 6 - 9 图

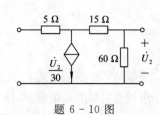

题 6 - 10 图

6-11　题 6-11 图示电路可看作是 Γ 形电路与理想变压器相级联，求复合电路的 A 参数。

6-12　如题 6-12 图所示电路，可看作由三个简单二端口电路级联组成，求其 A 矩阵，并转换成 Z 矩阵和 Y 矩阵。

题 6-11 图　　　　　　　　　　题 6-12 图

6-13　T 形电路可看作是由题 6-13 图示的两个二端口电路串联组成的，用求复合参数的方法求其 Z 参数。

6-14　Π 形电路可看作是由题 6-14 图示的两个二端口电路并联组成的，用求复合参数的方法求其 Y 参数。

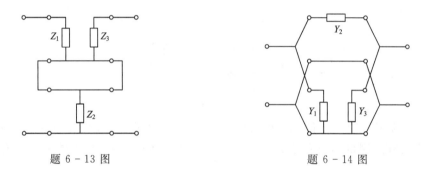

题 6-13 图　　　　　　　　　　题 6-14 图

6-15　如题 6-15 图所示的双 T 形电路，求其 Y 参数(设角频率为 ω)。

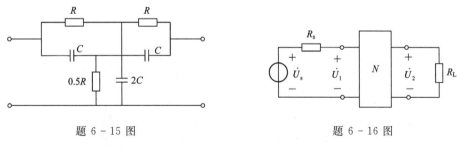

题 6-15 图　　　　　　　　　　题 6-16 图

6-16　如题 6-16 图所示的电路，已知对于角频率为 ω 的信号源，电路 N 的 Z 矩阵为

$$Z = \begin{bmatrix} -\mathrm{j}16 & -\mathrm{j}10 \\ -\mathrm{j}10 & -\mathrm{j}4 \end{bmatrix} \Omega$$

负载电阻 $R_{\mathrm{L}}=3\ \Omega$，电源内阻 $R_{\mathrm{s}}=12\ \Omega$，$\dot{U}_{\mathrm{s}}=12\ \mathrm{V}$。

(1) 求策动点函数 Z_{in} 和 Z_{out}，转移函数 A_u、A_i、Z_{T} 和 Y_{T}。

(2) 求电压 $\dot{U}_1$ 和 $\dot{U}_2$。

6 – 17 如题 6 – 17 图所示电路，已知电路 N 的 $\boldsymbol{Z}$ 矩阵为

$$\boldsymbol{Z} = \begin{bmatrix} 2 & 1 \\ 1 & 2 \end{bmatrix} (\Omega)$$

电源 $\dot{U}_s = 6$ V，$\dot{I}_s = 4$ A，求电路 N 吸收的功率。

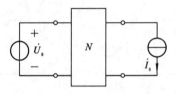

题 6 – 17 图

6 – 18 如题 6 – 18 图所示的二端口电路由两个相同的子电路级联组成。

(1) 求级联电路的 A 参数；

(2) 若 $R_L = 1$ kΩ，求 Z_{in}、A_u 和 A_i。

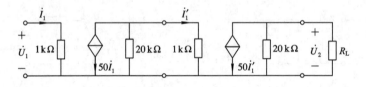

题 6 – 18 图

6 – 19 对称二端口电路 N，将它与变比为 1：1 的理想变压器相级联后，按题 6 – 19 图(a)的连接方式测得其输入导纳为 Y_a，按题 6 – 19 图(b)的连接方式测得其输入导纳为 Y_b，试证

$$y_{11} = y_{22} = \frac{Y_a + Y_b}{4}$$

$$y_{12} = y_{21} = \frac{Y_a - Y_b}{4}$$

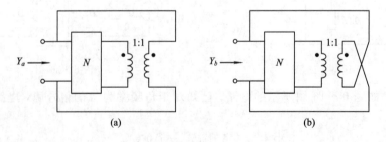

(a)   (b)

题 6 – 19 图

6 – 20 将流控电流源 N_a 与另一反向的压控电压源 N_b 相串并联，如题 6 – 20 图所示。试证当控制系数 $\alpha = \mu$ 时，该复合电路可等效为 n：1 的理想变压器，并求出其变比 n 与控制系数的关系。

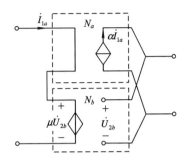

题 6 - 20 图

6 - 21 设计一个二端口电路实现下述参数

$$\boldsymbol{Z} = \begin{bmatrix} 25 & 20 \\ 5 & 10 \end{bmatrix} (\Omega)$$

6 - 22 题 6 - 22 图中虚线框内为实用对称 Ⅱ 形衰减器，已知 $R_s = R_L$，为使特性阻抗 $R_{c1} = R_{c2} = R_s = R_L$，且 $\dfrac{\dot{U}_2}{\dot{U}_1} = K$，试用 R_L 和 K 表示 R_1 和 R_2。

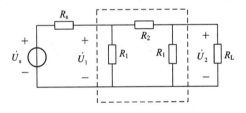

题 6 - 22 图

6 - 23 题 6 - 23 图所示 LC 电路是为满足入口和出口完全匹配插入的，这可使负载获得最大功率，试求 L 和 C（设 $\omega = 10^6$ rad/s）。

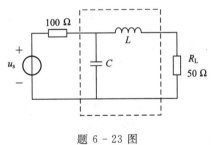

题 6 - 23 图

＊第 7 章　非 线 性 电 路

　　前面各章讨论了线性电路。组成线性电路的元件都是线性的，它们的参数 R、L、C 等都是不随其电流、电压(或电荷、磁链)而改变的量。本章讨论含有非线性元件的电路，即非线性电路。非线性元件的参数是电流、电压(或电荷、磁链)的函数。

　　严格说来，实际电路都是非线性的，不过实际电路元件的工作电流、电压都限制在一定范围之内，在正常工作条件下大多可以认为它们是线性的，特别是那些非线性程度比较微弱的电路元件，把它当成线性元件处理不会带来很大的差异。但是对于非线性较为显著的元件，就不能忽视其非线性特性，否则将使分析计算结果与实际量值相差过大，甚至发生质的差异，无法解释其中的物理现象。

　　本章将讨论简单的非线性电路，介绍有关非线性电路的一些基本知识。

7.1　非 线 性 元 件

7.1.1　非线性电阻

　　电阻元件的特性是用 u-i 平面的伏安特性来描述的。线性电阻的伏安特性是 u-i 平面上通过原点的直线，它可表示为

$$u = Ri$$

式中 R 为常数。不符合上述直线关系的电阻元件称为非线性电阻，其电路图符号如图 7.1－1 所示。

　　如果通过电阻的电流是其端电压的单值函数，则称其为电压控制型电阻，其典型伏安特性如图 7.1－2(a)所示。由图可见，在特性曲线上，对应于各电压值，有且仅有一个电流值与之相对应；但是，对应于同一电流值，电压可能是多值的。隧道二极管就具有这种特性。

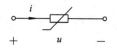

图 7.1－1　非线性电阻

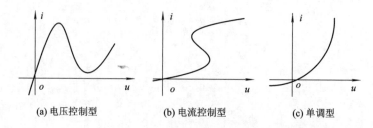

(a) 电压控制型　　　　(b) 电流控制型　　　　(c) 单调型

图 7.1－2　非线性电阻的伏安特性

　　如果电阻两端的电压是其电流的单值函数，则称其为电流控制型电阻，其典型伏安特性如图 7.1－2(b)所示。由图可见，在特性曲线上对应于每一电流值，有且仅有一个电压

值与之相对应；但是，对应于同一电压值，电流可能是多值的。充气二极管（氖灯）就具有这样的特性。

　　另一类非线性电阻的伏安特性是单调增长或单调下降的，它既是电压控制型又是电流控制型，称为单调型电阻，其典型伏安特性如图 7.1 - 2(c)所示。PN 结二极管就具有这种特性。

　　一般而言，压控电阻的伏安关系可表示为

$$i = f(u) \tag{7.1-1}$$

流控电阻的伏安关系可表示为

$$u = h(i) \tag{7.1-2}$$

单调型电阻的伏安关系可用式(7.1-1)表示，也可用式(7.1-2)表示。例如，PN 结二极管的伏安特性可表示为

$$i = I_\mathrm{S}(e^{\lambda u} - 1) \tag{7.1-3}$$

式中，I_S 称为反向饱和电流；λ 是与温度有关的常数，在室温下 $\lambda \approx 40 \ \mathrm{V}^{-1}$。由式(7.1-3)不难求得

$$u = \frac{1}{\lambda} \ln\left(\frac{i}{I_\mathrm{S}} + 1\right) \tag{7.1-4}$$

就是说，电压也可用电流的单值函数表示。

　　需要注意，线性电阻和有些非线性电阻，其伏安特性与其端电压的极性（或其电流的方向）无关，其特性曲线对称于原点，如图 7.1 - 3 所示，称为双向性。许多非线性电阻是单向性的，其伏安特性与其端电压或电流的方向有关，如图 7.1 - 4 所示。

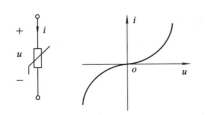
　　　图 7.1 - 3　变阻管的符号及特性

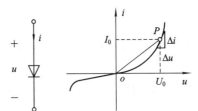
　　图 7.1 - 4　PN 二极管的符号及特性

　　由于非线性电阻的伏安特性不是直线，因而不能像线性电阻那样用常数表示其电阻值。通常引用静态电阻 R 和动态电阻 R_d 的概念。非线性电阻元件在某一工作点的静态电阻

$$R \overset{\text{def}}{=\!=} \frac{u}{i} \tag{7.1-5}$$

例如图 7.1 - 4 中工作点 P 处的静态电阻 $R = U_0/I_0$。在工作点 P 处的动态电阻（增量电阻）R_d 定义为该点电压增量 Δu 与电流增量 Δi 之比的极限，即电压对电流的导数

$$R_\mathrm{d} \overset{\text{def}}{=\!=} \frac{\mathrm{d}u}{\mathrm{d}i} \tag{7.1-6}$$

动态电导

$$G_\mathrm{d} \overset{\text{def}}{=\!=} \frac{\mathrm{d}i}{\mathrm{d}u} \tag{7.1-7}$$

　　显然，静态电阻 R 和动态电阻 R_d 都与工作点 P 的位置有关，它们一般是电压或电流的函数。对于无源元件，在电压、电流参考方向一致的情况下，静态电阻为正值，而动态电阻则可能为负值。譬如，对图 7.1 - 2(a) 所示的特性曲线而言，在曲线上升部分，动态电阻为正，而在曲线下降部分，动态电阻 R_d 和动态电导 $G_d(G_d = 1/R_d)$ 为负值。

　　有不少电阻，其伏安特性受到某个物理量（如温度、光强度、压力等）控制，可称为受控电阻。图 7.1 - 5(a) 是温控电阻（热敏电阻）的伏安特性，其特性曲线随环境温度 T 而改变。当工作在原点附近，信号电压较小时，其特性曲线可看作是通过原点的直线。图 7.1 - 5(b) 是原点附近特性的放大。这时，该电阻可用线性温控电阻作为它的模型，其伏安关系可写为

$$u = R(T)i \qquad\qquad (7.1 - 8)$$

式中，$R(T)$ 是不同温度 T 时的电阻值，电阻值随温度变化的关系如图 7.1 - 5(c) 所示。当温度升高时，其电阻值降低，因而称其为负温度系数的热敏电阻。

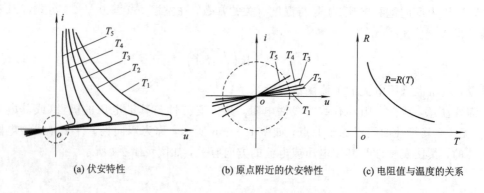

(a) 伏安特性　　　　　　(b) 原点附近的伏安特性　　　　(c) 电阻值与温度的关系

图 7.1 - 5　热敏电阻的特性

　　晶体管、场效应管（FET）、可控硅（SCR）等属于三端元件或二端口元件，它们的原理将在有关课程中详细讨论，这里不多赘述。

　　例 7.1 - 1　设某非线性电阻的伏安特性为 $u = 10i + i^2$。

（1）如 $i_1 = 1$ A，求其端电压 u_1；

（2）如 $i_2 = ki_1 = k$ A，求其电压 u_2。$u_2 = ku_1$ 吗？

（3）如 $i_3 = i_1 + i_2 = 1 + k$ A，求电压 u_3。$u_3 = u_1 + u_2$ 吗？

（4）如 $i = \cos(\omega_1 t) + \cos(\omega_2 t)$ A，求电压 u。

　　解　（1）当 $i_1 = 1$ A 时，

$$u_1 = 10 \times 1 + 1^2 = 11 \text{ V}$$

　　（2）当 $i_2 = k$（A）时

$$u_2 = 10k + k^2 \text{ V}$$

显然，$u_2 \neq ku_1$，即对于非线性电阻而言，齐次性不成立。

　　（3）当 $i_3 = i_1 + i_2 = 1 + k$ A 时

$$u_3 = 10(1 + k) + (1 + k)^2 = 11 + 12k + k^2 \text{ V}$$

显然，$u_3 \neq u_1 + u_2$，即对于非线性电阻而言，可加性也不成立。

　　（4）当 $i = \cos(\omega_1 t) + \cos(\omega_2 t)$ A 时

$$u = 10 \times [\cos(\omega_1 t) + \cos(\omega_2 t)] + [\cos(\omega_1 t) + \cos(\omega_2 t)]^2$$

$$= 10 \times [\cos(\omega_1 t) + \cos(\omega_2 t)] + \cos^2(\omega_1 t) + \cos^2(\omega_2 t) + 2\cos(\omega_1 t)\cos(\omega_2 t)$$

$$= \underbrace{1}_{\text{直流}} + \underbrace{10[\cos(\omega_1 t) + \cos(\omega_2 t)]}_{\text{基频}} + \underbrace{0.5[\cos(2\omega_1 t) + \cos(2\omega_2 t)]}_{\text{二倍频}} +$$

$$\underbrace{\cos[(\omega_1 + \omega_2)t]}_{\text{和频}} + \underbrace{\cos[(\omega_1 - \omega_2)t]}_{\text{差频}}$$

可见,当激励是两个不同频率的正弦信号时,其响应电压除角频率为 ω_1 和 ω_2 的分量(基频分量)外,还包含有直流、二倍频、和频、差频等新的频率分量。因此,非线性电阻可以产生频率不同于输入频率的输出。通信接收机中的混频器就是利用这一原理构成的。

可见,一般而言,对于非线性电阻,齐次性与可加性均不成立,即它不具有线性性质,因此,前述各章中凡依据线性性质推得的定理、方法、结论等都不适用于非线性电阻。当然,直接由 KCL、KVL 而并没应用线性性质得出的结果(如电源转移、替代定理、特勒根定理等)仍适用于分析非线性电阻电路。

7.1.2　非线性电容

电容元件的特性是用 q-u 平面的库伏特性来描述的。线性电容的库伏特性是 q-u 平面上通过原点的直线,它可表示为

$$q = Cu$$

式中 C 为常数。不符合上述直线关系的电容元件称为非线性电容。其电路图符号如图 7.1-6 所示。

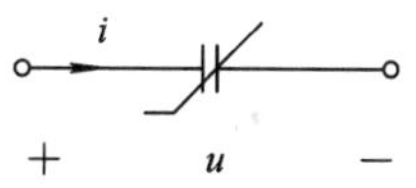

如果电容的电荷是电压的单值函数,则称其为电压控制型电容,其电荷、电压关系可表示为

图 7.1-6　非线性电容

$$q = f(u) \tag{7.1-9}$$

如果电容端电压是电荷的单值函数,则称其为电荷控制型电容,其电容、电压关系可表示为

$$u = h(q) \tag{7.1-10}$$

如果 q-u 特性曲线是单调上升或单调下降的,称其为单调型电容,其库伏特性既可表示为式(7.1-9),也可表示为(7.1-10)。

在电压、电流参考方向一致的条件下,电容电流

$$i = \frac{\mathrm{d}q}{\mathrm{d}t} = \frac{\mathrm{d}q}{\mathrm{d}u}\frac{\mathrm{d}u}{\mathrm{d}t} = C_\mathrm{d}(u)\frac{\mathrm{d}u}{\mathrm{d}t} \tag{7.1-11}$$

式中

$$C_\mathrm{d} = C_\mathrm{d}(u) = \frac{\mathrm{d}q}{\mathrm{d}u} \tag{7.1-12}$$

称为非线性电容元件的动态电容或增量电容。显然,动态电容 C_d 的值是电容端电压 u 的函数,它是库伏特性曲线上工作点处的斜率。而在工作点处的静态电容 C 定义为该点的电荷值 q 与电压值 u 之比,即 $C = q/u$。

以铁电物质为介质的电容器属于非线性电容。图 7.1-7 给出了非线性平板电容的库伏特性和动态电容 C_d 随电压 u 变化的关系。

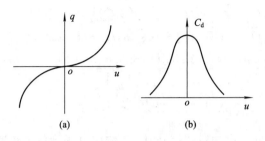

图 7.1 - 7 非线性平板电容的特性

7.1.3 非线性电感

电感元件的特性是用 Ψ-i 平面的韦安特性来描述的。线性电感的韦安特性是 Ψ-i 平面上通过原点的直线，它可表示为

$$\Psi = Li$$

式中 L 为常数。不符合上述直线关系的电感元件称为非线性电感，其电路图符号如图 7.1 - 8 所示。

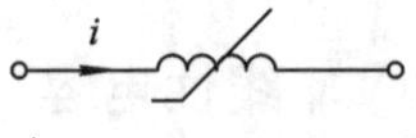

如果电感的磁链 Ψ 是电流 i 的单值函数，则称其为电流控制型电感，其磁链、电流关系可表示为

图 7.1 - 8 非线性电感

$$\Psi = f(i) \qquad (7.1 - 13)$$

如果电感电流是磁链的单值函数，则其称为磁链控制型电感，其磁链、电流关系可表示为

$$i = h(\Psi) \qquad (7.1 - 14)$$

如果 Ψ-i 特性曲线是单调上升或单调下降的，则称其为单调型电感。

在电压、电流参考方向一致的条件下，电感端电压

$$u = \frac{\mathrm{d}\Psi}{\mathrm{d}t} = \frac{\mathrm{d}\Psi}{\mathrm{d}i}\frac{\mathrm{d}i}{\mathrm{d}t} = L_\mathrm{d}(i)\frac{\mathrm{d}i}{\mathrm{d}t} \qquad (7.1 - 15)$$

式中

$$L_\mathrm{d} = L_\mathrm{d}(i) = \frac{\mathrm{d}\Psi}{\mathrm{d}i} \qquad (7.1 - 16)$$

称为非线性电感元件的动态电感或增量电感。显然，它是电流 i 的函数，是 Ψ-i 特性曲线上工作点处的斜率。在工作点处的静态电感 L 定义为该点的磁链值 Ψ 与电流值 i 之比，即 $L = \Psi / i$。

在电子技术中使用铁芯或磁芯的电感元件，其特性曲线是磁滞回线，如图 7.1 - 9 所示。这种电感既非电流控制的，又非磁链控制的。

以上讨论的非线性元件的特性曲线都不随时间而改变，可称为非时变的非线性元件。如果其特性曲线随时间而改变，则称为时变元件。本书只讨论非时变元件。

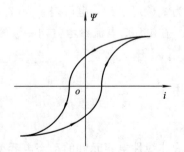

图 7.1 - 9 磁铁材料的 Ψ-i 特性

7.2　非线性电阻的串联和并联

7.2.1　非线性电阻的串联

图 7.2 - 1(a)是两个非线性电阻的串联电路,根据 KCL 和 KVL,有

$$\begin{cases} i = i_1 = i_2 \\ u = u_1 + u_2 \end{cases} \quad (7.2-1)$$

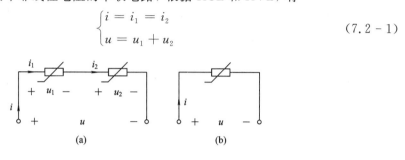

图 7.2 - 1　非线性电阻的串联

设两个电阻为流控电阻或单调增长型电阻,其伏安特性可表示为

$$\begin{cases} u_1 = f_1(i_1) \\ u_2 = f_2(i_2) \end{cases} \quad (7.2-2)$$

按式(7.2 - 1),两个电阻串联后应满足

$$u = u_1 + u_2 = f_1(i_1) + f_2(i_2) = f_1(i) + f_2(i) \quad (7.2-3)$$

如果把串联电路看成是一个一端口电路,如图 7.2 - 1(b)所示,其端口电压电流关系(伏安特性)称为该一端口的驱动点特性。于是,图 7.2 - 1(b)的一端口特性可写为

$$u = f(i) \quad (7.2-4)$$

而对于所有的 i,有

$$f(i) = f_1(i) + f_2(i) \quad (7.2-5)$$

就是说,两个流控型电阻或单调增长型电阻相串联,等效于一个流控型或单调增长型电阻。

也可用图解的方法分析非线性电阻串联电路。设图 7.2 - 1(a)的两个非线性电阻的伏安特性如图 7.2 - 2 所示。把同一电流值下的 u_1 和 u_2 相加即可得到 u。例如,在 $i_1 = i_2 = i_0$ 处,有 $u_{10} = f_1(i_0)$,$u_{20} = f_2(i_0)$,则对应于 i_0 处的电压 $u_0 = u_{10} + u_{20}$(见图 7.2 - 2)。取不同的 i 值,就可逐点求得等效一端口的伏安特性,如图 7.2 - 2 所示。

如果两个非线性电阻中有一个是电压控制的,在电流值的某范围内电压是多值的,这时

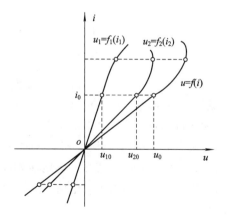

图 7.2 - 2　非线性电阻串联的图解

将写不出如式(7.2 - 3)式(7.2 - 4)的解析形式,但用图解法仍可求得等效非线性电阻的伏安特性。

用图解法逐点描绘等效一端口电路的驱动点伏安特性是烦琐的，在大多数实用场合，常可用一些直线段来近似实际的伏安特性，从而简化这一工作。譬如 PN 结二极管，其伏安特性如图 7.2－3(a)所示。在计算精度要求较低的情况下，可将二极管看作是理想二极管，其伏安特性如图 7.2－3(b)所示。在 $u_D<0$ 时，$i_D=0$，即当二极管加反向电压时，它截止，这时理想二极管相当于开路；在 $i_D>0$ 时，$u_D=0$，即当理想二极管导通时，它相当于短路。由图可见，理想二极管的伏安特性既非电压控制型的也非电流控制型的。如果计算精度要求较高，实际二极管的伏安特性可用图 7.2－3(c)所示的折线来近似。

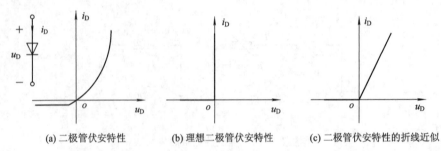

(a) 二极管伏安特性   (b) 理想二极管伏安特性   (c) 二极管伏安特性的折线近似

图 7.2－3 二极管伏安特性的近似

在分析非线性电路问题时，要注意电压、电流的参考方向，特别要注意多数非线性电阻是单向性的，不同的接法，其结果也不相同。

例 7.2－1 （1）图 7.2－4(a)是理想二极管 V_D 与线性电阻相串联的电路，画出其 $u\text{-}i$ 特性。

（2）如二极管反接，其 $u\text{-}i$ 特性如何？

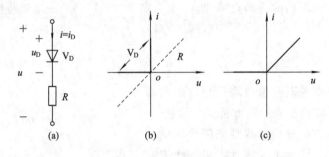

(a)   (b)   (c)

图 7.2－4 理想二极管与线性电阻串联情况之一

解 （1）画出理想二极管的伏安特性如图 7.2－4(b)中实线所示，线性电阻 R 的伏安特性为通过原点的直线，如图 7.2－4(b)中虚线所示。

当电压 $u>0$ 时，电流 $i>0$，这时理想二极管相当于短路，故在上半平面(即 $i>0$ 的半平面)只需将二者 $u\text{-}i$ 特性上的电压相加即可；当 $u<0$ 时，二极管截止，相当于开路，这时两元件串联电路也开路，电流 i 恒等于零，于是得两元件串联时的伏安特性如图 7.2－4(c)所示。

（2）当理想二极管反接时(见图 7.2－5(a))，由于这时 $u_1=-u_D$，$i=-i_D$，故其 $u\text{-}i$ 特性如图 7.2－5(b)中实线所示，图中虚线为线性电阻 R 的 $u\text{-}i$ 特性。于是得图 7.2－5(a)电路的伏安特性，如图 7.2－5(c)所示。

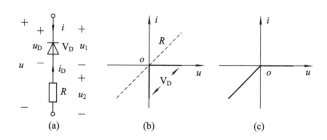

图 7.2 - 5 理想二极管与线性电阻串联情况之二

7.2.2 非线性电阻的并联

图 7.2 - 6(a)是两个非线性电阻的并联电路。根据 KVL 和 KCL 有

$$\begin{cases} u = u_1 = u_2 \\ i = i_1 + i_2 \end{cases} \tag{7.2 - 6}$$

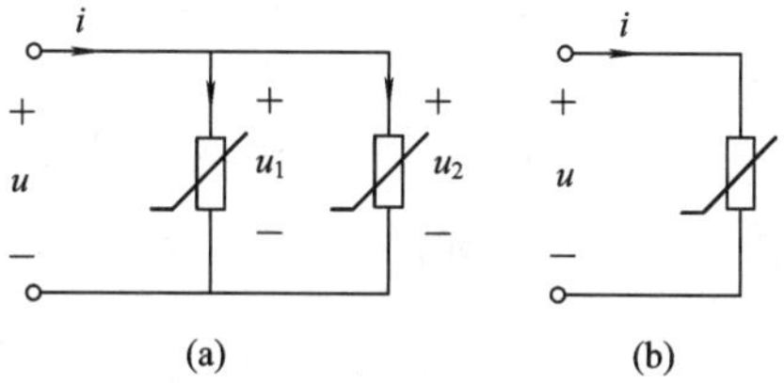

图 7.2 - 6 非线性电阻的并联

设两个非线性电阻为压控型或单调增长型电阻,其伏安特性可表示为

$$\begin{cases} i_1 = f_1(u_1) \\ i_2 = f_2(u_2) \end{cases} \tag{7.2 - 7}$$

按式(7.2 - 6),两个电阻相并联后应满足

$$i = i_1 + i_2 = f_1(u_1) + f_2(u_2) = f_1(u) + f_2(u) \tag{7.2 - 8}$$

由并联电路组成的等效一端口电路(见图 7.2 - 6(b))的驱动点特性可写为

$$i = f(u) \tag{7.2 - 9}$$

式中对于所有的 u,有

$$f(u) = f_1(u) + f_2(u) \tag{7.2 - 10}$$

即两个压控型或单调增长型电阻相并联,等效于
一个压控型或单调增长型电阻。如果并联的非线
性电阻之一不是压控型的,就得不到上述解析表
达式,但可用图解法求解。

用图解法分析非线性电阻并联电路时,把在
同一电压值下的各并联非线性电阻的电流值相
加。例如图 7.2 - 7 中,在 $u_1 = u_2 = u_0$ 处,有 $i_{10} = f_1(u)$,$i_{20} = f_2(u)$,则对应于 u_0 处的电流 $i_0 = i_{10} + i_{20}$。取不同的 u 值,就可逐点求得等效一端口电路的伏安特性。

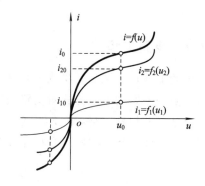

图 7.2 - 7 非线性电阻并联的图解

例 7.2 - 2 (1)图 7.2 - 8(a)是理想二极管 V_D 与线性电阻相并联的电路,画出其

u-i 特性。

(2) 如二极管反接，其 u-i 特性如何？

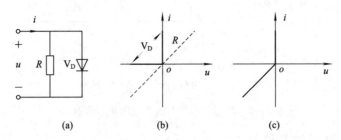

(a)　　　　　　(b)　　　　　　(c)

图 7.2-8　理想二极管与线性电阻并联情况之一

解　(1) 画出理想二极管的伏安特性如图 7.2-8(b) 中实线所示，线性电阻 R 的伏安特性为通过原点的直线，如图 7.2-8(b) 中虚线所示。

当电流 $i>0$ 时，理想二极管相当于短路，其端电压 u 恒为零；当 $u<0$ 时，理想二极管相当于开路，故在左半平面(即 $u<0$ 的半平面)只需将特性曲线上相应电流相加，就得到 V_D 与 R 相并联时的伏安特性，如图 7.2-8(c) 所示。

(2) 当理想二极管反接时(见图 7.2-9(a))，其 u-i 特性如图 7.2-9(b) 中实线所示，于是得图 7.2-9(a) 并联电路的伏安特性如图 7.2-9(c) 所示。

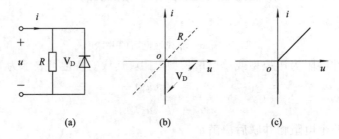

(a)　　　　　　(b)　　　　　　(c)

图 7.2-9　理想二极管与线性电阻并联情况之二

7.3　非线性电阻电路分析

7.3.1　电路方程

分析非线性电路的基本依据是 KCL、KVL 和元件的伏安关系。基尔霍夫定律所反映的是节点与支路的连接方式对支路变量的约束，而与元件本身特性无关，因此，无论是线性电路还是非线性电路，按 KCL 和 KVL 所列方程都是线性代数方程。例如，对图 7.3-1 所示电路，对于节点 a 和 b 可列出 KCL 方程为

$$i_1 + i_2 + i_4 = I_s$$
$$-i_2 + i_3 - i_4 = 0$$

对于回路 Ⅰ 和 Ⅱ，按 KVL 可列得方程

$$-u_1 + u_2 + u_3 = 0$$
$$-u_2 + u_4 = U_s$$

它们都是线性代数方程。

表征元件特性的伏安方程,对于线性电阻而言是线性代数方程,对于非线性电阻来说则是非线性函数。例如图 7.3 - 1 中,对于线性电阻 R_1、R_4 有

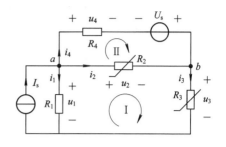

$$u_1 = R_1 i_1, \qquad u_4 = R_4 i_4$$

对于非线性电阻 R_2(设其为压控型的)和 R_3(设其为流控型的)有

$$i_2 = f_2(u_2), \qquad u_3 = h_3(i_3)$$

图 7.3 - 1　非线性电阻电路

以上这些方程构成非线性方程组。由于非线性电阻的伏安方程是非线性函数,因而一般很难用解析的方法求解,我们只能用适当的解析步骤消去一些变量,减少方程数目,然后用非解析的方法,如数值法、图解法、分段线性化法等求出其答案。关于非线性电阻电路的数值解法,请学习有关计算机辅助分析的课程或书籍,本书不作介绍。

7.3.2　图解法

图 7.3 - 2(a)所示的电路由直流电压源 U_s、线性电阻 R 和非线性电阻 R_n 组成。如果把 U_s 与 R 的串联组合看作是一端口电路,按图示的电压、电流参考方向有

$$u = U_s - Ri \tag{7.3 - 1}$$

设非线性电阻 R_n 的伏安特性为

$$i = f(u) \tag{7.3 - 2}$$

如图 7.3 - 2(b)所示。式(7.3 - 1)和式(7.3 - 2)是非线性方程组,一般而言用解析法求解是困难的。在用图解法时,式(7.3 - 1)和式(7.3 - 2)分别为 u-i 平面的两条曲线,而这两条曲线的交点就是该方程组的解。

对于式(7.3 - 2),即非线性电阻的伏安特性如图 7.3 - 2(b)所示,而式(7.3 - 1)是一条直线,它在纵轴的截距为 U_s/R,在横轴的截距为 U_s,如图 7.3 - 2(b)所示。这两条曲线的交点 (U_0, I_0) 同时满足方程式(7.3 - 1)和(7.3 - 2),因而是上述方程组的解,交点 $P(U_0, I_0)$ 称为电路的工作点。在电子线路中,线性电阻 R 常表示负载,该直线常称为负载线。

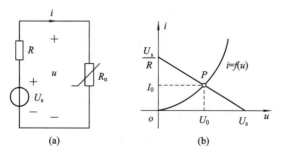

图 7.3 - 2　图解法

如果电路较为复杂,例如图 7.3 - 3(a)所示的电路,可以将 ab 的左侧部分等效为戴维南等效电路,将 ab 的右侧部分用串并联的方法求得其等效非线性电阻 R_n,如图 7.3 - 3(b)

所示。在求得其工作点电压 U_0 和电流 I_0 后，应用替代定理，用已求得的电压(或电流)来代替图 7.3-3(a)中的右侧部分(见图 7.3-3(c))或左侧部分(见图 7.3-3(d))，求解所需的支路电压或电流。

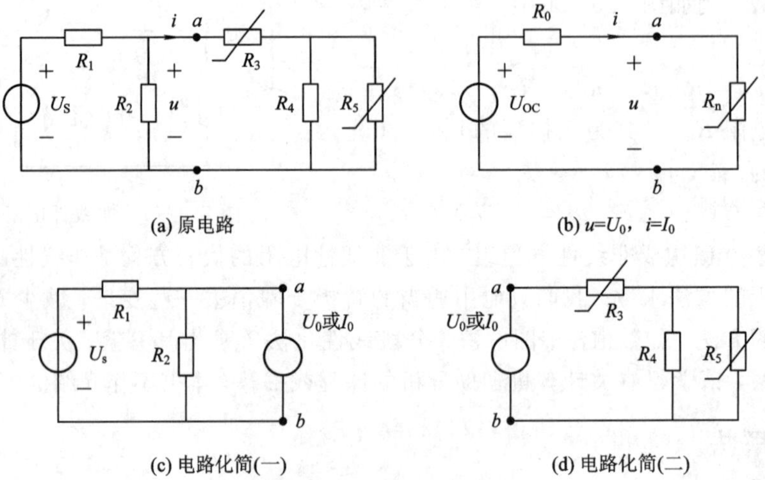

图 7.3-3 复杂电路的化简

如果在作上述等效中，ab 的左侧部分也是非线性的，这时其等效电路如图 7.3-4(a)所示。设非线性电阻 R_{n1} 和 R_{n2} 的伏安特性为

$$i_1 = f_1(u_1) \tag{7.3-3}$$

$$i_2 = f_2(u_2) \tag{7.3-4}$$

其特性曲线如图 7.3-4(b)和(c)所示。

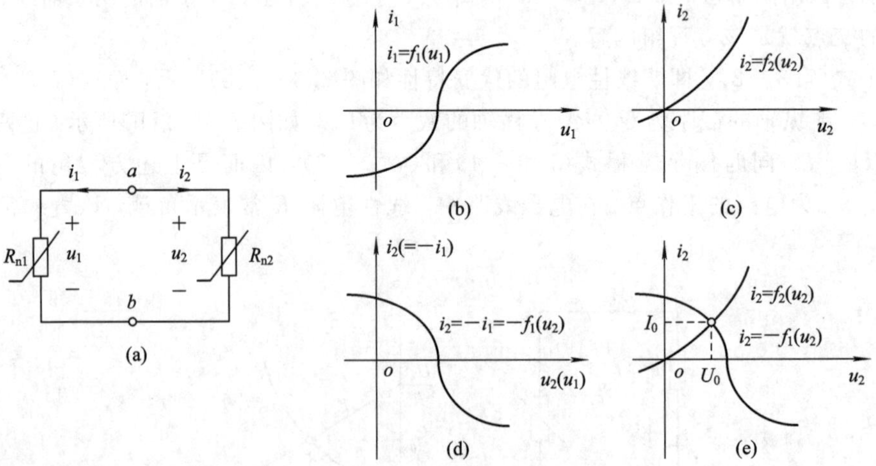

图 7.3-4 复杂电路的图解

由图 7.3-4(a)可见，两个非线性电阻的电压、电流的关系为

$$u_1 = u_2 \quad \text{和} \quad i_2 = -i_1$$

于是，式(7.3-3)可写为

$$i_2 = -i_1 = -f_1(u_2) \tag{7.3-5}$$

其图形如图 7.3-4(d)所示。这样，两个非线性电阻的特性曲线就变为具有相同未知量 u_2、

i_2 的曲线。将式(7.3 - 4)和(7.3 - 5)的曲线画在同一 u - i 平面上，如图 7.3 - 4(e)所示，二者的交点(U_0，I_0)就是方程组(7.3 - 4)和(7.3 - 5)的解，也就是式(7.3 - 3)和(7.3 - 4)的解，即

$$u_1 = u_2 = U_0$$
$$-i_1 = i_2 = I_0$$

7.3.3　分段线性化法

要对非线性电路进行全面的分析计算，一般需将各非线性元件的特性曲线用函数表示出来，这常常是很困难的。即使能表示出来，也由于引用的函数较复杂，使电路方程求解遇到困难。分段线性化法(分段线性近似法)也称折线法，它将非线性元件的特性曲线用若干直线段来近似表示，这些直线段都可写为线性代数方程，这样就可以逐段地对电路作定量计算。例如，我们可将某非线性电阻的伏安特性(见图 7.3 - 5(a)中的虚线)分为三段，用①、②、③三条直线段来代替。这样，在每一个区段，就可用一线性电路来等效。在区间 $0 < u < u_1$，如果线段①的斜率为 G_1，则其方程可写为

$$u = \frac{1}{G_1}i = R_1 i \qquad 0 < u < u_1 \qquad (7.3 - 6)$$

就是说，在 $0 < u < u_1$ 的区间，该非线性电阻可等效为线性电阻 R_1，如图 7.3 - 5(b)所示。类似地，若线段②的斜率为 G_2(显然有 $G_2 < 0$)，它在电压轴的截距为 U_{s2}，则其方程为

$$u = R_2 i + U_{s2} \qquad u_1 < u < u_2 \qquad (7.3 - 7)$$

式中 $R_2 = 1/G_2$，其等效电路如图 7.3 - 5(c)所示。若线段③的斜率为 G_3，它在电压轴的截距为 U_{s3}，则其方程为

$$u = R_3 i + U_{s3} \qquad u > u_2 \qquad (7.3 - 8)$$

式中 $R_3 = 1/G_3$，其等效电路如图 7.3 - 5(d)所示。当然，各区段的等效电路也可用诺顿电路。

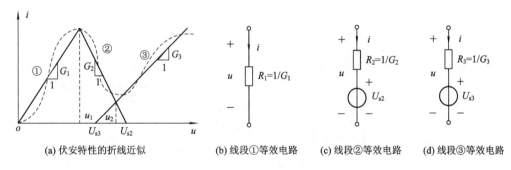

| (a) 伏安特性的折线近似 | (b) 线段①等效电路 | (c) 线段②等效电路 | (d) 线段③等效电路 |

图 7.3 - 5　分段线性化

将非线性元件的特性曲线分段后，就可按区段列出电路方程，用线性电路的分析计算方法求解。下面的例子只说明分段线性化方法的原理，其计算方法并不简便。

例 7.3 - 1　如图 7.3 - 6(a)所示的电路，非线性电阻 r_1 和 r_2 的伏安特性如图 7.3 - 6(b)和(c)所示，求电流 i_1 和 i_2。

解　首先根据非线性电阻 r_1 和 r_2 的伏安特性曲线，求出各线段的等效电路。对于 r_1，按图 7.3 - 6(b)可得各线段的方程为

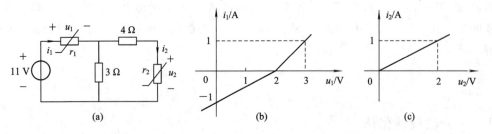

图 7.3 - 6 例 7.3 - 1 图

$$u_1 = r_1 i_1 + U_{s1} = \begin{cases} 2i_1 + 2, & u_1 < 2 \text{ V}, i_1 < 0 \\ i_1 + 2, & u_1 > 2 \text{ V}, i_1 > 0 \end{cases}$$

其相应的等效电路如图 7.3 - 7 所示。对于 r_2，按图 7.3 - 6(c)可得

$$u_2 = r_2 i_2, \quad r_2 = \begin{cases} \infty, & u_2 < 0, i_2 = 0 \\ 2 \ \Omega, & u_2 > 0, i_2 > 0 \end{cases}$$

其相应的等效电路如图 7.3 - 8 所示。于是可画出图 7.3 - 6(a)电路的分段线性等效电路如图 7.3 - 9 所示。不难求得电流 i_1 和 i_2 的表达式分别为

$$i_1 = \frac{11 - U_{s1}}{r_1 + \dfrac{3(r_2 + 4)}{r_2 + 7}} \qquad (7.3 - 9)$$

$$i_2 = \frac{3}{r_2 + 7} i_1 \qquad (7.3 - 10)$$

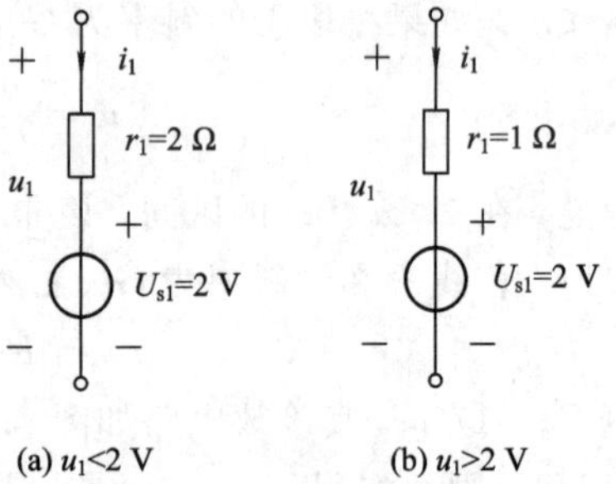

图 7.3 - 7 r_1 的等效电路

现在的问题是，我们不知道图 7.3 - 6(a)中的非线性电阻 r_1 和 r_2 究竟工作在哪段区间，因而只好采取试探的办法：

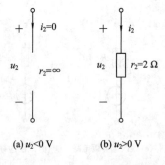

图 7.3 - 8 r_2 的等效电路

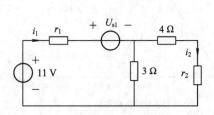

图 7.3 - 9 图 7.3 - 6(a)的等效电路

在 $u_1 < 2$ V, $i_1 < 0$；$u_2 < 0$, $i_2 = 0$ 区间，将 $r_1 = 2 \ \Omega$，$U_{s1} = 2$ V，$r_2 = \infty$ 代入式 (7.3 - 9)，得 $i_1 = 1.8$ A。根据 r_1 的伏安特性，这与 $u_1 < 2$ V, $i_1 < 0$ 矛盾，故它不是电路的解。

在 $u_1 < 2$ V, $i_1 < 0$；$u_2 > 0$, $i_2 > 0$ 区间，将 $r_1 = 2 \ \Omega$，$U_{s1} = 2$ V，$r_2 = 2 \ \Omega$ 代入式 (7.3 - 9)，得 $i_1 = 2.25$ A，显然它也不是电路的解。

在 $u_1 > 2$ V, $i_1 > 0$；$u_2 < 0$, $i_2 = 0$ 区间，将 $r_1 = 1 \ \Omega$，$U_{s1} = 2$ V，$r_2 = \infty$ 代入式(7.3 - 9)

和(7.3-10)，得 $i_1 = 2.25$ A，$i_2 = 0$。我们注意到，按图 7.3-6(a)所示的电路，当 $i_2 = 0$ 时

$$u_2 = 3i_1 = 6.75 \text{ V}$$

根据 r_2 的伏安特性，这一结果与 $u_2 < 0$ 相矛盾，因而它也不是电路的解。

最后，在 $u_1 > 2$ V，$i_1 > 0$；$u_2 > 0$，$i_2 > 0$ 区间，将 $r_1 = 1$ Ω，$U_{s1} = 2$ V，$r_2 = 2$ Ω 代入式 (7.3-9)和(7.3-10)，得

$$i_1 = 3 \text{ A}, \quad i_2 = 1 \text{ A}$$

不难验证，这是图 7.3-6(a)电路的唯一解。

7.3.4　小信号分析法

小信号分析法是电子线路中分析非线性电路的重要方法。图 7.3-10(a)所示的电路中，U_s 为直流电压源（常称为偏置）；$u_s(t)$ 为时变电压源（信号源），并且设对于所有的时间 t，$|u_s(t)| \ll U_s$；R 为线性电阻；非线性电阻为压控型的，设其伏安特性可表示为 $i = f(u)$（见图 7.3-10(b)）。

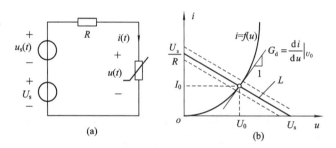

图 7.3-10　小信号分析法

对图 7.3-10(a)所示的电路，按 KVL 有

$$U_s + u_s(t) - Ri(t) = u(t) \qquad \forall t \qquad (7.3-11)$$

其中

$$i(t) = f[u(t)] \qquad \forall t \qquad (7.3-12)$$

首先设 $u_s(t) = 0$，即信号电压为零。这时可用图解法作出负载线 L，求得工作点 (U_0, I_0) 如图 7.3-10(b)所示。

当 $u_s(t) \neq 0$ 时，对任一时刻 t，满足方程式(7.3-11)的所有点 $[u(t), i(t)]$ 的轨迹是图 7.3-10(b)中 $u-i$ 平面的一条平行于 L 的直线（如虚线所示）。由图可见，当 $u_s(t) > 0$ 时，该直线位于 L 的上方；当 $u_s(t) < 0$ 时，该直线位于 L 的下方。满足式(7.3-12)的所有点 $[u(t), i(t)]$ 的轨迹，仍然是该非线性电阻的特性曲线，它不随时间变化。因此，所有位于各直线与特性曲线的交点的值 $[u(t), i(t)]$，就是不同时刻方程组(7.3-11)和(7.3-12)的解。

由于 $u_s(t)$ 足够小，所以解 $[u(t), i(t)]$ 必定位于工作点 (U_0, I_0) 附近。我们把解 $u(t)$、$i(t)$ 各分成两部分，写成

$$\begin{cases} u(t) = U_0 + u_\Delta(t) \\ i(t) = I_0 + i_\Delta(t) \end{cases} \qquad (7.3-13)$$

式中 U_0 和 I_0 是工作点的电压和电流，而 $u_\Delta(t)$ 和 $i_\Delta(t)$ 是小信号 $u_s(t)$ 引起的增量。考虑到非线性电阻的特性，将式(7.3-13)代入式(7.3-12)，得

$$I_0 + i_\Delta(t) = f[U_0 + u_\Delta(t)] \tag{7.3-14}$$

由于 $u_\Delta(t)$ 也足够小，将上式等号右端用泰勒级数展开，取其前两项作为近似值，得

$$I_0 + i_\Delta(t) \approx f(U_0) + \frac{\mathrm{d}f}{\mathrm{d}u}\bigg|_{U_0} u_\Delta(t) \tag{7.3-15}$$

由于 $I_0 = f(U_0)$，故得

$$i_\Delta(t) \approx \frac{\mathrm{d}f}{\mathrm{d}u}\bigg|_{U_0} u_\Delta(t) \tag{7.3-16}$$

式中 $\dfrac{\mathrm{d}f}{\mathrm{d}u}\bigg|_{U_0}$ 是非线性电路特性曲线在工作点 (U_0, I_0) 处的斜率，或者说，是工作点处特性曲线切线的斜率，如图 7.3-10(b) 所示。由此我们看到，由式 (7.3-14) 到式 (7.3-15) 的近似，实际上是用工作点处特性曲线的切线（显然它是直线）近似地代表该点附近的曲线。

由式 (7.1-7) 可知

$$\frac{\mathrm{d}f}{\mathrm{d}u}\bigg|_{U_0} = \frac{\mathrm{d}i}{\mathrm{d}u}\bigg|_{U_0} = G_\mathrm{d} = \frac{1}{R_\mathrm{d}} \tag{7.3-17}$$

即非线性电阻在工作点 (U_0, I_0) 处的动态电导（R_d 为动态电阻）。这样，式 (7.3-16) 可写为

$$i_\Delta(t) = G_\mathrm{d} u_\Delta(t) \tag{7.3-18a}$$

或

$$u_\Delta(t) = R_\mathrm{d} i_\Delta(t) \tag{7.3-18b}$$

由于 $G_\mathrm{d} = 1/R_\mathrm{d}$ 是常数，所以上式表明，由小信号电压 $u_\mathrm{s}(t)$ 引起的电压 $u_\Delta(t)$ 与电流 $i_\Delta(t)$ 之间是线性关系。将式 (7.3-13) 代入式 (7.3-11) 得

$$U_\mathrm{s} + u_\mathrm{s}(t) - R[I_0 + i_\Delta(t)] = U_0 + u_\Delta(t)$$

考虑到 $U_\mathrm{s} - RI_0 = U_0$，故得

$$u_\mathrm{s}(t) - R i_\Delta(t) = u_\Delta(t) \tag{7.3-19a}$$

在工作点 (U_0, I_0) 处，有 $u_\Delta(t) = R_\mathrm{d} i_\Delta(t)$，故上式也可写为

$$u_\mathrm{s}(t) - R i_\Delta(t) = R_\mathrm{d} i_\Delta(t) \tag{7.3-19b}$$

上式是一个线性代数方程，据此可以作出非线性电阻在工作点 (U_0, I_0) 处的小信号等效电路，如图 7.3-11 所示。于是，可以求得

$$i_\Delta(t) = \frac{u_\mathrm{s}(t)}{R + R_\mathrm{d}}$$

这样，在小信号情况下（$|u_\mathrm{s}(t)| \ll U_\mathrm{s}$）可以把非线性电路问题归结为线性电路问题来求解。

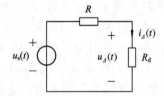

图 7.3-11   小信号等效电路

例 7.3-2   如图 7.3-12(a) 所示电路，设非线性电阻的伏安特性为

$$i = f(u) = \begin{cases} 0, & u < 0 \\ 0.01 u^{1.5}\ \mathrm{A}, & u > 0 \end{cases}$$

如图 7.3-12(b) 所示。已知直流电流源 $I_\mathrm{s} = 120\ \mathrm{mA}$，小信号电流源 $i_\mathrm{s}(t) = 10\cos\omega t$ (mA)，电阻 $R = 100\ \Omega$，求端电压 u。

解   首先求电路的工作点，令 $i_\mathrm{s}(t) = 0$，按图 7.3-12(a) 所示的电路，非线性电阻左侧的方程（即负载线方程）为

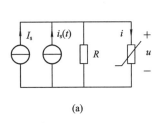 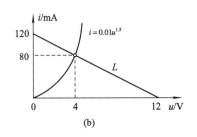 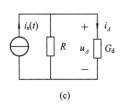

图 7.3 - 12　例 7.3 - 2 图

$$i = I_s - \frac{u}{R} \quad 即 \quad i = 0.12 - \frac{u}{100}$$

可求得负载线在电流轴的截距为（0 V，0.12 A），在电压轴的截距为（12 V，0 A）。在图 7.3 - 12(b) 的 u-i 平面上画出负载线 L，可求得工作点为

$$U_0 = 4 \text{ V}, \quad I_0 = 80 \text{ mA} = 0.08 \text{ A}$$

如用解析法，可将 $i = f(u)$ 代入上式，得

$$0.01 u^{1.5} = 0.12 - \frac{u}{100}$$

上式的解就是工作点电压 $u = U_0$。上式的求解是不容易的，不过我们可以用它验证图解法所得结果的正确性。

工作点处的动态电导

$$G_d = \frac{\mathrm{d}i}{\mathrm{d}u}\bigg|_{U_0} = \frac{\mathrm{d}}{\mathrm{d}u}(0.01 u^{1.5})\bigg|_{U_0 = 4 \text{ V}} = 0.03 \text{ S}$$

于是可画出小信号等效电路如图 7.3 - 12(c) 所示。由图 7.3 - 12(c) 得

$$i_s(t) = \frac{u_\Delta}{R} + G_d u_\Delta = \left(\frac{1}{R} + G_d\right) u_\Delta$$

所以，小信号电压

$$u_\Delta(t) = \frac{i_s(t)}{\frac{1}{R} + G_d} = \frac{10 \times 10^{-3}}{0.01 + 0.03} \cos\omega t = 0.25 \cos\omega t \text{ V}$$

最后，得图 7.3 - 12(a) 所示电路的端电压

$$u(t) = U_0 + u_\Delta(t) = 4 + 0.25 \cos\omega t \text{ V}$$

7.4　非线性动态电路

7.4.1　电路方程

包含有储能元件（电容、电感）的电路称为动态电路。如果电路中的电阻元件或/和电容（电感）元件是非线性的，就称该电路为非线性动态电路。

如图 7.4 - 1(a) 所示的电路，设非线性电阻是压控型的，其 u-i 特性为

$$i_R = f_R(u_R) \tag{7.4 - 1}$$

非线性电容是电压控制的，其电荷与电压的关系为

$$q = f_C(u_C) \tag{7.4-2}$$

由式(7.1-11)可知，电容电流与电压的关系为

$$i_C = \frac{\mathrm{d}q}{\mathrm{d}t} = C_\mathrm{d}\frac{\mathrm{d}u_C}{\mathrm{d}t} \tag{7.4-3}$$

式中，$C_\mathrm{d} = \dfrac{\mathrm{d}q}{\mathrm{d}u_C}$ 是非线性电容的动态电容。上式可以写为

$$\frac{\mathrm{d}u_C}{\mathrm{d}t} = \frac{i_C}{C_\mathrm{d}} \tag{7.4-4}$$

按图 7.4-1(a)，考虑到式(7.4-1)以及 $u_R = u_C$，根据 KCL 有

$$i_C = i_\mathrm{s}(t) - i_R = i_\mathrm{s}(t) - f_R(u_C)$$

将它代入式(7.4-4)得

$$\frac{\mathrm{d}u_C}{\mathrm{d}t} = \frac{i_C}{C_\mathrm{d}} = \frac{1}{C_\mathrm{d}}\big[i_\mathrm{s}(t) - f_R(u_C)\big] \tag{7.4-5}$$

式(7.4-5)是描述图 7.4-1(a)电路的一阶非线性微分方程。

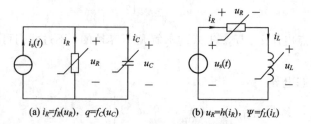

(a) $i_R = f_R(u_R)$, $q = f_C(u_C)$ (b) $u_R = h(i_R)$, $\Psi = f_L(i_L)$

图 7.4-1 一阶非线性动态电路

对于图 7.4-1(b)所示的电路，设非线性电阻是电流控制的，其 $u-i$ 特性为

$$u_R = h(i_R) \tag{7.4-6}$$

非线性电感是电流控制的，其磁链与电流的关系为

$$\Psi = f_L(i_L) \tag{7.4-7}$$

由式(7.1-17)可知

$$u_L = \frac{\mathrm{d}\Psi}{\mathrm{d}t} = L_\mathrm{d}\frac{\mathrm{d}i_L}{\mathrm{d}t} \tag{7.4-8}$$

式中，$L_\mathrm{d} = \dfrac{\mathrm{d}\Psi}{\mathrm{d}i_L}$ 是非线性电感的动态电感。上式可写为

$$\frac{\mathrm{d}i_L}{\mathrm{d}t} = \frac{u_L}{L_\mathrm{d}} \tag{7.4-9}$$

按图 7.4-1(b)，考虑到式(7.4-6)以及 $i_R = i_L$，根据 KVL 有

$$u_L = u_\mathrm{s}(t) - u_R = u_\mathrm{s}(t) - h(i_L)$$

将它代入式(7.4-9)得

$$\frac{\mathrm{d}i_L}{\mathrm{d}t} = \frac{1}{L_\mathrm{d}}\big[u_\mathrm{s}(t) - h(i_L)\big] \tag{7.4-10}$$

式(7.4-10)是描述图 7.4-1(b)电路的一阶非线性微分方程。

一般而言，描述一阶非线性动态电路的非线性微分方程的形式可写为

$$\frac{\mathrm{d}x}{\mathrm{d}t} = F(x,\ t) \qquad\qquad (7.4-11)$$

式中，x 为电路的基本变量电容电压 u_C 或电感电流 i_L，有时也可能是电荷或磁链。

图 7.4 - 2 是二阶非线性动态电路，设非线性电阻 R_1 是电流控制的，R_2 是电压控制的，它们的 u-i 特性分别为

$$u_1 = h(i_1),\qquad i_2 = f(u_2)$$

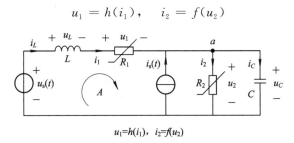

图 7.4 - 2　二阶非线性动态电路

而电容、电感是线性的。对节点 a 列 KCL 方程，对回路 A 列 KVL 方程，并考虑到 $i_1 = i_L$，$u_2 = u_C$，可得

$$\begin{cases} \dfrac{\mathrm{d}u_C}{\mathrm{d}t} = \dfrac{1}{C}\big[i_s(t) + i_L - f(u_C)\big] \\[3mm] \dfrac{\mathrm{d}i_L}{\mathrm{d}t} = \dfrac{1}{L}\big[u_s(t) - u_C - h(i_L)\big] \end{cases} \qquad (7.4-12)$$

若令 $x_1 = u_C$，$x_2 = i_L$，则上式可以写为

$$\begin{cases} \dfrac{\mathrm{d}x_1}{\mathrm{d}t} = F_1(x_1,\ x_2,\ t) \\[3mm] \dfrac{\mathrm{d}x_2}{\mathrm{d}t} = F_2(x_1,\ x_2,\ t) \end{cases} \qquad (7.4-13)$$

它是描述二阶线性动态电路的非线性微分方程的一般形式，常称为状态方程。

当电路中含有一个或多个时变电源（如正弦激励）时，在上述方程的等号右边常会出现独立的时间变量 t，这样的方程称为非自治方程，相应的电路称为非自治电路（nonautonomous circuit）；如果电路中不包含时变电源（譬如上述各电路中 u_s、i_s 为直流电源或零），那么上述各方程的右端不会出现独立时间变量 t，这样的方程称为自治方程，相应的电路称为自治电路（autonomous circuit）。对于一阶自治电路，其描述方程可写为

$$\frac{\mathrm{d}x}{\mathrm{d}t} = F(x) \qquad\qquad (7.4-14)$$

对于二阶自治电路，其描述方程为

$$\begin{cases} \dfrac{\mathrm{d}x_1}{\mathrm{d}t} = F_1(x_1,\ x_2) \\[3mm] \dfrac{\mathrm{d}x_2}{\mathrm{d}t} = F_2(x_1,\ x_2) \end{cases} \qquad (7.4-15)$$

本书只讨论自治电路。

7.4.2　平衡点

直观地说，如一个物理系统的运动状态（即方程式(7.4-14)或(7.4-15)的解）是不随

时间变化的，就称该系统处于平衡状态。对于式(7.4-15)所描述的非线性动态电路，如有解 $x_1=x_{10}$，$x_2=x_{20}$ 使

$$\begin{cases} \dfrac{\mathrm{d}x_1}{\mathrm{d}t}\bigg|_{x_{10},\,x_{20}} = F_1(x_{10},\,x_{20}) = 0 \\[3mm] \dfrac{\mathrm{d}x_2}{\mathrm{d}t}\bigg|_{x_{10},\,x_{20}} = F_2(x_{10},\,x_{20}) = 0 \end{cases} \qquad (7.4-16)$$

就称方程的解 $(x_{10},\,x_{20})$ 是式(7.4-15)的一个平衡点。对于一阶方程(7.4-14)，$F(x)=0$ 的解 x_0 为平衡点。

如果取电容电压 u_C 或/和电感电流 i_L 为描述方程的变量，则式(7.4-16)的条件可具体化为

$$\begin{cases} \dfrac{\mathrm{d}u_C}{\mathrm{d}t} = 0 \\[3mm] \dfrac{\mathrm{d}i_L}{\mathrm{d}t} = 0 \end{cases} \qquad (7.4-17)$$

由于 $i_C = C_\mathrm{d}\dfrac{\mathrm{d}u_C}{\mathrm{d}t}$，$u_L = L_\mathrm{d}\dfrac{\mathrm{d}i_L}{\mathrm{d}t}$，故上式又可写为

$$\begin{cases} i_C = 0 \\ u_L = 0 \end{cases} \qquad (7.4-18)$$

$i_C=0$ 意味着电容处开路，$u_L=0$ 意味着电感处短路。因此，非线性动态电路的平衡点可以这样求得，即将电路中的电容开路，电感用短路线代替，由此形成的电阻电路中，电容处的开路电压 u_{COC}、电感支路的短路电流 i_{LSC} 就是该自治电路的平衡点。以上结论虽然是从一个具体电路得出的，但它也适用于其它各种自治电路。

动态电路理论中的一个基本问题是判断平衡点是否稳定。这个问题有重要的理论和实践意义。在动态电路的实际运用中，常要求设计一个稳定的电路，因为不稳定的电路不仅不能正常工作，有时还会出现事故。譬如在电子线路中，某个元件只要超过其最大额定值，它就会损坏。

直观地说，一个非线性动态电路从它的平衡点偏离，如果最后仍回到原来的平衡点，则称该平衡点是稳定的，否则就称之为不稳定的。

我们用图 7.4-3 所示的两个简单物理系统来说明稳定性的概念[①]。在这两个系统中，一个金属小球在有一定形状的玻璃管中运动，其水平位移为 x，速度的水平分量为 v_x（根据力学原理可以列出以 x 和 v_x 为变量的状态方程，这里从略）。可以想到，在放手后金属球仍维持不动的那些点就是该系统的平衡点。对于图 7.4-3(a)所示的系统，只有 1 个平衡点 $Q_1(x=0,\ v_x=0)$；对于图 7.4-3(b)，有 4 个平衡点，即 $Q_2(x=x_2,\ v_x=0)$、$Q_3(x=x_3,\ v_x=0)$、$Q_4(x=x_4,\ v_x=0)$ 和 $Q_5(x=x_5,\ v_x=0)$。

虽然上述几个点都是平衡点，但当失去平衡时，其运动方式将有所不同。对于图 7.4-3(a)中的 Q_1，不论我们把球从 Q_1 移动多远，放手后因球与玻璃管的摩擦，它最后总

[①] 关于稳定性的严格定义及理论，请参阅有关非线性电路的专门书籍。

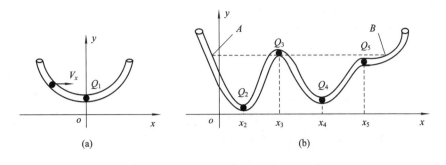

图 7.4 - 3　说明平衡点稳定性要领的物理系统

会回到 Q_1，我们说 Q_1 是稳定的平衡点。对于图 7.4 - 3(b)的 Q_3、Q_5 则不然，在这些点的球只要受到微小的扰动，就会永远离开这些点，我们说 Q_3、Q_5 是不稳定的平衡点。

当位于 Q_2 的球受到扰动时，只要初始的偏离不超过 A 点的水平，那么就会回到 Q_2；对位于 Q_4 的球，只要初始偏离不超过 B 点的水平，它就会回到 Q_4。这就是说，如果初始扰动适当小，Q_2、Q_4 就是稳定的，而图 7.4 - 3(a)中的 Q_1 却没有这种条件限制。为区别上述两种稳定平衡，我们把图 7.4 - 3(a)的 Q_1 称为大范围稳定或全局稳定的，把图(b)中的 Q_2、Q_4 称为小范围稳定或局部稳定的。

如果图 7.4 - 3(a)的系统是无摩擦的，那么当球受到扰动离开 Q_1 后就不会停留到原来的位置，而是往返振荡，每个周期经过 Q_1 两次。直观地说，这时 Q_1 是不稳定的。可是这种形式的不稳定与图 7.4 - 3(b)中 Q_3、Q_5 的不稳定大不相同，而且这种周期运动有其它不稳定平衡所不具备的规律性。因此，常把这种周期运动的平衡状态称为稳定的，而把那种最后都会停留于平衡点的状态称为渐近稳定的。

例 7.4 - 1　如图 7.4 - 4(a)所示的动态电路，其中非线性电阻的 u-i 特性如图 7.4 - 4(b)所示。求出其平衡点并研究其稳定性。

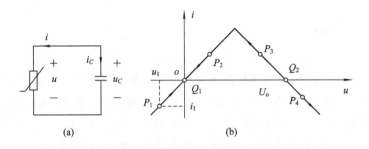

图 7.4 - 4　例 7.4 - 1图

解　首先列出电路方程，取电容电压为变量，考虑到 $i = -i_C$，得

$$\frac{\mathrm{d}u_C}{\mathrm{d}t} = \frac{i_C}{C} = -\frac{1}{C}i = -\frac{1}{C}f(u_C) \tag{7.4 - 19}$$

根据平衡点的定义，$\dfrac{\mathrm{d}u_C}{\mathrm{d}t} = 0$，即

$$i = f(u) = f(u_C) = 0$$

由图 7.4 - 4(b)可得 $i = 0$ 的解，即电路的平衡点为 $Q_1(u_C = 0)$ 和 $Q_2(u_C = U_0)$。显然，在图

7.4 - 4(a)的电路中将电容开路也会得到同样的结果。

现在研究平衡点 Q_1、Q_2 的稳定性。

设方程式(7.4 - 19)的解为 u_C，由于 $u = u_C$，所以在任何时刻，图 7.4 - 4(a)电路中的电压 u 和电流 i 都将位于非线性电阻的 $u - i$ 特性上。在 $u - i$ 平面上的点 (u, i) 称为动态点，动态点 (u, i) 将随时间沿着伏安特性曲线 $i = f(u) = f(u_C)$ 移动，其移动方向由式(7.4 - 19)确定。动态点的移动路径(包括移动方向)称为动态路径。只要找到移动路径，那么方程式(7.4 - 19)的解 u_C 在平衡点附近运动的情况也就清楚了。

设电容电压偏离平衡点 $Q_1(u_C = 0)$ 到 $u_C = u_1$，相应的动态点为 P_1，由图 7.4 - 4(b)的特性曲线可知，这时 $i = i_1 < 0$。根据电路方程(7.4 - 19)

$$\frac{\mathrm{d}u_C}{\mathrm{d}t} = -\frac{1}{C}i$$

可知，当 $i < 0$ 时，$\frac{\mathrm{d}u_C}{\mathrm{d}t} > 0$。也就是说，当 $i < 0$ 时，电压 u_C 总是随时间增大的，因而动态点 P_1 将沿着 $u - i$ 特性曲线向右上方移动，如图 7.4 - 4(b)所示。类似地，若动态点偏离到 P_4，在这里也有 $i < 0$，$\frac{\mathrm{d}u_C}{\mathrm{d}t} > 0$，故 P_4 应沿特性曲线向右下方移动。

如果动态点偏离到 P_2 或 P_3，由特性曲线知，在这里 $i > 0$，根据电路方程有 $\frac{\mathrm{d}u_C}{\mathrm{d}t} < 0$。就是说，当 $i > 0$ 时，电压 u_C 应随时间增大而减小，因而动态点 $P_2(P_3)$ 将沿 $u - i$ 特性向左下(左上)方移动，如图 7.4 - 4(b)所示。

由图 7.4 - 4(b)中的动态路径可以看出，当动态点偏离平衡点 Q_1 时，随着时间的增长，动态点 (P_1, P_2) 仍将回到 Q_1，因此平衡点 Q_1 是稳定的。平衡点 Q_2 则不同，当动态点偏离 Q_2 时，例如 P_3、P_4，随着时间的增长，它将更加远离平衡点 Q_2，因此平衡点 Q_2 是不稳定的。

7.4.3 分段线性化法

如果非线性动态电路中的非线性元件能用分段线性的特性曲线来表征，那么，在每一时刻，电路工作的动态点将位于特性曲线的某一段直线上，并且在一定时间区间，动态点将在该直线上运动直到离开此直线。这样，在一定时间区间，非线性动态电路可看作是线性电路，从而可用求解线性动态电路的方法，求得非线性动态电路在此时间区间内的解。这里我们讨论一阶非线性动态电路的求解，并设动态元件是线性的。

一阶非线性动态电路只有一个动态元件，我们可以把除动态元件以外的部分电路看作是一个一端口非线性电阻电路，如图 7.4 - 5(a)所示。如果该一端口电路中除线性电阻外，其中的非线性电阻都是分段线性的，那么该一端口非线性电阻电路的端口伏安特性也将是分段线性的。下面通过实例说明一阶非线性动态电路的分段线性化方法。

例 7.4 - 2 如图 7.4 - 5(a)所示的一阶非线性动态电路，其中电容是线性的，$C = 0.5\ \mu F$；一端口非线性电阻电路 N_R 的伏安特性是分段线性的，如图 7.4 - 5(b)所示。设电容的初始电压 $u_C(0_+) = 2\ V$，求 $t \geqslant 0$ 时的电容电压 $u_C(t)$ 和电流 $i(t)$。

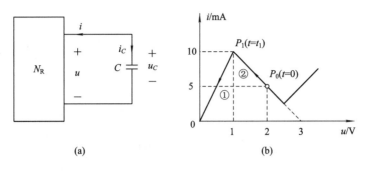

图 7.4 - 5 例 7.4 - 2 图

解 首先将分段线性的特性曲线各直线段编号。由图 7.4 - 5(a)知 $u=u_C$，故初始电压 $u_C(0_+)=2$ V 所对应的动态点为 P_0，如图 7.4 - 5(b)所示。由图可见 P_0 点的坐标为 $u=2$ V, $i=5$ mA。

其次，设法确定 $t>0$ 时动态点的路径。由图 7.4 - 5(a)有 $u=u_C$, $i=-i_C$，可得电路的方程为

$$\frac{\mathrm{d}u_C}{\mathrm{d}t} = -\frac{1}{C}i \qquad (7.4 - 20)$$

当 $i>0$ 时，$\frac{\mathrm{d}u_C}{\mathrm{d}t}<0$，所以 P_0 点应向 u_C 减小的方向运动，如图 7.4 - 5(b)中的箭头方向所示。

现在求方程式(7.4 - 20)的解。

设动态点到达伏安特性的转折点 P_1(1 V, 10 mA)的时刻为 t_1。在区间 $0 \leqslant t \leqslant t_1$，动态点将由 P_0 移动到 P_1。

由 P_1(1 V, 10 mA)和 P_0(2 V, 5 mA)可求得线段②的方程为

$$u = -200i + 3 = R_2 i + U_{s2}$$

式中 $R_2=-200$ Ω，$U_{s2}=3$ V，电流的单位是 A。

根据上式可作出在 $0<t<t_1$ 区间图 7.4 - 5(a)的线性等效电路如图 7.4 - 6(a)所示。按图可列得电路方程

$$R_2 C \frac{\mathrm{d}u_C}{\mathrm{d}t} + u_C = U_{s2}$$

解以上线性微分方程，考虑到初始值 $u_C(0_+)$，得在 $0 \leqslant t \leqslant t_1$ 区间

$$u_C(t) = U_{s2} + [u_C(0_+) - U_{s2}]\mathrm{e}^{-\frac{t}{R_2 C}} = 3 - \mathrm{e}^{-\frac{t}{\tau_2}} \text{ V} \qquad (7.4 - 21)$$

$$i(t) = -i_C(t) = -C\frac{\mathrm{d}u_C}{\mathrm{d}t} = -\frac{1}{R_2}\mathrm{e}^{-\frac{t}{R_2 C}} = \frac{1}{200}\mathrm{e}^{-\frac{t}{\tau_2}} \text{ A}$$

电压、电流的波形如图 7.4 - 7 所示。需要注意的是，这里 $R_2=-200$ Ω，$\tau_2=R_2 C = -100$ μs。

当动态点到达 P_1 时，$t=t_1$。由式(7.4 - 21)得

$$u_C(t_1) = U_{s2} + [u_C(0_+) - U_{s2}]\mathrm{e}^{-\frac{t_1}{R_2 C}}$$

由上式可解得

$$t_1 = R_2 C \ln \frac{u_C(0_+) - U_{s2}}{u_C(t_1) - U_{s2}} \tag{7.4-22}$$

将 $R_2 = -200\ \Omega$, $C = 0.5\ \mu\text{F}$, $u_C(0_+) = 2\ \text{V}$, $U_{s2} = 3\ \text{V}$, $u_C(t_1) = 1\ \text{V}$ 代入上式，得 $t_1 = 69.3\ \mu\text{s}$。

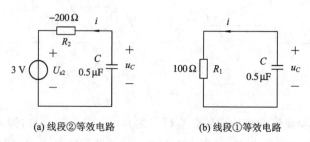

(a) 线段②等效电路   (b) 线段①等效电路

图 7.4-6 图 7.4-5 的等效电路

在 $t > t_1$ 时，动态点沿线段①由 P_1 向原点移动（显然，原点是平衡点）。线段①的方程为

$$u = 100i = R_1 i$$

其等效电路如图 7.4-6(b)所示，其中 $R_1 = 100\ \Omega$，电容的初始电压（即 P_1 点的电压）为 $u_C(t_1) = 1\ \text{V}$。不难求得图 7.4-6(b)中的电容电压在 $t > t_1$ 时为

$$u_C(t) = u_C(t_1) e^{-\frac{t-t_1}{R_1 C}} = e^{-\frac{t-t_1}{\tau_1}}\ \text{V}$$

电流

$$i(t) = -C \frac{\mathrm{d}u_C}{\mathrm{d}t} = \frac{1}{R_1} e^{-\frac{t-t_1}{R_1 C}} = \frac{1}{100} e^{-\frac{t-t_1}{\tau_1}}\ \text{A}$$

式中 $\tau_1 = R_1 C = 50\ \mu\text{s}$。其电压、电流波形如图 7.4-7 所示。

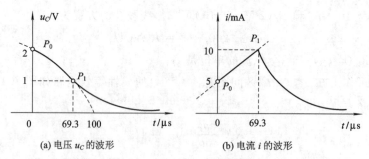

(a) 电压 u_C 的波形   (b) 电流 i 的波形

图 7.4-7 u_C 和 i 的波形

7.5 应 用 实 例

二极管是一个典型的非线性电阻元件，其种类和应用非常丰富，如整流、限幅等。一些特殊的二极管可实现特定的功能，如稳压二极管（也称为齐纳二极管）利用反向区实现稳压功能；变容二极管利用其寄生电容随端电压变化的特性实现频率调制；光电二极管利用其电流与光照强度成正比的特性实现光电池或光照明；隧道二极管和充气二极管利用其负动态电阻产生自激振荡实现信号发生器，等等。下面仅给出二极管的几种典型应用。

7.5.1　全波整流滤波电路

所谓整流滤波，是指将交流电变换直流电。整流滤波电路是实际电子系统最常见的模块电路，一般由变压器、整流器和滤波电路组成。图 7.5 - 1 是一个典型的整流滤波电路，变压器将电压变为所需要的电压，整流器采用由四个二极管构成的桥式全波整流器，滤波电路采用简单的 RC 低通电路。

整流电路的工作原理如下：当正弦交流电压 $u_1(t) > 0$ 时，二极管 V_{D1} 和 V_{D3} 导通，V_{D2} 和 V_{D4} 截止，此时整流输出 $u_2(t) = u_1(t)$；当 $u_1(t) < 0$ 时，二极管 V_{D2} 和 V_{D4} 导通，V_{D1} 和 V_{D3} 截止，此时整流输出 $u_2(t) = -u_1(t)$，全波整流电压 $u_2(t)$ 如图 7.5 - 1 所示。整流电压 $u_2(t)$ 经一个 RC 低通电路将高频谐波分量滤去，即可得到波动很小的直流电压 $u_o(t)$。实际电路中为了获得更好的效果，滤波之后一般还要加上稳压环节。

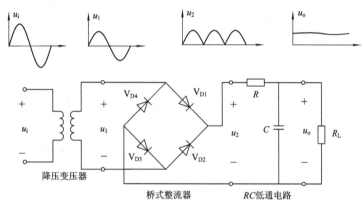

图 7.5 - 1　整流滤波电路

7.5.2　限幅电路

所谓限幅，是指将信号的幅值限制在一定的范围之内。实际中，限幅电路有广泛的应用，如利用限幅来阻止音频信号超过一定的声限或对元器件进行瞬态过压保护等。

图 7.5 - 2(a) 给出一种典型的限幅电路，设 $u_i(t)$ 为正弦波，$U_1 > 0$，$U_2 > 0$。当 $u_i(t) > U_1$ 时，二极管 V_{D1} 导通，V_{D2} 截止，$u_o(t) = U_1$；当 $u_i(t) < -U_2$ 时，二极管 V_{D2} 导通，V_{D1} 截止，$u_o(t) = -U_2$；当 $-U_2 < u_i(t) < U_1$ 时，V_{D1} 和 V_{D2} 都截止，则 $u_o(t) = u_i(t)$。$u_o(t)$ 的波形如图 7.5 - 2(b) 所示。

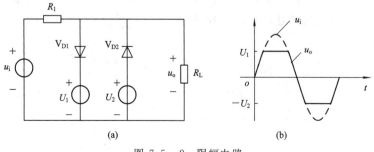

图 7.5 - 2　限幅电路

7.5.3 稳压二极管和稳压电路

稳压二极管也称为齐纳二极管，主要用于稳
压。其电路符号和 VCR 如图 7.5 - 3 所示。

与普通二极管相比，它正常工作在反向电
压下，只要流过它的反向电流在一定范围内，
其反向电压始终保持在稳定值 $u = -U_Z$。U_Z 的
值一般为 3.3～200 V。从图 7.5 - 3(b) 的 VCR
可以看出，在正常工作范围内，稳压二极管电
流变化只会引起电压很小的变化，其电压相当稳定。

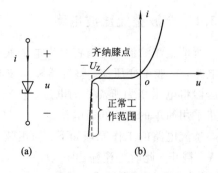

图 7.5 - 3 稳压二极管

例 7.5 - 1 如图 7.5 - 4 所示稳压电路，限流电阻 $R_s = 100\ \Omega$，其中稳压二极管参数为
$U_Z = 6$ V，正常工作电流 I_Z 范围是 10～40 mA。已知输入直流电压 $U_s = 10$ V，为使稳压电
路正常工作，对负载电阻 R_L 有什么要求？

解 当稳压电路正常工作时，$U_L = U_Z = 6$ V，
因此

$$I_s = \frac{U_s - U_L}{R_s} = \frac{10 - 6}{100} = 40\ \text{mA}$$

由 KCL，得

$$I_L = I_s - I_Z$$

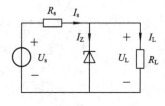

图 7.5 - 4 例 7.5 - 1 图

由于 10 mA $\leqslant I_Z \leqslant$ 40 mA，故 0 $\leqslant I_L \leqslant$ 30 mA。

利用欧姆定律 $R_L = \dfrac{U_L}{I_L}$ 可得 200 $\Omega \leqslant R_L \leqslant \infty$，因此为使稳压电路正常工作，负载电阻
R_L 至少为 200 Ω。

7.5.4 电压比较器实现过压报警电路

前面讨论的所有运放都工作在具有负反馈的闭环状态，这是运放最常用的工作状态。
除此之外，运放也可工作于开环状态，实现电压比较器功能。由于此时运放处于非线性饱
和区，所以"虚短路"的概念一般不能使用。这一点特别提醒注意。

图 7.5 - 5(a) 给出了由运放构成的电压比较器，其中 u_{ref} 称为参考电压。只要输入 $u_i > u_{\text{ref}}$，
则输出 $u_o = U_{\text{sat}}$（U_{sat} 为运放的饱和电压）；当 $u_i < u_{\text{ref}}$ 时，输出 $u_o = -U_{\text{sat}}$。图 7.5 - 5(b) 给
出了参考电压 $u_{\text{ref}} = 0$ 时电压比较器的传输特性。

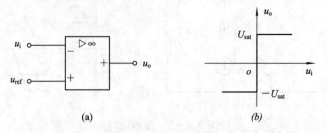

图 7.5 - 5 由运放构成的电压比较器及其传输特性

电压比较器广泛用于电压比较、波形整形、波形产生、脉冲调宽、判决电路、模数变换（A/D）等。运放可以作为电压比较器使用，但通常工作速度较慢。目前已有很多专用电压比较器集成电路可供选用。

例 7.5 - 2　如图 7.5 - 6 所示由比较器实现的过压报警电路，输入 U_i 为被监控电压。当 $U_i > 10$ V 时，输出 U_o 为高电平，红灯 V_{D4} 亮，压电蜂鸣器 HA 发声。当 $U_i = 8$ V 时，输出为低电平，绿灯 V_{D3} 亮，表示运行正常。设发光二极管 V_{D3} 和 V_{D4} 的额定电流为 10 mA，正向压降为 2.5 V，运放的饱和电压 $U_{sat} = 8.67$ V，请选取电路中各电阻的阻值。

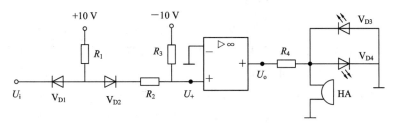

图 7.5 - 6　过压报警电路

解　（1）选取 R_1、R_2、R_3 的阻值。

当 $U_i > 10$ V 时，V_{D1} 截止，V_{D2} 导通，为使 U_o 为高电平，$U_+ > 0$，由电路可列出

$$U_+ = \frac{R_3}{R_1 + R_2 + R_3}[10 - (-10)] - 10 > 0$$

整理得

$$R_3 > R_1 + R_2$$

当 $U_i = 8$ V 时，有 V_{D1} 与 V_{D2} 均导通，为使 U_o 为低电平，$U_+ < 0$，由电路可列出

$$U_+ = \frac{R_3}{R_2 + R_3}[8 - (-10)] - 10 < 0$$

整理得

$$R_2 > 0.8R_3$$

取 $R_3 = 50.5$ kΩ（E192 系列标准阻值），则 $R_2 > 0.8R_3 = 0.8 \times 50.5$ kΩ $= 40.4$ kΩ，取 $R_2 = 46.4$ kΩ。

由 $R_1 < R_3 - R_2 = 50.5$ kΩ $- 46.4$ kΩ $= 4.1$ kΩ，取 $R_1 = 1$ kΩ。

验算：

$U_i > 10$ V 时，

$$U_+ = \frac{R_3}{R_1 + R_2 + R_3}[10 - (-10)] - 10$$

$$= \frac{50.5 \times 20}{1 + 46.4 + 50.5} - 10 = 0.317 > 0$$

$U_i = 8$ V 时，

$$U_+ = \frac{R_3}{R_2 + R_3}[8 - (-10)] - 10$$

$$= \frac{50.5 \times 18}{46.4 + 50.5} - 10 = -0.619 < 0$$

（2）选取 R_4 的阻值。

R_4 为发光二极管的限流电阻。由于发光二极管 V_{D3} 和 V_{D4} 的额定电流为 10 mA，正向压降为 2.5 V，运放的饱和电压 $U_{sat}=8.67$ V，故有

$$R_4 = \frac{U_{sat}-2.5}{10\times10^{-3}} = \frac{8.67-2.5}{10\times10^{-3}} = 617\ \Omega$$

取标准电阻 $R_4=620\ \Omega$。

7.5.5　非线性电路中的混沌现象

混沌现象是 20 世纪最重要的科学发现之一，被誉为继相对论和量子力学后的第三次物理革命，它打破了确定性与随机性之间不可逾越的分界线。混沌是发生在确定性系统中的一种不确定行为，或类似随机的行为。

在有些二阶非线性非自治电路或三阶非线性自治电路中就存在着混沌现象。这类动态电路方程是二阶或三阶非线性常微分方程，根据经典理论，在初始条件确定之后，它的解是确定的。但经过深入研究发现，在取某些参数值的条件下，电路的响应一直出现类似随机的振荡，状态轨迹在一个区域内永不重复地运动着，并且对初始条件非常敏感。这一现象被称为混沌（chaos）。

例 7.5－3　如图 7.5－7(a)所示三阶非线性自治电路是美籍菲律宾华裔科学家蔡少棠(L. O. chua)在 1985 年提出的混沌电路。已知 $C_1=11$ nF，$C_2=100$ nF，$L=18$ mH，$R=1.636$ kΩ，图 7.5－7(b)是用运放实现的分段非线性电阻 R_n。

（1）试用 PSpice 绘制出非线性电阻 R_n 的伏安特性。

（2）用 MATLAB 绘制出 u_{C2} 与 u_{C1} 的关系曲线。

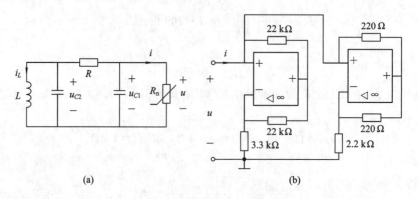

(a)　　　　　　　　　　(b)

图 7.5－7　产生混沌的蔡氏电路

解　（1）首先，利用附录二介绍的方法绘制出电路原理图，如图 7.5－8(a)所示。然后，设置 DC Sweep 分析类型，在 Sweep Variable 下，选中 Voltage Source，在其 Name 框中输入 V1；在 Sweep Type 下选中 Linear，并分别在 Start、End 和 Increment 框内输入 －15 V、15 V 和 0.1 V，之后点击确定按钮（此时设置电压源 V1 从 －15 V 到 15 V 按 0.1 V 的步长进行扫描）；再点击 Current Marker(电流探头)，并将其放到图 7.5－8(a)所示的位置。最后点击 Run 按钮启动 PSpice，屏幕上出现伏安特性曲线，如图 7.5－8(b)所示。

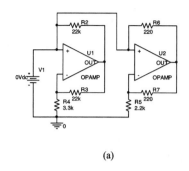
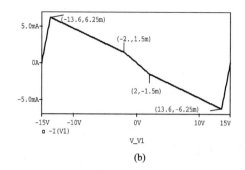

(a)　　　　　　　　　　　　　　　　(b)

图 7.5 - 8　非线性电阻的实现及其特性

（2）由图 7.5 - 7(a)所示电路可列出非线性动态方程

$$\begin{cases} \dfrac{\mathrm{d}u_{C1}}{\mathrm{d}t} = \dfrac{1}{RC_1}(u_{C2} - u_{C1}) - \dfrac{1}{C_1}i \\[2mm] \dfrac{\mathrm{d}u_{C2}}{\mathrm{d}t} = \dfrac{1}{RC_2}(u_{C2} - u_{C1}) + \dfrac{1}{C_2}i_L \\[2mm] \dfrac{\mathrm{d}i_L}{\mathrm{d}t} = -\dfrac{1}{L}u_{C2} \end{cases} \qquad (7.5 - 1)$$

其中非线性电阻上的电流 i 可由图 7.5 - 8(b)所示的伏安特性曲线写出

$$i = \begin{cases} -0.75u_{C1}, & -2 \leqslant u_{C1} \leqslant 2 \\ -0.41(u_{C1} - 2) - 1.5, & 2 < u_{C1} < 13.6 \\ -0.41(u_{C1} + 2) + 1.5, \ (\mathrm{mA}) & -13.6 < u_{C1} < -2 \\ 4.46(u_{C1} - 15) & u_{C1} > 13.6 \\ 4.46(u_{C1} + 15) & u_{C1} < -13.6 \end{cases} \qquad (7.5 - 2)$$

用 MATLAB 编制程序求解式(7.5 - 1)。

主程序如下：

```
%利用四级五阶 Runge - Kutta 变步长算法求解状态方程并绘图
t_final=40e - 3；
x0=[0.5；0；0]；                              %设定初始状态
[t, X]=ode45(@chaos, [0：1e - 6：t_final], x0)；  %调用龙格-库塔算法解动态方程，
                                               步长为 1 μs
SUBPLOT(2, 1, 1), plot(X(：, 1)), grid; %, X(：, 2))；  %显示 uC1(t)波形如图 7.5 - 9(a)
                                                        所示
SUBPLOT(2, 1, 2), plot(X(：, 1), X(：, 2))；          %显示 uC2 与 uC1 的关系曲线如图
                                                        7.5 - 9(b)所示
```

子程序 chaos. m 如下：

```
function xdot=chaos(t, X)        %式(7.5 - 1)
C1=11e - 9；
C2=100e - 9；
L=18e - 3；
R=1.636e+3；
dX1=(X(2)-X(1))/(R * C1)-gu(X(1))/C1；
```

```
dX2=(X(1)-X(2))/(R*C2)+X(3)/C2;
dX3=-X(2)/L;
xdot=[dX1; dX2; dX3];
```

子程序 gu.m 如下：

```
function y=gu(u)                    %式(7.5-2)
if u>=-2&u<=2
    y=(-0.75*u)*1e-3;
elseif u>2&u<13.6
    y=(-0.41*(u-2)-1.5)*1e-3;
elseif u<-2&u>-13.6
    y=(-0.41*(u+2)+1.5)*1e-3;
elseif u>13.6
    y=4.46*(u-15)*1e-3;
else
    y=4.46*(u+15)*1e-3;
end
```

程序运行结果如图 7.5 - 9 所示，X 轴和 Y 轴的标注可以在图形窗口利用菜单 Insert/X/Y Label 添加。

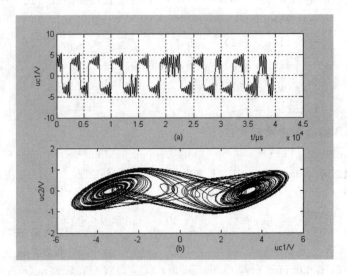

图 7.5 - 9　例 7.5 - 3 结果

图 7.5 - 9 中，上面的图形为电容 C_1 的电压 $u_{C1}(t)$ 的时域波形，呈现出类似噪声的非周期混沌振荡，它是一种有界的稳态过程；下面的图形为 u_{C2} - u_{C1} 状态平面上的状态轨迹，它具有"双蜗旋"形状，故图 7.5 - 7(a) 所示的蔡氏电路也称为"双蜗旋"电路，其状态轨迹永不重复。

混沌现象不仅出现在电路中，在地震、气象、机械、化学、控制、生物医学、证券经济等领域中都会出现。混沌的特征是宏观无序，微观有序，是确定性系统中的内在随机性，而且对初始状态非常敏感。

知识点归纳

习　题　7

7-1　某非线性电阻的 $u-i$ 特性为 $u=i^3$，如果通过非线性电阻的电流为 $i=\cos\omega t$ (A)，则该电阻端电压中将含有哪些频率分量？

7-2　一个非线性电容的库伏特性为 $u=1+2q+3q^2$，如果电容从 $q(t_0)=0$ 充电至 $q(t)=1$ C，求此电容储存的能量。

7-3　非线性电感的韦安特性为 $\Psi=i^2$，当有 3 A 电流通过该电感时，求此时的静态电感和动态电感。

7-4　一变容二极管当 $u<U_0(U_0=0.5$ V$)$ 时可看作是电容，如题 7-4 图所示，如其库伏特性为

$$q=-40\times10^{-12}(0.5-u)^{\frac{1}{2}}\qquad u<0.5\text{ V}$$

求 $u<0.5$ V 时的动态电容 C_d。

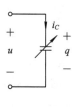

题 7-4 图

7-5　用图解法求题 7-5 图示各电路的端口伏安特性曲线。图中二极管均为理想二极管。

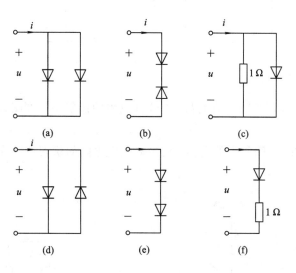

题 7-5 图

7-6　非线性电阻 R_1 和 R_2 相串联(见题 7-6 图(a))，它们各自的伏安特性分别如图(b)和(c)所示，求端口的伏安特性。

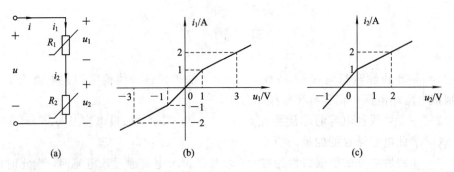

题 7 - 6 图

7 - 7 非线性电阻 R_1 和 R_2 相并联，如题 7 - 7 图所示，R_1 和 R_2 的伏安特性分别如题 7 - 6 图(b)和(c)所示。求其端口的伏安特性。

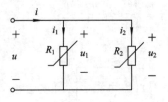

题 7 - 7 图

7 - 8 求题 7 - 8 图所示各电路端口的伏安特性(图中二极管均为理想二极管)。

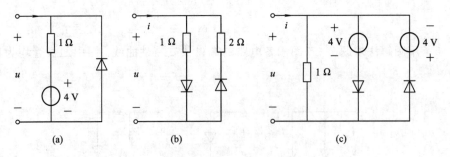

题 7 - 8 图

7 - 9 如题 7 - 9(a)图所示的电路，非线性电阻的伏安特性如图(b)所示，求 2 Ω 电阻的端电压 u_0。

7 - 10 如题 7 - 10 图所示的电路，已知非线性电阻的伏安特性为 $u = i^2 (i > 0)$，求电压 u。

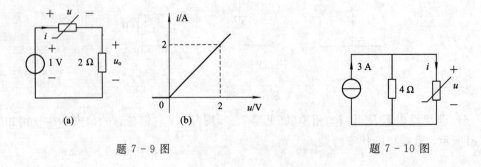

题 7 - 9 图   题 7 - 10 图

7 - 11 如题 7 - 11 图所示的电路，设二极管是理想的。

(1) 求图示一端口电路 N 的端口伏安特性。

(2) 若将电流源 i_s 接于该一端口电路(如图所示)，分别求当 $i_s = 2$ A 和 $i_s = -2$ A 时的电压 u。

7 - 12 如题 7 - 12 图所示的电路，非线性电阻 R 的伏安特性为 $i_R = f(u_R) = u_R^2 - 3u_R + 1$。

(1) 求一端口电路 N 的伏安特性。

(2) 如 $U_s = 3$ V，求 u 和 i_R。

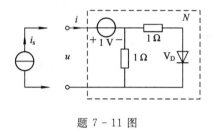

题 7 - 11 图   题 7 - 12 图

7 - 13 如题 7 - 13 图(a)所示的电路，非线性电阻 R_n 的伏安特性如题 7 - 13 图(b)所示。

(1) 求 $u_s = 0$ V、2 V、4 V 时的 u 和 i。

(2) 如输入信号 u_s 的波形如题 7 - 13 图(c)所示，画出电流 i 和电压 u 的波形。

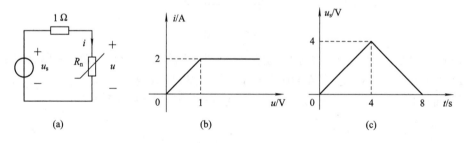

(a)   (b)   (c)

题 7 - 13 图

7 - 14 如题 7 - 14 图所示电路，非线性电阻的伏安特性为

$$i = \begin{cases} 0 & u < 0 \\ u^2 & u \geqslant 0 \end{cases}$$

求电路的工作点。

7 - 15 如题 7 - 15 图所示电路，非线性电阻的电压电流关系为 $u = i^2$，求 u、i 和 i_1。

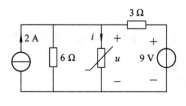   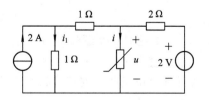

题 7 - 14 图   题 7 - 15 图

7-16　如题7-16图(a)所示的电路，其中两个非线性电阻的伏安特性如题7-16图(b)和(c)所示。求 u_1、i_1 和 u_2、i_2。

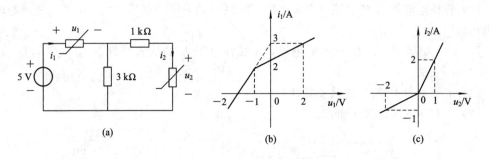

题 7-16 图

7-17　如题7-17图所示的电路，非线性电阻的伏安特性为 $u=i^3-3i$，如 $u_s(t)=0$，求工作点。如果 $u_s(t)=\cos t(\text{V})$，用小信号分析法求电压 u。

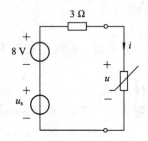

题 7-17 图

7-18　如题7-18图(a)所示的电路，非线性电阻的伏安特性如题7-18图(b)所示。

(1) 如 $u_s(t)=10\ \text{V}$，求直流工作点及工作点处的动态(增量)电阻。

(2) 如 $u_s(t)=10+\cos t\ (\text{V})$，求工作点在特性曲线中负斜率段时的电压 u。

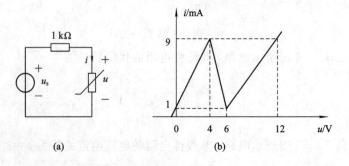

题 7-18 图

7-19　如题7-19图(a)所示的电路，求下列两种情况下的平衡点，并判断其稳定性。

(1) 非线性电阻的伏安特性如题7-19图(b)所示。

(2) 非线性电阻的伏安特性如题7-19图(c)所示。

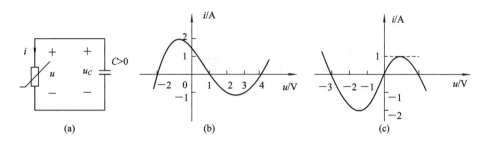

题 7 – 19 图

7 – 20　如题 7 – 19 图(a)所示的电路，若非线性电阻的伏安特性为 $u = i^3$，电容的初始
电压 $u_C(0_+) = U_0$，求 $t \geqslant 0$ 时的 $u_C(t)$。

附　　录

附录一　复数及其运算

一、复数

我们把虚数单位 $\sqrt{-1}$ 记为 j[①]。一个复数 A 可用代数形式表示为

$$A = a_1 + ja_2 \tag{F1-1}$$

式中，a_1 称为该复数的实部，记为 $a_1 = \mathrm{Re}[A]$；a_2 称为该复数的虚部，记为 $a_2 = \mathrm{Im}[A]$。Re、Im 的含义分别为取复数的实部、取复数的虚部。

复数也可表示为指数形式

$$A = |A| \, e^{j\theta} \tag{F1-2}$$

为了书写简便，在工程上也写为

$$A = |A| \angle \theta \tag{F1-3}$$

式中 $|A|$ 称为复数的模，θ 称为辐角。

利用欧拉公式

$$e^{jx} = \cos x + j\sin x$$

可得复数 A 的代数型与指数型之间的关系为

$$\begin{cases} |A| = \sqrt{a_1^2 + a_2^2} \\ \theta = \arctan \dfrac{a_2}{a_1} \end{cases} \tag{F1-4}$$

和

$$\begin{cases} a_1 = |A| \cos\theta \\ a_2 = |A| \sin\theta \end{cases} \tag{F1-5}$$

将复数 A 画在复平面上，如图 F1-1 所示。由图可以直观地得到式(F1-4)和(F1-5)的关系。

复数 A 也可看作是自坐标原点指向 A 点的矢量，矢量的长度为复数 A 的模 $|A|$，矢量的辐角为 θ(自正实轴逆时针方向度量到该矢量)，并常常略去横、纵坐标，如图 F1-2 所示。

---

① 代数学中，虚数单位用 i 表示，在电路理论中，为避免与电流 i 相混淆，用 j 表示。

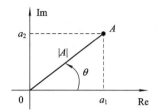

图 F1-1　复数的复平面关系

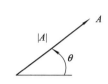

图 F1-2　复数的坐标表示

在进行复数的代数型与指数型转换时，要特别注意复数所在的象限及有关符号。图 F1-3 给出了 4 个复数，它们是

$$A_1 = 4 + j3 = 5 \angle 36.89°$$
$$A_2 = -2 + j3.464 = 4 \angle 120°$$
$$A_3 = -3 - j3 = 4.24 \angle 225°$$
$$= 4.24 \angle -135°$$
$$A_4 = 4 - j2 = 4.47 \angle 333.43°$$
$$= 4.47 \angle -26.57°$$

应该熟悉以下的结果，根据欧拉公式有

$$\begin{cases} j = e^{j90°} = \angle 90° \\ j^2 = e^{j180°} = \angle 180° = -1 \\ j^3 = e^{j270°} = \angle -90° = -j \\ j^4 = e^{-j360°} = e^{j0°} = 1 \end{cases} \tag{F1-6}$$

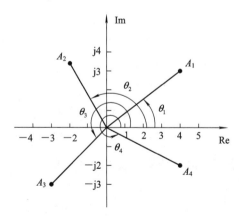

图 F1-3　复数的代数型与指数型

二、复数的代数运算

设有两个复数

$$\begin{cases} A = a_1 + ja_2 = |A| e^{j\theta_a} = |A| \angle \theta_a \\ B = b_1 + jb_2 = |B| e^{j\theta_b} = |B| \angle \theta_b \end{cases} \tag{F1-7}$$

下面介绍它们的运算规则。

1. 相等

当且仅当两复数的实部相等、虚部也相等时，二者相等，即两复数 A 和 B，当且仅当

$$a_1 = b_1, \qquad a_2 = b_2 \tag{F1-8a}$$

时，有 $A = B$。显然，若

$$|A| = |B|, \qquad \theta_a = \theta_b \tag{F1-8b}$$

则也有 $A = B$。以上的逆也成立，即若复数 $A = B$，则有 $a_1 = b_1$，$a_2 = b_2$ 和 $|A| = |B|$，$\theta_a = \theta_b$。

2. 加(减)运算

两复数相加(减)等于实部加(减)实部、虚部加(减)虚部，即

$$A \pm B = (a_1 \pm b_1) + \mathrm{j}(a_2 \pm b_2) \tag{F1-9}$$

进行加(减)运算时，宜采用代数型。

例如，设 $A = 5\angle 0°$，$B = 3\angle 60°$，则

$$\begin{aligned}
A + B &= 5\angle 0° + 3\angle 60° \\
&= 5 + \mathrm{j}0 + 1.5 + \mathrm{j}2.6 \\
&= 6.5 + \mathrm{j}2.6 = 7\angle 21.8° \\
A - B &= 5\angle 0° - 3\angle 60° \\
&= 5 + \mathrm{j}0 - 1.5 - \mathrm{j}2.6 \\
&= 3.5 - \mathrm{j}2.6 = 4.36\angle -36.8°
\end{aligned}$$

其矢量图如图 F1-4 所示。

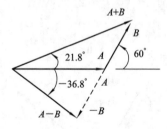

图 F1-4　复数的加减运算

3. 共轭复数

两个实部等值同号、虚部等值异号的复数称为共轭复数。A 的共轭复数用 A^* 表示。例如，若

$$A = a_1 + \mathrm{j}a_2 = |A|\mathrm{e}^{\mathrm{j}\theta_a} = |A|\angle\theta_a$$

则其共轭复数

$$A^* = a_1 - \mathrm{j}a_2 = |A|\mathrm{e}^{-\mathrm{j}\theta_a} = |A|\angle -\theta_a \tag{F1-10}$$

4. 乘(除)运算

复数的乘(除)运算用指数型比较方便。两复数相乘(除)，等于其模与模相乘(除)，辐角与辐角相加(减)，即

$$AB = |A|\angle\theta_a |B|\angle\theta_b = |A| \cdot |B|\angle(\theta_a + \theta_b) \tag{F1-11}$$

$$\frac{A}{B} = \frac{|A| \angle \theta_a}{|B| \angle \theta_b} = \frac{|A|}{|B|} \angle (\theta_a - \theta_b) \tag{F1-12}$$

若采用代数型进行乘(除)运算,则为

$$AB = (a_1 + ja_2)(b_1 + jb_2)$$
$$= (a_1 b_1 - a_2 b_2) + j(a_1 b_2 + a_2 b_1) \tag{F1-13}$$

$$\frac{A}{B} = \frac{a_1 + ja_2}{b_1 + jb_2} = \frac{(a_1 + ja_2)(b_1 - jb_2)}{(b_1 + jb_2)(b_1 - jb_2)}$$

$$= \frac{a_1 b_1 + a_2 b_2}{b_1^2 + b_2^2} + j\frac{a_2 b_1 - a_1 b_2}{b_1^2 + b_2^2} \tag{F1-14}$$

在推导式(F1-14)的过程中,用了共轭复数的重要性质

$$BB^* = (b_1 + jb_2)(b_1 - jb_2) = b_1^2 + b_2^2 \tag{F1-15a}$$

或

$$BB^* = |B| \angle \theta_b |B| \angle -\theta_b = |B|^2 \angle 0° \tag{F1-15b}$$

三、算子 Re 的运算规则

设有一个复数 $A = |A| e^{j\theta_a}$,由它构成的复指数函数

$$A(t) = Ae^{j\omega t} = |A| e^{j\theta_a} e^{j\omega t} = |A| e^{j(\omega t + \theta_a)}$$
$$= |A| \cos(\omega t + \theta_a) + j|A| \sin(\omega t + \theta_a)$$

为了方便,令

$$a_1(t) = |A| \cos(\omega t + \theta_a)$$
$$a_2(t) = |A| \sin(\omega t + \theta_a)$$

这样,实变量 t 的复指数函数 $A(t)$ 可写为

$$A(t) = Ae^{j\omega t} = a_1(t) + ja_2(t) \tag{F1-16a}$$

设另有一个复指数函数 $B(t)$ 可写为

$$B(t) = Be^{j\omega t} = b_1(t) + jb_2(t) \tag{F1-16b}$$

算子 Re 的运算规则介绍如下。

1. 乘以实常数 α

如有实数 α,则

$$\text{Re}[\alpha A(t)] = \alpha \text{Re}[A(t)] \tag{F1-17}$$

证明　由式(F1-16a)有

$$\text{Re}[\alpha A(t)] = \text{Re}[\alpha a_1(t) + j\alpha a_2(t)] = \alpha a_1(t) = \alpha \text{Re}[A(t)] \qquad \text{证毕}$$

2. 相等

若

$$\text{Re}[Ae^{j\omega t}] = \text{Re}[Be^{j\omega t}] \qquad \forall t \tag{F1-18}$$

则

$$A = B \tag{F1-19}$$

其逆也成立,即若 $A = B$,则

$$\text{Re}[Ae^{j\omega t}] = \text{Re}[Be^{j\omega t}] \qquad \forall t$$

证明　由式(F1-16)可知,根据前提条件式(F1-18)有

$$a_1(t) = b_1(t) \tag{F1 - 20a}$$

由于式(F1 - 18)对所有时间 t 均成立，令 $t' = t + T/4$，则 $\omega t' = \omega t + \pi/2$，代入式(F1 - 18)，得

$$\text{Re}[Ae^{j(\omega t + \pi/2)}] = \text{Re}[Be^{j(\omega t + \pi/2)}]$$

即

$$\text{Re}[jAe^{j\omega t}] = \text{Re}[jBe^{j\omega t}]$$

即

$$\text{Re}[ja_1(t) - a_2(t)] = \text{Re}[jb_1(t) - b_2(t)]$$

于是有

$$a_2(t) = b_2(t) \tag{F1 - 20b}$$

根据式(F1 - 20a)和(F1 - 20b)可知两函数相等，即

$$Ae^{j\omega t} = Be^{j\omega t}$$

由于 $e^{j\omega t} \neq 0$，所以 $A = B$。   证毕

3. 相加(减)

对于式(F1 - 16)的两个复函数，有

$$\text{Re}[(A \pm B)e^{j\omega t}] = \text{Re}[Ae^{j\omega t}] \pm \text{Re}[Be^{j\omega t}] \tag{F1 - 21}$$

证明 由式(F1 - 16)得

$$
\begin{aligned}
\text{Re}[(A \pm B)e^{j\omega t}] &= \text{Re}[Ae^{j\omega t} \pm Be^{j\omega t}] \\
&= \text{Re}[a_1(t) + ja_2(t) \pm b_1(t) \pm jb_2(t)] \\
&= a_1(t) \pm b_1(t) \\
&= \text{Re}[Ae^{j\omega t}] \pm \text{Re}[Be^{j\omega t}] \qquad \text{证毕}
\end{aligned}
$$

4. 导数

$$\frac{d}{dt}\text{Re}[Ae^{j\omega t}] = \text{Re}\left[\frac{d}{dt}(Ae^{j\omega t})\right] = \text{Re}[j\omega Ae^{j\omega t}] \tag{F1 - 22}$$

证明 由于 $Ae^{j\omega t} = a_1(t) + ja_2(t)$，且 $a_1(t)$ 和 $a_2(t)$ 是 t 的实函数，所以

$$\frac{d}{dt}\text{Re}[Ae^{j\omega t}] = \frac{da_1(t)}{dt}$$

$$= \text{Re}\left[\frac{da_1(t)}{dt} + j\frac{da_2(t)}{dt}\right] = \text{Re}\left[\frac{d}{dt}(Ae^{j\omega t})\right]$$

由于 A 不是 t 的函数，故

$$\text{Re}\left[\frac{d}{dt}(Ae^{j\omega t})\right] = \text{Re}[j\omega Ae^{j\omega t}] \qquad \text{证毕}$$

附录二 OrCAD/PSpice 工具使用简介

一、OrCAD/PSpice 软件的功能

OrCAD/PSpice 软件的前身是 Spice (Simulation Program with Integrated Circuit Emphasis)。Spice 是一种通用的电路分析程序，侧重于集成电路的模拟。Spice 自 1972 年由美

国加州大学柏克莱分校推出以来，经过不断完善和修改，版本不断更新。目前，计算机辅助电路分析程序基本上以 Spice 为标准。各种 EDA(Elextronic Design Automation)软件包(如 Electronics Workbench、Multisim、OrCAD 等)的内核也都是 Spice。因此，学会使用该程序无论现在还是以后对每一个电路设计师都是有益的。

PSpice 是适用于 PC 机上的一种 Spice 版本。这里，主要介绍由美国 Cadence 公司推出的 OrCAD/PSpice9.2 进行电路模拟的方法。

1. OrCAD 软件包的组成

OrCAD 作为 EDA 软件中的优秀代表，功能非常强大，由以下组件构成：

(1) OrCAD/Capture CIS，电路原理图绘制软件，可生成模拟、数字、数/模混合电路原理图，并且可通过元器件信息系统对元器件进行高效管理。

(2) OrCAD/Express，逻辑模拟软件，可对 Capture CIS 生成的数字电路从门级模拟到 VHDL 综合及仿真，可进行 10 万门以上的 CPLD、FPGA 和 ASIC 设计。

(3) OrCAD/PSpice，通用电路模拟软件，可对模拟电路、数字电路和数/模混合电路进行模拟。

(4) OrCAD/Layout，印刷电路板(PCB)设计软件，可将 OrCAD/Capture CIS 生成的电路图通过手工或自动布线方式转为 PCB 设计。

OrCAD 软件有演示版和专业版。演示版可从网址：http://www.orcad.com 免费下载试用。演示版具有专业版的全部功能，只是电路的规模受到限制。

2. OrCAD/PSpice 的功能

(1) PSpice 支持的元器件类型包括：

① 基本无源元件，如电阻、电容、电感、互感等。

② 常用的半导体器件，如二极管、双极晶体管、结型(MOS、GaAs)场效应晶体管等。

③ 独立电压源和电流源，可产生用于直流、交流、瞬态分析和逻辑模拟所需的各种激励信号波形。

④ 各种受控源和受控开关。

⑤ 基本数字电路单元。

⑥ 单元子电路调用，如运算放大器一类的集成电路，可将其作为一个单元电路整体出现在电路中，而不必考虑其内部结构。

PSpice 为不同类型的元器件赋予不同的字母代号，如表 F2-1 所示。在电路图中，不同元器件编号的第一个字母必须按表中规定。

表 F2-1　PSpice 支持的元器件类型及其字母代号

编号	元器件类型	字母代号	编号	元器件类型	字母代号
1	电阻	R	5	独立电压源	V
2	电容	C	6	独立电流源	I
3	电感	L	7	VCVS	E
4	互感(磁芯)	K	8	CCVS	H

编号	元器件类型	字母代号	编号	元器件类型	字母代号
9	VCCS	G	17	绝缘栅双极晶体管	Z
10	CCCS	F	18	传输线	T
11	二极管	D	19	数字电路单元	U
12	双极晶体管	Q	20	数字电路信号源	USTIM
13	单元子电路调用	X	21	电压控制开关	S
14	结型场效应晶体管	J	22	电流控制开关	W
15	MOS 场效应晶体管	M	23	数字输入	N
16	GaAs 场效应晶体管	B	24	数字输出	O

（2）PSpice 电路分析功能。PSpice 可分析的电路特性有 6 类 15 种，如表 F2 - 2 所示。

表 F2 - 2　PSpice 电路分析功能

类型	电路特性	类型	电路特性
直流分析	① 直流工作点； ② 直流传输特性； ③ 直流特性扫描； ④ 直流灵敏度	逻辑分析	① 逻辑模拟； ② 数/模混合模拟； ③ 最坏情况时序分析
交流分析	① 交流小信号频率特性； ② 噪声特性	参数扫描	① 温度特性； ② 参数扫描
瞬态分析	① 瞬态响应； ② 傅里叶分析	统计分析	① 蒙特卡罗分析； ② 最坏情况分析

3. OrCAD 中与 PSpice 配套使用的软件

（1）电路原理图绘制软件 Capture CIS。PSpice 以 OrCAD/Capture CIS 为前端模块。用户可以利用 Capture 以人机交互图形编辑方式绘制电路原理图，设置好分析参数，即可在 Capture 环境下调用 PSpice 进行电路模拟。

（2）激励信号波形编辑软件 StmEd(Stimulus Editor)。在对电路特性进行分析时，瞬态分析和逻辑分析需要的激励信号并不相同。StmEd 软件就是一个激励信号波形编辑器，可以交互方式生成电路模拟中需要的各种激励信号波形，包括瞬态分析中需要的脉冲、分段线性、调幅正弦、调频和指数信号等 5 种信号波形，以及逻辑分析中需要的时钟信号、各种形状脉冲信号以及总线信号。

（3）模拟结果波形显示和分析模块 Probe。为了形象地观察模拟结果，PSpice 完成电路模拟后可自动调用 Probe 以图形的形式显示结果。它具有 3 种主要功能：

① 显示电路中电压和电流的波形；

② 模拟结果的再分析处理。Probe 可以对模拟结果的波形进行再加工，以提取更多的信息。

③ 数字电路中逻辑错误问题的检查。Probe 可以检测出电路中存在的冒险竞争、时序错误等信息，并可将出错位置标注到电路中。

另外，OrCAD 中还包括模型参数提取软件 ModelEd(Model Editor)和电路优化程序 Optimizer。

二、PSpice 的有关规定

1. PSpice 中的数字和单位

在 PSpice 中，使用的数字可以是整数、小数和指数(如 1230、1.23E3)。为了便于使用，PSpice 还规定了 10 种比例因子，分别为 $T=1E+12$，$G=1E+9$，$MEG=1E+6$，$K=1E+3$，$MIL=25.4E-6$，$M=1E-3$，$U=1E-6$，$N=1E-9$，$P=1E-12$，$F=1E-15$。

PSpice 以工程单位米、千克和秒为单位，由此得到的其它电学单位可省略，如 1000、1 k、1 kV、1000VOLTS 表示同一个电压值。

2. PSpice 中的运算表达式和函数

PSpice 的表达式由运算符、数字、参数和变量构成。在构成表达式时可采用的运算符和函数可查阅在线帮助或参考文献[18]。

3. 电路图中的节点编号

在电路模拟分析过程中，元器件的连接关系是通过节点号表示的，指定输出电压时，也要采用节点编号。OrCAD/Capture 自动为每个节点确定一个以字母 N 开头，后面紧跟数字的编号，形式为 N×⋯×的节点名，用户也可自行设置节点别名。可用元器件的引出端作为节点号名称，其一般形式为(元器件编号：引出端名)。对二端元件用 1 和 2 作为两个引出端名称，对独立电源用＋和－作为两个引出端名称，如 R1：1，V1：＋等。电路中必须有编号为 0 的节点(即名称为 0 的接地符号)。

4. 输出变量的基本格式

PSpice 完成电路特性分析后，代表分析结果的输出变量分为电压名和电流名两类。

(1) 电压变量的基本格式。如果输出变量是一个电压，则电压名的基本格式为

$$V(节点号1[，节点号2])$$

表示输出变量为节点号 1 与节点号 2 之间的电压。若输出变量是某一节点与地之间的电压，则节点号 2 可省略。若表示二端元件两端的电压，可用"V(二端元件编号)"，如 V(R1)表示 R1 两端的电压。

(2) 电流变量的基本格式。如果输出变量是一个电流，则电流名的基本格式为

$$I(元器件编号[：引出端名])$$

对于二端元件，不需要给出引出端名。注意，PSpice 规定：无源二端元件的电流参考方向从 1 号端流入，2 号端流出；独立源从正极流入，负极流出；多端有源器件的电流参考

方向定义为从引出端流入器件。

5. 输出变量的别名表示(Alias)

用元器件编号及其引出端名表示的输出变量以及交流小信号 AC 分析中所有输出变量，除可采用上述表示格式外，还具有"别名"表示方式。

(1) 交流小信号 AC 分析中的输出变量名。对 AC 分析，还可以采用下述输出变量格式：

$$V[AC 标识符](节点号 1[，节点号 2])$$
$$I[AC 标识符](元器件编号[：引出端名])$$

AC 标识符有 5 种，分别为 M(输出变量的振幅)、DB(输出变量振幅分贝数)、P(输出变量的相位)、R(输出变量的实部)、I(输出变量的虚部)。若省略 AC 标识符，则变量含义与采用 M 标识符的作用相同，如 VM(C1)、VP(C1)分别表示电容上交流电压的振幅和相位。

(2) 用元器件引出端名表示的输出变量。如果输出变量中的节点号采用元器件编号及引出端名表示，则可将括号中的引出端名放在关键词 V 和 I 后面，括号内只保留元器件编号名，如 V(R1：1)可表示为 V1(R1)。

6. OrCAD/Capture 常用元器件符号库

OrCAD/Capture 中提供了上万个元器件符号，分别存放在近 80 个符号库文件中，其中绝大部分为商品化的元器件符号。下面将本课程中经常使用的非商品化元件符号库给予简单介绍。

(1) ANALOG 库：包含模拟电路中的各种无源元件、受控源和运放等模拟元器件。

(2) SOURCE 库：包含各种独立电压源和电流源。

(3) SPECIAL 库：该库中包含各种测量器件，如安培计（IPRINT）、伏特表（VPRINT）等。

(4) SOURCESTM 库：若激励信号源的波形是采用 StmEd 模块设置的，则信号源符号应从 SOURCESTM 库中调用。

(5) BREAKOUT 库：在 PSpice 进行统计分析时，要求电路中某些元器件参数按一定规律变化，这些元器件符号应从 BREAKOUT 库中调用。

三、模拟电路分析的基本过程

模拟电路分析的基本步骤：① 绘制电路原理图（OrCAD/Capture）；② 设置电路分析类型及其参数（Profile）；③ 进行电路模拟（PSpice）；④ 电路模拟结果分析和显示（Probe）。

1. 绘制电路原理图

绘制电路原理图的步骤如下。

(1) 新建项目。调用 OrCAD/Capture 软件，进入 Capture 启动窗口，如图 F2-1 所示；选择 File/New/Project，将弹出如图 F2-2 所示的 New Project 对话框，在这个对话框中需进行 3 项设置：

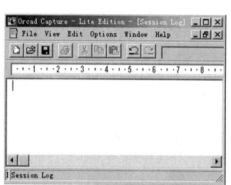

图 F2 - 1　Capture 启动窗口

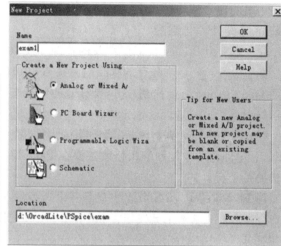

图 F2 - 2　New Project 对话框

① 设定新建项目名；

② 选定项目类型：本章只介绍对绘制的电路图如何利用 PSpice 进行电路模拟，故应选中"Analog or Mixed A/D"（模拟或混合 A/D 电路）；

③ 设置新建项目要保存到的目录路径。

完成上述设置后，点击 OK 按钮，屏幕上将出现 Create PSpice Project 对话框，询问用户确定是建立一个基于已有项目的新项目，还是一个全新的项目（Create a blank Project）。选第 2 项，建立全新的项目。

（2）进入项目管理窗口。建立新项目后，屏幕上即出现图 F2 - 3 所示的项目管理窗口。下面简要介绍窗口中各显示内容的含义。

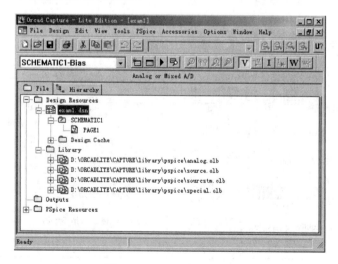

图 F2 - 3　项目管理窗口

图 F2 - 3 中 Design Resources（设计资源）下方包含存放电路图的设计文件名（exam1. dsn）和配置的库文件（Library）两项内容。展开（双击）设计文件名（exam1. dsn）后，其下方的 SCHEMATIC1 是系统默认的电路层次名，Design Cache 是电路设计专用元器件库（以往使用过的元器件均在其中)。在 SCHEMATIC1 下方是该层次包含的电路图纸页面名称。对新建的设计,电路图纸页面默认名称为 PAGE1。图 F2 - 3 中 PSpice Resources 和 Outputs 分别为 PSpice 模拟所涉及的资源和模拟结果输出文件。

注意:若需要修改已有的项目,应在 Capture 的窗口中选择 File/Open/Project,从弹出的 Open Project 对话框中选择要打开的项目文件名(扩展名为 .opj),也会出现图 F2 - 3 所示的项目管理窗口。

(3) 启动电路图编辑模块。双击图纸页面名 PAGE1,即可打开电路图编辑窗口 Page Editor。电路图的绘制和编辑修改主要在 Page Editor 窗口中完成。它是 Capture 中使用最频繁的一个窗口。

图 F2 - 4 的 Page Editor 窗口是一个典型的 Windows 窗口,其顶部是标题栏,下面是主命令菜单栏、基本工具按钮栏和 PSpice 工具按钮栏,工作区右侧的竖条工具按钮是绘图专用工具按钮栏(Tool Palette),底部是状态栏。

下面简要介绍图 F2 - 4 中三组工具按钮的功能。

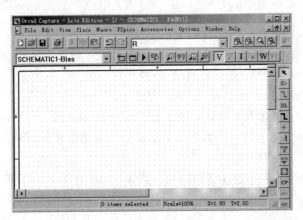

图 F2 - 4 Page Editor 窗口

① 基本工具按钮,如图 F2 - 5 所示,图中标出了每个按钮的作用。

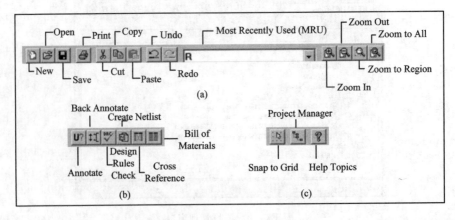

图 F2 - 5 基本工具按钮

图 F2 - 5(a)中的第 10 个工具按钮为"最近用过的元器件(MRU)"列表框。绘制电路图时可直接选用该列表中的元器件符号。图(b)中 6 个后处理工具按钮分别对应项目管理窗口中 Tools 主命令菜单中的 6 条子命令，其作用是对绘制好的电路图进行各种后处理，包括电路图元器件自动编号及修改、设计规则检查、产生电连接网表、生成元器件统计报表等。图(c)中的三个工具按钮的作用分别为使光标只能在网格点上移动(Snap to Grid)、转向项目管理窗口(Project Manager)和在线帮助(Help Topics)。

②PSpice 工具按钮，如图 F2－6 所示，分别对应 PSpice 主命令菜单中的有关子命令。其中 Run 为快捷运行按钮；Bias point 中的 V、I、W 分别在电路图中显示工作点的节点电压、元件的电流和功率。

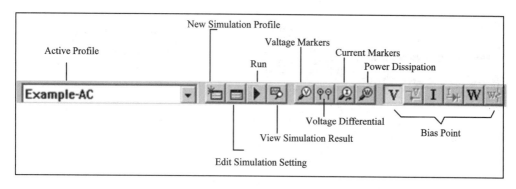

图 F2－6　PSpice 工具按钮

③绘图专用工具按钮(Place 工具)，如图 F2－7 所示，第一个按钮(Selection)的作用是选中电路单元；其余 19 个按钮分别对应 Place 主命令菜单中的 19 条子命令。

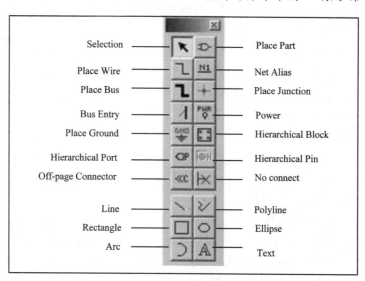

图 F2－7　Place 绘图专用工具按钮

(4) 绘制电路图。绘制电路图主要是绘制元器件符号并设置属性参数、绘制接地符号和绘制元器件之间的连线。

①绘制元器件符号(Place Part)。在 Place 工具按钮中，点击 Place Part 按钮将弹出选择元器件对话框，如图 F2－8 所示。先在 Libraries 列表框中选取元器件符号所在的符号库名称(若所需元器件没有在所列的符号库中，可点击对话框中的 Add Library 按钮增添符号库)。然后在 Part 元器件列表框中选取所需元器件或在 Part 文本框中键入元器件名称

（可以使用通配符"＊"和"？"进行模糊查询），预览框内将显示该元器件的符号。

若所选元器件符合要求，点击 OK 按钮，将元器件拖至所需位置，按左键放置到屏幕上，再按 Esc 键或者点击右键弹出如图 F2－9 所示的绘制元器件快捷菜单并选择 End Mode，即可结束元器件的绘制状态，光标恢复为箭头状。

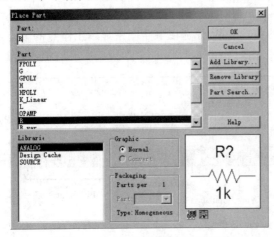

图 F2－8　选择元器件对话框

图 F2－9　绘制元器件快捷菜单

② 设置元器件属性参数。元器件的属性参数包括元器件符号名称、电气参数、封装形式等。其设置方法有两种：一是双击元器件的可见参数，在弹出的元件属性对话框中修改其参数，如图 F2－10 所示；二是双击元器件符号或按鼠标右键选 Edit Properties，此时可设置该器件的全部属性参数。注意：用第二种方式修改参数后，应点击 Apply 按钮确认。

③ 零电位接地符号的绘制（Place Ground）。调用 PSpice 对模拟电路进行分析时，电路中必须有一个电

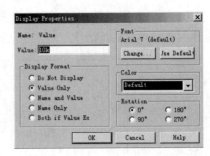

图 F2－10　元器件参数修改

位为零的接地点，因为 PSpice 采用节点法分析电路。这种零电位接地符号只能通过选择 Place 工具按钮中的 Place Ground 子命令绘制，特别注意其名称（Name）必须设置为"0"，否则运行时会出错。绘制步骤同前。

④ 绘制元器件之间的连线（Place Wire）。选择 Place 绘图专用工具按钮中的 Place Wire 子命令，进入绘制互连线状态，光标变为十字形。将光标移至互连线的起点，点击左键；再移至终点，双击左键或从快捷菜单中选 End Wire 结束当前互连线的绘制。按 Esc 键或再选 End Wire 即可结束互连线的绘制状态，回到选择状态。

若需在互连线的交叉点处形成一个节点，则选择执行 Place Junction 子命令，箭头上方出现实心圆点，移动光标至需放置连接节点的位置，点击左键，则在该处放置一个节点。按 Esc 键，回到选择状态。

2. 设置电路分析类型及其参数

为了便于管理，OrCAD/PSpice9 将基本直流分析（偏置工作点计算）、直流 DC 扫描、交流小信号 AC 分析和瞬态 TRAN 分析作为 4 种基本的分析类型。在电路模拟中，根据分

析要求，建立模拟类型分组(Simulation Profile)，以确定分析类型和设置分析参数。电路的一个模拟类型分组中只能包含上述 4 种基本分析类型中的一种，但可以同时包含温度特性分析、参数扫描、蒙特卡罗分析、最坏情况分析和直流工作点存取等。每一个模拟类型分组均有各自的名称，每个分组的分析结果单独存放在一个文件中。同一电路可建立多个模拟类型分组，不同分组也可以针对同一种特性分析类型而采用不同的分析参数。

设置电路分析类型及其参数的步骤如下：

(1) 在 Capture 环境下，调用 PSpice 菜单，选择 New Profile 子命令或点击相应的快捷按钮，将弹出如图 F2 - 11 所示的 New Simulation 对话框，在 Name 栏键入模拟类型组的名称。

(2) 点击 Create 按钮，屏幕上弹出图 F2 - 12 所示的特性分析类型和参数设置对话框，其中 Analysis 标签页用于设置电路分析类型和参数，Options、Data Collection 和 Probe Window 三个标签页用于设置波形显示和分析模块 Probe 的参数，其余四个标签页用于电路模拟中有关文件的设置。

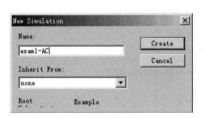

图 F2 - 11　New Simulation 对话框　　　图 F2 - 12　特性分析类型和参数设置框

Analysis 标签页中需设置三方面的内容：基本分析类型、分析参数及分析类型对应的其他分析问题。

在 Analysis type 对话框中选择分析类型。共有 4 种类型。

① Time Domain(transient)时域(瞬态)分析。选择该类型时，必须输入分析的结束时间、最大步长等参数。

② DC Sweep 直流扫描分析。必须在 Sweep variable 单选框中选择扫描变量，在 Sweep type 单选框中选择扫描选择扫描类型，之后输入扫描变量的变化范围和步长。

③ AC Sweep/Noise 交流扫描/噪声分析。在 AC Sweep type 单选框中选择 AC 扫描类型。

④ Biao Point 偏置(工作点)分析。

在 Options 列表框中设置分析类型对应的其他分析问题，如蒙特卡罗/最坏情况分析、温度扫描分析、参数扫描分析等。

完成这三方面内容的设置后，点击"确定"按钮结束设置。

3. 电路模拟分析

设置好电路分析类型和参数后，在 Capture 菜单中选择 PSpice/Run 子命令或按快捷运行按钮启动 PSpice 开始对电路进行分析。此时 PSpice 首先对电路结构和元件参数的合理性进行检查。如有错误，可按提示信息进行修改。

模拟分析结束后，分别生成以 .dat（二进制文件，为 Probe 使用）和 .out（文本文件，包含的信息有各节点电压、各电源的电流、总功耗等）为扩展名的两种形式的数据文件，并在屏幕上出现三个窗口（如图 F2 – 13 所示）：上面的窗口显示分析结果的波形；右下方的子窗口显示元器件统计、参数设置、执行时间等信息；左下方为分析过程窗口，当电路分析存在问题或警告时，会在此窗口出现提示。

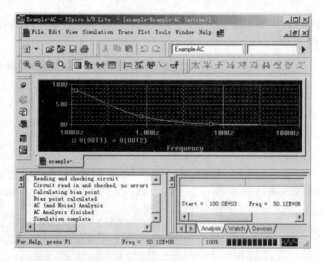

图 F2 – 13　特性分析结果的波形显示

4. 电路分析结果察看途径

（1）电路原理图上直接显示。在 Capture 窗口中按快捷按钮 V 、 I 、 W ，可在电路图上直接显示节点电压、元件电流值以及元件吸收的功率。

（2）分析结果的波形显示。基本的电路特性分析结果存放在以 .dat 为扩展名的数据文件中，以供 Probe 调用显示分析结果的信号波形。执行 PSpice/View Simulation Results 子命令可以观察结果的波形。分析结束后也默认进入这一状态。可在运行 PSpice 之前，在电路原理图上用快捷按钮 ⓥ 、 ① 、 ⓦ 放置电压探头、电流探头、功率探头以设置所要显示的电压、电流和功率波形；也可事后在图 F2 – 13 所示的 Probe 界面下加入所需显示的波形。

（3）在输出文件中察看数值结果。电路特性的数值结果存放在以 .out 为扩展名的输出文件中。执行 PSpice/View Output File 子命令，可以查阅输出文件。

（4）出错信息显示分析。如果电路图中存在问题，分析参数的设置不合适或模拟计算中出现不收敛问题，则都将影响模拟过程的顺利进行，这时屏幕上将显示出错信息，这些信息同时也存放到 .out 输出文件中。用户根据对出错信息的分析确定如何修改电路图，改变分析参数设置或采取措施解决不收敛问题，然后重新进行电路模拟。

PSpice 程序的功能非常强大，要想熟练掌握，必须通过大量例子进行练习。正文各章节穿插安排了许多 PSpice 仿真实例。这些仿真实例出现在下列例题中：例 1.9 - 1、例 2.7 - 3、例 2.11 - 2、例 3.5 - 4、例 3.7 - 4、例 4.6 - 4、例 6.1 - 4、例 7.5 - 3。

附录三　MATLAB 工具使用简介

MATLAB 是"矩阵实验室"（Matrix Laboratoy）的缩写，是一种面向科学和工程计算、以复数矩阵运算为基础的高级语言，适用于工程应用各领域的分析设计与复杂计算。它强大的计算和数据处理功能、友好的界面和自然的语法规则以及可视化的计算结果为我们提供了高效的环境，已成为科技工作者最常用且不可缺少的重要工具。

一、MATLAB 语言的特点

（1）易学易用。

① MATLAB 语言只有一种数据类型；每个变量代表一个矩阵，可以有 $n \times m$ 个元素，每个元素都可看成复数，所有运算都对矩阵和复数有效。

② MATLAB 的语法规则与科技人员的思维和书写习惯相近。

③ MATLAB 是一种解释性交互式的计算机语言，界面友善，便于程序的运行和调试。

（2）功能丰富、可扩展性强。MATLAB 软件包含基本部分和专业扩展两大部分。基本部分包括矩阵的运算和各种变换、代数和超越方程的求解、数据处理和傅里叶变换、数值积分等。可以满足高校学生的计算需要。扩展部分以工具箱的形式出现，它实际上是用 MATLAB 的基本语句编写的各种子程序集，用于解决某一方面的专业问题。MATLAB 的核心内容在于它的基本部分。

（3）智能化的可视化输出能力。MATLAB 能根据输入数据自动确定坐标绘图。如果数据齐全，通常只需一条命令即可出图。

二、MATLAB 使用入门

MATLAB 的版本很多，使用方法类似，本章以 MATLAB 6.0 为例进行简单介绍。

MATLAB 6.0 将多种开发工具集成为 MATLAB 工作环境，它主要包括以下几个部分：命令窗口（Command Windows）、程序编辑调试器（Editor/Debugger）窗口、历史命令窗口（Command History）、资源目录本（Launch Pad）、当前路径浏览器（Current Directory Browser）、帮助浏览器（Help Browser）、工作空间浏览器（Workspace Browser）、数组编辑器（Array Editor）。

下面仅简单介绍它的两个主要窗口：命令窗口和程序编辑调试器窗口。

1. 命令窗口

在 Windows 桌面上，双击 MATLAB 图标，系统就会进入 MATLAB 的工作环境，出现如图 F3 - 1 所示的 MATLAB 命令窗口。

命令窗口是人们与 MATLAB 进行人机对话的主要环境。当只需输入少数几条命令，并不需要保存这些命令时，可以在命令窗口中直接键入。每键入一行命令（一行中可有多

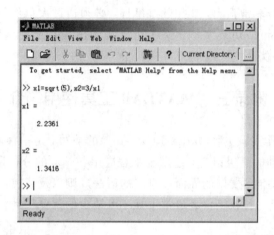

图 F3 - 1　MATLAB 命令窗口

条命令，命令之间必须用逗号分隔），便立即执行并输出相应结果。

2. 程序编辑调试器窗口

在命令窗口中每键入一行命令后，系统立即执行，此时程序的可读性很差并且难以保存。对于复杂的问题，可将所有命令在程序编辑调试器窗口中按 MATLAB 语言的语法规则，编辑成源程序文件，并保存为扩展名为 .m 的文件（称为 M 文件），供成批执行。

（1）打开程序编辑调试器窗口。在命令窗口的菜单中选择 File/New/M-File 或点击 New M-File 按钮，打开程序编辑调试器窗口，如图 F3 - 2 所示。

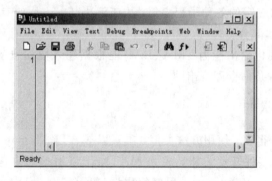

图 F3 - 2　程序编辑调试器窗口

（2）编辑并保存程序。MATLAB 的程序编辑方法与 Windows 操作系统的其它文件编辑器相同。程序编辑完成后，选择该窗口菜单中的 File/Save 或点击 Save 按钮保存所编辑的内容。

（3）调试运行。选择该窗口菜单中的 Debug/Run 或快捷键 F5 开始运行。MATLAB 逐条解释执行程序中的命令。每执行一条命令，就在命令窗口中输出计算结果，在图形窗口中显示各种曲线。如果程序中的命令非法，则在命令窗口中显示错误信息。

（4）打开已有 M 文件。在命令窗口或编辑调试器窗口的菜单中选择 File/Open，或点击 Open File 按扭，选定需打开的 M 文件，即可打开指定文件对其进行编辑、调试、运行。

三、MATLAB 基本语法

1. 变量及其赋值

（1）标识符与数。标识符是标志变量名、函数名和文件名的字符串的总称。标识符中第一个字符必须为字母。MATLAB 对大小写敏感，即它把 A 和 a 看作两个不同的字符。

MATLAB 中的变量或常量都代表矩阵，标量应看作 1×1 阶的矩阵。矩阵中的元素都看作复数。复数的虚部用 i 或 j 表示。实数看成是复数的特例。

数值常量可以用小数表示法，也可用科学记数法，如 1.2、-5、0.01、$1.2e-3$ 都是正确的。字符串常量用单引号括起来，如$'A'$。

MATLAB 中预定义了一些内定变量，常用的列于表 F3－1 中。

表 F3－1　常用的内定变量

内定变量名	值	含义
pi	3.141596…	圆周率
i 或 j	$\sqrt{-1}$	虚数单位
INF 或 inf	1/0	无穷大
NaN	0/0, 0 * inf, inf. inf	非数
Realmin		最小正实数
Realmax		最大正实数

（2）变量的赋值。MATLAB 中赋值语句的一般形式为

变量名＝表达式（或数）

如语句 a＝[1　2　3；sqrt(16)　5　6；7　4 * 2　3 * 3+j]，显示结果为

```
a=1  2  3
   4  5  6
   7  8  9+i
```

可以看出，矩阵的值放在方括号中，同一行的元素之间用逗号或空格分开，不同行则用分号分开。语句的结尾可用回车符或逗号，此时会立即显示结果。若不希望显示结果，应以分号结尾。

变量的元素可用圆括号中的数字（也称下标）来注名，如 $a(2,3)=10$。如果赋值元素的下标超出了原来矩阵的大小，则矩阵的行列会自动扩展。

在求某些函数值或曲线时，常常要设定自变量的一系列值，如设时间 t 从 0 到 1 之间，每隔 0.02 秒取一个点，共 51 个点，是 1×51 阶的数组，可用两个冒号组成等增量赋值语句来实现：t＝[0：0.02：1]。

2. 运算符

MATLAB 的运算符与其它高级语言的运算符基本相同，常用的运算符列于表 F3－2 中。

表 F3 - 2　常 用 运 算 符

类别	运算符	含义	类别	运算符	含义	类别	运算符	含义
算术运算符	+	加法	关系运算符	<	小于	逻辑运算符	&	逻辑与
	−	减法		<=	小于等于		|	逻辑或
	*	乘法		>	大于		~	逻辑非
	/	右除法		>=	大于等于		xor	异或
	\	左除法		==	等于			
	^	乘方		~=	不等于			

注意：MATLAB 的运算符 ＊、/、\、^ 是把矩阵作为一个整体来运算的。其他运算符都是对矩阵中的元素分别进行的。运算符 ＊、/、\、^ 若对矩阵中的所有元素按单元素进行，只要在运算符 ＊、/、\、^ 前加点符号"."即可，但要求参与运算的两个矩阵必须是同阶的。例如，a＝[1 2；3 4]，b＝[5 6；7 8]；则 a＊b 为 $\begin{bmatrix}19 & 22\\43 & 50\end{bmatrix}$，而 a.＊b 为 $\begin{bmatrix}5 & 12\\21 & 32\end{bmatrix}$。

3. 常用函数

表 F3 - 3 列出一些常用的基本数学函数。

表 F3 - 3　常用的基本数学函数

函数名	含义	函数名	含义	函数名	含义
sin	正弦	cos	余弦	tan	正切
atan	反正切	exp	指数	log	自然对数
log10	以 10 为底的对数	abs	绝对值或复数模	angle	复数的幅角
sqrt	开平方	real	复数的实部	imag	复数的虚部
conj	共轭复数	round	四舍五入取整	sign	符号函数

常用的矩阵函数和运算见表 F3 - 4。

表 F3 - 4　常用的矩阵函数和运算

函数名	含义	函数名	含义
inv(A)	求矩阵 A 的逆矩阵	det(A)	求方阵 A 的行列式
ran(A)	求矩阵 A 的秩	eig(A)	求矩阵 A 的特征值
A′	求矩阵 A 的转置	size(A)	取矩阵 A 的行列数
eye(n)	得到 n 阶方阵	zeros(m, n)	得到 $m×n$ 的全 0 矩阵
ones(m, n)	得到 $m×n$ 的全 1 矩阵		
linspace(初值，终值，点数)	得到均分向量		
logspace(初值，终值，点数)	得到对数均分向量		

4. 流程控制语句

计算机程序通常都是从前到后逐条执行的，但有时也会根据实际情况中途改变执行次序，称为流程控制。利用流程控制语句可以计算更复杂的问题。常用的流程控制语句有：

（1）if 语句。

格式：if 表达式 语句组 1，［else 语句组 2，］end

功能：若表达式为逻辑真，则执行语句组 1；否则执行语句组 2。中括号［　］表示可选项。if 语句可以嵌套使用。

（2）for 循环语句。

格式：for k＝初值：终值：步长（步长为 1 时可省略）语句组，end

功能：将语句组反复执行 N 次（N＝1＋（终值－初值）/步长），每次执行时 k 值不同。

（3）while 循环语句。

格式：while 表达式 语句组，end

功能：若表达式为逻辑真，则不断执行语句组，直到表达式为逻辑假，此时执行 end 后的后续语句。

（4）switch 语句。

格式：switch 表达式（标量或字符串）

　　　case 值 1

　　　　语句组 1

　　　case 值 2

　　　　语句组 2

　　　…

　　　otherwise

　　　　语句组 N

　　　end

功能：当表达式的值与某 case 语句中的值相同时，就执行该 case 语句后的语句组，然后直接跳到终点的 end。若没有任何一个 case 值与表达式相符，则执行 otherwise 后面的语句组 N。

（5）终止循环语句。

格式：break

功能：在循环语句中，遇到它将跳出一层循环。

5. 基本绘图方法

MATLAB 可以根据给定的数据，用绘图命令在屏幕上画出图形。可以选择多种类型的绘图坐标，可以对图形加标号、加标题、画网格线。所绘出的图形可以通过 Figure 窗口中的 Edit/Copy Figure 菜单将其复制到剪贴板中并粘贴到其它文档或图形编辑器（如 Word、Visio 等）中。

常用的绘图语句格式有：

（1）plot(y)，y 为向量，将绘出以 y 中元素的下标作为 X 坐标，y 中元素的值作为 Y 坐标的曲线。

（2）plot(x, y)，x 和 y 是具有相同长度的向量，将绘出以 x 中的元素值作为 X 坐标，y 中的元素值作为 Y 坐标的曲线。

（3）plot(t, [y1；y2；…；yn])，t 是行向量，y＝[y1；y2；…；yn]是矩阵，可绘出以 t 中元素值为 X 坐标，分别以 y1，y2，…，yn 为 Y 坐标的 n 条曲线。

（4）plot(x1, y1, x2, y2, …, xn, yn)，其中 x1, y1, x2, y2, …, xn, yn 等分别为向量对。每一对 X－Y 向量可以绘出一条曲线，这样可在一张图上画出 n 条曲线。

（5）ploar(theta, rho)，极坐标绘图，以角度 theta 为一个坐标，单位为弧度；另一个是矢经 rho。

说明：当 plot(z)中的 z 为复向量（虚部不为零）时，MATLAB 将复数的实部作为 X 坐标，虚部作为 Y 坐标进行绘图，即等价于 plot(real(z), imag(z))。若为 plot(t, z)，当 z 为复向量时，z 的虚部将被舍去。

6. 图形窗控制命令

图形窗口可以开或关，可以开几处图形窗口，可以在一个图形窗口内画几幅分图，几幅分图也可用不同的坐标。以下几种命令可以实现图形窗口之间的转换、清除。

（1）close all：关闭所有图形窗口，colse 只关闭当前图形窗口。

（2）clf：清除当前图形窗口中的内容。

（3）hold on/off：保持/解除保持当前图形窗口中的内容。

（4）figure(n)：打开第 n 个图形窗口。

（5）subplot(n, m, p)：将图形窗口分为 n×m 个子坐标系，在第 p 个子坐标中绘制图形。

7. M 文件及程序调试

M 文件可分为主程序文件和函数文件两种。

主程序文件一般是由用户为解决特定问题而编制的程序。函数文件也称子程序，它必须由 MATLAB 程序来调用。函数文件往往具有一定的通用性，并且可以进行递归调用。MATLAB 的基础部分中约有 700 个函数文件，它的工具箱中还有上千个函数文件，并在不断扩充积累。

（1）几个常用语句（命令）。

① 注释语句：以"％"开始行为注释行。

② 全局变量声明语句：格式为 global 变量名 1 变量名 2 …。

③ 接收键盘输入的数据：

格式 1：变量 1＝input('提示信息')。程序执行该语句时，显示提示信息，要求用户从键盘键入数据，并将输入的数据赋给变量 1。

格式 2：变量 2＝input('提示信息', 's')。将从键盘上输入的数据以字符串的形式赋给变量 2。

（2）函数文件。函数文件与程序文件三点主要区别是：

① 由 function 起头，后面跟的函数名必须与文件名相同；

② 有输入输出变量，可进行变量参数传递；

③ 除非用 global 声明，否则其中的变量均为局部变量。

下面看一个简单的函数文件 mean. m。在命令窗口键入：

type mean

窗口中将显示函数文件 mean. m 的内容：

function y＝mean(x)

％ 计算平均值。对于向量，mean(x)返回该向量 x 中元素的平均值

％ 对于矩阵，mean(x)返回一个包含各列元素平均值的行向量

[m，n]＝size(x)；

　　if m＝＝1 m＝n；　　end ％处理单行向量

y＝sum(x)/m　　　　％调用求和函数 sum

四、获得 MATLAB 在线帮助

上面只是简单介绍了 MATLAB 最基本的使用方法和语法规则。实际上 MATLAB 提供了很丰富的在线帮助，它解释准确详细，范例分析透彻，并且这些范例可以粘贴到用户程序中供用户调用。获得帮助的方法有：

（1）在命令窗口中键入：

help 函数名或命令字

用户可获得该函数或命令的帮助信息。

（2）在命令窗口中键入：

Demos

用户可以看到很多内容的演示。

五、MATLAB 辅助电路计算举例

用 PSpice 程序进行电路分析，对电路分析问题的建模和计算均由程序完成，用户只要将电路图和分析要求输入给程序即可，使用非常方便，这对学生验证手工计算的结果以及今后从事工程电路分析和设计是有益的，但对学生理解和掌握电路理论中的基本概念和基本分析方法不利。利用 MATLAB 分析电路问题，建模过程必须由学生根据所学的电路知识来自己完成，只利用 MATLAB 强大的计算和绘图功能进行烦琐的计算和绘制波形，这样可以使学生更好地掌握课程内容。下面举例说明如何将 MATLAB 用于电路计算，同学们可模仿这些示例来完成本课程中的有关习题，从而提高 MATLAB 应用技巧。

例 F3 - 1　图 F3 - 3 所示电路，已知 $R_1＝R_7＝2$ Ω，$R_2＝R_4＝R_6＝4$ Ω，$R_3＝R_5＝12$ Ω。

（1）如 $U_s＝10$ V，求 i_3、u_7 和电阻消耗的功率 P_{R4}。

（2）若 $u_7＝2$ V，求 U_s 和 i_3 和电阻消耗的功率 P_{R4}。

解　首先建模。用网孔法，设定网孔电流 i_A、i_B、i_C 如图所示。列网孔方程，有

$$\begin{bmatrix} R_1＋R_2＋R_3 & -R_3 & 0 \\ -R_3 & R_3＋R_4＋R_5 & -R_5 \\ 0 & -R_5 & R_5＋R_6＋R_7 \end{bmatrix} \cdot \begin{bmatrix} i_A \\ i_B \\ i_C \end{bmatrix} ＝ \begin{bmatrix} U_s \\ 0 \\ 0 \end{bmatrix}$$

令 $U_s＝10$ V，解得网孔电流 i_A、i_B、i_C 之后，由 $i_3＝i_A-i_B$，$u_7＝R_7 i_C$，$P_{R4}＝i_B^2 R_4$ 即可求得问题(1)。

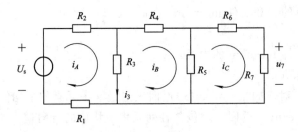

图 F3-3　例 F3-1 图

由线性电路的齐次性，有

$$u_7 = k_1 U_s, \quad i_3 = k_2 U_s, \quad i_B = k_3 U_s, \quad P_{R_4} = i_B^2 R_4 = k_3^2 U_s^2 R_4$$

根据问题(1)可确定系数

$$k_1 = u_7/U_s, \quad k_2 = i_3/U_s, \quad k_3 = i_B/U_s$$

进而，可通过下列关系求得问题(2)的解。

$$U_s = u_7/k_1, \quad i_3 = k_2 U_s, \quad P_{R_4} = k_3^2 U_s^2 R_4$$

其次利用 MATLAB 进行计算，程序如下：

```
clear, close all
R1=2; R2=4; R3=12; R4=4; R5=12; R6=4; R7=2;
display('解问题(1)');  %屏幕上显示文本信息
  R11=R1+R2+R3; R12=-R3; R13=0;
  R21=-R3; R22=R3+R4+R5; R23=-R5;
  R31=0; R32=-R5; R33=R5+R6+R7;
  Us=input('Us=');
  Us11=Us; Us22=0; Us33=0;
  R=[R11, R12, R13, R21, R22, R23, R31, R32, R33];
  US=[Us11; Us22; Us33];
  I=R\US;
  iA=I(1); iB=I(2); iC=I(3);  %取向量中元素
  i3=iA-iB, u7=R7 * iC, PR4=iB^2 * R4
display('解问题(2)');
  k1=u7/Us; k2=i3/Us; k3=iB/Us;
  u7=input('u7=');
  Us=u7/k1, i3=k2 * Us, PR4=k3^2 * Us^2 * R4
```

程序运行结果如下：

```
解问题(1)
Us=10
i3=0.3704    u7=0.7407    PR4=1.2346
解问题(2)
u7=2
Us=27.0000    i3=1.0000    PR4=9.0000
```

例 F3-2　图 F3-4 所示相量电路，已知电源相量 $U_s = 10\angle 0° \text{ V}$，$I_s = 10\angle 0° \text{ A}$，$g = 1 \text{ S}$，$Z_1 = -j\Omega$，$Z_2 = j\Omega$，$Z_3 = 1 \text{ }\Omega$，$Z_4 = -j\Omega$，求受控源两端的电压 U_{12} 及其消耗的平均功率 P。

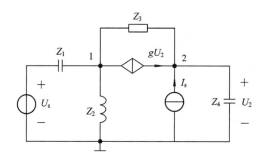

图 F3 - 4　例 F3 - 2 用图

解　（1）建模。设节点 1、2 的节点电压向量分别为 U_1、U_2，列节点方程，有

$$\left(\frac{1}{Z_1}+\frac{1}{Z_2}+\frac{1}{Z_3}\right)U_1 - \frac{1}{Z_3}U_2 = \frac{U_s}{Z_1} - gU_2$$

$$-\frac{1}{Z_3}U_1 + \left(\frac{1}{Z_3}+\frac{1}{Z_4}\right)U_2 = I_s + gU_2$$

整理为矩阵形式：

$$\begin{bmatrix} \dfrac{1}{Z_1}+\dfrac{1}{Z_2}+\dfrac{1}{Z_3} & g-\dfrac{1}{Z_3} \\ -\dfrac{1}{Z_3} & \dfrac{1}{Z_3}+\dfrac{1}{Z_4}-g \end{bmatrix} \cdot \begin{bmatrix} U_1 \\ U_2 \end{bmatrix} = \begin{bmatrix} \dfrac{U_s}{Z_1} \\ I_s \end{bmatrix}$$

解得 U_1、U_2 后，可求出

$$U_{12} = U_1 - U_2$$

受控源吸收的复功率为 $U_{12}(gU_1)^*$，取实部得平均功率 P。

（2）MATLAB 计算，程序如下：

```
clear all
Us=10; Is=10; g=1; Z1=−j; Z2=j; Z3=1; Z4=−j;      %设定元件参数
Z=[1/Z1+1/Z2+1/Z3, g−1/Z3; −1/Z3, 1/Z3+1/Z4−g];   %建立节点方程的系数矩阵
IS=[Us/Z1; Is];                                     %建立节点方程的电流源向量
Un=Z\IS;                                            %解方程
U12=Un(1) − Un(2), S=g * U12 * conj(Un(1)), P=real(S)
```

（3）程序运行结果如下：

　　U12=−10.0000+20.0000i

　　S=2.0000e+002+1.0000e+002i

　　P=200

例 F3 - 3　如图 F3 - 5 所示电路，以 C_2 上的电压为输出，显示其幅频特性和相频特性（频率从 1 Hz 扫描到 100 kHz，每十倍频取 1001 个点），并求出截止频率 f_c。

解　（1）建模。设置激励源 u_s 的振幅为 1 V、初相为 0，这样输出电压就是电路频率响应。

列出节点 1 的节点电压方程为

$$\left\{ j\omega C_1 + \frac{1}{R_1+\dfrac{1}{j\omega C_2}} + \frac{1}{R_2} \right\} U_1 = j\omega C_1 U_s$$

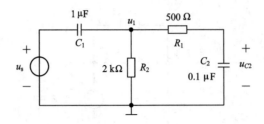

图 F3 - 5 例 F3 - 3 图

$$U_{C2} = \frac{\dfrac{1}{j\omega C_2}}{R_1 + \dfrac{1}{j\omega C_2}} U_1 = \frac{1}{j\omega C_2 R_1 + 1} U_1$$

(2) MATLAB 计算，程序如下：

```
clear all, close all
Us=1; C1=1e-6; C2=0.1e-6; R1=500; R2=2000;
f=logspace(0, 5, 1001); w=2*pi*f;
U1=j*C1*w./(j*C1*w+1./(R1+1./(j*C2*w))+1/R2);
UC2=1./(j*C2*R1*w+1).*U1;                    %画对数幅频特性，纵坐标为分贝
subplot(2, 1, 1), semilogx(f, 20*log10(abs(UC2))), grid  %画对数相频特性，纵坐标度
subplot(2, 1, 2), semilogx(f, angle(UC2)*180/pi), grid
UC2max=max(abs(UC2))                         %计算最大幅度值
fC=f(find(abs(abs(UC2)-UC2max/sqrt(2))<0.002))  %计算截止频率
```

(3) 程序运行结果如下：

```
UC2max=0.8889
fC=1.0e+003 *
  0.0692    3.6308
```

幅频特性和相频特性如图 F3 - 6 所示，X 轴和 Y 轴标注在图形窗口中利用菜单 Insert/X/Y Label 添加。

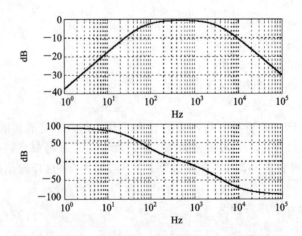

图 F3 - 6 例 F3 - 3 的幅频特性和相频特性

附录四　运算放大器

运算放大器(Operational Amplifier，OA，简称运放)是一种电压放大倍数和输入电阻极高、输出电阻极低的集成电路，通常由数十个晶体管和一些电阻构成。目前有许多种类的运放可供选用，常见的运放型号有 LM324、μA741、LMV321 等。最初使用运算放大器是作为模拟计算机中的模块，之所以称为"运算"，是因为可用它实现加、减、微分、积分、平方、开方等运算功能。由于其性能优良、体积小、价格低廉，目前，运放的应用已远远超过运算的范畴，在通信、控制、测试等各种电子系统中得到广泛应用，已成为一个基本的电路元件。运放内部电路的工作原理将在"电子线路"等课程中讨论，它作为一个电路元件，在电路分析中通常只关心该元件的外部特性——输入输出特性。

一、运放的外部特性和电路模型

运算放大器是一种多端子有源元件，其电路符号如图 F4-1(a)所示，左边两个端子为输入端，右边一个端子是输出端，上下两个端子是电源端。输入端中"－"端和"＋"端分别称为反相输入端和正相输入端。运放作为一个有源元件，电源端的电源电压 $\pm U_{cc}$ 是为了保证运放内部正常工作所必须的。在电路图中，为简单起见，通常不画出电源端，但应清楚电源端的存在，此时运放的电路符号可简化为图 F4-1(b)所示，图中 u_-、u_+、u_o 均为各端子对地的电压，A 称为运放的开环电压增益(或电压放大倍数)。

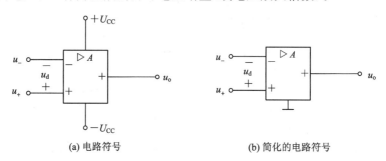

(a) 电路符号　　　　　　　　　　(b) 简化的电路符号

图 F4-1　运算放大器的电路符号

设差分输入电压 u_d 为

$$u_d = u_+ - u_- \tag{F4-1}$$

运放的输出电压 u_o 与差分输入电压 u_d 的关系常称为运放的外部特性。若运放工作在直流和低频信号的情况下，则运放外部特性的示意图如图 F4-2 所示。从图中可以看出：

(1) 当 $|u_d| < \varepsilon$ 时，外部特性是一条直线，其斜率是运放的开环电压增益 A，有

$$u_o = A u_d = A(u_+ - u_-) \tag{F4-2}$$

这个工作区域称为线性区，ε 称为线性区的截止电压。工作在线性区的运放是一个高增益的电压放大器。

(2) 当 $|u_d| > \varepsilon$ 时，外部特性饱和于 $u_o = \pm U_{sat}$，U_{sat} 称为饱和电压(Saturate Voltage)，这个工作区域称为饱和区。工作在饱和区的运放，对外相当于一个独立电压源。

(3) 运放的一个限制是：其输出电压 $|u_o| \leqslant |U_{sat}|$。

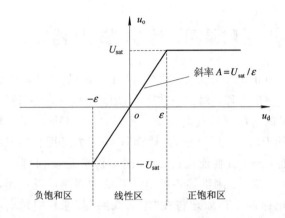

图 F4 - 2　运放的输入输出特性

通常,饱和电压 U_{sat} 的值比电源电压 U_{CC} 低 2 V 左右。例如,某运放的开环电压增益 $A=10^5$,电源电压 $U_{\text{CC}}=15$ V,则饱和电压 $U_{\text{sat}}=13$ V,线性区截止电压 $\varepsilon=U_{\text{sat}}/A=0.13$ mV。

一般情况下,运放总是工作在线性区,但作为设计者仍然要注意其饱和区,以避免所设计的运放在实验室中不工作。如果运放输出电压的理论计算值 $|u_{\text{o}}|>|U_{\text{sat}}|$ 或差分输入电压的理论计算值 $|u_{\text{d}}|>\varepsilon$,则可判定该运放工作在饱和区。

根据式(F4 - 2),可以用压控电压源(VCVS)来构成运放的等效电路模型,如图 F4 - 3 所示,其中 R_{i}、R_{o} 分别为运放的输入电阻和输出电阻。表 F4 - 1 给出运放开环电压增益 A、输入电阻 R_{i}、输出电阻 R_{o} 和电源电压 U_{CC} 的一些典型值。

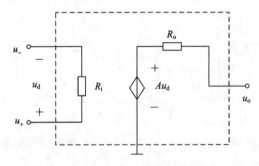

图 F4 - 3　非理想运放的等效电路模型

表 F4 - 1　运放典型的参数值范围

参　数	范　围	理　想　值
开环电压增益 A	$10^5 \sim 10^8$	∞
输入电阻 R_{i}	$10^6 \sim 10^{13}$ Ω	∞
输出电阻 R_{o}	$10 \sim 100$ Ω	0
电源电压 U_{CC}	$5 \sim 14$ V	

例 F4 - 1　一个 741 运放的开环电压增益 $A=2\times10^5$,输入电阻 $R_{\text{i}}=2$ MΩ,输出电阻 $R_{\text{o}}=50$ Ω。将该运放用于图 F4 - 4(a)所示的电路,当 $u_{\text{s}}=2$ V 时,求其输出电压 u_{o} 和电流 i。

解 利用图 F4-3 所示的运放模型，可得到图 F4-4(a)所示电路的等效电路如图 F4-4(b)所示。

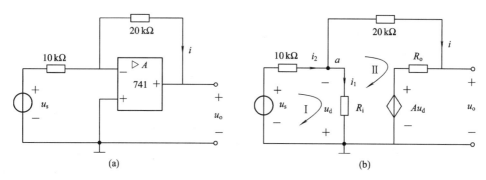

图 F4-4 例 F4-1 图

在节点 a 列 KCL，有

$$i_2 = i_1 + i$$

在回路 I 列出 KVL，有

$$10 \times 10^3(i_1 + i) - u_d - u_s = 0 \qquad (F4-3)$$

在回路 II 列出 KVL，有

$$20 \times 10^3 i + R_o i + A u_d + u_d = 0 \qquad (F4-4)$$

对电阻 R_i，利用欧姆定律得

$$u_d = -R_i i_1 \qquad (F4-5)$$

将题中已知条件 $A = 2 \times 10^5$，$R_i = 2\ \text{M}\Omega$，$R_o = 50\ \Omega$ 代入到式(1.8-3)~(1.8-5)中，并联立求解，可得

$$i = 0.199\,989\,8\ \text{mA}$$
$$u_d = -20.049\,89\ \mu\text{V}$$

故

$$u_o = -20 \times 10^3 i - u_d = -4.003\,887\ \text{V}$$

由本例可见，如果将含运放的电路等效为压控电压源电路，总可以利用 KCL、KVL 和元件 VCR 求出电路的解。但这样做往往比较麻烦。为了在实际工程中快速分析含运放的电路，人们引入了理想运算放大器模型。

二、理想运算放大器

满足下列三个特征的运放称为理想运放：

(1) 输入电阻 $R_i \to \infty$；

(2) 输出电阻 $R_o = 0$；

(3) 开环电压增益 $A \to \infty$。

理想运放的电路符号及输入输出特性如图 F4-5(a)、(b)所示。

根据理想运放的特征，可得出理想运放的两个重要特性：

(1) 虚短(Virtual Short Circuit)。由于 $A \to \infty$ 且输出电压 $|u_o| \leqslant |U_{\text{sat}}|$ 为有限值，所以由式(F4-2)可知

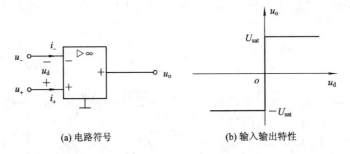

(a) 电路符号　　　　　　　　　(b) 输入输出特性

图 F4 - 5　理想运放的电路符号及输入输出特性

$$u_d = u_+ - u_- = \frac{u_o}{A} = 0 \tag{F4-6}$$

此时，两个输入端之间可视为短路(简称为虚短)。

(2) 虚断(Virtual Open Circuit)。由于 $R_i \rightarrow \infty$，所以输入电流

$$i_+ = i_- = 0 \tag{F4-7}$$

此时，输入端可视为断路(简称为虚断或虚开)。

这两个特性可以这样用：计算电压时，输入端视为短路，而计算电流时，输入端视为开路。

利用"虚短"和"虚断"的概念可以很方便地分析含运放的电路。

例 F4 - 2　用理想运放代替图 F4 - 4(a)所示电路的 741 运放，重做例 F4 - 1。

解　用理想运放代替 741 运放之后的反相放大器电路如图 F4 - 6 所示。由"虚短"概念可知 $u_d = 0$，所以

$$i_2 = \frac{u_s}{10 \times 10^3} = \frac{2}{10 \times 10^3} = 0.2 \text{ mA}$$

在节点 a 列 KCL，有

$$i + i_1 = i_2$$

由"虚断"概念可知 $i_1 = 0$，所以

$$i = i_2 = 0.2 \text{ mA}$$

$$u_o = -20 \times 10^3 i - u_d = -4 \text{ V}$$

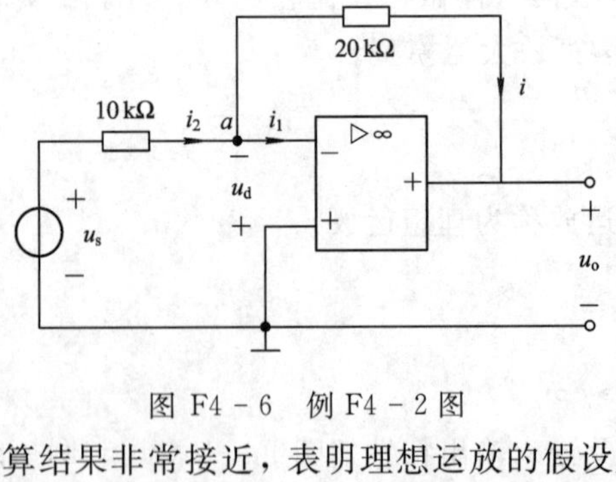

图 F4 - 6　例 F4 - 2 图

与例 F4 - 1 比较可见，计算结果非常接近，表明理想运放的假设所带来的误差是可以忽略的，并且计算过程简单得多。

如果含运放的电路中使用的都是千欧级电阻，则在工程误差允许的范围内，一个实际运放一般都能很好地近似为一个理想运放。以后，除另有说明之外，均认为运放是理想的。

三、含运放的电阻电路分析

运放是一种应用广泛的电路元件,下面举例讨论几种常用的运放电路。

例 F4 - 3 同相放大器电路如图 F4 - 7(a)所示,求其闭环电压增益 $u_{\rm o}/u_{\rm i}$。

解 应用虚断,$i_-=0$,因此 R_1 与 $R_{\rm f}$ 串联,由分压公式,可得

$$u_1 = \frac{R_1}{R_1 + R_{\rm f}}u_{\rm o}$$

再用虚短,有 $u_1=u_{\rm i}$,因此得闭环电压增益

$$\frac{u_{\rm o}}{u_{\rm i}} = \frac{R_1 + R_{\rm f}}{R_1} = 1 + \frac{R_{\rm f}}{R_1}$$

若反馈电阻 $R_{\rm f}=0$(短路)、$R_1=\infty$(开路),则 $u_{\rm o}=u_{\rm i}$。此时,称该电路为电压跟随器(或单位增益放大器),如图 F4 - 7(b)所示。电压跟随器的输入电阻为 ∞,而输出电阻为 0,因此,可用作缓冲器,将一个电路与另一个电路隔离开,以避免两个电路之间相互影响。

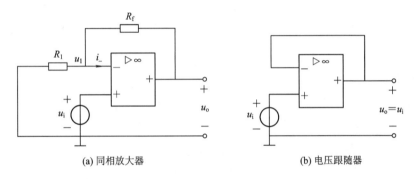

(a) 同相放大器　　　　　　　　　(b) 电压跟随器

图 F4 - 7　同相放大器与电压跟随器

例 F4 - 4 反相加法器电路如图 F4 - 8 所示,求其输出电压 $u_{\rm o}$ 与输入电压之间的关系。

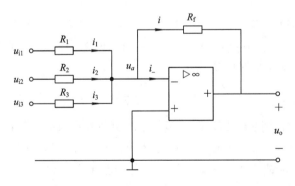

图 F4 - 8　反相加法器

解 由虚断知,$i_-=0$;根据虚短有 $u_a=0$。在运放的反相输入端列 KCL,有

$$i = i_1 + i_2 + i_3 \qquad\qquad (\text{F4 - 8})$$

而

$$i_1 = \frac{u_{\rm i1} - u_a}{R_1} = \frac{u_{\rm i1}}{R_1}, \quad i_2 = \frac{u_{\rm i2}}{R_2}, \quad i_3 = \frac{u_{\rm i3}}{R_3}, \quad i = -\frac{u_{\rm o}}{R_{\rm f}}$$

将这些关系代入式(F4 - 8)并整理，得

$$u_o = -\left(\frac{R_f}{R_1}u_{i1} + \frac{R_f}{R_2}u_{i2} + \frac{R_f}{R_3}u_{i3}\right)$$

上式表明，输出电压是各输入电压的加权和。如果取 $R_f = R_1 = R_2 = R_3$，则可实现 $-(u_{i1} + u_{i2} + u_{i3})$ 的运算，因此图 F4 - 8 所示电路称为反相加法器。

例 F4 - 5 负阻变换器电路如图 F4 - 9 所示，求输入电阻。

解 由虚断知，$i_- = i_+ = 0$，则有 $i = i_1$，

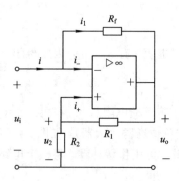

$$u_2 = \frac{R_2}{R_1 + R_2}u_o$$

得到

$$u_o = \frac{R_1 + R_2}{R_2}u_2$$

由虚短有 $u_i = u_2$，代入上式得

$$u_o = \frac{R_1 + R_2}{R_2}u_i \qquad (F4 - 9)$$

图 F4 - 9 负阻变换器电路

根据 KVL，有

$$u_i = R_f i_1 + u_o = R_f i + \frac{R_1 + R_2}{R_2}u_i$$

可解得

$$u_i = -\frac{R_f R_2}{R_1}i$$

因此，输入电阻为

$$R_i = -\frac{R_f R_2}{R_1}$$

上式表明该电阻可实现负电阻。必须指出，为了实现负电阻，对该电路的输入电压 u_i 有要求。由于只有保证运放工作在线性区（即 $u_o < U_{sat}$），电路才能正常工作以实现负电阻，因而由式(F4 - 9)可求得输入电压 u_i 应满足

$$u_i < \frac{R_2}{R_1 + R_2}U_{sat}$$

在上述例子中，均通过电阻 R_f 将一部分输出引回到运放的反相输入端，这种电路连接方式称为负反馈(Negative Feedback)，R_f 称为负反馈电阻。为了保证运放工作在线性区，运放电路一般采用负反馈连接方式。如果将一部分输出引回到运放的同相输入端，则称为正反馈(Positive Feedback)。正反馈电路由于噪声的影响，容易使运放进入饱和区，因而起不到信号放大的作用。

运放可实现的功能有很多，已远远超出"运算"这个范畴。在后续课程"电子线路"中还要对它进行更加详细深入的学习。

附录五　正弦稳态电路最大功率的 **MATLAB** 分析

正弦稳态电路最大功率传输具体电路及理论分析见 4.5.4 节内容，下面就在此基础上，分别在共轭匹配及模匹配下，利用 MATLAB 进行计算分析。

一、共轭匹配下最大功率传输

MATLAB 分析代码及运行结果如下：

```
%最大功率匹配
clear all;
U = 1;                              %电源电压
%定义电源内阻抗 Z0
R0=1;
X0=1;
Z0=R0+j*X0;
theta_0 =atan(X0/R0);              %电源内阻抗幅角
Z0_modulus = sqrt(R0^2+X0^2);      %电源内阻抗模值

%--------------------------------共轭匹配--------------------------------%
%定义负载阻抗 ZL
RL = 0:0.01:3;
XL = -5:0.1:3;
[X1,Y1]=meshgrid(RL,XL);           %计算功率
P_L1 = U^2 * RL ./ ( (R0+X1).^2 + (X0+Y1).^2 );    %做图
figure(1);
surf(X1,Y1,P_L1);
xlabel('负载阻抗实部/ohm');
ylabel('负载阻抗虚部/ohm');
zlabel('负载功率/W');
title('共轭匹配');                  %输出最大功率值及此时负载阻抗
P_L_max1 =max(max(P_L1))
[x1,y1] = find(P_L1==P_L_max1);
RL_max = RL(y1)
XL_max = XL(x1)                     %将最大功率点标示在图片中
hold on;
plot3(RL_max,XL_max,P_L_max1,'r.','markersize',15)
text(RL_max,XL_max,P_L_max1,{['(' num2str(RL_max) ',' num2str(XL_max) ',' num2str
(P_L_max1) ')' ] ,'\downarrow'},'FontSize',12,'FontWeight','bold');
hold off;
```

共轭匹配条件下运行结果如图 F5-1 所示，其是一个三维曲线，X 轴、Y 轴及 Z 轴分别代表 R_L、X_L 及 P_L，曲线具体趋势如图 F5-1 所示，即 $Z_L=Z_0^*$ 时，其负载吸收功率最大。

共轭匹配

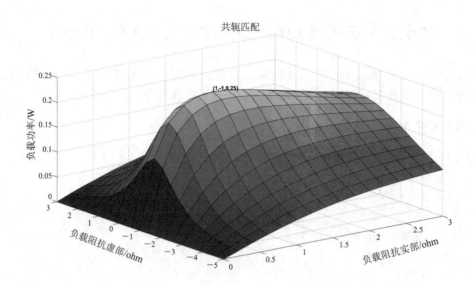

F5－1　共轭匹配下负载平均功率与其阻抗的关系

二、模匹配下最大功率传输

MATLAB分析代码及运行结果如下：

```
%最大功率匹配

%--------------------------------模匹配--------------------------------%
%定义负载阻抗 ZL
ZL_modulus = 0:0.02:4;                          %负载阻抗模值
N = 200;
theta_L = −pi/2:pi/N:pi/2;                      %负载阻抗幅角
[X2,Y2]=meshgrid(ZL_modulus,theta_L);
%计算功率
denominator=Z0_modulus^2 ./ X2 + X2 + 2 * Z0_modulus * cos(theta_0−Y2);
P_L2 = U^2 * cos(Y2) ./ denominator;            %做图
figure(2);
surf(X2,Y2,P_L2);
set(gca,'YTick',[−pi/2:pi/4:pi/2]);
set(gca,'ytickLabel',{'−π/2','−π/4','0','π/4','π/2'});
xlabel('负载阻抗模值/ohm');
ylabel('负载阻抗幅角/rad');
zlabel('负载功率/W');
title('模匹配');                                %输出最大功率值及此时负载阻抗
P_L_max2 = max(max(P_L2))
[x2,y2] = find(P_L2==P_L_max2);
ZL_modulus_max = ZL_modulus(y2)
theta_L_max = theta_L(x2)                       %将最大功率点标示在图片中
```

hold on；

plot3(ZL_modulus_max,theta_L_max,P_L_max2,′r.′,′markersize′,15)

text(ZL_modulus_max,theta_L_max,P_L_max2,{[′(′ num2str(ZL_modulus_max)′,′

  num2str((−1/2 + (x2−1)/N))′π,′ num2str(P_L_max2)′)′] ,′\downarrow′},

  ′FontSize′,12,′FontWeight′,′bold′)；

hold off；

模匹配条件下运行结果如图 F5 − 2 所示，其是一个三维曲线，X 轴、Y 轴及 Z 轴分别代表 $|Z_L|$、θ 及 P_L，曲线具体趋势如图 F5 − 1 所示，即 $|Z_L| = |Z_0|$ 时，其负载吸收功率最大。

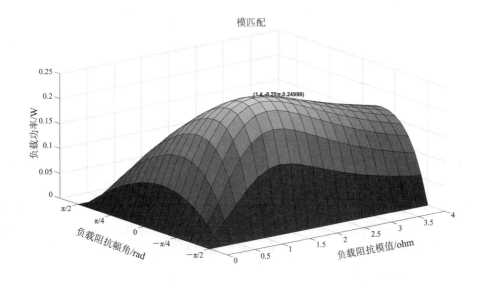

F5 − 2　模匹配下负载平均功率与其阻抗的关系

附录六　三　相　电　路

一、三相电源

三相电源是由三个同频率、等振幅而相位依次相差 120° 的正弦电压源按一定连接方式组成的，各电压源电压分别为 u_a、u_b 和 u_c，称为 A 相、B 相和 C 相的电压，如图 F6 − 1(a) 所示。其中，a、b、c 称为该相的始端，x、y、z 称为末端。若以 A 相为参考正弦量，它们的瞬时值表示式分别为

$$\begin{cases} u_a = \sqrt{2}U_p \cos\omega t \\ u_b = \sqrt{2}U_p \cos(\omega t - 120°) \\ u_c = \sqrt{2}U_p \cos(\omega t - 240°) = \sqrt{2}U_p \cos(\omega t + 120°) \end{cases} \quad (F6 - 1)$$

式中 U_p 为相电压的有效值。三相电源的相量分别为

$$\begin{cases} \dot{U}_a = U_p \angle 0° \\ \dot{U}_b = U_p \angle -120° \\ \dot{U}_c = U_p \angle -240° = U_p \angle 120° \end{cases} \qquad (F6-2)$$

其相量图如图 F6 - 1(b)所示。这组电源也称为对称三相电源。

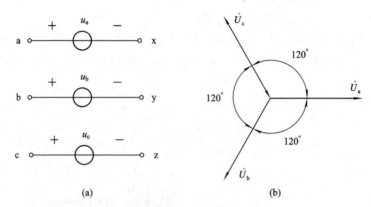

(a)   (b)

图 F6 - 1 三相电源

对称三相电源的电压瞬时值之和等于零,其相量和也等于零,即

$$\dot{U}_a + \dot{U}_b + \dot{U}_c = 0 \qquad (F6-3)$$

对称三相电源常接成 Y 形(星形)或△形(三角形)向外供电。

图 F6 - 2(a)是三相电源的 Y 形连接。三个电源的末端 x、y、z 连接为公共节点 n,称为中点。由中点引出的线称为中线(地线),由始端 a、b、c 分别引出的线称为端线(火线)。端线与中线间的电压为相电压 $\dot{U}_a$、$\dot{U}_b$、$\dot{U}_c$;各端线之间的电压 $\dot{U}_{ab}$、$\dot{U}_{bc}$、$\dot{U}_{ca}$ 称为线电压。由图 F6 - 2(b)可得各线电压分别为

$$\begin{cases} \dot{U}_{ab} = \dot{U}_a - \dot{U}_b = U_p \angle 0° - U_p \angle -120° = \sqrt{3} U_p \angle 30° \\ \dot{U}_{bc} = \dot{U}_b - \dot{U}_c = \sqrt{3} U_p \angle -90° \\ \dot{U}_{ca} = \dot{U}_c - \dot{U}_a = \sqrt{3} U_p \angle -210° = \sqrt{3} U_p \angle 150° \end{cases} \qquad (F6-4)$$

各线电压与各相电压的相量关系如图 F6 - 2(b)所示。由以上可见,若相电压是对称的,则线电压也是对称的,而且线电压的有效值(设为 U_l)是相电压有效值 U_p 的 $\sqrt{3}$ 倍,即

$$U_l = \sqrt{3} U_p \qquad (F6-5)$$

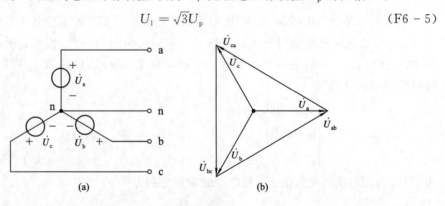

(a)   (b)

图 F6 - 2 三相电源的 Y 形连接

图 F6-3(a)是三相电源的△形连接。三个电源的始、末端依次相连(即 b 与 x、c 与 y、a 与 z 相连接)构成回路,并从三个连接点引出端线。由图可见,三相电源接成△形时,线电压等于相电压。

在正确连接的情况下,由式(F6-3)知,三相电源构成的回路中有 $\dot U_a+\dot U_b+\dot U_c=0$,如图 F6-3(b)所示,这时电源能正常运行。但若将一相电压接反,譬如,C 相电源 $\dot U_c$ 将 y 与 z,a 与 c 相接,则回路中总电压为

$$\dot U_a+\dot U_b+(-\dot U_c)=-2\dot U_c$$

其相量关系如图 F6-3(c)所示。这样,就有一个有效值等于两倍相电压的电压源作用于闭合回路,由于发电机绕组的阻抗很小,故在回路中会产生很大的电流,致使发电机绕组烧毁。因此,三相电源极少接成△形。

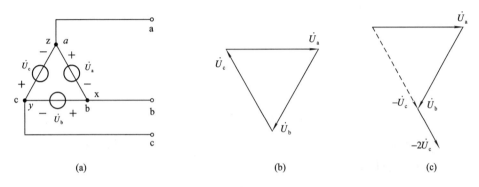

(a)   (b)   (c)

图 F6-3　三相电源的△形连接

二、对称三相电路的计算

三相电路的负载由三个负载连接成 Y 形或△形组成。如果三个负载的参数相同,则称为对称三相负载,否则称为不对称负载。由对称三相电源和对称三相负载组成的三相电路(如考虑连接导线的阻抗,三条端线的阻抗也相等)称为对称三相电路。这里只讨论对称三相电路的一些基本知识。

图 F6-4 是对称三相四线制 Y-Y 系统,图中 nn′为中线,Z_n 为中线阻抗。在三相电路中,端线电流称为线电流,其有效值用 I_l 表示;流过各相负载的电流称为相电流,其有效值用 I_p 表示。显然,在负载为 Y 形连接时相电流等于线电流。

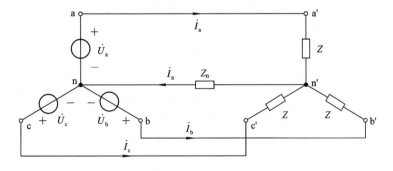

图 F6-4　对称三相四线制

图 F6-4 所示电路只有两个节点，用节点法分析较为方便。设对称负载的阻抗 $Z=|Z|\angle\theta_z$，选 n 为参考点，节点 n′ 与 n 间的电压为 $\dot{U}_{n'n}$，可列出节点方程为

$$\left(\frac{1}{Z}+\frac{1}{Z}+\frac{1}{Z}+\frac{1}{Z_n}\right)\dot{U}_{n'n}=\frac{\dot{U}_a}{Z}+\frac{\dot{U}_b}{Z}+\frac{\dot{U}_c}{Z}=\frac{\dot{U}_a+\dot{U}_b+\dot{U}_c}{Z} \qquad (F6-6)$$

由于电源对称，由式(F6-3)知 $\dot{U}_a+\dot{U}_b+\dot{U}_c=0$，故可解得

$$\dot{U}_{n'n}=0 \qquad (F6-7)$$

根据置换定理，中线阻抗 Z_n 可用短路线替代，从而 Y-Y 连接的对称三相电路其各相是彼此独立的，可以分别进行计算。由于三相电源和三相负载都是对称的，因而三相电流也是对称的。因此，只需分析计算对称三相电路中的任何一相，其他两相的电流、电压可按对称性直接写出。

图 F6-4 中，设 $\dot{U}_a=U_p\angle0°$，各线电流(亦即各相电流)为

$$\begin{cases} \dot{I}_a=\dfrac{\dot{U}_a}{Z}=\dfrac{U_p}{|Z|}\angle-\theta_z=I_p\angle-\theta_z \\[2mm] \dot{I}_b=\dfrac{\dot{U}_b}{Z}=I_p\angle-120°-\theta_z \\[2mm] \dot{I}_c=\dfrac{\dot{U}_c}{Z}=I_p\angle120°-\theta_z \end{cases} \qquad (F6-8)$$

式中，I_p 为相电流有效值(它等于线电流有效值 I_1，即 $I_p=I_1$)；θ_z 为负载的阻抗角。由上式可见，各线电流也是对称的，故中线电流

$$\dot{I}_n=\dot{I}_a+\dot{I}_b+\dot{I}_c=0 \qquad (F6-9)$$

这表明，在 Y-Y 连接的对称三相电路中，中线的有无是无关紧要的。如果省去中线，就成为三相三线制。对称的三相三线制相当于图 F6-4 中的 Z_n 趋于无限大，在式(F6-6)中令 $Z_n\to\infty$，仍有 $\dot{U}_{n'n}=0$。因此，在分析 Y-Y 连接的对称三相电路时，无论中线是否存在，都可将节点 nn′ 短路，用上述方法进行分析。

图 F6-4 中各相负载吸收的功率(注意到 $U_1=\sqrt{3}U_p$，$I_1=I_p$)为

$$P_p=U_pI_p\cos\theta_z=\frac{U_1}{\sqrt{3}}I_1\cos\theta_z \qquad (F6-10)$$

三相负载吸收的总功率

$$P=3P_p=3U_pI_p\cos\theta_z=\sqrt{3}U_1I_1\cos\theta_z \qquad (F6-11)$$

对称三相电路的一个突出优点是瞬时功率为常量，它不随时间变化。例如图 F6-4 的电路中，若设 A 相电压的初相为零，即 $u_a=\sqrt{2}U_p\cos\omega t$，相应的 $i_a=\sqrt{2}I_p\cos(\omega t-\theta_z)$ 以及 u_b、i_b、u_c、i_c 等，可以求得三相负载的总瞬时功率

$$p(t)=p_a(t)+p_b(t)+p_c(t)=u_ai_a+u_bi_b+u_ci_c=3U_pI_p\cos\theta_z$$

这表明，三相电源传输给负载的瞬时功率不随时间变化而等于常量。能量的均匀传输使电动机转矩恒稳，没有震动，有利于电动机械设备的平稳运行。

需要指出，在实际的三相电路中，有许多小功率单相负载分别连接到各相，很难使各相负载完全对称，而且当对称三相电路发生断线、短路等故障时，也将使电路成为不对称的三相电路。在不对称三相电路中，各相负载的电流(端电压)之间一般不存在大小相等、相位互差 120° 的对称关系。这时中线两端电压 $\dot{U}_{n'n}\neq0$，这种现象称为中性点位移。当 $|\dot{U}_{n'n}|$

较大时，会造成负载端电压的严重不对称(有的相电压过高，有的过低)，可能使负载工作不正常，甚至发生事故，因此应尽量减小中线阻抗 Z_n。一般而言，由负载不对称而引起的 $U_{n'n}$ 过高，以中线断路最为严重，为此在中线上不能安装开关和保险丝，它们都应装在端线上。

例 F6-1　如图 F6-5(a)的对称三相负载，已知线电压 $U_1 = 380$ V，负载阻抗 $Z = 6 + j8(\Omega)$，求各相负载电流和负载总功率。

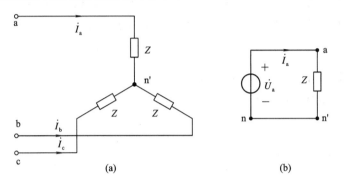

图 F6-5　例 F6-1 图

解　与线电压 U_1 相对应的相电压

$$U_p = \frac{U_1}{\sqrt{3}} = \frac{380}{\sqrt{3}} = 220 \text{ V}$$

由于三相电路对称，因而中线两端电压 $\dot{U}_{n'n} = 0$，根据置换定理，将 n'n 短路。其中 A 相的电路如图 F6-5(b)所示。

设 A 相电压相量 $\dot{U}_a = 220\angle 0°$ V，可求得电流

$$\dot{I}_a = \frac{\dot{U}_a}{Z} = \frac{220\angle 0°}{6 + j8} = 22\angle -53.1° \text{ A}$$

根据对称性，有

$$\dot{I}_b = 22\angle -173.1° \text{ A}$$

$$\dot{I}_c = 22\angle 66.9° \text{ A}$$

A 相负载吸收的功率

$$P_a = U_a I_a \cos\theta_z = 220 \times 22 \cos53.1° = 2904 \text{ W}$$

负载吸收的总功率

$$P = 3P_a = 8712 \text{ W}$$

图 F6-6(a)是△形连接的对称负载，如线电压是对称的，就组成对称三相电路。设线电压 $\dot{U}_{ab}$ 的初相为零，则有

$$\begin{cases} \dot{U}_{ab} = U_1\angle 0° \\ \dot{U}_{bc} = U_1\angle -120° \\ \dot{U}_{ca} = U_1\angle 120° \end{cases} \tag{F6-12}$$

各相负载的端电压(即相电压)就是线电压，设各相阻抗 $Z = |Z|\angle -\theta_z$，可得各相电流分别为

$$\begin{cases} \dot{I}_{ab} = \dfrac{\dot{U}_{ab}}{Z} = \dfrac{U_1}{|Z|}\angle -\theta_z = I_p\angle -\theta_z \\[2mm] \dot{I}_{bc} = \dfrac{\dot{U}_{bc}}{Z} = I_p\angle -120° -\theta_z \\[2mm] \dot{I}_{ca} = \dfrac{\dot{U}_{ca}}{Z} = I_p\angle 120° -\theta_z \end{cases} \tag{F6-13}$$

式中，$I_p = U_1/|Z|$，为相电流的有效值；θ_z 为阻抗角。各端线的线电流分别为

$$\begin{cases} \dot{I}_a = \dot{I}_{ab} - \dot{I}_{ca} = I_p\angle\theta_z - I_p\angle 120° -\theta_z = \sqrt{3}I_p\angle -30° -\theta_z \\[2mm] \dot{I}_b = \dot{I}_{bc} - \dot{I}_{ab} = \sqrt{3}I_p\angle -150° -\theta_z \\[2mm] \dot{I}_c = \dot{I}_{ca} - \dot{I}_{bc} = \sqrt{3}I_p\angle 90° -\theta_z \end{cases} \tag{F6-14}$$

各电流的相量关系如图 F6 - 6(b)所示。

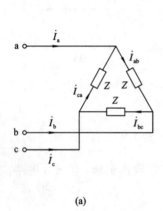 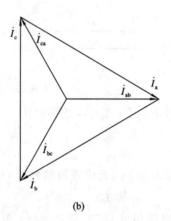

(a)   (b)

图 F6 - 6   △形对称负载

由式(F6 - 13)和(F6 - 14)可见，各相电流、线电流也是对称的，而且线电流的有效值 I_1 等于相电流有效值的 $\sqrt{3}$ 倍，即

$$I_1 = \sqrt{3}I_p \tag{F6-15}$$

各项负载的功率

$$P_p = U_p I_p \cos\theta_z = U_1 \dfrac{I_1}{\sqrt{3}}\cos\theta_z$$

三相负载总功率

$$P = 3P_p = 3U_p I_p \cos\theta_z = \sqrt{3}U_1 I_1 \cos\theta_z \tag{F6-16}$$

例 F6 - 2　如图 F6 - 7 所示的对称三相负载，已知线电压 $U_1 = 380$ V，负载阻抗 $Z = 26\angle 53.1°\ \Omega$，求各线电流和负载吸收的总功率。

解　设 $\dot{U}_{ab} = 380\angle 0°$(V)，则

$$\dot{I}_{ab} = \dfrac{\dot{U}_{ab}}{Z} = \dfrac{380}{26\angle 53.1°} = 14.6\angle -53.1°\ \text{A}$$

根据对称性有

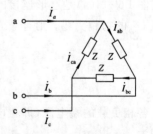

图 F6 - 7   例 F6 - 2 图

$$\dot{I}_{bc} = \frac{\dot{U}_{bc}}{Z} = 14.6 \angle -173.1° \text{ A}$$

$$\dot{I}_{ca} = \frac{\dot{U}_{ca}}{Z} = 14.6 \angle 66.9° \text{ A}$$

由式(F6-14)可得，各线电流为

$$\dot{I}_a = \dot{I}_{ab} - \dot{I}_{ca} = \sqrt{3} \times 14.6 \angle -30° - 53.1° = 25.3 \angle -83.1° \text{ A}$$

$$\dot{I}_b = 25.3 \angle -203.1° = 25.3 \angle 156.9° \text{ A}$$

$$\dot{I}_c = 25.3 \angle 36.9° \text{ A}$$

三相负载吸收的总功率为

$$P = \sqrt{3} U_l I_l \cos\theta_z = \sqrt{3} \times 380 \times 253 \cos 53.1° = 10\ 000 = 10 \text{ kW}$$

部分习题答案

■ 第 1 章

1 - 1　(1) 8 W；(2) $-10\ \mu$W；(3) 4 V；(4) -60 A

1 - 2　(1) 6 W；(2) -10 mW，(3) -5 V，(4) -20 A

1 - 3　(1) $p=3(1+\cos 2\pi t)$W，(2) $p=3\sin 2\pi t$ W

1 - 5　$P_A=32$ W；$P_B=-12$ W

1 - 6　$P_B=-30$ W；$P_C=15$ W

1 - 7　$i_1=-2$ A；$i_2=3$ A

1 - 8　$u_1=-2$ V，$u_{ab}=9$ V

1 - 9　(1) $u(t)=\begin{cases}15t\ \text{V} & 0\leqslant t\leqslant 2\ \text{s}\\ 0 & \text{其余}\end{cases}$　(2) $p(t)=\begin{cases}45t^2\ \text{mW} & 0\leqslant t\leqslant 2\ \text{s}\\ 0 & \text{其余}\end{cases}$

　　　(3) $w=120$ mJ

1 - 10　$i=0.5$ A

1 - 11　(1) $i=-1$ A；(2) $u=14$ V；(3) $i=3$ A

1 - 12　-20 W；25 W；-12 W

1 - 13　(1) $i=2$ A；(2) $i=-1$ A；(3) $u=-4$ V

1 - 14　$R=2.5$ kΩ；$R=800$ Ω

1 - 15　(1) $u_1=1.5$ V，$u_2=26.5$ V；(2) $u_s=15$ V，$i=1$ A

1 - 16　20 Ω；2 Ω；1.5 Ω；16.3 Ω；10 Ω

1 - 17　$R_{ab}=4$ Ω

1 - 18　S 闭合时，$R_{ab}=3$ Ω；S 断开时，$R_{ab}=4$ Ω

1 - 19　(1) $R=3$ Ω；(2) $U_A=1$ V

1 - 20　$R_{ab}=\dfrac{1}{1+\beta}$Ω；$R_{ab}=\dfrac{6}{5-\gamma}$Ω；$R_{ab}=\dfrac{2}{3-\alpha}$Ω

1 - 21　$u_{oc}=-6$ V，$R_0=2$ Ω

1 - 22　$u=5-2i$

1 - 23　(1) $u_{ab}=2.5$ V；(2) $i_{ab}=1.2$ mA

1 - 24　$u=2$ V

1 - 25　$u=-6$ V，$i=2$ mA

1 - 26　$P_s=16$ W，$i_2=4$ A

1 - 27　$R=4$ Ω

1 - 28　$i=-0.4$ A

1 - 29　$i_1=1$ A，$u=3$ V

1 - 30　$-3\text{ V} \leqslant u_a \leqslant 9\text{ V}$

1 - 31　$R_1 = 0.6\ \Omega$, $R_2 = 5.4\ \Omega$

1 - 32　或非门电路

1 - 33　$10\ \Omega$, $120\ \Omega$

1 - 34　(1) 62.8 V；(2) 62 V；(3) 100V；(4) 0 V

1 - 35　R_2 开路

■ 第 2 章

2 - 1　$T = 5$, $L = 5$

2 - 2　基本回路为$\{1, 4, 2\}$、$\{4, 3, 5\}$、$\{4, 3, 7, 6\}$、$\{8, 9, 3\}$

　　　基本割集为$\{8, 9\}$、$\{9, 3, 5, 7\}$、$\{7, 6\}$、$\{2, 4, 5, 7\}$、$\{1, 2\}$

　　　独立节点数为 5，独立回路数为 4，网孔数为 4

2 - 3　(a) $i_1 = -1\text{ A}$, $i_2 = -1\text{ A}$, $i_3 = -2\text{ A}$;

　　　(b) $i_1 = -0.8\text{ A}$, $i_2 = -2\text{ A}$, $i_3 = -1.2\text{ A}$

2 - 4　(a) $\begin{cases} 3i_1 - i_2 = 2 \\ -i_1 + 4i_2 = -3 \end{cases}$　(b) $\begin{cases} 4i_a + 2i_b + i_c = -2 \\ 2i_a + 5i_b = -6 \\ i_a + 3i_c = 6 \end{cases}$

　　　(c) $\begin{cases} 5i_1 - 3i_2 = 2i_a - 2 \\ -3i_1 + 5i_2 + 2i_3 = -4 \\ 2i_2 + 3i_3 = 2i_a \ \text{及}\ i_a = i_2 + i_3 \end{cases}$　(d) 设 2 A 电流源端电压为 u(上"+"，下"-") $\begin{cases} i_a = 1 \\ -2i_a + 3i_b + u = 0 \\ -i_a + 3i_c - u = -2 \\ i_b - i_c = 2 \end{cases}$

2 - 5　(a) $\begin{cases} 2u_1 - 0.5u_2 - u_3 = 1 \\ -0.5u_1 + u_2 - 0.5u_3 = -2 \\ -u_1 - 0.5u_2 + 2.5u_3 = 3 \end{cases}$　(b) $\begin{cases} 8u_1 - 5u_3 = -2 \\ 3u_2 - u_3 = 2 \\ -u_2 + 6u_3 = 3 \end{cases}$

　　　(c) $\begin{cases} 4u_1 - u_2 - 2u_3 = 6 \\ -u_1 + 3u_2 - 2u_3 = -3u \\ u_3 = 10, \quad u = u_1 \end{cases}$　(d) $\begin{cases} 2.5u_1 - 2.5u_2 = 6 \\ -2.5u_1 + 3u_2 = -5 \end{cases}$

2 - 6　$u = 8\text{ V}$, $i = 3\text{ A}$, $P_{产生} = -8\text{ W}$

2 - 7　$u = -2\text{ V}$, $i = 1\text{ A}$, $P_{产生} = 18\text{ W}$

2 - 8　$u = 2\text{ V}$, $i = 2\text{ A}$, $P_{产生} = 25\text{ W}$

2 - 9　$u = 16\text{ V}$, $i = -4\text{ A}$

2 - 10　$P_{N吸收} = -20\text{ W}$

2 - 11　(a) $u_{ab} = 3\text{ V}$; (b) $u_{ab} = 4\text{ V}$

2 - 12　$i = 2\text{ A}$

2 - 13　$u = 20\text{ V}$

2 - 14　$i_x = 3.2\text{ A}$

2 - 15　$i_x = 2\text{ A}$, $u_x = 3\text{ V}$

2 - 16 (1) $u_x = -4$ V; (2) $u_x = -3$ V; (3) $u_x = -1$ V

2 - 17 $i = 2.5$ mA

2 - 18 $u = 15$ V, $i = 1$ A

2 - 19 $i_x(t) = e^{-t} + 2 - 4\cos 2t$ A

2 - 20 (1) $u_1 = 12$ V, $i = 2$ A, $u_s = 54$ V; (2) $u_1 = 2.22$ V, $u_2 = 0.74$ V, $i = 0.37$ A;
         (3) $u_1 = 9$ V, $u_2 = 3$ V

2 - 21 $i = 13$ mA

2 - 22 $u = 2$ V

2 - 23 1.8 倍

2 - 24 (a) $u_{OC} = 6$ V, $R_0 = 2\ \Omega$; (b) $u_{OC} = 4$ V, $R_0 = 1\ \Omega$;
         (c) $u_{OC} = 5$ V, $R_0 = 2\ \Omega$; (d) $u_{OC} = -3$ V, $R_0 = 1.5\ \Omega$

2 - 25 $i_L = 6$ A

2 - 26 $R = 4\ \Omega$

2 - 27 (a) $R_L = 5\ \Omega$, $P_{Lmax} = 1.25$ W; (b) $R_L = 10\ \Omega$, $P_{Lmax} = 2.5$ W;
         (c) $R_L = 6\ \Omega$, $P_{Lmax} = 6$ W; (d) $R_L = 6\ \Omega$, $P_{Lmax} = 1.5$ W

2 - 28 $u_2 = 4$ V

2 - 29 $i_2 = 0.2$ A

2 - 30 $u_1 = 4$ V

2 - 31 $i_R = 2$ A

2 - 34 25 mV

2 - 35 $-0.2\ \Omega \leqslant \Delta R_1 \leqslant 0.2\ \Omega$

2 - 36 30 V

■ 第 3 章

3 - 1 $i = 2e^{-t}$ A, $t \geqslant 0$, $w_{Cmax} = 4$ J

3 - 2 $i = -4\sin 2t$ A; 4 J

3 - 3 $u(t) = \begin{cases} 0 & t \leqslant 0 \\ 10t\ \text{V} & 0 < t \leqslant 1 \\ 10\ \text{V} & 1 < t \leqslant 3 \\ 10(t-2)\ \text{V} & 3 < t \leqslant 4 \\ 20\ \text{V} & t > 4 \end{cases}$

3 - 4 $u = 2e^{-2t}$ V $t \geqslant 0$; $w_{Lmax} = 2.5$ J

3 - 5 $u = 5\cos 5t$ V

3 - 6 $i(t) = \begin{cases} 0 & t \leqslant 0 \\ 0.5t\ \text{A} & 0 < t \leqslant 1 \\ 0.5\ \text{A} & 1 < t \leqslant 3 \\ 0.5(4-t)\ \text{A} & 3 < t \leqslant 4 \\ 0 & t > 4 \end{cases}$

3 - 7 $u = 5$ V, $t \geqslant 0$

$$3-8 \quad i(t)=\begin{cases} 0 & t\leqslant0 \\ 5t+2 \text{ mA} & 0<t\leqslant1 \\ 5 \text{ mA} & 1<t\leqslant2 \\ -2.5t+9 \text{ mA} & 2<t\leqslant4 \\ 0 & t>4 \end{cases}$$

$3-9 \quad u=\sqrt{2}10\cos(2t+45°)\text{V}$

$3-10 \quad R=2\text{ }\Omega, C=0.5 \text{ F}$

$3-11 \quad$ (1) 9 H; (2) 16 μF; (3) 150 pF

$3-12 \quad u_C''+4u_C'+4u_C=0, i_L''+4i_L'+4i_L=0$

$3-13 \quad u_C''+3u_C'+2u_C=2 u_s, i_L''+3i_L'+2i_L=u_s'/3+i_s$

$3-14 \quad i_L(0_+)=-2 \text{ A}, u_L(0_+)=80 \text{ V}$

$3-15 \quad u_C(0_+)=4 \text{ V}, i_L(0_+)=-10 \text{ mA}, i_C(0_+)=0, i_R(0_+)=10 \text{ mA}$

$3-16 \quad u_L(0_+)=0, i(0_+)=0.5 \text{ A}, i_C(0_+)=-0.5 \text{ A}$

$3-17 \quad u_R(0_+)=4 \text{ V}, i_C(0_+)=-2 \text{ A}, u_L(0_+)=0$

$3-18 \quad u_C(t)=18\text{e}^{-\frac{2000}{3}t} \text{ V} \qquad t\geqslant0$

$3-19 \quad u_{Czi}(t)=9\text{e}^{-2t} \text{ V} \qquad t\geqslant0; i_{zi}(t)=0.6\text{e}^{-2t} \text{ A} \qquad t\geqslant0$

$\qquad\qquad u_{Czs}(t)=6(1-\text{e}^{-2t})\text{V} \qquad t\geqslant0; i_{zs}(t)=1-0.4\text{e}^{-2t} \text{ A} \qquad t\geqslant0$

$3-20 \quad u_{Czi}(t)=-12\text{e}^{-t/4} \text{ V} \qquad t\geqslant0; i_{zi}(t)=-\text{e}^{-t/4}\text{A} \qquad t\geqslant0$

$\qquad\qquad u_{Czs}(t)=12(1-\text{e}^{-t/4}) \text{ V} \qquad t\geqslant0; i_{zs}(t)=1-\text{e}^{-t/4} \text{ A} \qquad t\geqslant0$

$3-21 \quad i_{Lzi}(t)=3\text{e}^{-2t} \text{ A} \qquad t\geqslant0; u_{zi}(t)=-9\text{e}^{-2t} \text{ V} \qquad t\geqslant0$

$\qquad\qquad i_{Lzs}(t)=1-\text{e}^{-2t} \text{ A} \qquad t\geqslant0; u_{zs}(t)=3(1+\text{e}^{-2t})\text{V} \qquad t\geqslant0$

$3-22 \quad u_C(t)=10(1-\text{e}^{-t})\text{V} \qquad t\geqslant0$

$3-23 \quad i_L(t)=2(1-\text{e}^{-2t})\text{A} \qquad t\geqslant0$

$3-24 \quad i_1(t)=0.5+0.3\text{e}^{-t} \text{ A} \qquad t\geqslant0$

$3-25 \quad i_L(t)=1+\text{e}^{-5t} \text{ A} \qquad t\geqslant0; u_L(t)=-20\text{e}^{-5t} \text{ V} \qquad t\geqslant0$

$3-26 \quad i_L(t)=0.5+2.5\text{e}^{-4t}\text{A} \qquad t\geqslant0; u(t)=-6+10\text{e}^{-4t} \text{ V} \qquad t\geqslant0$

$$3-27 \quad u_C(t)=\begin{cases} 5+20\text{e}^{-t/4} \text{ V} & 0\leqslant t\leqslant10 \text{ s} \\ 25-18.4\text{e}^{-\frac{t-10}{20}} \text{ V} & 1>10 \text{ s} \end{cases}$$

$$3-28 \quad (1) \quad u_C(t)=\begin{cases} 4\text{e}^{t/2} \text{ V} & 0\leqslant t\leqslant2 \text{ s} \\ 4-2.53\text{e}^{-(t-2)} \text{ V} & t>2 \text{ s} \end{cases};$$

$\qquad\qquad$ (2) $u_C=3$ V 时, $t_1=0.575$ s, $t_2=2.928$ s

$3-29 \quad i(t)=2\text{e}^{-t/2}+1.5-0.5\text{e}^{-t} \text{ A} \qquad t\geqslant0$

$3-30 \quad i(t)=1-\text{e}^{-2t}+\text{e}^{t/2} \text{ A} \qquad t\geqslant0; u(t)=-2\text{e}^{-2t}+2\text{e}^{t/2} \text{ V} \qquad t\geqslant0$

$3-31 \quad$ (1) $R_1=R_2=4 \text{ }\Omega, C=0.25 \text{ F}$; (2) $u_C(t)=5-3\text{e}^{-2t} \text{ V} \qquad t\geqslant0$

$3-32 \quad u_0(t)=2\text{e}^{-t} \text{ V} \qquad t\geqslant0$

$3-33 \quad i(t)=-0.45\text{e}^{-10t} \text{ mA} \qquad t\geqslant0; u(t)=-45\text{e}^{-10^4t} \text{ V} \qquad t\geqslant0$

$3-34 \quad$ (1) $u_C(0_+)=100 \text{ V}$; (2) $u_C=54.8 \text{ V}, i_C=45.2 \text{ mA}$; (3) $C=2.47\mu\text{F}$

3-35　(1) $u_C = -3$ V 时，$t = 0.527$ s；$u_C = 3$ V 时，$t = 0.602$ s；

　　　　(2) $C = 0.392$ F

3-36　$u_C(t) = 5 - e^{-t}$ V　　　$t \geqslant 0$

3-37　(1) $u_1(t) = 20 + 40e^{-100t}$ V　　　$t \geqslant 0$；$u_2(t) = 20(1 - e^{-100t})$ V　　　$t \geqslant 0$

　　　　(2) 3.6 mJ

3-38　(1) $g(t) = 0.5(1 - e^{-2t})\varepsilon(t)$ A

　　　　(2) $i_L(t) = 2[1 - e^{-2(t-1)}]\varepsilon(t-1) - 2[1 - e^{-2(t-3)}]\varepsilon(t-3)$ A

$$= \begin{cases} 0 & t \leqslant 1 \text{ s} \\ 2[1 - e^{-2(t-1)}] \text{A} & 1 < t \leqslant 3 \text{ s} \\ 1.96e^{-2(t-3)} \text{ A} & t > 3 \text{ s} \end{cases}$$

3-39　$u_C(t) = [1 - e^{-t/2}]\varepsilon(t) - 3[1 - e^{-(t-10)/2}]\varepsilon(t-10) + 2[1 - e^{-(t-12)/2}]\varepsilon(t-12)$

$$= \begin{cases} 1 - e^{-t/2} \text{ V} & 0 \leqslant t \leqslant 10 \text{ s} \\ -2 + 2.99e^{-\frac{t-10}{2}} \text{ V} & 10 \text{ s} < t \leqslant 12 \text{ s} \\ -0.9e^{-\frac{t-12}{2}} \text{ V} & t > 12 \text{ s} \end{cases}$$

3-40　$g(t) = -(1 - e^{-t})\varepsilon(t)$ V

3-41　(1) $\alpha = 5 \times 10^4$ s^{-1}，$\omega_0 = 35.36 \times 10^4$ rad/s，

　　　　　$i_L(t) = 10.7 \times 10^6 e^{-\alpha t} \sin\beta t$ (A)($\beta = 35 \times 10^4$ rad/s)

　　　　(2) $t = 4.08$ μs；$i_{L\text{max}} = 8.64 \times 10^6$ A

3-42　$g_{u_C}(t) = 2(e^{-2t} - e^{-3t})\varepsilon(t)$ V，$g_{i_L}(t) = (1 - 3e^{-2t} + 2e^{-3t})\varepsilon(t)$ A

3-43　$g(t) = [R_1 e^{-\frac{R_1}{L}t} + R_2(1 - e^{-\frac{t}{R_2 C}})]\varepsilon(t)$ V；应满足条件 $R_1 = R_2 = R$，$L/C = R^2$

3-44　$u_o'' + (3 - A)u_o' + u_o = Au_s$；

　　　　$A < 1$ 过阻尼，$1 < A < 3$ 衰减振荡，$A = 3$ 等幅振荡，$A > 3$ 不稳定

3-45　$u_{Czs}(t) = -\dfrac{1}{\sqrt{2}}e^{-2t} + \cos(2t - 45°)$ V　　　$t \geqslant 0$

3-46　(1) $1 - 2e^{-t}$ V　　　$t \geqslant 0$；(2) $-e^{-t}$ V　　　$t \geqslant 0$

3-47　需要 16 个

3-48　$47.23 \sim 124$ ms

■ 第 4 章

4-4　$u_s(t) = 1.58 \cos(10^6 t + 26.6°)$ V

4-5　$i(t) = 1.58 \cos(10^3 t + 33.4°)$ A

4-6　$U_s = 25$ V

4-7　$I = 50$ mA

4-8　$\dot{I}_1 = 9.84\angle 56.4°$ A，$\dot{I}_2 = 8.45\angle -5°$ A，$\dot{I}_3 = 8.95\angle 172°$ A

4-9　设 $\dot{U} = 10\angle 0°$ V，$\dot{I}_R = 0.2\angle 0°$ A，$\dot{I}_L = 0.4\angle -90°$ A，$\dot{I}_C = 0.5\angle 90°$ A，

　　　$\dot{I} = 0.22\angle 26.6°$ A

4-10　(1) $Z = R = 20$ Ω，$Y = 1/R = 0.05$ S；(2) $Z = 5\angle 10°$ Ω，$Y = 0.2\angle -10°$ S；

(3) $Z=$j20 Ω，$Y=-$j0.05 S；(4) $Z=5\angle17°$ Ω，$Y=0.2\angle-17°$ S

4-11 (1) $R=5$ Ω；(2) $C=0.002$ F；(3) $L=0.5$ H

4-12 $C=20$ μF

4-13 $R_1=4$ Ω，$X_L=3$ Ω，$R_2=7.07$ Ω，$X_C=7.07$ Ω，$Z=4.24\angle12.1°$ Ω

4-14 (a) $Z=2$ Ω，$Y=0.5$ S；(b) $Z=2\angle53.1°$ Ω，$Y=0.5\angle-53.1°$ S；

(c) $Z=9.85\angle-35.2°$ Ω，$Y=0.1\angle35.2°$ S

4-15 $U=83.3$ V，$I=0.833$ A

4-16 $I_R=1.41$ A，$U=100$ V

4-17 $i_C=2\cos(10^6t+90°)$ mA

4-18 (1) $C=200$ pF；(2) $U_s=10$ V，$U_{ab}=5$ V，$I_R=7.07$ mA，$I_L=7.07$ mA

4-19 $X_L=\dfrac{20}{2\mp\sqrt{3}}=\begin{cases}76.5\ \Omega & \text{这时 }\dot{U}_1\text{ 落后于 }\dot{U}_2 30°\\5.36\ \Omega & \text{这时 }\dot{U}_1\text{ 落后于 }\dot{U}_2 150°\end{cases}$

4-20 $U_{min}=4.8$ V，$C=0.025$ μF

4-21 $R=50$ Ω，$L=200$ mH，$C=5$ μF

4-22 $I=17.3$ A，$R=6.04$ Ω，$X_2=2.89$ Ω，$X_C=11.5$ Ω

4-23 $\dot{I}=1-$j1 A

4-24 (a) $50+$j50 V；(b) j4 V

4-25 (a) $\dot{U}_{OC}=\dfrac{1}{j\omega C}\dot{I}_s$，$Z_{eq}=\dfrac{1}{j\omega C(1+\alpha)}$；(b) $\dot{U}_{OC}=3\angle0°$ V，$Z_{eq}=3\angle0°$ Ω

4-26 $u(t)=10+3.16\cos(t+18.4°)+7.07\cos(2t+8.13°)$ V

4-27 $u_C(t)=1.41\cos(t-45°)+1.41\cos(2t-45°)$ V

4-28 (1) $Z=1000\angle30°$ Ω，$\widetilde{S}=4.33+$j2.5 V·A，$S=5$ V·A；

(2) $Z=250\angle-45°$ Ω，$\widetilde{S}=3.54-$j3.54 V·A，$S=5$ V·A

4-29 $I=2.24$ A，$U_{ab}=20$ V，$\widetilde{S}=40-$j20 V·A

4-30 $r=750$ Ω，$X_L=375$ Ω

4-31 $R_2=9.98$ Ω，$X_L=10.7$ Ω

4-32 $\dot{I}=1\angle16.3°$ A，$\dot{I}_2=1.7\angle73.7°$ A

4-33 $\dot{U}_1=10.6\angle-135°$ V，$\dot{U}_2=$j10 V

4-34 $Z_L=4-$j3 Ω，$P_{Lmax}=4.5$ W

4-35 $Z_L=1.5+$j0.5 Ω，$P_{Lmax}=0.75$ W

4-36 $Z_L=500+$j500 Ω，$P_{Lmm}=625$ W

4-37 $Z_L=3+$j3 Ω，$P_{Lmm}=1.5$ W

4-38 (1) $P=7.68$ W；(2) 65 W

4-39 $P=0+1768+(-130)+0=1638$ W，$U=124.3$ V，$I=38.7$ A

4-40 (1) $\cos\theta=0.822$；(2) $C=137.1$ μF

4-41 (2) $u_{ab}=8e^{-2t}$ V，$u_{cd}=-4e^{-2t}$ V，$u_{ac}=12e^{-2t}$ V

4-42 (1) $\dot{I}_1=0.6\angle-53.1°$ A，$\dot{U}_{ab}=2.4\angle36.9°$ V；(2) $\dot{I}_1=1\angle0°$ A，$\dot{I}_{ab}=2\angle0°$ A

4-43 (a) 2 H；(b) 6 H；(c) 4 H

4-44 (1) $\dot{I}_1=5\angle-53.1°$ A，$\dot{I}_3=4.47\angle-26.6°$ A；(2) $\dot{U}_{ab}=72.25\angle-4.76°$ V

4 - 45   (1) $\dot{I}_1 = 4\angle -53.1°$ A, $\dot{I}_2 = 4.47\angle 26.6°$ A, $P = 40$ W;

         (2) $R_L = 5.83$ Ω, $P_{Lmax} = 56.6$ W; (3) $Z_L = 3 - j5$ Ω, $P_{Lmax} = 83.3$ W

4 - 46 $\dot{U}_2 = 0.316\angle 161.6°$ V

4 - 47 $\dot{I}_1 = 2\angle 0°$ A, $\dot{U}_2 = 60\angle 180°$ V, $P = 20$ W

4 - 48   (a) $n = 3.16$, $P_L = 0.2$ W; (b) $n = 3$, $P_L = 9$ W

4 - 49   (1) $\dot{I}_1 = 1.5$ A, $Z_{in} = 4$ Ω, $P_L = 9$ W; (2) $\dot{I}_1 = 2$ A, $Z_{in} = 3$ Ω, $P_L = 9$ W

4 - 50 $\dot{U} = 10$ V, $Z_{in} = 10$ Ω, $U_2 = 4$ V

4 - 51 $C = 3.18$ μF, $L = 1.56$ H

4 - 52   94.64 A, 19.8 kW, 0.951

4 - 53   117.5 μF

4 - 54 $L = 2$ H, $C_1 = 0.5$ F, $C_2 = 0.25$ F

4 - 55   无泄漏时，$\dot{U}_C = 3.21\angle -71.3°$ V；有泄漏时，$\dot{U}_C = 2.83\angle -56.7°$ V

■ 第 5 章

5 - 1   (a) $H(j\omega) = \dfrac{R_2}{R_1 + R_2}\; \dfrac{j\omega}{j\omega + \dfrac{R_1 R_2}{L(R_1 + R_2)}}$; (b) $H(j\omega) = \dfrac{j\omega + \dfrac{1}{R_1 C}}{j\omega + \dfrac{R_1 + R_2}{R_1 R_2 C}}$

5 - 2   (a) $H(j\omega) = -\dfrac{\dfrac{1}{RC}}{j\omega + \dfrac{1}{RC}}$, $\omega_c = \dfrac{1}{RC}$, $0 \sim \omega_c$;

         (b) $H(j\omega) = -\dfrac{j\omega}{j\omega + \dfrac{R}{L}}$, $\omega_c = \dfrac{R}{L}$, $\omega_c \sim \infty$

5 - 3   (1) $H(j\omega) = \dfrac{\dfrac{1}{R_1 C_2} j\omega}{(j\omega)^2 + \left(\dfrac{1}{R_1 C_2} + \dfrac{1}{R_2 C_2} + \dfrac{1}{R_2 C_1}\right) j\omega + \dfrac{1}{R_1 R_2 C_1 C_2}}$;

         (2) $\omega_0 = \dfrac{1}{RC}$, $Q = \dfrac{1}{3}$, $H_{max} = \dfrac{1}{3}$, $\omega_{c1} = 0.3028\omega_0$, $\omega_{c2} = 3.303\omega_0$

5 - 4   (1) $R^2 = \dfrac{L}{C}$, $Z_{in} = R_s + R$;

         (2) $\dfrac{\dot{U}_{o1}}{\dot{U}_{in}} = \dfrac{R}{R_s + R}\; \dfrac{\omega_c}{j\omega + \omega_c}$, $\omega_c = \dfrac{R}{L}$; $\dfrac{\dot{U}_{o2}}{\dot{U}_{in}} = \dfrac{R}{R_s + R}\; \dfrac{j\omega}{j\omega + \omega_c}$, $\omega_c = \dfrac{1}{RC}$;

         (3) $u_{o1}(t) = 4.9\cos(2\times 10^3 t - 11.3°) + 0.98\cos(50\times 10^3 t - 78.7°)$ (V)

           $u_{o2}(t) = 0.98\cos(2\times 10^3 t + 78.7°) + 4.9\cos(50\times 10^3 t + 11.3°)$ (V)

5 - 5   (1) (a) $H(j\omega) = \dfrac{R_L}{R_s + R_L}\; \dfrac{\left(1 + \dfrac{R_s}{R_L}\right)\dfrac{1}{LC}}{(j\omega)^2 + \left(\dfrac{R_s}{L} + \dfrac{1}{R_L C}\right) j\omega + \left(1 + \dfrac{R_s}{R_L}\right)\dfrac{1}{LC}}$

$$(b) \ H(j\omega) = \frac{R_L}{R_s + R_L} \cdot \frac{\left(1 + \dfrac{R_L}{R_s}\right)\dfrac{1}{LC}}{(j\omega)^2 + \left(\dfrac{R_L}{L} + \dfrac{1}{R_s C}\right)j\omega + \left(1 + \dfrac{R_L}{R_s}\right)\dfrac{1}{LC}}$$

(2) (a) $L = \dfrac{\sqrt{2}R}{\omega_0}$, $C = \dfrac{\sqrt{2}}{\omega_0 R}$；(b) 同(a)

5-6 $f_0 = 1.989 \approx 2$ MHz，$Q = 80$，$B = 24.9$ kHz，$I_0 = 0.1$ A，$U_L = U_C = 80$ V

5-7 $Q = 50$，$r = 10$ Ω，$L = 796$ μH，$C = 3180$ pF

5-8 $r = 2.5$ Ω，$L = 0.396$ H

5-9 $r = 126$ Ω，$C = 0.127$ μF，$Q = 10$

5-10 (1) $\omega_0 = 10^5$ rad/s，$Q = 10$，$B = 1.59$ kHz；

(2) $C = 796$ pF，$L = 31.8$ μH

5-11 (1) $f_0 = 796$ kHz，$Z_0 = 100$ kΩ，$Q = 100$，$B = 7.96$ kHz；

(2) $C = 126.7$ pF，$B = 20$ kHz；

(3) $R = 41.9$ kΩ

5-12 (1) $f_0 = 1.59$ MHz，$Q = 40$，$Z_0 = 40$ kΩ；

(2) $Q_L = 20$，$I_L = I_C = 20$ mA，$I_R = 0.5$ mA，$U = 20$ V

5-13 三种电路谐振频率相同，$f_0 = 1.59$ MHz；三种电路 Q 值相同，$Q = 125$；谐振阻抗分别为 156 kΩ，6.25 kΩ，100 kΩ

5-14 $m = 0.2$，$N_1 = 20$ 匝

5-15 $L = 586$ μH，$Q_L = 42.8$

5-16 $U_L = 50$ V，$R_2 = 100$ Ω

5-17 $\omega_0 = \dfrac{R}{\sqrt{\left(R^2 + \dfrac{L}{C}\right)}} \cdot \dfrac{1}{\sqrt{LC}}$，谐振阻抗 $Z_0 = \dfrac{L}{RC}$

5-19 电流表 A_2 的读数为 6 A

5-20 $L_1 = 0.12$ H，$L_2 = 0.96$ H

5-21 0.54~1.624 MHz；68~204

5-22 $H(j\omega) = \dfrac{R_L}{R_s R_L C_2 L C_1 (j\omega)^3 + L(R_s C_1 + R_L C_2)(j\omega)^2 + (L + R_s R_L C_2 + R_s R_L C_1)(j\omega) + R_s + R_L}$

5-24 $R = 10$ Ω，$L = 0.8$ H，$C = 1.25$ μF，$B = 12.5$ rad/s

5-25 $R = 1000$ Ω，$L = 0.1$ H，$C = 10$ μF，$Q = 10$

■ 第 6 章

6-1 (a) $\boldsymbol{Z} = \begin{bmatrix} Z & -Z \\ -Z & Z \end{bmatrix}$；(b) $\boldsymbol{Z} = \begin{bmatrix} Z_1 + Z_2 & Z_2 \\ Z_2 & Z_2 \end{bmatrix}$；(c) $\boldsymbol{Z} = \begin{bmatrix} j\omega L_1 & j\omega M \\ j\omega M & j\omega L_2 \end{bmatrix}$；

(d) $\boldsymbol{Z} = \begin{bmatrix} 9 & 2 \\ 2 & 8 \end{bmatrix}$ Ω；(e) $\boldsymbol{Z} = \begin{bmatrix} 3 & 2 \\ -7 & -1 \end{bmatrix}$ Ω；(f) $\boldsymbol{Z} = \begin{bmatrix} R_1 + R_2 & 0 \\ -g R_2 R_3 & R_3 \end{bmatrix}$

6 - 2 (a) $Y=\begin{bmatrix} \dfrac{Y_1Y_2}{Y_1+Y_2} & \dfrac{Y_1Y_2}{Y_1+Y_2} \\ \dfrac{Y_1Y_2}{Y_1+Y_2} & \dfrac{Y_1Y_2}{Y_1+Y_2} \end{bmatrix}$; (b) $Y=\begin{bmatrix} Y_1 & 0 \\ 0 & Y_2 \end{bmatrix}$; (c) $Y=\begin{bmatrix} Y_1+Y_2 & -Y_1 \\ -Y_1 & Y_1 \end{bmatrix}$;

(d) $Y=\begin{bmatrix} Y & -nY \\ -nY & n^2Y \end{bmatrix}$; (e) $Y=\begin{bmatrix} \dfrac{1}{R_1+R_2} & 0 \\ \dfrac{gR_2}{R_1+R_2} & \dfrac{1}{R_3} \end{bmatrix}$; (f) $Y=\begin{bmatrix} 1.5 & -1 \\ 2 & -0.5 \end{bmatrix}S$

6 - 3 (a) $A=\begin{bmatrix} -1 & 0 \\ 0 & -1 \end{bmatrix}$; (b) $A=\begin{bmatrix} n & 0 \\ 0 & \dfrac{1}{n} \end{bmatrix}$; (c) $A=\begin{bmatrix} \dfrac{Z_1+Z_2}{Z_2-Z_1} & \dfrac{2Z_1Z_2}{Z_2-Z_1} \\ \dfrac{2}{Z_2-Z_1} & \dfrac{Z_1+Z_2}{Z_2-Z_1} \end{bmatrix}$;

(d) $A=\begin{bmatrix} 0 & 0 \\ \dfrac{1}{r} & 0 \end{bmatrix}$; (e) $A=\begin{bmatrix} 1 & 5\ \Omega \\ \dfrac{1}{3}S & -1 \end{bmatrix}$; (f) $A=\begin{bmatrix} -\dfrac{2}{3} & -\dfrac{1}{3}\Omega \\ -\dfrac{7}{3}S & -\dfrac{2}{3} \end{bmatrix}$

6 - 4 (a) $H=\begin{bmatrix} 0.5\ \Omega & 1 \\ 0 & -1\ S \end{bmatrix}$; (b) $H=\begin{bmatrix} 5\ \Omega & 0.5 \\ 1 & 0.5\ S \end{bmatrix}$

6 - 5 $A=\begin{bmatrix} \dfrac{R_1(1-\mu)+R_2}{\mu R_2} & 0 \\ \dfrac{1-\mu}{\mu R_2} & 0 \end{bmatrix}$

6 - 6 $H=\begin{bmatrix} 0 & 0 \\ \beta & \dfrac{1+\beta}{R_1}+\dfrac{1}{R_2} \end{bmatrix}$

6 - 7 $R_1=R_2=R_3=5\ \Omega,\ r=3\ \Omega$

6 - 8 $Z=\begin{bmatrix} 4 & 3 \\ 4 & 5 \end{bmatrix}\Omega,\ \begin{bmatrix} \dot U_{OC1} \\ \dot U_{OC2} \end{bmatrix}=\begin{bmatrix} 5 \\ 7 \end{bmatrix}V$

6 - 9 $Z=\begin{bmatrix} 3 & 5 \\ -1 & 0 \end{bmatrix}\Omega$

6 - 10 $Z=\begin{bmatrix} 30 & 10 \\ 20 & 20 \end{bmatrix}\Omega,\ Y=\begin{bmatrix} 0.05 & -0.025 \\ -0.05 & 0.075 \end{bmatrix}S$

6 - 11 $A=\begin{bmatrix} n & \dfrac{Z_1}{n} \\ \dfrac{n}{Z_2} & \dfrac{Z_1+Z_2}{nZ_2} \end{bmatrix}$

6 - 12 $A=\begin{bmatrix} n+\dfrac{R_1}{nR_2} & \dfrac{R_1}{n} \\ \dfrac{1}{nR_2} & \dfrac{1}{n} \end{bmatrix},\ Z=\begin{bmatrix} R_1+n^2R_2 & nR_2 \\ nR_2 & R_2 \end{bmatrix},\ Y=\begin{bmatrix} \dfrac{1}{R_1} & -\dfrac{n}{R_1} \\ -\dfrac{n}{R_1} & \dfrac{n^2}{R_1}+\dfrac{1}{R_2} \end{bmatrix}$

6 - 13　$\boldsymbol{Z} = \begin{bmatrix} Z_1 + Z_2 & Z_2 \\ Z_2 & Z_2 + Z_3 \end{bmatrix}$

6 - 14　$\boldsymbol{Y} = \begin{bmatrix} Y_1 + Y_2 & -Y_2 \\ -Y_2 & Y_2 + Y_3 \end{bmatrix}$

6 - 15　$y_{11} = y_{22} = \dfrac{(j\omega CR)^2 + 4(j\omega CR) + 1}{2R(1 + j\omega CR)}$，$y_{12} = y_{21} = -\dfrac{(j\omega CR)^2 + 1}{2R(1 + j\omega CR)}$

6 - 16　(1) $Z_{in} = 12\ \Omega$，$Z_{out} = 3\ \Omega$，$A_u = 0.5\angle 36.9°$，$A_i = 2\angle 143.1°$

　　　　　　$Z_T = 6\angle -36.9°\ \Omega$，$Y_T = 0.167\angle 143.1°\ \text{S}$；

　　　　(2) $U_1 = 6\ \text{V}$，$U_2 = 3\ \text{V}$

6 - 17　$P_L = 42\ \text{W}$

6 - 18　(1) $\boldsymbol{A} = \begin{bmatrix} 21 \times 10^{-6} & 420 \times 10^{-3}\ \Omega \\ 21 \times 10^{-9}\ \text{S} & 420 \times 10^{-6} \end{bmatrix}$；

　　　　(2) $Z_{in} = 1\ \text{k}\Omega$，$A_u = 2268$，$A_i = -2268$

6 - 22　$R_1 = \dfrac{1+K}{1-K} R_L$，$R_2 = \dfrac{1-K^2}{2K} R_L$

6 - 23　$L = 50\ \mu\text{H}$，$C = 0.01\ \mu\text{F}$

■ 第 7 章

7 - 1　频率为 ω、3ω 的分量

7 - 2　3 J

7 - 3　$L = 3\ \text{H}$，$L_d = 6\ \text{H}$

7 - 4　$C_d = 20(0.5 - u)^{-1/2}(\text{pF})$，$u < 0.5\ \text{V}$

7 - 9　$u_0 = 2\ \text{V}$

7 - 10　$u = 4\ \text{V}$

7 - 11　(2) $i_s = 2\ \text{A}$，$u = 2\ \text{V}$；$i_s = -2\ \text{A}$，$u = -1\ \text{V}$

7 - 12　(2) $u = 2\ \text{V}$，$i_R = -1\ \text{A}$；$u = -1\ \text{V}$，$i_R = 5\ \text{A}$

7 - 13　(1) $u_s = 0$ 时，$u = 0$，$i = 0$；$u_s = 2\ \text{V}$ 时，$u = 1\ \text{V}$，$i = 1\ \text{A}$；

　　　　　　$u_s = 4\ \text{V}$ 时，$u = 3\ \text{V}$，$i = 1\ \text{A}$

7 - 14　工作点为 $u = 2\ \text{V}$，$i = 4\ \text{A}$

7 - 15　$i = 1\ \text{A}$，$u = 1\ \text{V}$，$i_1 = 1.5\ \text{A}$；$i = -2\ \text{A}$，$u = 4\ \text{V}$，$i_1 = 3\ \text{A}$

7 - 16　$u_1 = 2\ \text{V}$，$i_1 = 3\ \text{mA}$，$u_2 = 1\ \text{V}$，$i_2 = 2\ \text{mA}$

7 - 17　工作点为 $u = 2\ \text{V}$，$i = 2\ \text{A}$；$u = 2 + 0.75\cos t\ \text{V}$

7 - 18　(1) $u = 3\ \text{V}$，$i = 7\ \text{mA}$，$R_d = 500\ \Omega$；$u = 5\ \text{V}$，$i = 5\ \text{mA}$，$R_d = -250\ \Omega$；

　　　　　　$u = 7.29\ \text{V}$，$i = 2.71\ \text{mA}$，$R_d = 750\ \Omega$；

　　　　(2) $u = 5 - 0.33\cos t\ \text{V}$

7 - 19　(1) $u = -2\ \text{V}$ 稳定，1 V 不稳定，4 V 稳定；

　　　　(2) $u = -3\ \text{V}$ 不稳定，0 稳定，2 V 不稳定

7 - 20　$u_C(t) = \left[U_0^{\frac{2}{3}} - \dfrac{2}{3C} t \right]^{\frac{3}{2}}\ \text{V}$

索引（汉语拼音顺序）①

① 括号中为相应词汇在本书中的章节号。

参 考 文 献

[1] 邱关源，罗先觉. 电路. 5 版. 北京：高等教育出版社，2006.

[2] 李瀚荪. 电路分析基础. 3 版. 北京：高等教育出版社，1993.

[3] 周长源. 电路理论基础. 2 版. 北京：高等教育出版社，1996.

[4] 江泽佳. 电路原理. 3 版. 北京：高等教育出版社，1992.

[5] 林争辉. 电路理论.（第一卷）. 北京：高等教育出版社，1988.

[6] L O Chua, C A Desoer, E S Kuh. Linear and Nonlinear Circuits. McGraw - Hill, Inc. ，1987.

[7] 陈洪亮，张峰，田社平. 电路基础. 北京：高等教育出版社，2007.

[8] 于歆杰，朱桂萍，陆文娟. 电路原理. 北京：清华大学出版社，2007.

[9] 胡翔骏. 电路分析. 2 版. 北京：高等教育出版社，2007.

[10] 燕庆明. 电路分析教程. 2 版. 北京：高等教育出版社，2007.

[11] 张永瑞，王松林，李小平. 电路分析. 北京：高等教育出版社，2004.

[12] Charles K A，Matthew N O S. 电路基础. 刘巽亮，倪国强，译. 北京：电子工业出版社，2003.

[13] William H H，Jack E K，Steven M D. 工程电路分析. 7 版. 周玲玲，蒋乐天，译. 北京：电子工业出版社，2007.

[14] Allan H R，Wilhelm C M. Circuit Analysis：Theory and Practice（影印本）. 北京：科学出版社，2003.

[15] James W N，Susan A R. 电路. 7 版. 周玉坤，等，译. 北京：电子工业出版社，2005.

[16] 陈怀琛，吴大正，高西全. MATLAB 及在电子信息课程中的应用. 北京：电子工业出版社，2002.

[17] 孙肖子，张企民，等. 模拟电子电路及技术基础. 2 版. 西安：西安电子科技大学出版社，2008.

[18] 贾新章，等. 电子电路 CAD 技术：基于 OrCAD9.2. 西安：西安电子科技大学出版社，2002.

[19] 邱关源. 网络理论分析. 北京：科学出版社，1982.

[20] 来新泉，王松林，李先锐，等. 专用集成电路设计基础. 西安：西安电子科技大学出版社，2008.

[21] 来新泉，王松林，王辉，等. 专用集成电路设计实践. 西安：西安电子科技大学出版社，2008.

[22] Robert L. Boylestad. 陈希有，等译. 电路分析导论. 12 版. 北京：机械工业出版社，2014.

[23] 于歆杰，朱桂萍. 电路原理. 北京：高等教育出版社，2016.

[24] 陈希有. 电路理论教程. 北京：高等教育出版社，2013.

[25] 王松林，王辉. 电路分析简明教程. 西安：西安电子科技大学出版社，2016.